AF384052

SPECIES

ET ICONOGRAPHIE GÉNÉRIQUE

DES

ANIMAUX ARTICULÉS

OU

REPRÉSENTATION DES GENRES,

AVEC LEUR DESCRIPTION ET CELLE DE TOUTES LES ESPÈCES
DE CETTE GRANDE DIVISION DU RÈGNE ANIMAL.

Ouvrage formant une série de Monographies complètes,

PAR

M. F. E. GUÉRIN-MÉNEVILLE,

Fondateur de la *Société Cuvierienne*, etc., etc.

PREMIÈRE PARTIE :

INSECTES COLÉOPTÈRES.

La détermination précise des espèces et de
leurs caractères distinctifs, fait la première
base sur laquelle toutes les recherches de
l'histoire naturelle doivent être fondées ; les
observations les plus curieuses, les vues les
plus nouvelles, perdent presque tout leur
mérite, quand elles sont dépourvues de cet
appui ; et malgré l'aridité de ce genre de
travail, c'est par là que doivent commencer
tous ceux qui se proposent d'arriver à des
résultats solides.
(CUVIER. *Ossem. foss.* 3e édit. vol. V, p. 14.)

1ère Livraison.

PARIS.

AU BUREAU DE LA REVUE ZOOLOGIQUE,
ET DU MAGASIN DE ZOOLOGIE, RUE DE SEINE-SAINT-GERMAIN, N° 13.

LISTE DÉFINITIVE
DES 100 SOUSCRIPTEURS-FONDATEURS

MM.

1 DE LA FERTÉ-SENECTÈRE, Azay-le-Rideau.
2 DE BRÊME, Paris.
3 HOPE, Londres.
4 DE ROMAND, Tours.
5 CHEVROLAT, Paris.
6 DE SAULCY, Brest.
7 SPINOLA, Gênes.
8 REICHE, Paris.
9 MANNERHEIM, Vibourg.
10 DE CERISY, Toulon.
11 FISCHER DE WALDHEIM, Moscou.
12 REINWARDT, Leyde.
13 RASCH, Christiana.
14 POEY, Havane.
15 BURMEISTER, Halle.
16 HÉRÉTIEU, Cahors.
17 CLAUSSEN, Rio-Janeiro.
18 ACH. COSTA, Naples.
19 BLUTEL, La Rochelle.
20 SIGNORET fils, Paris.
21 ALPH. DECAZES, Amsterdam.
22 DOMERGUE DE ST-FLORENT, Vendœuvre.
23 BUQUET, Paris.
24 SERVILLE, Paris.
25 MORISSE, Havre.
26 JECKEL, Paris.
27 DEYROLLE, Paris.
28 BOISGIRAUD, Toulouse.
29 JOLY, Toulouse.
30 L'Abbé BLONDEAU, Paris.
31 DUMONTIER, Paris.
32 GOUGELET, Paris.
33 PAQUET, Tours.
34 A. WOLF, Paris.
35 C. PARIS, Épernay.
36 TH. VUILLIER, Paris.
37 E. LAFOND, Paris.
38 A. ALLIBERT, Paris.
39 H. GORY, Paris.
40 FOURNEL, Metz.
41 BERTRAND, Mont-de-Marsan.
42 E. PERRIS, Mont-de-Marsan.
43 AMAND TASLÉ, Vannes.
44 KOENIG aîné, Colmar.
45 FUGIÈRE, Paris.
46 C. L. F. PANCKOUCKE, Paris.
47 LISKENNE, Paris.
48 LEQUIEN, Chartres.
49 ALEX. BRONGNIART, Paris.
50 F. DENFER, Paris.

51 BACHOUX, Paris.
52 BOUDIER, Montmorency.
53 L'abbé BLAIVE, Tours.
54 DE LAMOTTE-BARACÉ, Coudray.
55 SILBERMANN, Strasbourg.
56 FAGES, Montpellier.
57 POUCHET, Rouen.
58 AIGNAN-DESAIX, Joigny.
59 HOUTON DE LA BILLARDIÈRE, Saint-Germain-du-Corbeis.
60 MÈNETRIEZ, Saint-Pétersbourg.
61 CRÉMIÈRE, Loudun.
62 E. PRADIER, Paris.
63 E. DESMAREST, Paris.
64 GOUREAU, Paris.
65 LESAULNIER, Saint-Lô.
66 REICH, Berlin.
67 FOUQUET, Vannes.
68 MONTANDON, Paris.
69 A. BRULLÉ, Dijon.
70 TH. LACORDAIRE, Liége.
71 PARZUDAKI, Paris.
72 D. DALES, Rotterdam.
73 Mc DE BUZELET, Saint-Mathurin.
74 TROBERT, Brest.
75 A. LEVOITURIER, Orival.
76 CH. PASSERINI, Florence.
77 VON WINTER, Leyde.
78 F. COUCHET, Genève.
79 V. PECCHIOLI, Pise.
80
81 } WANDER-HOEK, Leyde.
82 Capitaine PARRY, Londres.
83 Dr BOWRING, Londres.
84 DUBOIS, Rochefort.
85 E. VESCO, Toulon.
86 J. V. GAUD, Genève.
87 E. PILATE, Wazemmes-lès-Lille.
88 POIGNÉE-DARNAUD, Ste-Menehould.
89 ED. BOUTEILLER, Provins.
90 LE ROY DE MÉRICOURT, Abbéville.
91 AD. DELESSERT, Paris.
92 CHENU, Paris.
93 BAYLE, Clermont-Ferrand.
94 L. FAIRMAIRE, Paris.
95 P. GERVAIS, Paris.
96 C. RONDANI, Parme.
97 LE GUILLOU, Paris.
98 DE BRÉBISSON, Falaise.
99 HOUEBRE, Paris.
100 JACOB, Tonnerre.

Projet de Souscription.

Comme les souscriptions à des ouvrages de longue haleine sont tombées dans le discrédit parce que, le plus souvent, les auteurs comptant trop sur des abonnés, ont commencé des travaux utiles qu'ils n'ont pu continuer faute de rentrées suffisantes, j'ai pris la détermination de n'entreprendre le *Species et Genera des Animaux articulés* que lorsque je serai assuré d'un nombre de souscripteurs suffisant pour couvrir les frais matériels de cet ouvrage. Cette précaution est une garantie pour les souscripteurs autant que pour moi, parce que si j'ai la certitude de rentrer dans mes déboursés, rien ne pourra m'empêcher de continuer l'ouvrage, et les abonnés n'auront pas la crainte de le voir s'arrêter.

Si le *Species et Genera des Animaux articulés* s'adressait aux gens du monde, comme les ouvrages d'agrément ou purement littéraires, on pourrait compter sur 8 ou 10,000 souscripteurs et livrer l'ouvrage à un prix très-bas, en établissant que les frais ne seront couverts que lorsqu'on aura 3 ou 4,000 abonnés. Il n'en est pas ainsi pour un livre d'histoire naturelle spéciale, car on sait que tous les entomologistes de l'Europe, membres ou correspondants des sociétés de France, d'Angleterre et des autres états, forment à peine un personnel de 4 ou 500 naturalistes, ce qui rend les chances de vente d'un tel ouvrage très-limitées.

Pour engager les amis des sciences à m'aider dans cette grande et utile entreprise, j'ai offert aux 100 premiers souscripteurs (qui sont les *souscripteurs-fondateurs*) un avantage qui leur donne la certitude d'avoir leur exemplaire pour un prix très-minime, dans un temps peu éloigné.

Les 100 souscripteurs-fondateurs payeront d'abord 60 centimes par *monographie*, composée d'une planche et du texte nécessaire.

Quand il y aura 200 souscripteurs, les 100 fondateurs ne payeront que 45 centimes par monographie.

Enfin, quand il y aura 300 souscripteurs, les 100 fondateurs ne payeront plus que 30 centimes par monographie, ou la moitié du prix.

Outre cet avantage pécuniaire, les fondateurs seuls ont le droit de m'envoyer les insectes des genres dont je devrai publier la monographie, et que je m'engage à leur rendre *nommés* (1).

Les souscripteurs (fondateurs ou autres) qui désireront recevoir des exemplaires avec la figure du type de genre coloriée, payeront 20 centimes de plus par monographie.

Pour que chacun puisse toujours savoir où en est la souscription, le nom de chaque nouveau souscripteur sera inscrit tous les mois dans la *Revue Zoologique* de la *Société Cuvierienne*.

Le droit des souscripteurs-fondateurs est personnel et constaté par un engagement signé de moi et écrit au bas d'un portrait de Latreille. Cet engagement porte le numéro d'ordre publié dans la *Revue Zoologique* et sur cette couverture. Un fondateur, ou un souscripteur ordinaire, ne sera censé avoir renoncé à son abonnement que lorsqu'il aura laissé écouler trois mois (ou six mois à l'étranger) sans payer sa souscription. Alors son numéro sera rayé, et il en sera fait mention dans la *Revue Zoologique*. Ces numéros ne seront pas comptés quand j'établirai le nombre réel de souscripteurs.

La liste des fondateurs est remplie.

(1) Me trouvant à même de connaître et d'acquérir, aussitôt leur arrivée, les insectes que l'on apporte journellement de toutes les parties du monde, je m'engage à avertir les fondateurs de l'arrivée des espèces qui pourraient les intéresser et de les acquérir pour leur compte, s'ils m'en donnent la mission. À cet effet, il paraîtra de temps en temps, avec les monographies, un quart de feuille imprimé, contenant des catalogues avec les prix les plus modiques qu'il me sera possible d'obtenir. Les demandes non suivies de fonds seront considérées comme non avenues. Le prix des ports de lettres devra toujours être ajouté à cet envoi de fonds, soit pour ces demandes d'insectes, soit pour l'abonnement au *Species et Genera*, etc., etc.

CONDITIONS DE LA SOUSCRIPTION.

Chaque Monographie est composée d'une planche et du texte nécessaire, qu'il soit court ou étendu.

Quatre Monographies forment une livraison.

Prix de chaque livraison :

Figures noires. . . . . 2 fr. 40 c.

Figures coloriées. . . . 3   20

Avis essentiel. — Les Souscripteurs qui payeront douze livraisons, à l'avance et les feront prendre au bureau (ou qui payeront en sus l'affranchissement (1), jouiront d'une remise de 10 p. 100.

Il est bien entendu que si l'on faisait prendre et payer par un libraire, lui seul jouirait de la remise offerte.

12 livr. noires à 2 fr. 40 c. = 28 fr. 80 c. ; ôtez 10 p. 100, reste 26 fr.

12 livr. color. à 3 fr. 20 c. = 38 fr. 40 c. ; ôtez 10 p. 100, reste 34 f. 60 c.

Pour éviter des doubles emplois et des pertes de livraisons, et pour que je puisse établir, à la fin de chaque année, la liste des souscripteurs, MM. les libraires ou commissionnaires devront me faire connaître le nom des souscripteurs qui les auront chargés de retirer pour eux. Cette mesure me permettra de vérifier si les abonnés n'ont pas déjà été servis par une autre voie.

La Société Cuvierienne, association universelle pour l'avancement de la zoologie, etc., publie un journal mensuel, la *Revue Zoologique*, dans lequel on tient les naturalistes au courant des progrès de la science, en leur donnant l'analyse des ouvrages qui paraissent, un résumé des travaux des sociétés savantes, et des notices inédites ou des descriptions d'animaux nouveaux de toutes les classes.

Chaque membre paye une cotisation annuelle de 18 fr. et reçoit un exemplaire de la *Revue Zoologique*, dont un numéro paraît chaque mois.

Quand le nombre des membres aura dépassé 250, chacun recevra une demi-feuille de plus par mois ; et chaque fois que 50 nouveaux membres seront inscrits, on augmentera la *Revue* d'une demi-feuille, toujours sans augmentation de la cotisation, qui reste fixée à 18 fr. par an.

Pour se faire admettre dans la Société Cuvierienne, il suffit d'être présenté par un membre et d'écrire (*franco*) à M. *Guérin-Méneville*, rue de Seine, 13, à Paris.

(1) Les livraisons devant varier pour l'étendue du texte, il est impossible de fixer à l'avance le prix de l'affranchissement. Le compte en sera présenté à chaque souscripteur à la fin de l'année.

SPECIES

ET ICONOGRAPHIE GÉNÉRIQUE

DES

ANIMAUX ARTICULÉS

OU

REPRÉSENTATION DES GENRES,

AVEC LEUR DESCRIPTION ET CELLE DE TOUTES LES ESPÈCES
DE CETTE GRANDE DIVISION DU RÈGNE ANIMAL.

Ouvrage formant une série de Monographies complètes,

PAR

M. F. E. GUÉRIN-MÉNEVILLE,
Fondateur de la *Société Cuvierienne*, etc., etc.

PREMIÈRE PARTIE :

INSECTES COLÉOPTÈRES.

La détermination précise des espèces et de leurs caractères distinctifs, fait la première base sur laquelle toutes les recherches de l'histoire naturelle doivent être fondées ; les observations les plus curieuses, les vues les plus nouvelles, perdent presque tout leur mérite, quand elles sont dépourvues de cet appui ; et malgré l'aridité de ce genre de travail, c'est par là que doivent commencer tous ceux qui se proposent d'arriver à des résultats solides.
(CUVIER. *Ossem. foss.* 3e édit. vol. V, p. 14.)

9e Livraison. 9

PARIS.

AU BUREAU
DE LA REVUE ZOOLOGIQUE ET DU MAGASIN DE ZOOLOGIE,
RUE DES BEAUX-ARTS, 4.

LISTE DÉFINITIVE
DES 100 SOUSCRIPTEURS-FONDATEURS

MM.

1 DE LA FERTÉ-SENECTÈRE, Azay-le-Rideau.
2 DE BRÉME, Paris.
3 HOPE, Londres.
4 DE ROMAND, Tours.
5 CHEVROLAT, Paris.
6 DE SAULCY, Brest.
7 SPINOLA, Gênes.
8 REICHE, Paris.
9 MANNERHEIM, Vibourg.
10 DE CERISY, Toulon.
11 FISCHER DE WALDHEIM, Moscou.
12 REINWARDT, Leyde.
13 RASCH, Christiana.
14 POEY, Havane.
15 BURMEISTER, Halle.
16 HÉRÉTIEU, Cahors.
17 CLAUSSEN, Rio-Janeiro.
18 ACH. COSTA, Naples.
19 BLUTEL, La Rochelle.
20 SIGNORET fils, Paris.
21 ALPH. DECAZES, Amsterdam.
22 DOMERGUE DE ST-FLORENT, Vendœuvre.
23 BUQUET, Paris.
24 SERVILLE, Paris.
25 MORISSE, Havre.
26 JECKEL, Paris.
27 DEYROLLE, Paris.
28 BOISGIRAUD, Toulouse.
29 JOLY, Toulouse.
30 L'Abbé BLONDEAU, Paris.
31 DUMONTIER, Paris.
32 GOUGELET, Paris.
33 PAQUET, Tours.
34 A. WOLF, Paris.
35 C. PARIS, Épernay.
36 TH. VUILLIER, Paris.
37 E. LAFOND, Paris.
38 A. ALLIBERT, Paris.
39 H. GORY, Paris.
40 FOURNEL, Metz.
41 BERTRAND, Mont-de-Marsan.
42 E. PERRIS, Mont-de-Marsan.
43 AMAND TASLÉ, Vannes.
44 KOENIG aîné, Colmar.
45 FUGIÈRE, Paris.
46 C. L. F. PANCKOUCKE, Paris.
47 LISKENNE, Paris.
48 LEQUIEN, Chartres.
49 ALEX. BRONGNIART, Paris.
50 F. DENFER, Paris.

MM.

51 BACHOUX, Paris.
52 BOUDIER, Montmorency.
53 L'abbé BLAIVE, Tours.
54 DE LAMOTTE-BARACÉ, Coudray.
55 SILBERMANN, Strasbourg.
56 FAGES, Montpellier.
57 POUCHET, Rouen.
58 AIGNAN-DESAIX, Joigny.
59 HOUTON DE LA BILLARDIÈRE, Saint-Germain-du-Corbeis.
60 MÈNETRIEZ, Saint-Pétersbourg.
61 CRÉMIÈRE, Loudun.
62 E. PRADIER, Paris.
63 E. DESMAREST, Paris.
64 GOUREAU, Paris.
65 LESAULNIER, Saint-Lô.
66 REICH, Berlin.
67 FOUQUET, Vannes.
68 MONTANDON, Paris.
69 A. BRULLÉ, Dijon.
70 TH. LACORDAIRE, Liége.
71 PARZUDAKI, Paris.
72 D. DALES, Rotterdam.
73 Mᵉ DE BUZELET, Saint-Mathurin.
74 TROBERT, Brest.
75 A. LEVOITURIER, Orival.
76 CH. PASSERINI, Florence.
77 VON WINTER, Leyde.
78 F. COUCHET, Genève.
79 V. PECCHIOLI, Pise.
80
81 } WANDER-HOEK, Leyde.
82 Capitaine PARRY, Londres.
83 Dʳ BOWRING, Londres.
84 DUBOIS, Rochefort.
85 E. VESCO, Toulon.
86 J. V. GAUD, Genève.
87 E. PILATE, Wazemmes-les-Lille.
88 POIGNÉE-DARNAUD, Ste-Menehould.
89 ED. BOUTEILLER, Provins.
90 LE ROY DE MÉRICOURT, Abbeville.
91 AD. DELESSERT, Paris.
92 CHENU, Paris.
93 BAYLE, Clermont-Ferrand.
94 L. FAIRMAIRE, Paris.
95 P. GERVAIS, Paris.
96 C. RONDANI, Parme.
97 LE GUILLOU, Paris.
98 DE BRÉBISSON, Falaise.
99 HOUÉBRE, Paris.
100 JACOB, Tonnerre.

Projet de souscription.

Comme les souscriptions à des ouvrages de longue haleine sont tombées dans le discrédit parce que, le plus souvent, les auteurs comptant trop sur des abonnés, ont commencé des travaux utiles qu'ils n'ont pu continuer faute de rentrées suffisantes, j'ai pris la détermination de n'entreprendre le *Species et Genera des Animaux articulés* que lorsque je serai assuré d'un nombre de souscripteurs suffisant pour couvrir les frais matériels de cet ouvrage. Cette précaution est une garantie pour les souscripteurs autant que pour moi, parce que si j'ai la certitude de rentrer dans mes déboursés, rien ne pourra m'empêcher de continuer l'ouvrage, et les abonnés n'auront pas la crainte de le voir s'arrêter.

Si le *Species et Genera des Animaux articulés* s'adressait aux gens du monde, comme les ouvrages d'agrément ou purement littéraires, on pourrait compter sur 8 ou 10,000 souscripteurs et livrer l'ouvrage à un prix très-bas, en établissant que les frais ne seront couverts que lorsqu'on aura 3 ou 4,000 abonnés. Il n'en est pas ainsi pour un livre d'histoire naturelle spéciale, car on sait que tous les entomologistes de l'Europe, membres ou correspondants des sociétés de France, d'Angleterre et des autres états, forment à peine un personnel de 4 ou 500 naturalistes, ce qui rend les chances de vente d'un tel ouvrage très-limitées.

Pour engager les amis des sciences à m'aider dans cette grande et utile entreprise, j'ai offert aux 100 premiers souscripteurs (qui sont les *souscripteurs-fondateurs*) un avantage qui leur donne la certitude d'avoir leur exemplaire pour un prix très-minime, dans un temps peu éloigné.

Les 100 souscripteurs-fondateurs payeront d'abord 60 centimes par *monographie*, composée d'une planche et du texte nécessaire.

Quand il y aura 200 souscripteurs, les 100 fondateurs ne payeront que 45 centimes par monographie.

Enfin, quand il y aura 300 souscripteurs, les 100 fondateurs ne payeront plus que 30 centimes par monographie, ou la moitié du prix.

Outre cet avantage pécuniaire, les fondateurs seuls ont le droit de m'envoyer les insectes des genres dont je devrai publier la monographie, et que je m'engage à leur rendre *nommés* (1).

Les souscripteurs (fondateurs ou autres) qui désireront recevoir des exemplaires avec la figure du type de genre coloriée, payeront 20 centimes de plus par monographie.

Pour que chacun puisse toujours savoir où en est la souscription, le nom de chaque nouveau souscripteur sera inscrit tous les mois dans la *Revue Zoologique* de la *Société Cuvierienne*.

Le droit des souscripteurs-fondateurs est personnel et constaté par un engagement signé de moi et écrit au bas d'un portrait de Latreille. Cet engagement porte le numéro d'ordre publié dans la *Revue Zoologique* et sur cette couverture. Un fondateur, ou un souscripteur ordinaire, ne sera censé avoir renoncé à son abonnement que lorsqu'il aura laissé écouler trois mois (ou six mois à l'étranger) sans payer sa souscription. Alors son numéro sera rayé, et il en sera fait mention dans la *Revue Zoologique*. Ces numéros ne seront pas comptés quand j'établirai le nombre réel de souscripteurs.

La liste des fondateurs est remplie.

(1) Me trouvant à même de connaître et d'acquérir aussitôt leur arrivée, les insectes que l'on apporte journellement de toutes les parties du monde, je m'engage à avertir les fondateurs de l'arrivée des espèces qui pourraient les intéresser et de les acquérir pour leur compte, s'ils m'en donnent la mission. A cet effet, il paraîtra de temps en temps, avec les monographies, un quart de feuille imprimé, contenant des catalogues avec les prix les plus modiques qu'il me sera possible d'obtenir. Les demandes non suivies de fonds seront considérées comme non avenues. Le prix des ports de lettres devra toujours être ajouté à cet envoi de fonds, soit pour ces demandes d'insectes, soit pour l'abonnement au *Species et Genera*, etc., etc.

CONDITIONS DE LA SOUSCRIPTION.

Chaque Monographie est composée d'une planche et du texte nécessaire, qu'il soit court ou étendu.

Quatre Monographies forment une livraison.

Prix de chaque livraison :

Figures noires. . . . . 2 fr. 40 c.
Figures coloriées. . . . 3 20

Avis essentiel. — Les Souscripteurs qui payeront douze livraisons à l'avance et les feront prendre au bureau (ou qui payeront en sus l'affranchissement (1), jouiront d'une rémise de 10 p. 100.

Il est bien entendu que si l'on faisait prendre et payer par un libraire, lui seul jouirait de la remise offerte.

12 livr. noires à 2 fr. 40 c. = 28 fr. 80 c.; ôtez 10 p. 100, reste 26 fr.
12 livr. color. à 3 fr. 20 c. = 38 fr. 40 c.; ôtez 10 p. 100, reste 34 f. 60 c.

Pour éviter des doubles emplois et des pertes de livraisons, et pour que je puisse établir, à la fin de chaque année, la liste des souscripteurs, MM. les libraires ou commissionnaires devront me faire connaître le nom des souscripteurs qui les auront chargés de retirer pour eux. Cette mesure me permettra de vérifier si les abonnés n'ont pas déjà été servis par une autre voie.

La Société Cuvierienne, association universelle pour l'avancement de la zoologie, etc., publie un journal mensuel, la *Revue Zoologique*, dans lequel on tient les naturalistes au courant des progrès de la science, en leur donnant l'analyse des ouvrages qui paraissent, un résumé des travaux des sociétés savantes, et des notices inédites ou des descriptions d'animaux nouveaux de toutes les classes.

Chaque membre paye une cotisation annuelle de 18 fr, et reçoit un exemplaire de la *Revue Zoologique*, dont un numéro paraît chaque mois.

Quand le nombre des membres aura dépassé 250, chacun recevra une demi-feuille de plus par mois; et chaque fois que 50 nouveaux membres seront inscrits, on augmentera la *Revue* d'une demi-feuille, toujours sans augmentation de la cotisation, qui reste fixée à 18 fr. par an.

Pour se faire admettre dans la Société Cuvierienne, il suffit d'être présenté par un membre et d'écrire (*franco*) à M. *Guérin-Méneville*, rue de Seine, 13, à Paris.

(1) Les livraisons devant varier pour l'étendue du texte, il est impossible de fixer à l'avance le prix de l'affranchissement. Le compte en sera présenté à chaque souscripteur à la fin de l'année.

PARIS. — IMPRIMERIE DE FAIN ET THUNOT, RUE RACINE, 28, PRÈS DE L'ODÉON.

AVIS TRÈS-ESSENTIEL.

Paris, ce 1er février 1843.

La première livraison du Species et Iconographie des Animaux articulés (*Coléoptères*) est en vente.

Nous engageons MM. les *Souscripteurs* à nous indiquer (*franco*) la voie par laquelle ils désirent que nous leur fassions parvenir leurs livraisons, en les priant instamment d'engager leurs libraires ou correspondants à nous faire connaître le nom de la personne pour laquelle ils viendront retirer ces livraisons, afin d'éviter des pertes si nous les avions déjà adressées par une autre voie (1).

Il est bien entendu que la remise de 10 pour 100 offerte aux personnes qui payeront 12 livraisons d'avance, et les feront prendre au bureau, sera faite UNE SEULE FOIS, et que les libraires qui seront chargés de cette commission n'auront aucun droit à une seconde remise pour eux. Ainsi, si l'on charge un libraire de retirer et payer 12 livraisons, le souscripteur seul devra s'entendre avec lui, soit pour lui abandonner cette remise comme payement de ses peines et de ses avances, soit pour la partager avec lui.

———

Les collections de la REVUE ZOOLOGIQUE formant actuellement cinq volumes, nous avons cru devoir, à l'imitation de ce qui se fait dans la librairie anglaise, diminuer le prix des années déjà parues, afin d'en faciliter l'acquisition.

Les années 1838 à 1842, formant cinq volumes, coûteront 60 fr. au lieu de 90, pour les personnes qui prendront les cinq années à la fois.

Les personnes qui désireraient se compléter et n'auraient pas besoin des cinq volumes, payeront chaque année séparément 15 fr., au lieu de 18 fr.

(1) Cette même prière s'adresse aussi aux membres de la *Société Cuvierienne* qui nous font remettre leur cotisation par un libraire. Il nous est déjà arrivé plusieurs fois d'inscrire comme *simples Souscripteurs*, des libraires qui avaient chargé leurs correspondants de Paris de nous remettre la cotisation de leurs clients ; mais au lieu de nous dire le nom de ces clients, ils nous nommaient seulement leurs correspondants, sans nous faire savoir que c'était simplement un renouvellement de cotisation. Ces libraires recevaient alors les livraisons, et nous continuions de les adresser directement aux personnes pour qui ils avaient payé, tout en nous étonnant que celles-ci fussent en retard pour le versement de leur cotisation, en sorte que nous fournissions deux exemplaires pour un.

Rhipicera.

G. **RHIPICERA** (ῥιπίς, éventail; κέρας, corne).

Hispa. Fab. (1775); Ptilinus. Fab. (1792); RHIPICERA. Latr. (1817). Ptyocerus. Hoffm. (1817); Polytomus. Dalm. (1819-1823).

Corps (f. 1, 2, 15) cylindracé, épais, allongé.

Tête (f. 3) saillante, inclinée, un peu élargie en arrière. *Yeux* ronds, distants du bord du corselet. *Antennes* (f. 5, 6, 17) insérées près de la bouche, en avant des yeux, en éventail ou flabellées, de 16 à 40 articles dans les mâles, fortement pectinées et composées d'un moins grand nombre d'articles chez les femelles (f. 6). *Labre* (f. 3 *a*) étroit, saillant, placé entre les mandibules, soudé au chaperon et non mobile. *Mandibules* grandes, saillantes, fortement arquées, pointues, aplaties, unidentées ou bidentées au côté interne, à la base. *Mâchoires* (f. 7, 8) terminées par un lobe assez allongé, arrondi au sommet et fortement cilié intérieurement. *Palpes maxillaires* longs, dépassant l'extrémité des mandibules, avec le dernier article plus grand que le précédent. *Lèvre inférieure* (f. 9, 10) petite, rétrécie au bout. *Palpes labiaux* un peu plus courts que les maxillaires, à dernier article un peu plus long et plus épais.

Prothorax (f. 11) de forme conique, plus étroit et arrondi en avant. *Prosternum* (f. 11 *a*) non saillant en pointe en arrière. *Ecusson* arrondi. *Élytres* coriaces, allongées. *Ailes* grandes, pliées seulement à leur extrémité. *Pattes* fortes, simples. *Tarses* (f. 12, 13, 14) moins longs que les jambes, ayant les quatre premiers articles assez larges et aplatis, garnis chacun, en dessous, de deux lamelles ovalaires, dont la première paire est quelquefois très-petite, avec le cinquième article allongé, terminé par deux crochets simples, entre lesquels il y a un petit appendice cilié.

Abdomen allongé, composé de cinq segments dans les deux sexes.

On ne connaît pas les métamorphoses des Rhipicères, et tout ce que l'on sait de leurs mœurs a été observé par M. Lacordaire, pendant son voyage au Brésil (Ann. Sc. Nat., t. 20, p. 243). Suivant cet entomologiste, le *Rh. marginata* se trouve, pendant toute la saison pluvieuse d'octobre à mars, dans les forêts vierges, rarement près des habitations où les bois ont été abattus. Ces insectes ont la démarche lourde, et se tiennent sur les feuilles des arbrisseaux ou des plantes basses. M. Lacordaire pense que leur larve doit vivre dans le bois mort.

Ce genre, composé aujourd'hui de onze espèces, en avait cinq dans la Monographie que M. de Laporte en a publiée en 1834 (Ann. Soc. Ent. de France, t. 3, p. 225); car il ne faut pas compter l'espèce qu'il a nommée *Rh. fulva*, laquelle n'est autre chose que le *Sandalus petrophya* de

Knoch, comme nous nous en sommes assuré en étudiant l'individu même décrit par M. de Laporte, dans la collection de M. Dupont. Quant à l'insecte qui figure dans le catalogue de M. Dejean sous le nom de *Rh. rufipennis*, nous l'avons étudié dans la collection de M. Dejean, acquise par M. le marquis de Brême, et que cet entomologiste a bien voulu nous communiquer dans l'intérêt de notre travail, et nous avons reconnu que c'était le mâle du *Sandalus niger*.

Voici les divisions que nous avons adoptées pour faciliter l'étude des espèces de *Rhipicera*.

I. Corps allongé (f. 1, 2), rameaux des antennes des mâles très-grands (f. 5), tarses à articles assez allongés (f. 12, 13).

    A. Dernier article des palpes maxillaires ovoïde, non tronqué au bout, beaucoup plus grand que l'article précédent (f. 7); lamelles du premier article des tarses très-apparentes, aussi grandes que celles des autres articles (f. 12). Espèces 1 à 4.

    B. Dernier article des palpes maxillaires cylindracé, tronqué au bout, à peine plus long que le précédent (f. 8); lamelles du premier article des tarses peu apparentes, beaucoup plus petites que celles des autres articles (f. 13). Espèces 5 à 10.

II. Corps court et épais (f. 15), rameaux des antennes des mâles médiocres (f. 17), tarses larges et courts (f. 14). Espèce 11.

DESCRIPTION DES ESPÈCES.

I. Corpus oblongum (f. 1, 2). Antennarum ramusculi in mare maximi (f. 5). Articuli tarsorum sat elongati (f. 12, 13).

    A. Articulus ultimus palporum maxillarium ovoidus, apice haud truncatus, articulo præcedenti multò majori (f. 7). Soleæ articuli primi tarsorum valde perspicuæ, cæterisque æqualibus (f. 12) (S. G. *Rhipicera* propr. dict.). Spec. 1-4.

1. R. MARGINATA. *Obscure-viridis, tomentosa, antennis mandibulisque nigris. Elytris basi, margine laterali saturáque flavo-castaneis. Femoribus fusco-rubris apice sub viridibus, tibiis tarsisque nigris.* L. 0,013 à 0,024, l. 0,004 à 0,008. (F. 1, 2, 3, 5, 6, 7, 9, 11, 12). —Brasilia.

Rh. marginata, Latr. Règn. An. t. 3, p. 235 (1817). *Id.* Kirby Trans. Lin. Soc. t. XII, 2ᵉ part. p. 385 (1817). *Id.* De Laporte. Ann. Soc. Ent. t. 3, p. 233 (1834). *Polytomus marginatus*, Dalm. Act. holm. 1821, 2-379, et Analecta Ent. p. 22, pl. IV (1823).

Corps d'un vert obscur, couvert de duvet gris. Antennes noires de 27 à 35 articles. Palpes noirs, mandibules noires, à base d'un brun rougeâtre, fortement arquées, avec une forte dent au côté interne, près de la base. Labre aussi large que long, un peu échancré en avant, surtout dans les mâles. Corselet finement rugueux, avec un sillon au milieu et deux petites dents au bord postérieur, vis-à-vis l'écusson, qui est arrondi, plus large que long. Élytres ponctuées et finement rugueuses, sans côtes longitudinales, entièrement bordées de jaune fauve. Cuisses d'un brun plus ou moins jaune fauve, avec l'extrémité vertdâtre. Jambes et tarses noirâtres. Lamelles inférieures des tarses d'un gris jaunâtre.

La femelle est un peu plus grande: ses antennes sont plus courtes, pectinées et à dents plus allongées vers le bout, de 24 à 26 articles. Les élytres sont d'un vert plus obscur avec quelques reflets rougeâtres.

Cet insecte est assez commun au Brésil.

2. R. Dalmanni. *Fusco cyanea, paullo nitida, testaceo-pubescens; antennis pedibusque nigris; elytrorum basi femoribusque ferrugineis.* L. 0,012 à 0,016, l. 0,004 à 0,006.—Brasilia.

Rh. Dalmanni, Westw. Nouv. édit. de Drury, vol. 3. p. 74 (1837). *Polytomus femoratus*, Dalmann, Analecta Ent. p. 21, (1823). *Rh. femorata*. De Laporte, Ann. Soc. Ent. t. 3, p. 240 (1834).

Corps d'un bleu obscur à reflets violets, couvert d'un fin duvet gris-jaunâtre. Antennes, mandibules et palpes noirs. Antennes des mâles de 23 articles, celles des femelles de 20. Labre arrondi avec une petite échancrure en avant. Corselet semblable à celui de l'espèce précédente. Écusson rond d'un noir bleu. Élytres ponctuées, avec de très-faibles côtes longitudinales peu marquées et lisses, d'un bleu violet assez luisant, avec la base d'un rouge ferrugineux, occupant environ le tiers de leur longueur, et placé obliquement de l'angle huméral à la suture. Cuisses fauves à genoux noirs. Jambes et tarses noirs. Crochets terminaux fauves et lamelles inférieures noirâtres.

La femelle est plus grande, et ne diffère que par ses antennes entièrement semblables à celles du *R. marginata* femelle.

Du Brésil intérieur. Rare.

3. R. cyanea. *Capite thoraceque rugoso-punctatis, obscure cyaneo-virescentibus, fusco tomentosis; elytris cyaneis, violaceo-micantibus, basi suturaque nigro-viridibus, coriaceis, subtilissime punctatis, costis longitudinalibus sat elevatis. Os, antennis pedibusque nigris, femoribus fulvis, apice nigris. Abdomine violaceo, nitido.* L. 0,020, l. 0,007. — Brasilia.

Rh. cyanea, Guer. Icon. du Règne Animal, Insectes, texte p. 44, pl. 13. fig. 7 (1833 à 1838). *Id.* De Laporte, Ann. Soc. Ent. t. 3, p. 237 (1834).

Corps d'un bleu foncé à reflets verdâtres et violets sur le corselet, et violets seulement sur les élytres et en dessous. Antennes noires, de 28 à 30 articles, moins longues et à rameaux moins allongés que chez les *Rh. marginata* et *abdominalis*. Labre noir triangulaire et terminé en pointe mousse. Mandibules noires, brusquement arquées, bisinuées à leur base, ce qui produit deux faibles dents. Palpes maxillaires noirs, velus, à dernier article ovoïde et plus court que chez le *R. marginata*. Tête et corselet chagrinés et ponctués, couverts d'un duvet très-serré, noirâtre. Écusson noir, rond. Élytres d'un bleu violet assez luisant, fortement chagrinées et couvertes, en outre. d'un très-grand nombre de petits points qui se voient très-bien sur des côte longitudinales assez bien marquées. Leur base et la suture sont d'un noir verdâtre. Pattes noires, velues, avec les cuisses fauves à extrémité noire. Épines de l'extrémité des jambes et crochets des tarses d'un brun rougeâtre. Lamelles inférieures des tarses d'un gris jaunâtre foncé. Dessous du thorax et de l'abdomen d'un beau bleu luisant à reflets violets.

Rare au Brésil.

4. R. abdominalis. *Capite thoraceque rugoso-punctatis, obscure-cyaneo-virescentibus, flavo-tomentosis. Elytris cyaneis, violaceo-micantibus, basi suturaque sub-viridibus, sub-coreaceis, subtilissime punctatis, costis longitudinalibus sub-*

elevatis. Ore, antennis pedibusque nigris, femoribus fulvis apice nigris. Abdomine fulvo. L. 0,018 : l. 0,006.— Brasilia.

Rh. *abdominalis* , Klug. Entomologiæ Brasilianæ specimen alterum , p. 12 , n. 17 (1826). in Act. nat. curios. Bonn, t. 12.— *Id.* De Laporte, Ann. Soc. Ent. t. 3, p. 238 (1831).

Corps d'un bleu foncé, à reflets verdâtres et violets sur les flancs, d'un bleu noirâtre sur la tête et le corselet, et d'un beau violet sur les élytres. Antennes noires , de 31 articles , grandes comme dans le *R. marginata.* Labre noir, de forme carrée et à peine échancré au milieu ; mandibules noires, brusquement arquées, unidentées à leur base. Palpes noirs, velus, à dernier article ovoïde, plus long que dans le *R. cyanea.* Labre, tête, base des antennes et corselet couverts de poils nombreux et d'un jaune d'ocre Tête et corselet fortement ponctués. Écusson bleu, arrondi, un peu plus étroit en avant, creusé au milieu et distinctement échancré en arrière. Élytres d'un bleu violet vif et luisant, à rugosités et côtes presque effacées, et offrant un aspect presque lisse, couvertes d'un grand nombre de petits points. Leur base et la suture offrent des reflets verts assez vifs. Pattes noires, couvertes de poils jaunes , avec l'extrémité noire. Épines de l'extrémité des jambes et crochets des tarses noirs. Lamelles inférieures des tarses d'un brun jaunâtre foncé. Abdomen entièrement fauve. — Rare au Brésil.

Cette espèce se distingue facilement du *R. cyanea*, par l'aspect lisse de ses élytres, par le duvet jaune de sa tête, du corselet et des pattes, par la grandeur de ses antennes, la forme du labre et de l'écusson, et par la couleur de l'abdomen.

> B. Articulus ultimus palporum maxillarum cylindraceus, apice truncatus, præcedentique paulo longior (f. 8). Soleæ articuli primi tarsorum vix perspicuæ, cæterisque multo minores (f. 13)(S. G. *Agathorhipis* (1), Nob.). Spec. 5-10.

5. R. femorata. *Nigra, punctata, thorace elytrisque maculis numerosis pubescentibus albis; femoribus fulvis apice nigris: Corpore infra griseo pubescens, immaculato.* L. 0,014 à 0,019, l. 0,004 à 0,006. — Nova - Hollandia. (F. 8, 10, 13.)

Rh. *femorata*, Kirby, Trans. Lin. Soc. Lond. vol. 12, p. 458 (1818). *Id.* Westw. Nouv. édit. de Drury, vol. 3, p. 75. — *Rhipicerus mystacinus*, Latr. Nouv. dict. d'Hist. nat. 2e édit. t. 29, p. 260 (1819). — *Rh. mystacina*, De Laporte, Ann. Soc. Ent. t. 3, p. 234 (1834). *Id.* Trichson, *Arch. fur Naturgesch.*, 1842, p. 99.

Corps noir, luisant, garni d'un fin duvet cendré sur les côtés et en dessous. Tête et corselet finement chagrinés. Antennes grandes, noires, de 29 à 35 articles chez les mâles, de 24 à 25 chez les femelles. Labre petit, triangulaire et terminé en pointe mousse en avant, avec deux faisceaux de poils noirs. Mandibules arquées, bidentées à la base interne. Corselet un peu élevé en bosse au milieu et en avant, couvert de petites taches blanches formées par des poils couchés. Écusson rond, un peu creusé, garni de quelques poils blancs au milieu. Élytres chagrinées ou couvertes de points enfoncés très rapprochés et placés sans ordre, avec de faibles côtes longitudinales peu élevées, et offrant

___

(1) ἀγαθός, beau, ῥιπίς, éventail.

un grand nombre de petites taches blanches, inégales, arrondies, disposées sans ordre et formées de poils roides et couchés. Cuisses fauves à extrémité noire. Jambes et tarses noirs, avec les lamelles de ceux-ci brunes et leurs crochets fauves. Abdomen sans taches.

Assez commun à la Nouvelle-Hollande. Ile Van Diemen, etc. Il est remarquable que cette espèce ait été confondue si longtemps avec l'*Hispa mystacina* de Fabricius, quoique Kirby l'en ait distinguée en 1818.

6. R. REICHEI. *Nigra, punctata, valde elongata. Thorace elytrisque maculis numerosis pubescentibus albis, seriebus longitudinalibus positis. Pedibus nigris. Abdomine griseo-tomentoso, segmentis 1, 2, 3, 4, utrinque punctis duobus nigris, oblique positis, ornatis.* L. 0,017, l. 0,005. (f. 4.)— Nov.-Holl. (SwanRiver)

Corps plus allongé que dans l'espèce précédente, noir. Tête et corselet finement chagrinés, couverts de duvet noirâtre. Mandibules (f. 4) courtes, presque droites, très-faiblement bidentées au côté interne. Labre petit, pointu en avant (f. 4, *a*). Palpes maxillaires plus grêles et plus allongées que chez l'espèce précédente. Corselet sans élévation bossue en avant, couvert de points blancs, plus nombreux sur les côtés. Écusson rond, blanc. Élytres fortement ponctuées, à points rapprochés, placés sans ordre, avec des côtes peu élevées, mais bien apparentes, entre lesquelles il y a un grand nombre de points blancs assez bien disposés en lignes longitudinales. Pattes noires avec la base des cuisses et des jambes tirant un peu au brunâtre, vues à certains jours. Lamelles des tarses d'un brun noirâtre avec les crochets terminaux noirs. Dessous du corps garni de duvet cendré très-serré. Côtés des segments abdominaux cachés par les élytres offrant chacun une ligne longitudinale dénuée de poils et noire ; les 1er, 2e, 3e et 4e ayant de plus, de chaque côté, deux gros points noirs disposés transversalement et obliquement.

Très-rare. De la Nouvelle-Hollande, rivière des Cygnes. Coll. de M. Reiche.

7. R. MYSTACINA. *Rufo-brunnea, sub-opaca, tenuissime valdeque punctata ; capite punctatissimo, mandibulis antennisque nigris. Elytris guttis numerosis albo-pilosis, longitudinaliter dispositis. Abdomine subtus plumbeo-albido, segmento primo utrinque puncto parvo nigro, secundo et tertio utrinque punctis duobus oblique dispositis, segmentoque quarto bipunctato.* L. 0,018. — Nov.-Holl.

Hispa mystacina. Fabr. Syst. Ent. p. 70 (1775). *Ptilinus mystacinus.* Fabr. Ent. Syst. et Syst. Eleuth. t. 1, p. 328 (1801).— *Rh. mystacina,* Westw. Annals of Nat. Hist. Janvier 1843.

Corps et pattes entièrement d'un brun roussâtre terne, couvert d'un grand nombre de petits points. Mandibules et antennes noires, celles-ci composées de 27 articles. Côtés du prothorax un peu étranglés après le milieu. Élytres étroites, couvertes de nombreuses petites taches blanches formées par du duvet, disposées sur chacune d'elles en cinq séries longitudinales. Dessous de l'abdomen d'un blanchâtre plombé ; le premier segment orné de chaque côté d'un petit point noir ; les second et troisième en ayant deux disposés obliquement, et le quatrième n'en ayant plus qu'un, toujours de chaque côté.

De la Nouvelle-Hollande.

Nous devons cette description à l'amitié de M. Westwood. Il l'a faite sur l'individu même de la collection de Banks, type de la description de Fabricius. Nous n'avons pas rapporté à cette espèce la synonymie de Hoffmansegg, et de Herbst, parce que ces auteurs n'en ont parlé que d'après la figure de Drury, faite sur une autre espèce.

8. R. Druroei. *Capite antennisque nigris, Thorace griseo-sericeo. Elytris rufo-brunneis, albo-punctatis, scutelloque albido. Corpore subtus grisco, abdomine nigro maculato. Pedibus supra fuscis, subtus griseis.* L. 0,015 , l. 0,005. — Sierra-Leone (Africa).

Hispa mystacina. Drury. Ill. Nat. Hist. t. 3, p. 72, pl. 48, f. 7 (1782). *Ptilinus mystacinus.* Herbst. Natur. syst. Ins. col. vol. 5, p. 45, pl. 46, f. 13 (copie de Drury). *Ptyocerus mystacinus,* Hoffmansegg, Zool. Mag. Wiedm. t. 1, p. 28 (1817). *Polytomus mystacinus,* Dalm. Analecta Ent. p. 22, n. 3 (1823). — *Rhipicera Druræi,* Westw. Nouv. édit. de Drury, t. 3, p. 74 (1837).

Comme personne n'a revu cet insecte depuis Drury, nous ne pouvons mieux faire que de reproduire la naïve description de cet auteur.

« La tête est petite, noire, mince et bordée, dès la partie où les antennes sont placées ; mais derrière elles, jusqu'au corselet, elle devient subitement grosse et arrondie. Les yeux sont ronds et luisants, et placés justement derrière les antennes, qui sont fortement pectinées, chaque ramification augmentant dès la base au milieu, et alors diminuant par degré en longueur, et sont environ un tiers de la longueur de l'insecte et totalement noires. Le corselet est gris et arrondi, avec un sillon de chaque côté et paraît couvert d'un duvet fin. L'écusson est gris et arrondi, paraissant comme une tache blanchâtre. Les étuis sont rouge-brun chargé, et sont couverts d'une quantité de petites taches blanchâtres, étant cannelées et bordées aux côtés et à la suture. La poitrine et l'abdomen sont gris, chaque anneau du dernier ayant quelques taches noires là-dessus. Les pieds sont bruns par haut et gris en dessous. Les tarses sont composés de quatre articles, outre les griffes. — Je l'ai reçu de Sierra-Leone en Afrique. — Je ne l'ai vu aucunement décrit. »

9. R. attenuata. *Nigra punctatissima, angusta. Elytris fusco-luteis, guttis albis, minutis, rotundatis, sparsim notatis. Corpore subtus griseo-setoso, segmentis* 1, 2, 3 *et* 4 *utrinque punctis duobus nigris oblique positis. Pedibus nigris.* L. 0,016. — Nova-Holl. (Swan River.)

Rh. attenuata, Westw. Annals of Nat. Hist. Janvier 1843.

Corps noir. Tête très-ponctuée, opaque, avec l'espace avancé situé entre les antennes élevé de chaque côté. Mandibules et palpes noirs. Antennes allongées, noires, composées de 32 articles. Prothorax noir, sub-opaque, très-ponctué, un peu comprimé de chaque côté, après le milieu. Écusson couvert de poils blancs. Élytres allongées, étroites, d'un jaune brunâtre, luisantes, très-ponctuées, ayant chacune cinq stries lisses, bordées de points ; la strie suturale réunie à la suture avant le milieu de sa longueur. Ces élytres sont couvertes de points ronds, blancs et placés entre les stries. L'extrémité des élytres est pointue et brune. Pattes noires. Dessous du corps gris soyeux, avec les quatre premiers segments de l'abdomen marqués chacun de deux points noirs, disposés obliquement de chaque côté.

De la Nouvelle-Hollande, rivière des Cygnes. Unique dans la collection de la Société Entomologique de Londres.

10. Pumilio. *Angusta, picea ; capite nigro ; prothorax et elytris guttis vel squammis albidis ornatis.* L. 0,009.— Nova-Holl. (Swan river.)

Rh. pumilio, Westw. Annals of Nat. Hist. Janvier 1843.

Tête et mandibules noires et opaques; chaperon large, garni de poils noirs, avec les côtés non élevés, très - ponctué. Antennes (mutilées). Prothorax d'un brun noirâtre, opaque, très-ponctué, avec des écailles blanchâtres éparses et une faible ligne lisse au milieu. Élytres d'un brun de poix, un peu luisantes, très-ponctuées avec de petites taches arrondies, blanches et arrangées en séries longitudinales, et de faibles lignes lisses mal déterminées. Pattes couleur de poix avec le base des cuisses un peu plus brune. Dessous du corps garni de poils blanchâtres. Abdomen (mutilé).

De la Nouvelle-Hollande, rivière des Cygnes. Unique dans la collection de M. Hope.

II. **Corpus crassum breveque (f. 15), antennarum ramusculi in mare mediocres (f. 17), tarsi crassi dilatatique (f. 14) (S. G. *Oligorhipis* (1) nob). Spec. 11.**

11. R. vetusta. *Rufo-brunnea, opaca, luteo-setosa. Mandibulis oculisque nigris. Thorace antice gibboso, rugoso ; scutello rotundato, flavo piloso. Elytris profunde punctatis, sub-foveolatis, costis lævibus longitudinalibus sub-elevatis. Fasciis nonnullis irregularibus interruptis e pilis fulvo-flavis formatis.* L. 0,014 : l. 0,005 1/2.—(F. 14, 15, 16, 17.) Nova-Holl.

Rh. vetusta, Gory, Iconogr. du Règne animal de Cuvier. Insectes, Texte p. 44 (1831).
Rh. brunnea, Westw. Annals of Nat. Hist. Janvier 1843.

Corps entièrement d'un brun rougeâtre assez vif, avec la tête, les antennes et le corselet plus foncés, garnis d'un fin duvet jaune roussâtre. Tête et corselet rugueux; celle-là entièrement couverte de duvet jaune. Palpes maxillaires (f. 16) épais, terminés par un article à peine plus long que le précédent et tronqué obliquement au bout. Corselet fortement élevé et bossu en avant, offrant des taches irrégulièrement longitudinales et jaunes, formées par des poils écailleux et couchés. Écusson rond, couvert de poils jaunes. Élytres assez brusquement élevées et bossues à leur base, à angles huméraux très-saillants, couvertes de gros points enfoncés, que l'on pourrait plutôt appeler des fossettes, avec des côtes longitudinales lisses, peu élevées, mais très-distinctes et des fascies transversales mal déterminées, très-irrégulières et formées par des poils écailleux couchés et d'un jaune un peu fauve. Dessous du corps et pattes d'un brun rougeâtre un peu plus pâle. Palettes du dessous des tarses jaunâtres, celles du premier article très-visibles comme les autres, mais un peu plus petites.

De la Nouvelle-Hollande. Collection de M. Gory.

----

(1) ὀλίγος, peu, ῥιπίς, éventail.

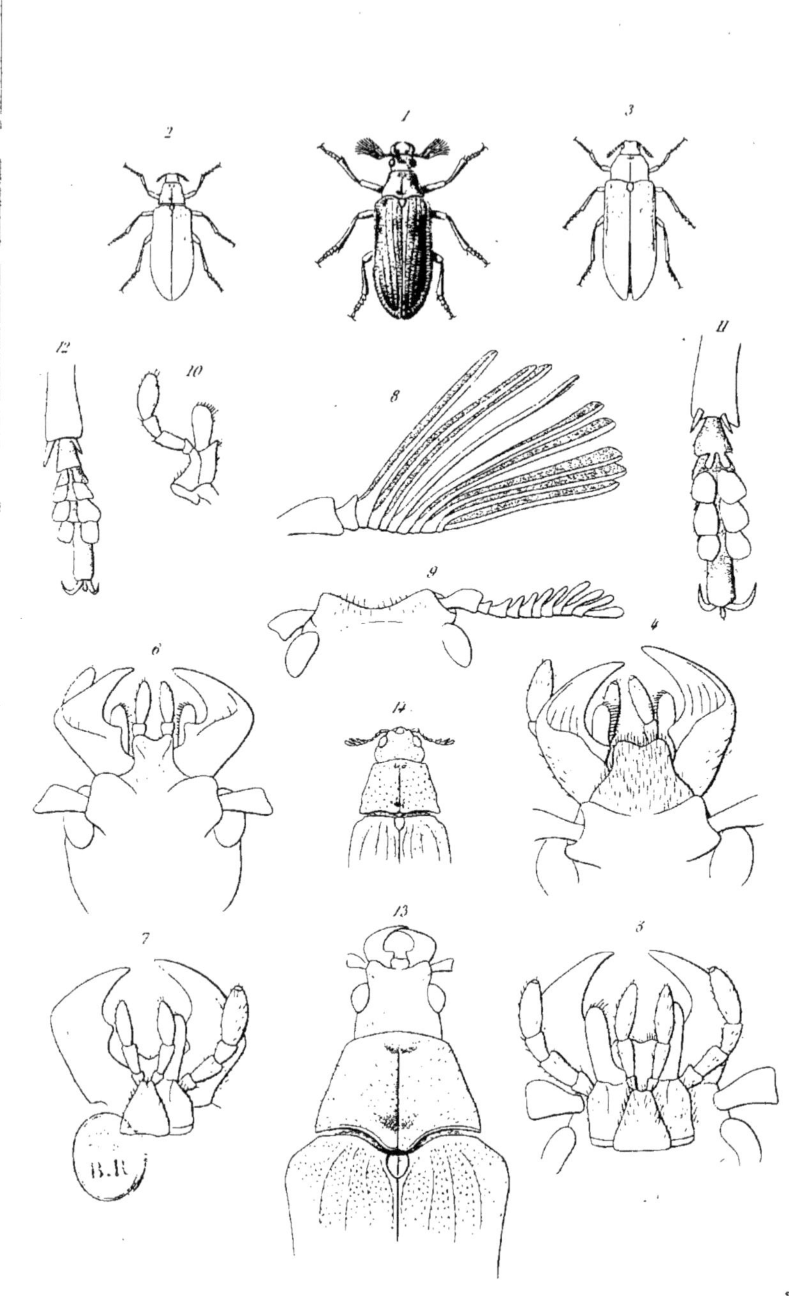

Sandalus.

Lebrun sc.　　　　　　　　　　　V. Rémont imp.

G. **SANDALUS** (σάνδαλου, sandale).

Melasis. Fab. (1794), SANDALUS Knoch (1801); Ptyocerus, Thunberg (1806); Microrhipis, Guérin (1831); Ptiocerus, Delaporte (1834); Megarhipis, Delaporte (1834); Rhipicera, Delaporte (1834); Rhipicera, Newman (1838).

Corps (f. 1, 2, 3) cylindracé, épais, allongé.

Tête (f. 4 à 7, 13, 14) saillante, inclinée, à peine élargie en arrière. *Yeux* ronds, saillants, distants du bord du corselet. *Antennes* flabellées, de onze articles dans les deux sexes, ayant les neuf derniers articles prolongés chacun en une lamelle aplatie et plus longue que toute l'antenne dans les mâles (f. 8); ces articles seulement prolongés en peigne dans les femelles (f. 9). *Labre* étroit, saillant, placé entre les mandibules et soudé au chaperon. *Mandibules* grandes, saillantes, fortement arquées, pointues, aplaties, unidentées à leur base au côté interne. *Mâchoires* (f. 10) terminées par un lobe assez allongé et fortement cilié intérieurement. *Palpes maxillaires* longs, atteignant l'extrémité des mandibules, avec le dernier article plus grand que les précédents, ovoïde. *Lèvre inférieure* petite, rétrécie au bout, en forme de triangle allongé. Palpes labiaux un peu plus courts que les maxillaires, à dernier article ovoïde allongé et un peu plus long que les précédents.

Prothorax de forme sub-conique, plus étroit et arrondi en avant. *Prosternum* non saillant en pointe en arrière. *Écusson* arrondi. *Élytres* coriaces, allongées. *Ailes* grandes. *Pattes* fortes, simples. *Tarses* (f. 11, 12) un peu moins longs que les jambes, ayant les quatre premiers articles assez larges et aplatis, garnis chacun, en dessous, de deux lamelles ovalaires, dont la première paire est très-petite, avec le cinquième article allongé, terminé par deux crochets simples, entre lesquels il-y a un petit appendice cilié.

Abdomen allongé, composé de cinq segments dans les deux sexes.

Il est peu de genres qui aient donné lieu à plus de confusion, et ce n'est qu'après de longues et nombreuses recherches que nous sommes parvenus à le débrouiller. Nous avons enfin reconnu que le genre *Ptyocerus* de Thunberg, notre genre *Microrhipis*, le genre *Megarhipis* de M. de Castelnau et son *Rhipicera fulva*, ne formaient qu'un seul genre, auquel nous avons conservé le nom de *Sandalus*, publié pour la première fois par Knoch. Frappé de l'identité qui existe dans les principaux caractères des *Sandalus petrophya* et *niger*, et de deux espèces américaines, l'une décrite par M. de Castelnau sous le nom de *Ptiocerus brunneus*, et l'autre conservée dans la collection de M. Dejean, sous le nom inédit de *Rhipicera rufipennis*, nous avions pensé que ces insectes n'étaient que les deux sexes d'un même genre. Cette présomption, que nous avions communiquée à M. Reiche et à quelques autres entomologistes de Paris,

1.

est bientôt devenue pour nous une certitude, quand nous avons voulu étudier l'ouvrage de Knoch , et voici comment.

Ce n'est qu'en 1801 que ce naturaliste a fait connaître deux femelles américaines de ce genre. Dans son ouvrage intitulé : *Neue Beytræge zur Insectenkunde* , p. 131 , il en a donné une bonne et longue description latine , en prenant une espèce , le *Sandalus petrophya* , pour type , et en décrivant brièvement ensuite l'autre espèce , ou son *Sandalus niger*. Mais comme aucun des entomologistes qui ont parlé des *Sandalus* n'a lu ou fait traduire les observations en allemand qui suivent ces descriptions, tous les ouvrages où il est fait mention du genre *Sandalus* ont plus ou moins bien répété la description latine , sans se douter qu'à la page 140 Knoch dit positivement : « Le professeur Melsheimer écrit que ces deux insectes (les *Sandalus petrophya* et *niger*) sont des femelles ; que les mâles ont des antennes feuilletées de neuf lamelles qui partent d'un point commun près de la tête , lesquelles sont très-larges comparées à leur longueur, et qu'il n'a pu que récemment s'en procurer un unique exemplaire. »

Cette phrase ne laissant plus aucun doute dans notre esprit, nous avons dû chercher à rapporter les deux femelles connues aux mâles que nous avions sous les yeux : on verra à la description des espèces si le rapprochement que nous avons fait des deux sexes de l'une d'elles est heureux.

En 1806 , Thunberg avait fait connaître , dans les nouveaux mémoires de l'Académie royale des sciences de Stockholm , t. XXVII, p. 1 à 6 , un insecte du cap de Bonne-Espérance , en en faisant un genre qu'il nommait *Ptyocerus*. C'est avec cette même espèce que nous avons établi , dans le Magasin de Zoologie , 1831, Ins. pl. , 1, notre genre *Microrhipis*. Un examen attentif de cet insecte , qui est unique dans la collection du Muséum de Paris , nous a fait reconnaître depuis que c'est encore un mâle de *Sandalus*.

En 1817, Latreille a parlé de ce genre *Sandalus* dans le Règne animal (1re édit.). Comme il ne l'avait pas vu en nature et qu'il ne le connaissait que par la description et la figure de Knoch , il n'a fait que le citer à la suite des *Ptilinus*.

Plus tard. en 1829, dans la seconde édition du Règne animal, il a placé le genre *Sandalus* entre les *Callirhipis* et les *Rhipicera*, et, toujours d'après la figure de Knoch , il a reconnu que ce ne sont que des femelles. Du reste, c'est à l'aide de ce tact qui caractérisait si éminemment Latreille, qu'il a reconnu les affinités de ce genre, affinités que Knoch avait parfaitement indiquées dans son texte allemand, quand il établissait une comparaison entre son genre *Sandalus* et les *Atopa*. Nous pensons que Latreille n'a pas profité de ce renseignement, car s'il s'était fait lire le texte allemand de Knoch , il aurait vu aussi que les mâles étaient connus, et il n'eût pas manqué de se servir de cette connaissance pour mieux caractériser ce genre.

M. Delaporte de Castelnau, dans sa Monographie du groupe des Rhipicérites (Ann. de la Soc. Ént. de France, t. 3, p. 227. 1834), après avoir énuméré tous les genres de cette famille, dit : « Nous avons pu examiner en nature tous ces genres, à l'exception de celui de *Sandalus* de Knoch ; il nous paraît devoir être placé dans notre famille des Rhipicérites . nous donnons sa description à la fin de notre travail. Il nous semble que ce genre est formé sur des femelles. » En effet, à la suite de son Mémoire et sous le titre de supplément, il reproduit textuellement la description latine de Knoch.

Comme on le voit, M. de Castelnau croyait n'avoir jamais observé de *Sandalus*, et cependant il en avait étudié deux, un mâle et une femelle, et il les avait décrits dans ce même travail. Ainsi, nous avons reconnu que l'insecte qu'il a décrit sous le nom de *Rhipicera fulva*, n'est autre que le *Sandalus petrophya*, et nous nous en sommes assuré en comparant l'individu type de sa description, qui est conservé dans la collection de M. Dupont, avec les individus des collections de MM. Reiche et Buquet. Quant au mâle, il l'a décrit sous le nom de *Ptiocerus brunneus*, mais, dans une note, il propose de fonder avec cette espèce un nouveau genre sous le nom de *Megarhipis*. Il a figuré cet insecte, et, dans l'explication des planches, il lui a donné le nom de *Ptiocerus brasiliensis*.

Dans la collection de M. Dejean, les deux espèces femelles (trois individus) avaient été confondues sous le nom de *Sandalus niger*. M. de Brême, possesseur de la famille des Malacodermes de cette collection, s'étant défait de deux individus, n'a gardé que le vrai *S. niger* femelle. Dans cette même collection, nous avons trouvé le mâle, placé dans le genre Rhipicère sous le nom inédit de *R. rufipennis*. C'est de cette espèce que Latreille parle dans une note du règne animal (deuxième édit., t. IV, p. 461), où il mentionne les espèces connues du genre Rhipicère, quand il dit : « J'ai vu, dans la collection de M. le comte Dejean, une autre espèce toute fauve, recueillie dans l'Amérique septentrionale par M. Lecomte. » Enfin, c'est une espèce voisine, peut-être le mâle du *Sandalus petrophya*, que M. Newman a décrite (Entomological Magazine, t. V, p. 383) sous le nom de *Rhipicera proserpina*.

M. de Castelnau a confondu sous le nom de *Ptiocerus*, emprunté à Thunberg, deux mâles de *Sandalus* et deux insectes d'Afrique qui offrent des caractères assez différents. Avec l'espèce américaine, qui se distingue par ses antennes à rameaux également longs et comprimés (*Pt. brunneus*), il a proposé le genre *Megarhipis*. Il est singulier qu'il ne lui ait pas associé sa première espèce (*Pt. mystacinus*), qui offre identiquement les mêmes caractères.

On ne sait rien sur les mœurs des insectes de ce genre. Seulement Knoch dit, d'après Melsheimer, que les espèces américaines vivent sous les pierres et ne se montrent que rarement. Nous en connaissons actuellement cinq : quatre de l'Amérique, et une du cap de Bonne-Espérance. Ce sont des insectes très-rares dans les collections. Nous proposons d'en former deux groupes : les *Américains* et les *Africains*. Dans le premier groupe, nous aurons deux divisions, ainsi qu'il suit :

A. Angles postérieurs du corselet aigus (f. 1, 2, 13, 14), espèce 1.

B. Angles postérieurs du corselet tronqués obliquement (f. 3), espèce. 2, 3 et 4.

Le second groupe ne se compose que d'une espèce.

DESCRIPTION DES ESPÈCES.

I. Species Americanæ.

A. Angulis posterioribus thoracis acutis (sp. 1).

1. S. Knochii. *Niger , obscure-flavo-pubescens. Antennis fulvis basi nigris. Elytris valde rugoso-punctatis, lineis longitudinalibus sub-elevatis, basi thoraci valde latioribus ; in mare flavo-fulvis, in fœmina atris.* —Mas. L. 0,019, l. 0,007 Fæm. L. 0,013 à 0,030 , l. 0,004 1/2 à 0,009.— (F. 1, 2, 45, 8, 11, 13, 14.) America boreali.

Mas. *Rhipicera rufipennis,* Latr. Règne anim. 2e édit., t. IV, p. 461 (1829).
Fæm. *Sandalus niger*, Knoch , Neue Beytr. zur Insectenkunde, p. 140 (1801) reproduite par tous les auteurs.

Mâle (f. 1, 4, 5, 8, 11, 13). Noir, finement ponctué et couvert d'un duvet assez serré d'un gris jaunâtre. Mandibules ayant tout le tranchant interne d'une couleur fauve transparente. Labre échancré au milieu. Antennes d'un fauve vif avec le premier article seulement noir. Corselet de forme conique avec un sillon longitudinal bien marqué au milieu, une double fossette assez profonde au bord antérieure, une autre fossette moins bien marquée près du bord postérieur, et ses côtés non rebordés droits ou très-faiblement sinués, obliques, avec les angles postérieurs assez aigus. Écusson noir, rond, avec deux petites fossettes à la base. Élytres beaucoup plus larges que le corselet à leur base avec les angles huméraux très-saillants, arrondis, d'un jaune fauve assez vif ayant quelques côtes longitudinales faiblement élevées, obliques, entre lesquelles il y a de gros points enfoncés et irrégulièrement disposés, mais rangés en séries près des côtes. Pattes robustes, noires, ponctuées, avec les lamelles des tarses d'un jaune pâle, et leurs crochets noirs à extrémité fauve. Jambes postérieures un peu arquées à leur base.

Femelle (f. 2, 14). Noire, finement ponctuée, peu velue. Tranchant des mandibules fauves ; labre un peu échancré. Antennes fauves avec le premier article noir et les deux ou trois suivants brunâtres. Corselet de forme conique, avec un faible sillon longitudinal au milieu et deux fossettes, l'une près du bord antérieur, l'autre près du bord postérieur ; ses côtés droits, un peu sinués, non rebordés, avec les angles postérieurs assez aigus. Écusson rond, avec une double fossette au milieu. Élytres plus larges que le corselet à leur base, à angles huméraux saillants et arrondies, un peu élargies en arrière, noires, avec des lignes longitudinales assez faiblement élevées, entre lesquelles il y a de gros points enfoncés, irrégulièrement disposés , mais rangés en séries près des côtes. Pattes médiocres, noires, finement ponctuées et garnies de duvet brun, avec les lamelles des tarses d'un jaune pâle, et leurs crochets fauves. Jambes postérieures très-arquées à leur base.

Les deux sexes habitent l'Amérique Septentrionale. Nous n'avons vu qu'un individu de chacun d'eux dans la collection de M. le marquis de Bréme. M. Westwood nous a envoyé le dessin d'une femelle très-grande, qui semble appartenir à cette espèce ; mais nous conservons quelques doutes parce qu'il a représenté, au milieu de son corselet, deux profondes fossettes.

Comme on le voit par les descriptions qui précèdent, il n'est pas permis de douter que ces deux insectes ne soient les sexes d'une même espèce. Peut-être

trouvera-t-on des mâles tout noirs ou des femelles à élytres jaunes. Ces différences ne peuvent étonner dans un groupe comme celui des Cébrionites.

B. Angulis posterioribus thoracis oblique truncatis (sp. 2 à 4).

2. S. BRUNNEUS. *Niger, flavo-pubescens. Antennis nigro - fuscis. Scutello
fusco. Elytris valde rugoso-punctatis, lineis longitudinalibus sub-elevatis, obscure flavis, margine suturaque obscurioribus , basi thoracis valde latioribus. Soleis tarsorum fuscis.* (Mas.) L. 0,020 , l. 0,008.—Brasilia.

Ptiocerus ? brunneus , Delaporte , Ann. Soc. Ent. de France , t. 3 , p. 265, pl. II, fig. 6
(*Pt. ? brasiliensis*) (1834). *Megarhipis brunneus. Ibid.* p. 266.

Mâle. Corps noir, couvert d'un duvet jaune d'ocre. Mandibules noires, semblables à celles du précédent ; labre non échancré. Antennes d'un brun très-
foncé presque noir. Tête et corselet assez rugueux, garnis de duvet jaunâtre.
Corselet de plus de moitié plus large que long, de forme triangulaire avec
le bord antérieur arrondi et assez avancé, ayant près de ce bord deux fossettes
rondes et très-marquées, un sillon longitudinal au milieu et deux autres fossettes moins profondes au milieu du bord postérieur ; ses côtés presque
droits avec les angles postérieurs brusquement tronqués. Écusson brun jaunâtre, arrondi, un peu plus étroit en arrière. Élytres beaucoup plus larges que
le corselet, d'un jaune foncé avec les bords et la suture plus obscurs, couvertes
de gros points enfoncés, assez bien rangés en lignes longitudinales, avec des
côtes peu élevées. Pattes robustes, noires, ponctuées, couvertes de duvet jaunâtre très-serré ; lamelles des tarses brunes. Crochets terminaux noirs.

Cet insecte, unique dans la collection de M. Dupont, vient des provinces
intérieures du Brésil.

3. S. GOUDOTII. *Fusco-niger, flavo-pubescens. Antennis obscure-fulvis. Scutello nigro. Elytris rugoso-punctatis , lineis longitudinalibus elevatis , castaneis
apice et lateribus dilutioribus , basi thoracis haud latioribus, sutura et margine
exteriori nigris. Solcis tarsorum pallide-flavis.* (Mas.) L. 0,017, l. 0,006:—
Columbia.

Mâle. Corps d'un brun noirâtre , couvert d'un duvet jaune d'ocre. Mandibules entièrement noires. Labre non échancré, ponctué, portant au milieu
une petite ligne élevée lisse. Antennes d'un fauve foncé, un peu brunâtres à
la base. Tête et corselet assez rugueux : un sillon transversal et arqué en
avant de la tête, entre les yeux. Corselet assez bombé en dessus et en avant,
beaucoup plus large que long , de forme triangulaire , avec le bord antérieur
un peu avancé et arrondi , muni d'une faible fossette transverse ou double,
ayant , en arrière seulement , un petit sillon longitudinal , et , près du bord
postérieur, deux faibles fossettes. Ses côtés d'abord droits et obliques , un
peu aplatis , et comme rebordés, avec les angles postérieurs brusquement
tronqués. Écusson noirâtre, rond et creusé au milieu. Élytres à peine plus
larges que le corselet à leur base , avec les angles huméraux peu saillants,
s'élargissant un peu en arrière , d'un brun marron tirant au fauve , avec les
bords et l'extrémité plus pâles ou d'un jaune d'ocre. Leur suture et leurs
bords sont finement rebordés , comme chez les espèces précédentes , mais ce
rebord est noir ; elles ont des côtes élevées un peu plus fortes, entre les-

quelles on voit de gros points enfoncés disposés en lignes près des côtes, mais sans ordre entre celles-ci. Pattes médiocrement robustes, noires, ponctuées et velues; lamelles des tarses d'un jaune très-pâle avec les crochets noirs.

Cette espèce a été découverte dans la Nouvelle-Grenade. Elle est très-voisine de la précédente, mais elle s'en distingue par son corselet moins élargi en arrière, par ses élytres à peine plus larges que le corselet, par les fossettes antérieures de celui-ci beaucoup moins profondes, par le bord inférieur de ses élytres noir, tandis que ce bord est de la couleur générale chez le S. *brunneus*.

4. S. PETROPHYA. *Fusco - castaneus, flavo - pubescens. Capite thoraceque obscurioribus. Scutello rotundato, sub-foveolato. Elytris pallidioribus elongatis, valde rugoso-punctatis, lineis longitudinalibus elevatis, basi thoracis valde latioribus, sutura margineque exteriori obscurioribus. Tibiis extus tuberculatis, soleis tarsorum pallide-flavis.* (Fem.) L. o,o13, l. o,oo6. — (F. 3, 6, 7, 9, 10, 12.) Amer. boreali.

Sandalus petrophya, Knoch, Neue, Beitr. zur. Insect. p. 131, pl. 5 (1801), et tous les auteurs qui ont copié. — *Rhipicera fulva*, De Laporte, Monogr. des Rhipicerites, Ann., Soc. Ent. de France, t. 3, p. 236 (1834). *Rhipicera proserpina*, Newman, Ent. Mag., t. 5 p. 383 (1838).

Femelle. Corps allongé, d'un brun marron plus ou moins foncé, couvert d'un rare duvet jaunâtre. Mandibules presque noires, avec la dent et le tranchant internes fauves. Labre échancré, ponctué, avec une faible élévation lisse au milieu. Antennes d'un brun plus ou moins foncé. Tête et corselet finement ponctués. Corselet très-court, presque deux fois plus large que long, à côtés obliques et droits, brusquement tronqué aux angles postérieurs, mais ayant cette troncature perpendiculaire au lieu de former un angle rentrant, comme dans les deux précédents. Il y a une fossette assez profonde en avant, une autre plus faible en arrière, quelques légers enfoncements qui rendent le corselet inégal, de chaque côté, et un sillon longitudinal assez marqué au milieu. Écusson rond avec deux fossettes au milieu. Élytres beaucoup plus larges que le corselet, très-allongées comparativement, un peu élargies en arrière, d'un brun un peu plus pâle, même jaunâtre dans quelques individus, avec des côtes peu élevées entre lesquelles il y a des gros points enfoncés assez alignés. Leur suture et le bord externe sont d'un brun plus foncé, et même noirs chez les individus moins pâles. Antennes et pattes de la couleur générale, avec le bord externe des jambes garni d'un double rang de tubercules, qui le rendent comme denticulé. Palettes des tarses d'un jaune très-pâle, les crochets terminaux fauves.

Cette espèce a été trouvée dans l'Amérique du Nord. Nous aurions été tenté de la regarder comme la femelle de l'une de celles que nous avons décrites précédemment, si leur habitat n'était pas aussi différent Nous en avons vu trois individus provenant tous des États-Unis : un dans la collection de M. Reiche, un autre dans celle de M. Buquet, et celui de la collection de M. Dupont, type de la description, sous le nom de *Rhipicera fulva*, de M. Delaporte de Castelnau.

L'espèce que M. Newman a décrite très-incomplétement dans l'*Entomogical*

Magazine, t. V, p. 383 (1838), semble être très-voisine, si ce n'est pas la même, de la femelle que nous venons de décrire. Cependant, comme il la rapporte au genre *Rhipicera*, il nous semblerait résulter de ce rapprochement que M. Newman lui a vu des antennes flabellées et en éventail, quoiqu'il ait eu grand soin de ne le dire ni dans sa diagnose latine, ni dans son texte anglais. En admettant cependant que son insecte ait les antennes flabellées, on pourrait penser que c'est peut-être le mâle du *S. petrophya*. Du reste, voici tout ce qu'en a dit M. Newman :

Rhipicera Proserpina. *Tota fusca, concolor : antennæ 11-articulatæ; caput prothoraxque crebre punctatæ, lanug'ne aurea brevissima tecta ; elytra rugosa atque profundè punctata, punctis confluentibus.* Corp. long. : 75 unc. ; lat. : 25 unc.

« Cet insecte a 11 articles aux antennes, et, sous les autres rapports, il ne s'accorde point avec le *G. Rhipicera* de Latr. Je n'aurais point hésité à en donner une nouvelle description avec des caractères détaillés, si je n'avais point su qu'un autre individu de structure semblable, extrait de la térébenthine brute par M. Raddon, était sur le point d'être décrit dans une liste des insectes de la térébenthine, par une plume plus habile que la mienne. Je pense que l'espèce ci-dessus décrite est unique; elle a été trouvée par M. Bracy-Clarck, qui l'a reçue de Wanborough, état des Illinois (Amérique septentrionale). J'ai jugé plus convenable de nommer cette espèce, parce que, ne s'étant pas trouvée dans la thérébentine, elle ne figure pas dans la liste de M. Raddon. »

II. Species Africanæ.

5. S. MYSTACINUS. *Nigro-cærulescens. Capite thoraceque punctatis. Thorace transversali, angulis posticis rectis, in medio linea longitudinali impressa. Scutello rotundato, postice punctato. Elytris valde rugoso-punctatis, lineis longitudinalibus elevatis, basi thoracis haud latioribus ; soleis tarsorum fuscis* (Mas.) L. 0,014, l. 0,004.—Prom. b. spei.

Melasis mystacina, Fab. Ent. Syst. t. 4, app. p. 445 (1794). *Ptyocerus mystacinus*, Thunberg, Nouv. mém. de l'Acad. Roy. des Sc. de Stock., t. 27, p. 5, pl. 2, fig. 1 à 6 (1806). *Microrhipis Dumerilii*, Guérin, Mag. de Zool. Ins. pl. 1 (1831). — *Ptiocerus mystacinus*, Delaporte, Ann. Soc. Ent. de France, t. 3, p. 262 (1834).

Mâle. Corps d'un noir un peu bleuâtre, surtout en dessus, garni d'un léger duvet grisâtre sur les côtes et en dessous. Mandibules et antennes noires. Labre un peu échancré, tête et corselet assez finement ponctués. Corselet plus large que long, élargi en arrière, un peu rebordé et presque droit sur les côtés, avec les angles postérieurs droits et peu tronqués. Il y a au milieu un sillon longitudinal ; son bord antérieur, un peu arrondi, se relève un peu au milieu, ce qui produit une fossette transversale assez grande. Il y a une autre fossette moins marquée en arrière. Écusson rond, lisse à sa base, ponctué ensuite. Élytres à peine un peu plus larges que la base du corselet, couvertes de gros points enfoncés, rangés en lignes près des côtes, celles-ci au nombre de trois, assez bien marquées, lisses. Pattes noires, garnies de poils grisâtres. Lamelles inférieures des tarses brunes.

Cet insecte, unique dans la collection du Muséum de Paris, a été trouvé au cap de Bonne-Espérance. Il va parfaitement à la description de Fabricius et à celle de Thunberg ; seulement ces auteurs doivent avoir vu un individu piqué immédiatement après son éclosion, car ils disent qu'il avait le dessous du corps plus pâle ou couleur de poix. Dans notre figure du Magasin de Zoologie, nous avons un peu trop allongé les palpes. Dans la nature, ils sont tout à fait semblables à ceux du *Sandalus Knochii.*

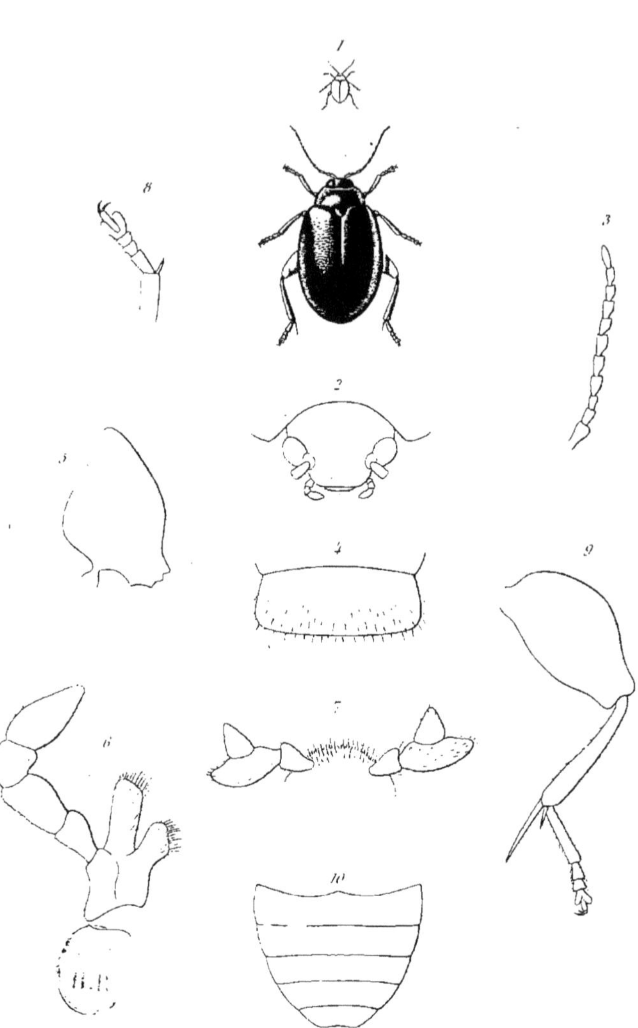

Scirtes.

G. SCIRTES (σκιρτάω, sauter).

Cyphon Payk. (1798), Fab. (1801); Elodes Latr. (1806).
SCIRTES Illig. (1807), Latr. (1817); Scyrtes Latr. (1829).

Corps (f. 1) arrondi ou ovalaire, peu épais.

Tête (f. 2) peu saillante, très-penchée, petite et arrondie. *Yeux* ronds, touchant presque le bord du corselet. *Antennes* (f. 3) fili-formes, un peu dentées, d'égale épaisseur, avec le premier article plus épais; le troisième le plus court et le moins épais; le second et les huit suivants de même longueur. *Labre* (f. 4) grand, trans-versal, recouvrant les mandibules et les mâchoires. *Mandibules* (f. 5) courtes, aplaties, triangulaires et peu pointues au bout. *Mâchoires* (f. 6) terminées par deux lobes saillants et aplatis, ci-liés au côté interne. *Palpes maxillaires* allongés, dépassant le la-bre, à dernier article plus grand, ovoïde allongé et un peu atté-nué au bout. *Lèvre inférieure* courte, arrondie. *Palpes labiaux* (f. 7) courts, épais, avec le second article, le plus grand, terminé un peu en pointe, et le troisième conique, inséré sur le milieu de la longueur du second.

Prothorax très-court, transversal, fortement élargi en arrière, avec les angles postérieurs aigus. *Prosternum* non saillant en pointe. *Écusson* triangulaire. *Élytres* peu coriaces, assez molles. *Ailes* grandes. *Pattes* courtes, simples. *Tarses* (f. 8) moins longs que les jambes, un peu aplatis, ayant le premier article plus long, les deux suivants presque égaux, le pénultième fortement bilobé et le der-nier assez court, plus mince et terminé par deux crochets simples. *Pattes postérieures* (f. 9) à cuisses très-épaisses, avec les jambes terminées par deux épines inégales, dont l'interne est en général aussi longue que le premier article du tarse.

Abdomen (f. 10) ovale élargi, composé de cinq articles dans les deux sexes.

Ce genre, qui ne diffère des Cyphons que parce qu'il est composé d'in-sectes sauteurs, a été distingué, en 1801, par Fabricius, puisqu'il a le premier formé, avec quelques espèces de Cyphons, son groupe des *Sal-tatoriis* (Syst. Eleuth., t. 1, p. 502). Latreille a suivi cet exemple dans son *Histoire naturelle des Insectes*, publiée de 1802 à 1805 dans le Buffon de Sonnini, et dans son *Genera Crustaceorum et Insectorum*, qui a paru en 1806, et ce n'est qu'en 1807 qu'Illiger, dans le volume 6ᵉ de son *Magazin fur Insectenkunde* (pag. 301 et 343), en faisant une révi-sion du *Systema Eleutheratorum* de Fabricius, a proposé de donner aux *Cyphones saltatorii* de cet auteur le nom générique de *Scirtes*.

Depuis cette époque la majorité des entomologistes a adopté ce genre. Latreille l'a admis dans le *Règne animal* de Cuvier (1ʳᵉ édit., 1817), Mais dans la seconde édition (1829), il l'a adopté tellement qu'il semble avoir oublié que c'est à Illiger qu'il est dû ; il en a un peu changé l'orthographe, en remplaçant l'i par un y, et il met sans hésitation *Scyrtes* Latr., ce qui a été adopté sans examen par les entomologistes de bonne composition qui craignent le travail, et, par conséquent, ne remontent jamais aux sources.

On ne connaît pas les métamorphoses de ces insectes ; ceux d'Europe se trouvent sur les feuilles des arbrisseaux et sautent avec une très-grande force.

Nous avons réparti les dix espèces que nous avons vues dans deux sections ainsi :

I. Corps hémisphérique, à peine d'un quart moins large que long. (Espèces 1 à 7.)

II. Corps ovalaire, de plus d'un tiers moins large que long. (Espèces 8 à 10.)

DESCRIPTION DES ESPÈCES.

I. Corpus hemisphæricum vix quarta parte longitudinis angustius.

1. S. HEMISPHÆRICUS. *Niger, pubescens ; subtilissime punctatus. Antennarum articulis duobus basalibus testaceis. Pedibus fusco fulvis, femoribus obscurioribus.* L. 0,003 à 0,003 1/2, l. 0,002 à 0,002 1/3. (F. 1 à 10.) — Europa.

Chrysomela hemisphærica, Lin., Syst. Nat., édit. 13, t. 2, p. 595 (1767). *Galleruca hemisphærica.* Fab. Ent. Syst., t. 1, part. 2, p. 34 (1792). *Cyphon hemisphæricus.* Payk. Faun. Succ., t. 2, p. 119 (1798). *Id.*, Schœn., Syn. Insect., t. 1, 2e partie, p. 323 (1808). *Elodes hemisphærica.* Latr. Genera Crust. et Ins., t. 1, p. 254 (1806). *Scirtes hemisphæricus* Stephens, Illustr. Brit. Entom., vol. 3, p. 282 (1830).

Corps assez bombé, d'un brun noirâtre, très-finement ponctué et couvert d'un fin duvet gris jaunâtre . Tête plus large que longue, brusquement rétrécie en avant ; yeux noirs ; antennes brun noirâtre avec les deux premiers articles d'un jaune pâle. Corselet noir enfumé, au moins deux fois plus large que long, arrondi sur les côtés, rétréci en avant, avec le bord antérieur concave, les angles postérieurs assez aigus, et le bord inférieur avancé en arrière et arrondi. Écusson triangulaire, assez grand. Élytres d'un noir enfumé, à côtés un peu transparents et brunâtres, très-finement rebordés. Pattes d'un brun plus ou moins fauve pâle, avec les cuisses un peu plus obscures.

Cette espèce est très-commune dans toute l'Europe. On la trouve sur les feuilles des saules et de quelques autres arbres bas, près des étangs et des rivières. Les individus provenant de Suède sont plus petits que ceux de l'Europe tempérée.

2. S. ORBICULARIS. *Testaceo-pallidus, pubescens subtilissime punctatus ; antennis apice sub-fuscis.* L. 0,003 1/2, l. 0,002 1/3. — Europa.

Altica orbicularis. Panzer Faun. Germ. fasc. 8 pl. 6 (1796 à 1805). *Cyphon orbicularis*, Schœnh. Syn. Ins., t. 1, 2e part., p. 323 (1808). *Scirtes pallescens*, Stephens, Illustr. Brit. Entom., vol. 3, p. 282 (1830).

Entièrement semblable au *S. hemisphæricus*, pour la forme et la taille. Corps assez bombé, d'un jaune testacé pâle, très-finement ponctué et couvert d'un fin duvet jaune qui lui donne un aspect soyeux. Antennes brunâtres, avec les trois premiers articles jaune pâle. Pattes d'un jaune pâle, avec le milieu des cuisses postérieures un peu obscur, ainsi que le dessous du thorax. Abdomen d'un jaune pâle.

Cette espèce est rare. On l'a trouvée en Angleterre, en Allemagne et aux environs de Paris. M. Aubé l'a prise à Fontainebleau, sur des herbes basses, au bord de la mare de Franchart.

3. S. TIBIALIS. *Niger pubescens subtilissime - punctatus. Antennis testaceis , apice sub-fuscis. Pedibus testaceis femoribus nigris.* L. 0,003 1/2, l. 0,002 1/2. —Carolina.

Corps noir, un peu enfumé sur les côtés des élytres et de l'abdomen, dans quelques individus, entièrement semblable à celui du *S. hemisphæricus* pour la forme et la taille. Antennes d'un jaune pâle, passant insensiblement au testacé brun vers l'extrémité , quelquefois entièrement jaunes dans les individus un peu pâles. Pattes d'un brun roussâtre, avec les cuisses noires ou d'un brun noirâtre.

Cette espèce remplace , dans l'Amérique du Nord, notre Scirte hémisphé-rique. A la première vue il est difficile de l'en distinguer, mais elle en dif-fère par deux caractères constants : la couleur pâle de ses antennes , qui ne s'obscurcit qu'au delà du milieu, et la coloration bien tranchée de ses pat-tes, dont les cuisses sont toujours noires ou d'un brun foncé très-différent du jaune roussâtre des jambes et des tarses.

Il est singulier que M. le comte Dejean, dans sa collection , ait rapporté cette espèce au *Cyphon orbiculatus* de Fabricius , dont nous transcrivons la description, page 6.

4. S. SUTURALIS. *Niger, nitidus , subtilissime-punctatus ,, antennis pallide-flavis apice sub-fuscis ; elytrorum sutura in medio fulva. Pedibus fulvo-testaceis, femoribus nigro-fuscis.* L. 0,002 2/3, l. 0,002. — America Bor.

Scyrtes suturalis, Catal. Dejean.

Il ressemble beaucoup à l'espèce précédente, mais il est plus petit , et le dessus de son corps est entièrement dépourvu de duvet. Ses antennes sont d'un jaune pâle, avec les quatre derniers articles brunâtres. Le corselet est entièrement noir et luisant. Les élytres sont d'un noir vif, avec la suture fauve, mais cette couleur n'atteint ni la base ni l'extrémité, et elle se fond un peu vers l'extérieur, au milieu. Les pattes sont d'un jaune fauve pâle , avec les cuisses noirâtres, à l'exception des genoux.

Cette jolie espèce est très-voisine du *Cyphon orbiculatus* de Fabricius, mais elle s'en distingue parce que les bords de son corselet ne sont pas ferrugi-neux , et parce que le rouge de la suture est plus étendu et ne forme pas un point au milieu. M. Dejean l'a reçue de l'Amérique septentrionale.

5. S. VARIEGATUS. *Fusco-niger, pubescens , subtilissime - punctatus. An-tennis pallide-flavis, apice sub-fuscis. Fronte, marginis anticis et lateralibus thoracis, parte anteriori elytrorum punctisque tribus transversalibus (uno suturali) flavis. Corpore infra pedibusque fusco-fulvis.* L, 0,003 1/2 : l. 0,002 3/4. — Ins. Borbonniæ ? Cayennæ ?

Scyrtes variegatus, Catal. Dejean.

Forme semblable à celle des précédents. Tête noire avec deux taches jaunes sur le front entre les yeux, ces taches réunies dans l'individu le plus pâle. Antennes d'un jaune pâle, avec les quatre ou cinq derniers articles d'un brun noirâtre. Corselet noir, largement bordé de jaune en avant et sur les côtés.

Élytres d'un brun noirâtre, plus foncé antérieurement, avec une bande transverse jaune à leur base , et trois petites taches de la même couleur à leur
tiers antérieur : les deux latérales transverses et touchant le bord externe ,
la médiane sur la suture , située un peu plus bas que les latérales. Dessous du
corps et pattes d'un fauve plus ou moins obscur.

L'habitation de cette jolie espèce est douteuse. Il y en a deux individus
dans la collection de M. de Brême , l'un provient de la collection Latreille,
et porte pour habitat : *Bourbon* ? L'autre a été rapporté par M. Lacordaire ,
et porte : *Cayenne* ?

6. S. LIGNEUS. *Fulvus , nitidus , thorace maculis quatuor nigris extùs arcuatis. Elytris nigris, basi , sutura, fasciis macularibus duabus apiceque fulvis.
Pedibus fulvis.* L. 0,006, l. 0,004. — Bolivia.

Scyrtes ligneus, Blanchard , Voy. de d'Orb. dans l'Am. mér., Ins. pl. 7, f. 10.

Tête d'un jaune fauve, avec deux taches noires sur le vertex. Corselet de
la même couleur , avec quatre taches noires en forme de croissants, dont les
pointes sont tournées du côté externe. Écusson fauve. Élytres finement ponctuées , un peu pubescentes, noires, avec la base, la suture, deux bandes maculaires transverses formées de taches oblongues et irrégulières, et l'extrémité
d'un jaune fauve. Pattes et dessous du corps d'un jaune fauve, avec les jambes
postérieures et le premier article des tarses d'un fauve brunâtre.

Découvert en Bolivie, par M. Alc. d'Orbigny.

7. S. PICTUS. *Flavus , nitidus , subtilissime rugosulus. Capite immaculato,
oculis nigris. Antennis fuscis , articulis tribus basalibus flavis. Thorace transverso maculis fuscis vix distinctis. Elytris basi punctis quatuor macula trans-
versa majori interjecta , infraque quinque majoribus nigris notatis (2. 2. 1.).
Corpore infra pedibusque flavo-ferrugineis.* L. 0,005, l. 0,003 1/2. — India
Orient.

Galleruca picta, Fab. Ent. Syst., t. 1, part. 2, p. 26 (1792). *Chrysomela picta*, Fab.
Syst. Eleuth., t. 1, p. 446 (1801).

Corps un peu aplati, orbiculaire, d'un jaune ferrugineux. Tête sans taches,
avec les yeux noirs. Antennes brunâtres, avec les trois premiers articles jaunes. Corselet transversal semblable à celui des autres espèces , offrant six
faibles points bruns, quatre au milieu et un de chaque côté. Écusson triangulaire , assez grand. Élytres très-finement chagrinées , luisantes, jaunes,
offrant chacune deux petits points inégaux à la base, une grande tache transverse arquée, plus étroite vers la suture, puis, sous celle-ci, deux petits points
et ensuite cinq plus gros points, d'un noir vif. Les cinq derniers points sont
disposés ainsi : deux au milieu, dont l'externe prolongé jusqu'au bord latéral , deux autres au quart postérieur, tous deux libres , et le cinquième près
de l'angle postérieur. Dessous du corps et pattes tomenteux , de la couleur
générale.

Cette belle espèce vient des Indes-Orientales. Fabricius l'avait reçue de
Tranquebar.

II. Corpus ovatum, paulo plus tertia parte longitudinis angustior.

8. S. PRÆUSTUS. *Flavo-ferrugineus. Capite immaculato, oculis nigris ; antennis obscure-fuscis. Thorace transverso , subtilissime-punctato. Elytris oblon-*

gis , marginatis , tenuissime-rugosis , apice fuscis. Pedibus fuscis femoribus basi ferrugineis. L. 0,005, l. 0,003. — Bolivia

Corps d'un jaune ferrugineux. Tête et corselet sans taches, très-finement ponctués. Antennes entièrement d'un brun noirâtre, yeux noirs. Corselet transversal, rétréci en avant, avec le bord antérieur fortement échancre pour recevoir la tête, et le bord postérieur arrondi, mais peu saillant en arrière. Écusson assez grand, triangulaire. Élytres allongées, très-finement chagrinées , assez rebordées , peu tomenteuses en arrière et sur les côtés, avec la moitié postérieure d'un brun noirâtre fondu à partir du milieu. Dessous plus pâle , avec l'extrémité de l'abdomen tirant au brun noirâtre. Pattes d'un brun noirâtre , avec la base des cuisses jaune ferrugineux.

Trouvé en Bolivie.

9. S. SENEGALENSIS. *Fusco-ferrugineus , flavo-tomentosus , subtilissime-rugosulus. Capite thoraceque fusco-castaneis. Antennis obscure-fuscis , articulo primo ferrugineo. Abdomine apice fusco. Pedibus ferrugineis , tibiis tarsisque duorum parium anticis , femoribus posterioribus apice fuscis. L. 0,006, l. 0,003 1/3. — Senegalia.*

Cyphon senegalensis, Catal. Dejean.

Corps d'un brun ferrugineux , couvert d'un duvet gris jaunâtre. Tête et corselet d'un brun marron, très-finement rugueux; yeux noirs. Antennes brunes ou noirâtres, avec le premier article seulement fauve ferrugineux. Élytres très-finement rugueuses, faiblement rebordées; dessous du corps fauve , avec l'extrémité de l'abdomen un peu brune. Pattes ferrugineuses , les jambes et les tarses des quatre premières, et l'extrémité des cuisses des postérieures d'un brun noirâtre.

Du Sénégal. Cette espèce, unique dans la collection de M. Dejean, avait été classée par lui parmi les Cyphons. La seule patte postérieure qui lui reste prouve qu'elle va dans le genre *Scirtes.*

10. S. BREMEI. *Castaneo - niger, flavo-tomentosus , subtilissime rugosus. Antennis palpisque concoloribus, vertice fulvo-ferrugineo. Basi abdominis et femoris fulvis. L. 0,005, l. 0,003. — Senegalia.*

Corps d'un brun-marron presque noir. Tête brune à vertex ferrugineux fauve, avec les yeux, les antennes en entier et les palpes noirâtres. Corselet transversal , finement chagriné , à bord postérieur, très - finement bordé de roux ferrugineux. Écusson d'un brun un peu ferrugineux. Élytres finement chagrinées, couvertes d'un duvet gris jaunâtre couché, avec les bords et l'extrémité tirant un peu au brun fauve. Dessous brun noirâtre, avec la base de l'abdomen et le dessous des cuisses d'un brun fauve.

Du Sénégal. Nous l'avons dédié à M. de Brême , qui nous a communiqué sa riche collection avec la plus grande générosité.

ESPÈCES DOUTEUSES.

11. S. LIVIDUS. *Suborbiculatus fusco-testaceus , flavo-pubescens , subtilissime rugoso-punctatus. Antennis articulis duobus primis testaceis. Thorace-fulvomarginato. Scutello fulvo. Abdomine pallide-flavo. Pedibus anterioribus testaceis L. 0,004 1/2, l. 0,003. — II. Mauritiæ.*

Scyrtes lividus, Catal. Dejean.

Il ressemble beaucoup au *S. orbicularis*, mais il est plus grand et plus allongé, relativement à sa largeur. Tête, corselet et élytres finement chagrinés, d'un jaune un peu ferrugineux et sale. Les deux premiers articles des antennes d'un jaune pâle (les autres manquent). Bords du corselet et écusson d'un fauve plus clair. Dessous d'un brun jaunâtre, avec l'abdomen jaune pâle. Pattes antérieures et intermédiaires testacées (les postérieures manquent).

Cette espèce vient de l'île Maurice, anciennement Ile de France, et provient de la collection de Latreille. Le seul individu conservé dans la collection Dejean est mutilé et manque de pattes postérieures, ce qui nous oblige à ne l'admettre dans le genre des Scirtes qu'avec doute.

12. S. ORBICULATUS. Cyphon orbiculatus. *Saltatorius, niger, thoracis margine elytrorumque puncto suturali ferrugineis.*

Statura omnino et magnitudo praecedentis. (*C. hemisphæricus*), at distinctus; thoracis margine punctoque in medio suturæ elytrorum ferrugineis. Pedes ferruginei. (Fabr. Syst. Eleuth. t. I, p. 5o3.)

13. S. COMPRESSICORNIS. Cyphon compressicornis. *Saltatorius, fuscus, antennis compressis nigris.*

Hab. in America Meridionali. D. Smith. Mus. de Sehestedt.

Paulo major C. hemisphærico. Antennæ valde compressæ, nigræ, articulo primo pallido. Thorax depressus, fuscus. Elytra fusca, lanugine cinerea substriata. Pedes nigri. — (Fabr. *ibid.*)

14. S. FASCIATUS. Cyphon fasciatus. *Saltatorius, ater, elytris fasciis duabus fulvis.*

Hab. in America. D. Smith. Mus. de Sehestedt.

Corpus parvum, atrum. Thorax limbo subferrugineo. Elytra lœvia, glabra, atra, fasciis duabus distinctis fulvis. (Fabr. *ibid.*)

15. S. TESTACEUS. Cyphon testaceus; *Saltatorius, pallide-testaceus, antennis nigricantibus.*

Hab. in Amer. Merid. D. Smith. Mus. D. Lund.

Præcedentibus paulo major et longior. Antennæ nigræ, basi pallidæ. Caput, thorax, elytra pallide testacea, immaculata. Corpus pallidum, femoribus incrassatis. (Fab. *ibid.*)

16. S. DEPRESSUS. Cyphon depressus. *Orbiculatus, depressus, griseus, antennis nigris.*

Hab. in Amer. Merid. D. Smidt. Mus. D. De Sehestedt.

f Statura præcedentis, at minor fere orbiculatus, depressus, griseus, femora postica valde incrassata. (Fab. *ibid*, p. 5o4.)

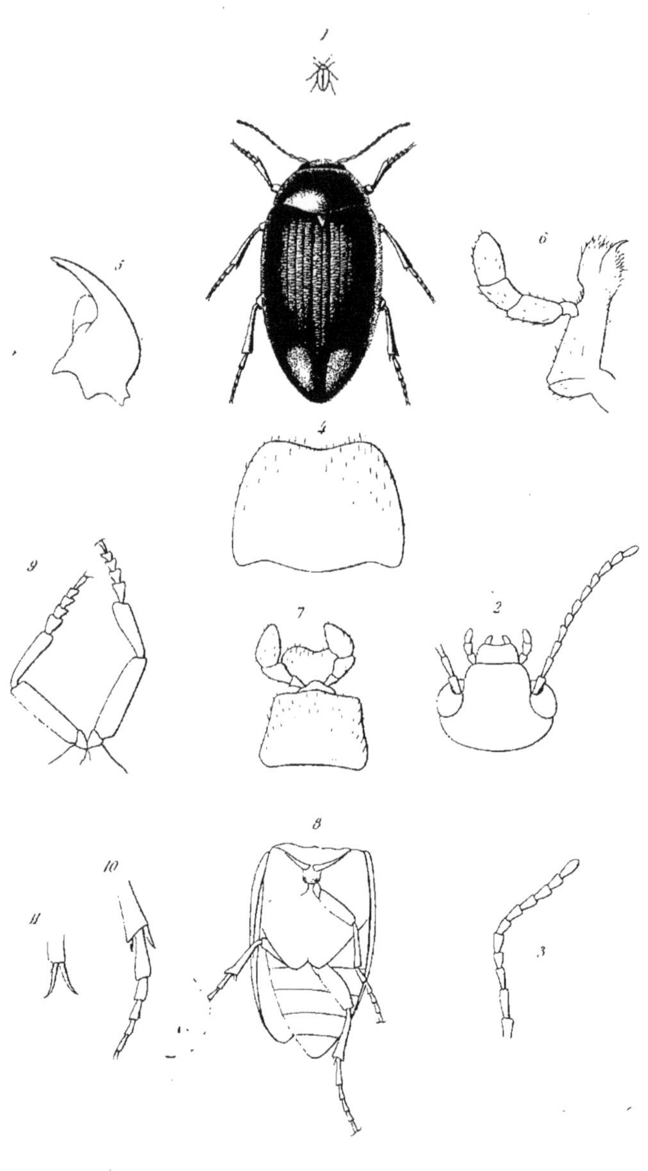

Eucinctus.

Lebrun sc.   N. Remond imp.

G. **EUCINETUS** (εὐκίνητος , mobile , agile).

Scaphidium? Germar et Zincken (1818). EUCINETUS, Germar
(1818 à 1829). Nycteus, Latreille (1829).

Corps (f. 1) en ovale un peu allongé , assez épais.

Tête (f. 2) peu saillante, très-penchée, petite et arrondie.
Yeux ronds , saillants , un peu échancrés en avant pour l'insertion
des antennes, touchant le bord antérieur du corselet. *Antennes*
(f. 3) filiformes , beaucoup plus courtes que le corps , d'égale
épaisseur, avec le premier article un peu plus épais, le second plus
long, les autres un peu plus courts et presque égaux. *Labre* (f. 4)
grand, recouvrant les mandibules et les mâchoires. *Mandibules*
(f. 5) courtes, très-arquées, larges et aplaties à leur base, atténuées et bidentées au bout, avec un lobe membraneux et cilié au
milieu du côté interne. *Mâchoires* (f. 6) terminées par deux lobes
égaux, allongés et arrondis au bout, ciliés au côté intérieur, avec
l'extrémité du lobe interne armée d'un fort onglet corné. *Palpes
maxillaires* assez allongés , dépassant le labre , épais , avec le premier article très-court et très-étroit ; le second brusquement plus
large , allongé ; le troisième plus court que le second, et le dernier
de la longueur du second , un peu élargi au milieu et brusquement
atténué au bout. *Lèvre inférieure* (f. 7) de forme sub-carrée, un
peu plus large en arrière , avec des paraglosses assez larges réunies
et un peu échancrées au milieu. *Palpes labiaux* courts , épais, ayant
le premier article très-petit et très-mince ; le second brusquement
élargi , et le troisième plus épais, ovoïde et un peu atténué au bout.

Prothorax court, transversal , fortement élargi en arrière, très-
penché en avant, avec les angles postérieurs assez aigus. *Prosternum* non saillant, en pointe. *Hanches postérieures* (f. 8) soudées
aux flancs et formant deux lamelles sous lesquelles les cuisses postérieures peuvent se cacher (comme dans les *Haliplus*). *Écusson*
petit, triangulaire. *Élytres* coriaces, allongées. *Ailes* grandes.
Pattes simples , tarses (f. 9 , 10) au moins aussi longs que les
jambes ; les antérieurs et intermédiaires un peu aplatis, à premier
article un peu plus long et plus large, les autres diminuant insensiblement, et le dernier plus mince et plus allongé, terminé par
deux crochets simples; tarses postérieurs (f. 10, 11) plus longs,
moins aplatis, avec les deux premiers articles plus épais, les trois
suivants minces et égaux, et les crochets terminaux en partie
cachés dans des cils allongés.

Abdomen large à sa base, atténué au bout, et composé de cinq
articles dans les deux sexes.

L'inflexible loi de la priorité nous impose l'obligation de restituer à ce
genre le nom qui lui a été assigné, de 1818 à 1829, par Germar (Fauna
Insect. Europæ, fasc. V, tab. 11), avant la publication du Règne animal,
dont la première édition a paru seulement en 1829. Du reste, Latreille
est évidemment postérieur à Germar, puisqu'il le cite dans le Règne animal

Quant au nom de l'espèce type, il est évident aussi que l'on doit conserver celui que M. Germar a adopté en 1818, dans le Magasin d'entomologie, t. III, p. 255. Nous ne devons donc pas nous occuper de la dénomination de *Nyctœus hœmorrhous* attribuée à M. Ziegler, car c'est un de ces nombreux noms de collections.

1. E. HÆMORRHOIDALIS. *Ovatus, convexus, nitidus, niger, tenuissime sericeo-pubescens. Antennis pedibusque fulvo-piceis. Elytris striatis subtilissime transversim strigosis, apice fulvis.* L. 0,003 1⁄2, l. 0,002. (F. 1 à 11.)—Gallia. Germania, etc.

Scaphidium ? hœmorrhoidalis, Germar et Zincken, Mag. der Entom., t. 3, p. 255 (1818). *Eucinetus hœmorrhoidalis*, Germar, Faun. Ins. Europæ, fasc. V, tab. II (1818 à 1829). *Nycteus hœmorrhous*, De Castelnau, Hist. Nat. des An. Art. (Buffon Dumesnil), Col., t. 1, p. 260 (1840).

Corps ovalaire d'un noir vif et luisant, couvert d'un très-léger duvet soyeux et grisâtre. Tête et corselet finement ponctués, très-penchés en avant ; tête assez élargie, brusquement rétrécie antérieurement, avec les parties de la bouche d'un fauve pâle. Antennes un peu plus longues que la tête et le corselet, d'un brun de poix, avec la base plus pâle Corselet convexe, transversal, à côtés arrondis. Écusson triangulaire. Élytres de la largeur de la base du corselet, un peu élargies au milieu, et terminées en pointe arrondie. Elles ont de faibles stries longitudinales, entre lesquelles on voit un grand nombre de petites stries transverses et très-rapprochées. La strie la plus rapprochée de la suture est plus forte que les autres. Leur extrémité est fauve. Pattes assez courtes, d'un brun marron, plus pâle et fauve aux articulations et aux tarses.

Cet insecte vit, suivant Germar, dans les bolets. Il a été trouvé aux environs de Paris, près de Chinon, où M. Crémière en a pris un grand nombre d'individus, et en Allemagne.

2. E. MERIDIONALIS. *Ovatus, convexus, nitidus, niger, tenuissime-sericeo-pubescens. Antennis pedibusque fulvo-piceis. Abdomine flavo. Elytris striatis, subtilissime rugoso-punctatis.* L. 0,004, l. 0,002 1⁄3. Gallia mérid., Hispania, Lusitania.

Nycteus meridionalis de Castelnau, Rev. Ent. de Silbermann, t. 4 p. 25 (1836), et Buffon Dumesnil, col., t. 1, p. 261 (1840).

Corps ovalaire, d'un noir vif et luisant, couvert d'un très-léger duvet grisâtre. Tête et corselet finement ponctués. Bouche fauve. Antennes brunes, à base plus ou moins fauve. Élytres faiblement striées, avec la strie suturale mieux marquée, entièrement couvertes d'une fine rugosité produite par des points enfoncés et irréguliers. Pattes fauves plus ou moins foncées. Abdomen d'un jaune pâle sur les bords, tirant un peu au fauve au milieu.

Il y a des variétés chez lesquelles les bords et l'extrémité des élytres sont un peu brunâtres. Nous avons vu, dans la collection de M. de Brême, acquise à M. Dejean, une variété provenant du Portugal et qui est entièrement d'un testacé pâle. Cette dernière a été nommée *Nycteus testaceus*, dans le catalogue de M. Dejean ; les individus types portent dans ce même catalogue le nom également inédit de *Nycteus Hispanicus*.

Cette espèce diffère de la précédente par une taille un peu plus forte, par l'absence de petites stries transverses sur les élytres, par son ventre jaune et par l'absence de taches fauves bien limitées à l'extrémité des élytres. Elle a été prise dans le midi de la France, en Espagne et en Portugal.

Février 1843. Nº 5.
Ptyocerus.

G. **PTYOCERUS** (πτύξ, pli, ride ; κέρας, corne).

PTYOCERUS. Delaporte de Castelnau (1834).

CORPS (f. 1) cylindracé, épais, allongé.

TÊTE (f. 5, 11) saillante, un peu inclinée, à peine élargie en arrière. *Yeux* ronds, très-saillants, distants du bord du corselet. *Antennes* (f. 4) insérées près de la bouche, flabellées, de onze articles, ayant les neuf derniers articles prolongés chacun en un rameau épais, arrondi, environ de moitié moins longs que toute l'antenne dans les mâles. *Labre* étroit, saillant, placé entre les mandibules, soudé au chaperon et un peu échancré au milieu du bord antérieur. *Mandibules* (f. 3, 5, 10, 11) fortes, arquées, uni ou multidentées au côté interne. *Mâchoires* (f. 6 *a*) terminées par un lobe assez allongé et fortement cilié au côté interne. *Palpes maxillaires* longs, dépassant l'extrémité des mandibules, avec le dernier article plus grand, plus épais que les précédents et ovoïde (f. 6 *b*), ou de la même épaisseur et cylindroïde (f. 12). *Lèvre inférieure* (f. 6 *c*) petite, un peu rétrécie en avant et tronquée au bout. *Palpes labiaux* plus courts que les maxillaires, à dernier article ovoïde allongé ou cylindroïde, et un peu plus long que le précédent.

PROTHORAX (f. 2 et 7) de forme subconique, plus étroit et arrondi en avant. *Prosternum* non saillant en pointe en arrière. *Écusson* arrondi. *Élytres* coriaces, allongées. *Ailes* grandes. *Pattes* assez robustes, simples. *Tarses* (f. 8, 9, 13) à peu près de la longueur des jambes, avec les quatre premiers articles un peu aplatis, garnis chacun en dessous de deux lamelles membraneuses aplaties et ovalaires, le cinquième article allongé, terminé par deux crochets simples, entre lesquels il y a un petit appendice cilié.

ABDOMEN allongé, composé de cinq segments dans les mâles.

Les insectes qui composent ce genre n'ont aucun rapport avec ceux que Thunberg et Hoffmansegg ont nommés ainsi, car le premier genre était formé avec une espèce de *Sandalus*, et le second avec le *Rhipicera Druræi;* cependant, comme ce nom est bon et qu'il se trouvait supprimé par suite de la réunion à d'autres genres des deux insectes pour lesquels il a été proposé primitivement, nous avons cru devoir le conserver en l'appliquant aux coléoptères que M. Delaporte de Castelnau avait réunis au genre *Ptyocerus* de Thunberg.

Cet entomologiste, en tirant le genre *Ptyocerus* de l'oubli, l'a composé de l'espèce que Thunberg avait nommée ainsi, mais en altérant ce nom qu'il écrit *Ptiocerus*, et de trois autres espèces. Il l'a partagé en deux divisions basées sur des caractères faux, et qui lui ont fait placer au commencement et à la fin du genre les deux espèces de *Sandalus*. Dans sa première division, il établit deux coupes sur des caractères également faux ou inutiles. La coupe A, formée avec le *Sandalus mystacinus*, est caractérisée ainsi : *Mandibules non dentelées au côté externe, palpes maxillaires à dernier article aussi grand que les autres réunis;* et la coupe B, formée avec les deux espèces qui restent dans notre genre *Ptyocerus*, a pour caractères : *Mandibules dentelées intérieurement, palpes maxillaires à deuxième article beaucoup plus grand que les autres.* En effet, les mandibules de tout le genre *Ptyocerus*, tel que le conçoit M. Delaporte, ne sont point dentelées au côté externe; les palpes maxillaires de toutes les espèces sont terminés par un article plus grand, mais non pas plus grand que les autres réunis, et nous n'avons vu dans aucune espèce le deuxième article de ces mêmes palpes beaucoup plus grand que les autres, car il est toujours beaucoup moins grand que le dernier.

Dans l'Histoire naturelle des Coléoptères (Buffon Dumesnil, t. I, p. 256, 1840), M. le comte de Castelnau ne forme plus son genre *Ptyocerus* que de trois espèces, savoir : les deux *Sandalus* et une espèce qui ne figurait pas dans sa Monographie des Rhipicérites, et qu'il décrit sous le nom de *Ptyocerus vestitus*. Cette dernière n'est autre que le *Rhipicera vestita* de M. Gory.

Le genre Ptyocerus, tel que nous le caractérisons, est actuellement formé de quatre espèces africaines, dont nous ne connaissons que des individus mâles. On peut le partager en deux coupes ainsi qu'il suit :

I. Palpes épais, à dernier article ovoïde (f. 3, 5, 6, 10). Espèces 1 à 3.

II. Palpes grêles, à dernier article cylindroïde (f. 11, 12). Espèce 4.

Les mœurs de ces insectes sont encore totalement inconnues, et ils sont très-rares dans les collections. Nous avons pu faire notre travail sur les individus de la collection de M. Gory qui ont servi à M. de Castelnau pour ses descriptions.

DESCRIPTION DES ESPÈCES.

I. Palpi crassi, articulus ultimus ovoidus (f. 3, 5, 6, 10). (*S.-G. Ptyocerus* propr. dict.).

1. P. Goryi. *Fusco-ferrugineus, valde flavo-pubescens. Mandibulis intus bidentatis. Antennis nigro-fuscis. Thorace transverso, linea media longitudinali impresso, obscure maculato. Scutello ovato, postice attenuato. Elytris valde punctatis, longitudinaliter tricostatis, fasciis irregularibus interruptis fuscis.*— L 0,014, l 0,004 1/2 (f. 4 à 9).— Cap. B. Sp.

Ptiocerus Goryi, Delaporte, Ann. Soc. Ent. de France, t. 3, p. 264, pl. 11, f. 5.

Corps d'un brun tirant au fauve, entièrement couvert d'un duvet jaunâtre très-serré. Tête un peu excavée en avant, ayant une élévation de chaque côté en avant pour l'insertion des antennes. Mandibules velues à la base seulement, d'un brun presque noir, brusquement arquées et pointues au bout, avec deux fortes dents au côté interne : la dent inférieure tronquée et même échancrée au sommet. Antennes et yeux noirâtres. Corselet un peu plus large que long, à côtés droits et parallèles en arrière, ensuite rétréci en avant, avec le bord antérieur peu arrondi, un peu échancré au milieu, un peu relevé et formant comme un faible bourrelet ; le bord postérieur bisinué, avec une petite avance un peu échancrée au milieu, vis-à-vis l'écusson ; le milieu offre un sillon longitudinal très-marqué, atteignant les deux extrémités ; il est entièrement couvert de poils jaunâtres et offre de chaque côté une assez grande tache de forme circulaire et produite par des poils bruns. Écusson ovalaire un peu atténué en arrière. Élytres allongées, ayant à peine trois fois la longueur du corselet, plus larges que le corselet à leur base, à angles huméraux un peu saillants, fortement ponctuées, rebordées, avec trois côtes longitudinales peu élevées, obliques : celle qui avoisine la suture est courte, réunie à la seconde en arrière, au delà du milieu, et la seconde anastomosée avec la troisième, avant d'arriver à l'extrémité. Ces élytres entièrement couvertes de duvet jaunâtre soyeux, avec la base plus obscure et trois ou quatre bandes transversales maculaires et irrégulières au milieu, formées par un duvet brun. Pattes de grandeur moyenne, velues, avec les jambes terminées par deux épines courtes. Lamelles des tarses d'un jaune pâle.

Du cap de Bonne-Espérance, unique dans la collection de M. Gory.

2. P. ATTENUATUS. *Fusco-ferrugineus, albo-pubescens. Antennis fusco-ferrugineis, mandibulis nigris intus ferrugineis, sub unidentatis. Thorace subquadrato antice attenuato, fusco, lateribus vittaque mediana albis. Scutello ovato, alba. Elytris elongatis, punctatis, postice attenuatis, longitudinaliter, tri-costatis, griseo tomentosis, vittis tribus punctorum fuscorum ornatis.* — L. 0,012 : l. 0,003 2l3 (f. 1 à 3). — Cap. B. Sp.

Ptiocerus attenuatus, Delaporte, Ann. Soc. Ent. de France, t. 3, p. 263, pl. II. f. 4 (1834).

Corps d'un brun fauve, entièrement couvert d'un duvet blanchâtre, plus serré en dessous. Tête un peu excavée en avant, couverte de poils brun rougeâtre en dessus, gris blanchâtre sur les côtés et dessous. Mandibules presque droites, assez larges à leur base, peu arquées et pointues au bout, noires avec le côté interne fauve et n'offrant à leur base qu'une faible dent arrondie et peu saillante. Antennes et palpes rougeâtres. Yeux ronds, noirs. Corselet à peu près aussi long que large, insensiblement rétréci de la base au sommet, à côtés droits et formant un trapèze, couvert de poils d'un brun rougeâtre en dessus, avec les côtés largement bordés de blanc et une petite bande longitudinale également formés de poils blancs au milieu, couvrant un faible sillon médian. Écusson ovalaire, couvert de duvet blanc. Élytres allongées, ayant plus de trois fois la longueur du corselet, un peu plus larges que le corselet à leur base, fortement ponctuées, avec trois côtes longitudinales obliques, qui ne se réunissent pas entre elles en arrière, ces élytres insensiblement rétrécies en arrière ou atténuées. Elles sont entièrement couvertes de poils d'un brun fauve mêlés de poils blancs, ce qui leur donne un aspect cendré, et elles offrent trois séries longitudinales de gros points oblongs, de couleur marron, placés sur les côtes. Pattes assez grêles, de la couleur du corps et couvertes de poils gris. Palette des tarses jaunâtre.

Du cap de Bonne-Espérance. Unique dans la collection de M. Gory.

3. P. NEBULOSUS. *Fusco-castaneus, griseo-pubescens ; antennis nigricantibus ; mandibulis nigris intus basi unidentatis. Thorace subquadrato antice attenuato, linea media longitudinali impresso duabusque foveis utroque notato. Scutello rotundato griseo. Elytris valde punctatis, postice attenuatis, longitudinaliter tri-costatis, griseo-tomentosis fasciis duabus latis integris fuscis.* — L. 0,010, 1. 0,003 (f. 10). — Cap. B. Sp.

Demodocus nebulosus, Klugii Mss., coll. de Brême.

Corps d'un brun marron foncé, couvert d'un duvet gris cendré, plus serré en dessous et tirant au jaunâtre sur l'abdomen. Tête un peu aplatie en devant, brune ; antennes et mandibules noirâtres. Mandibules fortement arquées et pointues au bout, avec une forte dent aiguë à la base interne. Corselet à peu près aussi long que large, insensiblement rétréci de la base au sommet, ayant un petit sillon au milieu, et, de chaque côté, une faible fossette transversale au milieu de sa longueur, produisant une faible bosse sur les bords latéraux. Il est brun avec les côtés et une assez large bande au milieu grisâtre. Écusson rond, gris. Élytres allongées, ayant plus de trois fois la longueur du corselet, plus larges que le corselet à leur base, fortement ponctuées, avec trois côtes longitudinales réunies entre elles en arrière, comme dans le *P. Goryi*, ces élytres rétrécies en arrière, couvertes de poils gris laissant au milieu deux larges bandes transversales brunes. Pattes assez grêles, brunes et couvertes de poils gris. Lamelles des tarses d'un brun jaunâtre.

II. Palpi graciles, articulus ultimus cylindroidus (f. 11 , 12). (S.-G. *Demodocus* (1).

4. P. CAPENSIS. *Fusco-castaneus, griseo-pubescens, mandibulis nigris, rectis apice arcuatis, intus basi sub-unidentatis. Thorace transverso, antice attenuato, linea media longitudinali impresso. Scutello griseo. Elytris valde elongatis, postice attenuatis, longitudinaliter quinque cost tis, griseo-tomentosis, fasciis duabus macularibus apiceque fuscis.* — L. 0,017, 1. 0,005. (f. 11 à 13). — Cap. B. Sp.

Chamœrhipis capensis, Coll. Reiche.

Corps d'un brun marron, entièrement couvert d'un duvet gris cendré. Mandibules noires, rapprochées, droites et brusquement arquées au bout, à pointes mousses et comme usées, avec une assez faible dent obtuse à la base interne. Yeux noirs, luisants et très-saillants. Antennes brunes, à premier article assez allongé, le second très-court (les autres manquent). Corselet très-petit relativement aux élytres, plus large que long, en forme de trapèze, rétréci en avant avec les côtés droits et obliques, le bord antérieur un peu arrondi et assez relevé en bourrelet, et un sillon longitudinal au milieu. Il est entièrement couvert de poils gris et présente en avant deux petites fossettes

---

(1) Nom d'homme.

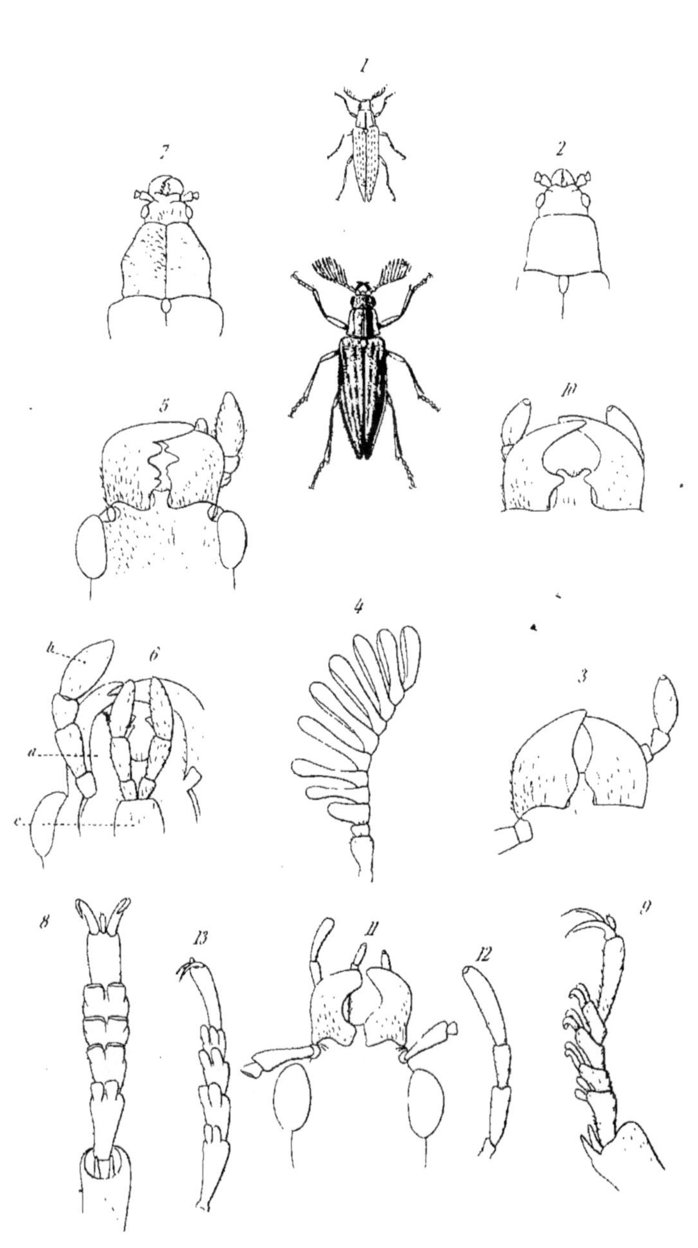

Ptyocerus.

arrondies. Écusson ovalaire, un peu plus étroit en arrière et gris. Élytres beaucoup plus larges que le corselet à leur base, très-allongées, ayant plus de cinq fois la longueur du corselet, offrant chacune cinq côtes longitudinales un peu obliques, la première, courte, partant de la base suivant la suture et se terminant avant le milieu ; les seconde et troisième, les quatrième et cinquième réunies par paires en arrière, prolongées en deux côtes qui se réunissent entre elles avant d'arriver à l'extrémité. Les élytres sont fortement ponctuées entre ces côtes, couvertes de poils cendrés ; elles offrent au milieu deux larges bandes maculaires brunes, un peu arquées, produites par la saillie des côtes qui est seule de cette couleur, et leur extrémité est également brune ou tachée de brun. Pattes assez grêles, brunes, couvertes de duvet gris. Palettes des tarses d'un jaune fauve.

Quoique nous n'ayons pas vu les antennes de cet insecte et quoique ses palpes diffèrent assez notablement de ceux des trois espèces précédentes, nous n'avons pas cru devoir en former un autre genre. Il est unique dans la collection de M. Reiche et vient du cap de Bonne-Espérance.

Février 1843. N° 6.

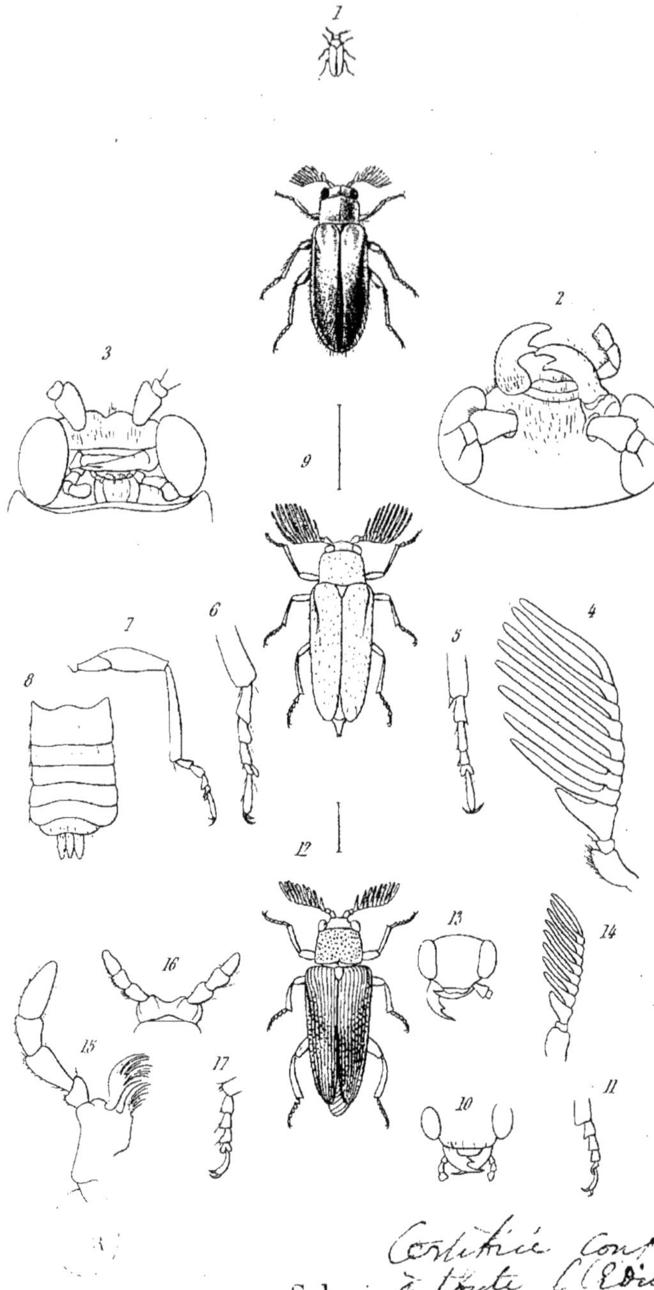

Selasia

Annedouche sc. N. Remond imp.

Certifiée conforme à toute l'Édition

G. **SELASIA** (σέλας, éclat, feu, éclair).

SELASIA. Delaporte de Castelnau, 1836.

CORPS (f. 1 , 9 , 12) oblong , un peu aplati.

TÊTE (f. 2, 3 , 10 , 13) saillante, mais enfoncée dans le corselet jusqu'aux yeux , plus large que longue. *Yeux* grands, ronds, saillants. *Antennes* (f. 4 , 14) flabellées, de onze articles , ayant le troisième article épais, prolongé au côté interne, et les huit suivants courts, fortement prolongés en dedans en rameaux ou lamelles dont la longueur varie suivant les espèces. *Labre* court, large, un peu échancré au milieu , ne couvrant pas entièrement les mandibules quand elles sont fermées. *Mandibules* assez grandes, arquées, fortement bidentées au bout. *Mâchoires* (f. 15) terminées par deux lobes membraneux, inégaux et ciliés au bout. *Palpes maxillaires* assez allongés, à second et quatrième articles plus longs que les autres, égaux entre eux en longueur : le troisième tronqué un peu obliquement au bout (f. 2) , ou de forme ovalaire allongée et terminé presque en pointe. *Lèvre inférieure* (f. 3 et 16) petite, de forme carrée , plus large que longue, à paraglosses peu développées , ne dépassant pas la base du premier article des palpes labiaux et sans appendices. *Palpes labiaux* petits et courts, ayant leurs trois articles égaux en longueur, avec le dernier terminé en pointe mousse

PROTHORAX en carré transversal , un peu arrondi en dessus. *Écusson* triangulaire , avec les côtés un peu arrondis chez l'espèce de la deuxième division. *Élytres* de consistance peu coriace, presque molles comme celles des Lampyrides, allongées et un peu divergentes au bout. *Ailes* grandes, larges. *Pattes* (f. 7) médiocres, simples. *Tarses* (f. 5 , 6 , 7 , 11 , 17) un peu moins longs que la jambe , ayant les trois premiers articles simples , le quatrième plus petit et bilobé, et le cinquième plus long que les deux précédents, terminé par deux crochets simples entre lesquels il n'y a point d'appendice cilié.

ABDOMEN allongé, composé de cinq articles , dont le premier et le dernier plus longs ; le dernier partagé en deux par une suture transversale arquée.

M. Delaporte, comte de Castelnau, a fondé ce genre en 1836, dans la *Revue Entomologique* (t. IV, p. 19). Il n'en connaissait qu'une seule espèce, dont l'individu unique est conservé dans la belle collection de M. Buquet. C'est cet insecte que nous représentons (f. 1 à 8). M. Buquet a bien voulu nous le confier et nous permettre de le ramollir pour examiner les principales parties de sa bouche.

Grâce à la complaisance de notre ami M. Westwood, nous pouvons augmenter ce joli genre. En effet, ce savant a bien voulu nous adresser le dessin et la description de deux espèces, avec lesquelles il forme un genre distinct sous le nom de EUPTILIA ; cependant il ne rapporte l'une d'elles à son genre *Euptilia* qu'avec doute. Cette seconde espèce, qu'il nomme *Euptilia unicolor*, est évidemment une *Selasia*, et quoique la première, ou son *Euptilia decipiens*, offre quelque différence dans la forme du dernier article des palpes, nous n'avons pas cru devoir la séparer génériquement, et nous la laisserons avec les Selasia, en en formant une simple division ainsi qu'il suit :

I. Dernier article des palpes maxillaires tronqué au bout (f. 2, 3, 10). Espèces 1 et 2.

II. Dernier article des palpes maxillaires ovalaire et atténué au bout (f. 15). Espèce 3.

On ne sait rien sur les mœurs de ces insectes, qui sont très-rares dans les collections et dont nous ne connaissons que des mâles. Les deux espèces de la première division sont africaines; celle de la seconde vient des Indes orientales. Il est probable que ce genre s'accroîtra et deviendra la souche d'une petite famille, l'on pourra alors considérer nos deux divisions comme autant de genres distincts.

DESCRIPTION DES ESPÈCES.

I Articulus ultimus palporum maxillarium apice truncatus (f. 2, 3, 10). (*S.-G. Selasia* propr. dict.). Species 1 et 2.

1. S. RHIPICEROIDES. *Pallide-fulva, pubescens, punctata, Mandibulis apice oculisque nigris. Elytris fuscis basi fulvis.* — L. 0,005 . l. 0,002 (f. 1 à 8). — Senegalia.

Selasia rhipiceroïdes de Castelnau, Rev. Ent. de Silbermann, t. 4, p. 20 (1836).

Corps d'un fauve pâle, entièrement couvert de duvet jaunâtre. Antennes aussi longues que la tête et le corselet, jaunes, à rameaux égaux à la longueur totale de l'antenne. Tête transversale, finement ponctuée, ayant une fossette assez bien marquée en avant, entre les antennes. Yeux grands, ronds et noirs. Extrémité des mandibules noire. Palpes jaunes. Corselet transversal, de moitié plus large que long, de forme carrée, assez aplati en dessus, très-finement ponctué avec les angles postérieurs un peu avancés de chaque côté. Écusson assez grand, triangulaire. Élytres un peu plus larges que le corselet, ponctuées et velues, avec les angles huméraux arrondis, assez saillants et élevés, d'un brun enfumé à base jaune. Le brun remonte extérieurement jusqu'aux angles huméraux, tandis qu'au milieu il s'arrête à peu près à la moitié de la longueur des élytres, ce qui produit à leur base une grande tache triangulaire. Dessous et pattes d'un jaune pâle.

Du Sénégal, unique dans la collection de M. Buquet.

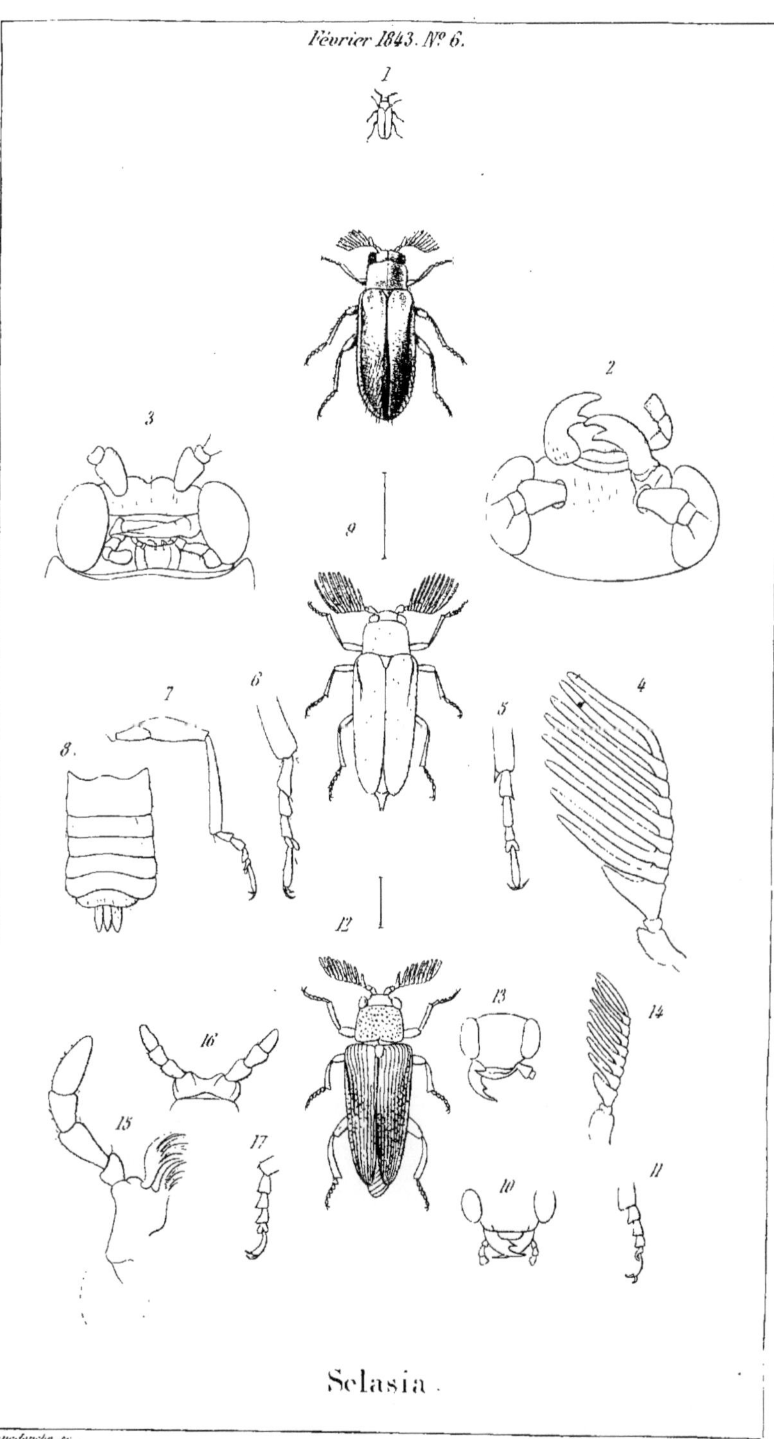

Selasia.

2. S. **unicolor**. *Tota fulva, depressa, sublente punctatissima fulvo, setosa. Elytrorum lateribus subparallelis.*— L. 0,011, l. 0,004. (f. 9, 10, 11). — Sierra Leona.

Euptilia? unicolor. West. in Litteris.

En nous envoyant cette description et la figure que nous reproduisons, M. Westwood nous dit qu'il n'a pu disséquer les parties de la bouche de cet insecte, parce qu'il n'en a vu qu'un individu unique rapporté par le Rév. M. Morgan et conservé dans le musée britannique. Il a cependant vu que ses mandibules sont bidentées et que les palpes maxillaires sont un peu épaissis au bout avec le dernier article tronqué.

II. Articulus ultimus palporum maxillarium apice attenuatus (f. 15). (*S.-G. Euptilia* (1) Westw.). Species 5.

3. S. decipiens. *Fulva, oculis elytrisque (basi excepto) nigris; his punctato striata.* — L. 0,006, l. 0,002 1/4 (f. 12 à 17). — India orient.

Euptilia decipiens. Westw. in Litteris.

Tête transverse, luisante, fauve, très-finement et vaguement ponctuée, Yeux noirs. Mandibules brunes à bout noir. Corselet luisant, fauve, finement ponctué, à côtés droits. Élytres jaunes à la base et noires ensuite, le noir remontant de chaque côté jusqu'aux angles huméraux comme dans la *Selasia rhipiceroides*, finement ponctuées, soyeuses, ayant chacune environ neuf stries longitudinales, plus distinctes vers la suture. Dessous du corps et pieds fauves.

A la suite de cette description, M. Westwood nous apprend que cet insecte lui a été communiqué par M. W. Saunders, savant entomologiste de Londres, qui l'avait reçu des Indes Orientales.

----

(1) Εὐ, bien, beau ; πτίλον, duvet.

Chamœrhipis.

G. CHAMÆRHIPIS ($\chi\alpha\mu\alpha\iota$, pendant; $\dot{\rho}\iota\pi\iota\varsigma$, éventail).

CHAMÆRRHIPES. Latr. (1834). EURHIPIS. Delaporte de Castelnau (1834).

CORPS (f. 1) cylindracé, épais, allongé.

TÊTE (f. 2, 3, 4) saillante, un peu inclinée, plus étroite en arrière. *Yeux* très-grands, très-saillants et ronds. *Antennes* (f. 5) flabellées, ayant le troisième article et les suivants dilatés, au côté interne, en un feuillet ou lame beaucoup plus longue que l'antenne : ces feuillets de la même longueur et réunis en un faisceau. *Labre* étroit, saillant, placé entre les mandibules, soudé au chaperon et un peu échancré en avant. *Mandibules* grandes, entièrement découvertes, fortement arquées au bout, pointues, un peu aplaties, sans dents au côté interne. *Mâchoires* terminées par un lobe allongé et arrondi au bout, cilié intérieurement *Palpes maxillaires* assez longs, atteignant l'extrémité des mandibules. avec le dernier article ovoïde, un peu atténué au bout, plus grand et plus épais que les précédents. *Lèvre inférieure* petite, de forme carrée. *Palpes labiaux* un peu plus courts que les maxillaires, terminés par un article plus long que le précédent, allongé et un peu ovoïde.

PROTHORAX un peu plus large que long, ayant une échancrure assez bien marquée de chaque côté et un peu en avant. *Écusson* petit, arrondi *Élytres* coriaces, allongées. *Ailes* grandes, entièrement cachées sous les élytres. *Pattes* assez grêles, simples. *Tarses* (f. 6) beaucoup moins longs que les jambes, à articles inégaux, les quatre premiers un peu dilatés en dessous, le second ayant deux rudiments à peine distincts de palettes membraneuses, les troisième et quatrième garnis chacun de deux petites palettes membraneuses plus distinctes, le dernier presque aussi long que les quatre premiers réunis, terminé par deux grands crochets simples et par un petit appendice cilié entre ces crochets.

ABDOMEN composé de cinq segments.

Ce genre, dont on ne connaît encore qu'une espèce mâle, a été caractérisé et publié pour la première fois par Latreille (Ann. Soc. Ent. de France, t. 3, p. 169, 1834, premier trimestre). Dans la même année, mais quelques mois plus tard, M. Delaporte a établi, avec la même espèce, son genre *Eurhipis* (Ann. Soc. Ent. de France, t. 3, p. 238, 1834, deuxième trimestre). Latreille ne fait que citer l'espèce sous le nom de *Cham. ophthalmicus ;* mais M. de Castelnau l'a décrite pour la première fois sous celui d'*Eurhipis senegalensis.* Il résulte de tout cela, comme l'établit fort judicieusement cet entomologiste (Revue Ent. de Silbermann, t. 4, p. 20), que le nom générique assigné par Latreille doit être adopté, et qu'il faut conserver le nom spécifique de M. de Castelnau.

L'on ne sait rien sur les mœurs de cet insecte remarquable, dont il n'est encore arrivé que très-peu d'individus mâles. Il est très-voisin des *Sandalus*, mais il s'en distingue surtout par la grosseur de ses yeux, par ses mandibules inermes au côté interne, et par la petitesse des lamelles inférieures des deuxième, troisième et quatrième articles de ses tarses.

1. C. SENEGALENSIS. *Castaneus, cinereo-pubescens; antennis fusco-ferrugineis. Capite thoraceque subtilissime rugosis. Elytris sub-acuminatis, profunde puntatis, costis quatuor longitudinalibus elevatis.*—L. 0,015, l. 0,005 (f. 1 à 6). — Senegalia.

Chamœrrhipes ophthalmicus, Latr.', Ann. Soc. Ent. de France, t. 3, p. 169 (1834, premier trimestre). *Eurhipis senegalensis* de Lap., *ibid.*, t. 3, p. 259, pl. II, f. 2 (1834, deuxième trimestre).

Corps allongé, uniformément d'un brun marron terne, couvert d'un fin duvet gris cendré. Tête plus large que le corselet, à cause de la saillie des yeux, très-finement chagrinée. Palpes et antennes d'un brun rougeâtre, à l'exception des deux premiers articles de celles-ci qui sont de la couleur du corps. Corselet très-finement chagriné, un peu élargi en arrière, à angles postérieurs saillants et assez aigus, avec un sillon longitudinal au milieu. Écusson arrondi, lisse, un peu creusé au milieu. Élytres assez allongées, plus larges que le corselet à leur base, ayant les angles huméraux saillants, arrondis et assez élevés, à côtés d'abord parallèles, atténuées en arrière, couvertes de forts points enfoncés et ayant chacune quatre côtes longitudinales élevées très-marquées, isolées entre elles à leur origine et à leur terminaison. Dessous du corps et pattes de la couleur générale.

Du Sénégal. Rare.

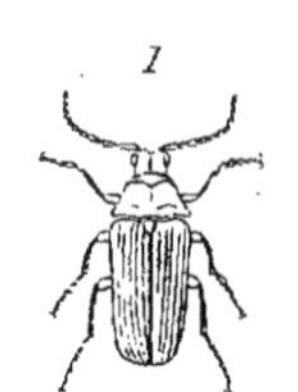

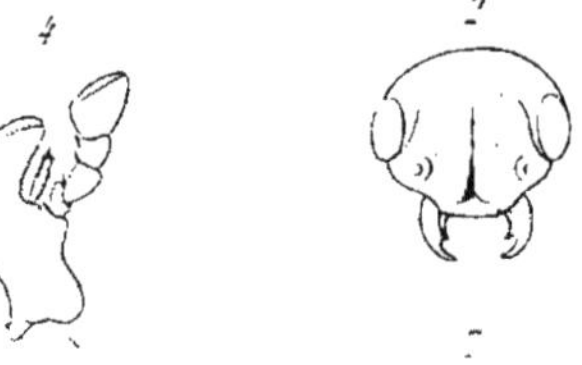

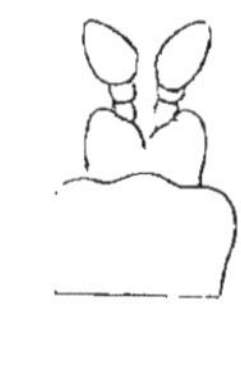

Basodonta.

G. BASODONTA (βάσις, base ; ὀδούς, dent).

(Par M. Westwood).

Corps (f. 1) oblong , un peu déprimé.

Tête (f. 2) saillante, large , avec l'espace situé entre l'insertion des antennes canaliculé. *Yeux* ronds. *Antennes* (f. 3) avancées , comprimées, épaisses , un peu plus longues que la moitié du corps, avec le premier article à extrémité oblique , muni en arrière d'une petite épine , le second petit , courbé , le troisième de la longueur du premier, le quatrième de moitié plus court que le précédent , les cinquième , sixième, septième et huitième égaux , un peu plus longs que le quatrième , le neuvième presque deux fois plus grand que le huitième, les dixième et onzième plus petits. *Chaperon* transverse , avec le bord antérieur un peu arrondi, couvrant le *labre*. *Mandibules* petites, courbées , munies d'une petite dent interne près de l'extrémité. *Mâchoires* (f. 4) petites, presque membraneuses, ayant le lobe interne grand , inerme , et une petite saillie filiforme, garnie de soies (représentant le lobe externe). *Palpes maxillaires* très-courts , épais , avec le dernier article sécuriforme. *Menton* (f. 5 a) membraneux, transverse avec les angles antérieurs arrondis. *Lèvre inférieure* (f. 5) petite, membraneuse, ayant les angles antérieurs arrondis. *Palpes labiaux* très-courts , avec le dernier article grand , sécuriforme.

Prothorax presque conique , tronqué en avant , avec les angles postérieurs recourbés , aigus. *Écusson* petit, arrondi. *Élytres* à côtés presque parallèles, arrondies au bout. *Ailes* grandes. *Prosternum* (f. 7) saillant en arrière, robuste et aigu , ayant son extrémité reçue dans un canal du mésosternum. *Pattes* grêles et simples. *Tarses* (f. 6) simples , sans pelottes.

Abdomen large et déprimé , composé de cinq segments.

Nous établissons ce genre sur une seule et très-curieuse espèce provenant de l'Amérique méridionale. Nous ne connaissons rien sur ses mœurs.

B. nigricornis. *Fulva ; prothorace subnitido, antennis tibiis tarsisque nigris.* L. 0,012, l. 0,004 1l2 , (f. 1 à 7) Nova Granata.

Corps entièrement d'un jaune fauve , assez aplati. Tête très-finement ponctuée. Mandibules brunes à bout noir. Antennes noires avec la base du premier article jaune et son extrémité ainsi que le second bruns. Corselet très-finement ponctué, garni de poils fauves, plus large que long, avec une impression longitudinale et une impression transverse de chaque côté près des angles postérieurs : ceux-ci prolongés chacun en une forte épine courbée en bas. Écusson arrondi. Élytres de la largeur du corselet à leur base, avec les angles huméraux saillants, arrondis ; parallèles sur les côtés, à extrémité arrondie, couvertes de points enfoncés très-nombreux et petits, et ayant chacune dix côtes longitudinales lisses, réunies entre elles à l'extrémité. Cuisses fauves avec les tibias et les tarses noirs : ceux-ci ayant le dernier article brun. Dessous du corps fauve. Abdomen noir avec le premier segment fauve.

Ce curieux insecte offre beaucoup de ressemblance avec un vrai Cébrio. Il est unique dans la riche collection du Rév. M. Hope et vient de la Nouvelle-Grenade.

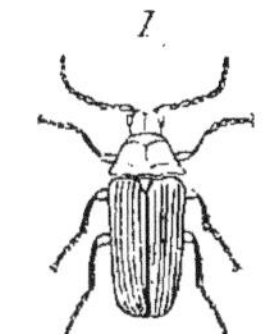

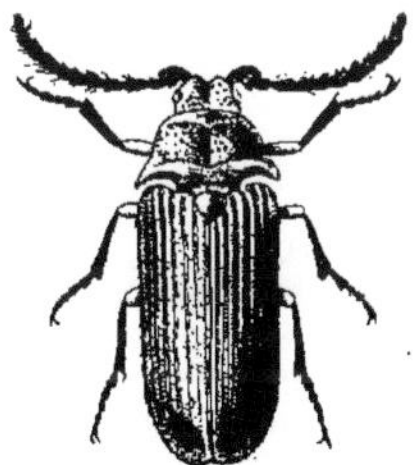

Basodonta.

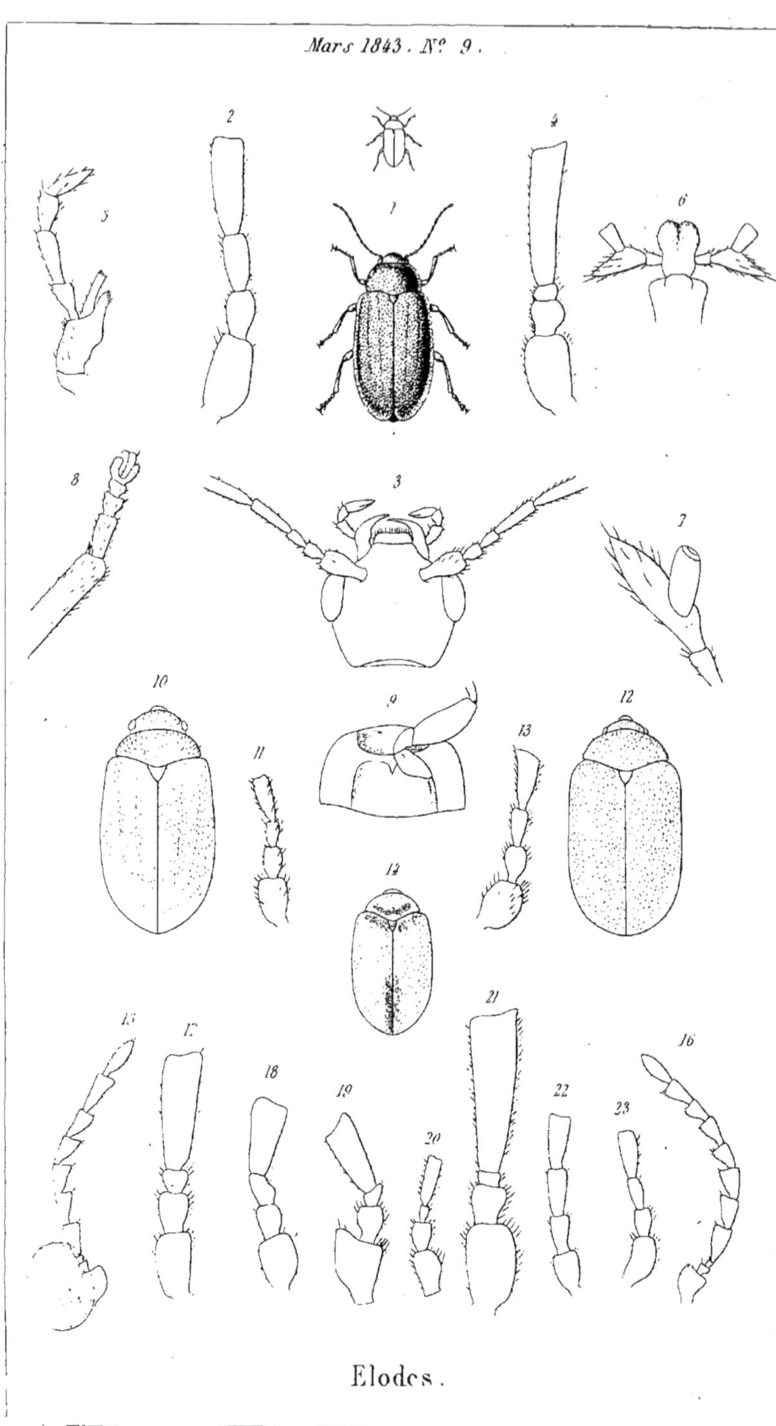

Mars 1843. N.° 9.
Elodes.

G. ELODES (ἕλος , marécage).

Lampyris. Linn. (1767). **Cistela.** Fab. (1775). **Galleruca** Fab. (1792). ELODES. Latr. (1796). **Cyphon.** Payk. (1798). *Ibid.* Fab. (1801). **Crioceris** et **Cryptocephalus.** Marsh. (1802).

Corps (f. 1. 10. 12. 14) arrondi ou ovalaire, peu épais.

Tête (f. 3) peu saillante, très-penchée, petite et arrondie.

Yeux ronds, touchant presque le bord du corselet. *Antennes* (f. 2, 4, 11, 13, 15 à 23) filiformes, souvent un peu dentées, d'égale épaisseur à partir du quatrième article : le premier plus gros, les deux suivants variant de longueur, mais toujours plus minces. *Labre* grand, transversal, recouvrant les mandibules et les mâchoires. *Mandibules* de grandeur moyenne, arquées, terminées en une pointe simple et aiguë. *Mâchoires* (f. 5) terminées par deux lobes saillants et aplatis, ciliés au côté interne. *Palpes maxillaires* allongés, dépassant le labre, le dernier article ovoïde allongé, assez aigu au bout et un peu aplati. *Lèvre inférieure* (f. 6) de forme carrée, à paraglosses saillantes, arrondies et ciliées. *Palpes labiaux* (f. 7) courts, assez épais, avec le second article trois fois plus long que le premier, terminé en pointe et le troisième oblong, un peu élargi et tronqué à l'extrémité, inséré un peu avant le milieu de la longueur du second.

Prothorax (f. 9) court, transversal, élargi en arrière. *Prosternum* non saillant en pointe. *Écusson* triangulaire. *Élytres* peu coriaces, assez molles, recouvrant les ailes. *Pattes* de grandeur moyenne ou courtes, simples. *Tarses* (f. 8) composés de cinq articles mobiles, moins longs que les jambes, un peu aplatis, avec le premier article un peu plus long, les deux suivants presque égaux, le pénultième fortement bilobé et le dernier assez court, plus mince et terminé par deux crochets simples.

Abdomen ovale allongé, composé de cinq segments dans les deux sexes, avec le dernier un peu échancré en arrière dans les mâles de quelques espèces.

Les espèces de ce genre, fondé en 1796 par Latreille, dans son Précis des caractères génériques des Insectes, etc., p. 44, ont été placées par les auteurs dans divers genres. Fabricius a décrit la même sous plusieurs noms, et l'a mise en même temps dans deux genres; enfin, c'est un des groupes les plus difficiles à étudier à cause de ses continuelles confusions

dés auteurs, à cause de la mollesse du corps de ses espèces, et de la variation de leur coloration. Jusqu'ici les entomologistes n'ont distingué les espèces que par leur forme plus ou moins allongée, et surtout par leur
coloration, ce qui a amené une foule de confusions. Gyllenhal, cet auteur
si consciencieux et si exact, n'a employé que ce moyen pour distinguer
ses *Cyphon pubescens* et *griseus*, qui pourraient bien ne former qu'une
seule espèce, aussi les collections sont-elles toutes mal classées au sujet de
ces espèces, car elles varient chacune depuis le brun foncé jusqu'au jaune
pâle uniforme, et quelques-unes de ces variétés ont donné sujet aux auteurs anglais et allemands de former plusieurs espèces nominales.

Voulant donner un moyen plus certain de classification, un moyen
basé sur des formes et non sur des couleurs, nous avons examiné toutes
les espèces qui ont été mises à notre disposition par les entomologistes, et
tous les individus de chaque espèce, nous avons dessiné sous un grossis-
sement semblable leur corps, leurs antennes et leurs pattes pour établir
une comparaison entre ces parties, et nous avons trouvé, dans les antennes surtout, des caractères qui rendent la distinction des espèces très-
facile et très-certaine, comme on le verra par l'examen des figures que
nous donnons ici. Pour bien distinguer les proportions relatives de leurs
premiers articles, dans les petites espèces, il faut un peu d'habitude et
l'on doit employer une forte loupe, et, s'il se peut, une loupe montée qui
permet de bien voir sous différents aspects. Les personnes qui savent assez dessiner pour faire des esquisses semblables à celles de notre planche,
saisiront ainsi bien mieux les différences et les formes diverses des
espèces.

Le duvet qui couvre ces insectes est très-facile à enlever, et le moindre
frottement le fait tomber. Alors les individus ont un aspect tout autre, et
il serait facile de les considérer comme des espèces distinctes. Quand on
colle les Élodes sur du talc et que la gomme les mouille, leurs poils se
réunissent en petits faisceaux, ce qui leur donne un aspect tout particulier.
Le pinceau avec lequel on les enlève pour les coller fait aussi tomber leur
duvet, il en est de même quand on cherche à les nettoyer.

On ne connaît pas les métamorphoses de ces insectes. Ceux d'Europe
vivent sur les plantes et sur les buissons qui croissent près des rivières et
des étangs, dans les prairies et autres lieux humides. Ils se tiennent le
plus souvent à l'ombre, et la démarche de la plupart des espèces est lente.

Nous avons réparti les 20 espèces d'Élodes que nous avons pu voir en
nature dans les divisions suivantes :

I. Troisième article des antennes aussi long que le second.
  A. Troisième article aussi épais que le second (f. 2, 18, 22), espèces 1 à 4.
  B. Troisième article moins épais que le second (f. 11, 13, 20, 23); es-
pèces 5 à 9.
II. Troisième article des antennes moins long que le second.
  A. Troisième article moins court que la moitié du second (f. 15, 16, 17,
19) ; espèces 10 à 15.
  B. Troisième article plus court que la moitié du second (f. 4 , 21) ; espè-
ces 16 à 20.

Description des espèces.

1. Articulus tertius antennarum tam longus quam secundus.

A. Articulus tertius tam crassus quam secundus

1. E. LIVIDA. *Oblongo-ovalis, livido-testacea pubescens. Oculis antennarum-que apice fuscis. Elytris crebre punctatis, subtilissime tri-costatis.*— L. 0,004 ½ à 0,006, l. 0,002 à 0,004 (Fig. 1, 2, 3). — Europa.

Galleruca livida, Fab. Ent. Syst., t. 1, part. II, p. 12 (1792). — *Cistela tenella,* Oliv. Entom., t. 3, n. 54, p. 9, n. 11, pl. I, f. 15, a. (1795).—*Cyphon pallidus,* Payk. Faun. Suec. t. 2, p. 118 (1798).—*Crioceris mollis,* Marsh. Ent. Brit., I, 225 (1802).—*Cyphon lividus,* Sahlberg. Ins. Fenn., p. 127 (1817, 1834). *Cistela pallida,* Panz. Fasc., VIII, 7.—*Cyphon testaceus,* Steph. Ill. Brit. Ent., vol. III, p. 285 (1830).— *Cyphon obscurus,* Steph. Ibid., p. 285.—*Cyphon assimilis,* Steph. Ibid., p. 284.—Schœn. Syn. Ins., t. 1, pars. II, p. 321.— Steph. Syst. Cat. Brit. Inst. I p. 129, etc.

Corps oblong, un peu aplati, d'un jaune d'ocre pâle assez luisant, couvert d'un duvet jaune-pâle, couché et assez serré. Tête lisse, velue. Antennes brunâtres, avec les trois premiers articles jaunes. Corselet transversal, arrondi sur les côtés, peu bombé au milieu, très-finement ponctué, vu à une très-forte loupe. Écusson triangulaire, finement ponctué, comme le corselet. Élytres couvertes d'une ponctuation très-serrée et plus forte, et offrant chacune trois faibles traces de côtes longitudinales, visibles seulement quand on fait glisser la lumière obliquement. Dessous et pattes d'un jaune d'ocre uniforme.

Cette espèce varie pour la taille et pour la coloration. Les plus petits individus sont en général plus pâles. C'est à cette variété que nous croyons devoir rapporter le *Cyphon testaceus* de M. Stephens.

Chez quelques individus mieux éclos et plus grands, la tête, le milieu du corselet et les élytres offrent une couleur jaune plus foncée, tirant au brunâtre, et quelquefois le milieu du corselet est taché de noir. Dans cette variété les antennes sont noirâtres, mais les trois premiers articles sont toujours jaunes. C'est à cette variété que nous rapporterons la *Cistela tenella* d'Olivier et le *Cyphon obscurus* de M. Stephens. Nous n'avons pu trouver aucun signe extérieur pour distinguer les texes dans cette espèce.—On la rencontre dans toute l'Europe au printemps.

2. E. MARGINICOLLIS. *Oblongo-ovalis, atra, flavo-pubescens. Thorace fulvo-in medio nigro. Antennis basi fulvis. Elytris crebre punctatis, subtilissime cos-tulatis.* — L. 0,004 ½, l. 0,002. (f. 18). — Amer. Bor.

Cyphon marginicollis, Catal. Dejean.

Corps oblong, noir, assez luisant, couvert d'un duvet assez serré, d'un jaune pâle tirant au grisâtre. Tête lisse, velue, noire. Antennes brunes avec les trois ou quatre premiers articles fauves. Corselet transversal, lisse, fauve, avec le milieu noir. Écusson et élytres noirs; celles-ci couvertes d'un grand nombre de petits points enfoncés et très-serrés, et offrant chacune trois ou quatre faibles traces de côtes longitudinales élevées, assez visibles quand on fait glisser la lumière obliquement sur les élytres. Dessous noir. Pattes d'un noir roussâtre, un peu plus pâle à l'extrémité des jambes et aux tarses.

Cette espèce est très-voisine de la suivante pour la taille et la coloration, mais elle s'en distingue par les traces des côtes élevées de ses élytres, et par la forme plus épaisse et plus raccourcie des second et troisième articles de ses antennes. — Elle vient de l'Amérique septentrionale.

3. E. collaris. *Oblongo-ovalis, atra, flavo-pubescens. Thorace fulvo. Antennis basi pallide fulvis. Elytris crebre punctatis.* — L. 0,004 ½, l. 0,002 (f. 22). — Amer Bor.

Cyphon collaris, Catal. Dejean.

Corps oblong, noir, assez luisant, couvert d'un duvet assez serré, d'un jaune pâle, tirant au grisâtre. Tête lisse, velue, noire. Antennes brunes, avec les quatre ou cinq premiers articles d'un fauve pâle. Corselet transversal, lisse, d'un fauve assez vif et uniforme. Écusson et élytres noirs, celles-ci couvertes d'un grand nombre de petits points enfoncés et très-serrés, et de poils courts, couchés, et d'un jaune d'ocre, et n'offrant aucune trace de côtes longitudinales. Dessous et pattes noirs, avec les jambes et les tarses tirant un peu sur le brunâtre. — Elle vient de l'Amérique septentrionale.

4. E. obscura. *Ovato-rotundata, fusco-nigra, subtiliter punctata, griseo-pubescens. Antennis flavis, apice fuscis. Pedibus nigris tibiis tarsisque fusco-flavidis.*—L. 0,003 ½, l. 0 002 ⅓. — Amer. bor.

Cyphon obscurus, Catal. Dejean.

Corps court, en ovale arrondi, d'un noir un peu enfumé, couvert d'un fin duvet gris-jaunâtre peu serré. Tête lisse. Antennes jaunes avec les trois ou quatre derniers articles noirâtres. Corselet et écusson lisses. Élytres finement ponctuées, arrondies, ayant les côtés un peu transparents et brunâtres, sans aucune trace de côtes Dessous noir. Cuisses noires. Genoux, jambes et tarses d'un brun fauve.

Cette espèce vient de l'Amérique septentrionale. Elle établit le passage aux espèces suivantes par ses antennes : car le troisième article, sans être aussi brusquement plus mince, comme dans les *E. variabilis* et *coarctata*, est cependant un peu moins épais que le précédent.

B. Articulus tertius antennarum secundo exilior.

E. variabilis. *Nigro-fusca seu livido-testacea, pubescens; thorace brevissimo subtilissime punctato: antennis fuscis basi pallidis. Elytris crebre punctatis. Pedibus piceis seu testaceis.*—L. 0,003 à 0,003 1/2; l. 0,001 1/2 à 0,002 (f. 12, 13). — Europa, America.

Cantharis variabilis, Var. Thunb. Mus. Ups. 4, 54 (1787). — *Cistela pubescens*, Fabr. Ent. syst., t. II, p. 45 (1792).—*Cistela minuta*, Oliv.., Ent. 3, n. 54, p. 9, pl. 1, f. 12 (1795) *Cyphon pubescens*, Fabr. Syst. El. I, 502 (1801). — *Cryptocephalus dorsalis*, Marsh. Ent. Brit., I, 210 (1802).—*Cyphon pubescens*, Gyll. Ins. Suec. 1, 369 (1808).—*Cyphon ovalis* Say, Journ. of Academy Nat. Scienc. of Philadelphia, vol. 5, p. 161 (1825).—*Cyphon pubescens*, Steph., Ill. Brit. Ent., vol. 3, p. 285 (1830).—*Cyphon dorsalis*, Steph. Ibid., p. 286. —Sch. Syn. Ins., t. 1, pars II, p. 322. — Steph. Syst. Cat. Brit. Ins., I. p. 129.

Corps peu allongé, ovalaire, peu aplati, d'un jaune d'ocre pâle ou d'un brun noirâtre très-foncé, mais passant, dans diverses variétés, par toutes les nuances intermédiaires; couvert d'un duvet jaune assez serré, couché et court. Tête et corselet finement ponctués. Antennes de plus de moitié moins longues que le corps, jaunes ou plus pâles à la base avec les derniers articles bruns. Corselet presque deux fois plus large que long, à côtés arrondis et fortement penchés, sinueux en avant et en arrière, avec le milieu du bord postérieur bien plus avancé en arrière que le milieu du bord antérieur ne l'est en avant. Écusson triangulaire ponctué. Élytres à peine d'un tiers plus longues que larges, arrondies en arrière, entièrement couvertes de petits points enfoncés et très rapprochés entre eux, finement rebordées sur les côtés. Dessous un peu plus foncé que le dessus, très-finement grenu, velu. Pattes plus pâles, d'un jaune clair dans les individus jaunâtres, d'un brun de poix tirant au roussâtre dans les individus presque noirs.

Cette espèce varie beaucoup, tant pour la taille que pour la couleur; mais elle est toujours facile à distinguer de l'E. *coarctata*, parce que ses élytres n'offrent jamais les traces de côtes longitudinales que l'on voit sur celles de cette dernière. Les caractères qui lui ont été assignés par Gyllenhal et par les autres auteurs, ne peuvent la faire distinguer de l'autre espèce, quand on a sous les yeux ses nombreuses variétés, car il a employé comme principale différence, la coloration des antennes et des pattes. Dans son *Cyphon pubescens*, les antennes doivent avoir le premier article noirâtre, les second et troisième d'un testacé obscur, et les autres noirs; les cuisses doivent être noirâtres avec les jambes et les tarses plus clairs. Dans son *Cyphon griseus*, toute la différence consiste dans les antennes qui ont les quatre ou cinq premiers articles pâles et les autres bruns, et dans les pattes qui sont entièrement pâles. Nous avons trouvé ces caractères dans quelques individus noirâtres, provenant de Suède, mais ils se confondent dans les deux espèces : certaines *Elodes variabilis* ont tout à fait la coloration des pattes et des antennes de l'E. *coarctata* et vice versâ. En général les variétés noirâtres ont moins d'articles pâles aux antennes, et leurs cuisses sont d'autant plus brunes. Mais, cependant, on trouve quelquefois, dans les deux espèces, des individus très foncés en couleur, et qui ont les pattes pâles ou les cinq ou six premiers articles des antennes jaunes ou bien qui réunissent ces deux caractères.

Nous avons réuni à cette espèce le *Cyphon dorsalis* de M. Stephens. Du reste cet auteur lui-même regarde cet insecte comme une variété de son C. *pubescens*. Il dit avoir fait sa description sur l'individu même que Marsham a décrit sous le nom de *Cryptocephalus dorsalis*. On voit que ce bon Marsham n'y regardait pas de si près, puisqu'il a placé un Elodes à côté du *Cryptocephalus sericeus*. Après de pareils exemples, peut-on accorder la moindre confiance à cet auteur?

Du reste, Olivier a travaillé de la même manière. En effet, il a certainement figuré l'*Elodes variabilis*, sous le nom de *Cistela minuta*, mais il a décrit un tout autre insecte, un *Hydrophilus* ou un *Catops*, comme l'a soupçonné Schœnherr (Syn. ins. 1. 2. p. 337, note), il a rapporté le tout à la *Chrysomela minuta* de Linné. Peut-être avait-il dans sa collection, sous la même étiquette, les trois genres, comme cela arrivait souvent à cette époque, et comme on en trouve des exemples fréquents, lorsqu'on étudie les collections de Fabricius, Bosq, etc. ; il aura décrit l'un des individus, l'Hydrophile ou le Catops, se rapportant assez aux descriptions de Linné et de Fabricius, et il aura fait figurer l'autre, qui était une vraie *Elodes*.

Nous avons vu plus de cent individus de l'*Elodes variabilis,* appartenant à la collection de M. le marquis de Brême (ancienne collection Dejean), à celles de MM. Reiche, Chevrolat, Boudier, Buquet, etc. Nous en avons vu de toutes les tailles et de tous les pays de l'Europe, et même du nord de l'Amérique. C'est une de ces variétés que Thomas Say a décrite sous le nom de *Cyphon ovalis*, comme nous nous en sommes convaincus en voyant un individu de la collection de M. Dupont, qui lui avait été envoyé sous ce nom par M. Say lui-même.

Il est probable que le *Cyphon fusciceps* de Kirby (Faun. Amer. Boreali, p. 245, n° 334) est encore une variété de cette espèce ou de la suivante.

Nota. Quoique la phrase que Thunberg a placée en note, au bas de la page du Muséum d'Upsal où est mentionnée sa *Cantharis variabilis*, soit bien courte, nous avons dû rendre à cet insecte le nom spécifique de *variabilis*, qui lui convient, du reste, beaucoup, parce que les entomologistes suédois **Gyllenhal** et **Schœnherr**, qui ont dû voir cet insecte dans la collection d'Upsal, le rapportent sans le moindre doute au *Cyphon pubescens* de Fabricius. Du reste Fabricius, naturaliste suédois, aurait bien dû adopter le nom donné à cette espèce par un de ses compatriotes ; mais on sait qu'il avait aussi la manie du *mihi*.

6. E. COARCTATA. *Nigro-fusca seu livido-testacea, pubescens. Thorace brevissimo, subtilissime punctato, antennis fuscis basi pallidis. Elytris crebre punctatis, subtilissime tri-costatis. Pedibus testaceis.*—L. 0,003 à 0,003 1/2 ; l. 0,001 1/2 à 0,002 (fig. 10, 11). — Europa, America.

Galleruca livida, Fab. Ent. Syst., I, 2, p. 17 (1792).— *Cyphon coarctatus*, Payk. Faun. Suec., t. 2, p. 120 (1798.)— *Cyphon griseus*, Fab. syst., El. 1, 502 (1801).—*Crioceris nigricans* et *concolor*, Marsh. Ent. Brit. 1, 226 (1802).—*Elodes fuscescens*, Latr. Gener., Cr. et Ins., 1, 253 (1806).—*Cyphon griseus*, Gyll. Ins. Suec. 1, 370 (1808).—*Cyphon griseus*. Steph. Ill. Brit. Ent., vol. 3, p. 268 (1830). - *Cantharis variabilis*, Var. Thumb. Mus. Ups, 4, 54 (1787). — Sch. Syn. Ins., 1, II, p. 322. —Steph. Syst. Cat. Brit. Ins., 1, p. 129.

Cette espèce est tout à fait semblable à la précédente pour la forme, la coloration de ses nombreuses variétés et la taille, et elle ne s'en distingue absolument que par les faibles traces de côtes longitudinales de ses Élytres. Il faut même une certaine habitude et quelques précautions pour les apercevoir d'une manière bien manifeste ; mais on y parvient en tournant l'insecte de façon à faire jouer la lumière transversalement sur les Élytres : les petits méplats produits par les légères élévations longitudinales, portant une faible ombre, les font discerner distinctement.

Ne serait-ce pas une simple variété de l'espèce précédente? Ces insectes sont communs dans toute l'Europe : nous en avons également vu une centaine d'individus, et l'un d'eux vient aussi de l'Amérique du Nord, et était confondu avec cinq E. *variabilis* de ce pays, dans la collection de M. Dejean.

7. E. COMBUSTA. *Nigra, pubescens, subtilissime punctata. Thorace brevissimo. Disco elytrorum flavo-testaceo, in medioque macula oblonga nigra notato ; sutura, antennis pedibusque nigris.*—L. 0,003 ; l. 0,001 1/2.—Cap. Bonæ Spei.

Elle ressemble beaucoup à l'*Elodes variabilis* pour la forme et la taille, et surtout pour ses antennes, dont le troisième article est aussi de la même longueur que le second, mais plus mince. Tout son corps est noir, couvert d'un fin duvet jaunâtre et très-finement ponctué. Les Élytres ont chacune une grande tache d'un jaune d'ocre ou testacé, occupant presque tout leur disque, depuis leur tiers antérieur, avec une tache noire oblongue et fondue sur le milieu de cette tache jaune, et vers leur tiers postérieur : ou, si l'on veut, elles sont jaunes avec la base, les bords, la suture, et une tache oblongue en arrière, noires. Les antennes et les pattes sont entièrement noires.

Nous n'avons vu qu'un seul individu de cette espèce, dont nous avons gardé un dessin, il provenait du cap de Bonne-Espérance, et avait été communiqué par M. Drège de Hambourg à M. Chevrolat, qui l'a renvoyé à celui-ci sous le nom de *Cyphon combustus*.

8. E. BRASILIENSIS. *Nigro-fusca, pubescens, subtilissime punctata. Capite nigro, ore antennisque pallide-flavis. Thorace brevissimo, nigro, lateribus posticeque flavis. Scutello nigro. Elytris obscure-testaceis, basi obscurioribus. Pedibus pallidis.* — L. 0,0.3 2/3 ; l. 0,002 (fig. 23). — Brasilia.

Elle est encore semblable aux précédentes, pour la forme et la taille. Corps ovalaire, assez aplati, entièrement couvert de duvet grisâtre. Tête noire, finement ponctuée, avec les parties de la bouche d'un jaunâtre pâle. Antennes jaunes (du moins les quatre premiers articles, les seuls qui restent à l'individu mutilé et unique de la collection Chevrolat). Corselet noir, finement ponctué, avec les bords latéraux et postérieur jaunes. Écusson noir. Élytres d'un jaune d'ocre brunâtre, très-finement ponctuées, avec la base un peu plus obscure. Dessous du corps un peu noirâtre. Pattes pâles, autant qu'on peut en juger par analogie et par les hanches qui restent et qui sont d'un jaune pâle.

Nous ne connaissons qu'un seul individu mutilé de cette jolie espèce, il a été envoyé à M. Chevrolat par M. Pompon, qui l'a trouvé dans la province de Campos, au Brésil.

9. E. PADI. *Ovata, sub-globosa, subtilissime punctata, holosericeo-pubescens, nigro-fusca seu livido-testacea. Capite nigro ; antennis fuscis, basi pallidis seu omnino pallidis. Elytris subtilissime punctatis, fuscis, apice flavo pallidis aut plane flavis. Abdomine fusco. Pedibus fuscis tibiis tarsisque pallidis aut totis pallidis.* — L. 0,002 à 0,002 1/2 ; l. 0,001 1/2 à 001 2/3. (fig 14). — Europa.

Chrysomela padi, Lin. Syst. Nat., 2, p. 588 (1767). — *Cyphon coarctatus*, Var. Payk. Faun. Suec., t. 1, p. 121. Note (1798). — *Crioceris padi*, Marsh. Ent. Brit. 1, 226 (1802) *Cyphon padi*, Gyll. Ins. Suec. 1, 371 (1808). — *Cyphon discolor*, Panz. Faun. Germ., 99, 8. — *Cyphon padi*, Steph. Ill. Brit. Ent., vol. 3, p. 287 (1830). — Sch. Syn. Ins., t. 1, pars. 2 p. 322. — Steph. Syst. Cat. Brit. Ins., 1, p. 129.

Corps ovalaire, plus épais que chez les espèces précédentes, d'un brun noirâtre passant par toutes les nuances intermédiaires jusqu'au jaune d'ocre pâle, très-finement ponctué et couvert d'un fin duvet serré et soyeux d'un gris jaunâtre. Tête toujours noire ou noirâtre, même dans les variétés les plus pâles, avec les parties de la bouche jaunes. Antennes de plus de moitié moins longues que le corps, avec le troisième article plus mince, mais presque aussi long que le précédent, comme dans notre figure 11; ces antennes brunes avec les second et troisième articles pâles, ou bien pâles avec les cinq à six derniers articles bruns, ou entièrement pâles. Corselet très-court, for tement infléchi en avant et sur les côtés, noir avec les côtés finement bordés de pâle chez les individus obscurs, jaune avec le milieu noirâtre chez d'autres, ou entièrement jaune. Écusson noir, noirâtre ou jaune. Élytres noires avec l'extrémité d'un jaune obscur, s'étendant plus ou moins vers leur base, ou ayant les côtés et la suture plus obscurs (comme dans la variété nommée *Cyphon discolor*, par Panzer), souvent jaunes avec la base et l'extrémité de la suture noirâtres (comme dans notre figure 14), ou bien entièrement jaunâtres avec une faible tache brune autour de l'écusson (comme dans une petite variété de Dalmatie, nommée *Cyphon pusillus*, dans la collection de M. Dejean). Dessous du corps toujours un peu plus obscur que le dessus, chez les variétés pâles; pattes brunes à genoux, jambes et tarses pâles, chez les variétés les plus obscures, entièrement pâles chez les autres.

Cette espèce se distingue des *E. variabilis* et *coarctata* par sa taille toujours moindre, par son corps toujours plus épais, par son corselet plus petit et plus étroit, relativement à la grandeur de ses élytres. Elle est encore facile à reconnaître, parce qu'elle a toujours la tête et le dessous noirâtres, même dans les variétés les plus pâles. On la trouve dans les prairies humides ou sur les feuilles des arbres près des ruisseaux, depuis le nord jusqu'au midi de l'Europe.

Le *Cyphon ater* de Stephens (*Ill. Brit. Ent.*, vol. 3, p. 287) n'est peut-être qu'une variété de l'*Elodes padi*.

II. Articulus tertius antennarum secundo brevior.

     A. Articulus tertius dimidia parte secundi longior.

       10. E. MARGINATA. *Oblongo-ovalis, nigro-fusca, pubescens. Antennis nigris articulis tribus basalibus flavis. Thorace transverso, margine laterali et antico fulvo-flavis. Elytris crebre punctatis, subtilissime sub-costatis, nigris, nigro-fuscis, aut testaceis, margine suturaque nigris. Pedibus nigris, tibiis tarsisque obscure flavescentibus.* — L. 0,005, l. 0,002 ½ (f. 17).—Europa.

Cistela marginata, Fabr. Ent. Sys. Suppl., p. 103 (1798). — *Cyphon pallidus*, Var. Y. Payk. Faun. Suec., 2, 119 (1798).—*Cyphon marginatus*, Fab. Syst. El., 1. 502 (1801).—*Crioceris circumfusa*, Marsh., Ent. Brit., 1, 227 (1802).—*Cyphon marginatus*, Gyll. Ins. Suec. 1, 368 (1808).— Id. Steph. Ill. Brit. Ent., vol. 3, p. 285 (1830).—*Cistela nimbata*, Panz. Faun. Germ., 24, 15.—Schan. Syn. Ins. I. II. 324.—Steph. Syst. cat. Brit. Ent. 1. p. 129.

Corps oblong, ovalaire, assez aplati, couvert d'un duvet jaune-pâle et luisant. Tête finement ponctuée, noire, avec les parties de la bouche d'un jaune pâle. Antennes un peu plus longues que la moitié du corps, noires, avec les trois premiers articles jaunes. Corselet beaucoup plus large que long, à côtés arrondis, élargi en arrière, très-finement ponctué, largement bordé de jaune fauve sur les côtés, avec le bord antérieur finement liséré de la même couleur. Écusson noir, triangulaire. Élytres couvertes d'une ponctuation fine et serrée, offrant quelques faibles traces de côtes, visibles seulement quand on fait glisser la lumière obliquement sur elles, entièrement noires ou d'un noir brunâtre, ou jaunes avec des bandes noires plus ou moins larges sur les côtés et à la suture. Dessous entièrement noir, ayant une tache testacée triangulaire à la base de l'abdomen. Pattes noires, à jambes et tarses d'un jaune brunâtre.

Cette espèce se trouve en France, en Allemagne, en Angleterre et en
Suède. Les individus formant la variété à élytres jaunes bordées de noir,
étaient séparés, dans la collection de M. Dejean, sous le nom inédit de *Cyphon
limbatus*. Comme ce nom ne figure que dans le catologue de cette collection,
nous n'en avons pas embarrassé la synonymie : ce n'est qu'une étiquette à enlever. Du reste, cette variété était parfaitement décrite par Gyllenhal. Il est
probable que les deux sexes ont le dernier segment abdominal entier, du
moins nous l'avons trouvé ainsi chez quatorze individus que nous avons examinés dans diverses collections.

11. E. FUSCIPENNIS. *Ovalis, subdepressa, fulvo-testacea, flavido-tomentosa. Capite flavo, oculis nigris, vertice fusco. Antennis fuscis articulis tribus basalibus
flavis. Thorace transverso, antice rotundato postice sub-recte truncato, sub marginato, macula media fusca notato. Scutello flavo, medio fuscescens. Elytris crebre punctatis, sub-rugosis, obscure fuscis. Corpore subtus pedibusque flavo-
fulvis. —* L. 0,005 ½; l. 0,003. — America boreali.

Cyphon fuscipennis, Catal. Dejean.

Corps oblong, ovale assez arrondi et un peu plus large que celui de l'*Elodes
livida*. Tête jaune, avec les yeux noirs et le vertex taché de brunâtre. Antennes assez grêles, un peu plus longues que la moitié du corps, brunes, avec
les trois premiers articles jaunes. Corselet assez aplati, à côtés un peu rebordés
ou relevés, plus large que long, formant un demi-cercle et recouvrant presque
entièrement la tête, avec le bord postérieur tronqué presque carrément, très-
finement ponctué, velu, jaune fauve avec une tache brune au milieu. Écusson
jaune, brunâtre au milieu. Élytres couvertes d'une ponctuation très-serrée et
assez forte, garnies d'un duvet jaunâtre assez clair-semé. Dessous et pattes
d'un jaune fauve uniforme.

Décrit sur un seul individu, envoyé de l'Amérique du Nord par M. J. Lecomte ; collection de M. de Brême.

12. E. DISCOIDEA. *Sub-orbicularis, flava, tomentosa. Capite transverso. Antennis
flavis, articulo primo intus dilatato. Thorace brevissimo transverso, antice truncato. Elytris subtilissime punctatis, in disco macula communi magna fusca notatis.
Subtus pedibusque flavis. —* L. 0,004 ½; l. 0,003 (f. 19). — Amer. Boreali.

Cyphon discoideus, Say, Jour. of Acad. nat. Sciences of Philadelphia, vol. 5, p. 161
(1825).

Corps presque orbiculaire, assez bombé, d'un jaune assez vif, couvert de
duvet jaune. Tête découverte, large, avec les yeux noirs. Antennes ayant les
quatre premiers articles jaunes (ce sont les seuls qui restent à l'individu unique
de la collection de M. de Brême), avec le premier très-élargi et dilaté au côté
interne. Corselet très-court et très-large, tronqué droit en avant, sinué en arrière, lisse ou à peine ponctué. Écusson jaune, d'un jaune un peu brunâtre
au milieu. Élytres arrondies, finement ponctuées, velues, jaunes, ayant chacune,
au milieu et un peu en arrière, une grande tache noirâtre, qui arrive plus
près de la suture que du bord externe. Dessous et pattes jaunes.

Envoyé des États-Unis par M. J. Le Conte, et unique dans la collection
Dejean, où il portait le nom inédit de *Cyphon dorsalis*.

13. E. SERRICORNIS. *Sub-orbicularis, testacea, punctata et flavo tomentosa.*

Oculis nigris. Antennis (maris) serratis, articulo primo maximo, compresso, intus dilatato. Thorace lævigato, brevissimo, antice emarginato. Elytris punctatis. — L. 0,003 à 0,004 ½; l. 0,002 ½ à 0,003 (f. 15, 16). — Europa.

Cyphon serricornis, W. J. Müller, Mag. der Ent. von Germar, t. 4, p. 221 (1821).—*Cyphon serraticornis,* Gyll. Ins. Suec., t. 4, Suppl., p. 347 (1827).—*Cyphon chrysomeloides,* Steph. Ill. Brit. Ent., vol. 3, p. 283 (1830).—*Ibid.* Syst. catal. Brit. Ent. 1. 128.

Corps presque orbiculaire, assez bombé, d'un jaune assez vif et couvert d'un duvet jaune pâle. Tête découverte, insérée dans une large échancrure du corselet, avec les yeux noirs. Antennes des mâles un peu plus longues que la moitié du corps, ayant tous leurs articles, à partir du troisième, assez fortement en scie, avec le premier aplati, très-élargi et dilaté au côté interne, celles de la femelle un peu plus courtes, un peu moins dentées en scie. Corselet très-court, plus de deux fois plus large que long, largement échancré en avant, avec le bord postérieur arrondi et avancé en carrière, lisse ou à peine ponctué, à côtés tronqués et à peine arqués. Écusson très-lisse. Élytres arrondies, assez fortement ponctuées. Dessous très-finement ponctué, jaune, avec le dernier segment abdominal sans échancrure dans les deux sexes. Pattes de la même couleur.

Trouvé rarement en Suède, en Angleterre, en Allemagne et en France. Nous en avons vu quatre individus, trois mâles dans les collections de MM. de Brême et de Laferté, et une femelle dans la collection de M. Reiche.

Cet insecte, qui a un troisième nom spécifique dans le catalogue de M. Dejean (*Cyphon testaceus*), nous a offert un cas de monstruosité que nous avons représenté. Dans un des exemplaires de la collection Dejean, l'antenne droite est composée de onze articles, et la gauche n'en a que dix. Nous avons pris toutes les précautions pour nous assurer que le dernier article n'avait pas été enlevé, et nous avons montré cet individu à plusieurs personnes qui ont parfaitement vu la même chose.

Nota. Nous n'avons pas rapporté, à l'exemple de M. Stephens (Syst, catal. etc.), la *Chrysomela pubescens* de Marsham, 1, 183, à cette espèce car rien dans la description de cet auteur ne peut faire penser qu'il a décrit une Elodes plutôt qu'autre chose, et la mesure qu'il en donne (2 lignes 1/2) indique un insecte plus grand.

14. E. PAYKULLII. *Obscure-fusca, flavo-pubescens. Thorace brevissimo, subtilissime-punctato. Antennis fuscis, basi pallidis. Elytris crebre punctatis. Pedibus testaceis.* — L. 0,003 ; l. 0,001 ⅔. (f. 20). — Gallia.

Corps peu allongé, ovalaire, brun, couvert de duvet jaunâtre. Tête finement ponctuée, avec les parties de la bouche d'un jaune pâle et le front roussâtre. Corselet finement ponctué, transversal. Écusson triangulaire. Élytres à peine d'un quart plus longues que larges, arrondies en arrière, couvertes de petits points enfoncés, très rapprochés entre eux. Dessous un peu plus pâle que le dessus, très-finement ponctué et velu. Pattes d'un jaune pâle uniforme.

On pourrait confondre cette espèce avec l'*Elodes variabilis*, si l'on n'examinait pas ses antennes à l'aide d'une très-forte loupe. En effet, elle n'en diffère positivement que par le troisième article de ces organes, qui est beaucoup plus court que le second, comme on le voit à notre *fig.* 20 comparée aux *fig.* 11 et 13. Le corps de notre *E. Paykullii* est aussi un peu plus large, relativement à sa longueur, et les poils jaunes qui couvrent les élytres ont une apparence plus allongée, et ne leur donnent pas l'aspect soyeux et chatoyant que l'on observe chez l'espèce à laquelle nous comparons celle-ci.

Si nous n'avions pas trouvé deux individus tout à fait semblables dans la collection de M. Dejean, où ils étaient confondus avec deux *E. variabilis* de petite taille, sous le nom de *Cyphon pubescens*, nous n'aurions peut-être pas osé établir cette espèce. Ces deux individus ont été pris aux environs de Paris.

15 E. DEFLEXICOLLIS. *Subrotundo-ovalis, pallide-fusca, Antennarum basi pedibusque flavescentibus. Capite thoraceque brevissimis, deflexis. Elytris antice convexioribus, basi rotundatis.* — L. 0,002 ½ ; l. 0,002. —Europa.

Cyphon deflexicollis, Mull. Mag. der Ent. Von Germar, etc., t. 4, p. 223 (1821).— *Elodes pini*, Curtis, Brit. Ent., vol. 2, n. 602 (1836).

Corps presque orbiculaire, d'un brun noirâtre, assez bombé, lisse, couvert d'un fin duvet jaunâtre. Tête large et courte. Antennes de plus de moitié, moins longues que le corps, brunes, avec les quatre ou six premiers articles d'un jaune pâle, le troisième de moitié moins long et moins épais. Corselet plus de deux fois plus large que long, tronqué en avant, avancé en milieu, en arrière, avec les côtés penchés et arrondis. Écusson triangulaire. Élytres, lisses ou très-finement ponctuées, vues à l'aide d'une forte loupe ; à peine un peu plus longues que larges, arrondies à leur base et assez bombées, penchées à leur extrémité qui se termine presque en pointe, d'un brun noirâtre plus ou moins foncé, et rendues chatoyantes par les poils jaunâtres et couchés qui les couvrent. Dessous du corps de la couleur du dessus. Pattes d'un jaune pâle avec l'extrémité des tarses noirâtre.

Cette espèce varie un peu pour la taille et pour la couleur. Il y a des individus d'un brun presque jaunâtre, et d'autres plus petits presque noirs. Elle porte, dans la collection de M. Dejean, le nom de *Cyphon nigricans*, et c'est peut-être le *Scaphidium pellucens* de Melsheimer, également inédit.

Elle a été trouvée en Allemagne, en Dalmatie, dans le midi de la France et en Angleterre. Curtis l'a trouvée en grand nombre sur des mélèzes, en Écosse.

A. Articulus tertius antennarum dimidia parte secundi longior.

16. E. PALLIDA. *Oblongo-ovata, testacea pubescens. Antennis nigro-fuscis, basi pallidis. Elytris crebre punctatis, subtilissime tricostatis, apice nigricantibus. Pedibus flavo-pallidis. Abdomine fusco-nigro, interdum toto flavo.*—L. 0,004 à 0,006 ; l. 0,002 à 0,004 (f. 4, 5, 6, 7, 8). — Europa.

Cistela pallida, Fabr. Sys. Ent., p. 117 (1775).—*Galleruca melanura*, Fabr. Ent. Sys., t. 1, p. II, p. 22 (1792).—*Cyphon pallidus*, Payk. Faun. Suec., t. 2, p. 119 (1798).—*Elodes pallida*, Latr. Genera, Cr. et Ins., t. 1, p. 255 (1806).—*Cyphon melanurus*, Sahlberg, Ins. Fenn., p. 126 (1817, et 2e édit. 1834).—*Cyphon melanurus*, Steph. Ill. Brit. Ent., vol. 3, p. 283 (1830). —*Cyphon lœtus*, Ibid, p. 284.—*Cistela lœta*, Panz. Fasc., VIII, 8. — *Cistela pallida*, Oliv., Ent., t. 3, Genre 54 p. 7, pl. 1, f. 10. Schœnh. Syn. Ins., t. 1, p. II, p. 321. —Steph. Syst. Cat. Brit. Ins., p. 128.

Corps ovalaire allongé, d'un jaune d'ocre plus ou moins pâle, assez luisant, très-finement ponctué, entièrement couvert d'un fin duvet jaunâtre, couché, et qui lui donne un aspect un peu soyeux. Tête d'un brun roussâtre peu foncé, ponctuée, avec les yeux noirs. Antennes noirâtres, avec les trois premiers articles jaunes, allongées, atteignant aux deux tiers de la longueur du corps. Corselet d'un tiers plus large que long, arrondi en avant, recouvrant la tête en partie, coupé transversalement et très-faiblement sinué à la base très-peu rebordé aux bords antérieur et latéraux, et assez peu bombé, couvert de petits points enfoncés. Écusson triangulaire et assez grand. Élytres plus de moitié plus longues que larges, atténuées et arrondies à l'extrémité, couvertes d'une ponctuation très-serrée et plus forte, et offrant chacune trois faibles traces de côtes longitudinales, visibles seulement quand on fait glisser la lumière obliquement. Dans le plus grand nombre, ces élytres sont d'un jaune plus ou moins roussâtre avec le tiers ou le quart postérieur noirâtre.

Chez les individus les plus petits, le dessous du corps est jaune comme le dessus, et les élytres sont à peine un peu obscurcies à leur extrémité. On trouve ensuite tous les passages depuis cet état jusqu'aux variétés qui ont les élytres noires, à l'exception des angles huméraux. C'est l'une de ces dernières variétés qui forme le *Cyphon lœtus* de Stephens.

Les sexes sont faciles à distinguer extérieurement. En effet, les individus que nous regardons comme des mâles, ont l'extrémité du dernier segment abdominal fortement échancrée.

Nous n'avons donné que les principaux synonymes de cette espèce, renvoyant à Schœnherr et à Stephens pour les autres citations. Cette synonymie montre qu'elle a été le sujet de bien des confusions. Nous aurions peut-être dû lui conserver le nom de *Minuta*, que semble lui avoir donné Linné ; mais la description de ce grand naturaliste doit avoir été faite sur une variété très-éloignée du type, si ce n'est pas une autre espèce, puisqu'il dit de son insecte : *Magnitudine vix pediculum superans.* Comme il y a doute à son sujet, nous avons dû lui conserver le premier nom que lui a donné Fabricius en publiant une description un peu plus positive.

Cette espèce est commune dans toute l'Europe.

17. E. GENEI. *Oblongo-ovalis, obscure-flava, pubescens, subtilissime punctata Capite antennisque nigris. Thorace transverso, flavo, interdum nigro flavo marginato. Scutello flavo seu nigro. Elytris crebre punctatis, flavis, sutura margineque nigris, seu totis nigris. Pedibus nigris femoribus basi parum pallidis. Abdomine in medio nigro maculato.* — L. 0,005 ; l. 0,002 ½. (f. 21). — Corsica et Sardinia.

Corps ovale, oblong, semblable par sa forme un peu acuminée à celui de l'*Elodes pallida*, entièrement couvert d'un fin duvet gris-jaunâtre et très-finement ponctué. Tête entièrement noire. Antennes très-allongées, entièrement noires, atteignant aux trois quarts de la longueur totale du corps. Corselet d'environ un tiers plus large que long, arrondi en avant, recouvrant en partie la tête, finement ponctué, jaune dans un individu, noir avec les côtés seulement jaunes dans d'autres. Écusson jaune chez le premier, noir chez les seconds, triangulaire. Élytres semblables, pour la forme un peu allongée et assez acuminée, à celles de l'*E. pallida*, sans traces manifestes de côtes longitudinales, couvertes de points enfoncés très-rapprochés entre eux, d'un jaune d'ocre assez vif, avec la suture et la marge assez largement bordées de noir, surtout à l'extrémité. Pattes noires avec la base des cuisses faiblement teintée de jaunâtre obscur. Dessous du corps jaune, avec les côtés et le milieu de l'abdomen noirs Dernier segment abdominal fortement échancré en arrière, sur deux des individus que nous avons sous les yeux, et qui sont certainement des mâles, et arrondi chez la variété à élytres toutes noires.

Cette espèce ressemble, au premier coup d'œil, à quelques-unes des variétés de l'*E. marginata*, mais elle se distingue d'abord par la brièveté du troisième article de ses antennes, par leur coloration totalement noire, par la couleur de son abdomen, qui est jaune avec une tache noire au milieu, tandis que dans l'autre espèce c'est tout le contraire. Nous aurions laissé à cette espèce le nom de *flavicollis*, que M. Dejean avait donné au seul individu de sa collection, provenant de la Corse; mais un autre exemplaire qui fait partie de la collection de M. Chevrolat, et une variété à élytres toutes noires provenant de celle de M. Reiche, ont le corselet noir bordé de jaune. Peut-être en trouvera-t-on des variétés à corselet tout noir, ce qui rend le nom proposé par M. Dejean tout à fait impropre. Nous avons donc cru devoir donner à cette espèce le nom de M. Géné, qui a découvert, en Sardaigne, l'exemplaire envoyé à M. Chevrolat. La variété à élytres noires, qui est dans la collection de M. Reiche, vient de la Corse ; c'est un mâle à dernier segment abdominal fortement échancré. Il en est de même de la variété à corselet tout jaune de la collection Dejean.

18. E. PULCHELLA. *Oblongo-ovata, flava, punctata et pubescens. Antenni nigro-fuscis, basi pallidis. Elytris crebre punctatis, maculis quatuor nigris, posicis majoribus. Abdomine basi nigro. Pedibus pallidis.* — L. 0,003; l. 0,002. — America boreali.

Cyphon pulchellus, Catal. Dejean.

Corps ovalaire allongé, d'un jaune assez vif, luisant, ponctué, couvert d'un duvet jaune assez peu serré. Tête d'un jaune un peu brunâtre, avec les yeux noirs. Antennes ayant les trois premiers articles jaunes, le quatrième noirâtre (les autres manquent). Corselet d'un tiers plus large que long, arrondi en avant et recouvrant en grande partie la tête, coupé transversalement et très-peu sinué en arrière, entièrement jaune. Écusson triangulaire, jaune. Élytres allongées, de moitié plus longues que larges, couvertes d'une ponctuation très serrée, et ayant chacune deux taches noires : l'une à la base, arrondie et située entre l'angle huméral et l'écusson, et l'autre beaucoup plus grande, oblongue, commençant un peu avant le milieu, terminée en pointe avant l'extrémité de l'élytre, et ne touchant ni la suture ni les bords. Pattes jaunes, avec les jambes et les tarses un peu obscurs. Dessous jaune, avec les côtés de la base de l'abdomen noirs.

Cette jolie espèce ressemble beaucoup à l'*E. pallida*, à cause de sa forme allongée et acuminée. Elle est unique dans la collection de M. de Brême, et vient de l'Amérique septentrionale.

19. E. OBLONGA. *Oblonga, nigro-fusca, punctata, pubescens. Thorace transverso, antice posticeque truncato. Elytris parallelis, crebre punctatis, subtilissime subcostatis. Antennis pedibusque fusco-ferrugineis.* — L. 0,004 ½; l. 0,002. — America boreali.

Cyphon oblongus, Catal. Dejean.

Corps allongé, à côtés parallèles, entièrement noir, ponctué et couvert d'un duvet gris. Tête large, entièrement noire, avec les parties de la bouche brunâtres. Antennes allongées, atteignant la moitié de la longueur du corps, d'un brun roussâtre vineux. Corselet deux fois plus large que long, tronqué droit en avant et en arrière, avec les côtés peu arrondis, à peine plus large en arrière, et laissant la tête à découvert. Écusson triangulaire. Élytres d'un noir uniforme, presque deux fois plus larges que longues, à côtés parallèles, arrondies au bout, couvertes d'une assez forte ponctuation très-serrée et offrant quelques très-faibles traces de côtes. Dessous tout noir. Pattes d'un brun roussâtre vineux, avec les cuisses noirâtres.

Cette espèce s'éloigne un peu des autres par sa forme plus allongée et plus parallèle ; peut-être devra-t-on en former un genre distinct, quand on pourra en étudier plusieurs individus. Le seul exemplaire que nous avons vu a été trouvé dans l'Amérique septentrionale, et fait partie de la collection de M. de Brême.

20. E. THORACICA. *Ovata, nigro-fusca, punctata et pubescens. Antennis, thorace pedibusque flavis.* — L. 0,004 ; l. 0,003 — America boreali.

Cyphon thoracicus, Catal. Dejean.

Corps ovale arrondi, assez court et assez bombé, noir luisant. Tête brune, avec le chaperon et la bouche jaunes et les yeux très-noirs. Antennes allongées, dépassant la moitié de la longueur du corps, entièrement jaunes, avec le troisième article extrêmement court. Corselet d'un tiers plus large que long, arrondi et en demi-cercle en avant, recouvrant la tête, un peu rebordé avec le bord postérieur tronqué transversalement, un peu avancé en arrière au milieu, entièrement d'un jaune vif tirant au fauve vers le milieu, avec les angles postérieurs aigus et assez saillants de chaque côté. Écusson triangulaire, noir. Élytres à peine un peu plus longues que larges, arrondies sur les côtés, noires, couvertes d'une ponctuation très-serrée, et d'un duvet noirâtre peu abondant et peu visible. Dessous du corps noir, un peu enfumé, avec le bord postérieur des hanches et du dernier segment abdominal brunâtres. Pattes jaunes, avec les cuisses postérieures noirâtres au milieu.

Cet individu, unique dans la collection de M. de Brême, vient de l'Amérique septentrionale.

Cette espèce et l'*Elodes fuscipennis* ont les cuisses postérieures un peu plus fortes que chez les autres, mais pas aussi renflées que celles des vrais *Scirtes*. Elles semblent établir le passage entre les deux genres.

ESPÈCES DOUTEUSES OU QUE NOUS N'AVONS PAS VUES.

21. E. AUSTRALIS. Cyphon australis. *Oblongus, obscure-testaceus, griseo-pubescens, elytris obsolete tri-lineatis.* — L. 2 ½ lign. — Van-Diemen.

Oblongus. C. livido sesqui longior licet ejusdem latitudinis, saturate testaceus, thoracis disco corporeque infra fuscescentibus, callo humerali dilutiore, totus dense pube grisea sericante vestitus. Antennæ fuscæ, articulis singulis apice testaceis. Caput confertissime subtiliter punctatum. Thorax parvus, coleopteris angustior, latitudine duplo brevior, lateribus et apice rotundatus, basi prope medium utrinque emarginatus, angulis posterioribus obtusiusculis, confertissime punctatus, disco pone medium leviter impressus, margine laterali reflexo. Scutellum confertissime punctatum, disco elevato. Elytra dense subtiliter punctatæ, oblique inspecta lineis tribus elevatis obsoletissimis. Femora medio fucescunt. (Erichson, Faun. Entom. de l'île Van Diemen, Arch. fur Naturgeschichte, etc. Berlin, 1842, p. 144., n. 42.)

22. **E. patagonica.** Cyphon patagonicum. *Ochreo-nitens, dense minuteque punctatus. Antennis nisi in articulo basali maculis duabus facialibus thoracisque disco , fuscis.* —L. 2 ¼; l. 1 ⅓ lign.

D'un ocracé brillant, couvert d'une ponctuation fine et serrée. Antennes brunes, excepté l'article basilaire et l'extrémité des autres. Deux taches brunes en fascies sur le disque du thorax, ce dernier plus large que la tête et plus étroit que les élytres, semi-orbiculaire. Dessous du corps brunâtre, une ligne de taches noires de chaque côté et une double rangée de plus petites au milieu.

Un seul exemplaire du port Saint-Héléna. Il ressemble considérablement au *Cyphon lividus* de Fabricius, mais il est plus étroit (Curtis, Desc. des Ins. recueillis par le cap. King. — Trans. Linn. Soc. London, 1838, vol. 18, p. 199, n. 38).

23. **E. fusciceps.** Cyphon fusciceps. *Luridus, pubescens. Capite, antennis, abdomine femoribusque fuscis.* — L. 1 ¾ lig. — Amer. bor.

Corps luride. Tête brune, bouche jaunâtre. Les antennes étaient mutilées, mais la base est brune. Prothorax très-court, transverse, légèrement bisinué en avant et en arrière, le disque brunâtre. Élytres couvertes de poils très-fins et très-rapprochés. Poitrine et abdomen bruns. Jambes brunâtres. (Kirby, Faun Bor. Americ., 1837, p. 245, n. 334.)

C'est probablement une des variétés américaines de l'*Elodes variabilis.*

24. **E. africana.** Cyphon africanus. — L. 2 ½; l. 1 ½. Finement ponctué d'un gris jaune. Élytres avec quatre côtes élevées sur chacune ; base des antennes et pattes jaunes. Extrémité des antennes noire. — Sénégal. (De Laporte, Revue entom., per Silbermann, 1836, t. 4, p. 25.)

Sur seize espèces d'Angleterre décrites par Stephens, il y en a trois que nous n'avons pu rapporter à celles que nous avons décrites *de visu.* Nous allons reproduire leurs descriptions.

25. **E. ochraceus.** Cyphon ochraceus *Oblongus, pallide ochraceus, oculis nigris, antennarum apice fuscescente.* — L. ¼ lign.

Oblong, entièrement d'une couleur ocracée pâle, pubescent, les yeux noirs et l'extrémité des antennes brunâtre. Beaucoup plus petit que les autres espèces, et proportionnellement aussi oblong que le *Melanura* (Steph. Illustr. Brit. Entom. 1830, vol. 3, p. 287, n. 14).

B. Tête saillante. Antennes plus ou moins en scie.

Dans cette division, opposée à la division **A.** *Tête enfoncée dans le thorax,* M. Stephens place deux espèces dont nous n'avons aucune idée. Voici les descriptions qu'il en donne.

26. **E. angulosa.** Cyphon angulosus. *Ferrugineus. Capite, thoraceque saturatioribus, convexis; nitidus, elytris angulis binis longitudinalibus elevatiusculis.* — L. 1 ¼ lign.

Crioceris angulosa. Marsh., t. 1, p. 228.— Steph. Cat., 1, 129.

Tête et thorax couleur de poix. Thorax convexe et brillant, bouche ferrugineuse. Élytres ferrugineuses, à points serrés, et çà et là un peu poudreuses, avec une double carène longitudinale légèrement élevée, partant de la base et arrivant presque à l'extrémité. Corps ferrugineux en dessous. Antennes noires, à base ferrugineuse. Jambes pâles (Step., ibid., p. 227, n. 15.)

M. Stephens dit avoir pris un seul exemplaire de ce singulier insecte, auquel il avait donné le nom de *Cyphon bicolor*, dans sa collection, mais que l'ayant comparé avec l'original de Marsham, il lui a rendu le nom spécifique publié par ce naturaliste.

27. E. DUBIA. Cyphon dubius. *Oblongus, rufo-testaceus, pubescens. Oculis nigris, corpore subtus antennarumque apice nigro-fuscis.* L. 1 $\frac{1}{2}$ lig.

Oblong, testacé roux, pubescent, yeux noirs. Thorax rétréci, roux, sans taches. Élytres avec une ligne légèrement poudreuse sur la suture. Corps d'un brun poudreux en dessous, avec les segments et l'extrémité finement bordés de testacé. Antennes testacées à la base, poudreuses au sommet, les deuxième et troisième articles légèrement allongés.

Il se distingue du reste du genre par les deuxième et troisième articles des antennes, légèrement allongés, et de l'espèce précédente, à laquelle il ressemble par sa tête saillante, en ce que le thorax est testacé, et les élytres convexes et non carénées. Trouvé près de Londres (Steph. ibid., p. 228, n. 16).

Nous pensons que c'est à tort que M. Schœnherr (Syn. ins., t. 1, 2ᵉ part. p. 322) rapporte la *Cistela rugosa* d'Olivier (Ent. III, 54, p 10, tab. 1, f. 9, a, b.) au genre *Elodes*. D'après la figure d'Olivier , cette espèce a le corps, et surtout le corselet trop allongés et d'une forme toute différente : à notre avis, c'est une véritable *Cistela*.

Le *Cyphon scriptus* de Laporte, qui est le même insecte que le *Cyphon hieroglyphicus* du Catalogue de M. Dejean , appartient au genre *Scirtes*, comme nous nous en sommes convaincu en étudiant les individus des collections de MM. Buquet et Dupont, types de la description de M. de Laporte de Castelnau. Ces individus conservent encore une patte postérieure ; celui de la collection Dejean les a perdues toutes deux , et nous l'aurions laissé avec les *Elodes* si nous n'avions eu que lui sous les yeux.

Quand nous avons fait notre monographie des *Scirtes*, cette espèce ne figurait pas dans la collection de M. Buquet. Il l'a retrouvée depuis dans ses magasins. Plusieurs autres espèces ont été retrouvées ainsi par divers entomologistes. Elles seront publiées dans un supplément que nous préparons.

Le *Cyphon senegalensis* du catalogue de M. Dejean est un *Scirtes* que nous avons décrit dans notre monographie.

Son *Cyphon murinus*, de l'Amérique septentrionale, n'existe plus dans la collection Dejean, acquise par M. De Brême.

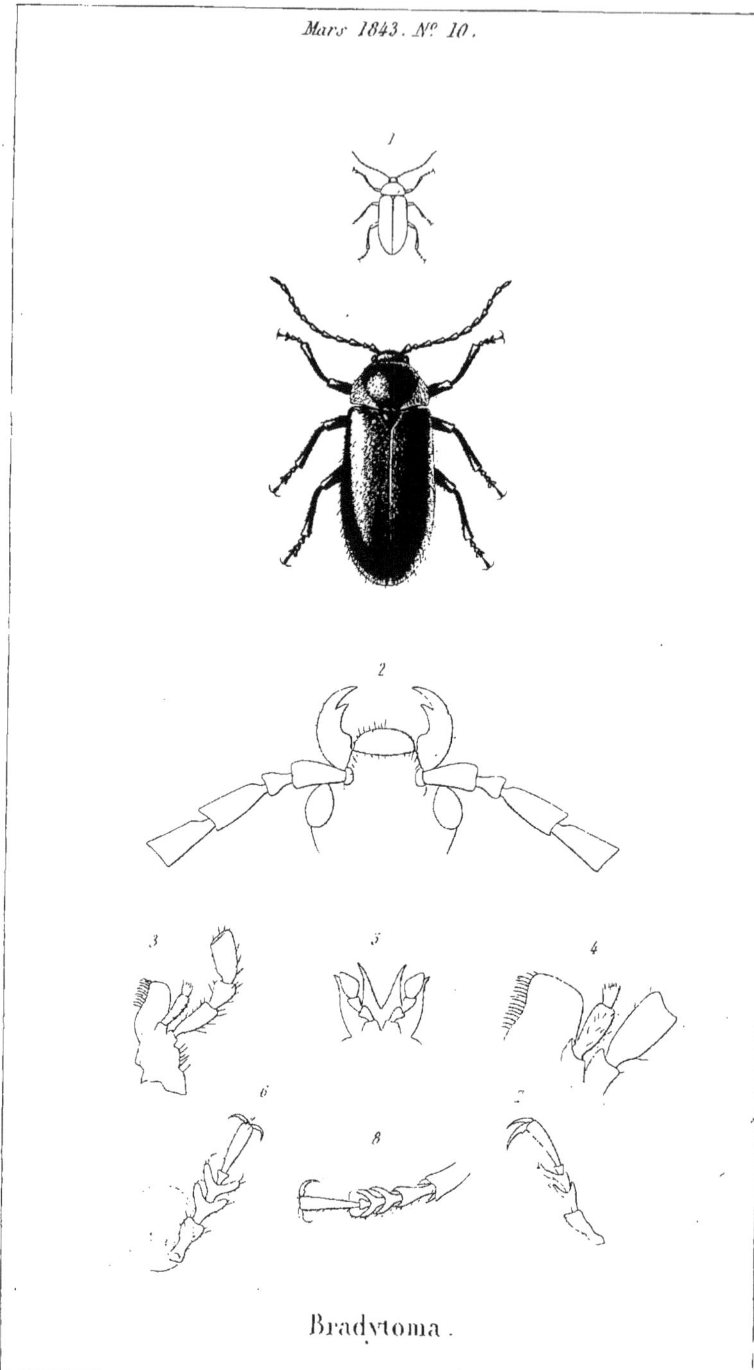

Mars 1843. N.º 10.
1
2
3
5
4
6
8
Bradytoma.

G. **BRADYTOMA** (βραδύς, large; τόμος, article).

Corps (f. 1) ovale allongé, assez épais.

Tête (f. 2) penchée, petite et arrondie. *Yeux* ronds, touchant presque le bord du corselet. *Antennes* en scie, allongées, ayant le second article de moitié plus court que le premier, les suivants un peu plus longs que le premier, anguleux à leur extrémité interne. *Labre* assez grand, arrondi en avant, recouvrant les mandibules en partie. *Mandibules* arquées, bidentées au bout, assez grandes. *Mâchoires* (f. 3, 4) terminées par deux lobes tronqués, l'interne très-élargi, ayant son bord interne armé d'une série de cils roides : l'externe biarticulé, ne dépassant pas l'autre et ayant son dernier article cilié au bout. *Palpes maxillaires* un peu plus longs que la mâchoire, à dernier article le plus grand de tous, un peu élargi et obliquement tronqué au bout. *Lèvre inférieure* (f. 5) terminée par quatre lobes peu inégaux, pointus et ciliés. *Palpes labiaux* courts, ne dépassant pas ces lobes, terminés par un article plus grand, assez fortement sécuriforme.

Prothorax court, transversal, élargi en arrière, assez bombé au milieu, en avant. *Écusson* triangulaire. *Élytres* assez coriaces, recouvrant des ailes. *Pattes* de grandeur moyenne, simples. *Tarses* moins longs que les jambes, ayant le premier article un peu allongé, un peu renflé au bout, les second et troisième presque aussi longs que le premier, fortement dilatés au bout et échancrés au milieu, portant en dessous une grande palette membraneuse; le quatrième très-petit et le cinquième aussi long que les second et troisième réunis, terminé par deux crochets simples.

Abdomen ovale, composé de cinq segments.

On ne connaît encore qu'une seule espèce de ce genre, elle provient de l'Amérique méridionale, et ses mœurs n'ont jamais été étudiées.

B. aurita. *Oblongo-ovalis, atra, subtilissime punctata, pubescens. Thoracis lateribus sanguineis.* — L. 0,009 ; l. 0,004. — Brasilia.

Atopa aurita, Catal. Dejean.

Corps ovale oblong, d'un noir vif, assez luisant, finement ponctué. Tête petite, couverte d'un duvet gris jaunâtre, avec les yeux ronds. Antennes un peu plus longues que la moitié du corps, entièrement noires. Corselet de moitié plus large que long, noir avec les côtés largement bordés de rouge sanguin, dessus et dessous, insensiblement rétréci en avant, à côtés arrondis, et un peu obliquement tronqués en arrière, avec le bord postérieur un peu sinué, le milieu assez bombé et offrant un faible sillon longitudinal , et une faible fossette transversale en arrière. Écusson triangulaire, presque aussi large que long. Élytres presque deux fois plus longues que larges, arrondies en arrière , entièrement noires , couvertes d'un fin duvet brunâtre ; ailes noirâtre. Dessous et pattes noirs, extrémité du dernier article des tarses roussâtre. Dernier segment de l'abdomen arrondi et entier dans les cinq individus que nous avons examinés.

Cette espèce a été trouvée au Brésil, à Rio-Janeiro et à Monte-Video.

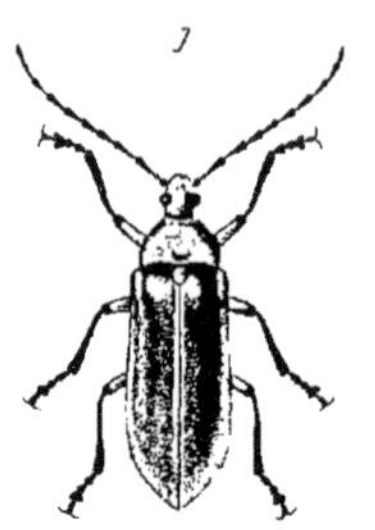

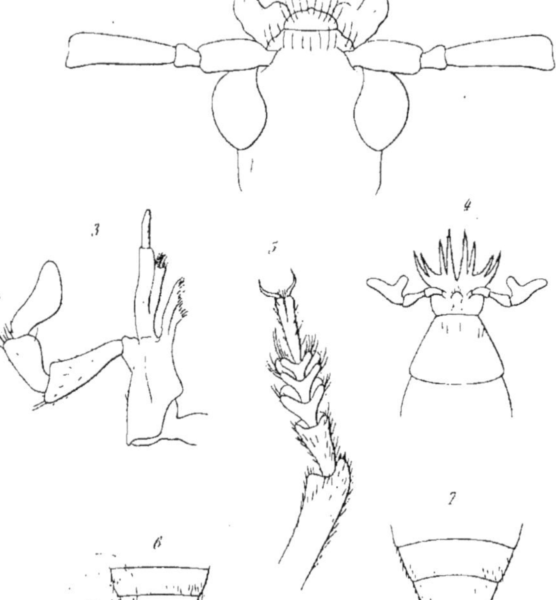

Octoglossa

Lebrun sc.
N. Remond imp.

G. OCTOGLOSSA (ὀκτώ, huit; γλῶσσα, langue).

Corps (f. 1) allongé, assez épais.

Tête (f. 2) assez petite, un peu penchée, rétrécie en arrière, n'étant pas tout à fait enfoncée jusqu'aux yeux dans le corselet. *Yeux* grands, ronds. *Antennes* insérées en avant des yeux, longues, filiformes ou à peine en scie, ayant le premier article grand, allongé, le second beaucoup plus petit, le troisième aussi long que les deux premiers réunis, un peu anguleux à son extrémité interne, les suivants semblables, diminuant insensiblement de longueur. *Labre* transversal, arrondi en avant, avec une très petite saillie au milieu du bord antérieur. *Mandibules* grandes, arquées, aplaties et fortement élargies à leur base, terminées en une pointe aiguë. *Mâchoires* (f. 3) grandes, terminées par quatre lobes allongés inégaux, ciliés au bout, le plus extérieur paraissant formé de deux articulations. *Palpes maxillaires* grands, à troisième article à peine plus long que le second, sécuriforme, dilaté au côté interne, obliquement tronqué avec les angles arrondis. *Lèvre inférieure* terminée par huit lobes aigus, inégaux, ciliés. *Palpes labiaux* assez courts, dépassant un peu les lobes de la lèvre, assez grêles, avec le troisième article fortement élargi, tronqué et échancré à son extrémité, et comme bifurqué.

Prothorax de moitié plus large que long, de forme presque triangulaire avec les côtés arrondis, très-bombé au milieu en avant, avec une fossette assez large et transversale en arrière, et le bord postérieur un peu sinué. *Écusson* arrondi, un peu oblong. *Élytres* assez molles, allongées, recouvrant les ailes. *Pattes* assez grandes, simples. *Tarses* moins longs que les jambes, avec le premier article presque aussi long que les trois suivants réunis, simple, les trois suivants très-élargis, échancrés en avant, diminuant insensiblement de grandeur, les second et troisième portant en dessous une large palette membraneuse et ciliée ; le quatrième article mince, aussi long que le premier et terminé par deux crochets assez forts.

Abdomen allongé, composé de cinq segments dans les deux sexes, avec le dernier fortement échancré dans les mâles (f. 6), entier et plus long chez les femelles (f. 7).

Ce genre curieux ne se compose encore que d'une seule espèce, découverte par M. Justin Goudot aux environs d'Ibagué, dans la Nouvelle-Grenade. Ces insectes se trouvent à la tombée de la nuit, volant aux alentours des plants de maïs en fleur. M. Goudot en a vu plusieurs accouplés et posés sur le maïs.

O. FEMORALIS. *Oblonga, pallide-fusca, flavo-tomentosa, subtilissime punctato-rugosa. Antennis nigro-fuscis, oculis nigris. Elytris obscurioribus, sutura margineque flavis. Femoribus flavis apice nigris; tibiis tarsisque obscure fuscis.* L. 0.015 à 0,020; l. 0,005 à 0,007. — Nova Granata

Corps allongé, trois fois plus long que large, assez épais, très-finement ponctué et comme rugueux, d'un brun roussâtre pâle. Tête et corselet couverts d'un duvet jaune d'ocre très-serré, ce qui les fait paraître jaunes et un peu soyeux. Antennes du mâle presque aussi longues que le corps, noirâtres, à articles assez aplatis; celles de la femelle un peu plus courtes, à articles un peu moins larges. Écusson arrondi, paraissant jaune à cause des poils qui le couvrent. Élytres un peu plus de deux fois plus longues que larges, à suture et bords externes et postérieurs jaunes d'ocre, couvertes de duvet jaunâtre peu serré, et qui ne couvre pas la couleur brune du fond. Outre la très-fine rugosité de ces élytres, on aperçoit à la loupe de très-faibles traces de stries longitudinales de points enfoncés. La bordure jaune de la suture est très-limitée, et celle des bords est fondue de dehors en dedans. Dessous d'un brun fauve, plus clair et plus jaunâtre que le dessus. Cuisses d'un jaune d'ocre assez clair, avec les genoux noirs. Jambes et tarses d'un brun noirâtre.

Ce curieux insecte n'est pas commun, à Ibagué, dans la région tempérée de la Nouvelle-Grenade et à une hauteur de 600 à 2150 mètres au-dessus du niveau de la mer. Dans ce pays la température moyenne varie de 22 à 17 degrés Réaumur.

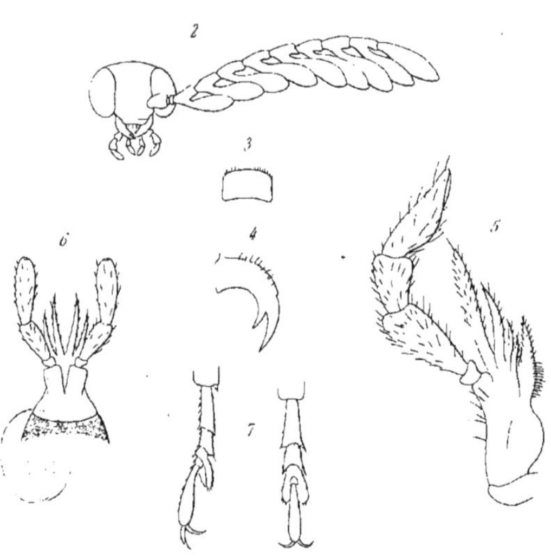

Cladotoma

G. CLADOTOMA (κλάδος rameau ; τόμος, partie).

CLADOTOMA , Westwood (1837).

Corps (f. 1) en ovale allongé, assez épais.

Tête (f. 2 peu saillante, très-penchée, petite et arrondie. *Yeux* grands, ronds, touchant le bord du corselet. *Antennes* (f. 2) flabellées ou portant à la base de chaque article, à partir du troisième jusqu'au dixième, un rameau aplati, élargi et arrondi vers son extrémité, aussi long que l'article sur lequel il est inséré. *Labre* (f. 3) assez grand, transversal et de forme carrée, avec le bord antérieur un peu arrondi et recouvrant en partie les mandibules et les mâchoires. *Mandibules* (f. 4) de grandeur moyenne, arquées et bidentées au bout. *Mâchoires* (f. 5) terminées par cinq lobes inégaux et allongés, pointus et ciliés. *Palpes maxillaires* allongés, à dernier article aplati, élargi au milieu et tronqué fort obliquement au côté interne. *Lèvre inférieure* (f. 6) terminée par quatre lobes inégaux, assez minces, pointus et ciliés. *Palpes labiaux* assez courts, avec les deux derniers articles égaux en longueur, le dernier à peine un peu renflé, arrondi vers l'extrémité et tronqué au bout.

Prothorax court, transversal, élargi en arrière, très-bombé en avant. *Prosternum* saillant en une petite pointe en arrière. *Écusson* arrondi. *Élytres* peu coriaces, assez molles, recouvrant les ailes. *Pattes* de grandeur moyenne, simples. *Tarses* (f. 7) un peu moins longs que la jambe, à premier article assez long, simple ; le second de moitié moins long, également simple ; le troisième élargi et fortement bilobé, le quatrième très-petit et le dernier allongé, aussi grand que le premier et terminé par deux crochets simples.

Abdomen ovale, composé de cinq segments dont le dernier est un peu avancé en arrière, arrondi au milieu et un peu échancré de chaque côté, ou simplement échancré au milieu.

Ce genre a été établi en 1837 par M. Westwood, dans le Magasin de Zoologie et de Botanique de MM. Jardine, Selby, etc., etc., avec une jolie espèce que nous avons retrouvée dans la collection de M. De Brême sous le nom de *Cladon flabelliforme*. Nous avons trouvé une espèce nouvelle dans la collection de M. Dupont. Ces insectes, encore très-rares, proviennent de l'Amérique méridionale : on ne sait rien sur leurs mœurs.

DESCRIPTION DES ESPÈCES.

C. ovalis. *Oblongo-ovalis, fusca, subtilissime punctata, pubescens. Elytris flavo-marginatis.* — L. 0,014; l. 0,005. — Brasilia.

Cladotoma ovalis. Westw., Desc. of some new species of Exot. coleopt. , etc. in Mag. Zool. and Bot. by W. Jardine, Selby, etc., t. 4, p. 254, pl. 7, fig. 3 (1837).

Corps en ovale oblong, entièrement brun, très-finement ponctué, couvert d'un duvet très-serré, couché, d'un gris jaunâtre soyeux. Tête petite, insérée dans une échancrure située en avant et un peu en-dessous du corselet, avec les yeux gros et ronds. Antennes brunes, insérées près de la bouche, en avant des yeux, notablement plus longues que la moitié du corps, à rameaux deux fois plus longs que les articles qui les supportent. Corselet presque deux fois plus large que long, fortement bombé à son bord antérieur, avec une large fossette arrondie et transverse au milieu. Élytres deux fois plus longues que larges, parallèles, atténuées près de l'extrémité et terminées en pointe mousse à la suture, offrant de faibles traces de côtes longitudinales, de la couleur brune uniforme du corps avec la suture et les bords jaunes. Dessous et pattes de la couleur du dessus, à reflets chatoyants et soyeux.

Cette espèce était la seule connue jusqu'à ce jour, elle a été trouvée au Brésil

C. THORACICA. *Oblongo-ovalis, atra, subtilissime punctata, pubescens. Thorace pedibusque fulvis.* — L 0,014 ½; l. 0,007. — Cayennæ.

Ptilodactyla thoracica, Coll. Dupont.

Corps en ovale oblong, entièrement noir, très-finement ponctué, couvert d'un duvet très-serré et couché. Tête noire, à duvet jaunâtre. Yeux grands et noirs, luisants. Antennes noires, avec le premier article fauve, taché de noir en dessus, de moitié moins longues que le corps, avec leurs rameaux un peu plus longs que les articles qui les supportent. Palpes fauves. Corselet fauve, couvert de duvet jaune, très-bombé en avant, avec une large impression transverse en arrière. Écusson arrondi. Élytres noires, près de deux fois plus longues que larges, finement ponctuées, couvertes de duvet brun. Dessous noir avec le dernier segment abdominal échancré au milieu. Hanches et cuisses fauves ; jambes noirâtres à base fauve ; tarses noirâtres avec les crochets fauves.

Cette magnifique espèce est unique dans la collection de M. Dupont, il l'a reçue de Cayenne.

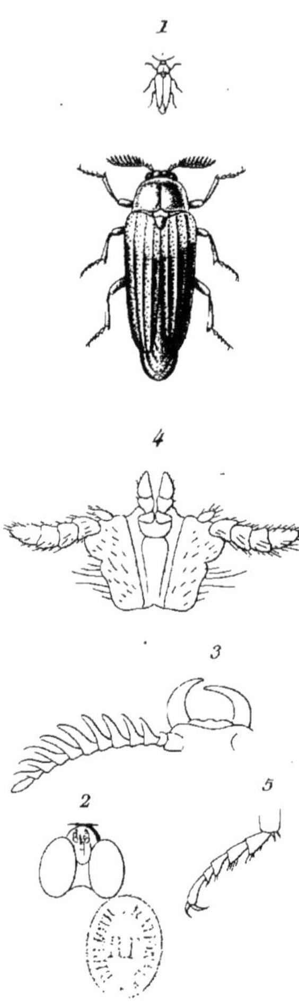

Dodecatoma.

DODECATOMA (δώδεκα, douze; τόμος, article, segment).

(Par M. Westwood).

Corps (f. 1) petit, un peu oblong et déprimé.

Tête (f. 2, 3) étroite, petite. *Yeux* grands, ronds et latéraux. *Antennes* de douze articles, courtes : les articles 5 à 11 pectinés, à rameaux peu allongés. *Labre* court, transverse. *Mandibules* en pinces, minces, sans dents au côté interne. *Mâchoires* et *lèvre* (f. 4) un peu membraneuses; base des mâchoires épaisse, oblongue, terminée par un petit lobe un peu conique et portant des soies. *Palpes maxillaires* assez courts et assez épais, à articles presque égaux, et dont le dernier est un peu pointu. *Menton* très-court. *Palpes labiaux* très-courts, avec le dernier article un peu plus grand, pointu au bout.

Prothorax plus étroit en avant, à côtés arrondis, avec le bord postérieur un peu échancré au milieu. *Élytres* plus larges que le prothorax à leur base, à angles huméraux arrondis, diminuant de largeur en arrière, avec le bout divergent à la suture. *Pattes* courtes, jambes et tarses (f. 5) simples; ceux-ci non lobés en dessous.

Abdomen aplati et assez large.

Ce genre est fondé sur une espèce indienne dont on ne connaît pas les mœurs.

D. bicolor. *Fulva, capite elytrisque (nisi ad basin) nigris ; his costis tribus longitudinalibus.* — L. 0,006, l. 0,003 (f. 1 à 3). — India orientalis, Deccan.

Tête noire, luisante, très-ponctuée, avec l'espace inter antennaire élevé. Mandibules brunes, à bout noir. Prothorax velu, finement ponctué, ayant ses angles postérieurs saillants, presque aigus; son bord postérieur assez fortement échancré au milieu, et un fin sillon longitudinal en dessus et au milieu. Écusson triangulaire, fauve. Élytres noires, luisantes, velues, trèsponctuées et comme chagrinées, avec la base d'un jaune fauve, les angles huméraux arrondis, et chacune trois côtes longitudinales élevées et luisantes. Pieds d'un jaune fauve. Ailes enfumées. Dessous du corps jaune fauve, avec les derniers segments de l'abdomen bruns.

Des Indes orientales (Deccan). Ma collection. Ce curieux insecte m'a été communiqué par M. W. W. Saunders, F. L. S., président de la Société Entomologique de Londres.

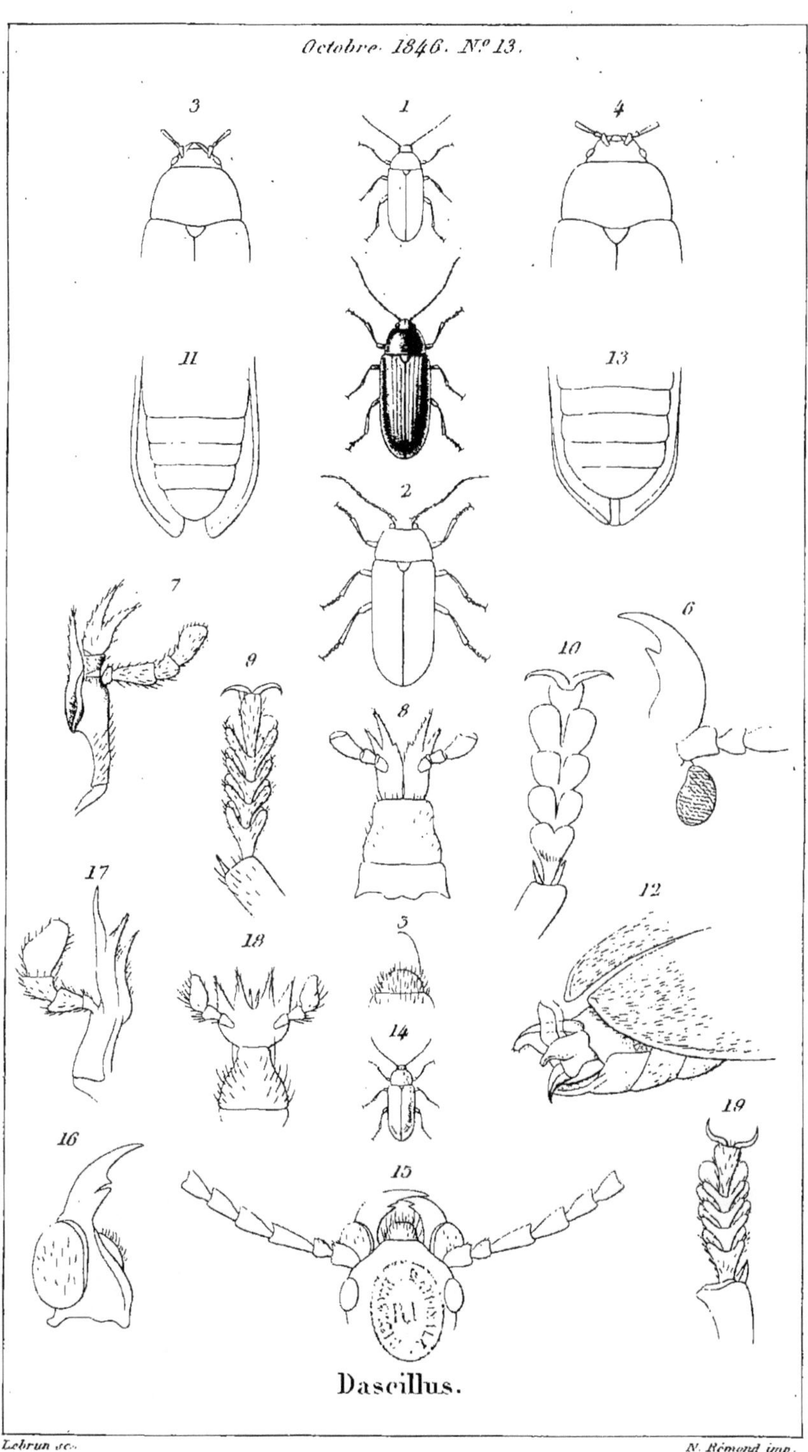

Dascillus.

Lebrun sc.

N. Rémond imp.

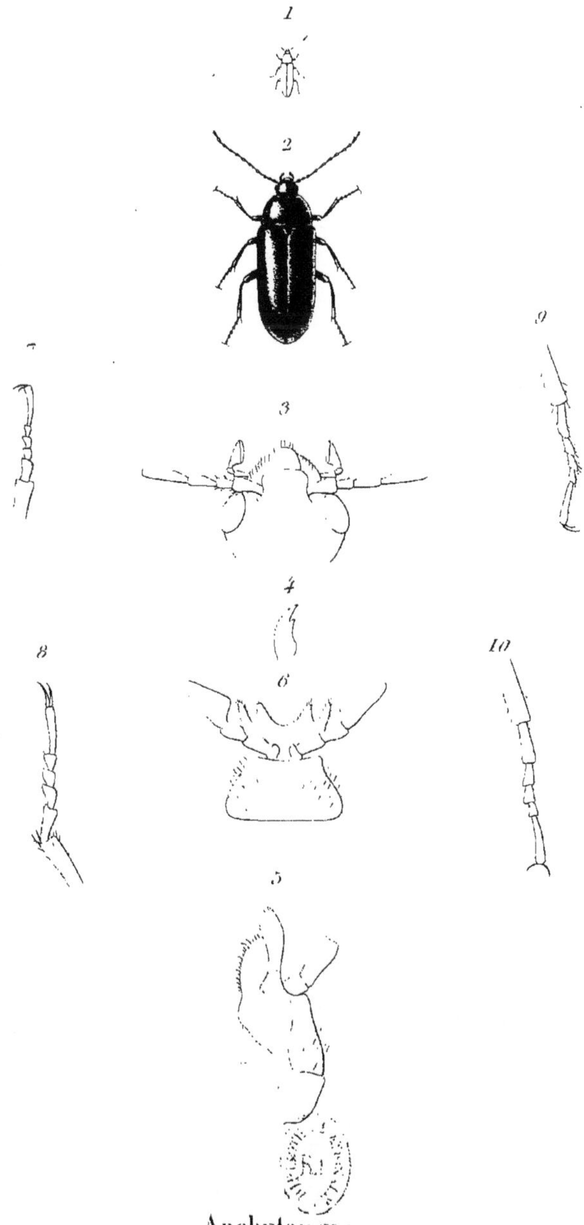

1

2

9

3

4

8

6

10

5

Anchytarsus.

Lebrun sc.

N. Rémond imp.

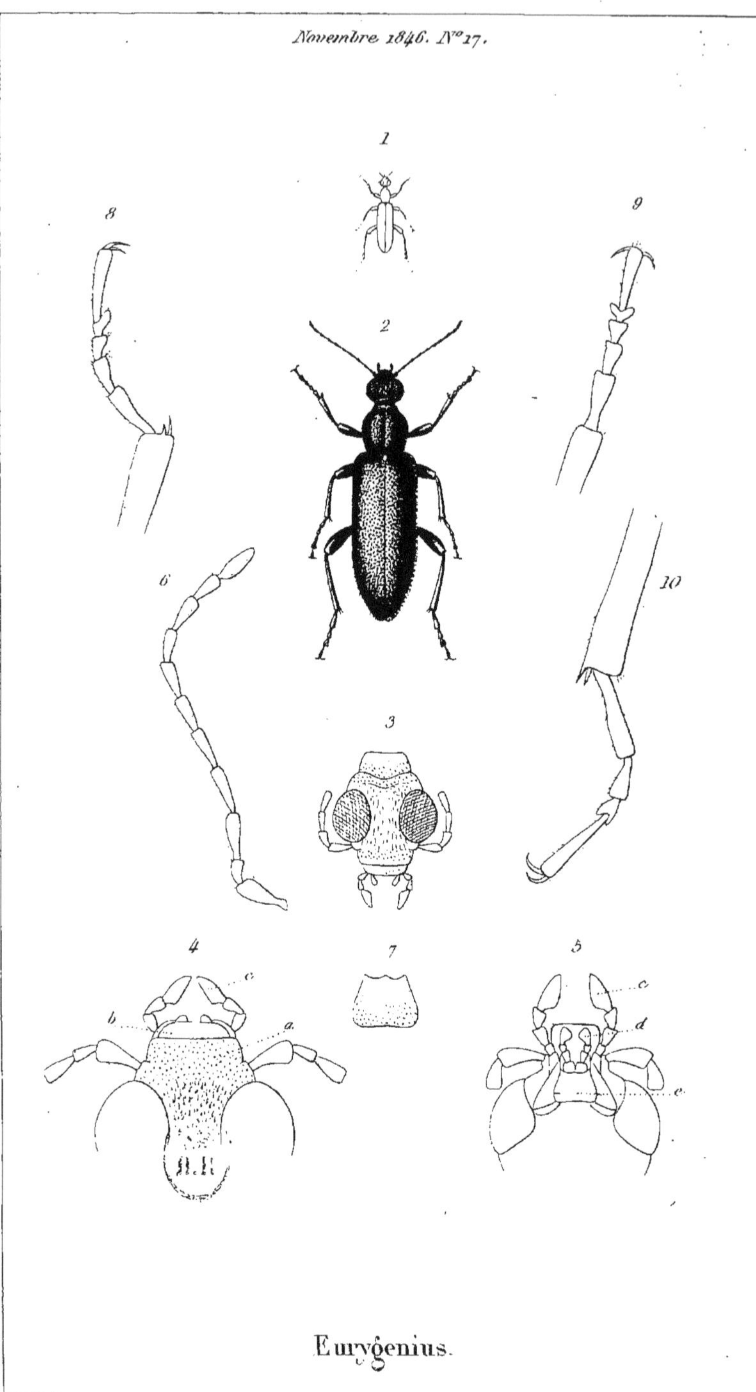

Novembre 1846. N°17.
1
8
9
2
6
10
3
4
7
5
e
b
a
c
d
e
Eurygenius.
Lebrun sc.
N. Rémond imp.

G. EURYGENIUS (εὐρὺς, large; γένυς, menton).

(Par M. de la Ferté-Sénectère).

Corps (f. 1, 2) subcylindrique, de forme étroite et allongée.

Tête (f. 3, 4, 5) dégagée du corselet, peu inclinée, transversale, non pédonculée, mais portée sur un large cou extérieur. *Yeux* bombés très-grands, occupant toute la partie latérale de la tête, offrant imparfaitement la forme d'un triangle dont le côté supérieur est arrondi, l'antérieur à peu près rectiligne et l'inférieur légèrement concave. *Antennes* subfiliformes, insérées vers le milieu du côté antérieur des yeux sans y déterminer d'échancrure; de onze articles, le premier robuste en cône renversé, les autres également obconiques, le deuxième court, le troisième deux fois aussi long que le deuxième, le quatrième égal au troisième, les autres diminuant insensiblement de longueur et grossissant insensiblement jusqu'au dernier, qui est ovoïde et pas plus long que le précédent. *Chaperon* (f. 4 *a*) court, très-épais, rectangulaire, se relevant légèrement de chaque côté en forme d'oreillette au-dessus de l'insertion des antennes, qu'il ne recouvre pas entièrement, distingué du reste de la tête par l'absence totale de pubescence. *Labre* (f. 4 *b*) très-détaché du chaperon, paraissant mobile et dépourvu d'épistome, à moins que cette pièce ne soit cachée sous le chaperon, transversal, non échancré et abondamment cilié. *Mandibules* très-courtes, peu arquées, obtuses à l'extrémité, entièrement recouvertes par le labre. *Palpes maxillaires* (f. 4, 5 *c*) grands et robustes, de quatre articles, le premier très-court et cylindrique, le deuxième en triangle allongé, le troisième en triangle presque équilatéral, le dernier oblong et sécuriforme. *Lèvre inférieure* courte et paraissant bifide. *Palpes labiaux* (f. 5 *d*) petits, peu apparents, de trois articles, les deux premiers subcylindriques, le dernier renflé et cyathiforme. *Menton* (f. 5 *e*, 7) trapézoïdal, plus large en arrière qu'en avant, à échancrure large, peu profonde et rectiligne. Je ne puis rien dire des mâchoires, que je n'ai pu suffisamment distinguer. *Cou* aussi large que le chaperon, de même tissu et couleur que la tête, dont il n'est séparé que par un sillon transversal.

Prothorax suborbiculaire, aplati, sans sillon marginal apparent à la base. *Ecusson* court, triangulaire, arrondi au sommet. *Elytres* coriaces, très-allongées, parallèles, nullement striées, abondamment et confusément ponctuées, recouvrant des ailes inférieures propres au vol. *Pattes* de moyenne grandeur, cuisses assez fortement claviformes, tibias aplatis, à peu près de la longueur des cuisses, armés à l'extrémité du côté interne de deux petites épines. *Tarses* hétéromères, les antérieurs (f. 8, 9) et intermédiaires à peu près semblables, leurs deux premiers articles en triangle allongé, le premier un tant soit peu plus long que le second, les deux suivants également triangulaires, beaucoup plus courts, surtout le quatrième, qui est transversal et bilobé, le cinquième aussi long que les trois précédents réunis; aux postérieurs (f. 10), le premier article très-long, le deuxième presque moitié plus court, le troisième moitié plus court que le deuxième, transversal et légèrement bilobé; le dernier plus long que les deux précédents réunis. Tous les crochets simples, très-aigus, très-ouverts, médiocrement arqués.

Abdomen allongé, subovalaire, composé de cinq segments, le premier et le dernier un peu plus longs que les trois intermédiaires, qui sont égaux entre eux.

J'ai créé ce nouveau genre sur un insecte unique du Brésil, qui est passé de la collection de M. Reiche dans la mienne. Très-voisin des *Stereopalpus*, genre également nouveau, par le facies général, la forme des antennes et celle du cou, il m'a paru devoir en être séparé à cause de la forme assez différente des palpes maxillaires, et de la forme très-différente du chaperon et du menton. Egalement voisin des *Pedilus* par la forme des palpes maxillaires, des antennes et du cou, il s'en distingue par la non-échancrure des yeux, par un chaperon tout différemment conformé, par la forme beaucoup plus courte des palpes labiaux et par celle toute différente du menton, qui dans les Pedilus est excessivement court et circulairement échancré. La forme large et non pédonculée du cou éloigne en outre ce genre du groupe des Anthicites.

Description de l'espèce.

E. Reichei. *Oblongo-parallelus, capite thoraceque nigricantibus, rugoso tomentosis, elytris subcastaneis, reticulatim-punctatis, pube griseâ vestitis; antennis pedibusque obscurè rufescentibus.* — Long. 0,008. Lat. 0,0022 (F. 1 à 10). — Brasilia.

Tête noire, chagrinée, couverte d'une abondante pubescence grisâtre courte et mal peignée, fortement transversale, divisée postérieurement en deux lobes séparés l'un de l'autre par un sillon longitudinal, et du cou par un sillon transversal auquel le premier vient aboutir. Les yeux excessivement grands occupant toute la face latérale de la tête, de forme subtriangulaire, assez rapprochés en dessus, l'espace intermédiaire étant moindre que la largeur totale de la tête. Chaperon rougeâtre, fortement rugueux, non pubescent. Antennes médiocrement longues, atteignant à peine la base du corselet, rougeâtres, surtout vers la base. Cou tomenteux et chagriné comme la tête. Corselet noirâtre, terne, chagriné comme la tête, et recouvert comme elle d'un duvet grisâtre plus régulièrement incliné, pas plus large que la tête, pas plus long que large, arrondi antérieurement, s'allongeant même en forme de goulot, peu arrondi sur les côtés, légèrement rétréci tout-à-fait à la base, ligne médiane peu enfoncée, sillon marginal nul en dessus, à peine sensible sur les côtés. L'écusson de même couleur que les élytres. Elytres d'un brun terne tournant au marron, nullement brillantes, couvertes de points enfoncés oblongs et un peu confluents, et revêtues dans toute leur étendue d'une pubescence grise, courte et régulièrement inclinée, moitié plus larges que le corselet, et deux fois et demie environ aussi longues que larges, arrondies aux épaules, subcylindriques, régulièrement parallèles jusqu'aux trois quarts, et terminées en ovale allongé. Dessous du corps d'un brun rougeâtre foncé, le dernier anneau de l'abdomen non pas échancré ni tronqué, mais légèrement déprimé dans le milieu. Pattes brunes, l'extrémité des cuisses noirâtre, les tibias et les tarses d'une teinte moins foncée, un peu ferrugineuse.

Description faite sur un seul individu, provenant du Brésil, sans indication précise de localité.

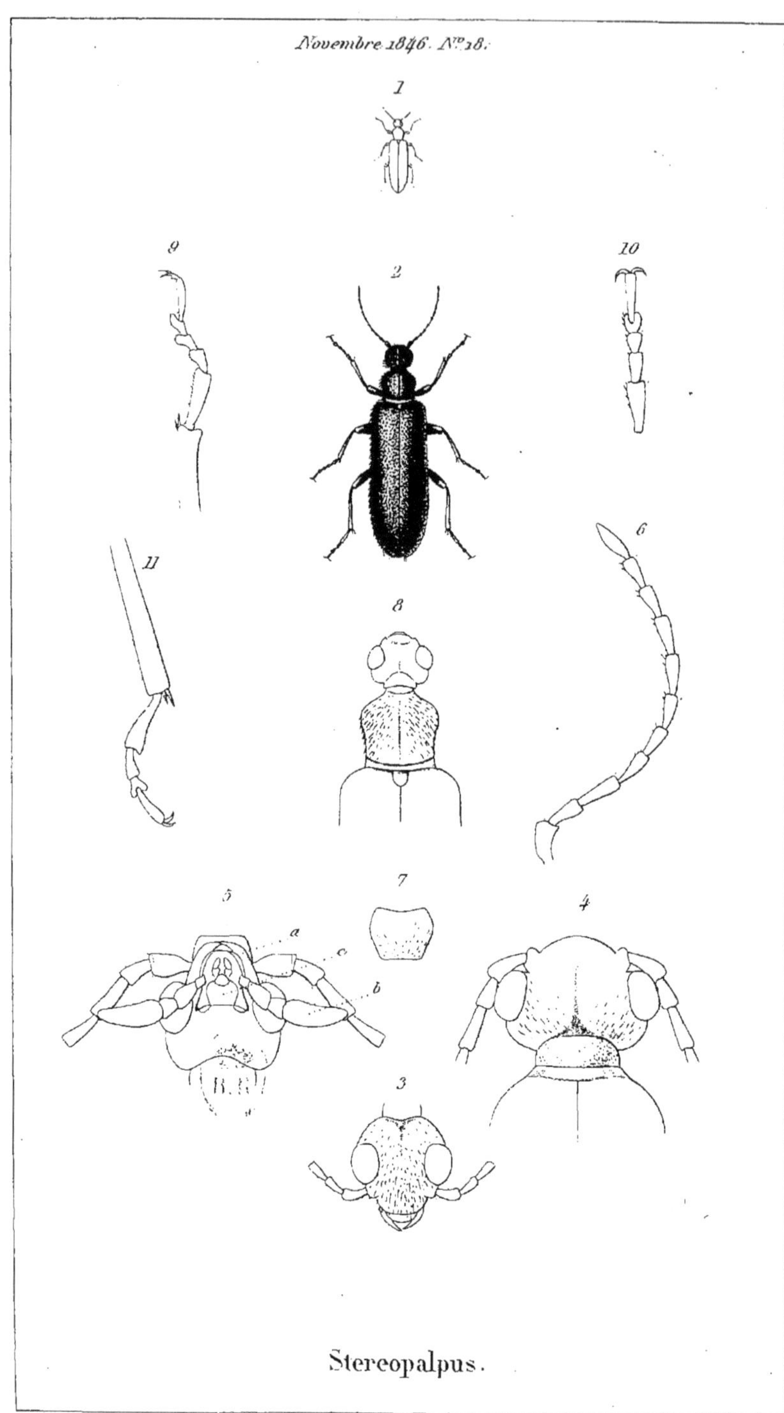

Novembre 1846. N°18.
1
9
10
2
11
6
8
5
7
4
a
c
b
3
Stereopalpus.
Lebrun sc.
N. Rémond imp.

G. STEREOPALPUS. (στέρεος, robuste; πάλ-πος, palpe).

(Par M. de la Ferté-Sénectère).

Corps (f. 1, 2) subcylindrique, de forme étroite et allongée.

Tête (f. 3, 4, 5) dégagée du corselet, peu inclinée, peu arrondie, non pédonculée, mais portée sur un large cou extérieur. *Yeux* très-bombés, imparfaitement réniformes, plutôt un peu triangulaires, non échancrés antérieurement, très-espacés sur le front, l'intervalle excédant la moitié de la largeur totale de la tête. *Antennes* (f. 6) subfiliformes, insérées en avant des yeux à la base des mandibules, de onze articles, le basilaire robuste et subcylindrique, le deuxième plus gros et sensiblement plus court que le troisième, tous les autres obconiques, augmentant un peu de grosseur, en même temps qu'ils diminuent de longueur, jusqu'au dernier, qui est ovoïde et un peu plus long que le précédent. *Chaperon* court, trapézoïdal, légèrement relevé sur les côtés, séparé de la tête par un sillon transversal, ne cachant pas entièrement l'insertion des antennes. *Labre* très-court, transversal, nullement échancré à l'extrémité, arrondi aux angles antérieurs, abondamment cilié, sans épistome apparent. *Mandibules* (f. 5, *a*) saillantes, arquées en forme de crochet, à pointes mousses ou grossièrement bifides. *Mâchoires* bilobées, le lobe supérieur arrondi extérieurement et cilié à l'extrémité. *Palpes maxillaires* (f. 5, *b*) longs et robustes, de quatre articles, le premier très-court, non apparent, le deuxième allongé, subcylindrique, renflé au sommet, le troisième court, de forme à peu près carrée. Le dernier aussi long que les deux précédents réunis, en forme de lame de couteau. *Lèvre inférieure* courte, légèrement arrondie au sommet. *Palpes labiaux* beaucoup plus longs que la lèvre, à dernier article robuste, corné, en forme de cône renversé. *Menton* (f. 5 *c*, 7) de médiocre largeur, plus étroit en arrière qu'en avant, à échancrure légèrement circulaire. *Cou* aussi large que le chaperon, de même couleur et de même tissu que la tête, dont il n'est séparé que par un sillon transversal.

Corselet (f 8) un peu moins long que large, peu bombé, doublement sinué sur les côtés, ayant un sillon marginal peu profond à la base. *Ecusson* en carré long, arrondi au sommet. *Elytres* assez coriaces, très-allongées, subparallèles, subcylindriques, sans apparence de stries, recouvrant des ailes propres au vol. *Pattes* de moyenne grandeur, cuisses très-légèrement claviformes, tibias de même longueur que la cuisse, garnis à leur extrémité de deux petites épines. *Tarses* hétéromères, aux antérieurs (f. 9, 10) le premier article aussi long que les deux suivants, qui sont à peu près égaux entre eux, le quatrième beaucoup plus court que le troisième, le dernier long et étroit; mêmes relations entre les articles des tarses intermédiaires, qui sont un peu plus longs que les antérieurs; les postérieurs (f. 11) encore plus longs que les intermédiaires, le premier article très-long, presque égal en longueur, aux trois autres, le deuxième double du troisième. Tous les pénultièmes articles aplatis, transversaux et légèrement bilobés. Tous les crochets simples, fortement arqués, très-aigus et très-ouverts.

Abdomen allongé, obconique, composé de cinq segments à peu près égaux.

J'ai créé ce nouveau genre sur une seule espèce provenant de la province de Columbia, aux Etats-Unis. Il m'a été impossible de le rattacher à aucun autre genre de *Trachélides*. La forme non pédonculée du cou l'éloigne de tous les Anthicites, même du genre *Macrarthrius* (*Steropes murinus* du catalogue Dejean), avec lequel il a des rapports de facies. La forme du cou et des antennes le rapproche des *Pedilus* et du nouveau genre *Eurygenius*, mais il s'éloigne du premier par la forme non échancrée des yeux, et du second par la forme très-différente du chaperon des palpes et du menton.

DESCRIPTION DE L'ESPÈCE.

Stereopalpus mellyi. *Oblongo-parallelus, capite thoraceque nigricantibus, rugoso punctulatis; clytris olivaceis, subnitidis, confertim punctatis, antennis brunneis, pedibus totis obscuré ferrugineis.* — Long. 0,007. Lat. 0,002. — Columbia (Am. bor.).

Tête noirâtre, nullement brillante, couverte d'une ponctuation serrée et confluente qui la fait paraître rugueuse, peu abondamment ombragée d'une pubescence grisâtre, transversale, plate entre les yeux, bombée postérieurement, les angles postérieurs arrondis, séparée du cou par un large sillon transversal qui s'avance en pointe et se réunit à une ligne médiane enfoncée, de manière à diviser le derrière de la tête en deux protubérances distinctes; le cou nullement en pédoncule, mais à peu près aussi large que le chaperon, et participant à la ponctuation et à la pubescence de la tête. Yeux noirs, grands et très-saillants (V. la description générique). Chaperon de même couleur que la tête, pubescent comme elle. Antennes moins longues que la moitié du corps, un peu ferrugineuses à la base, d'un brun obscur vers le sommet. Labre jaunâtre, mandibules et autres parties de la bouche ferrugineuses. Corselet de même couleur, ponctuation et pubescence que la tête, pas plus large que la tête, en y comprenant la saillie des yeux, un peu moins long que large, nullement bombé en dessus, arrondi sur les côtés antérieurement, rétréci aux deux tiers de la longueur, puis dilaté de nouveau à la base. Sillonné au milieu dans toute sa longueur par une ligne longitudinale fine et luisante au fond, une ligne semblable également fine entourant toute la base et déterminant ainsi une marge large, mais non renflée en bourrelet, comme cela a lieu dans quelques genres voisins. Ecusson très-grand, en carré long, arrondi au sommet, finement rugueux et tomenteux comme le corselet. Elytres d'un brun olivâtre, assez brillantes, couvertes dans toute leur longueur de points enfoncés un peu confluents, qui donnent naissance à une pubescence grise, courte et légèrement inclinée, presque deux fois aussi larges que le corselet et deux fois et demie environ aussi longues que larges, de forme très-allongée, presque parallèles, subcylindriques, faiblement échancrées à la base, un peu rétrécies derrière les épaules, qui sont larges, légèrement proéminentes et très-arrondies, dilatées de nouveau très-faiblement au-delà de la moitié, conjointement arrondies à l'extrémité. Dessous du corps et abdomen noirâtre. Pattes ferrugineuses, avec les cuisses plus ou moins foncées.

Je n'ai vu que deux individus de cette espèce, provenant de la province de Columbia, aux Etats-Unis, et donnés par M. Melly, l'un à M. Chevrolat et l'autre à M. Reiche. Ce dernier fait aujourd'hui partie de ma collection. M. Melly étant le premier qui ait introduit cet insecte dans les collections, j'en ai conservé le souvenir en lui donnant son nom.

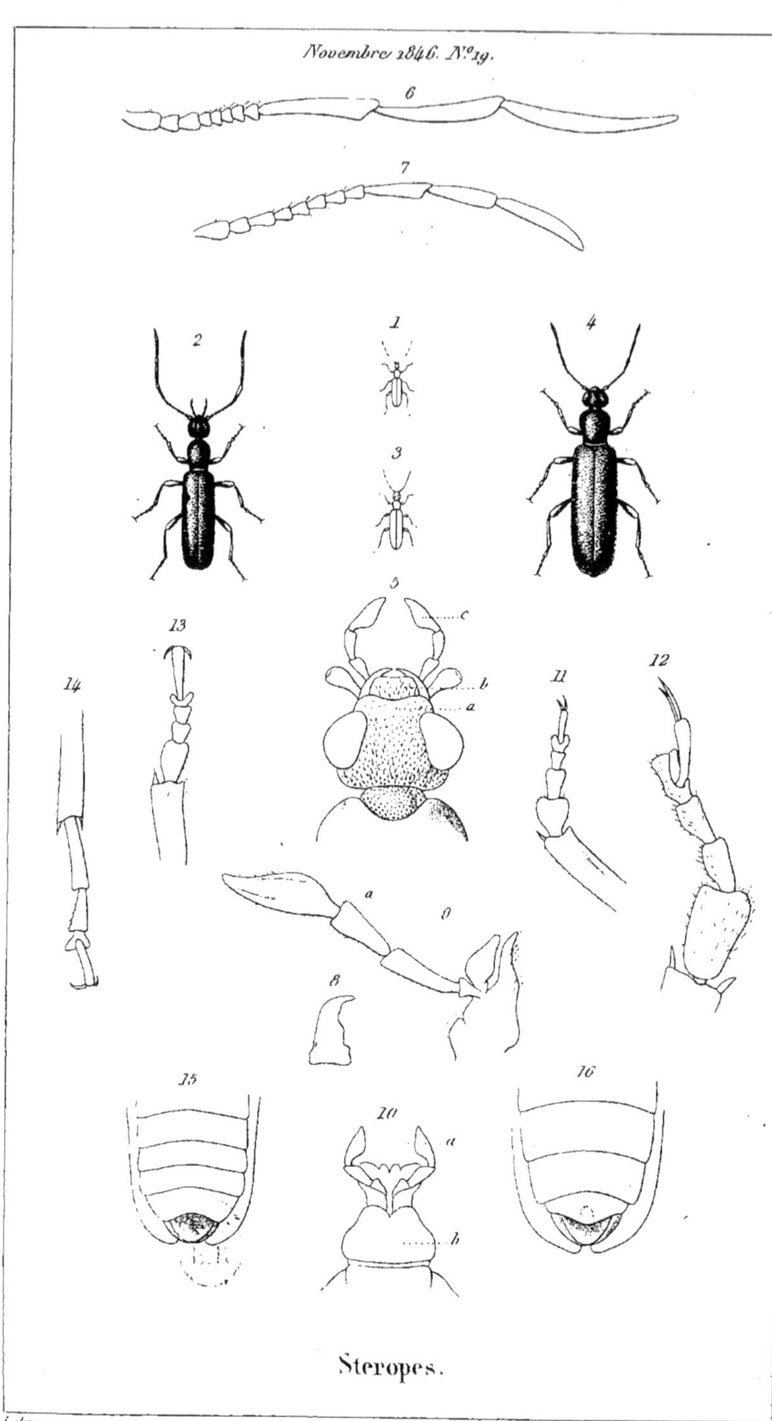

Steropes.

Lebrun sc.

N. Rémond imp.

G. STEROPES. ($\sigma\tau\acute{\epsilon}\rho\epsilon\circ\varsigma$, robuste; $\overset{\circ}{\omega}\psi$, œil).

(Par M. de la Ferté-Sénectére).

STEROPES. Steven. (1806); Blastanus. Illiger. (1807)

Corps (f. 1, 2, 3, 4) subcylindrique de forme étroite et allongée.

Tête (f. 5), entièrement dégagée du corselet, très-inclinée, pédonculée, c'est-à-dire portée comme celle des Anthicus sur un cou étroit, qui semble être une pièce distincte de la tête. *Yeux* très-grands, triangulaires, les côtés antérieur et inférieur presque rectilignes et formant un angle qui se prolonge en dessous jusque sous le menton, aussi rapprochés en dessous de la tête qu'en dessus. *Antennes* (f. 6, 7) de onze articles, insérées à découvert en avant des yeux, de forme tout à fait anormale parmi les hétéromères Trachélides, et n'ayant d'analogie qu'avec celle des Anobium. L'article basilaire de forme et de longueur ordinaire, le deuxième et le troisième oblongs, les autres différents suivant les sexes. Dans le mâle (f. 6) les articles 4 à 8 inclusivement très-courts, transversaux, subtriangulaires, serrés les uns contre les autres, les trois derniers gigantesques, chacun d'eux égalant à peu près tous ceux de la tige réunis. Dans la femelle (f. 7) les articles 4 à 8 plus courts que les précédents, triangulaires, mais néanmoins un peu plus longs que larges : les trois derniers très-longs aussi, mais beaucoup moins que dans le mâle, leur longueur commune excédant peu celle de la tige. *Chaperon* (f. 5 *a*) transversal, sans oreillettes latérales, légèrement arrondi en avant, séparé de la tête par un sillon transversal bien marqué. *Labre* (f. 5 *b*) rectangulaire, non échancré, un peu arrondi aux angles antérieurs, très-légèrement cilié à l'extrémité, sans *epistome* apparent. *Mandibules* (f. 8) arquées en forme de crochet, non bifides, légèrement échancrées à la base, entièrement cachées par le labre. *Palpes maxillaires* (f. 5 *c*, 9 *a*) de quatre articles, le premier très-court, le deuxième et le troisième allongés, en cône renversé, le dernier le plus long de tous, imparfaitement sécuriforme. *Mâchoires* (f. 9) composées de deux lobes, l'intérieur très-étroit, très-fortement cilié en dedans dans toute sa longueur, l'extérieur beaucoup plus développé, arrondi en dehors, peu cilié à l'extrémité. *Lèvre inférieure* (f. 10) excessivement courte, très-largement échancrée. *Palpes labiaux* (f. 10 *a*) à deuxième article subcylindrique, à dernier article en cône renversé ou même légèrement cyathiforme. *Menton* (f. **10** *b*) trapézoïdal, plus large en arrière qu'en avant, arrondi sur les côtés, triangulairement échancré. *Cou* en pédoncule non cylindrique, mais étranglé à la base et évasé postérieurement sous la forme d'une petite capsule sphérique qui s'emboîte dans le corselet.

Corselet suborbiculaire, un peu plus long que large, peu convexe, faiblement marginé à la base, sans apparence de goulot ni même de margination antérieure. *Ecusson* en carré long, arrondi au sommet. *Elytres* allongées, subcylindriques, plus aplaties dans la femelle que dans le mâle, parallèles, peu coriaces, non striées et recouvrant des ailes inférieures propres au vol. *Pattes* de moyenne grandeur, cuisses assez robustes, peu claviformes, tibias de même longueur que les cuisses. *Tarses* hétéromères : aux antérieures (f. **11, 12, 13**) le premier article large et peu allongé, les suivants beaucoup moins larges et diminuant de longueur jusqu'au pénultième, qui est très-court et bilobé; les intermédiaires un peu plus longs, avec les mêmes relations entre les articles dont le premier toutefois n'est pas plus large que les autres; aux postérieurs (f. **14**), premier article très-long, deuxième moitié plus court que le premier, troisième moitié plus court que le second. A tous les tarses le dernier article long et très-grêle, armé de crochets différents suivant les sexes, inégaux, presque droits et appliqués l'un contre l'autre dans le mâle (f. **11, 12**), arqués et égaux dans la femelle (f. **13, 14**).

Abdomen assez allongé, de cinq articles à peu près égaux, le dernier différemment terminé suivant les sexes : tronqué carrément dans le mâle (f. **15**), entier dans la femelle (f. **16**), mais marqué au milieu d'une légère fossette.

Caractères sexuels nombreux et très-tranchés, consistant, comme on vient de le voir, dans la forme différente des antennes, des crochets des tarses et du dernier segment abdominal, à quoi il faut ajouter une grande différence de taille, la femelle étant quelquefois deux fois aussi grande que le mâle.

Ce genre a été établi par Stéven et publié par lui en 1806, dans le premier volume des *Mémoires des naturalistes de Moscou*. Vers le même temps, Illiger faisait connaître le même insecte sous un autre nom, sous celui de *Blastanus Colon*, nom générique formé par Hoffmansegg, pour exprimer la longueur des antennes (βλαστάνω, pousser, croître). Mais la publication d'Illiger étant postérieure d'une année à celle de Stéven, nous avons dû donner la préférence au nom de *Steropes*, malgré l'autorité de M. Germar, qui a reproduit celui de *Blastanus*, en figurant cet insecte dans le XIVe Fascicule de sa *Faune Européenne*. Nous traduisons ici le passage du VIe volume du *Magazin d'Illiger*, à cause de l'excessive rareté de ce livre que peu de personnes sont à même de consulter.

« Blastanus Hoffmansegg. Entièrement semblable aux Notoxes à corselet « mutique, mais les trois derniers articles des antennes très-allongés « comme chez les Anobium. Une espèce de ce genre nous a été envoyée « par M. de Bôber sous le nom de *Anobium Colon*, il se trouve dans la « Russie méridionale. Il est long d'environ trois lignes, brunâtre à reflets « grisâtres, produits par une pubescence soyeuse. Une autre espèce, dont « les trois articles terminaux des antennes ne sont pas aussi longs, pro- « vient de l'Amérique du Nord. »

Il est évident que l'espèce américaine, dont Illiger parlait alors, n'était autre que la *Dircœa murina* de Fabricius, (*Steropes murinus* Dej.), que nous avons dû en séparer à cause de la forme des antennes et des palpes, et que nous publions ci-après sous le nom de *Macrarthrius murinus*.

DESCRIPTION DE L'ESPÈCE.

S. CASPIUS. *Oblongo-parallelus, holosericeo-pubescens. Capite nigricante, elytris cinereis, thorace, pedibus antennis que ferrugineis.* MAS : *minor, maculâ elytrorum rotundatâ nigrâ.* FEMINA : *major immaculata.* — Long. 0,005 ad 0,007. Lat. 0,0013 ad 0,002 (f. 1 à 16). — Russia meridionalis. (Kisslar.).

Steropes caspius, Steven. Mém. des nat. de Moscou, t. 1, p. 166, tab. 10, f. 9 et 10 (1806). (1).
Blastanus colon, Illig. Magaz. 6, p. 334 (1807). — *Id. Id.* Germar Fauna Ins. Eur., Fasc. 14.

Tête noirâtre, opaque, finement ponctuée, parsemée d'une pubescence grisâtre, légèrement transversale, sans aucune trace de sillon occipital (2). Les yeux très-grands (V. la description générique), distants sur le front d'une quantité au moins égale au tiers de la largeur totale de la tête. Chaperon de même couleur et ponctuation que la tête. Parties de la bouche jaunâtres. Antennes entièrement ferrugineuses. Corselet ferrugineux, assez brillant, très-finement ponctué, moins pubescent que les élytres, pas plus large que la tête. Ecusson de même couleur et pubescence que les élytres. Elytres d'un brun ferrugineux, mais paraissant d'un gris cendré sous l'influence d'une pubescence abondante, courte et soyeuse, moitié plus larges que le corselet, deux fois et demie environ aussi longues que larges, peu convexes, surtout dans la femelle, très-parallèles, légèrement échancrées à la base, les épaules arrondies et nullement saillantes, conjointement arrondies à l'extrémité ; celles du mâle ornées d'une petite tache ronde d'un noir velouté, située au quart de la longueur, tout près du bord latéral ; celles de la femelle sans tache. Le dessous du corps et les pattes entièrement roussâtres.

---

(1) Steropes caspius. Cat. Dej., 1836, p. 237.
(2) J'appelle ainsi un sillon longitudinal qui divise postérieurement la tête en deux protubérances.

' Cette curieuse espèce, particulière à la Russie méridionale, habite, au témoignage de Fischer, les environs de Kisslar, près de la mer Caspienne. Elle est peu répandue en France. La collection Dejean en contenait néanmoins six individus, dont M. le marquis de Bréme a bien voulu me céder un couple.

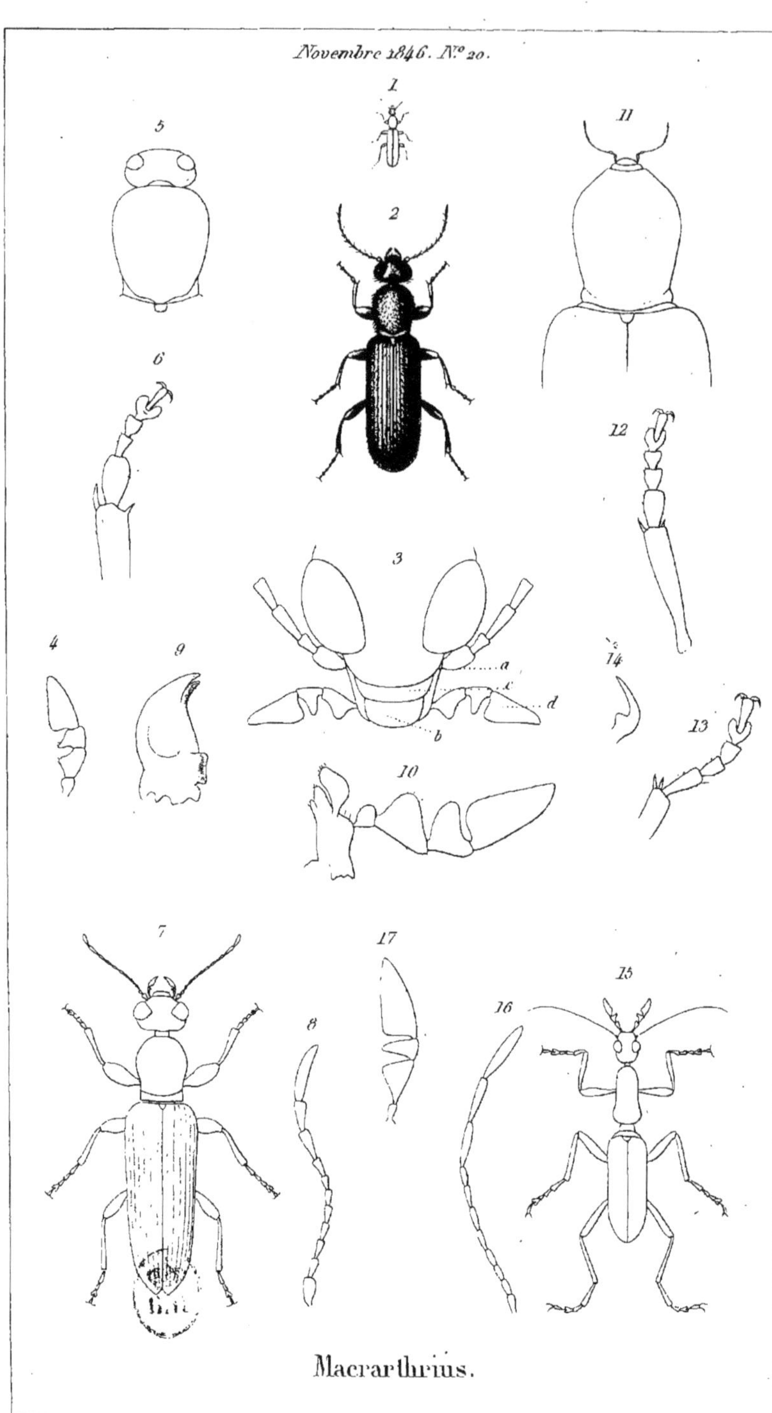

Novembre 1846. N.º 20.
1
5
11
2
6
12
3
4
9
a
c
d
b
14
13
10
7
17
15
16
8
Macrarthrius.
Lebrun sc
N. Rémond imp.

G. MACRARTHRIUS. (μάκρον, allongé; ἄρθρον, article).

(Par M. de la FERTÉ-SÉNECTÈRE).

DIRCÆA. Fab. (1801); (1). MACRATRIA. Newman. (1838).

CORPS (f. 1, 2, 7) subcylindrique, de forme étroite et allongée, quelquefois un peu cunéiforme.

TÊTE (f. 3) entièrement dégagée du corselet, très-inclinée, plus ou moins rétrosaillante (2), pédonculée, c'est-à-dire portée comme celle des Anthicus sur un cou très-étroit, qui a toute l'apparence d'une pièce distincte de la tête. *Yeux* grands, non échancrés, un peu réniformes ou même triangulaires dans certaines espèces, en ovale allongé chez les autres, placés obliquement et se rapprochant plus ou moins en dessus suivant les espèces. *Antennes* (f. 8) subfiliformes, insérées en avant des yeux au-dessus des oreillettes du chaperon, à peu près aussi longues que la tête et le corselet réunis, de onze articles, le premier robuste, subcylindrique, les sept suivants obconiques, variant de dimension suivant les espèces, les trois derniers distincts de ceux de la tige par leur plus grande grosseur et longueur. Le dernier fusiforme, acuminé et toujours plus long que le précédent. *Chaperon* (f. 3 *a*) transversal, descendant un peu plus bas que les yeux, dont il contourne l'angle interne, et se relevant plus ou moins de chaque côté en forme d'oreillette, de manière à couvrir l'insertion de l'antenne. *Labre* (f. 3 *b*) en trapèze, légèrement arrondi à l'extrémité, précédé d'un *Epistome* (f. 3 *c*) distinct, de même couleur, un peu plus large et plus court, séparé du labre par une ligne enfoncée. *Mandibules* (f. 9) arquées en forme de crochet, bifides à l'extrémité, presque entièrement recouvertes par le labre. *Palpes maxillaires* (f. 3, *a* 4, 10) de quatre articles, le premier non apparent, globuleux, très-petit; les autres foliacés, aplatis, le deuxième et le troisième triangulaires, arrondis à l'angle interne, le dernier allongé, légèrement sécuriforme, ou en lame de couteau, à pointe émoussée. *Mâchoires* (f. 10) peu distinctement bilobées, le lobe interne court,

---

(1) STEROPES Dej. Cat., 1836, p. 257.
(2) Faisant saillie en arrière au-dessus du cou.

peu détaché, cilié dans toute sa longueur, le lobe externe beaucoup plus long, coudé et arrondi en dehors, très-légèrement cilié à l'extrémité (1). *Menton* rectangulaire, transversal, sans échancrure. *Cou* en forme de pédoncule, non cylindrique, étranglé à la base et dilaté postérieurement, absolument comme dans le genre Steropes.

CORSELET plus long que large, subcordiforme (f. 5) dans quelques espèces, elliptique (f. 11) dans les autres, peu convexe, plus ou moins concave en dessus latéralement, fortement marginé à la base, surtout sur les côtés, où la marge prend la forme d'une espèce de collier séparé de la partie antérieure par un sillon plus ou moins profond, qui contourne la base et se prolonge en dessous jusqu'à l'insertion des pattes. *Ecusson* quadrangulaire ou légèrement trapézoïdal. *Elytres* allongées, subcylindriques, parallèles ou cunéiformes, de consistance peu coriace, couvertes d'une pubescence courte et peu adhérente, très-légèrement striées, recouvrant des ailes inférieures propres au vol. *Pattes* de moyenne grandeur, cuisses robustes, claviformes dans la plupart des espèces, tibias un peu aplatis, de même longueur que les cuisses, terminés à leur côté interne par une petite épine, les intermédiaires légèrement cambrés. *Tarses* hétéromères : aux deux premières paires (f. **6**, **12**, **13**), le premier article aussi large que les tibias, peu allongé, en forme de pelle creuse, pubescent, arrondi à l'extrémité; les trois suivants moitié plus courts et moitié moins larges, à peu près égaux entre eux, triangulaires, bilobés, surtout l'avant dernier, dont les lobes se détachent du dernier article. Aux tarses postérieurs, premier article très-allongé, beaucoup moins large que le tibia, pas plus long que les deux suivants, ceux-ci en triangle un peu allongé, bilobés, surtout le pénultième, qui l'est plus encore qu'aux autres tarses; crochets (f. **14**) très-espacés à leur base, et fortement arqués, armés d'une petite dent à leur côté interne tout près de la base.

ABDOMEN médiocrement allongé, obconique, composé de cinq segments, le premier plus long que les autres, le dernier différemment conformé suivant les sexes; tronqué carrément ou même échancré circulairement dans le mâle, entier et terminé en pointe peu aiguë dans la femelle.

Ce genre a été créé en 1838, par M. Newman, dans l'*Entomological*

---

(1) Malgré la mutilation de deux individus, il n'a pas été possible de rendre apparents par la dissection, ni la lèvre inférieure, ni les palpes labiaux.

Magazine (n° 24 , p. 577), sous le nom un tant soit peu différent de
Macratria, que j'ai cru devoir modifier, pour la régularité de la nomenclature, en celui de *Macrarthrius* (1). L'espèce la plus anciennement
connue, le *M. murinus*, avait été rangée par Fabricius parmi les *Dircæa*.
M. Dejean la plaça dans son premier Catalogue parmi les *Anthicus*, et
dans le second à côté du *Steropes caspius*, Steven. Aujourd'hui il est
évident que la Dircœa murina, eu égard à la forme des palpes et des
antennes, ne peut rester dans la société du Steropes, et qu'elle appartient au genre établi par Newman, bien que l'entomologiste anglais me
paraisse avoir décrit une espèce fort différente.

Les Macrarthrius diffèrent notablement des Anthicus par la forme des
yeux, des palpes et des antennes ; je pense néanmoins qu'à raison de la
forme de leur cou étroit et détaché de la téte, ils doivent trouver place
dans le groupe des Anthicites.

J'ai cru d'abord que ce genre était particulier au continent américain,
et j'avais déjà décrit six espèces provenant toutes de cette partie du monde,
lorsque M. Schmidt Göbel, entomologiste de Prague, m'envoya en communication les Anthicites provenant du voyage du docteur Helfer dans l'Inde.
Quel n'a pas été mon étonnement, en y reconnaissant trois nouvelles espèces qui portent à neuf le nombre de celles que je suis parvenu à réunir
sous mes yeux !

DESCRIPTION DES ESPÈCES.

1. M. GOUDOTII. *Olivaceus, thorace anticè dilatato, elytris parallelis, subcostulatis, pe-*
dibus antennisque ferrugineis, his validis, articulo tertio duplò longiori quam secundo, tri-
bus ultimis modicè elongatis. — Long. 0,007. Lat. 0,0017 (f. 1 à 6). — Nova Granata.

La plus grande espèce du genre, d'une teinte généralement olivâtre.

Tête d'un brun rougeâtre, beaucoup plus large que longue, sensiblement rétrosaillante, divisée postérieurement par un sillon occipital profond, qui part de la base du cou et se prolonge antérieurement jusqu'au
milieu du front. Les yeux très-grands, quoique peu saillants, de forme
un peu triangulaire, très-rapprochés en avant, l'espace intermédiaire à

---

(1) Je ne puis reconnaître dans le nom de *Macratria* autre chose que la transcription en
lettres latines des mots grecs μαχρὰ τρία (sous entendu ἄρθρα) trois articles allongés, par
allusion sans doute à la longueur des trois derniers articles des antennes. Obligé pour placer
ce genre parmi les Anthicites de lui donner une terminaison masculine, et ne pouvant admettre le nom de *Macratrius*, qui n'aurait plus eu aucun sens étymologique, j'ai profité d'une
légère inexactitude échappée, volontairement peut-être, à M. Ereichson, dans son compte
rendu des publications entomologiques pour l'année 1838, p. 27 (*Bericht über die Leis-*
tungen, etc.). Le savant entomologiste de Berlin, peu satisfait apparemment du mot *Macra-*
tria, a cru y voir une faute d'impression, et l'a transformé en celui de *Macrarthria*, qui,
avec deux lettres de plus, exprime à peu près la même idée. Cette rectification, qui modifie
excessivement peu le nom créé par Newman, m'a paru un exemple bon à suivre, et en donnant à ce nom ainsi rectifié une terminaison masculine, j'ai pu satisfaire en même temps aux
exigences de la priorité et à celles d'une nomenclature uniforme.

peine égal au tiers de la largeur de la tête. Chaperon enveloppant l'angle interne des yeux et couvrant entièrement l'insertion des antennes. La lèvre supérieure et les palpes d'un jaune ferrugineux; les mandibules noirâtres. Antennes ferrugineuses, atteignant à peine la base du corselet, deuxième article court et globuleux, moitié plus court que le troisième, qui est plus long que chacun des cinq suivants. Les trois derniers médiocrement allongés, sans transition brusque du huitième au neuvième, le dernier sensiblement plus long que le précédent, faiblement acuminé. Corselet subcordiforme, un peu plus large que la tête, dilaté et arrondi antérieurement, légèrement bombé sur le disque, légèrement concave en dessous latéralement, avec les bords taillés en arête peu vive, la base entourée d'un collier assez large sur les côtés, mais à peu près nul en dessus, entièrement couvert d'une pubescence soyeuse et parsemée de poils longs et raides. Large écusson quadrangulaire, un peu arrondi et très-légèrement bifide au sommet, glabre et finement ponctué. Elytres à peu près deux fois aussi longues que le corselet et un peu plus larges, parallèles, subcylindriques, très-légèrement arrondies aux angles postérieurs internes, uniformément couvertes d'une pubescence soyeuse peu serrée, entremêlée de poils longs et raides, non distinctement striées, mais offrant l'apparence de côtes rudimentaires, qui paraissent résulter d'une succession de petites rugosités saillantes et brillantes; suture élevée avec une strie suturale de chaque côté. Dessous du corps d'un brun foncé, couvert d'une pubescence argentée très-fine; extrémité de l'abdomen roussâtre, le dernier anneau non seulement tronqué, mais même échancré en demi-cercle, et le pigidium fendu triangulairement dans le mâle. Pattes d'un jaune ferrugineux, de même teinte que les antennes, avec la base des cuisses plus foncée; celles-ci renflées vers l'extrémité en forme de massue allongée, plus fortement que dans aucune des espèces suivantes.

Cette espèce est décrite sur un seul individu de ma collection provenant de la Nouvelle-Grenade, où il a été recueilli par M. Justin Goudot.

2. M. FUNKII. *Rufo brunneus, thorace anticè dilatato, elytris posticè attenuatis, pedibus antennisque ferrugineis, his validiusculis, articulo secundo paulò breviori quàm tertio; tribus ultimis valdè elongatis.* — Long. 0,006. Lat. 0,0015. — Cumana.

Entièrement d'un brun roussâtre en dessus et en dessous. Tête transversale, carrée postérieurement, divisée en arrière par un sillon occipital qui se prolonge peu en avant, les yeux moins rapprochés en avant que dans l'espèce précédente, l'espace intermédiaire étant plus large que le tiers de la largeur de la tête. Chaperon aussi court que dans le *Murinus*. Lèvre supérieure, palpes et antennes ferrugineuses, celles-ci assez robustes, atteignant presque la base du corselet, les trois derniers articles à peu près égaux entre eux et beaucoup plus longs que ceux de la tige qui sont aussi égaux entre eux, à l'exception du second, qui est un peu plus court que le troisième. Corselet semblable pour la forme à celui du *M. Goudotii*, mais moins bombé sur le disque, taillé plus à vive arête sur les bords, le collier de la base large et saillant sur les côtés, tout-à-fait nul en dessus, le disque se prolongeant jusqu'à l'extrême base. Ecusson peu distinct, paraissant un peu trapézoïdal. Elytres légèrement cunéiformes, un peu plus larges à la base que la partie la plus large du corselet, deux fois et quart aussi longues que larges; conjointement arrondies à l'extrémité, couvertes d'une pubescence d'un gris roussâtre, sans stries ni côtes distinctes, seulement quelques petits espaces glabres paraissant distribués régulièrement en lignes longitudinales. Dessous du corps d'un brun roussâtre comme le dessus, pattes de même couleur avec les cuisses ferrugineuses.

Cet insecte, unique dans ma collection, m'a été vendu à Bruxelles par M. Funk, naturaliste voyageur, qui l'avait récolté dans la province de Cumana, en Colombie.

5. **M. Sericeus.** *Obscuro ferrugineus, thorace elliptico, elytris subparallelis striato-punctulatis, pedibus antennisque ferrugineis, harum articulo tertio ferè duplò longiori quam secundo.* — Long. 0,0065. Lat. 0,0015. — Nova-Valencia.

Entièrement d'un brun ferrugineux plus clair que dans le *M. Funkii.* Tête de même forme que celle du *Murinus*, le sillon occipital réduit à une impression longitudinale très-courte ; les yeux un peu plus grands, plus rapprochés sur le front, l'intervalle à peu près égal au tiers de la largeur de la tête. Chaperon plus long que dans aucune autre espèce du genre, plus fortement relevé de chaque côté et couvrant davantage l'insertion des antennes. Palpes relativement plus courts que ceux du *Murinus*. Antennes paraissant aussi plus courtes, le troisième article presque double du second en longueur, le dernier un peu plus long que le précédent. Lèvre supérieure testacée, palpes et antennes ferrugineuses. Corselet en ovale plus allongé que celui du *Murinus*, moins conique antérieurement, aussi peu bombé sur le disque, nullement concave en dessous latéralement, les bords nullement à vive arête, collier de la base à peu près nul, sensible à peine sur les côtés et nullement en dessus. Ecusson peu apparent, paraissant trapézoïdal. Elytres d'un bon tiers plus larges que le corselet et plus de deux fois aussi longues, assez exactement parallèles, angles postérieurs internes légèrement arrondis, évidemment striées, les stries résultant d'une succession de petits points enfoncés, de forme irrégulière, séparés par des intervalles saillants et brillants, couvertes en outre d'une pubescence distribuée en lignes correspondantes aux stries. Dessous du corps roussâtre comme le dessus, dernier segment de l'abdomen non échancré, seulement un peu tronqué dans l'unique individu que j'ai observé, et que je suppose par ce motif être un mâle. Pattes d'un roux obscur, à l'exception des cuisses antérieures et intermédiaires qui sont d'un ferrugineux clair.

Cet insecte appartient au musée de Berlin, où il portait le nom que je lui ai conservé. Il a été recueilli par le voyageur Moritz, dans la province de Nova-Valencia, en Colombie.

4. M. MURINUS. *Grisco-olivaceus, thorace elliptico, elytris punctulato-striatis. Antennis basi ferrugineis apice fuscis, harum articulo secundo paulò breviori quam tertio, ultimo elongatissimopræcedenti ferè duplo longiori. Pedibus lætè ferrugineis.*—Long. 0,0042 ad 0,0052. Lat. 0,001 ad 0,0012 (f. 4 à 17). — Amer. bor. Pensylvania.

Dircæa murina. Fab. Syst. Eleuth. 11, p. 91 (1802). (1).

Entièrement en dessus d'un gris foncé olivâtre. Téte un peu plus large que longue, peu carrée postérieurement, sans sillon occipital sensible, fortement rétrosaillante. Yeux médiocrement grands, en ovale peu allongé, placés peu obliquement, un peu saillants, espacés sur le front d'une quantité égale à la moitié de la largeur de la tête. Chaperon très-court, dépassant à peine les yeux et recouvrant peu de chaque côté l'insertion des antennes. Palpes très-saillants et presque aussi longs que les quatre premiers articles des antennes, d'un jaune ferrugineux clair, ainsi que la lèvre supérieure et les autres parties de la bouche. Antennes ferrugineuses avec les trois derniers articles obscurs ; ceux-ci beaucoup plus longs et plus robustes que tous les précédents, qui sont presque tous égaux entre eux, le second étant de très-peu de chose plus court que le troisième ; le dernier article remarquablement long, presque autant que les neuvième et dixième réunis, et médiocrement acuminé. Corselet en ovale peu allongé, à peine plus large que la tête, un quart plus long que large, un peu dilaté sur les côtés, un peu conique antérieurement, peu bombé sur le disque, légèrement concave en dessous latéralement, avec les bords taillés en arête assez vive, entouré à la base d'un collier ou renflement séparé du disque par un sillon, qui contourne toute la base même en dessus et se prolonge en dessous jusqu'à l'insertion des pattes, couvert d'une pubescence soyeuse entremêlée de quelques poils raides. Ecusson quadrangulaire. Elytres sensiblement plus larges que le corselet et plus de deux fois aussi longues, d'une forme un peu cunéiforme, la plus grande largeur à la base, et se rétrécissant insensiblement jusqu'à l'extrémité, où elles sont conjointement arrondies, finement pubescentes et visiblement couvertes de stries résultant d'une succession de petits points enfoncés très-rapprochés, la pubescence, dans les individus bien frais, étant régulièrement implantée sur les intervalles qui séparent les stries. Dessous du corps noirâtre, très-finement pubescent ; le dernier segment de l'abdomen tronqué chez les mâles, entier chez les femelles. Pattes ferrugineuses avec l'extrémité des cuisses postérieures plus foncée ou même noirâtre.

Cette espèce habite les Etats-Unis d'Amérique, notamment la Pensylvanie ; quoique anciennement connue, elle est encore peu répandue dans les collections. Je l'ai vue au musée de Berlin, dans la collection de M. Chevrolat, et dans celle de M. Dejean, appartenant aujourd'hui à M. de Brême, qui a bien voulu m'en donner un individu et en sacrifier deux pour la dissection.

---

(1) Steropes murinus. Dej., Catal., 1836, p. 257.

5. **M. Filiformis.** *Rufo brunneus, thorace elliptico, basi etiam supernè marginato, elytris striatis, pedibus antennisque testaceis, harum articulis intermediis tenuissimis, tribus ultimis subæqualibus parùm elongatis.* Long. 0,0045. Lat. 0,0011. — Cumana.

Cet insecte, provenant de la même localité que le *M. Funkii*, j'ai pensé d'abord qu'il pouvait en être un des sexes, mais un examen attentif m'a fait découvrir des differences telles, que j'ai dû l'en séparer jusqu'à plus ample informé ; on en jugera par la description comparative suivante.

Couleur identiquement semblable, d'un brun roussâtre en dessus et en dessous, presque moitié moins gros, tête relativement beaucoup moins large, presque ronde, les yeux plus petits, placés moins obliquement, plus espacés. Les antennes à peu près semblables quant à la longueur relative des articles, mais beaucoup plus déliées. Corselet en ovale très-allongé, très-faiblement dilaté antérieurement, avec un collier qui contourne toute la base même en dessus comme dans le *Murinus*, tandis que, dans le *M. Funkii*, ce même collier est interrompu en dessus. Elytres de même forme que celles du *Funkii*, mais visiblement striées, avec une strie latérale plus apparente aboutissant à l'angle huméral, sans ponctuation distincte au fond des stries, qui vues à la loupe paraissent des lignes glabres et luisantes, séparées entre elles par des espaces pubescents. Dessous du corps et pattes comme dans le *M. Funkii*.

Je possède deux individus identiquement semblables de cette espèce, recueillis aussi par M. Funk dans la province de Cumana.

6. **M. Insularis.** *Ferrugineus, thorace elliptico, basi lateraliter tantùm marginato, elytris punctulato-striatis, apice conjunctim subacuminatis, pedibus antennisque concoloribus, harum articulo secundo sequenti subæquali, tribus ultimis subæqualibus parùm elongatis.* — Long. 0,0045. Lat. 0,0011. — Cuba.

De même taille, mais moins foncé en couleur que l'espèce précédente. Tête peu transversale, presque ronde comme celle du *Filiformis*, mais un peu moins plate sur le front entre les yeux, presque glabre et luisante, d'un rouge ferrugineux clair ; palpes et antennes de même teinte, le second article de celles-ci un peu plus gros mais aussi long que les suivants, les trois derniers peu remarquables en longueur et presque égaux entre eux. Corselet roussâtre, en ovale allongé, un peu moins large et un peu plus bombé que dans le *Murinus*. Le collier de la base s'apercevant difficilement en dessus, mais très-sensible sur les côtés, quand on regarde le dessous du corselet. Ecusson quadrangulaire, paraissant plus large que long. Elytres de même couleur que le corselet, moins allongées, moins étroites que dans l'espèce précédente, de même forme que celles du *Murinus*, paraissant même s'élargir un peu vers le milieu, les angles postérieurs extrêmement aigus et presque acuminés, visiblement couvertes de stries ponctuées, sans que la pubescence paraisse divisée en lignes correspondantes ; pas de strie latérale plus apparente que les autres. Dessous du corps ferrugineux comme le dessus, pattes entièrement testacées ou de même couleur que le corps.

Je n'ai vu que deux individus de cette espèce, appartenant l'un et l'autre à M. Chevrolat, qui les avait reçus de l'île de Cuba.

7. M. HELFERI. *Nigrobrunneus, thorace elliptico, elytris parallelis, punctato-striatis, antè medium flavofasciatis, pedibus anticis et intermediis antennarumque articulis prioribus octo ferrugineis, articulo ultimò valdè elongato.*—Long. 0,0045. Lat. 0,001.—India-Orient.

Espèce remarquable par sa couleur d'un brun noirâtre et par la bande jaune qui orne ses élytres. Tête noire, transversale, assez carrée postérieurement, avec les angles postérieurs arrondis; sillon occipital peu profond. Les yeux peu saillants, placés peu obliquement, l'espace intermédiaire égal au tiers de la largeur de la tête. Chaperon court, peu débordant sur les côtés; palpes peu saillants. Antennes de la longueur de la tête et du corselet réunis, entièrement d'un jaune ferrugineux, à l'exception des trois derniers articles, qui sont noirâtres; la longueur relative des articles la même que dans le *Murinus*, seulement les trois derniers plus larges, plus exfoliés, et le dixième paraissant un peu plus court que le neuvième, ce qui fait paraître le dernier encore plus grand. Corselet noirâtre, en ovale peu allongé, un peu élargi antérieurement, peu bombé, finement ponctué, finement pubescent, la base garnie d'un collier peu sensible en dessus, plus large sur les côtés. Écusson trapézoïdal, couvert d'une pubescence grise et soyeuse. Elytres d'un brun très-foncé, ornées vers le tiers de la longueur d'une bande ferrugineuse non interrompue par la suture et atteignant les bords latéraux, très-parallèles, d'un tiers plus larges que le corselet, presque trois fois aussi longues, arrondies aux épaules, sensiblement arrondies aux angles postérieurs internes, finement mais distinctement striées, les stries résultant d'une suite de points enfoncés qui donnent naissance à une pubescence régulière de couleur jaunâtre. Dessous du corps entièrement noirâtre. Les pattes entièrement ferrugineuses, à l'exception des postérieures, qui ont les tibias et la massue des cuisses noirâtres.

Variété β. Plus foncée, la bande des élytres réduite à deux faibles taches jaunâtres à peine apparentes; les pattes noires, à l'exception des cuisses antérieures et intermédiaires qui restent ferrugineuses.

Cette intéressante espèce a été recueillie dans l'Inde par le docteur Helfer. J'en possède un individu sans tête. C'est celui que je considère comme le type de l'espèce. La variété β appartient au musée de Prague.

8. M. CONCOLOR. *Rufobrunneus, thorace subovali, postice vix marginato, elytris piloso striatis, parallelis, pedibus antennisque concoloribus.*Lon — g. 0,003. Lat. 0,0008.—India Orientalis.

Moitié plus petit, mais à cela près très-voisin du *M. Insularis* pour la forme et la couleur, qui est entièrement d'un brun rouge. Tête carrée postérieurement, avec les angles postérieurs arrondis, légèrement pubescente; yeux peu saillants, situés obliquement, pas trop rapprochés antérieurement, l'espace intermédiaire paraissant excéder un peu le tiers de la largeur de la tête; chaperon très-court, très-peu débordant sur l'insertion des antennes, qu'il couvre à peine. Palpes testacés, peu saillants,

le pénultième article remarquablement aigu ; antennes un peu moins longues que la tête et le corselet réunis, de même couleur que le corps, les
articles de la tige très-déliés, les neuvième et dixième sensiblement plus
longs et plus larges, le dernier de moitié plus long que le précédent,
fusiforme, terminé en pointe assez aiguë. Corselet en ovale, peu allongé,
aussi large que la tête, un peu dilaté antérieurement, très-pubescent,
collier basilaire peu visible et peu détaché sur les côtés. Écusson trapézoïdal, peu apparent, pubescent. Elytres un quart environ plus larges que
le corselet, presque deux fois et demie aussi longues, parallèles, conjointement arrondies à l'extrémité ; stries très-finement pointillées et rendues
très-distinctes par la disposition régulière de la pubescence rangée en lignes correspondantes aux stries. Dessous du corps de même couleur que
le dessus, à l'exception de l'abdomen qui est noirâtre ; pattes ferrugineuses, ni plus ni moins foncées que le reste du corps, cuisses très-faiblement dilatées.

Cet insecte, comme le précédent, récolté dans l'Inde par le docteur
Helfer, appartient aujourd'hui au musée de Prague.

9. M. NIGELLUS. *Nigro-fuscus, capite ferrugineo, suboblongo, thorace lateribus parum
rotundato, elytris subparallelis, anticè paulò latioribus, pedibus antennisque testaceis.* —
Long. 0,0027. Lat. 0,0008. — India-Orientalis.

Même taille que le précédent, mais couleur différente, entièrement
d'un brun noirâtre. Tête arrondie postérieurement, sans apparence de sillon occipital, légèrement rétrosaillante, entièrement ferrugineuse, avec
les yeux noirs ; ceux-ci médiocrement grands, peu rapprochés antérieurement, l'espace intermédiaire presque égal à la moitié de la largeur de
la tête ; chaperon court peu débordant ; mandibules saillantes ; palpes
très-délicatement découpés. Antennes testacées, de la longueur de la tête
et du corselet réunis, articles de la tige très-déliés, les terminaux peu
allongés, neuvième et dixième distincts des precédents, plutôt par leur
grosseur que par leur longueur, le dixième un peu plus court que le
neuvième ; le dernier cylindro-conique, peu acuminé, à peu près aussi
long que les deux précédents réunis. Corselet presque droit sur les côtés,
seulement un peu arrondi antérieurement et à la base, nullement bombé,
aussi large que la tête, un quart plus long que large ; collier basilaire
visible sur les côtés, inappréciable en dessus. Ecusson trapézoïdal peu
apparent. Elytres à peine plus larges que le corselet, deux fois et demie
aussi longues, moins parallèles que dans les deux espèces précédentes,
plus larges à la base et diminuant insensiblement de largeur jusqu'à
l'extrémité, très-arrondies aux angles huméraux, conjointement arrondies postérieurement, finement striées, couvertes d'une pubescence argentée longue et soyeuse, qui paraît régulièrement implantée dans les stries.
Dessous du corps d'un brun foncé, pattes entièrement testacées, cuisses
non claviformes.

Troisième espèce recueillie par Helfer dans l'Inde et conservée au musée de Prague.

SPECIES MIHI INVISA.

10. M. LINEARIS Newman. *Entomological Magazin.* (1858). n° 24, p. 377 (f. 15—17).

Je ne puis que reproduire ici la phrase latine à laquelle se borne la description de Newman, ainsi que le trait de la figure qu'il en donne.

Olivaceus, ferè niger, hirsutus, os et palpi testacei, antennarum basi testaceâ apice fusco; pedes testacei femoribus extùs saturioribus. — Long. 0,005. Lat. 0,0009 (f. 16). — Amer. Bor. Ohio.

Cette espèce habite les Etats-Unis de l'Amérique du nord : prise deux fois par M. Forster dans le voisinage de Mount-Pleasant, province de l'Ohio.

M. Erichson dit positivement, dans son compte-rendu des publications entomologiques (*Bericht über die Leistungen*, etc., 1858, p. 27), que cette espèce est la *Dircœa murina* de Fabricius. Je ne puis partager son opinion.

Premièrement, la figure qui accompagne le texte convient peu au *M. murinus*. Le corselet est beaucoup trop long et trop étroit antérieurement; les cuisses infiniment trop grêles. Dans l'antenne figurée, les neuvième et dixième articles sont presque aussi longs que les deux précédents réunis.

En second lieu, la description générique que nous n'avons pas cru utile de reproduire ici, ne convient pas davantage. Il y est dit : Caput ferè globosum, prothorace vix latius; et plus loin : Prothorax linearis, capite ferè duplò longior. Ces dimensions, conformes à celles que présente le dessin, peuvent difficilement se rapporter à la *Dircœa murina*, dont la tête plutôt aplatie que globuleuse n'est jamais plus large que le corselet, et dont le corselet nullement linéaire, excède à peine de moitié la largeur de la tête. Par tous ces motifs, je considère l'insecte de Newman non-seulement comme différent du *M. murinus*, mais comme l'espèce la plus excentrique du genre, à cause de la forme linéaire et excessivement allongée du corselet.

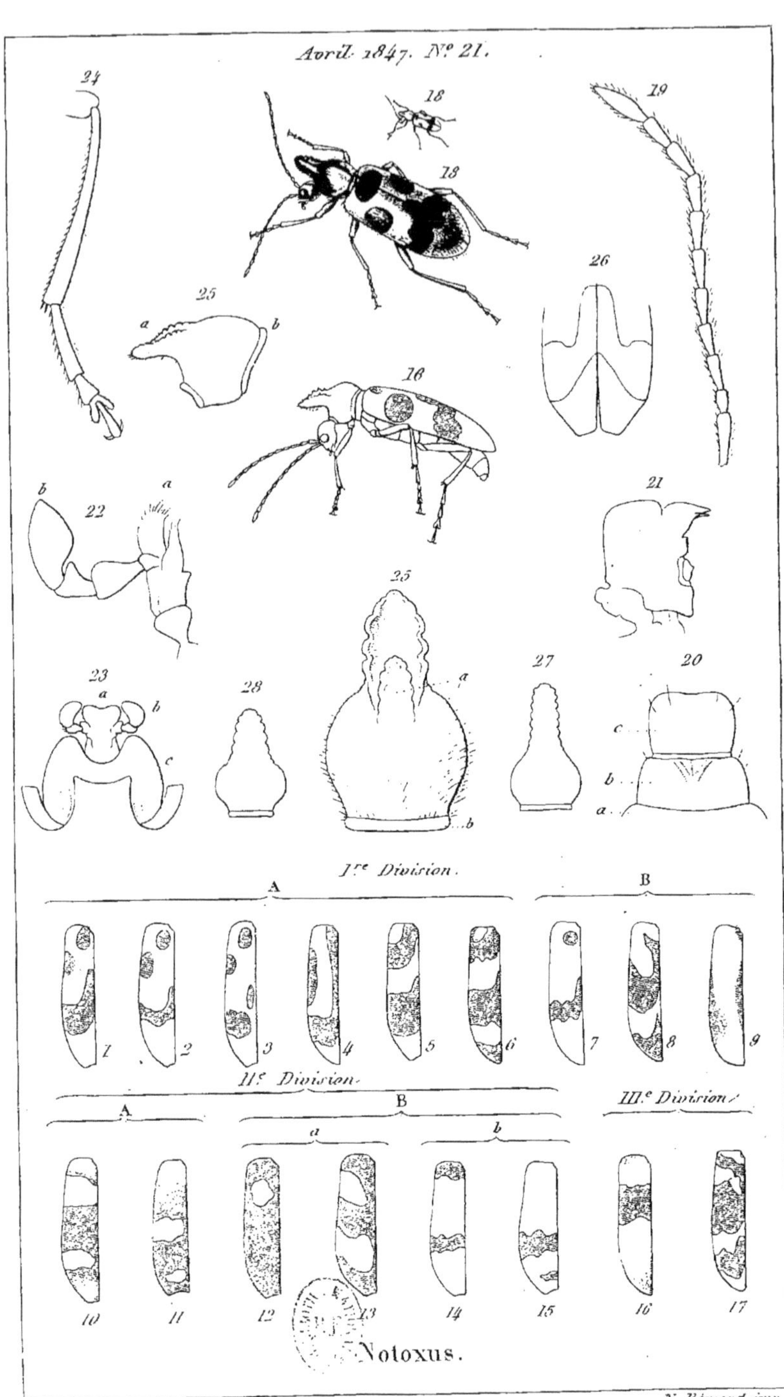

Avril 1847. Nº 21.
1ʳᵉ Division.
A
B
IIᵉ Division.
A
B
a
b
IIIᵉ Division.
Notoxus.
Lebrun sc.
N. Rémond imp.

G. NOTOXUS (νῶτος, dos; ὀξύς, aigu).

(Par M. de la Ferté-Sénectère).

Meloe. Linn. (1735). Attelabus. Linn. (1746). NO-
TOXUS. Geof. (1762), et Fabr. (1792). Anthicus.
Payk. (1798), et Fabr. (1801). Lytta. Marsh.
(1802). (1) Monocerus. Falderm. (1837). Ceratoderus. Blanchard (1846).

Corps (f. 18) subcylindrique, allongé, plus ou moins ponctué, plus ou moins pubescent : facies remarquable par la forme du
corselet, prolongé antérieurement en saillie très-avancée au-dessus
de la tête.

Tête très-inclinée, suspendue presque verticalement au-dessous
de la corne du corselet, avec lequel elle s'articule au moyen d'un
cou en pédoncule d'un assez large diamètre; de forme imparfaitement ronde, assez bombée postérieurement, toujours plate,
quelquefois même un peu concave sur le disque. *Les yeux* placés
tout-à-fait latéralement, n'ayant aucune tendance à se rapprocher
sur le front, régulièrement arrondis antérieurement, quelquefois
un peu réniformes postérieurement. *Antennes* (f. 19) insérées
près de l'angle antérieur du chaperon, à une certaine distance en
avant des yeux, de onze articles, submoniliformes, grossissant insensiblement de la base au sommet; l'article basilaire allongé, robuste, tous les suivants obconiques, à peu près égaux en longueur, à l'exception du troisième, qui est toujours un peu plus
long que les autres, et du dernier qui est beaucoup plus long,
ovoïde et plus ou moins acuminé. *Chaperon* (f. 20, *a*) trapézoïdal,
non relevé sur les côtés. *Epistome* (f. 20, *b*) transversal, peu détaché du chaperon, dont il semble n'être qu'un prolongement. *Labre* (f. 20, *c*) transversal, plus étroit et un peu plus long que l'é-
pistome, très-légèrement échancré à l'extrémité. *Mandibules* (f. 21)
très-grandes et très-robustes, de forme presque carrée, dépassant
notablement la lèvre supérieure, armées à l'extrémité, du côté interne, d'un crochet bifide, dans le sens de l'épaisseur, c'est-à-dire
que les deux dents du crochet, au lieu d'être étagées sur le côté in-

---

(1) *Monocerus*, Dejean, Catal., 1836.

terne, sont juxtà-posées et se confondent en une seule, quand on ne voit que le côté plat de la pièce ; le côté externe exactement rectiligne, et formant avec le bord antérieur un angle droit légèrement arrondi au sommet. *Máchoires* (f. 22, *a*) composées de deux lobes , l'extérieur plus grand , arrondi au sommet, l'intérieur plus petit, subacuminé, l'un et l'autre assez fortement ciliés. *Palpes maxillaires* (f. 22, *b*) peu saillants, de 4 articles, le premier très-court , le deuxième en forme de triangle allongé , le troisième également triangulaire, mais plus court, le dernier le plus grand de tous, assez régulièrement sécuriforme. *Lèvre inférieure* (f. 23, *a*) de forme à peu près carrée, d'une extrême ténuité, et s'épanouissant à l'extrémité en un faisceau de cils divergents, encadrée pour ainsi dire par les *palpes labiaux* (f. 23, *b*), qui ne l'excèdent guère en longueur, ayant les deux premiers articles très-courts, transversaux, et le dernier ovoïde, plus long que les deux précédents réunis. *Menton* (f. 23, *c*) carré, largement arrondi antérieurement et profondément échancré.

Prothorax de forme sphérique (f. 25), terminé en dessus par un prolongement que je désignerai sous le nom de corne thoracique, et en dessous par une voûte concave extrêmement lisse, qui se prolonge en avant sous la corne, et dans laquelle s'exécutent les mouvements de la tête ; la corne s'élargissant quelquefois et se creusant vers l'extrémité en forme de cueiller, toujours plus ou moins dentelée sur les bords , garnie à sa partie supérieure d'une crête (f. 25, *a*) ou élévation longitudinale, granulée au milieu et crénelée sur les côtés ; la base du corselet si fortement rebordée ou marginée, qu'elle paraît précédée d'un sillon transversal que je désignerai sous le nom de gouttière basilaire (f. 25, *b*) ; cette gouttière, toujours tapissée d'un duvet très-épais, offre l'apparence d'un collier de fourrure interrompu à la partie supérieure vis-à-vis de l'écusson. *Ecusson* triangulaire très-petit et peu distinct. *Elytres* allongées, subcylindriques, quelquefois un peu ovoïdes, toujours plus larges que le corselet, coupées carrément à la base, terminées quelquefois de même dans les deux sexes, et le plus souvent d'une manière différente , auquel cas celles du mâle sont légèrement tronquées obliquement et subépineuses au bout de la troncature, et celles de la femelle conjointement arrondies , recouvrant toujours, dans les deux sexes, des ailes inférieures propres au vol.

Abdomen allongé, composé de cinq segments, dont le premier est deux fois aussi long que chacun des autres, le dernier quelquefois échancré à l'extrémité dans le mâle, toujours entier et subacuminé dans la femelle. *Pattes* simples de moyenne longueur, très-propres à une course rapide. *Cuisses* très-faiblement renflées, les postérieures pouvant s'appliquer d'autant mieux sur la poitrine à l'état de repos qu'une rainure s'y trouve pratiquée pour les recevoir. Les *tibias* à peu près de même longueur que les cuisses, grossissant de la base vers l'extrémité, qui est fortement ciliée et garnie de deux petites épines. *Tarses* plus courts que les tibias à toutes les pattes, même aux postérieures (f. 24), cinq articles aux antérieurs et aux intermédiaires, quatre aux postérieurs, tous les articles, ceux des crochets exceptés, plus ou moins triangulaires, ceux de la première paire à peu près égaux en longueur ; aux deux autres, le premier article linéaire et deux fois plus long que le suivant ; le pénultième à toutes les pattes fortement bilobé ; les crochets simples, très-ouverts, courts et fortement arqués.

Les différences sexuelles sont de trois sortes : 1° La forme de la corne thoracique généralement plus étroite dans le mâle que dans la femelle. 2° La termination des élytres tronquées obliquement, quelquefois même subépineuses dans le mâle (f. 26), conjointement arrondies dans la femelle. 3° Enfin la forme du dernier segment inférieur de l'abdomen ordinairement échancré dans le mâle, entier et subacuminé dans la femelle. Mais il ne faut pas croire que ces trois caractères existent simultanément dans toutes les espèces ; les différences sont souvent réduites à l'échancrure abdominale, qui elle-même devient quelquefois inappréciable, auquel cas les signes extérieurs du sexe sont entièrement nuls.

Les métamorphoses de ces insectes, comme celles de tous les autres Anthicites, n'ont pas encore été observées. On ne les rencontre qu'à l'état parfait dans les mois de mai et de juin, particulièrement dans les lieux un peu humides et dans le voisinage des rivières, courant très-vite sur les plantes et sur les arbustes. Il n'en faudrait pas conclure qu'ils y cherchent une nourriture végétale. Il paraît, au contraire, qu'ils n'y sont attirés que par la chasse des autres insectes dont ils veulent faire leur proie, et tout porte à croire qu'ils sont plutôt carnassiers que phytophages, comme M. Schmidt l'a fort bien démontré dans son travail monographique sur les Anthicites d'Europe (*Stettin Entomologische Zeitung*, 1842, p. 77). Je ferai observer néanmoins que la forme de leurs mandibules, très-robustes il est vrai, mais peu susceptibles de s'entr'ouvrir, doit s'opposer à ce qu'ils saisissent facilement leur proie, et à ce qu'ils s'attaquent à des insectes agiles. Je serais porté à croire qu'ils choisissent de préférence leurs victimes parmi les pucerons, les Acarus, et autres espèces parasites qui pullulent souvent à notre insu sur les plantes.

Quant à la distribution géographique de ce genre, on rencontre des Notoxus dans toutes les parties du monde, même à la Nouvelle-Hollande, d'où M. Hope a reçu une espèce qu'il a bien voulu me communiquer. Les espèces de grande taille sont particulières à l'Europe et au nord de l'Asie. Toutes celles d'Amérique et de l'Afrique méridionale sont d'une taille petite ou moyenne. J'ai cru devoir séparer de ce genre la très-petite espèce européenne nommée *Rhinocéros* par Fabricius, et en former, avec quelques autres espèces de l'Inde encore plus petites, un genre distinct sous le nom de *Mecynotarsus*, à cause de la longueur et de la ténuité des tarses intermédiaires et postérieurs. Malgré ce démembrement, le nombre des Notoxus proprement dits, que je suis parvenu à réunir sous mès yeux, ne s'élève pas à moins de vingt-neuf.

Je suis obligé d'exposer ici les motifs qui m'ont décidé à préférer le nom de NOTOXUS au nom inédit de *Monocerus*, adopté sans publication par M. Dejean (1), et à celui de *Ceratoderus*, publié tout récemment par M. Blanchard. M. Schmidt de Stettin s'est déjà expliqué sur ce point; et la Société Entomologique de France, à laquelle j'ai soumis cette question, a été d'avis que le nom de NOTOXUS devait être préféré à tout autre. J'ajouterai seulement, pour les personnes qui pourraient difficilement consulter la *Gazette de Stettin*, que le nom de *Notoxus* a été créé en 1762 par Geoffroy, dans son *Histoire abrégée des insectes* précisément pour le genre qui nous occupe, la *Meloé*, ou l'*Attelabus Monoceros* de Linné, qu'il appelait en français la *Cuculle*. Ce nom essentiellement significatif, qui ne pouvait convenir qu'à des insectes à corselet acuminé, fut adopté par Fabricius dans son *Entomologia systematica*, mais étendu par lui à des espèces dont le corselet était parfaitement mutique, entre autres aux Clairons, que Latreille désigna plus tard par le nom d'*Opilo*. Dix ans après, Fabricius, adoptant la classification que Paykull venait d'introduire dans la *Fauna suecica*, réunit aux Anthicus les véritables Notoxus, et conserva ce nom aux Opilo de Latreille. C'est ainsi que l'*Opilo Mollis*, et autres espèces de ce genre, figurent au catalogue de M. Dejean, et depuis, dans la *Monographie des Clérites* de M. Spinola, sous le nom de Notoxus, qui ne leur convient nullement. Néanmoins, l'exemple de Fabricius ne fut pas suivi partout. Illiger en Allemagne, Olivier et Latreille en France, ont conservé au nom de Notoxus sa véritable place, et les auteurs anglais l'ont si bien adopté, que les Anthicites, dans tous leurs ouvrages, sont désignés par le nom de *Notoxides*.

Quelques mots sont nécessaires pour expliquer les divisions suivant lesquelles nous avons dû grouper les vingt-neuf espèces de ce genre. On sait combien la nature se prête difficilement à ces classements méthodiques ; néanmoins, en prenant le dessin des élytres pour base principale de nos divisions, nous avons été assez heureux pour former des groupes passablement naturels et presque géographiques, dont voici le tableau ·

I.   Élytres ferruginéuses, ornées chacune de trois taches normales noires,

---

(1) Le seul auteur, à ma connaissance, qui ait fait usage de ce nom, est Faldermann, dans la *Fauna Entomologica Transcaucasica*.

une scutellaire, une latérale, et une bande postérieure sinuée, commune aux deux élytres, remontant plus ou moins le long de la suture.

A. Tache latérale située au-dessus de l'épaule : les élytres du mâle tronquées obliquement ; celles de la femelle conjointement arrondies à l'extrémité dans la plupart des espèces. — Groupe européen. Espèces 1 à 10. — Type le *N. Monoceros* (f. 1).

B. Tache latérale située au-dessous de l'épaule, non visible en dessus ; les élytres de la plupart des espèces conjointement arrondies à l'extrémité dans les deux sexes. — Groupe américain. Espèces 11 à 14. — Type le *N. Monodon* (f. 7).

II. Élytres à bandes transversales ou à taches jaunes sur un fond brun, brillantes et distinctement ponctuées.

A. Les élytres du mâle seul légèrement tronquées obliquement à l'extrémité.

α. Élytres de la femelle conjointement arrondies. Espèce 15. *N. Numidicus* (f. 10).

β. Élytres de la femelle tronquées carrément. Espèces 16 à 17. — Type *N. Miles* (f. 11).

B. Les élytres légèrement tronquées obliquement dans les deux sexes. — Groupe africain.

α. Élytres d'un brun foncé à taches jaunes. Espèces 18 à 22. — Type *N. Cucullatus* (f. 13).

β. Élytres ferrugineuses à bandes noires. Espèces 23 à 24. — Type *N. Senegalensis* (f. 14).

III. Élytres d'un noir terne, très-finement pointillées. — Groupe purement américain.

A. Élytres ornées de taches d'un rouge pâle, disparaissant plus ou moins sous un duvet soyeux et argenté. Espèces 25 à 27. — Type *N. Lebasii* (f. 16).

B. Élytres noires sans taches. Espèce 28. — *N. Bicolor.*

IV. Élytres entièrement testacées, sans apparence de taches. Espèces 29. *N. Testaceus.*

DESCRIPTION DES ESPÈCES.

I. Elytra ferruginea ; maculis normalibus tribus, scutellari, laterali, et fasciâ posteriori sinuatâ nigris.

A. Maculâ laterali suprà humerum sitâ, elytris maris in plerisque speciebus apice obliquè truncatis.

1. N. Brachycerus. *Pallidè rufo-testaceus, holosericeo-pubescens; thoracis cornu lato, clytris angusto-elongatis, subtilissimè punctulatis, in utroque sexu, apice conjunctim rotundatis; abdomine nigro, antennis pedibusque ferrugineis.* — Long. 0,004 ad 0,006. Lat. 0,0015 ad 0,002 (f. 18). — Europa meridionalis.

Monocerus Brachycerus, Falderm. Fauna Entom. Transcauc., part. 2, p. 106 (1837).
Notoxus major, Schmidt. Stett. Entom. Zeit,, t. 3, p. 83 (1842) (1).

---

(1) *Monocerus major,* Dej., Catal., 1836, p. 237.

Tête ferrugineuse, assez brillante, finement pointillée, couverte d'une pubescence grisâtre, plus courte sur le disque, plus longue vers les bords, légèrement échancrée à la base, avec les angles postérieurs aigus et même un peu saillants, plate sur le front entre les yeux ; antennes entièrement ferrugineuses, le dernier article obconique et très-obtusément acuminé. Corselet d'un rouge ferrugineux, un peu plus foncé en avant et sur les bords de la corne, assez brillant, ponctuation non apparente, cachée sous une pubescence fine, soyeuse, entremêlée de poils raides ; presque sphérique, seulement un peu transversal, plus large que la tête, assez arrondi postérieurement et bien détaché des élytres ; la corne relativement un peu moins longue que dans le *Monocerus*, généralement très-large, et plus large dans la femelle que dans le mâle, sans que ce soit une règle invariable dans cette espèce, régulièrement dentelée sur les bords, les dentelures ordinairement au nombre de trois, toujours arrondie et un peu creusée en cuillère à l'extrémité, toujours un peu plus large au milieu qu'à la base ; crête supérieure assez fortement crénelée et plus ou moins noirâtre ; gouttière basilaire profonde et abondamment tomenteuse. Écusson noirâtre. Élytres d'une teinte ferrugineuse saumonée, paraissant quelquefois grisâtre sous l'influence d'une pubescence argentée très-abondante, ponctuation peu apparente, diffuse et très-fine, beaucoup plus fine que dans le *Monoceros*. Taches normales nullement confluentes : la scutellaire commune, en rectangle transversal, la latérale arrondie, la bande postérieure plus ou moins sinuée, commune aux deux élytres, remontant plus ou moins le long de la suture, mais rarement au-delà de la moitié de la longueur, et jamais assez pour se réunir à la tache scutellaire ; le bord postérieur quelquefois nuancé d'une teinte noirâtre ; moitié environ plus larges que le corselet, et presque deux fois aussi longues que larges, oblongues, parallèles, carrées antérieurement, légèrement arrondies aux épaules, conjointement arrondies à l'extrémité dans les deux sexes. En dessous, mésothorax rougeâtre, métathorax et abdomen noirs, ou au moins noirâtres. Pattes ferrugineuses, à l'exception des cuisses postérieures, quelquefois obscures.

Par exception à ce qui a lieu dans les espèces voisines, dont les élytres sont tronquées obliquement et subépineuses dans le mâle, le *N. Brachycerus* les a conjointement arrondies dans les deux sexes ; mais la corne thoracique est ordinairement un peu plus large dans la femelle que dans le mâle, et le dernier anneau de l'abdomen, circulairement échancrée dans le mâle, est obtusément acuminé dans la femelle. Il est à remarquer que dans cette espèce, les femelles sont très-rares : je n'en ai rencontré que quatre sur plus de vingt individus.

VARIÉTÉS. *Coloration croissante :* β. Teinte généralement plus foncée : corselet presque entièrement noirâtre ; bande postérieure des élytres large et à peine sinuée, bord postérieur noirâtre (1).

---

(1) M. Foudras m'a envoyé de Lyon un individu mâle de cette variété à corne très-étroite,

Coloration décroissante : **b**. Taches des élytres pâles, la scutellaire divisée en deux par la suture rougeâtre, sans teinte obscure à l'extrémité ; en dessous, metasternum et abdomen plus ou moins rougeâtres.

Cette espèce a été décrite pour la première fois par Faldermann, en 1837, d'après des exemplaires recueillis dans les provinces caucasiennes de la Russie. Elle ne diffère nullement de celle que M. Dejean avait désignée dans son catalogue sous le nom de *Major*, et que M. Schmidt a décrite sous ce nom en 1842. Un exemplaire de la collection de Faldermann, que je dois à l'obligeance de M. le baron de Chaudoir, m'a convaincu de cette identité (1). Le *N. Brachycerus* n'est donc pas une espèce exclusivement Caucasienne, mais bien Européenne, et répandue dans le midi de la France, en Espagne, en Italie, en Autriche et en Hongrie. M. le colonel Levaillant l'a rapportée aussi de l'Algérie ; mais ses exemplaires sont très-pâles, et appartiennent aux dernières limites de la variété *b*.

Le *N. Brachycerus* étant facile à confondre avec le *Monoceros*, il faut s'attacher, pour le reconnaître, aux caractères suivants : Ponctuation beaucoup plus fine et peu distincte des élytres, forme beaucoup plus étroite, plus parallèle et plus allongée, absence de caractère sexuel dans la termination des élytres, à quoi on peut ajouter une taille plus grande, la corne du corselet plus large, ce qui contribue à la faire paraître plus courte, une teinte générale plus pâle, la séparation constante de la bande postérieure et de la tache scutellaire, la teinte obscure de l'extrémité des élytres, enfin, la couleur presque constamment noire de l'abdomen.

2. N. Mauritanicus (f. 2). *Pallidè rufo-testaceus, piloso-pubescens; capite fusco; thorace rufo, breviusculo, basi parum coarctato; elytris distinctè punctulatis, fasciâ posteriori valdè sinuatâ. Abdomine pedibus antennis que concoloribus, femoribus nonnihil infuscatis.* — Long. 0,004 ad 0,005. Lat. 0,0017 ad 0,002 (f. 2). — Algeria.

Notoxus Mauritanicus, Laf. et Lucas, Explorat. scient. de l'Algérie, t. 2, p, 365, tab. 52, f. 5 (1847).

Espèce voisine du *Brachycerus* et du *Monoceros*, mais parfaitement distincte. Tête noirâtre brillante, finement ponctuée, hérissée de poils grisâtres, plus large que longue, régulièrement arrondie sur les côtés, échan-

dont le dernier segment abdominal, au lieu d'être échancré, est déprimé et canaliculé dans toute sa longueur. Cet individu provient des frontières de la Savoie. Il se distingue en outre par des élytres plus brillantes et couvertes d'une pubescence plutôt argentée que roussâtre. Je ne sais que penser de cette anomalie, quand tous les autres caractères spécifiques se réunissent pour faire de cet insecte un *N. Brachycerus*.

(1) La lecture de la description de Faldermann n'avait pas suffi pour me convaincre de l'identité de ces deux espèces. L'entomologiste russe, dans sa phrase diagnostique, se sert d'une expression qui ne me paraissait pas convenir au *N. Major* de Schmidt. Il dit en parlant de la corne thoracique : *apice truncato*. Cette forme tronquée de la corne aurait pu constituer un caractère spécifique distinct, mais en examinant attentivement le type même de Faldermann, je me suis aperçu que l'individu décrit par lui avait la corne *brisée* carrément à l'extrémité, ce qui me paraît expliquer l'expression dont il s'est servi dans sa diagnose, et qu'il n'a pas jugé à propos de reproduire dans la description qui y fait suite.

crée circulairement à sa base; palpes ferrugineux; antennes ferrugineuses,
un peu plus foncées au sommet, à articles peu déliés et triangulaires, le
dernier régulièrement fusiforme. Corselet d'un rouge ferrugineux pâle,
finement pointillé, ombragé d'une pubescence roussâtre longue et abondante, à peine plus large que la tête, fortement transversal, arrondi latéralement, peu rétréci à la base et peu détaché des élytres; la corne courte,
régulièrement dentelée sur les bords; la crête supérieure crénelée et se
prolongeant presque jusqu'à l'extrémité. Écusson rougeâtre, triangulaire, les
côtés légèrement arrondis. Élytres d'une teinte testacée légèrement rosée,
plus pâles encore que dans le *N. Brachycerus*, moins foncées que le corselet, entièrement couvertes d'une ponctuation fine, mais distincte et non
confluente, revêtues d'une pubescence roussâtre non soyeuse, en partie
couchée, en partie hérissée; ayant chacune les trois taches normales d'un
noir pâle, étroites et nettement arrêtées; la scutellaire non commune, ovale,
et couvrant exactement l'omoplate (1), qui est légèrement saillante; la latérale également ovale; la postérieure en bande étroite doublement sinuée,
réunie sur la suture à celle de l'autre élytre, et remontant en pointe le
long de la suture, pas au-delà du milieu; subcylindriques, parallèles,
sans dilatation sensible sur les côtés, moins de deux fois aussi larges que
le corselet, et presque deux fois aussi longues que larges, légèrement échancrées à la base, arrondies aux épaules, qui sont assez saillantes antérieurement et détachées des omoplates; diversement terminées à l'extrémité
suivant les sexes. Le dessous du corps et les pattes d'une teinte ferrugineuse moins pâle que celle des élytres, à l'exception des cuisses qui sont
un peu noirâtres. — Le mâle réunit tous les caractères sexuels possibles :
corne thoracique plus étroite, élytres tronquées obliquement et subépineuses à l'extrémité, et dernier segment abdominal légèrement échancré.

Cette espèce habite l'est et l'ouest des provinces françaises en Afrique,
et particulièrement les environs d'Oran, où elle a été recueillie par le colonel Levaillant et par M. Lucas. Ce dernier l'a trouvée, mais peu com-
munément, sous les pierres humides, dans les premiers jours de mars.
Elle existe dans ma collection et dans celle du Muséum. Voisine du
N. Brachycerus, elle s'en distingue par la ponctuation beaucoup moins
fine des élytres, par la forme courte et large du corselet et par la couleur
rouge de l'abdomen. Elle ne s'isole pas moins du *Monoceros* par une
coloration beaucoup plus pâle, par des taches plus étroites et non confluentes, par les épaules plus saillantes, et surtout par la terminaison des
élytres du mâle, qui sont beaucoup plus largement tronquées et plus fortement tuméfiées à l'extrémité.

3. N. HIRTUS (2). *Totus saturè ferrugineus, hirto-pilosus : elytris profundè punctatis,
maculâ scutellari, hinc cum laterali, illinc cum posteriori juxtà suturam confluente; pectore,
abdomine pedibusque concoloribus.* — Long. 0,005. Lat. 0,002. — Sibiria.

---

(1) J'appelle ainsi la partie saillante de l'élytre à droite et à gauche de l'écusson.

(2) M. le docteur Ericton pense que cette espèce a été décrite par Gebler. Il ne m'a pas
été possible de découvrir dans quel ouvrage.

Exactement de la taille, de la couleur et de la forme du *N. Monoceros*, mais entièrement hérissé de longs poils roussâtres, implantés sur toutes les parties du corps. Tête d'un rouge ferrugineux foncé, assez brillante, finement ponctuée, moins large, moins aplatie sur le front que celle du *Monoceros*; yeux ovales, un peu moins grands; antennes relativement un peu plus longues, à articles moins robustes et plus allongés. Corselet de même forme, corne identiquement semblable, la gouttière basilaire plus complétement tapissée, même en dessus, d'un duvet blanchâtre. Élytres de même forme et de même couleur, semblablement tachetées, en observant cependant que les deux individus que j'ai eus sous les yeux appartiennent à la var. β du *Monoceros*, c'est-à-dire qu'ils sont très-foncés en couleur, et qu'il y a confluence, d'une part, entre les taches latérale et scutellaire, d'autre part, entre celle-ci et la tache postérieure le long de la suture. Dessous du corps et pattes entièrement d'un rouge ferrugineux. — Différences sexuelles comme dans le *N. Monoceros*.

Cet insecte habite la Sibérie; je n'en ai vu que deux individus qui m'ont été communiqués, l'un par le musée de Berlin, et l'autre par M. Melly de Liverpool.

4. N. MONOCEROS. *Saturè rufo-testaceus, sericeo-pubescens; elytris latiusculis, modicè elongatis, distinctè punctulatis, fasciâ posteriori cum maculâ scutellari nonnunquam juxtà suturam conjunctâ; pectore, abdomine pedibusque totis concoloribus.*—Long. 0,004 ad 0,005. Lat. 0,0018 ad 0,002 (f. 1). — Europa.

Meloe Monoceros, Linn. Syst. nat. t. 1, p. 681 (1755). — Donov. Brit. Ins. Fasc. 6, f. 182.

Attelabus Monoceros, Linn. Faun. Suec. n° 658 (1746).

Notoxus Monoceros, Geof. Ins. Paris, t. 1, p. 356, pl. 6, f. 8 (1762). — Herbst, archiv. p. 88, pl. 25, f. 4. — Rossi, Faun. Etrusc. edit. prior, t. 1, p. 159. Id. edid. Hellw. t. 1, p. 149. — Fabr. Ent. Syst. t. 1, p. 211. — Panz. Faun. Germ. Fasc. 26, f. 8. — Oliv. Entom. t. 3, G᷊ʳᵉ 51, pl. 1, f. 2. — Illig. Kœf. Preus. t. 1, p. 287.—Latr. Hist. des Crust. et des Ins. t. 10, p. 355, pl. 89, f. 7. — Oliv. Encycl. méth. t. 8, p. 393. — Samouelle, Entom. pl. 2, f. 23. — Stephens, Catal. t. 1, p. 254. — Schmidt, Stettin Entom. Zeit. t. 3, p. 81. — *Notoxus Cucullatus,* Fourcroy, Ent. Paris, t. 1, p. 162 (1785).

Anthicus Monoceros, Payk, Faun. Suec. t. 2, p. 254 (1798). — Fabr. Syst. Eleut. t. 1, p. 288. — Schön. Syn. Ins. t. 2, p. 54. — Gyll. Ins. Suec. t. 2, p. 490. — Zetterst. Faun. Lapp. t. 1, p. 274. — Sahlb. Ins. Fenn. p. 458. — Castelnau, Hist. nat. des Coléopt. t. 2, p. 258.

Lytta Monoceros, Marsh. Ent. Brit. p. 487 (1802).

Ceratoderus Monoceros, Blanchard, Hist. des Ins. t. 2, p. 40 et 45 (1845) (1).

Tête d'un ferrugineux obscur, finement pointillée, assez brillante, assez pubescente, surtout vers les bords, arrondie et légèrement échancrée postérieurement avec les angles postérieurs non visiblement saillants, plate sur le front entre les yeux; ceux-ci noirs, arrondis, sensiblement

---

(1) *Monocerus Monoceros,* Dej. Catal. 1856, p. 257.

saillants, très-latéralement, même un peu inférieurement placés ; parties
de la bouche ferrugineuses, antennes de même couleur, très-légèrement
moniliformes, tous les articles médiaux différant peu pour la longueur,
le second d'un tiers plus court que le troisième, le dernier fusiforme,
moitié plus long que le précédent ; cou très-court, étranglé à la base et
très-évasé postérieurement. Corselet généralement noirâtre, surtout antérieurement ; ponctuation fine, cachée par une pubescence soyeuse entremêlée de poils raides ; sensiblement plus large que la tête, un peu moins
long que large, très-arrondi sur les côtés, et bien détaché à la base ;
corne de forme très-variable, tantôt arrondie et creusée en cuillère, tantôt
presque acuminée, plus ou moins dentelée sur les bords, la crête plus ou
moins crénelée, sans relation constante entre la largeur et le sexe ; la gouttière basilaire profonde et abondamment tapissée sur les côtés d'un duvet
grisâtre. Écusson triangulaire rougeâtre. Élytres ferrugineuses, peu brillantes, distinctement pointillées, couvertes d'une pubescence soyeuse grisâtre inclinée, entremêlée de poils raides de médiocre longueur ; taches
normales très-noires, celles de l'écusson tantôt confluentes, tantôt divisées
par la teinte rouge de la suture, tache latérale petite, arrondie, peu distante de l'épaule, la bande postérieure commune aux deux élytres, plus
ou moins ondulée, et remontant le long de la suture, dans les individus
considérés comme types, jusqu'à la hauteur de la tache latérale, sans s'u-
nir aux taches scutellaires ; de forme subcylindrique, moins parallèles
que dans le *Brachycerus*, légèrement arrondies sur les côtés, presque
deux fois aussi larges que le corselet, et une fois et 4/5 à peine aussi
longues que larges ; angles huméraux légèrement prononcés ; omoplates
très-légèrement senties ; extrémité postérieure différemment conformée suivant les sexes. Dessous du corps et pattes entièrement rougeâtres.

Les caractères sexuels tirés de la forme de la corne thoracique ne sont
nullement constants ; il n'en est pas de même de ceux que présente la termination des élytres. Celles du mâle (f. 26) sont légèrement tronquées
obliquement à l'extrémité, et présentent, vers le milieu du bord postérieur, une légère boursouflure ou bouton lisse et brillant qui n'existe pas
dans la femelle, dont les élytres sont conjointement arrondies à l'extrémité. En outre, le dernier anneau inférieur de l'abdomen du mâle est
légèrement tronqué.

Variétés : *Coloration croissante :* β. (Var. δ, Schmidt. *Integer*, Mégerle, inéd.) Bande postérieure réunie à la tache scutellaire le long de
la suture, qui se trouve ainsi être noire dans toute l'étendue qui s'étend
d'une tache à l'autre.

γ. (Var. ζ, Schmidt.) Outre la réunion des deux taches précédentes,
il y a encore réunion de la tache latérale à la tache scutellaire, comme dans
le *N. Hirtus.*

δ. (Var. ε, Schmidt.) Tête noire. Corselet presque entièrement noir en
dessus, rougeâtre encore sur les côtés. Élytres noires, avec la pointe des
épaules et l'extrémité rouge, conservant en outre sur le disque une tache
rouge étroite, en forme de crochet, qui sépare la tache latérale normale

de la suture. Le dessous du corps, les pattes et les antennes tout auss
rouges que dans le type de l'espèce.

Coloration décroissante : b. (Var. η, Schmidt.) Corselet entièrement
rouge ; tache latérale nulle, ou réduite à un point à peine visible.

Le *Notoxus Monoceros* connu et décrit depuis plus d'un siècle, est
très-répandu dans l'Europe entière, dans les régions les plus froides comme
dans les plus chaudes, depuis la Laponie jusqu'en Sicile et en Andalousie.
Je ne sache pas qu'il ait jamais été trouvé en Algérie ; mais il existe au
fond de l'Inde, et j'en ai vu un exemplaire de cette contrée qui m'a été
communiqué par M. Schmidt-Göbel, médecin à Prague, et qui provenait
des récoltes de feu le docteur Helfer. Cette espèce paraît habiter de préférence les localités sablonneuses dans le voisinage des eaux. Suivant Olivier,
elle vivait sur les fleurs des *ombellifères*, suivant Marsham, sur le *sene-
çon*, le *tenuifolium* et la *jacobée* ; j'ai souvenir de l'avoir prise souvent,
au mois de juin, sur le noisetier et sur l'érable, d'autres fois en fauchant
les prés au bord des rivières. Le docteur Schmidt de Stettin a raconté en
termes fort intéressants combien cet insecte, en apparence phytophage,
était avide des substances animales, et M. Aubé a eu l'occasion, depuis, de
rencontrer un nombre considérable de ces Notoxes réunis sur les débris
d'une *Lytta vesicatoria*.

5. N. Cavifrons. *Staturâ mediocri, pallidè rufo-testaceus, sericeo-pubescens; capite
fusco, transverso, inter oculos nonnihil fossulato, thorace breviusculo, elytris confertim
punctulatis; abdomine obscuro; antennis pedibusque testaceis.*—Long. 0,0035. Lat. 0,0015.
— Lusitania.

Espèce très-voisine, mais distincte du *Monoceros*, surtout par la taille,
qui est environ moitié plus petite. Tête noirâtre, plus brillante et moins
pubescente, sensiblement plus large, évidemment transversale ; les yeux
beaucoup plus écartés et moins saillants ; plus aplatie, et même un peu
creuse sur le front, avec un point enfoncé au milieu ; antennes plus
courtes et plus épaisses : le second article relativement moins long et
presque égal au quatrième, les suivants plus fortement triangulaires.
Corselet rouge, abondamment pubescent, un peu plus transversal ; corne
assez longue, arrondie à l'extrémité, avec trois dentelures régulières de
chaque côté et une crête peu crénelée ; la gouttière basilaire peu sensible
et peu tomenteuse. Écusson noir. Élytres ne différant de celles du *Monoceros* que par la taille et par une ponctuation plus fine et plus serrée ; du
reste, tachetées absolument de même, arrondies conjointement à l'extrémité
dans le seul individu que j'ai étudié, et que je suppose être une femelle.
Dessous du corps d'un ferrugineux noirâtre ; toutes les pattes entièrement
testacées.

Cette espèce est particulière au Portugal ; je n'en ai vu que quatre
individus provenant de cette contrée, et conservés au musée de Berlin, qui
a bien voulu m'en abandonner un.

G. N. Platycerus (1). *Totus saturè ferrugineus, holosericco-pubescens; thoracis cornu latiori; clytris pinguibus, modicè elongatis, distinctè et sat profundè punctatis; maculâ posteriori in duas divisâ, fasciam scilicet singularem, et maculam suturalem communem, elongatam, cum scutellari minimè junctam. Pectore, abdomine, antennis pedibusque pallidè ferrugineis.* — Long. 0,0045. Lat. 0,0017 (f. 3). — Hispania.

Espèce de même taille que le *N. Monoceros*, et tellement voisine, que j'ai dû me borner ici à une description comparative. Tête de couleur moins foncée, sans différence de forme bien appréciable, peut-être un peu plus large et un peu plus courte; antennes de même grosseur et longueur, également ferrugineuses, un peu plus pubescentes. Corselet un peu plus terne, plus pubescent, un tant soit peu plus large, excédant davantage la largeur de la tête; la corne évidemment plus large et surtout plus fortement dentelée, les dents plus séparées les unes des autres, au nombre de quatre de chaque côté et une large à l'extrémité; la gouttière basilaire plus abondamment tapissée d'un duvet argenté. Élytres de même couleur, plus profondément ponctuées, plus larges, plus convexes et plus arrondies sur les côtés, differemment tachetées; taches scutellaire et latérale semblables, la postérieure divisée en deux, c'est-à-dire que la partie de cette tache qui remonte le long de la suture se trouve séparée de la bande proprement dite, et forme une tache suturale commune qui ne se réunit pas à la scutellaire, tandis que l'autre partie forme sur chaque élytre une large bande isolée qui n'atteint pas la suture. Les pattes et tout le dessous du corps d'un rouge ferrugineux vif. — Caractères sexuels comme dans le *N. Monoceros*.

Cette espèce paraît être particulière à l'Espagne. La collection Dejean contenait, sous le nom que j'ai conservé, trois individus, un mâle et deux femelles provenant de cette contrée, sans indication précise de localité.

Si la disposition de tache décrite ci-dessus ne se présentait que sur des individus pâles et décolorés, on pourrait ne la considérer que comme une décomposition de la tache normale postérieure, et ne voir dans cette espèce qu'une variété décroissante du *N. Monoceros*. Mais les choses ne se passent pas ainsi. Les trois individus que j'ai pu observer, et qui sont identiquement semblables, sont au contraire très-chauds en couleur. La différence du dessin peut donc s'ajouter ici aux autres différences spécifiques, parmi lesquelles la ponctuation profonde des élytres m'a paru la plus concluante. Je doute que les individus de la collection Dejean proviennent de la même source que ceux qui sont conservés au musée de Berlin sous le même nom, et qui ont été recueillis par Hoffmansegg. Si je m'en rapporte aux notes que j'ai prises sur les lieux, les trois Platycerus de cette collection ne présenteraient pas le dessin de l'espèce ici décrite, et seraient, à mon avis, des *N. Brachycerus* var. *b*, différant du type par l'absence de toute teinte noirâtre à l'extrémité des élytres.

(1) *Monocerus Platycerus*, Dej. Catal. 1856, p. 257.

7. N. ELONGATUS. *Totus pallidè ferrugineus, sericeo-pubescens, thoracis cornu elongato, valdè angusto, basi attenuato; elytris cylindrico-elongatis, confusè punctulatis, maculâ posteriori, ut in Platycero, in duas divisâ; pectore, abdomine, antennis pedibusque lætè testaceis.* — Long. 0,0045. Lat. 0,0016. — Sibiria.

Anthicus Monoceros. Gebler, Ledebours Reise. p. 136 (1).

Espèce très-voisine du *Platycerus*, avec lequel elle avait été confondue par M. Dejean, et dont elle se distingue par les caractères suivants : Tête un peu plus oblongue, beaucoup moins pubescente; antennes moins robustes. Corselet moins large, plus arrondi sur les côtés, plus brillant, aussi abondamment cilié, mais moins pubescent à la surface; la corne beaucoup plus longue et plus étroite, rétrécie à la base, creusée en cuillère à l'extrémité, offrant, comme le *Platycerus*, une large dent à l'extrémité, et trois à quatre dents très-distinctes de chaque côté. Les élytres présentent à peu près le même dessin, c'est-à-dire la tache postérieure divisée en trois taches, à cette différence près, que la bande s'approche davantage de la suture et de la tache suturale, à laquelle elle pourrait bien se réunir dans des exemplaires moins pâles que l'unique individu que j'ai eu sous les yeux; ponctuation beaucoup moins profonde, plus fine même, et plus confuse que dans le *N. Monoceros;* forme beaucoup plus étroite, plus cylindrique, semblable à celle du *N. Platycerus;* celles du mâle très-légèrement tronquées, laissant à peine entrevoir une apparence de bouton luisant à l'extrémité. Dessous du corps et pattes entièrement d'un ferrugineux très-clair.

Nul doute pour moi que cette espèce, envoyée de Sibérie à M. Dejean sous le nom d'*Elongatus*, Gebler, ne soit celle que Gebler a rapportée avec doute au *N. Monoceros*, dans ses observations sur les insectes de Sibérie, publiées dans le *Voyage de Ledebours dans l'Altaï.* On y lit, page 136, n° 5 : « *A. Monoceros? ad flumen Irtisch et propè Barnaoul, staturâ* « *paulò longiore differt ab Europæo.* » En effet, entre ces deux espèces, dont la ponctuation n'est pas très-différente, si le dessin des élytres venait à être le même, la différence spécifique se réduirait presque à la forme plus parallèle et plus allongée de l'*Elongatus*. L'unique individu mâle qui a servi à cette description, provient de la collection Dejean, et fait aujourd'hui partie de celle de M. le marquis de Brême.

8. N. ANCHORA. *Saturè ferrugineus, parcè pubescens, capite thoracisque anticâ parte obscuris; elytrorum maculâ laterali oblongâ, fasciâ posteriori apici proximâ, latâ, cum maculâ scutellari juxtà suturam conjunctâ; abdomine pedibusque ferrugineis, femoribus nonnihil infuscatis.* — Long. 0,003 ad 0,004. Lat. 0,001 ad 0,0015 (f. 4). — America Borealis.

Notoxus Anchora, Hentz, Journal of the academy of natural sciences of Philadelphia, t. 5, part. 1, p. 375 (2).

---

(1) *Monocerus Elongatus*, Dej. Catal. 1836, p. 237, comme synonyme du *M. Platycerus* Hoffg.

(2) *Monocerus Americanus*, Dej. Cat. 1836, p. 238.

Téte noirâtre, peu brillante, finement pointillée et presque chagrinée, arrondie postérieurement, un peu transversale, le front plat et large ; antennes d'un ferrugineux obscur, robustes, à dernier article obconique et sensiblement acuminé. Corselet rougeâtre vers la base, noirâtre antérieurement, finement pointillé, médiocrement pubescent, pas plus large que la tête ; la corne longue, étroite, peu dentelée sur les bords ; le sillon basilaire bien marqué et presque entièrement tapissé d'un duvet blanchâtre. Écusson noir, triangulaire. Élytres d'un jaune testacé, assez brillantes, médiocrement pubescentes, distinctement ponctuées ; la tache latérale oblongue, étroite et presque linéaire ; la bande postérieure placée aux trois quarts de la longueur, beaucoup plus postérieurement que dans les espèces précédentes, large, peu sinuée, constamment réunie à la tache scutellaire le long de la suture, comme dans le *N. Hirtus* et la variété β du *Monoceros* ; deux fois aussi larges que le corselet, moins de deux fois aussi longues que larges, subparallèles, carrées antérieurement, avec les épaules légèrement détachées, différemment terminées suivant les sexes. Poitrine entièrement ferrugineuse, abdomen ferrugineux, avec le bord des anneaux noirâtres ; pattes ferrugineuses, à l'exception des cuisses qui ont la massue noirâtre. — Le mâle ne se distingue de la femelle que par la forme légèrement tronquée et même subépineuse des élytres ; pas de différence constante dans la corne, ni dans la forme du dernier segment abdominal.

Variété : *Coloration croissante* : β. Tache latérale tellement allongée, qu'elle se réunit à la bande postérieure, ce qui donne au dessin des élytres une certaine ressemblance avec l'image d'une ancre de vaisseau.

Cette espèce habite l'Amérique septentrionale, notamment la localité de Trenton-Falls, dans l'état de New-York. La collection Dejean contenait, sous le nom d'*Americanus*, trois individus de cette espèce envoyés par M. Leconte. Depuis, M. Hope m'en a communiqué trois autres qui lui venaient de trois sources différentes, et qui indubitablement doivent être rapportés à cette espèce.

9. N. Siculus. *Sericeo-pubescens, capite nigricante, thorace anticè fusco, elytris testaceis, maculâ scutellari cum laterali junctâ, fasciâ posteriori latissimâ, juxtà suturam parùm dilatatâ, abdomine fusco, pedibus ferrugineis, femoribus infuscatis.* — Long. 0,003 ad 0,004. Lat. 0,001 ad 0,0015 (f. 5). — Sicilia.

Espèce nouvelle bien distincte, de taille un peu inférieure à celle du *N. Monoceros*. Tête noirâtre, quelquefois tout à fait noire, lisse et brillante, semée de poils noirs sur les bords, un peu plus longue que large, très-arrondie postérieurement, aplatie et presque creuse en avant entre les yeux ; antennes entièrement ferrugineuses, à articles peu déliés, le dernier fusiforme. Corselet noirâtre antérieurement, rougeâtre vers la base, lisse et brillant, hérissé de poils roussâtres, un peu plus large que la tête, transversal, peu rétréci à la base ; corne courte, peu acuminée, peu dentelée sur les bords, de largeur différente suivant les sexes, crête supérieure granuleuse et très-saillante ; gouttière basilaire profonde et abondamment tapissée d'un duvet blanchâtre. Écusson rougeâtre, triangulaire. Élytres d'un jaune testacé, moins brillantes que les parties antérieures, assez distinctement ponctuées, parsemées de poils jaunâtres sur les parties jaunes et noirâtres sur les parties noires ; la tache scutellaire très-large et constamment réunie à la tache latérale, de manière à former une bande antérieure oblique ; la bande postérieure très-large, remontant peu le long de la suture, de manière à ne jamais se réunir à la tache scutellaire ; presque deux fois aussi larges que le corselet, moins de deux fois aussi longues que larges, de même forme que celles du *Monoceros*, et comme elles, différemment terminées postérieurement suivant les sexes. Tout le dessous du corps, surtout l'abdomen, noirâtre ; les pattes ferrugineuses, à l'exception des cuisses, qui sont plus ou moins obscures. — Dans le mâle, la corne du corselet est sensiblement plus étroite et presque acuminée ; les élytres sont tronquées obliquement, et subépineuses à l'extrémité plus fortement que dans les espèces précédentes ; enfin, le dernier segment de l'abdomen est très-faiblement échancré circulairement. La femelle a la corne du corselet presque deux fois plus large que celle du mâle, et fortement creusée en cuillère autour de la crête, les élytres conjointement arrondies à l'extrémité, et l'abdomen sans échancrure.

Cette espèce habite la Sicile, où elle a été assez abondamment recueillie par M. Ghiliani, lors de son voyage entomologique dans cette île. Elle existe dans plusieurs collections, notamment dans celles de MM. de Brême, Reiche, Spinola et Aubé. Tous les individus que j'ai vus, au nombre de dix à douze, étaient identiquement semblables. Si l'on ne tient aucun compte des taches ni de la coloration, on pourra trouver une grande analogie de formes entre cette espèce et le *N. Mauritanicus*. Néanmoins, une comparaison attentive fera découvrir une différence notable dans la forme de la tête, oblongue chez le premier et transversale chez le second. On ne reconnaîtra pas non plus, dans le *Siculus*, des épaules aussi détachées et des omoplates aussi saillantes que dans l'espèce africaine.

10. N. Cornutus. *Nigro-piceus, sericeo-pubescens, thorace anticè et basi rufescente, elytris flavo-testaceis, maculâ scutellari cum laterali confluente, fasciâ paulò ponè medium latâ sinuatâ et alterâ apicali piceis ; antennis pedibusque ferrugincis, femoribus infuscatis.* — Long. 0,003 ad 0,004. Lat. 0,001 ad 0,0015 (f. 6). — Europa meridionalis.

Notoxus Cornutus, Fabr. Ent. syst. t. 1, p. 211 (1792). — Panz. Faun. Germ. Fasc. 74, f. 7. — Latr. Hist. des Crust. et des Ins. t. 10, p. 154. — Oliv. Encycl. meth. t. 8, p. 505. — Schmidt, Stett. Ent. Zeit. t. 5, p. 83.

Anthicus Cornutus, Fabr. Syst. Eleut. t. 1, p. 289 (1801). — Schh. Syn. t. 2, p. 55. — Gyll. Ins. Succ. t. 2, p. 491. — Castelnau, Hist. nat. des Coléopt. t. 2, p. 258, tab. 28, f. 4.

Notoxus Monoceros, var. β. Rossi, Faun. Etr. edit. prior, t. 1, p. 159, tab. 2, f. 11 (1790). Id. edid. Helw. t. 1, p. 149. — *Notoxus Trifasciatus*; Rossi, Mant. Ins. edit. prior, t. 1, p. 45 (1792—1794). Id. edid. Helw. t. 1, p. 584.

Notoxus Armatus, Schmidt, Stett. Ent. Zeit. t. 5, p. 86 (1842), var. β, nobis (1).

Tête noirâtre, assez brillante, finement pointillée, hérissée de longs poils noirs sur les bords, pas plus large que longue, arrondie postérieurement,

---

(1) *Monocerus Cornutus*, Cat. Dej. 1836, p. 257.

bombée sur le front, plate, et même quelquefois légèrement concave entre les yeux; parties de la bouche d'un ferrugineux foncé; antennes ferrugineuses à la base, obscures vers le sommet. Corselet plus ou moins noirâtre, avec la corne et la base rougeâtres, assez brillant, finement pointillé, ombragé d'une fine pubescence grisâtre, et parsemé en outre de poils raides; un peu plus large que la tête, assez régulièrement globuleux, faiblement transversal; la corne très-différente suivant les sexes : dans le mâle, étroite, quelquefois subacuminée, à crête peu élevée et peu distincte; dans la femelle, large, arrondie, creusée en cuillère, régulièrement dentelée sur les bords, surmontée d'une crête plus saillante, et distinctement crénelée tout autour. Écusson triangulaire noirâtre, très-petit et peu visible. Élytres d'un jaune testacé de teinte variable, quelquefois saumonée, quelquefois roussâtre, très-finement pointillées, couvertes d'une pubescence soyeuse très-courte et très-inclinée, entremêlée de quelques poils raides; tache scutellaire commune, réunie à la tache latérale, formant ainsi une bande basilaire rectiligne au milieu et coudée vers les bords, de manière à envelopper la pointe de l'épaule, qui conserve la couleur du fond; la bande normale postérieure située presque au milieu des élytres, et devenant ainsi une bande médiale, légèrement sinuée, remontant antérieurement le long de la suture, et descendant un peu en pointe par derrière; enfin, derrière celle-ci, une bande apicale remontant aussi un peu en pointe le long de la suture, et s'unissant plus ou moins avec la précédente; forme oblongue et subcylindrique, deux fois environ aussi larges que le corselet, et presque deux fois aussi longues que larges, carrées antérieurement, très-légèrement dilatées sur les côtés, un peu au-delà de la moitié, conjointement arrondies à l'extrémité dans les deux sexes; les omoplates et les épaules passablement saillantes, et suivies d'une dépression transversale assez notable. Dessous du corps noirâtre, abondamment couvert d'une pubescence argentée; pattes ferrugineuses, avec l'extrémité des cuisses obscures.

Les différences sexuelles, nulles dans la terminaison des élytres, sont très-sensibles dans la forme de la corne, comme on l'a dit plus haut, et assez sensibles dans la forme du dernier segment abdominal, déprimé au milieu et tronqué carrément dans le mâle, non déprimé et terminé en pointe peu obtuse dans la femelle. L'anomalie résultant d'une terminaison semblable des élytres dans les deux sexes, déjà signalée dans le *N. Brachycerus*, doit encore être remarquée ici, bien qu'elle porte sur une espèce qui, par son dessin, s'éloigne notablement de toutes celles qui précèdent.

Variétés : *Coloration décroissante : b*. Tête et corselet d'un rouge ferrugineux plus ou moins clair. Élytres d'un jaune testacé; taches scutellaire et latérale non confondues en une seule bande, mais séparées l'une de l'autre comme dans le *N. Monoceros*.

c. Tache antérieure des élytres réduite à une tache scutellaire commune, arrondie, qui ne dépasse pas les omoplates; tache latérale complétement obsolète. C'est la variété γ de M. Schmidt.

d. Taches antérieures comme dans la var. *c*, et de plus, la bande médiale décomposée en deux taches, l'une arrondie vers le bord, l'autre oblongue sur la suture, tangentes l'une à l'autre.

Coloration croissante : β. (*Notoxus Armatus*, Schmidt, Stettin Ent. Zeit. 1842, p. 86). Tête et corselet comme dans le type; la bande antérieure très-large, non sinuée, couvrant entièrement la base, bande médiale et apicale également très-larges et réunies entre elles le long de la suture, en sorte que les élytres paraissent noires et traversées par deux bandes jaunes étroites. Le *N. Armatus* de M. Schmidt me parait devoir être rapporté à cette variété. La différence spécifique qu'il tire de la forme et de la dentelure marginale de la corne me ferait supposer qu'il n'a observé que des individus mâles. Cette espèce était d'ailleurs fort douteuse aux yeux même de cet entomologiste.

γ. Exagération de la variété précédente, entièrement d'un noir terne, y compris la tête et le corselet, avec deux bandes étroites d'un gris sale; les antennes mêmes et les pattes obscures et presque noires; la corne, comme dans l'Armatus de Schmidt, étroite, allongée, et sans aucune dentelure. Ces caractères, observés sur deux individus mâles rapportés de Sardaigne par M. Geéné, ne m'ont pas paru suffisants pour la création d'une espèce.

Cet insecte habite les contrées méridionales de l'Europe : l'Espagne, le midi de la France, l'Italie, la Dalmatie, l'Autriche et la Hongrie. Le colonel Levaillant en a rapporté quelques exemplaires pris aux environs d'Alger. Il est fort douteux qu'elle s'étende jusqu'en Suède, quoique Gyllenhal la cite comme ayant été trouvée, *rarissimè* il est vrai, aux environs de Stockholm.

Rossi, qui le premier a signalé cette espèce, en 1790, dans sa *Fauna Etrusca*, dit l'avoir prise abondamment, en juin, sur les feuilles du noyer. D'après Schmidt, elle aurait été recueillie non moins abondamment à Brixen en Tyrol, sur le châtaignier en fleurs. Je l'ai prise moi-même en assez grand nombre sur les graminées et dans les prairies au bord des ruisseaux, aux environs de Montpellier et de Perpignan. Il faut se garder de la confondre avec un autre *Notoxus Cornutus*, qui n'est connu que par la description qu'en a donnée Thunberg dans ses *Dissertations académiques* Cet insecte, dont nous citerons plus tard la description, est une espèce du Cap, donnée par Thunberg au musée d'Upsal, et qui n'a rien de commun avec celle de Fabricius.

B. Maculà laterali infrà humerum sità ; utriusque sexùs elytris in plerisque speciebus apice conjunctìm rotundatis.

11. N. Monodon. *Rufo-testaceus, holosericeo-pubescens; thoracis cornu elongato, apice nonnihil recurvo, cristà modicè elevatà; elytrorum maculà scutellari parvà rotundatà, laterali lineari, posteriori paulò penè medium valdè sinuatà; pedibus totis testaceis.* — Long. 0,003. Lat. 0,001 (f. 7). — America Borealis.

Anthicus Monodon. Fabr. Syst. Eleut. t. 1, p. 289 (1801). — Say. Amer. Entom. t. 1, pl. 10 (1824) (1).

---

(1) *Monoceros Monodon,* Cat. Dej. 1836, p. 238.

Tête ferrugineuse, abondamment pubescente, transversale; front très-large, plat, et même un peu concave entre les yeux, qui sont très-noirs, saillants et légèrement réniformes; palpes testacés, courts et peu développés; antennes ferrugineuses, longues et déliées. Corselet ferrugineux, pubescent et semé de poils raides, un peu plus large que la tête, assez régulièrement sphérique, et pourtant légèrement transversal; la corne allongée et relevée du bout, régulièrement dentelée sur les bords, et surmontée d'une crête longue et médiocrement saillante; gouttière basilaire étroite et se prolongeant en pointe en arrière jusqu'à l'extrême base. Écusson noirâtre, en triangle étroit, arrondi au sommet. Élytres moins rouges que le corselet, peu brillantes, finement ponctuées, abondamment pubescentes, parsemées de poils raides rangés en stries sur les côtés; taches peu apparentes, un peu voilées par la pubescence : la scutellaire petite, arrondie, occupant exactement la saillie légèremeut sentie de l'omoplate; la latérale réduite à une faible ligne noirâtre au-dessous de l'épaule, le long du bord; la postérieure très-peu au-delà de la moitié, fortement sinuée ou, pour mieux dire, formée de la réunion d'une tache suturale centrale, et d'une bande transversale qui n'atteint pas la suture; presque deux fois aussi larges que le corselet, une fois et 3/4 aussi longues que larges, subparallèles, ne s'élargissant un peu qu'au-delà de la moitié, vis-à-vis la tache postérieure; les épaules légèrement saillantes, conjointement arrondies à l'extrémité dans les deux sexes. Tout le dessous du corps d'un ferrugineux obscur, les pattes entièrement testacées.—Les différences sexuelles me paraissent réduites aux dimensions de la corne, beaucoup plus large dans la femelle que dans le mâle.

Variétés : *Coloration croissante :* β. Les taches scutellaires réunies en une seule tache basilaire; la tache latérale plus foncée, plus large, et se réunissant le long du bord à la bande postérieure.

γ. Comme la variété précédente, et de plus une tache noirâtre à l'extrémité, faisant suite à la tache latérale, de manière à former une bordure noire tout autour des élytres; en outre, la bande transversale remontant très-haut le long de la suture, et finissaut par se réunir à la tache scutellaire.

Coloration décroissante : b. Bande transversale très-étroite, tache latérale complétement obsolète.

Cette espèce, depuis longtemps répandue dans les collections, habite les États-Unis d'Amérique. Les individus de l'ancienne collection Dejean proviennent de la Caroline, et ceux du musée de Berlin de la Pensylvanie. M. Dupont m'a communiqué, sous le nom de *Piccolominii*, un individu provenant de la Californie, qui me paraît devoir être rapporté à la var. γ de cette espèce. M. Say, qui a figuré le *N. Monodon* dans son *Entomologie américaine,* dit avoir trouvé cet insecte, au mois de juin, sur le chêne et autres arbres forestiers.

12. N. Cumanensis. *Flavo-testaceus, holosericeo-pubescens, thoracis cornu breviori, latiori, apice declivi, cristâ valdè elevatâ, elytris striatim ciliatis, ut in Monodonte maculatis; pedibus pallidè testaceis.* — Long. 0,003. Lat. 0,001,.— Cumana.

Espèce excessivement voisine du *N. Monodon :* taille exactement semblable, aucune différence de forme dans la tête, aucune dans les élytres,
ni pour la forme, ni pour le dessin, qui est exactement le même, seulement, les poils raides qui font partie de la pubescence s'y trouvent rangés plus régulièrement en stries, non-seulement sur les bords, mais
encore sur le disque. Le corselet seul offre des différences notables : celui du
Cumanensis est plus régulièrement sphérique, nullement transversal, plus
détaché des élytres ; la corne est sensiblement plus courte, beaucoup plus
large, non relevée, mais déclive à l'extrémité ; la crête supérieure beaucoup
plus courte et plus saillante.

Peut-être ces différences ne m'eussent-elles pas paru suffisantes, si l'insecte eût habité les États-Unis ou une contrée quelconque de l'Amérique
du nord ; mais il habite la province de Cumana, au sud du golfe du
Mexique, et l'on sait combien sont rares les espèces communes aux deux
Amériques. Cette considération venant s'ajouter aux différences que présentent les corselets, je me suis décidé à séparer l'espèce de Cumana de
celle des États-Unis.

Je possède deux individus de cette espèce, recueillis par M. Funk, aussi
intrépide voyageur que botaniste distingué.

13. N. Planicornis. *Ferrugineus, scriceo-pubescens, thoracis cornu valdè elongato, basi
attenuato, minimè cristato; elytrorum maculâ scutellari parvâ rotundatâ, laterali brevissimâ,
fasciâ mediali sinuatâ et alterâ fasciâ ante-apicali lunulatâ, saturè nigris; pedibus pallidè ferrugineis.* — Long. 0,0028. Lat. 0,0009 (f. 8). — America Borealis.

Jolie petite espèce, voisine mais très-distincte du *N. Monodon ;* taille un
peu plus petite ; coloration et tête absolument semblables. Corselet, abstraction faite de la corne, peu différent, très-régulièrement sphérique ; corne
encore plus longue, très-finement et régulièrement dentelée sur les bords,
arrondie et légèrement relevée à l'extrémité, rétrécie à la base, et remarquable par l'absence totale de crête supérieure. Élytres de même couleur
et ponctuation que le *Monodon,* mais couvertes d'une pubescence plus
soyeuse non entremêlée de poils raides ; tache scutellaire semblable, tache
latérale réduite à une courte ligne noire placée sur l'épaule même ; bande
transversale nullement postérieure, mais exactement médiale, suivie d'une
seconde bande anté-apicale, composée de deux lunules réunies sur la suture, et qui laissent derrière elles l'extrémité des élytres rougeâtre ; forme
subparallèle ; légèrement arrondies sur les côtés, carrées à la base, sensiblement convexes, conjointement arrondies à l'extrémité dans les deux
sexes ; omoplates légèrement saillantes, suivies d'une dépression transversale assez sensible. Dessous du corps ferrugineux, les pattes un peu
moins foncées. — Le mâle ne se distingue de la femelle que par la forme
beaucoup plus étroite de la corne du corselet.

Variété : *Coloration croissante :* β. D'un rouge plus foncé. Corselet
noirâtre antérieurement ; les taches scutellaires plus grandes, séparées en
avant, réunies postérieurement entre elles et avec le prolongement sutural
de la bande médiale ; la bande anté-apicale beaucoup plus large, couvrant
presque toute l'extrémité des élytres.

Cette charmante espèce, dont je n'ai vu que deux individus, provient de l'Amérique du nord, et m'a été communiquée par M. Hope sans autre indication de localité.

14. N. Binotatus. *Parce pubescens; capite obscuro; thorace rufescente; elytris lividè testaceis, maculis in utroque quatuor, scutellari communi, laterali sub humero lineari, posteriori rotundatá et dorsali oblongá communi, cum scutellari secundùm suturam conjunctá, nigris; antennis pedibusque testaceis.*—Long. 0,003 ad 0,004. Lat. 0,001 ad 0,0013 (f. 9). — Sibiria.

Anthicus Binotatus, Gebl. Ledebours Reise in Altaï, p. 136 (1).

Tête noirâtre brillante, finement ponctuée, hérissée de poils blancs, arrondie postérieurement, pas plus large que longue, peu aplatie sur le front; les yeux en ovale, assez saillants; les parties de la bouche roussâtres; les antennes entièrement rouges, le dernier article très-long et très-acuminé. Corselet d'un ferrugineux obscur, quelquefois noirâtre, terne, légèrement pubescent, sensiblement plus large que la tête, un peu transversal, très-arrondi sur les côtés; la corne longue, finement dentelée sur les bords, crête supérieure peu saillante; sillon basilaire peu sensible et peu tomenteux. Écusson noirâtre. Élytres d'un jaune testacé mal teint, ternes, à pubescence courte et fine, distinctement et finement ponctuées; tache scutellaire commune, triangulaire et réunie le long de la suture à une tache médiale également commune; tache latérale réduite à une ligne étroite tout à fait marginale, située sous l'épaule; la tache postérieure ne formant plus une bande, mais une simple tache arrondie, placée aux trois quarts de la longueur, plus près du bord qu'elle n'atteint pas, que de la tache médiale, dont elle est largement séparée par la couleur du fond; moins de deux fois aussi larges que le corselet, une fois et 4/5 seulement aussi longues que larges, subcylindriques, très-légèrement arrondies sur les côtés, carrées antérieurement, les angles huméraux légèrement sentis, sans aucune saillie des omoplates, différemment terminées à l'extrémité suivant les sexes. Tout le dessous du corps d'un brun rougeâtre uniforme; pattes entièrement testacées. — Tous les caractères sexuels sont réunis dans le mâle : corne thoracique très-étroite, élytres tronquées obliquement et armées d'une petite dent très-sensible, enfin, dernier segment de l'abdomen légèrement tronqué, et déprimé au milieu de la troncature. La femelle, au contraire, a la corne assez large et fortement creusée en cuillère.

Variété : *Coloration croissante : β.* Tache latérale se prolongeant le long du bord, et finissant par se réunir à la tache postérieure.

Cet insecte, parfaitement décrit par Gebler dans ses *Observations sur les insectes de Sibérie*, insérées au *Voyage de Ledebours dans l'Altaï*, habite les environs de Barnaoul et de Lowtesk, où il n'a été trouvé qu'en petit nombre. La description de Gebler donne même à penser qu'il n'a pas connu la femelle; car il n'aurait pas dit d'une manière aussi générale, en parlant des élytres : *Apice extus denticulo parvo armatæ.* M. Reiche

---

(1) *Monocerus Binotatus*, Catal. Dej. 1836, p. 237.

m'a communiqué un individu femelle de la Daourie, qui me paraît appartenir à cette espèce, quoiqu'il ait été envoyé par M. de Mannerheim, comme espèce nouvelle, sous le nom de *Suturalis* ; il se distingue seulement, par une taille un peu plus grande, des trois individus de la collection de M. Dejean, qui les avait reçus de Gebler lui-même.

Cette intéressante espèce, placée par nous dans la même division que le *N. Monodon*, à cause de la disposition semblable de la tache latérale, serait mieux placée, sous un autre rapport, dans la division précédente, à cause de la petite dent qui termine les élytres du mâle ; caractère presque général dans les espèces de l'ancien continent, et qui manque absolument au groupe américain, dont le *N. Monodon* est le type.

II. Elytra aut fasciata, aut nitido-picea, maculis flavis ornata.
    A. Elytra maris tantùm apice subspinosa.
        a. Feminæ conjunctim rotundata.

15. N. Numidicus. *Nigro-piceus, parcè pubescens, thorace concolore transverso ; cornu in utroque sexu incrassato ; elytris modicè elongatis, distinctè punctatis, flavo-bifascialis ; antennis pedibusque ferrugineis, femoribus infuscatis.* — Long. 0,0028. Lat. 0,0009 (f. 10). — Algeria.

Monocerus Numidicus, Lucas, Rev. zool. 1843, p. 143.

Notoxus Numidicus, Laf. et Lucas, Explor. scient. de l'Algérie, t. 2, p. 367, tab. 32, . 4 (1847).

Jolie petite espèce, inférieure en taille aux moindres individus du *Cornutus*. Tête noire, brillante, hérissée de longs poils, pas plus longue que large, arrondie postérieurement, légèrement déprimée entre les yeux ; antennes ferrugineuses, un peu obscures au sommet, peu robustes ; dernier article en cône très-allongé et sensiblement acuminé. Corselet de même couleur que la tête, un tant soit peu plus large, brillant, finement ponctué et hérissé de poils roussâtres, transversal et peu détaché des élytres ; la corne médiocrement allongée, large et arrondie dans les deux sexes, faiblement denticulée sur les bords ; crête assez saillante, se prolongeant presque jusqu'au bout de la corne ; gouttière basilaire profonde et très-abondamment tomenteuse sur les côtés. Écusson concolore, en triangle légèrement arrondi au sommet. Élytres d'un brun plus ou moins foncé, quelquefois presque noires, assez brillantes, à ponctuation distincte et peu serrée, peu abondamment couvertes d'une pubescence roussâtre, ornées de deux bandes communes jaunes, peu larges et régulièrement transversales : la première au premier tiers, la seconde vers le second tiers de la longueur, atteignant le bord latéral, et réunies sur la suture ; moins de deux fois aussi larges que le corselet, une fois et 3/4 environ aussi longues que larges, coupées carrément à la base, légèrement arrondies sur les côtés, un peu au-delà du milieu, ovalaires postérieurement, différemment terminées suivant les sexes ; les omoplates évidemment saillantes, suivies d'une dépression transversale sensible, et séparées des épaules par un léger sillon longitudinal. Dessous du corps entièrement noirâtre ; les pattes roussâtres, à l'exception de la massue des cuisses qui tourne au brun plus ou moins foncé.—Comme dans les espèces européennes, l'extremité des élytres du mâle est un tant soit peu tronquée ou séparément arrondie, et laisse entrevoir une légère boursouflure luisante. On aperçoit en outre dans ce sexe une faible dépression sur le dernier segment abdominal. Dans la femelle, les élytres sont conjointement arrondies à l'extrémité, et le dernier segment de l'abdomen n'est nullement déprimé.

Cet insecte a été recueilli par M. Lucas, près du lac Houbeira, aux environs du cercle de la Calle, en secouant les grandes herbes, pendant les mois de juin et de juillet, dans le Camp-des-Faucheurs. Le premier individu de cette intéressante espèce m'a été communiqué par M. Solier, et depuis, M. le colonel Levaillant m'en a donné deux exemplaires qu'il avait rapportés lui-même des environs d'Oran.

Le *N. Numidicus*, au premier coup-d'œil, a beaucoup de rapports avec la variété β du *Cornutus*, qui présente comme lui deux bandes jaunes sur un fond noirâtre; mais la largeur du corselet, la forme plus courte des élytres, leur ponctuation presque grossière et leur aspect brillant, lui donnent un cachet africain, qui rend toute confusion impossible. Cette espèce a cela de particulier, qu'elle ne se groupe complétement avec aucune autre; seule elle réunit à un dessin africain une termination d'élytres européenne, formant ainsi théoriquement et géographiquement une transition assez naturelle entre les espèces européennes et celles du sud de l'Afrique.

b. Elytra feminæ apice conjunctìm truncata.

16. N. MILES. *Picco-ferrugineus, griseo-pilosus; capite nigro; thorace basi ferrugineo, elytris nigro-piceis, punctatis, fasciis duabus abbreviatis, alterà mediali, alterà antè apicali, flavo-testaceis; antennis pedibusque ferrugincis.* — Long. 0,004. Lat. 0,0013 (f. 11). — Hungaria.

Notoxus Miles, Schmidt, Stettin Ent. Zeit. t. 3, p. 86 (1842).

Curieuse espèce fort éloignée de toutes celles de l'Europe, tant par le dessin que par la forme tronquée des élytres de la femelle, intermédiaire pour la taille entre le *Monoceros* et le *Cornutus*. Tête noire assez brillante, réticulée, peu pubescente, parsemée de quelques poils noirs, pas plus longue que large, peu arrondie postérieurement, plate sur le disque, avec un enfoncement triangulaire au milieu; parties de la bouche d'un ferrugineux très-obscur; antennes ferrugineuses, très-robustes, médiocrement longues; l'article basilaire ovoïde, le dernier faiblement acuminé. Corselet d'un brun noirâtre, un peu ferrugineux vers la base, assez brillant, couvert d'une pubescence soyeuse, argentée, entremêlée de poils noirâtres; guère plus large que la tête, assez régulièrement sphérique, quoique peu rétréci à la base. La corne pareille dans les deux sexes, longue, assez étroite, arrondie à l'extrémité, régulièrement dentelée sur les bords; crète supérieure fortement granuleuse et peu saillante; gouttière basilaire bien marquée et tapissée, même en dessus, d'un duvet soyeux argenté. Écusson triangulaire, noir. Élytres d'une couleur de poix très-foncée, brillantes, fortement ponctuées, surtout antérieurement, médiocrement pubescentes, ornées chacune de deux bandes transversales jaunes non communes : l'une exactement médiale, l'autre anté-apicale, l'une et l'autre plus larges vers la suture que vers le bord ; de forme étroite et allongée, presque deux fois aussi larges que le corselet, et presque deux fois aussi longues que larges, carrées antérieurement, avec les épaules peu arrondies, et détachées des omoplates, qui sont elles-mêmes un peu proéminentes ; légèrement arrondies sur les côtés, la plus grande largeur un peu au-delà de la moitié, assez convexes, différemment terminées suivant les sexes. Dessous du corps d'un brun foncé comme le dessus ; les pattes entièrement ferrugineuses, de la même teinte que les antennes.—Le mâle, comme dans les espèces européennes, a les élytres faiblement tronquées obliquement et subépineuses. La femelle les a plus courtes et fortement tronquées carrément, de manière à laisser à découvert le dernier segment de l'abdomen.

VARIÉTÉ : *Coloration décroissante : b.* La base des élytres, et surtout la pointe des épaules rougeâtre, les taches des élytres plus pâles, le dessous du corps entièrement d'un ferrugineux obscur.

Cette intéressante espèce, excessivement rare dans les collections, n'a été trouvée jusqu'à ce jour que dans la partie de la Hongrie connue sous le nom de Banat. Je n'en ai vu que deux individus : l'un m'a été communiqué par la Société Entomologique de Stettin, c'est la femelle type de la description de M. Schmidt ; l'autre m'a été généreusement cédé par M. le docteur Friwaldszky. Le *N. Miles* forme, avec l'espèce suivante du Cap, un petit groupe très-naturel, qui a pour caractère la forme largement tronquée des élytres de la femelle.

17. N. INCONSTANS. *Nigro-piceus, nitidus, parce pilosus ; elytris breviusculis, suboralibus punctatissimis, in utroque maculis duabus, alterâ pone humerum, alterâ pone medium obliquis, lividè testaceis ; antennis pedibusque saturè ferrugineis.* — Long. 0,003. Lat. 0,001. — Prom. bon. Spei.

Espèce du Cap, voisine du *N. Miles*, à cause de la terminaison des élytres de la femelle, mais très-différente par la taille et par la disposition des taches. Tête noirâtre, lisse et brillante, sans ponctuation appréciable, glabre sur le disque, semée vers les bords de quelques poils noirs, arrondie postérieurement, assez bombée sur le front, impressionnée en avant de chaque côté le long du chaperon ; antennes roussâtres dans toute leur longueur, longues et déliées, le dernier article presque double du précédent, médiocrement acuminé. Corselet un peu plus large que la tête, régulièrement sphérique, aussi long que large, très-rétréci à la base et très-détaché des élytres ; corne courte et large dans les deux sexes, mais plus dans la femelle que dans le mâle, obtusément dentelée sur les bords, crête large, saillante, et très-granulée ; gouttière basilaire très-sensible, abondamment tomenteuse même en dessus. Écusson peu apparent. Élytres d'un brun presque noir, brillantes, très-fortement ponctuées, la ponctuation ronde et peu serrée, pubescence cotonneuse, grisâtre, peu abondante ; ornées chacune de deux taches ou bandes obliques d'un jaune livide : les antérieures placées derrière l'épaule, plus grandes, et se réunissant plus ou moins sur la suture ; les postérieures plus petites et moins apparentes, situées au-delà du milieu, vers les deux tiers de la longueur ; guère plus larges que le corselet à sa base, mais se dilatant ensuite de manière à paraître presque deux fois aussi larges, seulement une fois et 3/4 aussi longues que larges, carrées antérieurement, les épaules très-peu arrondies et détachées des omoplates, qui sont évidemment saillantes, avec une dépression transversale en arrière très-sensible ; ovalaires postérieurement, et différemment terminées suivant les sexes. Dessous du corps noirâtre ; pattes ferrugineuses, avec l'extrémité des cuisses plus foncée. — Le mâle a la corne plus étroite et parallèle sur les côtés, les élytres obliquement tronquées et lisses à l'extrémité, sans paraître subépineuses. La femelle a la corne plus large, rétrécie à la base et s'élargissant au-delà en forme de cuillère, les élytres tronquées carrément à l'extrémité comme dans l'espèce précédente.

Variété : *Coloration croissante : β.* Absence totale de tache postérieure, sans que la tache antérieure en soit moins large ou plus foncée. ·

Cette espèce habite le Cap de Bonne-Espérance. J'en ai comparé six individus : deux appartenaient à M. Reiche, et font maintenant partie de ma collection ; quatre autres m'ont été communiqués, savoir un par M. Buquet, deux par le musée de Paris, et le quatrième par le musée de Berlin.

B. Elytra utriusque sexûs apice obliquè truncata (1).

a. Nigra, flavo-maculata.

18. N. Australasiæ. *Nigropiceus, villosus, elytris profundè et pariùm confertim punctatis, ponè humeros transversìm depressis, ibique maculâ unâ flavâ singulari ornatis ; antennis pedibusque saturè ferrugineis.* — Long. 0,0032. Lat. 0,0011 (f. 12). — Nova Hollandia.

Tête noirâtre, luisante, peu pubescente, pas plus large que longue, non aplatie, plutôt légèrement bombée sur le disque. Les antennes ferrugineuses, remarquablement longues ; tous les articles, même les avant-derniers, beaucoup plus longs que larges. Corselet noirâtre, lisse, brillant, parsemé de quelques points enfoncés très-espacés, qui donnent naissance à quelques longs poils cendrés, plus large que la tête, assez régulièrement sphérique ; corne large et courte, creusée en cuillère antérieurement, régulièrement dentelée ; crête très-saillante, très-fortement crénelée sur les bords ; gouttière basilaire profonde et abondamment pubescente. Élytres d'un brun très-foncé, presque noires, brillantes, très-grossièrement ponctuées et parsemées de poils blanchâtres, ornées chacune d'une seule tache ferrugineuse de forme irrégulièrement triangulaire

---

(1) Ce qui m'a décidé à admettre cette sous-division, c'est que l'observation de plus de vingt individus, répartis dans les sept espèces dont elle se compose, ne m'a pas fait reconnaître une seule femelle ayant, comme celles de la première division, les élytres conjointement arrondies à l'extrémité. J'ai dû en conclure, jusqu'à preuve contraire, que, dans toutes ces espèces, la femelle avait les élytres tronquées obliquement à l'extrémité comme celles du mâle.

derrière l'épaule; moins de deux fois aussi larges que le corselet, une fois et 2/3 seulement aussi longues que larges; les omoplates saillantes et suivies d'une dépression transversale assez sensible; très-faiblement dilatées sur les côtés, peu arrondies aux épaules, tronquées obliquement à l'extrémité sans paraître distinctement subépineuses. Dessous du corps noir; pattes ferrugineuses, avec les cuisses noirâtres.

Cette intéressante espèce a été recueillie à la Nouvelle-Hollande dans la colonie anglaise d'Adelaïde. Un seul individu m'a été communiqué par M. Hope, sous le nom que je lui ai conservé. Quoique cette espèce n'appartienne pas, comme les suivantes, à l'Afrique méridionale, elle a avec ces espèces une analogie de forme, de coloration et de facies, qui la place nécessairement dans le même groupe.

19. N. Scenicus (1). *Rufo-piceus, grisco-pilosus; capite fusco, thorace rufo anticè infuscato; elytris piceis profundè punctatis, in utroque maculis duabus obliquis flavo ferrugineis; antennis pedibusque rufis.* — Long. 0,0038. Lat. 0,0012. — Promont. bon. Spei.

Tête noirâtre, assez brillante, lisse et finement pointillée, peu pubescente, quelques longs poils hérissés sur les côtés, oblongue, peu arrondie postérieurement, peu aplatie sur le disque entre les yeux; antennes ferrugineuses, peu robustes. Corselet ferrugineux, noirâtre antérieurement, lisse et grossièrement ponctué sur le disque, hérissé de poils jaunâtres sur les côtés seulement, beaucoup plus large que la tête, fortement transversal, peu rétréci à la base; corne très-courte et très-large dans la femelle, beaucoup moins large et moins courte dans le mâle, arrondie à l'extrémité, finement dentelée sur les bords; la crête supérieure large, crénelée aux bords et granuleuse au milieu. Élytres couleur de poix, brillantes, très-grossièrement ponctuées, parsemées de poils grisâtres assez courts et peu rigides, ayant chacune deux taches jaunes ovalaires : l'antérieure obliquant de l'épaule vers le centre, la postérieure au-delà du milieu, obliquant en sens inverse; une fois et demie au moins aussi larges que le corselet, moins de deux fois aussi longues que larges, carrées antérieurement, avec les épaules peu détachées, très faiblement arrondies sur les côtés, un peu déprimées dans la seconde moitié le long de la suture, qui est sensiblement saillante, légèrement tronquées à l'angle postérieur interne, et très-légèrement subépineuses au bout de la troncature dans les deux sexes. Dessous du corps d'un brun rougeâtre, avec les pattes entièrement ferrugineuses. — A défaut de différences dans la termination des élytres et même dans celle de l'abdomen, l'analogie conduit à considérer comme femelles les individus dont la corne thoracique est beaucoup plus courte et plus large.

Variété : *Coloration décroissante : b.* Tête et corselet rougeâtres; les élytres tellement décolorées, qu'elles semblent jaunâtres, avec une tache basilaire triangulaire, une bande médiale et une tache apicale noirâtres.

---

(1) *Monocerus Scenicus,* Dej. } Catal. 1856, p. 258.
      et *Capensis,* Dej. }

C'est cette variété qui figure dans la collection et au catalogue de M. Dejean, sous le nom de *Capensis*.

Cette espèce habite le Cap de Bonne-Espérance. Je n'en ai vu que trois individus vendus par M. Drège, savoir : deux à M. Dejean et un à M. Reiche ; les deux premiers ont passé dans la collection de M. de Brême, et le dernier dans la mienne. Cette espèce se distingue des trois suivantes, par sa taille beaucoup plus grande et à peu près égale à celle du *N. Cornutus*.

20. N. LITIGIOSUS (1). *Nigro-piceus, subnitidus, parcè pilosus ; thorace subsphærico, cornu angusto elongato ; elytris sat elongatis, ponè humeros transversim depressis, flavo bifasciatis ; antennis pedibusque ferrugineis, femoribus infuscatis.* — Long. 0,0028. Lat. 0,0009. — Africa Meridionalis.

Tête noirâtre, peu brillante, peu pubescente, pas plus large que longue, arrondie et échancrée postérieurement, assez bombée en arrière, paraissant quelquefois sillonnée longitudinalement entre les yeux ; antennes ferrugineuses à la base, obscures vers le sommet, robustes, très-longues, sensiblement claviformes. Corselet (f. 27) d'un brun foncé, distinctement ponctué, hérissé de poils roussâtres, pas plus large que la tête, presque régulièrement sphérique, très-rétréci à la base et détaché des élytres ; corne rougeâtre, étroite et longue, régulièrement dentelée tout le long des bords ; crête supérieure peu saillante, peu relevée sur les bords. Élytres d'un brun de poix foncé, assez brillantes, fortement ponctuées, hérissées de poils raides, noirs sur le fond, jaunâtres sur les taches, ornées chacune de deux bandes jaunes : l'une posthumérale, l'autre vers le second tiers, atteignant plus ou moins la suture ; presque doubles du corselet en largeur, mais moins de deux fois aussi longues que larges, carrées à la base, avec les épaules saillantes et bien détachées des omoplates, qui sont elles-mêmes proéminentes et suivies d'une dépression transversale sensible ; parallèles antérieurement, subovalaires postérieurement, déprimées postérieurement le long de la suture, séparément tronquées à l'angle postérieur interne, et légèrement subépineuses dans les deux sexes. Le dessous du corps noirâtre, abondamment couvert d'une pubescence soyeuse ; pattes ferrugineuses, avec la massue des cuisses noirâtre. — Sur quatre individus que j'ai observés, je n'ai pu découvrir aucune différence sexuelle ; ils avaient tous la corne thoracique également longue et étroite, et la manière dont ils étaient collés ne m'a pas permis d'examiner les derniers anneaux de l'abdomen.

VARIÉTÉ : *Coloration décroissante :* b. Tête et corselet entièrement ferrugineux. Élytres d'un brun rougeâtre, avec les taches d'un jaune pâle.

Cette espèce habite l'Afrique méridionale. Parmi les individus que j'ai observés, les uns avaient été recueillis au Cap par M. Drège, les autres à Port-Natal. Le musée de Berlin en possède un grand nombre de cette der-

____

(1) *Monocerus Litigiosus,* Dej. Catal. 1856, p. 258.

nière localité, réunis, sous le nom de *Propugnans*, avec le *Cucullatus*. Un de ces exemplaires m'a été donné par M. Klug ; trois autres m'ont été communiqués par MM. Germar, Melly et de Brême. Celui de M. de Brême existait dans la collection Dejean, sous le nom de *Litigiosus*, que je lui ai conservé.

21. N. Pilosus (1). *Nigro-piceus, grisco-pilosus; thorace concolore, transverso, cornu modicè elongato, apice angustato; elytris crassis, ponè humeros non depressis, in utroque maculis duabus lividè testaceis; antennis pedibusque ferrugineis.* — Long. 0,003. Lat. 0,001. — Prom. bon. Spei.

Espèce un peu douteuse, décrite sur deux individus également déflorés, très-voisine du *Litigiosus*, mais un peu plus grande. Tête également noire, assez brillante, sillonnée de même longitudinalement sur le front ; antennes exactement semblables. Corselet entièrement noir, un peu plus large que la tête, évidemment transversal, et plus court que dans le *Litigiosus*; corne plus courte, un peu plus large à la base, ce qui la fait paraître plus pointue. Elytres beaucoup plus foncées, presque noires, semblablement tachetées, mais d'un jaune plus pâle, plus ternes, moins distinctement ponctuées, plus abondamment couvertes de longs poils uniformément gris, de taille à peu près semblable, mais moins parallèles, les épaules et les omoplates moins saillantes, et non suivies d'une dépression appréciable, terminées tout-à-fait de même à l'extrémité. Dessous du corps entièrement noirâtre ; pattes d'un ferrugineux assez vif, avec les cuisses obscures.

Cette espèce a été rapportée du Cap de Bonne-Espérance par M. Drège. Je n'en ai vu que deux individus vendus par lui, l'un à M. Spinola, l'autre à M. Dejean, qui l'avait nommé *Pilosus*.

Cette espèce, voisine du *Litigiosus*, l'est encore davantage du *Cucullatus*, et établit la transition entre les deux espèces. Elle tient du premier par la forme de la corne, qui est presque aussi longue et aussi dentelée sur les bords ; elle se rapproche du second par la forme des elytres, qui sont également larges, convexes et sans dépression transversale derrière les épaules; n'était la différence qui résulte de la corne, le *Pilosus*, malgré sa taille un peu plus grande, pourrait être considéré comme une variété noire du *Cucullatus*.

22. N. Cucullatus (2). *Piceus, lanuginoso-pilosus; thorace rufo, transverso, cornu crasso, breviusculo; elytris crassis, ponè humeros non depressis, in utroque maculis duabus rufo-testaceis; antennis pedibusque ferrugineis.* — Long. 0,0028. Lat. 0,0009 (f. 15). — Africa meridionalis.

Espèce très-voisine des deux précédentes, confondue au musée de Berlin avec le *Litigiosus*, dont elle me paraît suffisamment distincte, comme on en jugera par la description comparative suivante : Tête semblable,

---

(1) *Monocerus Pilosus*, Dej. Catal. 1836, p. 258.
(2) *Monocerus Cucullatus*, Dej. Catal. 1836, p. 258.
Anthicus Melanocephalus, Von Wintheim. Ecklon, lithogr. Cat.

quoiqu'un peu plus rougeâtre, impressionnée de même longitudinalement
entre les yeux ; antennes d'un ferrugineux plus vif, pas plus foncées au
sommet qu'à la base. Corselet très-différent (f. 28), constamment rougeâtre, plus terne, beaucoup plus court, fortement transversal ; corne
large et courte dans les deux sexes, arrondie et creusée en cuillère à
l'extrémité, non dentelée sur les bords ; crête plus saillante, plus relevée
sur les côtés. Élytres un peu moins foncées, tachetées à peu près de même,
avec cette différence que les taches, étant plus obliques et arrondies, ne
peuvent être considérées comme des bandes, et que la seconde, sensiblement plus large, se trouve placée moins en arrière ; ponctuation semblable,
pubescence différente, moins raide, plus cotonneuse, entièrement roussâtre ; forme moins dégagée, plus convexe, plus large, plus arrondie sur
les côtés, et surtout pas apparence de dépression derrière les omoplates, qui
ne sont nullement saillantes ; terminées de même par une troncature oblique,
qui donne à l'extrémité une apparence subépineuse. Dessous du corps noirâtre ; pattes entièrement ferrugineuses. — A défaut de différences sexuelles
dans la termination des élytres et dans la corne thoracique, j'ai examiné
attentivement les abdomens des six individus que j'avais sous les yeux,
et j'ai cru reconnaître que le dernier segment était déprimé dans le milieu et tronqué carrément chez les uns, non déprimé et arrondi chez
les autres. Si cette observation avait été faite sur des individus plus frais,
elle serait plus concluante, et aurait pour résultat de séparer définitive-
ment le *Cucullatus* du *Litigiosus* ; autrement, il serait encore possible
de considérer celui-ci comme le mâle, et le *Cucullatus* comme la femelle
d'une seule et même espèce.

Cette espèce se trouve à Port-Natal et au Cap de Bonne-Espérance. J'en
possède trois individus : l'un m'a été donné par M. Klug, un autre par
M. Schaum, le troisième provient de la collection de M. Reiche. J'en ai
vu trois autres exemplaires : deux appartenant à M. Spinola, auquel
M. Drège les avait envoyés sous deux noms différents, et un à M. de
Brême, provenant de la collection Dejean, où il portait le nom que je lui
ai conservé. D'après une note que j'ai recueillie au musée de Berlin, cette
espèce aurait été rapportée aussi du Cap par M. Ecklon, et serait celle
qui figure sous le nom d'*Anthicus melanocephalus*, Von Wintheim, dans
le catalogue lithographié que ce voyageur a publié à Hambourg. Elle ne
se distingue du *Pilosus* que par sa couleur rougeâtre, par la forme de
la corne thoracique, plus courte et non dentelée sur les bords, et par sa
taille constamment plus petite.

b. Elytra ferruginea nigro-fasciata.

23. N. SENEGALENSIS. *Totus ferrugineus, cylindrico-elongatus ; thoracis cornu brevi, la-
tissimo, apice rotundato ; elytris distinctè punctulatis, fasciis duabus angustis, alterà basali,
alterà mediali, nigris ; antennis pedibusque concoloribus.* — Long. 0,0026. Lat. 0,0008
(f. 14). — Sénégal.

Tête rouge, brillante, finement pointillée, très-peu pubescente, hérissée
seulement de quelques poils grisâtres vers les bords, un peu transversale,

peu bombée postérieurement, très-aplatie et même un peu concave en avant entre les yeux; antennes ferrugineuses, très-courtes, robustes et sensiblement moniliformes. Corselet rouge, peu brillant, abondamment pubescent, un peu plus large que la tête, assez régulièrement sphérique; corne courte, large et arrondie à l'extrémité dans les deux sexes, mais plus large encore dans la femelle que dans le mâle, le bord relevé en gouttière tout autour, sans dentelure appréciable; la crête supérieure peu saillante, finement crénelée; gouttière basilaire très-apparente, plutôt par son duvet que par sa profondeur. Écusson très-petit, triangulaire, rougeâtre. Élytres ferrugineuses, assez finement, mais distinctement ponctuées, peu brillantes, recouvertes d'une pubescence cotonneuse assez abondante, non hérissée, mais couchée à la surface, ornées de deux bandes noires étroites, l'une tout-à-fait basilaire, s'étendant jusqu'à l'angle huméral, et plus ou moins interrompue par la suture, l'autre un tant soit peu au-delà du milieu, nullement interrompue par la suture; forme étroite, oblongue, subcylindrique, moitié seulement plus larges que le corselet, et presque deux fois aussi longues que larges, carrées antérieurement, nullement dilatées sur les côtés, un peu fusiformes postérieurement, très-légèrement tronquées obliquement, et très-légèrement subépineuses dans les deux sexes. Dessous du corps et pattes entièrement d'un rouge ferrugineux. — Je considère comme femelle un individu un peu moins allongé et à corne beaucoup plus large; en outre, j'aperçois un point enfoncé au milieu du dernier segment abdominal de l'autre individu, qui me paraît être un mâle.

Cette description est faite sur deux individus du Sénégal, communiqués l'un par M. Buquet, l'autre par M. Guérin-Meneville. Cette jolie petite espèce s'éloigne sensiblement, par sa coloration et son dessin, des espèces du Cap qui précèdent; mais il faut nécessairement l'en rapprocher, à cause de la troncature semblable des élytres dans les deux sexes.

24. N. Chaldoeus (f. 15). *Nitido-ferrugineus, piloso-pubescens; thoracis cornu (maris sallem) angustissimo; elytris ovalibus, distinctè punctatis, flavo-ferrugineis, fasciâ mediali nigrâ alterâque apicali obsoletâ; antennis pedibusque concoloribus.* — Long. 0,0028. Lat. 0.001. — Mesopotamia.

Notoxus Lancifer, Oliv. Encycl. meth. t. 8, p. 594.?

Tête rouge, assez brillante, peu pubescente, pas plus large que longue, plate, et même un peu creuse entre les yeux; antennes ferrugineuses. Corselet rouge, très-lisse et très-brillant, sans ponctuation saisissable, parsemé de quelques poils jaunâtres, un peu transversal, peu rétréci à la base; corne singulièrement étroite, surtout à la base, à peine plus large que la crête supérieure, arrondie à l'extrémité, sans dentelure sur les bords, celles qu'on croit apercevoir appartenant à la crête, qui est très-saillante avec les bords relevés et crénelés; gouttière basilaire très-peu apparente. Écusson triangulaire, rouge, très-petit. Élytres ferrugineuses brillantes, assez grossièrement ponctuées, surtout antérieurement, parsemées de longs poils chevelus jaunâtres, ornées, un tant soit peu au-delà du milieu, d'une seule bande noire non sinuée, et qui n'atteint pas le bord latéral, laissant entrevoir en outre à l'extrémité une teinte vaguement obscure qui pourrait bien, dans des individus plus coloriés, devenir une tache apicale; moitié plus larges que le corselet, et seulement une fois et 2/3 environ plus longues que larges, courtes, ovalaires, convexes; les épaules assez saillantes et peu arrondies; sensiblement arrondies sur les côtés, la plus grande largeur un peu avant la moitié, légèrement tronquées obliquement à l'extrémité, au moins dans le mâle. Dessous du corps et pattes entièrement d'un jaune ferrugineux.

Bien que je n'aie vu de cette espèce qu'un seul individu que je considère comme un mâle à cause de la forme excessivement étroite de sa corne, l'analogie m'a décidé à le placer provisoirement dans cette division, à côté du *Senegalensis*, dont il se rapproche par la taille, la coloration et le dessin des élytres. Reste à savoir si la forme des élytres de la femelle, lorsqu'elle sera connue, lui permettra de conserver cette place.

Cet insecte a été recueilli en Mésopotamie par le docteur Helfer, et m'a été communiqué par M. Schmidt Göbel. La description du *N. Lancifer* trouvé par Olivier dans les déserts de l'Arabie, et décrit par lui dans l'*Encyclopédie méthodique*, lui convient si bien, que je suis tenté de croire à l'identité de ces deux espèces. Néanmoins, dans le doute, je n'ai pas osé donner à l'insecte recueilli par Helfer, le nom appliqué par Olivier à l'insecte d'Arabie.

III. Elytra opaca, nigro-fusca, subtilissimè punctulata.

A. Maculis pallidis tomentosis ornata.

Dans ce petit groupe américain, composé jusqu'ici de trois espèces, les élytres, dont la coloration est complète, sont noires avec des taches grises formées par un duvet argenté; mais si la coloration n'est pas complète, l'emplacement des taches grises paraît rougeâtre, et les élytres sont alors brunes avec des taches d'un rouge pâle, ombragées d'un duvet gris.

25. N. TALPA. *Totus niger, opacus, sericeo-pubescens; in utroque elytro maculis tomentosis duabus, alterá poné humerum obliquá, alterá poné medium bis sinuatá nebuloso-griseis; antennis pedibusque obscuré ferrugineis.* — Long. 0,0035. Lat. 0,0012. — California.

Tête noirâtre, finement pointillée, finement pubescente, légèrement transversale, peu arrondie postérieurement, impressionnée en avant entre les yeux; antennes obscures, rougeâtres à l'extrême base, peu robustes. Corselet quelquefois un peu rougeâtre en avant et sur la corne, quelquefois entièrement noirâtre, terne, abondamment couvert d'un duvet cendré très-fin, un peu plus large que la tête, sensiblement transversal, très-arrondi sur les côtés et bien détaché des élytres; la corne longue et large, surtout dans la femelle, finement rebordée, mais non dentelée tout autour; la crête supérieure très-saillante, non crénelée sur les bords; la gouttière basilaire très-sensible et abondamment tomenteuse. Écusson triangulaire, avec les côtés légèrement arrondis. Élytres plus ou moins noires, très-

opaques, finement pointillées, entièrement recouvertes d'une pubescence
soyeuse très-fugitive, d'un gris de souris foncé, au milieu de laquelle on
distingue plus ou moins, sur chaque élytre, deux taches qui ne se recon-
naissent qu'à la teinte argentée du duvet qui les couvre, une antérieure
en bande très-oblique se dirigeant de l'épaule vers le centre, l'autre en
zig-zag au deux tiers de la longueur ; moitié seulement plus larges que
le corselet, et deux fois environ aussi longues que larges, subparallèles,
très-faiblement dilatées sur les côtés au-delà de la moitié, carrées antérieurement avec les épaules légèrement saillantes, en ovale allongé postérieurement, différemment terminées suivant les sexes. Dessous du corps
noir ; pattes brunes avec les tibias et les tarses plus ou moins rougeâtres. —
Le mâle a la corne ordinairement très-étroite et les élytres très-légèrement
arrondies séparément à l'extrémité. La femelle a la corne toujours assez
large, et les élytres conjointement subacuminées à l'extrémité de la suture,
avec le bord postérieur légèrement sinué.

Variété : *Coloration décroissante : b.* Corselet bordé de rouge à la
base ; les taches des élytres rougeâtres et peu tomenteuses.

Cette espèce provient d'un voyage exécuté en Californie par M. Piccolomini. J'en possède deux exemplaires qui m'ont été vendus par
M. Dupont. Elle existe aussi dans la collection de M. de Brême.

26. N. Lebasii (1). *Nigro-fuscus, opacus, sericeo-pubescens; thoracis cornu brevi, lato,
apice rufo; elytris fuscis, fasciis duabus latis, alterà basali, alterà ponè medium, griseo-tomentosis; antennis ferrugineis, apice fuscis; pedibus rufescentibus, femoribus nonnihil infuscatis.* — Long. 0,0024 ad 0,0052. Lat. 0,0008 ad 0,0011 (f. 16). — Colombia.

Tête noire, opaque, finement chagrinée, ombragée d'une pubescence
grise, courte, collée à la surface; en forme de losange, dont l'angle antérieur est formé par le chaperon et les angles latéraux par la saillie des
yeux, non-seulement plate, mais creusée en gouttière sur le front ; les antennes ferrugineuses, obscures au sommet, médiocrement longues, un peu
claviformes. Corselet noirâtre, très-opaque, finement granuleux, abondamment couvert, surtout postérieurement, d'une pubescence soyeuse argentée,
non hérissée ; régulièrement spherique ; corne constamment rougeâtre et
diaphane à l'extrémité, très-courte, très-large, arrondie au sommet, un
peu resserrée à la base dans le mâle, les bords relevés et peu dentelés ;
crête supérieure large, légèrement relevée sur les bords, fortement granuleuse au milieu ; gouttière basilaire nulle ou insensible. Écusson peu ou
point visible. Élytres noirâtres, ternes, finement ponctuées, ornées chacune
de deux grandes taches grises résultant d'un duvet argenté très-soyeux,
l'une basilaire formant une bande commune plus ou moins interrompue
par la suture, couvrant toute l'épaule et se prolongeant en pointe presque jusqu'au milieu, l'autre formant une large bande transversale également
commune au-delà du milieu, s'étendant indéfiniment en arrière, et s'avançant antérieurement en pointe jusqu'au milieu, où elle est près de se

---

(1) *Monocerus Lebasii*, Dej. Cat. 1836, p. 258.

réunir à la pointe postérieure de l'autre, de telle sorte que les élytres paraissent presque entièrement grises avec une bande médiale noire, étroite au milieu et élargie vers les bords; une fois et trois quarts aussi larges que le corselet, et un peu moins de deux fois aussi longues que larges, très-carrées antérieurement, ovalaires dans la seconde moitié, conjointement arrondies à l'extrémité dans les deux sexes. Dessous du corps noirâtre; pattes ferrugineuses avec les cuisses plus ou moins brunes. — La termination des élytres n'offre aucun caractère sexuel, mais le mâle se distingue par la forme de la corne thoracique, qui est un peu rétrécie à sa base, et par celle du dernier segment de l'abdomen, qui est échancré circulairement à l'extrémité et creusé en gouttière dans toute sa longueur.

VARIÉTÉS : *Coloration croissante* : β. Elytres noires, la bande grisâtre antérieure divisée nettement en deux par la suture, la bande postérieure, au lieu de s'avancer en pointe vers la base, formant au milieu un angle rentrant, et présentant ainsi une ligne en zig-zag à triple brisure.

Coloration décroissante : *b*. Elytres brunes, avec l'emplacement des taches pubescentes rougeâtres.

c. Elytres entièrement d'un brun rougeâtre, un peu plus clair à l'endroit des taches, qui conservent toujours leur pubescence argentée. Cette variété contient des individus dont les bandes pubescentes se réunissent tout-à-fait au milieu du disque.

Cette espèce habite la Colombie. Les premiers individus ont été envoyés en petit nombre par M. Lebas, et se sont répandus dans quelques collections de Paris. Plus tard, j'en ai acheté une vingtaine d'individus de M. Funk, qui les avait recueillis dans la province de Cumana. Dernièrement M. Mocqueris en a rapporté un individu de Bahia; c'est celui qui est décrit sous la variété β.

27. N. ELEGANTULUS. *Fusco-brunneus; thoracis cornu apice rufo; elytris angusto-elongatis, ponè humeros obliquè depressis, in utroque maculis duabus pallidis grisco-tomentosis; antennis pedibusque luteo-ferrugineis.* — Long. 0,0025. Lat. 0,0007 (f. 17). — California.

Tête brune, couverte d'une pubescence argentée, pas plus large que longue, arrondie postérieurement, assez bombée en arrière, légèrement concave antérieurement, chaperon large et court, coupé très-carrément; yeux peu saillants; antennes d'un ferrugineux obscur, à articles allongés. Corselet noirâtre extrêmement terne, paraissant chagriné sur le disque, et couvert d'une pubescence grisâtre, à peine plus large que la tête, assez régulièrement sphérique et bien détaché des élytres; corne rougeâtre, assez longue, les bords relevés et distinctement dentelés; la crête supérieure très-courte, étroite, et crénelée sur les bords; gouttière basilaire peu profonde et peu tomenteuse. Ecusson triangulaire grisâtre. Elytres d'un brun noirâtre mal teint, ternes, couvertes d'une pubescence soyeuse très-courte, très-inclinée, ornées chacune de deux taches dans le genre de celles du *N. Talpa*, d'une teinte saumonée livide, paraissant grises sous l'influence d'un duvet argenté qui les recouvre entièrement;

la tache antérieure se dirigeant obliquement de l'épaule vers le centre, la postérieure en forme de crochet, dont la tête repose près du bord aux deux tiers de la longueur, et dont la queue remonte obliquement vers le centre ; moitié seulement plus larges que le corselet, et deux fois aussi longues que larges, de forme étroite et allongée, très-carrées antérieurement, légèrement arrondies sur les côtés au-delà de la moitié, séparément arrondies à l'extrémité ; omoplates sensiblement saillantes et suivies d'une dépression oblique non moins sensible. Dessous du corps noirâtre ; pattes d'un brun fuligineux plus foncé sur les cuisses. Le seul individu que j'ai vu me semble avoir l'abdomen déprimé et échancré à l'extrémité. Cette circonstance, combinée avec la forme étroite de la corne thoracique, me porte à croire que cet individu est un mâle.

Ce rare et intéressant insecte appartient à M. de Brême, et provient, comme le *N. Talpa,* du voyage de M. Piccolomini en Californie. Les taches tomenteuses rapprochent nécessairement cette espèce des deux précédentes ; mais la dépression sensible des élytres derrière les omoplates, et leur forme singulièrement étroite, en font une espèce très-remarquable et sans analogue dans ce genre.

B. Elytra immaculata.

28. N. BICOLOR. *Ferrugineus; capite obscuro ; thorace lætè rufo; elytris nigris , pube murina vestitis, immaculatis; antennis pedibusque rufis.* — Long. 0,005 ad 0,0055. Lat. 0,001 ad 0,0012. — America Borealis.

Anthicus Bicolor, Say, American Entomology. t. 1, pl. 10 (1).

Tête d'un rouge obscur, quelquefois noirâtre, assez terne, finement chagrinée, très-finement pubescente, un peu transversale, un peu triangulaire postérieurement, très-plate et même un peu concave sur le disque ; antennes ferrugineuses assez robustes. Corselet constamment d'un rouge vif, terne, légèrement pubescent sur le disque, à peine plus large que la tête, sensiblement transversal, peu rétréci à la base ; corne très-large et très-longue, régulièrement arrondie à l'extrémité, les bords relevés en gouttière et légèrement dentelés ; crête supérieure saillante, bien détachée, relevée sur les bords, finement granuleuse au milieu ; gouttière basilaire très-large sur les côtés, brusquement rétrécie en dessus, entièrement tapissée d'un duvet jaunâtre très-épais. Ecusson triangulaire noirâtre. Elytres d'un noir ardoisé, sans aucune espèce de tache, entièrement couvertes d'un duvet soyeux argenté, très-fin, très-incliné, qui permet de distinguer une ponctuation fine et peu serrée, presque deux fois aussi larges que le corselet, et presque deux fois aussi longues que larges, de forme étroite et allongée, assez carrées antérieurement, avec les épaules légèrement détachées, un tant soit peu arrondies sur les côtés, subovalaires postérieurement, et conjointement arrondies à l'extrémité dans tous les individus que j'ai examinés. Dessous du corps plus ou moins rou-

---

(1) *Monocerus Murinipennis,* Dej. Catal. 1856, p. 258.

geâtre; pattes entièrement d'un ferrugineux vif. S'il existe extérieurement quelque différence sexuelle, elle consiste probablement dans la forme du dernier anneau de l'abdomen, que je n'ai pu bien observer sur des individus collés.

Cette espèce habite l'Amérique septentrionale. J'en ai vu dix individus : trois au musée de Berlin, sous le nom de *Nigripennis*, et sept dans la collection de M. Dejean. Je possède un de ces derniers, qui m'a été donné par M. le marquis de Brême. M. Say, qui le premier a décrit cet insecte, dit l'avoir trouvé dans les forêts de New-Jersey, au mois de juin, sur les feuilles du *Juglans tomentosa* et sur d'autres plantes. Il ajoute que M. Melsheimer en aurait recueilli plusieurs exemplaires sur la carotte des jardins.

IV. Elytra testacea immaculata.

29. N. Testaceus (1). *Staturá brevissimá, totus flavo-testaceus, opacus, oculis solis nigris; elytris parùm elongatis, tenuissimá pube vix adumbratis, immaculatis; antennis pedibusque concoloribus.* — Long. 0,0025. Lat. 0,0008. — Ægyptus.

Espèce tout-à-fait excentrique par sa très-petite taille, et par sa couleur d'un jaune testacé uniformément répandue sur toutes les parties du corps. Tête opaque, imperceptiblement pointillée et très-légèrement pubescente, aussi large que longue, carrée postérieurement, plate sur le disque; les yeux noirs, grands, ronds et saillants, placés très en arrière; la lèvre supérieure longue et plus large que de coutume; les mandibules fortes, cornées, noirâtres; le dessous de la tête, en arrière du menton, couvert de petites pustules noirâtres très-singulières; antennes testacées dans toute leur longueur, médiocrement longues et peu dilatées au sommet. Corselet très-finement chagriné plutôt que pointillé, de même couleur exactement que la tête et les élytres, à l'exception de toutes les dentelures et aspérités de la corne, qui sont d'un rouge noirâtre; transversalement globuleux; la corne large et courte, finement et régulièrement dentelée sur les bords et sur la crête, et ornée en outre, entre la crête et le bord, d'un chapelet de points élevés noirâtres; distinctement marginé à la base. Ecusson triangulaire, peu apparent. Elytres testacées sans apparence de taches, paraissant, sous une forte loupe, parsemées de petits points obscurs, et revêtues très-superficiellement d'un duvet argenté très-fin et très-court, larges deux fois comme le corselet, une fois et 3/4 environ aussi longues que larges, coupées très-carrément à la base, avec les épaules très-légèrement proéminentes et séparées des omoplates par une courte dépression longitudinale, assez bombées en dessus, parrallèles jusque vers les trois quarts, puis légèrement rétrécies et conjointement arrondies à l'extrémité. Les pattes et le dessous du corps parfaitement concolores, et exactement de la même teinte que tout le reste de l'insecte.

---

(1) *Notoxus Armatus,* Waltl. in musco Berolinensi.

La description ci-dessus est faite sur un seul individu recueilli en
Egypte par Ehrenberg, et qui m'a été communiqué par le musée de Berlin, où il était conservé sous le nom d'*Armatus* Waltl. J'ai cru devoir
changer ce nom pour éviter toute confusion avec le *N. Armatus* Schmidt
(*Cornutus* var. β *nobis*), espèce que je n'ai pas conservée, mais qui
n'en reste pas moins publiée dans la *Gazette Entomologique de
Stettin*.

Quoique le *N. Testaceus* se rapproche beaucoup, par la taille et la
coloration, des espèces que j'ai reléguées dans le genre suivant, ses
tarses postérieurs sont loin d'offrir les conditions de ténuité et de longueur qui caractérisent ce groupe, et qui nous ont déterminés à en faire
un genre distinct. Il appartient donc bien positivement aux véritables
Notoxus, et établit en même temps une transition très-naturelle entre
eux et le genre suivant.

ESPÈCES DOUTEUSES OU QUE NOUS N'AVONS PAS VUES.

50. N. THUNBERGII. *Fusco-ferrugineus, lœvis, villosus; elytris propè basin maculis duabus pallidis.* — Promontorium Bonæ Spei.

Notoxus Cornutus, Thunberg. Dissert. nov. ins. spec. sistens, p. 100 (1789). *Id.*,
Dissert. acad. edid. Persoon. t. 4, p. 219. — Schh. Syn. t. 2, p. 55.

« Corpus magnitudine pulicis minoris, totum glabrum villosum. Caput
inclinatum, in collum parùm attenuatum, nitens, atrum. Palpi duo,
brevissimi, lutescentes. Antennæ filiformes, sensim crassiores, articulis
undecim lutescentes, longitudine dimidià corporis. Thorax subglo-
bosus, anticè in cornu suprà caput protensus, fusco-ferrugineus, lœvis-
simus. Elytra convexa, absque striis et punctis lœvia, fusco-ferruginea,
maculà utrinque propè basin rotundà, luteà, pellucente. Pedes pallidi.
Alæ albidæ. Differt à *N. Monocerote* : α) quòd minor, β) elytrorum
maculis. »

Nous avons cherché inutilement à reconnaître, dans la description de
Thunberg, une des espèces du Cap décrites par nous. Le *N. Inconstans*,
var. β, qui n'a qu'une tache sur chaque elytre, est le seul qui s'en rapproche; mais la couleur de cet insecte est presque noire, et ses elytres
sont couvertes d'une ponctuation profonde, tandis que celles du *N. Thunbergii* sont *absque striis et punctis lœvia*.

Cet insecte, donné par Thunberg au musée d'Upsal, en 1785, fut
décrit une première fois très-sommairement, dès l'année 1787, sous le
nom de *Cornutus*, dans l'ouvrage intitulé : *Museum naturalium academiæ Upsalensis*, p. 55; et, deux ans après, la description que nous
avons transcrite ci-dessus, parut dans la cinquième partie de l'ouvrage
intitulé : *Dissertatio novas Insectorum species sistens*. Fabricius igno-
rait sans doute ces publications, lorsqu'en 1792, dans son *Entomologia systematica*, il publia, sous le même nom, une espèce de l'Europe méridionale. Pour nous, obligés d'opter entre ces deux *Notoxus
Cornutus*, nous avons cru devoir, malgré sa postériorité, accorder la

préférence à l'espèce européenne, et donner à celle du Cap le nom de son descripteur.

31. N. Lancifer. *Thoracis cornu protenso; subdentato; hirtus, pallidè testaceus; elytris maculá fuscá.* — Arabia Deserta.

« Il ressemble au *Notoxus Monoceros*. Tout le corps est velu. Les yeux sont noirs. Les antennes, la tête et le corselet sont testacés. La corne de celui-ci est avancée, un peu creusée supérieurement du milieu à l'extrémité, avec les bords à peine dentelés, légèrement noirs. Les élytres sont d'une couleur testacée plus pâle que la tête et le corselet, et marquées d'une tache obscure placée un peu au-delà du milieu. Le dessous du corps et les pattes sont testacées. Je l'ai trouvé en juin dans le désert de l'Arabie. » (Olivier, *Encycl. méthod.* 1811, t. 8, p. 394).

Il ne serait pas impossible que cet insecte fût le même que le *Notoxus* rapporté de la Mésopotamie par Helfer, et décrit par nous sous le nom de *Chaldæus.* La description de l'un convient assez bien à l'autre pour permettre cette conjecture, mais pas assez pour autoriser la réunion de ces deux espèces. Qu'est devenu le *N. Lancifer* d'Olivier? nous ne l'avons retrouvé malheureusement ni dans la collection de M. Chevrolat, ni dans celle de M. le comte de Jousselin, qui se sont partagé l'héritage scientifique du savant Français.

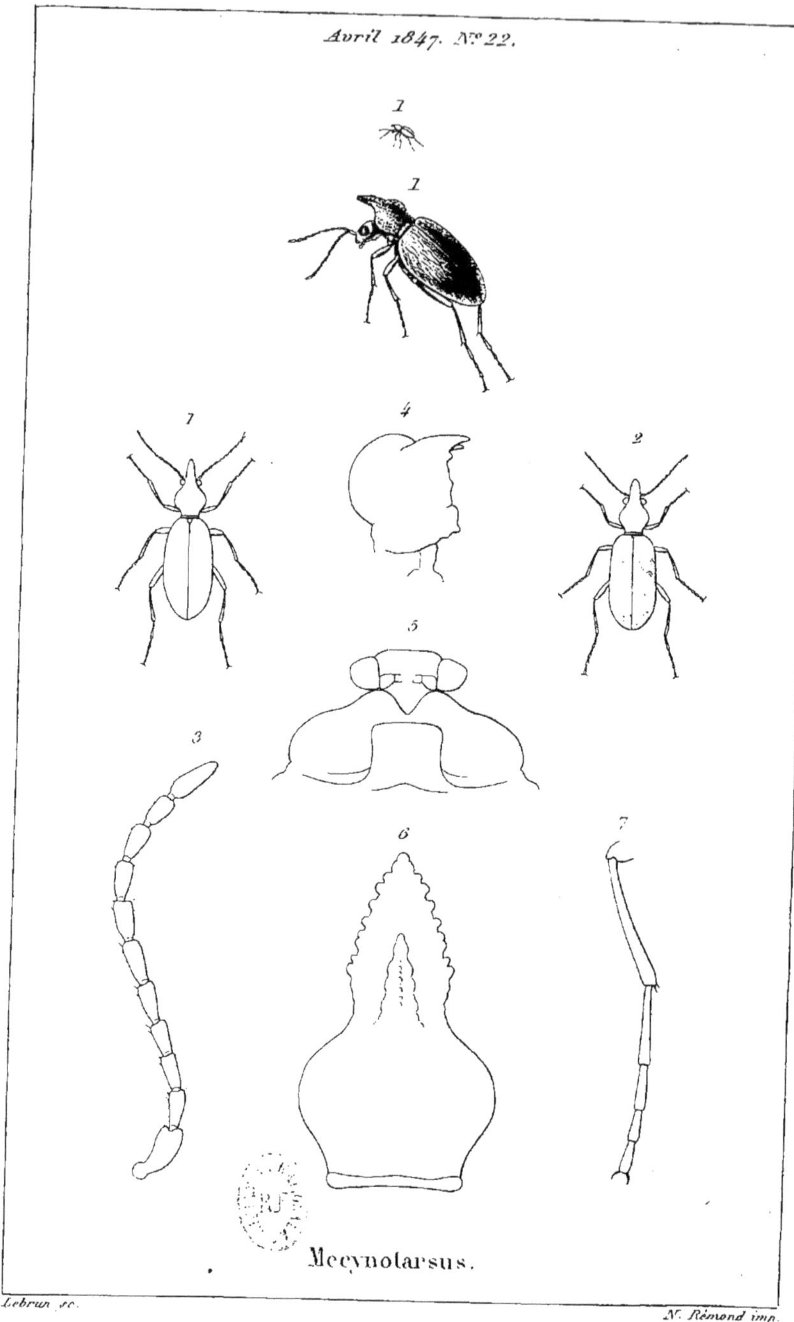

Avril 1847. N.º 22.

Mecynolarsus.

Lebrun sc.
N. Rémond imp.

G. MECYNOTARSUS (μηκύνω, allonger; ταρσὸς, tarse).

(Par M. de la Ferté-Sénectère).

Notoxus. Fabr. (1798). Anthicus. Fabr. (1801). Notoxus. Schmidt (1842).

Corps convexe, plus ou moins oblong, le plus souvent ovalaire, finement pubescent (f. 1), de taille inférieure à celle des plus petits Notoxes.

Tête très-inclinée et pédonculée. *Yeux* arrondis et saillants. *Antennes* (f. 3) filiformes, de onze articles, beaucoup plus longues et plus déliées que celles des Notoxes, grossissant à peine vers le sommet; le deuxième article presque aussi long que le troisième. *Chaperon, epistome et labre* semblables aux pièces correspondantes des Notoxes. *Mandibules* (f. 4) différentes en ce qu'elles sont arrondies au lieu d'être carrées à l'angle externe. Les autres parties de la bouche semblables, à l'exception du menton (f. 5), qui est beaucoup plus large, et forme antérieurement un angle très-obtus, avec une échancrure beaucoup moins profonde.

Prothorax globuleux, terminé de même antérieurement par un prolongement en forme de corne qui s'avance au-dessus de la tête, la corne (f. 6) légèrement triangulaire et comprimée à sa base, ce qui lui donne quelque ressemblance avec un fer de lance; gouttière basilaire réduite à une margination ordinaire. *Ecusson* triangulaire excessivement petit. *Elytres* ovalaires, antérieurement et postérieurement chez les uns, postérieurement seulement chez les autres, recouvrant des ailes inférieures rudimentaires impropres au vol. *Pattes* délicates et longues relativement au corps. *Tarses* hétéromères, les antérieures et intermédiaires un peu plus longs que les tarses correspondants des Notoxes, et surtout beaucoup plus minces et plus déliés; les postérieurs (f. 7) deux fois plus longs et tout-à-fait filiformes, les deux premiers articles réunis égalant en longueur le tibia, qui est lui-même très-allongé.

Abdomen ovale, sensiblement convexe, composé de cinq segments. *Différences sexuelles*, paraissant réduites à un petit point enfoncé, peu distinct à l'extrémité du dernier segment inférieur de l'abdomen du mâle.

Ce groupe, détaché de l'ancien genre *Notoxus*, a pour type une espèce

européenne bien connue, le *N. Rhinoceros*, Fabr. La longueur et la ténuité des tarses postérieurs rendent ces insectes très-propres à une course
rapide, et compensent chez eux l'absence des ailes inférieures. Par cela
même, leur allure et leurs habitudes ont un cachet particulier qui les
éloigne des véritables Notoxes. Tandis que ceux-ci vivent sur les végétaux
et sur les arbres, les *Mecynotarsus* vivent dans le sable, au bord de la
mer et des rivières. M. Erichson avait été frappé avant moi de cette longueur inusitée des tarses postérieurs, et me l'avait fait remarquer comme
un caractère qui pourrait devenir générique. Depuis, quatre autres espèces
tout aussi petites, et même encore plus petites, m'ayant présenté la
même forme de tarses, j'ai dû reconnaître là une coupe naturelle et un
caractère distinct qui se trouve confirmé d'ailleurs par une forme assez
différente des mandibules et du menton.

L'Inde paraît être la patrie spéciale de ce petit genre; car sur les cinq
espèces ici décrites, trois proviennent de cette partie de l'Asie, et font
supposer qu'il y en existe encore d'autres. Ces cinq espèces peuvent se
classer ainsi :

α. Elytres ovalaires antérieurement et postérieurement. Espèces 1 à 3.

β. Elytres ovalaires postérieurement seulement, et carrées antérieurement. Espèces 4 à 5.

DESCRIPTION DES ESPÈCES.

a. Elytris anticè et posticè ovalibus.

1. M. RHINOCEROS (f. 1). *Holosericeo-pubescens; capite obscuro; thorace rufo; elytris ovalibus, nigro-indigaceis, immaculatis; antennis pedibusque pallidè testaceis.* — Long. 0,0016
ad 0,002. Lat. 0,0005 ad 0,0007. — Europa Meridionalis.

Notoxus Rhinoceros, Fabr. Suppl. Ent. Syst. p. 66 (1798). — Latreille, Hist. des
Crust. et des Ins. t. 10, p. 354. — Encycl. meth. t. 8, p. 593. — Schmidt, Stettin
Eutom. Zeit. année 1842, p. 87. — *Notoxus Serricornis*, Panz. Faun. Germ. Fasc. 51,
f. 17.

Anthicus Rhinoceros, Fabr. Syst. Eleut. t. 1, p. 289 (1801). — Castelnau, Hist. nat.
des Ins. Coléopt. t. 2, p. 258 (1).

Tête d'un brun rougeâtre, très-finement pointillée, à peu près glabre,
pas plus longue que large, peu arrondie postérieurement, plate et même
un peu concave en avant; chaperon court et un peu relevé sur les bords;
antennes d'un rouge testacé pâle. Corselet rouge comme celui du *Notoxus Bicolor*, terne, finement pointillé, couvert d'un duvet argenté fin
et soyeux, sensiblement plus large que la tête, transversal, arrondi antérieurement, très-dilaté sur les côtés, avec les pommettes latérales très-
saillantes et presque anguleuses, brusquement rétréci un peu avant la
base; gouttière basilaire réduite à un léger sillon peu profond et non
tomenteux; corne longue, en forme de fer de lance, rétrécie à la base,
très-régulièrement dentelée sur les côtés; crête supérieure saillante, très-

---

(1) *Monocerus Rhinoceros*, Catal. Dej. 1856, p. 238.

distincte, ne s'avançant pas au-delà de la moitié de la corne, formant un angle très-aigu, relevée sur les bords, et ayant au milieu une ligne élevée résultant d'une succession de petits grains plus ou moins distincts. Ecusson triangulaire. Elytres d'un noir ardoisé, paraissant souvent grisâtres sous l'influence d'une pubescence argentée, très-soyeuse, sans ponctuation appréciable et sans tache, dans les individus que je considère comme le type de l'espèce, deux fois aussi larges que le corselet, une fois et 3/4 seulement aussi longues que larges, sensiblement ovalaires, même antérieurement, bombées en dessus; les épaules très-arrondies, les omoplates nullement proéminentes, les côtés régulièrement arrondis; conjointement arrondies à l'extrémité dans les deux sexes, et n'ayant en dessous que des ailes rudimentaires impropres au vol. Dessous du corps noirâtre; pattes entièrement d'un testacé clair, couleur de paille.

Variétés : *Coloration croissante :* β. Entièrement d'un noir brun mal teint. La tête, le corselet, les antennes même ayant absolument la même couleur que les élytres; les pattes seules d'un jaune fuligineux.

Coloration décroissante : b. Elytres d'un noir fuligineux; la pointe des épaules roussâtre, et une tache de même couleur arrondie, commune, un peu avant l'extrémité. Dans cette variété, le corselet perd sa teinte d'un rouge vif pour en prendre une fuligineuse qui le rapproche de celle des élytres.

c. Entièrement d'un jaune testacé plus ou moins livide, à reflets grisâtres. Variété presque aussi commune que le type, et existant concurremment dans les mêmes localités; c'est celle que Latreille considérait comme une espèce distincte, et pour laquelle il proposait le nom de *N. Immaculatus* (dans son *Hist. des Crust. et des Ins.* t. x, p. 355).

Cette espèce est répandue dans toutes les parties méridionales de l'Europe. Elle s'étend au nord, en Allemagne jusqu'à Magdebourg, et en France jusqu'à l'embouchure de la Loire. Elle s'écarte peu des bords de la mer ou de ceux des rivières. Je l'ai recueillie moi-même en abondance sur les Dunes, vis-à-vis l'île de Noirmoutiers, dans le département de la Vendée; elle courait sur le sable sec avec une étonnante rapidité, et tout me porte à croire qu'elle a la faculté de s'y enfoncer et d'en sortir à volonté; car j'avais beau prendre tous les individus qui étaient à ma portée, il en surgissait subitement de nouveaux autour de moi, à la place même où je venais de m'assurer qu'il n'en restait plus. Leur allure analogue à celle des fourmis, mais bien plus rapide et plus saccadée, était celle d'un insecte affamé qui cherche avidement sa proie. L'extrême longueur de leurs pattes, et surtout des postérieures, les secondait merveilleusement dans cet exercice, qu'ils interrompaient par intervalle pour dévorer le résultat de leur chasse, qui m'a paru consister plutôt en débris de végétaux qu'en matières animales

2. M. Bison. *Rhinocerote paulò major et latior, totus rufo-testaceus, concolor, opacus, parcè pubescens.* — Long. 0,002. Lat. 0,0007. — Arabia Deserta.

Notoxus Bison. Ol. Encycl. méthod. t. 8, p. 594.

Espèce encore douteuse pour moi, ne différant de la variété *c.* du *Rhinoceros* que par une taille un peu plus grande, plus large et moins svelte, par une teinte plus franchement testacée et une pubescence beaucoup moins abondante. Je n'ai vu qu'un seul individu de cette espèce, qui m'a été donné par M. le comte de Jousselin. Il provient de la collection d'Olivier, et n'est autre chose que le type même de la description insérée par ce naturaliste dans *l'Encyclopédie méthodique.* Malheureusement l'exemplaire est très-vieux, sans fraîcheur et déformé. Néanmoins, plusieurs raisons me portent à croire que cet insecte est une espèce différente du *Rhinoceros :* 1° Olivier, qui les a décrits l'un et l'autre, n'a pas hésité à les séparer; 2° parmi un très-grand nombre d'individus de la var. *c,* je n'en ai pas rencontré un seul d'une teinte aussi vive que l'insecte d'Olivier, qui paraît avoir atteint sa coloration normale, tandis que les *Rhinoceros* var. *c* ont une teinte pâle et livide qui suppose une éclosion récente ou prématurée. Enfin, il n'est pas à ma connaissance que le *Rhinoceros* ait été jamais trouvé hors d'Europe; on ne l'a pris ni en Algérie, ni en Egypte, ni en Syrie, comment se serait-il trouvé transporté tout d'un coup au milieu des déserts de l'Arabie?

5. M. NIGROZONATUS. *Elytris ovalis, convexiusculis, flavo-ferrugineis; fasciis anté-mediali et apicali nigris; pedibus totis testaceis.* — Elytrorum longitudo 0,001. Lat. 0,0006. — Iudia Orientalis.

Je n'ai eu sous les yeux que la moitié de cet insecte, qui m'a été envoyé de Prague par M. Schmidt Göbel, et qui a perdu dans le voyage sa tête et son corselet. Néanmoins, je suis certain, par la place qu'il occupait dans la boîte, par son numéro, et bien plus encore, par la forme des pattes postérieures, qu'il appartient de toute nécessité au même genre que le *Rhinoceros.* Les élytres, seul débris que je puisse décrire, sont d'un ferrugineux clair, assez brillantes, vaguement ponctuées, très-légèrement pubescentes, ornées de deux bandes transversales noirâtres, l'une un peu avant la moitié, l'autre tout-à-fait apicale, une fois et 2/3 seulement aussi longues que larges, de forme ovale et convexe, les épaules très-arrondies, sensiblement dilatées sur les côtés, juste au milieu de la longueur, conjointement arrondies à l'extrémité. Dessous du corps de même couleur que le dessus; les pattes entièrement testacées, conformées exactement comme celles du *M. Rhinoceros.*

Cette espèce, qui m'a été communiquée par M. Schmidt Göbel, appartient au musée de Prague, et fait partie des récoltes du docteur Helfer dans l'Inde.

J'ai été bien tenté de réunir cet insecte mutilé à une des espèces suivantes au *M. Fragilis,* dont les taches vagues et peu distinctes occupent les mêmes places que dans celle-ci; mais la différence de ponctuation et la forme des élytres m'ont décidé à séparer ces deux espèces l'une de l'autre.

β. Elytris posticè tantum ovalibus, anticè subquadratis.

4. M. Fragilis. *Elytris subparallelis, elongatis, luteo-testaceis, immaculatis, distincté punctatis, pedibus pallidioribus.* — Elytrorum long. 0,0014. Lat. 0,008. — India Orientalis.

Encore une espèce indienne dont je n'ai vu que les élytres, mais que je dois mentionner à cause de l'importance qu'elle ajoute au groupe auquel elle vient se joindre.

Elytres d'un jaune testacé, livide, peu différent de la teinte du *M. Rhinocéros*, var. *c*, mais assez brillantes, distinctement et peu finement ponctuées, peu abondamment couvertes d'une pubescence concolore fine et soyeuse, mais ne produisant pas du tout les reflets chatoyants du *Rhinocéros*, carrées antérieurement, les épaules assez saillantes et détachées, légèrement arrondies sur les côtés, de forme allongée, une fois et 4/5 aussi longues que larges, conjointement arrondies à l'extrémité. Le dessous du corps de même couleur que le dessus, les pattes un peu plus pâles, exactement semblables à celles du *M. Rhinocéros*.

Cette espèce, dont il existe peut-être un individu complet au musée de Prague, a été récolté aux Indes par le docteur Helfer, et a partagé, dans le voyage de Bohême en France, le triste sort de l'espèce précédente.

5. M. Nanus (f. 2). *Staturâ minimâ. Luteo-testaceus, parce pubescens; elytris subparallelis, confusé punctatis, maculâ laterali poné humeros, fasciâque apicali communi fusco-nebulosis; antennis pedibusque concoloribus.* — Long. 0,0015. Lat. 0,0005. — India Orientalis.

Espèce indienne provenant de la même source que les deux précédentes, mais beaucoup plus petite encore. Tête d'un brun jaunâtre, assez brillante, peu pubescente, arrondie postérieurement, caniculée longitudinalement entre les yeux, qui sont très-grands et très-saillants; antennes roussâtres peu robustes. Corselet testacé, couvert, surtout antérieurement, d'une pubescence cotonneuse jaunâtre, pas plus large que la tête, de forme tout à fait semblable à celui du *Rhinocéros*; la corne semblablement dentelée et accidentée, seulement relativement plus longue, plus parallèle et moins aiguë à l'extrémité. Ecusson triangulaire, arrondi sur les côtés. Elytres testacées, peu brillantes, confusément ponctuées, peu abondamment couvertes d'une pubescence roussâtre médiocrement soyeuse, laissant entrevoir chacune une tache latérale obscure située derrière l'épaule, au-delà du premier tiers, et de plus, une tache apicale noirâtre, l'intervalle entre les deux taches plus clair et plus brillant que le reste des elytres; presque deux fois aussi larges que le corselet, et une fois et 4/5 environ aussi longues que larges, carrées antérieurement, avec les épaules peu arrondies et assez saillantes, oblongues, étroites, subparallèles, très-légèrement dilatées sur les côtés, conjointement arrondies à l'extremité. Dessous du corps d'un brun jaunâtre, les pattes à peu près de même teinte.

Je n'ai reçu en communication de M. Schmidt Gobel qu'un seul individu de cette curieuse petite espèce, recueillie par Helfer aux Indes-Orientales, et appartenant au musée de Prague.

Avril 1847. N° 23.
Amblyderus.
Lebrun, sc.
N. Rémond imp.

G. AMBLYDERUS (δέρη, cou; ἀμβλὺς, émoussé, sans pointe).

(Par M. de la Ferté-Sénectère).

Corps (f. 1 et 4) ovalaire assez convexe, couvert d'une pubescence courte et peu soyeuse.

Tête (f. 3 et 6) cordiforme, très-inclinée et pédonculée comme celle des Notoxus. *Les yeux* ovales médiocrement grands et peu saillants, latéralement placés. *Antennes* de onze articles, peu allongées, légèrement moniliformes, différentes de celles des Anthicus par la forme du dernier article, qui est globuleux et pas plus long que les précédents. *Chaperon* en triangle transversal tronqué en avant. *Epistome* de même consistance que le chaperon, séparé de lui par une petite ligne enfoncée. *Lèvre supérieure* très-courte, légèrement arrondie. *Mandibules* très-peu saillantes, non carrées comme chez les Notoxus, mais en forme de crochets croisés l'un sur l'autre, et entièrement cachés par la lèvre. *Palpes maxillaires* peu saillants, peu robustes, à dernier article sécuriforme, les autres parties de la bouche paraissant conformes à celles des Anthicus les plus ordinaires, autant qu'il est possible d'en juger sans dissection.

Corselet (f. 2, 3, 5, 6) de forme très-particulière, intermédiaire entre celui des Anthicus et celui des Notoxes, se rapprochant des premiers par sa forme trapézoïdale et nullement globuleuse, des seconds par la face antérieure lisse et légèrement concave, comme la voûte qui existe sous la corne des Notoxes, en un mot, disposé antérieurement comme pour supporter une corne, et ne présentant à la place qu'une rangée de petites dents qui garnissent toute la largeur de l'arête antérieure. *Ecusson* trapézoïdal transverse. *Elytres* ovalaires plus ou moins allongées, plus ou moins enveloppantes, aptères ou n'ayant que des ailes rudimentaires impropres au vol.

Abdomen assez bombé, composé de cinq anneaux, dont le premier est deux fois plus long que chacun des autres. *Pattes* de moyenne longueur, n'offrant rien de remarquable, cuisses très-légèrement claviformes. *Tarses* hétéromères, semblables à ceux des *Anthicus*. Caractères sexuels extérieurs inconnus, attendu le petit nombre d'individus observés.

La première espèce de ce genre que j'ai vue m'a été communiquée par le musée de Berlin, où on l'avait rangée parmi les Notoxes, sous la désignation spécifique de *Truncatus*. Depuis, j'ai reçu de M. le colonel Levaillant une autre espèce du même genre, recueillie en Algérie, que j'avais classée à la première vue parmi les Anthicus. Une observation plus attentive m'ayant fait découvrir dans ces deux insectes, très-différents en apparence, une forme de corselet identique, j'ai dû les réunir et en former un genre distinct. Pour les entomologistes qui ne voudraient pas admettre ce genre, ces insectes devraient se placer plutôt parmi les Anthicus que parmi les Notoxes, à cause de la forme trapézoïdale du corselet, et plus encore, à cause de celle de leurs mandibules. Les deux seules espèces connues de ce genre appartiennent au nord de l'Afrique.

DESCRIPTION DES ESPÈCES.

1. **A. SCABRICOLLIS.** *Rufo-ferrugineus , thorace oblongo, trapezoïdali, scabro, antice truncato et denticulato; elytris elongatis, nigris, humeris apiceque rufescentibus; antennis pedibusque totis flavo-ferrugineis.* — Long. 0,0025. Lat. 0,0009 (f. 1, 2, 3). —Algeria.

Anthicus Scabricollis, Laf. et Lucas, Explor. scient. de l'Algérie, t. 2, p. 368 (1847).

Tête (f. 3) rouge, assez brillante, offrant, au lieu de points enfoncés, de petites aspérités aiguës d'où s'échappent quelques poils roussâtres, transversale, cordiforme, carrée postérieurement, et même un peu échancrée au milieu de la base ; les angles postérieurs peu arrondis, et garnis d'une rangée d'aspérités analogues à celles du disque ; les yeux noirs ; les antennes entièrement ferrugineuses. Corselet (f. 1, 2 et 3) de même couleur que la tête, assez brillant, entièrement couvert, comme la tête, d'aspérités ou scabrosités épineuses entremêlées de quelques poils, pas plus large que la tête ; d'un tiers plus long que large, très-légèrement arrondi et tronqué brusquement antérieurement, le bord antérieur à vive arête, faisant saillie au-dessus du goulot comme dans les Notoxus, et armé, au lieu de corne, d'une rangée de petites dents qui donnent à l'arête antérieure une apparence crénelée ; subcylindrique, fortement convexe, faiblement rétréci postérieurement, nullement arrondi sur les côtés ; base déclive et fortement marginée ; goulot étroit d'ouverture, mais assez long et bien détaché de la face antérieure du corselet. Écusson noir, élytres assez brillantes, couvertes d'une ponctuation grossière espacée, revêtues d'une courte pubescence grisâtre couchée à la surface, parsemées en outre de quelques poils longs et raides , noires avec une tache rouge de forme arrondie derrière chaque épaule et une autre grande tache rougeâtre qui couvre toute l'extrémité, deux fois aussi larges que le corselet, une fois et 3/4 au moins aussi longues que larges, coupées carrément et parallèles antérieurement, ovalaires postérieurement et conjointement arrondies à l'extrémité, assez convexes et bombées sur le disque. Dessous du corselet rouge, poitrine et abdomen noirâtres, les pattes entièrement ferrugineuses.

Cette espèce a été recueillie aux environs d'Oran par M. le colonel Levaillant, qui a bien voulu m'en céder deux individus.

2. **A.** Truncatus. *Staturâ valdè exiguâ; totus pallidè testaceus, immaculatus, subpellucidus, oculis solis nigris; thorace trapezoïdali, antice truncato, margine antico tenuissimè crenulato; clytris ovatis convexis, abdomen valdè amplectentibus.* — Long. 0,0018. Lat. 0,0007. — Ægyptus.

Très-jolie petite espèce fort éloignée de la précédente par la taille et la couleur, mais offrant une conformation de corselet tout à fait analogue. Entièrement d'un jaune testacé très-pâle, légèrement brillant et presque diaphane. Tête assez grossièrement ponctuée, légèrement pubescente, un peu plus large que longue, très-carrée postérieurement, divisée au sommet en deux lobes par un sillon occipital très-marqué; les yeux noirs, en ovale allongé, médiocrement saillants; parties de la bouche un peu obscures; antennes concolores, peu allongées, à articles courts et granuleux. Corselet à peu près glabre, sans ponctuation distincte, offrant plutôt sous une forte loupe une surface légèrement rugueuse, parsemé antérieurement de petites aspérités noirâtres plus sensibles en approchant du bord antérieur, et formant sur l'arète même une petite couronne régulièrement dentelée; de forme trapézoïdale, aussi large que long, peu bombé sur le disque, très-légèrement arrondi sur les côtés, faiblement rétréci à la base, qui est distinctement marginée. Ecusson paraissant triangulaire, excessivement petit et peu visible. Elytres diaphanes et légèrement brillantes, finement ponctuées, chaque point donnant naissance à un poil jaune, raide et court, couché à la surface, deux fois aussi larges que le corselet, une fois et demie à peine aussi longues que larges, de forme ovoïde très-bombée en dessus, très-arrondie sur les côtés; les épaules aussi très-arrondies, nullement saillantes, presque nulles; un peu fusiformes postérieurement, très-enveloppantes, et embrassant en dessous la majeure partie de l'abdomen. Le dessous du corps et les pattes entièrement d'un jaune pâle et transparent comme tout le reste de l'insecte. Un seul individu de cette curieuse espèce a été rapporté d'Égypte par M. Ehrenberg. Il appartient au musée de Berlin, où il avait été classé parmi les Notoxes sous le nom spécifique de *Truncatus* que je lui ai conservé (1).

____

(1) J'ai la certitude presque complète d'avoir récolté moi-même, aux environs de Perpignan, un individu de cette espèce, ou d'une espèce excessivement voisine; l'ayant communiqué à M. Aubé, celui-ci déclara n'en pas connaître le genre, mais il lui assigna une place dans le voisinage des *Anthicites;* malheureusement cet insecte, détaché de sa carte, a été détruit dans le retour de Paris à Tours.

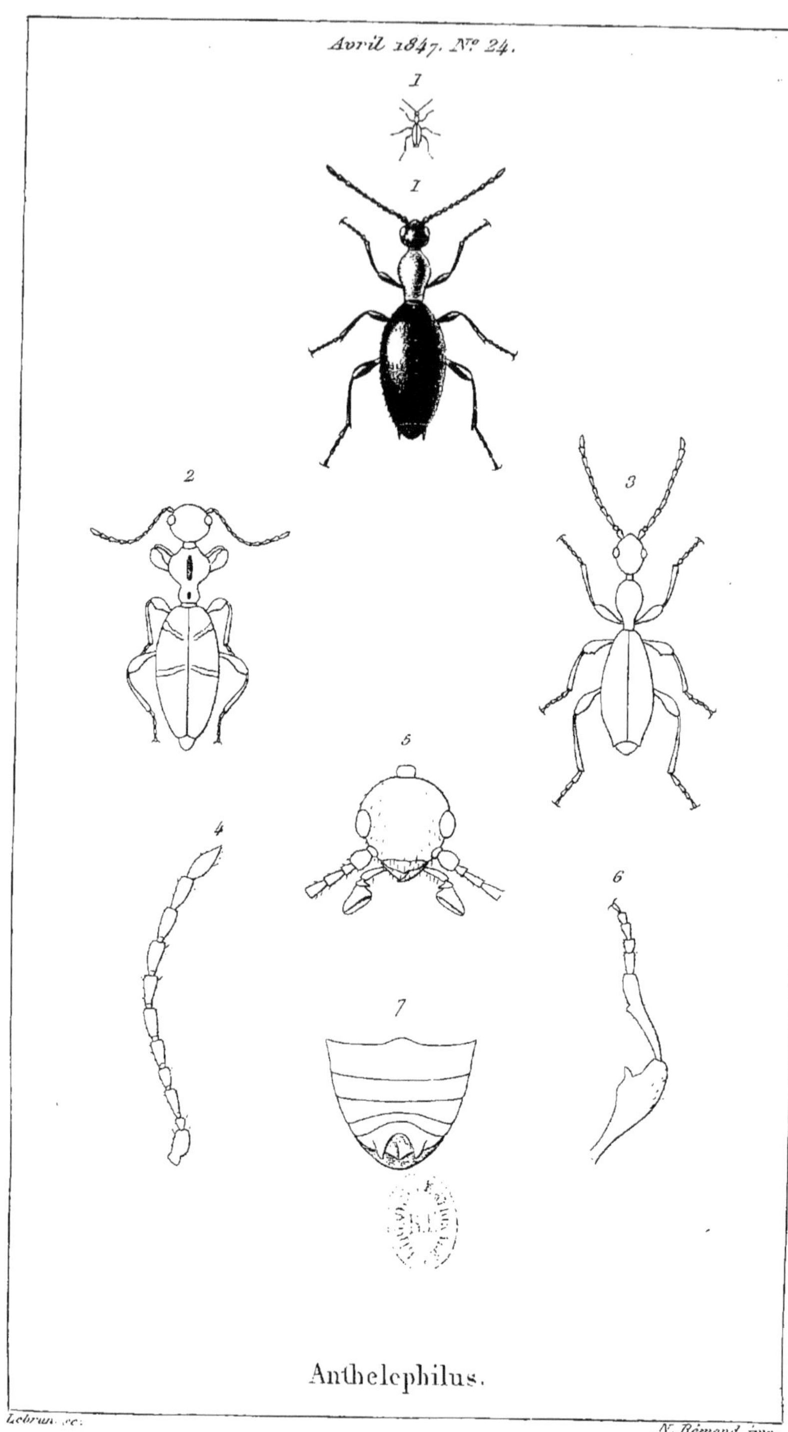

Avril 1847. N.º 24.
1
1
2
3
5
4
6
7
Anthelephilus.
Lebrun sc.
N. Rémond imp.

G. ANTHELEPHILUS (ἀνθήλη, flosculus ; φίλος, ami).

(Par M. de la Ferté-Sénectère).

ANTHELEPHILA. Hope (antè 1836).

Corps (f. 1, 2 et 3) oblong, ovalaire, très-convexe.

Tête (f. 5) suborbiculaire, terminée postérieurement par un cou en pédoncule qui s'emboîte dans le corselet. *Yeux* médiocrement grands, de forme ovale, faiblement saillants. *Antennes* (f. 4) de onze articles, insérées en avant des yeux, le premier article gros et cylindrique, le second court et globuleux, les huit suivants allongés, légèrement obconiques, le dernier terminé en pointe assez aiguë. *Chaperon* (f. 5, *a*) transversal, légèrement relevé de chaque côté au-dessus de l'insertion de l'antenne, légèrement arrondi antérieurement. *Epistome* rectangulaire très-court, peu distinct du labre, qui est encore plus court, et qui recouvre presque entièrement les mandibules. *Palpes maxillaires* robustes terminés par un article fortement sécuriforme. *Mâchoires, menton* et autres parties de la bouche n'offrant aucune différence notable avec les parties correspondantes du genre *Formicomus*.

Prothorax oblong, fortement convexe, tantôt simple, tantôt bilobé, terminé par un goulot antérieur très-court. *Ecusson* peu apparent, très-petit, en triangle allongé. *Elytres* oblongues, ovalaires, et même un peu fusiformes postérieurement, sans apparence d'angles huméraux, obliquement tronquées à l'extrémité, et ne recouvrant pas l'extrémité de l'abdomen. *Ailes inférieures* entièrement nulles. *Pattes* assez longues. *Cuisses* fortement dilatées en massue. *Tibias* robustes, un peu plus longs que les cuisses. *Tarses* hétéromères, un peu moins longs que les tibias. Premier article oblong, les suivants triangulaires, le pénultième faiblement bilobé. *Crochets* très-courts, d'une extrême ténuité

Abdomen (f. 7) de cinq segments, le premier beaucoup plus long que les trois suivants, le dernier très-différemment conformé, suivant les sexes, profondément échancré dans le mâle, entier et terminé en pointe mousse dans la femelle.

Ce genre a été établi par M. Hope, avant 1836, sur un Anthicus de la Nouvelle-Hollande, dont nous reproduisons le trait (f. 3) d'après un calque qui nous a été communiqué par Chevrolat. Son caractère essentiel, dont M. Hope ne paraît pas s'être préoccupé, c'est l'absence totale d'ailes inférieures, indiquée extérieurement par l'absence des angles huméraux. Un caractère moins important et qui lui appartient aussi exclusivement, c'est la troncature oblique de l'extrémité des élytres. Ces deux caractères sont les seuls qui séparent génériquement ces insectes des *Formicomus*, autre genre détaché par nous des anciens Anthicus de Fabricius. Les *Anthelephilus* n'ont été trouvés jusqu'ici que dans l'Inde, la Nouvelle-Hollande et les îles de la Sonde.

Ce petit genre, eu égard à la forme du corselet, se subdivise de la manière suivante :

I. Espèces à corselet bilobé (f. 2). 1 espèce.
II. Espèces à corselet simple (f. 1 et 3). Espèces 2 à 4.

DESCRIPTION DES ESPÈCES.

I. Thorace Binodoso.

1. **A. IMPERATOR.** *Nitidus, ferrugineus, thorace binodoso, longitrorsùm canaliculato, elytris piceis basi ferrugineis, bis pilifasciatis.* — Long. 0,005. Lat. 0,001. — Îles de la Sonde. Linga.

Tête ferrugineuse, brillante, couverte d'une grosse ponctuation peu régulière et un peu confluente, transversale, rétrosaillante et carrée postérieurement ; antennes ferrugineuses un peu obscures vers l'extrémité, peu allongées, le deuxième article court et globuleux, le troisième plus long que les suivants, les derniers de moins en moins longs et de plus en plus gros, jusqu'au pénultième qui est transversal. Corselet d'un rouge moins foncé que la tête, brillant, presque glabre, très-finement pointillé, un peu moins large que la tête, d'un tiers environ plus long que large, fortement bilobé, le lobe antérieur très-largement et très-régulièrement cordiforme, le lobe postérieur plus renflé en dessus que sur les côtés, l'un et l'autre divisés dans toute leur longueur par un sillon longitudinal; base finement mais visiblement marginée. Écusson en triangle allongé, un peu arrondi sur les côtés, un peu creusé dans le milieu. Élytres d'un brun luisant, qui se fond vers la base en une teinte ferrugineuse, sans ponctuation appréciable, parsemées d'une courte pubescence rousse, soyeuse et inclinée, ornées en outre chacune de deux bandes transversales d'un duvet blanc : l'antérieure très-fugitive derrière l'omoplate, obliquant un peu vers l'épaule, la postérieure plus large un peu au-delà du milieu, obliquant très-légèrement en sens inverse de la première; deux fois plus larges que le corselet, et environ une fois et 4/5 aussi longues que larges, régulièrement ovales, très-convexes, très-enveloppantes, séparément arrondies aux angles postérieurs internes, d'où résulte une troncature qui laisse à découvert le dernier segment de l'abdomen. Dessous du corselet et de la poitrine ferrugineux, abdomen brunâtre ; pattes entièrement ferrugineuses, cuisses en massue, modérément renflées, sans épine à la paire antérieure du mâle.

Je n'ai vu qu'un seul individu de cette curieuse espèce, il avait le dernier segment de l'abdomen assez largement échancré en demi-cercle, ce qui me l'a fait considérer comme un mâle, bien que ses cuisses antérieures fussent tout à fait inermes. Cet insecte a été recueilli à Linga, une des îles de la Sonde, et m'a été communiqué par le musée de Berlin, qui ne possède que cet exemplaire.

II. Thorace simplici.

2. A. RUFICOLLIS. *Nigropiceus, nitidus, thorace rufo; clytris nigris immaculatis, femoribus basi ferrugineis.* — Long. 0,0035 ad 0,005. Lat. 0,004 ad 0,0015 (f. 1).—India Orientalis.

Anthelephila Ruficollis; Saunders, Trans. of Ent. Soc. of London, t. 1, p. 65, pl. 7, f. 8, 1836 (1).

Espèce très-variable pour la taille. Tête noire assez brillante, couverte d'une ponctuation distincte, serrée en avant, plus espacée sur le disque, garnie de poils noirs couchés en arrière, faiblement transversale, arrondie postérieurement et légèrement rétrosaillante; antennes (f. 4) noires, ciliées, très-robustes, très-longues ; tous les articles, à partir du second, égaux en longueur et presque égaux en grosseur. Corselet rouge, brillant, hérissé de quelques poils roussâtres, un tant soit peu moins large que la tête, moitié plus long que large, globuleux antérieurement, rétréci avant la base sur les côtés seulement, les pommettes saillantes, et séparées du renflement basilaire par une fossette latérale triangulaire dont le fond est extrêmement lisse et miroitant ; goulot antérieur court, mais bien détaché ; base peu déclive et distinctement marginée. Écusson rouge, triangulaire, très-aigu au sommet. Elytres d'un noir de poix, très-brillantes, vaguement ponctuées, semées de longs poils grisâtres, deux fois 1/2 aussi larges que le corselet, régulièrement ovalaires, sans apparence d'angles huméraux, la suture nullement apparente, sensiblement convexes, beaucoup plus allongées dans le mâle que dans la femelle, obliquement tronquées à l'extrémité dans les deux sexes. Dessous du corps noir; pattes noires couvertes de poils gris, avec la base des cuisses rougeâtre. — Le mâle se distingue par des élytres plus longues et plus régulièrement ovales, par une forte épine terminée en crochet (f. 6) au côté interne des cuisses antérieures, et par une large échancrure du dernier segment de l'abdomen (f. 7); les tibias antérieurs ont en outre à leur côté interne une petite dent qui n'existe pas chez la femelle (f. 6).

Cette espèce est commune dans l'Inde, où elle a été recueillie en abondance par le docteur Helfer. J'en possède plusieurs individus que je dois à l'obligeance de M. Schmidt-Göbel. M. Saunders, qui a décrit cet insecte en 1836, dans les transactions de la Société Entomologique de Londres, dit qu'il habite les rives sablonneuses du fleuve Hooghly, à quelques milles au-dessous de Calcutta, où il a été trouvé en grand nombre courant au pied des graminées.

Avant les récoltes de Helfer, il existait quelques doutes sur la patrie

---

(1) *Anthicus Fulvicolis,* Fabr. Dej. Cat. 1836, p. 258.

Anthicus Sanguinicollis, Sturm. Cat. 1843, p. 168.

de cet insecte. Au musée de Berlin, il était indiqué comme de l'Amérique du nord. M. Dejean en possédait, sous le nom de *Fulvicollis* Fabr., deux individus, l'un venant directement de l'Inde, l'autre attribué avec doute à l'Amérique. Enfin, M. Sturm qui en avait reçu un exemplaire de Vienne sans indication d'origine, l'a inséré dans son dernier catalogue sous le nom de *Sanguinicollis*, avec l'Autriche pour patrie. J'ai eu tous ces insectes sous les yeux ; je possède même un des soi-disant Américains, que m'a donné le musée de Berlin, et je puis affirmer qu'ils sont tous identiquement semblables aux individus récoltés par Helfer.

Il est très-possible que l'*Anthicus Bengalensis* de Wiedemann, publié en 1823, ne diffère en rien de l'espèce ici décrite. On en pourra juger en lisant à la fin de ce genre la description du naturaliste allemand. Néanmoins, deux considérations nous ont empêché de réunir ces deux espèces, et de supprimer le nom de Saunders. C'est d'abord l'importance attachée par Wiedemann à la pubescence fine et blanchâtre des élytres : ce qui ferait supposer que dans cette espèce, le duvet est beaucoup plus fin et plus abondant que dans le *Ruficollis ;* en second lieu, Wiedemann, parlant de la ponctuation de la tête, dit qu'elle est excessivement fine, expression qui ne saurait convenir à la tête du *Ruficollis,* dont la ponctuation est très-distincte et assez profonde.

Nous trouvons dans Fabricius un *Anthicus Ruficollis* de l'Amérique méridionale; mais il a été reconnu que cet insecte, ainsi que les *A. Fulvicollis*, *Abdominalis* et *Fuscipennis* du même auteur n'appartiennent pas à la tribu des Anthicites, et doivent se placer parmi les *Statyra* ou autres genres à large cou.

ESPÈCES QUE NOUS N'AVONS PAS VUES.

3. A. CYANEUS. *Capite nigro, antennis pedibusque atris.* — Long. lin. 2. Lat. lin. 1/2. Nova Hollandia.

Antennæ nigræ, articulo basali crasso, reliquis extrorsùm crassioribus ; thorax ovalis, anticè posticèque contractus, nigro-cyaneus. Elytra cyanea, nitida, glaberrima. Corpus subtùs nigrum, pedes concolores.

(Anthelephilus cyaneus, Hope. Charact. and descr. of new gen. and sp. of *Coleop. Ins.*, p. 100, tab. 14, fig. 4, antè annum 1836.)

Cet insecte est le type du genre *Anthelephilus*, établi par M. Hope dans l'ouvrage que nous venons de citer. La figure jointe au texte nous permet d'ajouter quelques détails à cette description un peu succincte. Nous ferons remarquer que les élytres, au lieu d'être régulièrement ovales, sont très-étroites antérieurement, leur base ne paraissant pas plus large que celle du corselet ; elles s'élargissent vers le milieu, et sont ensuite brusquement et largement tronquées à l'extrémité. L'individu figuré (que nous reproduisons d'après un calque, sans en garantir l'exactitude), n'a pas d'épine aux cuisses antérieures, ce qui nous porte à croire que M. Hope n'a pas eu entre les mains le mâle de cette espèce.

4. A. BENGALENSIS. *Niger, nitens, thorace mutico, testaceo, elytris albopilosis, femoribus anticis unidentatis.* — Long. lin. 2. — Bengalia.

Antennes d'un noir brun, tête entièrement d'un noir brillant, laissant apercevoir antérieurement de chaque côté du front une légère impression longitudinale, couverte d'une ponctuation et d'une pubescence excessivement fine. Corselet mutique, testacé et brillant, finement ombragé d'un duvet blanchâtre, dilaté antérieurement, arrondi aux angles antérieurs, beaucoup plus étroit postérieurement, avec une fine ligne transversale enfoncée à la base. Élytres ovales d'un noir brillant, couvertes d'un duvet blanc, fin et serré, la suture à peine visible, chaque élytre séparément arrondie postérieurement de telle manière, qu'elles laissent entre elles à leur extrémité un espace triangulaire. Les pattes d'un noir brillant, la base des cuisses d'un testacé pâle; les cuisses antérieures armées vers le milieu de leur côté interne d'une forte dent dirigée en avant (Wiedemann. *Zoolog. Magaz.*, t. 2, pars. 1, p. 70, 1823).

En comparant cette description à celle du *Ruficollis* de Saunders, on reconnaît entre ces deux espèces une grande analogie, qui cependant ne nous a pas paru assez complète pour nous permettre de les réunir. Quant à la place que nous assignons à cet insecte parmi les *Anthelephilus*, nous la croyons suffisamment justifiée par le peu d'apparence de la suture, par la coupe terminale des élytres, et par l'expression d'ovale employée sans aucune restriction pour désigner leur forme, ce qui fait supposer que les angles huméraux sont nuls et que l'insecte est aptère.

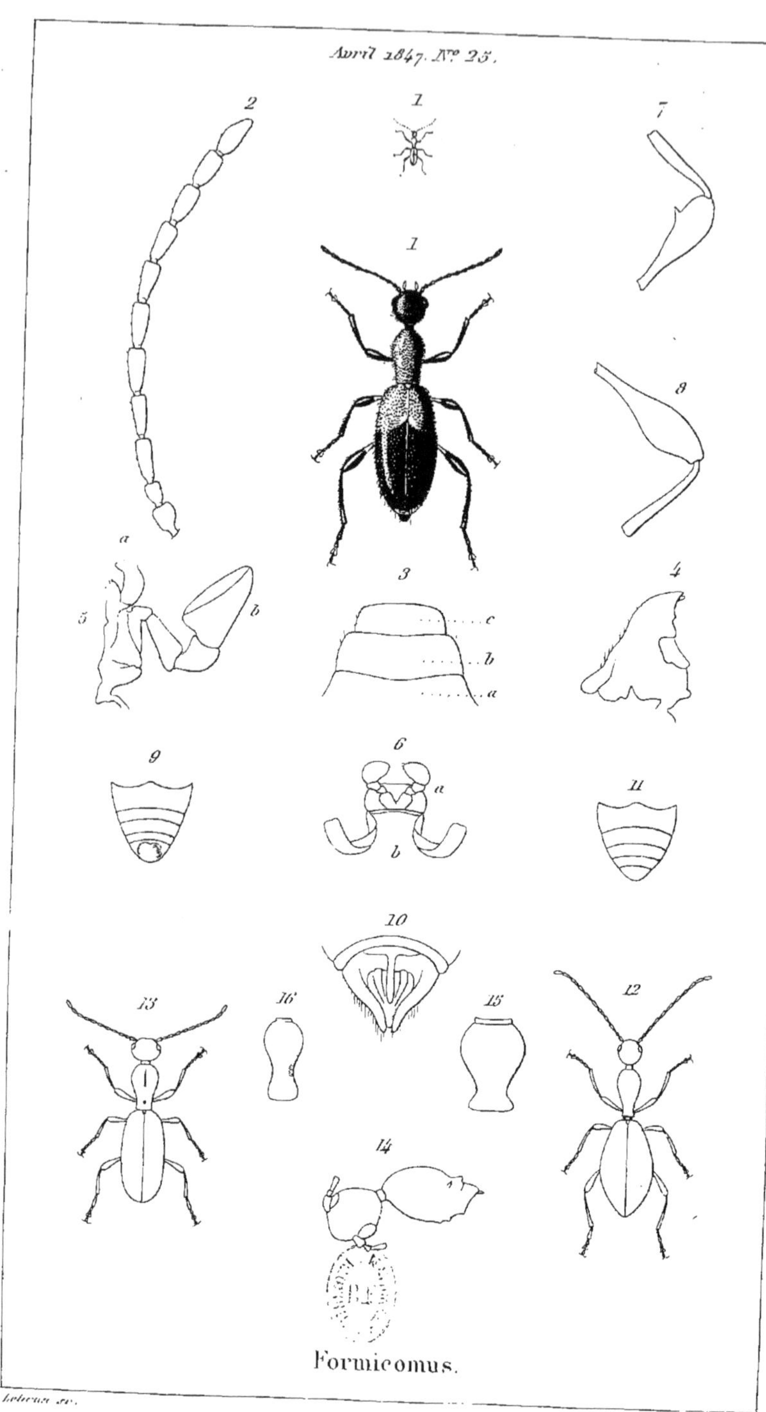

Formicomus.

G. FORMICOMUS (de Formica, fourmi).

(Par M. de la Ferté-Sénectère).

Cantharis. Geoffroi (1762). Carabus. Rossi (1790). Notoxus. Fabr. (1792). Anthicus. Fabr. (1804). Anthelephila. Saunders (1836).

Corps (f. 1) oblong, ovalaire, plus ou moins convexe.

Tête suborbiculaire, terminée postérieurement par un cou en
pédoncule qui s'emboîte dans le corselet. *Yeux* médiocrement
grands, le plus souvent ovales, faiblement saillants. *Antennes*
(f. 2) subfiliformes de onze articles, insérées en avant des yeux,
le premier article gros et cylindrique, le second court, presque
globuleux, les huit suivants allongés, légèrement obconiques,
égaux en longueur et augmentant plus ou moins de grosseur de la
base au sommet. *Chaperon* (f. 3, *a*) trapézoïdal, très-peu relevé
latéralement sur l'insertion des antennes, très-peu distinct de l'*E-
pistome*, avec lequel il ne paraît faire qu'une seule pièce, à moins
que ces organes n'aient été disséqués et placés entre deux verres,
auquel cas l'épistome (f. 3, *b*) se présente comme une pièce distincte du chaperon, et même un peu plus large que son bord antérieur. *Labre* (f. 3, *c*) très-court, un peu moins large que l'épistome, terminé à peu près carrément. *Mandibules* (f. 4) triangulaires, terminées par un crochet bifide. *Mâchoires* (f. 5, *a*) fortement bilobées, le lobe externe plus grand que le lobe interne,
et cilié à l'extrémité. *Palpes maxillaires* (f. 5, *b*) robustes, article basilaire très-court, le second oblong, le troisième en triangle très-court, le dernier oblongo - sécuriforme. *Lèvre inférieure*
(f. 6, *a*) très-courte et diaphane, encadrée dans les *palpes labiaux*, dont on ne distingue nettement que le dernier article, qui
est oblong et arrondi au sommet. *Menton* (f. 6, *b*) carré et peu
avancé.

Prothorax oblong, à pommettes plus ou moins saillantes, tantôt
simplement rétréci avant la base, avec un sillon latéral qui contourne les pommettes et se prolonge en dessous jusqu'à l'insertion
des pattes, tantôt divisé en deux lobes par un sillon supérieur transversal; terminé antérieurement par un goulot plus ou moins court.
Écusson très-petit, peu apparent, en triangle aigu au sommet.
Élytres oblongues, ovalaires, fortement convexes, toujours obtu-

sement anguleuses à la base, coriaces, lisses et peu ponctuées, plutôt ciliées que finement pubescentes, recouvrant des ailes inférieures le plus souvent propres au vol, et quelquefois rudimentaires. *Pattes* (f. 7 et 8) longues et robustes, les cuisses constamment claviformes. *Tibias* un peu plus longs que les cuisses. *Tarsés* hétéromères médiocrement longs, ordinairement plus courts que les tibias, le premier article oblong, les suivants triangulaires, le pénultième faiblement bilobé. Les crochets simples très-fins et très-acuminés.

Abdomen (f. 9, 10, 11) de cinq segments, le premier deux fois aussi long que les suivants, le dernier différemment conformé suivant les sexes.

Le mâle se distingue de la femelle par deux caractères qui n'existent pas concurremment dans toutes les espèces. Le premier consiste dans la forme du dernier segment inférieur de l'abdomen, qui est toujours plus ou moins échancré dans le mâle (f. 9, 10), toujours entier et terminé en pointe mousse dans la femelle (f. 11. Voy. f. 10, l'exemple de la plus grande échancrure). L'autre caractère qui manque souvent dans les espèces de taille inférieure est fourni par les cuisses antérieures (f. 7), qui ont vers le milieu de leur côté interne une épine plus ou moins longue et plus ou moins aiguë.

Nous avons formé ce genre aux dépens de l'ancien genre *Anthicus*, en y plaçant toutes les espèces qui présentaient en même temps des cuisses dilatées en massue, et des élytres convexes et ovalaires. Bien que ces caractères ne soient pas confirmés par des différences sensibles dans les organes de la bouche, nous les croyons suffisants pour établir une bonne coupe générique dans un genre devenu beaucoup trop nombreux en espèces. La seule différence entre ces insectes et les *Anthelephilus* de M. Hope, c'est que ces derniers sont totalement aptères, sans apparence d'angles huméraux, tandis que les *Formicomus* ont des ailes inférieures au moins rudimentaires, que l'on reconnaît extérieurement à la forme anguleuse des épaules, qui pour être obtuses n'en sont pas moins toujours sensibles (1).

Lorsque je commençai, en 1844, à m'occuper de la révision des *Anthicites*, je ne trouvai dans la collection de M. Dejean que cinq espèces de ce genre ; depuis cette époque les communications obligeantes des entomologistes de tous pays, et particulièrement de M. Schmidt-Göbel, ont porté à trente et une le nombre de ces espèces, dont une seule, la plus excentrique de toutes, appartient au continent américain.

---

(1) Nous avions d'abord donné à ce genre le nom de *Carteromerus*, à cause de la dilatation de ses cuisses ; depuis, ayant appris que M. Victor Motchoulsky avait également séparé ces insectes des *Anthicus* dans le catalogue de sa collection actuellement sous presse, et qu'il eur avait donné le nom de *Formicoma*, nous avons cru devoir, pour simplifier la nomenclature, adopter le nom de M. Motchoulsky, en lui donnant une terminaison masculine.

Nous avons réparti ces trente et une espèces dans les divisions suivantes :

Description des espèces.

PREMIÈRE DIVISION.

Thorace simplici.

I. Thorace ferrugineo.
    A. Elytris cyaneis.

1. F. **Mutillarius.** *Nigro-piceus, nitidus, grisco-pilosus, capite nigro, thorace rufo,
utroque punctatissimo; elytris anticè rufis bis pili-fasciatis, subtiliter punctatis; antennis
pedibusque piceis, femoribus basi rufis.* — Long. 0,005. Lat. 0,0015 (f. 1). — India
Orientalis.

Anthclephila Mutillaria, Saunders, Trans. of Entom. Soc. of London, t. 1, p. 65, pl. 7,
f. 9 (1836).

Tête d'un noir mat, criblée de gros points ronds, presque confluents,
parsemée de poils noirs, transversale, carrée postérieurement, fortement
rétrosaillante; chaperon très-coriace, trapézoïdal, légèrement marginé antérieurement et distinct de l'épistome, mandibules très-longues, dépassant le labre, et terminées par des crochets très-aigus et fortement bifides; palpes maxillaires à troisième article très-petit, à dernier article très-
grand et très-épais; yeux très-saillants en ovale tronqué en avant; antennes
noirâtres, longues et robustes, de forme ordinaire. Corselet rouge, brillant, couvert de très-gros points enfoncés, oblongs, moins rapprochés
que sur la tête, et donnant naissance à des poils roussâtres; régulièrement globuleux antérieurement, moins large que la tête, rétréci mais
non étranglé postérieurement, sans renflement basilaire sensible, peu

bombé sur le disque, très-déclivé et marginé à la base. Ecusson rouge, brillant. Elytres d'un vert bleuâtre, lisses et brillantes sur le milieu du disque, la base rouge comme le corselet jusqu'au quart de la longueur, ornées en outre chacune d'une bande transversale de duvet blanc sur le bord postérieur de la partie rouge ; à partir de cette bande jusqu'aux trois quarts de la longueur, presque glabres et vaguement ponctuées ; le dernier quart couvert d'une pubescence grise, moins épaisse que sur la bande antérieure, mais assez abondante pour donner une teinte grise à cette partie des élytres ; en ovale très-allongé, deux fois aussi larges que le corselet, et presque deux fois aussi longues que larges ; les angles huméraux obtus, mais très-sensibles, une très-légère dépression posthumérale à la place même de la bande pubescente ; un peu tronquées postérieurement, de manière à laisser à découvert dans les deux sexes l'extrémité pointue de l'abdomen. Dessous de la poitrine rouge ; abdomen noirâtre. Pattes également noires, avec la première moitié des cuisses rouges. — Le mâle se distingue par une plus grande largeur de la tête et du corselet, par une très-faible épine aux cuisses antérieures, une légère dent saillante aux tibias antérieurs, et la forme du dernier segment de l'abdomen, qui est tronqué carrément, et circulairement échancré au milieu de la troncature.

Variété : *Coloration croissante :* β. Elytres entièrement vertes, ornées seulement vers la base d'une bande transversale d'un rouge obscur, interrompue sur la suture et bordée postérieurement par la bande pubescente grise ; la poitrine noirâtre, la base des cuisses à peine ferrugineuse.

Cet insecte habite les Indes-Orientales ; d'après Saunders, qui l'a décrit le premier, dans les *Transactions de la Société entomologique de Londres*, il aurait été trouvé courant sur le sable, dans les mêmes localités que l'*Anthelephilus Fulvicollis*, sur les bords du fleuve Hooghly, au-dessous de Calcutta. Le docteur Helfer l'a recueilli, depuis, pendant son voyage dans l'Inde. Cette description est faite sur trois individus, deux envoyés de Prague et récoltés par Helfer, et le troisième communiqué par M. Hope.

2. F. Coeruleipennis (1). *Ferrugineus, nitidus, grisco-pilosus, capite nigro; elytris viridi-cyancis versus apicem attenuatis ; femoribus apice abdomineque fuscis.* — Long. 0,0045 ad 0,005. Lat. 0,0015 ad 0,0016. — Hispania Meridionalis.

Anthicus Cœruleipennis, Laf. et Lucas, Explor. scient. de l'Algérie, t. 2, p. 569 (1847).

Tête noire, luisante, vaguement ponctuée, semée de poils noirs, longs et raides, arrondie postérieurement, un peu rétrosaillante, pas plus longue que large ; yeux gros, assez saillants ; antennes plus longues que la moitié du corps, d'un brun rouge, plus foncées à l'extrémité. Corselet rouge, brillant, ponctué distinctement sur le disque et très-peu vers les bords, semé de poils grisâtres assez rares, arrondi antérieurement, lé-

---

1) *Anthicus Cœruleipennis,* Dufour, *in litteris.* Dej. Catal. 1836, p. 249.

gèrement bombé sur le disque, davantage sur les côtés, qui présentent
des pommettes assez saillantes, pas plus large que la tête, rétréci très-
près de la base; sillon latéral lisse et brillant; renflement basilaire sensible surtout latéralement; la base peu déclive et distinctement marginée;
goulot très-court mais distinct. Écusson peu apparent, rougeâtre. Élytres
d'un bleu verdâtre foncé, brillantes, vaguement ponctuées, couvertes
d'une pubescence peu serrée, résultant de poils blancs couchés d'avant en
arrière, semées en outre de poils plus longs, raides et noirâtres; de forme
ovale, allongée, plus de deux fois aussi larges que le corselet, près de
deux fois aussi longues que larges, arrondies sur les côtés, légèrement
convexes en dessus, angles huméraux obtus, mais sensibles, subfusiformes postérieurement, sans apparence de dépression posthumérale. Dessous de la poitrine rouge; abdomen noirâtre. Pattes ferrugineuses, avec
la massue des cuisses noirâtre. — Le mâle se distingue par une large et
courte épine située au côté interne des cuisses antérieures, et par une
très-grande échancrure de l'abdomen, dont le dernier segment manque
tout à fait, et dont les trois intermédiaires sont contractés de manière à
découvrir la moitié de l'abdomen, et à laisser à nu tout l'appareil sexuel
(f. 10).

Cette espèce habite l'Espagne méridionale et les possessions françaises
en Algérie. Elle a été recueillie pour la première fois en Andalousie, par
M. Dufour, et introduite dans un petit nombre de collections, sous le nom
de *Cæruleipennis*, que nous lui avons conservé. Depuis elle a été recueillie assez abondamment dans les mêmes lieux par M. Ghiliani. M. Lucas a trouvé en Algérie quelques individus qui doivent être rapportés à
cette espèce.

5. F. Cyanopterus (1). *Ferrugineus, nitidus, griscopilosus; capite nigro; elytris viridi-
cyaneis, postice attenuatis, magis elongatis; abdomine rufo, femoribus minimè infuscatis. —*
Long. 0,005. Lat. 0,0016. — Ægyptus.

Cette espèce, recueillie en Égypte par Ehrenberg, est tellement voisine
de la précédente, qu'il suffit de faire connaître les différences qui, après
bien des hésitations, nous ont décidé à l'en séparer. La couleur de la tête,
du corselet et des élytres est la même, seulement ces dernières m'ont paru
un peu plus verdâtres que dans l'espèce espagnole; elles sont aussi un
peu plus allongées et un peu moins arrondies sur les côtés; mais la différence la plus sensible, sinon la plus concluante, est dans la couleur des
cuisses, qui sont entièrement d'un rouge vif, tandis que celles du *Cæruleipennis* ont toujours la massue plus ou moins noirâtre. Il en est de
même de l'abdomen, qui est rouge dans l'espèce égyptienne, et obscur
dans celle d'Espagne. Voilà tout ce que j'ai pu constater dans la comparaison attentive et réitérée de trois individus communiqués par MM. de
Brème et Spinola. Il faudrait en voir un plus grand nombre pour s'assurer que les élytres sont constamment plus longues et moins arrondies sur

---

(1) *Anthicus Cyanopterus*, Klug. in Museo Berolinensi. — Dej. Cat. 1836, p. 259.

les côtés, seul caractère qui ait une valeur spécifique, les autres pouvant n'être que des variétés de couleur. Le musée de Berlin est le premier qui ait possédé cet insecte, auquel M. Klug donna le nom que nous lui avons conservé. Depuis, le docteur Waltl l'a rapporté aussi d'Egypte, et l'a nommé *Superbus*, nom qu'il portait dans la collection de M. Spinola. M. Klug ayant à sa disposition quatre individus d'Egypte, et même un cinquième recueilli en Arabie, est plus à même que tout autre de vérifier nos observations.

4. F. Rubricollis (1). *Nigrofuscus, subnitidus, parcè pilosus; thorace rubro; elytris cyaneis ponè humeros nonnihil depressis, posticè rotundatis pedibus ferè totis nigris. —* Long. 0,004. Lat. 0,0015. — Prom. Bonæ Spei.

Tête noire, peu brillante, couverte d'une ponctuation un peu rugueuse, arrondie postérieurement, un peu rétrosaillante, pas plus longue que large, les yeux peu saillants; palpes noirâtres; antennes plus longues que la moitié du corps, presque noires, un peu rougeâtres à la base. Corselet rouge, assez brillant, semblable pour la forme à celui du *F. Cœruleipennis*, un peu plus étroit, et offrant sur chaque face latérale une fossette oblongue qui cotoie l'arête supérieure et aboutit au sillon latéral. Ecusson d'un brun rouge. Elytres d'un bleu foncé, nullement verdâtre, brillantes, vaguement ponctuées, peu abondamment couvertes d'une pubescence grisâtre inclinée; de forme ovale, peu allongée, très-régulièrement arrondies postérieurement; bords antérieurs obliques; médiocrement bombées, une légère saillie aux omoplates, immédiatement suivie d'une faible dépression transversale sur laquelle la pubescence paraît plus abondante, et pourrait produire une bande grisâtre dans des individus plus frais que ceux que j'ai pu observer. Dessous du corps et pattes entièrement noires ou d'un brun très-foncé. — Je ne puis rien dire des différences sexuelles du mâle, n'ayant eu sous les yeux que des femelles.

Cette espèce, recueillie au Cap de Bonne-Espérance, est très-rare dans les collections. Je n'en ai vu que trois individus qui m'ont été communiqués par MM. de Brême, Melly et Spinola, qui, tous les trois, les avaient reçus de M. Drège de Hambourg.

B. Elytris brunneis.

α. Maculà basali ferrugineà ornatis.

5. F. Nemrod. *Pedestri multò major, fusco-ferrugineus, nitidus, griseo pilosus; capite thoraceque tenuissimè et rarissimè punctatis; elytris piceo-nigris, ponè humeros flavo-lunulatis.* — Long. 0,0042. Lat. 0,0014. — Mesopotamia.

Très-voisin du *F. Pedestris*, mais sensiblement plus grand que les plus grands individus de cette espèce. Tête ferrugineuse plus ou moins foncée, de même teinte que le corselet, lisse et brillante, peu abondamment pubescente; ponctuation très-fine et beaucoup plus espacée que dans le *Pedestris*, pas plus large que longue, arrondie postérieurement; les yeux

___

1 *Anthicus Rubricollis*, Dej. Cat. 1836, p. 259.

grands et nullement saillants; les antennes ferrugineuses, à peine plus foncées au sommet qu'à la base, très-robustes, plus longues que la moitié du corps, grossissant faiblement de la base au sommet. Corselet de la couleur de la tête, lisse, peu pubescent, semé de points très-fins et très-espacés, différant peu pour la forme de celui du *Pedestris*, seulement un peu moins bombé et plus transversalement arrondi antérieurement, avec les pommettes latérales moins saillantes. Ecusson rouge, légèrement saillant. Elytres d'un brun de poix foncé, brillantes, imperceptiblement pointillées, ornées derrière l'épaule d'une tache jaune en forme de lunule qui atteint le bord latéral, mais qui n'atteint pas entièrement la suture, ombragées de poils grisâtres plus abondants sur la tache jaune et sur le troisième tiers, de même forme que celles du *Pedestris*, également ovales et convexes. Dessous du corps entièrement d'un rouge ferrugineux foncé, pattes de même teinte, entièrement concolores, très-robustes, avec les cuisses fortement claviformes.

Cette belle espèce a été récoltée en Mésopotamie par le docteur Helfer. L'exemplaire ici décrit est une femelle qui m'a été envoyée par M. Schmidt Göbel. J'en ai vu un autre exemplaire au musée de Berlin, provenant de la même source, et se distinguant du *Pedestris* par les mêmes caractères, par une taille notablement plus grande, et par la ponctuation presque insensible de la tête et du corselet.

6. F. Nobilis. *Pedestri paulò major, ferrugineus, nitidus, griseo-pilosus; elytris piceo-nigris, basi rufo-fasciatis.* — Long. 0,004. Lat. 0,0013. — Persia Borealis.]

Anthicus Nobilis, Falderm. Faun. Entom. Transcaucasica pars. 2, p. 107.

Cette espèce est intermédiaire pour la taille entre le *F. Nemrod* et le *F. Pedestris*. La couleur est exactement la même que celle du premier; la tête, le corselet, les antennes et les pattes sont entièrement d'un rouge ferrugineux plus ou moins vif; le dessous du corps lui-même participe à cette teinte générale, à l'exception de l'abdomen qui est constamment noir. Les élytres sont d'un brun de poix foncé, avec une bande transversale à la base, rougeâtre ou jaunâtre suivant le plus ou moins de coloration de l'insecte, rarement interrompue sur la suture, et séparée de l'extrême base par une bordure de la couleur du fond. La ponctuation et la pubescence sont les mêmes que dans le *Pedestris*, tant sur la tête et le corselet que sur les élytres. Il ne reste de différence sérieuse, entre ces deux espèces, que la taille plus grande du *Nobilis* et la forme des élytres un peu moins ovalaires, un peu plus larges à la base et un peu plus carrées à l'extrémité. M. Faldermann, dans sa description, qui est très-exacte et très-détaillée, fait ressortir en outre la forme du corselet comme étant plus large que dans l'espèce européenne; mais n'ayant eu que deux exemplaires sous les yeux, je n'ai pu me bien convaincre de l'exactitude de cette assertion. — Le mâle réunit les deux caractères sexuels particuliers à ce genre : l'épine aux cuisses antérieures, et l'échancrure profonde du dernier segment inférieur de l'abdomen.

Grâce à l'obligeance de M. le baron de Chaudoir, j'ai pu examiner en nature cette lointaine espèce, dont il a bien voulu m'envoyer un mâle et une

femelle extraits de la collection même de M. Faldermann. Le *F. Nobilis*
habite les provinces caucasiennes du nord de la Perse, récemment incor‑
porées à l'empire Russe.

7. F. Pedestris. *Nigro-piceus, nitidus, griseo-pilosus; thorace, elytrorum fasciâ ponè humeros abbreviatâ, antennarum femorumque basi, ferrugineis.* — Long. 0,0034 ad 0,0038.
Lat. 0,0011 ad 0,0013. — Europa Meridionalis.

Carabus Pedestris, Rossi, Faun. Etrusca t. 1, p. 224 (1790). *Id.* edid. Hellw. t. 1,
p. 270.

Notoxus Pedestris, Rossi, Mant. Ins. t. 1, p. 45, tab. 2, f. c (1792). *Id.* edid. Hellw.
t. 1, p. 384. — Fabr. Suppl. p. 66 (1798). — (mas.) Panz. Faun. Germ. Fasc. 23,
tab. 7. — Oliv. Encycl. méth. t. 8, p. 395.

Anthicus Pedestris, Fabr. Syst. Eleut. t. 1, p. 291 (1801). — Illig. Mag. t. 5, p. 225.
— Castelnau, Hist. des Ins. Coléopt. t. 2, p. 258. — Schmidt, Stett. Ent. Zeit., t. 3,
p. 195.

Notoxus Thoracicus, Panz. Faun. Germ. Fasc. 23, tab. 6 (1). — (femina) *Notoxus
Equestris*, Panz. Faun. Germ. Fasc. 71, tab. 8.

Cantharis Fusca (Cantharide fourmi), Geoff. Hist. des Insect. t. 1, p. 544 (1762) (2).

Tête noire, peu brillante, couverte d'une ponctuation fine et serrée qui
donne naissance à une pubescence noire, courte, couchée très à plat, qui
ne peut s'apercevoir qu'en regardant avec une forte loupe le profil de la
tête, arrondie postérieurement, un peu transversale dans le mâle, pas plus
large que longue dans la femelle; yeux médiocrement saillants; antennes
plus ou moins noirâtres, moins foncées vers la base, abondamment pubescentes. Corselet rouge, assez brillant, abondamment ponctué, revêtu d'une
pubescence grise inclinée, hérissé en outre de quelques cils roussâtres,
régulièrement globuleux antérieurement, aussi large que la tête, d'un
quart au moins plus long que large, sillon latéral bien marqué, déterminant un rétrécissement très-postérieur suivi d'un renflement très-court,
assez fortement bombé sur le disque et brusquement déclive à la base,
qui est finement mais visiblement marginée; goulot antérieur très-court,
mais bien distinct. Écusson rougeâtre. Élytres vernissées, d'un noir brun
très-foncé, ornées derrière l'épaule d'une courte bande transversale rouge,
qui n'atteint ni la suture ni le bord latéral, placée un peu obliquement, à
contours mal arrêtés; vaguement pointillées, revêtues d'une pubescence
longue et hérissée, composée de poils d'inégale grosseur, les uns noirs,
les autres argentés, ces derniers plus abondants à la base, et formant en
outre, sur la seconde moitié des élytres, une large zone grisâtre; en ovale

(1) Tout en citant cette synonymie reproduite par plusieurs auteurs, tels que Illiger,
Schönherr, et en dernier lieu M. Schmidt, je regrette de n'avoir pu la vérifier moi-même.
Les deux exemplaires de Panzer que j'ai consultés, contiennent, sous le n° 6 du vingt-troisième cahier, non pas le *N. Thoracicus*, mais bien le *Notoxus (Scydmænus) Minutus*. La
table elle-même jointe au vingt-troisième cahier, cite également le *N. Minutus* au n° 6, et
ne fait nulle mention du *N. Thoracicus* que j'ai inutilement cherché dans toutes les autres
livraisons.

(2) *Anthicus Pedestris*, Dej. Cat. 1837, p. 259.

plus allongé dans le mâle, plus court dans la femelle, deux fois aussi larges
que le corselet, moins de deux fois aussi longues que larges, même celles
du mâle, très-arrondies aux angles huméraux, légèrement tronquées obliquement plutôt qu'arrondies à l'extrémité. Dessous de la poitrine rougeâtre ; abdomen noir ; pattes d'un brun plus ou moins foncé, avec la base
des cuisses ferrugineuse. — Le mâle se distingue de la femelle par une
tête et un corselet un tant soit peu plus large, des élytres plus longues,
plus étroites, moins dilatées sur les côtés, par une forte, mais courte épine
aux cuisses antérieures (f. 7), et par une échancrure profonde du dernier segment de l'abdomen (f. 9). C'est la femelle, avec ses cuisses inermes,
qui a été figurée par Panzer sous le nom de *Notoxus Equestris.*

VARIÉTÉS. *Coloration décroissante : b.* Tête noire, la base des élytres rougeâtre, la bande jaunâtre très-apparente, à peine interrompue par la suture.

c. Tête, antennes et pattes d'un rouge ferrugineux plus ou moins
obscur, de même teinte que le corselet ; la bande des élytres jaunâtre
comme dans la variété *b,* sans interruption sur la suture et atteignant le
bord latéral. Cette variété est particulière aux contrées les plus orientales
de l'Europe. Les individus que j'ai observés proviennent les uns du Balkan, les autres de la Crimée. M. Schmidt de Stettin avait déjà remarqué que les individus de la Hongrie et de la Turquie avaient la bande des
élytres plus prononcée ; mais il ne dit pas qu'aucun d'eux eût la tête
rougeâtre.

Coloration croissante : β (β Schmidt), ne diffère du type que par le
rétrécissement de la tache des élytres, réduite à un point rougeâtre situé
juste derrière l'épaule.

γ. Elytres entièrement noires, sans apparence de tache posthumérale.
Corselet néanmoins rouge.

δ. (γ Schmidt). Elytres à bande ferrugineuse comme dans le type ; mais
corselet noirâtre, surtout à la partie antérieure.

ε. (δ Schmidt). Elytres très-noires à bandes ferrugineuses peu apparentes ; tout le reste, tête, antennes, corselet et pattes entièrement noirs. Je
n'ai pas vu d'individus complétement noirs sans tache sur les élytres ; mais
il est bien probable qu'on en trouverait en Espagne, où les deux dernières
variétés ont été recueillies par MM. Ghiliani et Rambur aux environs de
Malaga.

Cette espèce est répandue dans toute la partie méridionale de l'Europe,
depuis l'Espagne jusqu'en Crimée. Elle est commune en France dans les
provinces baignées par la Méditerranée, non moins commune dans les îles
de Corse, de Sardaigne et de Sicile, dans toute l'Italie, l'Autriche et la Hongrie. On la retrouve en outre dans l'archipel de l'Asie Mineure, et jusque
sur les côtes de la Syrie. Je ne sache pas qu'elle ait jamais été trouvée en
Algérie. Elle paraît s'éloigner peu des bords sablonneux des rivières ou
des rivages de la mer.

Les deux espèces précédentes et la suivante sont extrêmement voisines
de la variété *c* du *Pedestris ;* elles s'en distinguent principalement : les
deux premières, par la supériorité de leur taille, la dernière, par sa taille
plus petite et surtout plus étroite.

8. F. Cursor. *Pedestri paulò minor et angustior, ferrugineus nitidus, griseo-pilosus; clytris piccis, basi flavo-fasciatis; antennis femoribusque apice fuscis.* — Long. 0,003 ad 0,0034. Lat. 0,001 ad 0,0011. — Daghestan.

Espèce encore douteuse pour moi, non moins voisine du *Pedestris* var. *c*, que les *F. Nemrod* et *Nobilis,* mais un peu plus petite. La tête est rougeâtre, les antennes ferrugineuses, obscures au sommet; le corselet entièrement rouge; les élytres brunes avec la bande jaune non interrompue, mais seulement plus foncée sur la suture; les pattes rougeâtres, avec la massue des cuisses plus foncée. Le seul caractère important qui distingue cette espèce du *Pedestris,* c'est l'infériorité de sa taille et la forme plus étroite et plus allongée des élytres, qui sont presque deux fois aussi longues que larges, qnoique les individus observés soient des femelles.

Cette espèce habite le Daghestan, province de la Perse occidentale. Elle a été envoyée par M. Motchoulsky à MM. Guérin et Aubé, sous le nom de *Cursor,* que je lui ai conservé; mais ce nom ne se retrouvant pas dans le catalogue manuscrit que M. Motchoulsky a eu l'obligeance de m'envoyer, je crains qu'il ne lui ait donné un autre nom, ou qu'il n'ait jugé à propos de la réunir au *Pedestris.*

9. F. Braminus. *Rubro-ferrugineus, nitidus, subtilissimè punctatus, parcè pilosus; clytris piceis, basi flavo-ferrugineis, ponè humeros nonnihil transversim depressis.* — Long. 0,0035 ad 0,004. Lat. 0,0012 ad 0,0013. — India Orientalis.

Tête d'un brun rouge plus ou moins foncé, lisse, sans ponctuation distincte, un peu rugueuse antérieurement, parsemée de poils roussâtres, arrondie postérieurement, un peu transversale; chaperon légèrement relevé sur les côtés; antennes robustes, ciliées, d'un brun ferrugineux plus foncé au sommet. Corselet d'un rouge brun, transversalement globuleux antérieurement, confusément ponctué, un peu pubescent sur le milieu, un peu moins large que la tête, peu bombé sur le disque, sensiblement rétréci un peu avant la base. Ecusson en triangle très-aigu au sommet, ferrugineux. Elytres d'un noir de poix très-brillant, avec toute la base d'un jaune ferrugineux plus ou moins vif, cette coloration s'étendant jusqu'au quart environ de la longueur, et s'avançant même un peu en pointe sur la suture; vaguement ponctuées et semées de poils roussâtres, en ovale médiocrement allongé, les omoplates très-légèrement saillantes. Poitrine en dessous d'un rouge ferrugineux; abdomen plus foncé. Pattes ferrugineuses, avec la massue des cuisses noirâtre. — Sur sept individus qui m'ont été communiqués, je n'ai pas rencontré un seul mâle; tous les abdomens étaient sans échancrure, et toutes les cuisses antérieures inermes.

Variétés : *Coloration croissante :* β. L'extrême base des élytres brune, et séparée du reste des élytres par une bande ferrugineuse qui n'est pas droite, mais qui a la forme d'un chevron dont la pointe est tournée vers le centre.

Coloration décroissante : b. Tout l'insecte ferrugineux dessus et dessous. La base des élytres distinguée seulement par une teinte plus pâle; Eclosion **prématurée ?**

Cette espèce, recueillie par Helfer dans l'Inde, m'a été envoyée par le musée de Prague. Celui de Berlin m'a communiqué un individu soi-disant originaire de l'Amérique septentrionale, et qui me paraît appartenir évidemment à la variété *b* de cette espèce.

10. F. Ninus (1). *Rubro-ferrugineus, nitidissimus, subtilissimè punctatus, subglaber; elytris angustulis, piceis, ponè humeros maculá pallidè flavá benè distinctá ornatis.* — Long. 0,003 ad 0,0035. Lat. 0,0009 ad 0,0011. — Mesopotamia.

Tête d'un brun faiblement rougeâtre, assez brillante, distinctement ponctuée, très-peu pubescente, arrondie postérieurement, pas plus large que longue; yeux petits, peu saillants; antennes brunes, avec les quatre à cinq premiers articles jaunâtres. Corselet brun de même teinte que la tête, très-lisse et brillant, ponctuation très-fine et très-espacée, pubescence presque nulle; aussi large que la tête, d'un bon tiers plus long que large, régulièrement globuleux antérieurement, fortement rétréci postérieurement très-peu avant la base, qui est légèrement renflée sur les côtés et visiblement marginée. Elytres d'un brun foncé, ornées chacune d'une bande posthumérale d'un jaune pâle, commençant un peu derrière l'épaule, et se dirigeant obliquement et en se rétrécissant vers la suture, qu'elle n'atteint pas, à contours nettement arrêtés, et bien différente en cela de la tache correspondante du *Pedestris*; très-lisses, presque glabres et très-finement ponctuées, en ovale allongé, à peine deux fois aussi larges que le corselet, et environ une fois et 3/4 aussi longues que larges, très-arrondies aux angles huméraux, obliquement tronquées à l'extrémité, et s'entr'ouvrant généralement à partir du milieu; les ailes inférieures très-courtes et paraissant impropres au vol. Tout le dessous du corps et les pattes d'un brun foncé comme les élytres. — Les mâles paraissent aussi rares dans cette espèce que dans la précédente. Je n'en ai pas reconnu un seul dans les cinq individus qui m'ont été communiqués.

Cette espèce a été recueillie en Mésopotamie par Helfer. M. Schmidt Göbel m'en a donné plusieurs exemplaires. Il n'avait pas été moins généreux envers le musée de Berlin, où cet insecte avait reçu le nom de *Venustus* que je n'ai pu conserver, MM. Villa ayant décrit sous ce nom une espèce particulière à la Lombardie.

11. F. Puerulus. *Rubro-ferrugineus, nitidus, subglaber; thorace parvo, angustulo; elytris piceis, ponè humeros obliquè fulvofasciatis.* — Long. 0,0025. Lat. 0,0007. — Siam.

Une des plus petites espèces du genre. Tête petite, brune, luisante, ponctuée en avant entre les yeux, presque glabre, arrondie postérieurement, un peu transversale, les yeux relativement grands et saillants; antennes sensiblement claviformes, les articles, à partir du septième, fortement renflés, le dernier ovoïde, très-faiblement acuminé. Corselet d'un brun légèrement roussâtre, ferrugineux à l'extrême base, sans ponctuation ni pubescence distincte, comparativement plus petit que dans aucune autre

---

(1) *Anthicus Venustus*, Klug. in Musco Berolinensi.

espèce de ce genre, sensiblement moins large que la tête, d'un tiers environ plus long que large, peu convexe, peu globuleux et peu dilaté antérieurement, peu rétréci postérieurement, sans renflement sensible à la base. Elytres d'un brun foncé, ornées vers la base d'une bande commune jaunâtre en forme de chevron, ouvert antérieurement, formé de deux taches obliques à contours peu arrêtés, réunies sur la suture, et s'éteignant avant d'atteindre l'épaule ; lisses, presque glabres, sans ponctuation distincte, en ovale allongé, trois fois aussi larges que le corselet, une fois et 3/4 aussi longues que larges, médiocrement arrondies aux angles huméraux, un peu carrées postérieurement ; une légère dépression transversale à l'endroit des taches, précédée d'une très-faible saillie des omoplates. Dessous du corps et pattes entièrement d'une teinte brune uniforme, les cuisses faiblement dilatées.

Cet insecte habite le royaume de Siam. L'unique individu ici décrit m'a été communiqué par le musée de Berlin.

β. Elytris fasciâ piloso-argenteà ornatis.

12. F. Ionicus. *Totus rufo-brunneus, nitidus, subglaber ; elytris nigro-brunneis, basi dilutioribus, ponè humeros pilifasciatis ; antennis rufis, apice fuscis.*—Long. 0,0033. Lat. 0,001. — Asia Minor.

Tête d'un brun un peu rougeâtre, brillante, vaguement et finement pointillée, peu pubescente, arrondie postérieurement, un peu transversale ; antennes roussâtres, avec les trois derniers articles noirâtres et sensiblement dilatés. Corselet d'un brun rouge comme la tête, vaguement et très-finement pointillé, de même forme que celui du *Pedestris,* mais un peu moins long et plus bombé antérieurement, les pommettes séparées de la base par une fossette latérale triangulaire très-lisse et miroitante. Elytres d'un brun noir, un peu rougeâtres vers la base, ornées, derrière les omoplates, d'une bande de duvet argenté très-fugitif, assez brillantes, vaguement et très-finement pointillées, semées de quelques poils raides, ovalaires postérieurement, un peu trapézoïdales antérieurement ; angles huméraux obtus, bords antérieurs obliques ; la plus grande largeur un peu au-delà de la moitié et égale au moins à deux fois et demie celle du corselet, conjointement arrondies postérieurement, une légère impression posthumérale à l'endroit de la bande pubescente. Tout le dessous du corps et les pattes entièrement d'un brun légèrement ferrugineux. — Le mâle se distingue par la forme des élytres, plus larges antérieurement, ce qui les fait paraître moins dilatées sur les côtés, par une longue épine un peu cambrée et très pointue aux cuisses antérieures, et par une large échancrure du dernier segment abdominal.

Cet insecte habite l'Asie mineure et les îles de la Grèce. Il m'a été communiqué pour la première fois par M. Chevrolat ; depuis, M. Friwaldszky m'en a envoyé plusieurs individus de l'Asie Mineure ; enfin, je l'ai reçu en dernier lieu de M. Melly sous le nom de *Ionicus* Saunders, que j'ai conservé, sans savoir si M. Saunders avait décrit ou non cet insecte.

13. F. Amœnus. *Rufo-ferrugineus, subnitidus, tenuissimè pubescens ; elytris piceis, basi ferrugincis, ponè humeros pilifasciatis.* — Long. 0,0025. Lat. 0,0007. — Ægyptus.

De la taille du *F. Puerulus*. Tête d'un rouge ferrugineux clair assez terne, ponctuation fine cachée par une pubescence roussâtre, arrondie postérieurement, un peu transversale, légèrement rétrosaillante ; antennes plus longues que la moitié du corps, ferrugineuses, avec les trois à quatre derniers articles plus foncés et fortement dilatés. Corselet de même teinte que la tête, sans ponctuation distincte, couvert d'une pubescence roussâtre, très-fine et diffuse, qui lui ôte tout brillant et lui donne une apparence rugueuse, médiocrement bombé, globuleux antérieurement, un peu moins large que la tête, une fois et demie aussi long que large, rétréci vers les deux tiers, très-faiblement renflé à la base. Écusson rouge. Élytres brunes, avec toute la base ferrugineuse de même teinte que le corselet et une bande transversale de duvet blanc placée sur la lisière de la partie rouge, qui cependant s'étend un peu au-delà, couvertes en outre d'une fine pubescence roussâtre entièrement inclinée, vaguement, mais visiblement pointillées, en ovale un peu tronqué aux extrémités, plus de deux fois aussi larges que le corselet, et paraissant une fois et 2/3 aussi longues que larges ; une légère dépression transversale précisément à l'endroit où existe la bande de duvet blanc, les angles huméraux moins arrondis que de coutume, les postérieurs légèrement carrés, de manière à découvrir un peu l'extrémité de l'abdomen. Dessous de la poitrine rouge, abdomen noirâtre, pattes entièrement d'un ferrugineux clair.

Je n'ai eu sous les yeux qu'un seul individu femelle de cette espèce, qui m'a été donnée par le musée de Berlin sous le nom d'*Amœnus*, que je lui ai conservé. Il provient de l'Égypte, où il a été recueilli par Ehrenberg. La bande pubescente des élytres est le seul point de ressemblance de cette espèce avec le *F. Ionicus*, dont elle diffère totalement par la taille, la forme moins bombée du corselet, et la coupe plus régulièrement ovale des élytres.

γ. Elytris quadrimaculatis.

14. F. **Aulicus**. *Flavo-ferrugineus, nitidus, tenuè pubescens, elytris piceis, fasciis quatuor obliquis in centrum convergentibus flavo-testaceis ; femoribus parùm incrassatis.*—Long. 0,0026. Lat. 0,0008. — India Orientalis.

Espèce remarquablement étroite, et la seule du genre qui présente quatre taches sur les élytres. Tête ferrugineuse, brillante, imperceptiblement pointillée, arrondie postérieurement, pas plus longue que large, deux petites impressions longitudinales entre les yeux ; antennes entièrement ferrugineuses, plus longues que la moitié du corps, l'article basilaire très-allongé, ceux de la massue courts, aplatis, et beaucoup plus larges que ceux de la tige. Corselet d'un ferrugineux plus ou moins jaunâtre, peu brillant, finement rugueux vers la base, fortement bombé antérieurement, aussi large que la tête, d'un tiers plus long que large, rétréci peu au-delà de la moitié par un sillon latéral profond, suivi d'un renflement basilaire très-sensible. Élytres brillantes, très-finement pointillées, ombragées d'une pubescence roussâtre très-finement soyeuse, brunes, ferrugineuses à la base, ornées chacune de deux bandes ferrugineuses obliques : les antérieures réunies sur la suture formant un chevron qui ne se confond pas avec la teinte ferrugineuse de la base, à cause de deux petites taches brunes situées précisément sur les omoplates; les bandes postérieures non réunies sur la suture, formant crochet à l'extrémité externe, et venant se réunir le long du bord latéral aux taches antérieures; forme ovale régulièrement allongée, moins de deux fois aussi larges que le corselet, et près de deux fois aussi longues que larges, angles huméraux extrêmement obtus, bords antérieurs très-obliques, arrondis et un peu tronqués postérieurement, les omoplates légèrement saillantes. Dessous du corps et pattes d'un ferrugineux très-clair, cuisses très-faiblement dilatées.

Cette jolie espèce, recueillie aux Indes-Orientales par Helfer, m'a été communiquée par le musée de Prague.

II. Thorace nigro aut concolore.

    A. Elytris convexis, lateribus ampliatis.

      α. Species nigro-cyaneæ.

15. F. Coeruleus. *Niger, nitidissimus, subglaber; clytris viridi-cœruleis, elongato-ovatis, modicè convexis.* — Long. 0,0057 ad 0,0044. Lat. 0,0011 ad 0,0014. — Prom. Bon. Spei.

Notoxus Cœruleus (1), Thunberg, Nov. Ins. Spec. p. 102 (1781—1794). *Id*, Dissert. Academ. edid. Persoon, t. 3, p. 221.

Notoxus Apterus, Oliv. Encycl. méthod. t. 8, p. 595 (1811).

Taille variable, quelquefois plus grande que celle du *Pedestris*. Tête noire, brillante, peu pubescente, peu ponctuée, pas plus large que longue, peu arrondie postérieurement, légèrement rétrosaillante; chaperon légèrement relevé sur les côtés; palpes maxillaires fortement sécuriformes; antennes très-robustes, entièrement noires, à derniers articles allongés. Corselet noir, lisse, finement ponctué, presque glabre, peu globuleux antérieurement, plutôt obconique et tronqué carrement, moins large que la tête, d'un tiers plus long que large, sensiblement bombé en dessus, sillon latéral assez profond, renflement basilaire à peu près nul. Ecusson noir, en triangle très-aigu au sommet. Elytres d'un bleu verdâtre, très-brillantes, vaguement et finement pointillées, parsemées de poils blancs, courts et inclinés, deux fois et demie aussi larges que le corselet, une fois et 3/4 aussi longues que larges, en ovale allongé, médiocrement convexes, régulièrement arrondies sur les côtés, légèrement tronquées à l'extrémité, et laissant à découvert, en partie, le dernier segment de l'abdomen; omoplates légèrement bombées et suivies d'une dépression transversale assez sensible. Tout le dessous du corps et les pattes d'un noir brillant. — Le mâle se distingue de la femelle par une petite échancrure arrondie à l'extrémité du dernier segment de l'abdomen. Les cuisses antérieures sont inermes, mais dilatées très-brusquement à la base, ce qui donne une apparence épineuse à l'angle qui résulte de cette subite

---

(1) *Anthicus Cœruleus*, Dej. Cat. 1836, p. 239.

dilatation. Il n'en est pas de même chez la femelle, dont les cuisses antérieures sont régulièrement dilatées en massue. Les tibias antérieurs du mâle présentent aussi un petit cran qui n'existe pas dans la femelle.

Cette espèce habite le Cap de Bonne-Espérance ; elle a été particulièrement récoltée au pied de la montagne des Cèdres, au nord du Cap, par M. Drège, qui l'a répandue dans un grand nombre de collections. C'est à cette espèce que doit être rapporté le *Notoxus Apterus*, décrit par Olivier dans l'*Encyclopédie méthodique*. M. Chevrolat m'a communiqué le type de cette description, individu mâle terne et fatigué, qui, au premier coup-d'œil, paraît une espèce différente, mais qui en réalité n'en diffère nullement, surtout si on compare les pattes antérieures, qui présentent la même dilatation anguleuse de la cuisse et le même cran au tibia.

16. **F. Natalis.** *Niger, nitidissimus, subglaber ; elytris nigro-cœrulcis, abbreviato-ovatis, valdè convexis.* — Long. 0,0035. Lat. 0,0011. — Port-Natal.

Espèce très-voisine de la précédente, mais constamment plus petite et plus convexe. Tête noire, un peu carrée postérieurement, un peu rétrosaillante. Antennes noires, robustes, semblables à celles du *Cœruleus*. Corselet noir, obconique antérieurement comme celui de cette espèce, mais plus étroit d'un quart, et dilaté plus antérieurement, faiblement renflé à la base. Élytres d'un bleu noirâtre très-foncé, semé de poils blancs courts et couchés à la surface, en ovale peu allongé, beaucoup plus convexes, et plus fortement dilatées sur les côtés que dans le *Cœruleus* ; dépression posthumérale moins sensible, plus fortement tronquées postérieurement. Pattes et dessous du corps entièrement noirs. Je ne puis rien dire des caractères sexuels du mâle, n'ayant eu sous les yeux que des femelles.

Cette espèce habite la colonie anglaise de Port-Natal. Trois exemplaires m'ont été donnés par M. Pœppig, directeur du musée de Leipsick.

17. **F. Nigrocyaneus.** *Niger, subnitidus, nonnihil pilosus ; elytris nigro-cyancis ; antennis femorumque basi fuscis.* — Long. 0,0037. Lat. 0,0011. — Senegal.

Tête d'un noir peu brillant, confusément pubescente, très-arrondie postérieurement, un peu plus longue que large ; antennes un peu moins robustes que dans les deux espèces précédentes, noirâtres, avec la base légèrement ferrugineuse. Corselet noir confusément ponctué et couvert en dessus d'une pubescence argentée très-inclinée, glabre et luisant sur les pommettes latérales, régulièrement arrondi, mais peu bombé antérieurement, un peu moins large que la tête, rétréci vers les deux tiers, après quoi les côtés se dirigent parallèlement jusqu'à la base ; sans sillon latéral ni renflement basilaires ; goulot antérieur excessivement court, presque nul. Elytres d'un bleu très-foncé, peu brillantes, visiblement semées d'assez gros points enfoncés, de chacun desquels sort un gros poil blanc, long, rigide et incliné, deux fois et 1/2 aussi larges que le corselet, une fois et 2/3 aussi longues que larges, peu convexes, régulièrement ovalaires sur les côtés et postérieurement, un peu carrées antérieurement, conjointement arrondies à l'extrémité, les omoplates très-légèrement saillantes. Poitrine et abdomen d'un brun foncé, pattes noires avec la base des cuisses rou-

geâtre. — Le seul individu que j'aie vu était un mâle avec une forte épine au
milieu des cuisses antérieures, et une petite échancrure semi-circulaire à
l'extrémité du dernier segment de l'abdomen.

Cet insecte a été rapporté du Sénégal, et fait partie de la collection de
M. Lucien Buquet.

β. Species nigro-brunneæ.
* Thorace basi minimè tuberculato.

18. F. CORVINUS (1). *Staturâ maximâ; totus niger, nitidissimus, subtiliter punctatus,
parcè pilosus; thorace angustulo, anticè parum globoso; elytris elongatis, lateribus modicè dilatatis.* — Long. 0,005. Lat. 0,0014. — Insula Java.

La plus grande espèce du genre. Tête noire, brillante, à ponctuation fine
et espacée, peu pubescente, très-arrondie postérieurement, plus longue que
large; yeux gros, assez saillants : palpes peu apparents, le dernier article
large et court. Antennes peu ciliées, d'un noir obscur, l'article basilaire
légèrement rougeâtre. Corselet d'un noir luisant, ponctué et légèrement
pubescent en dessus, pommettes latérales très-lisses, glabres et miroitantes,
presque chagriné à la base, peu globuleux antérieurement, peu dilaté sur
les côtés, oblong et même un peu fusiforme, un peu moins large que
la tête, une fois et demie aussi long que large, assez fortement convexe;
sillon latéral large, mais peu profond, suivi d'un faible renflement basilaire; peu déclive, mais fortement marginé à la base. Elytres d'un noir
légèrement bleuâtre, d'une teinte différente de celles des parties antérieures,
très-brillantes, finement et très-vaguement pointillées, parsemées de quelques poils blancs rigides et inclinés, de forme régulièrement ovale, très-
allongées, deux fois et demie aussi larges que le corselet, et près de deux
fois aussi longues que larges, angles huméraux prononcés, peu arrondis, bords antérieurs obliques, conjointement arrondies postérieurement,
et ne couvrant pas entièrement l'extrémité de l'abdomen. Pattes et dessous du corps entièrement noirs. — L'unique individu qui m'a été con-
fié est un mâle avec une épine très-aiguë au milieu des cuisses antérieures,
et une large échancrure abdominale circulaire qui s'étend jusqu'à l'avant-
dernier segment.

Cet insecte habite Java. Le musée de Berlin en possède deux exemplaires, et a bien voulu m'en communiquer un sous le nom d'*Anthracinus*, que j'ai cru devoir changer en celui de *Corvinus*, à cause de la teinte
légèrement bleuâtre des élytres.

J'avais pensé d'abord que cet insecte pourrait bien être le même que le
Notoxus Apterus décrit par Olivier dans l'*Encyclopédie méthodique*.
Mais j'ai découvert depuis que le *N. Apterus* n'était autre que le *Formi-
comus Cœruleus*, Thunb. décrit ci-dessus.

---

1 *Anthicus Anthracinus*, Klug. in Museo Berolinensi.

19. F. **Præses**. *Totus fusco-niger, nitidus; subtilissimè punctulatus, tenuè pubescens; thorace angusto subovali; elytris subelongatis, lateribus modicè dilatatis. —* Long. 0,0057. Lat. 0,0012. — Bengale.

Tête, corselet et élytres exactement concolores, d'un noir un peu fuligineux, couverts d'une fine pubescence roussâtre entremêlée de longs cils noirs. Tête rugueuse entre les yeux, finement pointillée sur le disque, assez brillante, arrondie postérieurement, un peu transversale; antennes brunes, finement ciliées, de forme et de longueur ordinaire. Corselet assez brillant, finement ponctué sur le disque, transversalement ridé à la base, très-étroit, plutôt ovoïde que globuleux, un quart moins large que la tête et moitié plus long que large, très-rétréci à la base, sans sillon latéral ni renflement basilaire sensible; large goulot, très-court et peu distinct. Elytres brillantes, très-finement pointillées, régulièrement ovales, excepté à la base, qui est coupée presque carrément, assez fortement dilatées sur les côtés, assez convexes en dessus, près de trois fois aussi larges que le corselet, une fois et 3/4 aussi longues que larges, les angles huméraux prononcés et faiblement obtus, conjointement arrondies postérieurement, dépression posthumérale presque insensible. Dessous du corps noir; pattes d'un brun foncé, avec la base des cuisses ferrugineuse. — Le seul exemplaire que j'aie eu sous les yeux est un mâle, avec une épine assez longue, fine et très-aiguë au milieu des cuisses antérieures, et une faible échancrure à l'extrémité du dernier segment de l'abdomen.

Cet insecte m'a été donné par feu M. Nyst, conservateur du musée de Bruxelles, qui l'avait reçu du Bengale.

20. F. **Judex**. *Totus niger, nitidissimus, subtiliter punctatus, parcè pilosus; thorace subovali, angustissimo; elytris breviusculis, lateribus ponè medium valdè dilatatis.—* Long. 0,0035. Lat. 0,0013 (f. 12). — India Orientalis.

Entièrement d'un noir très foncé, nullement fuligineux, sans pubescence fine collée à la surface. Tête lisse et brillante sur le disque, rugueuse en avant entre les antennes, arrondie postérieurement, pas plus longue que large; mandibules saillantes et très-aiguës; antennes concolores, robustes, finement ciliées. Corselet brillant, sans ponctuation distincte, transversalement ridé à la base, bombé, mais peu dilaté sur les côtés antérieurement, plutôt ovoïde que globuleux, semblable pour la forme à celui de l'espèce précédente. Elytres brillantes, vaguement ponctuées, chaque point donnant naissance à un long poil argenté peu incliné, ovalaires postérieurement, trapézoïdales antérieurement, plus dilatées sur les côtés que dans aucune autre espèce du genre (f. 12), plus de trois fois aussi larges que le corselet, et seulement moitié plus longues que larges, fortement convexes en dessus, coupées presque carrément à la base, avec les angles huméraux prononcés, conjointement arrondies postérieurement. Dessous du corps et pattes d'un noir un peu moins foncé que le dessus. — Je n'ai vu qu'un seul individu femelle de cette espèce, recueilli dans l'Inde par Helfer, et communiqué par le musée de Prague.

21. F. Senex. *Totus nigro-fuscus, subtiliter punctatus, griseo pilosus; thorace anticè transversim globoso; elytris ponè humeros nonnihil depressis.* — Long. 0,004. Lat. 0,0013. — Nova Hollandia (baie des Chiens-Marins).

Tête, corselet et élytres entièrement concolores, d'un noir fuligineux, médiocrement foncé. Tête assez brillante, distinctement ponctuée, peu pubescente, un peu carrée et rétrosaillante, sensiblement transversale; antennes d'un brun rougeâtre, fortement ciliées, moins longues à proportion que dans les espèces voisines. Corselet grossièrement et profondément ponctué, assez terne en dessus, peu pubescent, quelques cils noirs sur les bords, lisse et brillant sur les pommettes, transversalement globuleux antérieurement, presque aussi large que la tête, à peine d'un tiers plus long que large, rétréci postérieurement, sans renflement basilaire sensible. Elytres assez brillantes, ponctuation plus fine et plus espacée que sur le corselet, couvertes d'une pubescence roussâtre longue et peu inclinée, hérissées en outre de nombreux cils noirâtres, en ovale mediocrement allongé, peu convexes en dessus, assez dilatées sur les côtés, deux fois seulement aussi larges que le corselet, et à peu près une fois et 3/4 aussi longues que larges, un peu carrées antérieurement, conjointement arrondies à l'extrémité, une dépression assez sensible derrière les omoplates. Le dessous du corps noirâtre, pattes de même couleur, les tibias un peu moins foncés.

Description faite sur un seul individu femelle trouvé à la baie des Chiens-Marins, côte occidentale de la Nouvelle-Hollande, et faisant partie de la collection de M. Chevrolat.

    ** Thorace basi subtiliter tuberculato (f. 14).

22. F. Quoestor. *Totus nigro-piceus, parcè pilosus; capite posticè rotundato; elytris ovalibus, non pilifasciatis.* — Long. 0,003. Lat. 0,001. — India Orientalis.

Entièrement d'un noir d'asphalte, un peu plus foncé sur les élytres que sur les parties antérieures. Tête brillante, fortement ponctuée, surtout antérieurement, très-arrondie posterieurement, mais pas au point de paraître pointue comme dans les deux espèces suivantes; antennes d'un brun rougeâtre, modérement longues. Corselet peu brillant, abondamment ponctué, régulièrement globuleux, un peu moins large que la tête, rétréci postérieurement et renflé latéralement à la base; tubercules basilaire très-petits, distincts seulement à la loupe, réduits quelquefois à de simples rugosités rendues saillantes par le contraste d'une bordure lisse, et même un peu rougeâtre, qui forme l'extrème base. Elytres assez brillantes, vaguement et distinctement ponctuées, parsemées de quelques poils roussâtres, en ovale assez régulier, plus allongé dans le mâle, plus court dans la femelle, épaules peu prononcées, dépression posthumérale entièrement nulle. De même couleur en dessous qu'en dessus; les pattes noirâtres, avec la base des cuisses ferrugineuse. — Le mâle se distingue par des élytres plus longues et moins convexes, par une épine longue, fine et très-aiguë aux cuisses antérieures, et par une faible échancrure du dernier anneau de l'abdomen.

Cette espèce a été récoltée dans l'Inde par Helfer, et m'a été communiquée par le musée de Prague, qui m'en a donné quelques exemplaires.

23. F. Castigator. *Totus niger, nitidissimus, parcè pilosus; capite posticè subtriangulari; thorace globoso; elytris anticè trapezoïdalibus, ponè humeros nonnihil pilifasciatis.* — Long. 0,0032. Lat. 0,004. — India Orientalis.

Tête noire, brillante, fortement ponctuée, surtout antérieurement, plus qu'arrondie, presque pointue postérieurement; yeux très-grands, un peu réniformes, occupant toute la partie latérale de la tête; antennes brunes, très-longues, égales au moins aux 3/5 de la longueur du corps. Corselet d'un noir foncé comme la tête, très-brillant, à peine pointillé et presque glabre, d'un quart moins large que la tête, régulièrement globuleux antérieurement, fortement rétréci aux deux tiers de la longueur par un sillon profond, renflement basilaire peu sensible sur les côtes, mais très-sensible en dessus, où il offre l'apparence d'un tubercule ridé transversalement, et séparé du lobe antérieur par un sillon transversal qui se lie de chaque côté avec les sillons latéraux; base très-déclive et visiblement marginée. Elytres d'un noir légèrement bleuâtre, très-lisses et très-glabres à la base, jusqu'à la dépression posthumérale, qui est couverte d'une bande de poils blancs peu adhérents, au-delà pointillées, moins brillantes et parsemées d'une rare pubescence argentée; de forme ovalaire postérieurement, trapézoïdale antérieurement, deux fois et demie au moins aussi larges que le corselet, une fois et deux tiers aussi longues que larges, coupées presque carrément à la base, conjointement arrondies à l'extrémité, les épaules assez saillantes surtout latéralement, les omoplates un peu proéminentes et suivies d'une dépression transversale peu sensible. Dessous du corps noir. Pattes d'un brun foncé, plus clair à la base des cuisses.

Description faite sur un seul individu, recueilli dans l'Inde par Helfer, et confondu au musée de Prague avec l'espèce suivante.

24. F. Censor. *Totus nigrofuscus, subnitidus, grisco-pilosus; capite posticè subtriangulari; thorace elongato; elytris anticè trapezoïdalibus, ponè humeros pilifasciatis.* — Long. 0,0035. Lat. 0,004. — India Orientalis.

Un peu plus grand que le *F. Castigator*, avec lequel il a les plus grands rapports de forme. Tête, corselet et élytres parfaitement concolores, d'un noir fuligineux. Tête assez terne, couverte d'une ponctuation confuse et irrégulière; de même forme exactement que celle du *F. Castigator*, les yeux également grands et subréniformes; les antennes aussi longues, mais d'une teinte ferrugineuse beaucoup plus claire. Corselet à lobe antérieur plus allongé et plus étroit, nullement lisse et brillant, mais confusement pointillé, et couvert d'une pubescence grisâtre très-courte et très-couchée, qui contribue à donner à la ponctuation une apparence réticulée; tubercule postérieur (f. 14) divisé en deux petites éminences, et séparé du lobe antérieur, non pas seulement par un sillon transversal, mais par une fossette oblongue assez concave; base très-déclive et fortement marginée. Elytres lisses, glabres et miroitantes à la base jusque derrière les omoplates, traversées en cet endroit par une bande d'un duvet soyeux et argenté, qui contourne un peu la saillie des omoplates ; au-delà de cette bande, ponctuation diffuse, analogue à celle du corselet, compliquée d'une pubescence courte et fine, qui donne à tout le reste des élytres un aspect terne et grisâtre, une seconde bande de duvet très-fugitif s'apercevant même quelquefois sur les individus les plus frais, vers le second tiers des élytres, absolument comme dans le *F. Pedestris ;* de même forme que celles du *F. Castigator*, dépression posthumérale un peu plus profonde, et rendue plus sensible par le contraste entre la bande pubéscente et les reflets miroitants des omoplates. Dessous du corps entièrement noirâtre ; pattes d'un brun foncé, avec la base des cuisses ferrugineuse. — Le mâle se distingue par une forte épine à large base et très-acuminée au milieu de la massue des cuisses antérieures, et par une échancrure circulaire du dernier segment de l'abdomen.

Cette espèce est encore originaire de l'Inde, où elle a été recueillie abondamment par Helfer. Le musée de Prague m'en a abandonné deux exemplaires.

Les trois espèces indiennes précédentes : *Quæstor, Castigator* et *Censor*, forment un de ces groupes naturels qu'on est heureux de rencontrer dans un travail monographique. Les petites saillies tuberculeuses qu'on distingue à la base du corselet les isolent de toutes les autres espèces noirâtres et concolores, en même temps que des caractères spécifiques bien tranchés empêchent toute confusion entre elles. On n'en peut pas dire autant du groupe suivant, division artificielle, où nous avons réuni les espèces à élytres étroites et subparallèles.

B. Elytris elongatis, parum convexis, subparallelis.

25. F. Inquisitor. *Fusco niger, nitidus, sat confertim punctulatus, griseo pubescens ; elytris subparallelis ponè humeros pilifasciatis ; antennis basi ferrugineis.* — Long. 0,003. Lat. 0,0008. — Senegalia.

Tête, corselet et élytres entièrement concolores, d'un noir bitumineux. Tête brillante, finement ponctuée, arrondie et rétrosaillante postérieurement, transversale ; yeux médiocrement grands ; antennes au moins aussi longues que la moitié du corps, d'un brun obscur à l'extrémité et ferrugineux à la base. Corselet brillant, peu pointillé, presque glabre antérieurement, finement chagriné et pubescent vers la base, régulièrement globuleux en avant, un peu moins large que la tête, d'un tiers à peine plus long que large ; sillon latéral profond, suivi d'un renflement basilaire assez sensible ; base peu déclive, luisante et marginée. Elytres de consistance peu coriace, un peu diaphanes, ce qui les fait paraître moins foncées que le corselet, assez brillantes, ponctuation oblongue et distincte, pubescence courte, roussâtre, inclinée, clairsemée, ornées en outre, derrière les épaules, d'une bande de duvet blanc, un peu parallèles, très-légèrement arrondies sur les côtés, plus de deux fois aussi larges que le corselet, une fois et 3/4 aussi longues que larges, coupées presque carrément à la base, conjointement arrondies à l'extrémité, et ne recouvrant pas entièrement l'abdomen. Dessous du corps et pattes un peu moins foncés que le reste.

— L'unique individu que j'ai pu observer me paraît être un mâle ayant
une très-faible échancrure à l'extrémité de l'abdomen, mais pas apparence
d'épine aux cuisses antérieures.

Cet insecte, recueilli au Sénégal, est unique dans la collection du musée de Berlin.

26. F. Indigaceus. *Niger nitidus, punctatus, albo pilosus; elytris subparallelis, nigro-
cyanescentibus; antennis femoribusque basi flavo-ferrugineis.* — Long. 0,0035. Lat. 0,0009.
— Guinea.

Tête noire, chagrinée, très-étroite, très-arrondie et oblongue postérieurement; yeux petits, très-latéralement placés; palpes noirâtres, remarquables
par la longueur et la force du dernier article; antennes d'un ferrugineux
plus ou moins jaunâtre, surtout vers la base, les derniers articles obscurs.
Corselet noir, finement chagriné partout, excepté sur les pommettes latérales, qui sont lisses et brillantes, orné, en dessus seulement, d'une pubescence courte et argentée; de forme étroite et oblongue, régulièrement
arrondi antérieurement, à peine moins large que la tête; sillon latéral peu
marqué; renflement basilaire à peu près nul; très-déclive et finement
marginé à la base. Elytres d'un bleu foncé, vaguement et peu profondément ponctuées, ornées d'une pubescence argentée peu rigide et peu régulièrement inclinée, en ovale étroit et allongé, faiblement dilatées sur
les côtés, peu convexes en dessus, deux fois et demie aussi large que le
corselet, et presque deux fois aussi longues que larges, les angles huméraux peu arrondis, et néanmoins, les bords antérieurs sensiblement
obliques, conjointement arrondies et presque subacuminées postérieurement. Dessous du corps d'un brun noirâtre; pattes d'un brun plus ou
moins foncé; cuisses jaunâtres à la base, avec la massue presque noire.
— Le mâle se distingue par une longue épine aux cuisses antérieures, par
une plus forte dilatation de toutes les cuisses, et par l'échancrure circulaire
du dernier segment de l'abdomen.

Cet insecte a été recueilli à Caramana, colonie de la côte de Guinée;
je n'en ai vu que deux individus dans la collection de M. Guérin-Meneville.

27. F. Latro. *Niger, subnitidus, subtilissimè punctatus, subglaber; elytris subparallelis,
apice conjunctim subrotundatis; antennis basi flavo-ferrugineis.* — Long. 0,003. Lat. 0,0009.
— Sicilia.

Tête, corselet et élytres concolores, d'un noir foncé uniforme. Tête
opaque, paraissant rugueuse antérieurement, sans ponctuation distincte
sur le disque, fortement carrée postérieurement, rétrosaillante et transversale; yeux petits, très-latéralement placés; antennes de la longueur de
la moitié du corps, les cinq premiers articles d'un ferrugineux clair, les
autres noirâtres. Corselet opaque, sans ponctuation ni pubescence distincte,
régulièrement globuleux antérieurement, moins large que la tête, à peine
d'un tiers plus long que large, rétréci à peu de distance de la base par
un sillon latéral à peine interrompu en dessus, et suivi d'un léger renflement qui contourne toute la base; celle-ci peu déclive, imperceptiblement

plissée plutôt que marginée. Écusson triangulaire, peu aigu au sommet, formant un triangle à peu près équilatéral déprimé au milieu. Élytres assez brillantes, finement et vaguement pointillées, pubescence argentée, très-courte et très-fugitive, les côtés subparallèles et très-peu arrondis, un peu plus de deux fois aussi larges que le corselet, et près de deux fois aussi longues que larges, coupées peu carrément à la base, très-carrément à l'extrémité, angles huméraux assez arrondis, angles postérieurs externes peu arrondis, peu bombées sur le disque, une très-légère dépression derrière les omoplates, qui sont très-faiblement saillantes. Dessous du corps et pattes entièrement noirs, à l'exception des tarses antérieurs, qui sont ferrugineux.

Description faite sur un individu de ma collection, provenant des récoltes faites en Sicile par MM. Broussais.

28. F. Canaliculatus. *Niger, subnitidus, albopilosus; thorace longitrorsùm canaliculato; elytris subparallelis, apice separatim rotundatis; antennis thoraceque basi plus minusve ferrugineis.* — Long. 0,0052 ad 0,0027. Lat. 0,001 ad 0,0008 (f. 13). — Sicilia.

Entièrement d'un noir d'asphalte uniforme sur la tête, le corselet et les élytres. Tête assez brillante, profondément ponctuée, surtout en avant, assez peu carrée postérieurement, rétrosaillante, un peu plus longue que large ; antennes au moins aussi longues que la moitié du corps, les quatre premiers articles plus ou moins ferrugineux, les suivants d'un brun de plus en plus foncé. Corselet assez brillant, plus ou moins ponctué, presque glabre, le plus souvent rougeâtre à la base, régulièrement globuleux antérieurement, presque aussi large que la tête, d'un tiers plus long que large, très-rétréci vers les 3/4 de la longueur, faiblement renflé tout autour de la base, remarquable surtout par un sillon longitudinal qui le divise par le milieu dans toute sa longueur. Écusson en triangle équilatéral comme celui du *Latro*. Élytres finement et vaguement ponctuées, semées de poils argentés rigides, inclinés, forme ovale très-allongée, peu arrondies sur les côtés, deux fois au moins aussi larges que le corselet, et une fois et 3/4 aussi longues que larges, coupées obliquement à la base, assez carrément à l'extrémité, avec les angles internes arrondis de manière à laisser à découvert l'extrémité de l'abdomen, peu bombées sur le disque, sans apparence de dépression posthumérale. Dessous du corps noirâtre, les pattes de même, avec la base des cuisses, l'extrémité des tibias et les tarses plus ou moins ferrugineux. — Le mâle, sans épine aux cuisses antérieures, paraît un peu plus grand que la femelle ; on le distingue à la forme du dernier segment de l'abdomen, terminé un peu carrément avec une très-faible échancrure demi-circulaire.

Cet insecte, si voisin du précédent par la forme des élytres, provient comme lui de la Sicile, où il a été recueilli en assez petit nombre par M. Melly. J'en ai vu quatre individus communiqués par MM. Aubé, Reiche, Melly, et par le musée de Berlin.

Nous avons été assez heureux pour pouvoir placer en dernière ligne cette espèce doublement excentrique par sa forme plate et étroite, et par son corselet canaliculé. Elle termine ainsi la série des espèces à corselet

siiple. Il nous reste à décrire les espèces à corselet bilobé qui composent
la seconde division, et qui sont en très-petit nombre.

DEUXIÈME DIVISION.

Thorace binodoso (f. 15 et 16).

Cette division ne se compose jusqu'à ce jour que de trois espèces.
Deux ont en même temps un sillon longitudinal au milieu du corselet, comme le *Canaliculatus*, la troisième n'a pas de sillon. Les
deux premières habitent l'Inde, où elles ont été récoltées par Helfer. La dernière provient du Brésil, c'est la seule espèce Américaine
qui par la dilatation de ses cuisses, et la forme ovalaire de ses
élytres, puisse trouver place dans ce genre.

29. F. Consul. *Totus piceus, nitidus, subglaber; thorace longitrorsùm canaliculato; clytris ponè humeros separatim flavofasciatis.* — Long. 0,0032. Lat. 0,001. — India Orientalis.

Tête brune, brillante, un peu chagrinée antérieurement, vaguement et
finement pointillée sur le disque, régulièrement arrondie postérieurement
un peu plus longue que large ; yeux ovales, vitrés, avec une espèce de
pupille noire vers le bord antérieur ; mandibules très-aiguës et bifides ;
dernier article des palpes très-sécuriforme ; antennes brunes, jaunâtres à
la base, très-allongées, dilatées au sommet. Corselet (f. 15) brun de même
teinte que la tête, brillant, glabre, sans ponctuation distincte, un peu
moins large que la tête, d'un quart seulement plus long que large ; lobe
antérieur régulièrement globuleux, à peine transversal, lobe postérieur
très-court, séparé de l'antérieur par une large fossette, divisés l'un et
l'autre longitudinalement par un sillon large et peu profond qui s'épanouit dans le sillon transversal. Ecusson un peu proéminent. Elytres d'un
brun de poix, très-luisantes, parsemées de quelques poils roussâtres, sans
ponctuation apparente, ornées derrière les épaules, chacune d'une tache
d'un jaune clair à contours nettement arrêtés, formant une bande un peu
oblique, plus large vers l'épaule, plus étroite vers la suture, qu'elle n'atteint pas ; deux fois aussi larges que le corselet, une fois et 3/4 aussi
longues que larges, en ovale allongé peu régulier, bords antérieurs
très-obliques, conjointement arrondies à l'extrémité, transversalement
déprimées derrière les omoplates. Dessous du corps entièrement brun ;
pattes brunes, avec la base des cuisses d'un jaune testacé plus ou moins
clair. — Je n'ai pas vu de mâle de cette espèce. Les deux individus que
j'ai étudiés étaient des femelles à cuisses antérieures mutiques ; mais, dans
l'espèce suivante, le mâle ayant les cuisses épineuses, l'analogie porte à
croire qu'il en doit être de même dans celle-ci.
Cette espèce a été recueillie dans l'Inde par Helfer, et m'a été communiquée par le musée de Prague.

30. F. **Prœtor**. *Totus piceus, nitidus, subglaber; thorace longitrorsùm canaliculato; elytris ponè humeros pilifasciatis.* — Long. 0,0027. Lat. 0,0009. — India Orientalis.

Tête d'un brun rouge, assez brillante, parsemée, surtout en avant, de points gros et espacés, de chacun desquels sort un poil roussâtre, arrondie postérieurement, un peu transversale; antennes brunes à l'extrémité, d'un ferrugineux pâle vers la base, beaucoup plus courtes que dans le *F. Consul*. Corselet un peu moins foncé que la tête, d'un brun jaunâtre, brillant, presque glabre, sans ponctuation distincte, conformé à peu près comme celui du *F. Consul*, seulement, le lobe antérieur un peu plus long et un peu moins large, le sillon longitudinal un peu moins creux, et le lobe postérieur un peu moins court, finement mais visiblement marginé à la base. Elytres couleur de poix, plus claires à la base, qui est de la même couleur que le corselet, très-brillantes, parsemées de quelques cils, sans autre ponctuation que celle qui donne naissance à ces cils, ornées, derrière les épaules, d'une bande d'un duvet blanc, transversale non oblique, interrompue sur la suture, deux fois et demie aussi larges que le corselet, une fois et 2/3 environ aussi longues que larges, de forme ovalaire peu allongée et peu régulière, un peu trapézoïdale antérieurement, un peu fusiforme postérieurement, les angles huméraux peu arrondis, plutôt un peu saillants, conjointement arrondies à l'extrémité qui ne recouvre pas entièrement l'abdomen; dépression transversale très-marquée derrière les omoplates, à l'endroit même où existe la bande pubescente. Dessous du corps entièrement brun; pattes entièrement d'un brun rougeâtre plus ou moins foncé. — Le mâle se distingue par un corselet un peu plus étroit, une large épine tronquée aux cuisses antérieures, et une faible échancrure du dernier segment de l'abdomen.

Espèce recueillie, comme la précédente, par Helfer, dans l'Inde, et communiquée par le musée de Prague, qui a bien voulu m'en abandonner quelques individus.

31. F. **Leporinus**. *Ferrugineus, nitidus, subglaber; thorace elongato non canaliculato; elytris dilutè piceis, fascia mediá apiceque flavoferrugineis; tarsis posticis nonnihil elongatis.* — Long. 0,0025. Lat. 0,0008. — Brasilia. Bahia.

Tête ferrugineuse, très-brillante, sans ponctuation distincte, très-arrondie postérieurement, très-oblongue; yeux noirs très-antérieurement placés, petits, mais saillants; palpes délicats, médiocrement sécuriformes; antennes d'un ferrugineux clair, plus longues que la moitié du corps, sensiblement claviformes. Corselet (f. 16) ferrugineux, très-brillant, sans ponctuation distincte, presque glabre, de forme très-étroite et très-allongée, d'un tiers plus étroit que la tête, et environ deux fois aussi long que large, les deux lobes assez distants, et séparés l'un de l'autre par un étranglement sensible, mais non brusque, l'antérieur globuleux, plus long que large, le postérieur presque aussi large, tronqué postérieurement. Ecusson paraissant trapézoïdal, ou un peu arrondi à l'extrémité. Elytres brillantes, très-finement ponctuées, hérissées de cils peu nombreux, mais très-longs, brunes, avec une bande médiane ferrugineuse peu détachée du fond, et une autre bande apicale de même teinte, occupant toute l'extrémité et remontant en pointe le long de la suture, forme postérieure ovalaire, l'antérieure un peu trapézoïdale, la plus grande largeur égale à trois fois celle du corselet, une fois et 3/4 aussi longues que larges, presque carrées à la base avec les angles huméraux prononcés, conjointement arrondies à l'extrémité; la partie antérieure du mesosternum (1) présentant une singularité remarquable, qui consiste en un appendice saillant hérissé de longs cils, et dépassant de chaque côté du corselet le bord antérieur des élytres. Dessous du corps et pattes de couleur ferrugineuse; les cuisses médiocrement claviformes, les tarses postérieurs grêles et très-allongés. L'abdomen de l'unique individu que j'ai vu étant tronqué à l'extrémité, je suis tenté de croire que les appendices du mesosternum sont un caractère sexuel particulier au mâle.

Je n'ai vu qu'un seul individu de cette curieuse espèce, il a été recueilli à Bahia par M. Mocquerys, et a passé de la collection de M. Reiche dans la mienne.

---

(1) Je me sers ici de l'expression de *mesosternum*, sans être certain qu'elle soit la plus convenable; mais on comprendra, je pense, que je veux parler ici de la partie la plus antérieure de la poitrine, de celle qu'on pourrait appeler le poitrail de l'insecte.

ERRATUM.

La première partie de ce genre était déjà imprimée, lorsque nous nous sommes aperçus qu'il y avait lieu à supprimer une des espèces, le *F. Nobilis*, Faldermann. On a pu remarquer quelles faibles différences séparaient cet insecte du *F. Pedestris*, Rossi. Nous ne l'admettions comme espèce distincte que d'après l'autorité de Faldermann, dont nous avions le type entre les mains, et qui en le décrivant s'exprimait ainsi : *Anthice Pedestri valdè assimilis, paulò tamen major : thorace latiore; elytris ad basin et postice latioribus, apice truncatis, etc., benè distinctus.* Mais nous avions négligé de comparer ce type à l'espèce qui portait dans sa collection le nom de *Pedestris*, et que nous avions reçue également de M. de Chaudoir. Ce n'est que pendant l'impression des dernières espèces de ce genre, que par le plus grand des hasards, nous avons examiné le *F. Pedestris* de Faldermann, et que nous avons reconnu, au lieu du véritable *Pedestris*, l'espèce asiatique décrite par nous sous le nom de *Ninus*. Il résulte de cette observation que dans la collection de Faldermann il y avait confusion entre les *F. Pedestris* et *Ninus*, qu'il avait pris l'un pour l'autre, et qu'en décrivant son *A. Nobilis* il n'a réellement décrit que le *F. Pedestris*, non pas, il est vrai, le type européen à courte bande rouge derrière l'épaule, mais la variété orientale c à large bande rouge couvrant presque toute la base, moins la pointe de l'épaule, ce qui faisait dire à l'entomologiste Russe en parlant des élytres : Ad basin transversim latè testacea, maculà parvà piceà obliquà humerali notata. Ce que nous avons dit en parlant du *Nobilis*, Fald. n'en reste pas moins vrai : à savoir que les individus que nous avons reçus sous ce nom, et qui viennent du nord de la Perse, sont plus grands et moins ovalaires que les *Pedestris* d'Europe. Mais ce sont là des différences individuelles que nous n'admettions que par respect pour l'autorité de Faldermann. Quant aux différences qu'il tirait de la forme plus large du corselet, on nous rendra cette justice que nous nous étions refusés à les admettre.

Tomoderus.

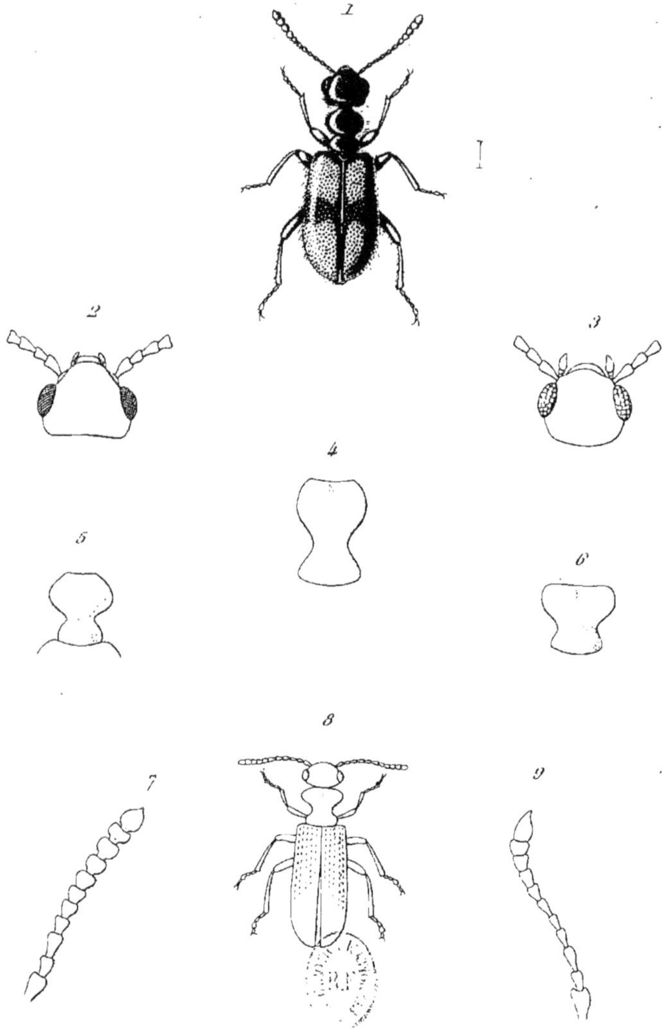

G. TOMODÉRUS ($\tau o\mu\grave{\eta}$, coupure; $\delta\acute{\epsilon}\rho\eta$, cou).

(Par M. de la Ferté-Sénectère)

Anthicus. Say (1821). *Id.* Motchoulsky (1839). *Id*
Erichson (1842).

Corps oblong, subcylindrique, tantôt subovalaire (f. 1), tantôt
parallèle (f. 8).

Tête (f. 2 et 3) robuste, transversale, rarement arrondie postérieurement, peu inclinée, très-intimement unie au corselet par
un cou ou pédoncule qui ne s'aperçoit pas extérieurement. *Yeux*
arrondis, gros et saillants. *Antennes* (f. 7 et 9), constamment
moniliformes, de médiocre longueur, très-robustes; le premier article gros et claviforme, le deuxième plus court que le troisième,
qui est toujours allongé, les suivants plus ou moins granuleux et
toujours transversaux à partir du sixième, le dernier globuleux à
la base, et terminé en pointe peu aiguë. *Parties de la bouche*
exactement semblables à celles des *Anthicus*.

Prothorax (f. 4, 5, 6) tantôt oblong, tantôt un peu moins long
que large, divisé en deux lobes bien distincts, par un étranglement
transversal très-prononcé; le lobe postérieur toujours plus court
et presque toujours moins large que l'antérieur; goulot antérieur
presque toujours nul, ce qui permet à la base de la tête d'être en
contact immédiat avec la face antérieure du corselet. *Ecusson* triangulaire, quelquefois arrondi au sommet. *Elytres* très-coriaces, à
ponctuation plus ou moins profonde, quelquefois rangée en stries,
recouvrant toujours des ailes propres au vol. *Pattes* assez robustes,
de grandeur moyenne, n'offrant aucun caractère particulier qui
les distingue de celles des *Anthicus*.

Abdomen composé de cinq segments, le premier très-long, les
trois suivants égaux entre eux, et pas plus longs à eux trois que
le premier; le dernier subtriangulaire, obtusement pointu, toujours sans échancrure, ni inférieure ni supérieure, n'offrant ainsi
aucun moyen de distinguer les sexes.

La forme bilobée du corselet est le caractère le plus saillant de ce
genre détaché par nous du grand genre *Anthicus*; mais nous n'y avons
pas donné place à toutes les espèces à corselet bilobé : cette forme de
corselet se retrouve également dans les dernières espèces du genre *Formicomus*, et dans un petit groupe que nous avons placé en tête des

Anthicus. Les véritables *Tomoderus* ont un autre caractère qui les isole des uns et des autres, c'est la forme écourtée, robuste, et essentiellement moniliformes des antennes. La réunion de ces deux caractères nous a paru suffisante pour constituer une bonne coupe générique, quoique l'observation des parties de la bouche ne présente pas de modifications correspondantes.

Bien que ce genre ne contienne jusqu'à ce jour que dix espèces, toutes les parties du monde, même la Nouvelle-Hollande, s'y trouvent représentées. Nous diviserons les neuf espèces que nous avons pu voir de la manière suivante :

A. Corselet plus long que large.
    α. Corselet canaliculé longitudinalement (f. 4) . Espèces. 1 à 2
    β. Corselet non canaliculé (f. 5) . . . . 3 à 6
B. Corselet transversal (f. 6). . . . . 7 à 9

DESCRIPTION DES ESPÈCES.

A. Thorax latitudine longior.
    α. Longitrorsùm canaliculatus (f. 4).

1. T. SIGNATICORNIS. *Rufo-brunneus, nitidus, hirto-pilosus; elytris dilutioribus, sub-striato-punctatis; pedibus antennarumque articulis ultimis tribus pallidè flavescentibus.* — Long. 0,005. Lat. 0,001. — Nova Granata.

Tête brune, lisse et brillante, sans ponctuation distincte, parsemée de quelques cils raides, fortement transversale, très-faiblement arrondie postérieurement ; les yeux peu saillants; le chaperon séparé du disque par un sillon transversal très-profond; les antennes courtes, fortement moniliformes, grossissant sensiblement à partir du 4ᵉ article; le 1ᵉʳ et le 2ᵉ un peu ferrugineux; de 3 à 8, d'un brun foncé, les trois derniers d'un jaune très-pâle. Corselet (f. 4) de même couleur que la tête, également lisse et parsemé de cils raides, un peu moins large que la tête, d'un bon tiers plus long que large; lobe antérieur cordiforme, arrondi antérieurement, lobe postérieur en forme d'entonnoir, aussi large que l'antérieur, dont il est séparé par un étranglement profond, l'un et l'autre impressionnés au milieu du disque par un léger sillon longitudinal qu'on n'aperçoit qu'en y faisant glisser obliquement la lumière; goulot antérieur réduit à une margination imperceptible; la base coupée non carrément, mais un peu en pointe, de manière à être légèrement encadrée par les élytres. Écusson assez distinct, un peu renfoncé, transversal et arrondi au sommet. Elytres d'un brun moins foncé que les parties antérieures, brillantes, couvertes d'une ponctuation assez profonde, imparfaitement allignée en stries, abondamment hérissées de poils roussâtres, sans aucune espèce de tache, plus de deux fois aussi larges que le corselet, et une fois et trois quart environ aussi longues que larges, legèrement échancrées à la base, de manière à envelopper un peu celle du corselet, legèrement dilatées sur les côtes, conjointement arrondies à l'extrémité, mais paraissant un peu tronquées, quand elles sont vues en dessus, fortement convexes, un tant soit peu déprimées derrière les omoplates. Dessous du corps et cuisses d'un brun jaunâtre plus ou moins foncé, les tibias et les tarses d'un jaune presque aussi pâle que l'extrémité des antennes.

Je n'ai vu qu'une femelle de cette belle espèce; elle m'a été vendue par M. Justin Goudot, qui l'avait rapportée de la Nouvelle-Grenade.

2. T. SULCICOLLIS. *Rufo-brunneus, subnitidus, tenuè pubescens; elytris concoloribus, substriato-punctatis; antennis pedibusque vix dilutioribus; præcedente multò minor.* —Long. 0,002. Lat. 0,0007. — India Orientalis.

Entièrement d'un brun rougeâtre, de même teinte sur toutes les parties du corps, d'un tiers plus petit que le précédent. Tête à peu près semblable, très transversale, carrée postérieurement; antennes également courtes et moniliformes, grossissant moins sensiblement vers le sommet, de couleur uniforme, à peine plus claire que celle de la tête. Corselet légèrement brillant, presque glabre, presque aussi large que la tête, pas beaucoup plus long que large, beaucoup moins allongé proportionnellement que dans le *Signaticornis*; lobe antérieur transversal et cordiforme; lobe postérieur aussi large, mais beaucoup plus court, laissant apercevoir l'un et l'autre au milieu de leur disque un sillon longitudinal très-distinct; la base coupée carrément et ne paraissant pas encadrée par les élytres. Ecusson triangulaire. Elytres assez brillantes, à peine ombragées d'un léger duvet, couvertes, surtout antérieurement, d'une ponctuation assez profonde, imparfaitement rangée en stries, coupées carrément à la base, faiblement dilatées sur les côtés, faiblement arrondies à l'extrémité, peu convexes en dessus et sans aucune dépression derrière les omoplates. Dessous du corps de même couleur que le dessus; les pattes seules un peu plus claires.

Cet insecte habite l'Inde orientale, où il a été recueilli par Helfer. L'unique individu ici décrit m'a été communiqué par le musée de Prague.

β. Thorax longitrorsum minimè canaliculatus (f. 5).

3. T. CRUCIATUS (1). *Rufo-brunneus, subnitidus, cinereopubescens; elytris flavo-testaceis, basi, suturâ fasciâque mediâ latâ, nigris; antennarum apice tibiis tarsisque testaceis.* — Long. 0,0035. Lat. 0,0012 (f. 1). — Colombia.

La plus grande espèce du genre, remarquable par sa croix noire sur des élytres testacées. Tête (f. 2) brune, peu lisse et peu brillante, sans ponctuation distincte, vaguement impressionnée de chaque côté le long des yeux, très-fortement transversale, fortement carrée et même un peu échancrée postérieurement; les yeux grands et saillants; les antennes (f. 7) très-moniliformes, même à la base, les derniers articles sensiblement transversaux, et d'une teinte ferrugineuse moins foncée que ceux de la tige. Corselet brun, assez brillant, mais terni par une pubescence cotonneuse, sans ponctuation distincte, un peu moins large que la tête, pas beaucoup plus long que large; lobe antérieur peu arrondi antérieu-

---

(1) *Anthicus Cruciatus*, Klug, in musæo Berolinensi.

rement, le postérieur un peu moins large et séparé de l'antérieur par un étranglement peu profond ; la base très-légèrement arrondie. Ecusson arrondi au sommet et légèrement creusé à la base. Elytres peu brillantes, couvertes d'une ponctuation peu profonde, nullement alignée en stries, et d'une pubescence roussâtre plutôt inclinée que hérissée ; d'un beau jaune orangé, avec l'extrême base, la suture et une large bande médiale noires ; plus de deux fois aussi larges que le corselet, et une fois et trois quarts environ aussi longues que larges, légèrement échancrées à la base, de manière à envelopper un tant soit peu celle du corselet, légèrement dilatées sur les côtés, transversalement arrondies à l'extrémité, faiblement convexes en dessus et sans dépression sensible derrière les omoplates. Dessous du corps d'un brun plus ou moins ferrugineux, pattes testacées avec les cuisses brunes.

Cette belle espèce habite la Colombie. L'individu ici décrit m'a été donné par M. Klug, sous le nom que je lui ai conservé.

4. T. INTERRUPTUS (1). *Rufo-brunneus, subnitidus, subtiliter punctatus, grisco-pubescens; elytris postice nigricantibus.* — Long. 0,0027. Lat. 0,0009. — America Borealis.

Tête brune, assez brillante, peu pubescente, sans ponctuation distincte, fortement transversale, carrée postérieurement ; les yeux médiocrement grands et peu saillants ; les antennes plus longues que dans les espèces précédentes, plus grêles à la base, également moniliformes et renflées vers l'extrémité, d'un brun légèrement roussâtre, avec le dernier article quelquefois un peu moins foncé que les autres. Corselet (f. 5) de même couleur que la tête, aussi peu ponctué, aussi peu pubescent qu'elle, un peu moins large, sensiblement plus long que large ; lobe antérieur cordiforme, très-peu arrondi antérieurement, séparé par un étranglement profond du postérieur, qui est beaucoup moins large, très-court et légèrement arrondi à la base. Écusson triangulaire. Élytres d'un brun rougeâtre antérieurement jusqu'au delà du milieu, et noirâtres postérieurement, la partie rougeâtre se prolongeant davantage sur la suture que sur les bords ; assez brillantes, finement et irrégulièrement ponctuées, ombragées d'un fin duvet roussâtre, deux fois au moins aussi larges que le corselet, et une fois et 3/4 à peine aussi longues que larges, légèrement échancrées à la base, sensiblement arrondies sur les côtés, légèrement tronquées postérieurement, de manière à laisser à découvert l'extrémité de l'abdomen, fortement convexes et présentant quelquefois aux omoplates une légère saillie, suivie d'une faible dépression. Dessous du corps d'un brun rougeâtre comme le dessus ; pattes entièrement concolores, de même teinte que l'abdomen. — Quelques individus moins dilatés sur les côtés pourraient bien être des mâles ; quant au dernier anneau de l'abdomen, dans la comparaison d'une quinzaine d'individus, il ne m'a révélé aucune différence sexuelle appréciable.

---

(1) *Anthicus Interruptus*, Dej. Cat. 1836, p. 239.
Var. γ, nobis. *Anthicus Bilobus*, Dej. ibid.

Variétés : *Coloration croissante* : β. Tête et corselet noirâtres ; élytres presque entièrement noirâtres, le premier quart seulement conservant la teinte brune qui est dominante dans le type.

γ. Élytres entièrement noirâtres comme la tête et le corselet ; les pattes seules d'un brun légèrement ferrugineux. M. Dejean avait cru devoir considérer cette variété comme une espèce distincte, sous le nom de *Bilobus* ; mais quand il s'est agi d'en déterminer les caractères spécifiques, je n'ai pu constater qu'une différence de coloration qui m'a paru insuffisante.

Coloration décroissante : b. Les élytres entièrement d'un brun assez foncé ; tête et corselet rougeâtres.

c. Tête, corselet et élytres entièrement d'un brun ferrugineux.

Cette espèce habite les Etats-Unis d'Amérique, y compris le Texas, où elle a été recueillie par M. Pilate. Elle n'est pas rare dans les collections. J'en possède cinq exemplaires, et l'ancienne collection Dejean en contenait douze envoyés par M. Leconte, les uns sous le nom d'*Interruptus*, les autres sous celui de *Bilobus*. L'*Anthicus Constrictus*, Say, des États-Unis, doit être très-voisin de cette espèce. Il a le corselet également bilobé et les élytres également rougeâtres à la base, avec l'extrémité noire ; mais la ponctuation des élytres rangée en stries l'éloigne de l'*Interruptus*, et en fait une espèce distincte dont nous citerons plus bas la description, traduite de l'anglais.

5. T. Hirtulus (1). *Rufo-brunneus, subnitidus, parum-punctatus, rufo-pubescens, præcedenti valdè affinis, sed capite et thorace angustior.* — Long. 0,0027. Lat. 0,0009. — Colombia.

Cette espèce, excessivement voisine de la précédente, n'en diffère que par la forme plus étroite de la tête et du corselet. La tête est moins transversale, et le corselet surtout, par cela même qu'il est plus étroit, paraît beaucoup plus allongé. Voilà les seules différences spécifiques qui séparent cet insecte de l'*Interruptus*. Quant à la couleur de l'individu ici décrit, les élytres sont d'un brun marron uniforme, peu brillantes, peu ponctuées, peu abondamment revêtues d'un duvet roussâtre. La tête et le corselet sont presque noirs ; les antennes brunes, avec les deux derniers articles décolorés et jaunâtres ; le dessous du corps et les cuisses de la couleur des élytres ; les tibias et les tarses jaunâtres.

Cette espèce a été recueillie en Colombie par le voyageur Moritz. J'en possède un exemplaire qui m'a été donné par le musée de Berlin, sous le nom que je lui ai conservé.

6. T. Divisus. *Totus flavo-testaceus, subopacus, flavo-pubescens ; capite posticè rotundato ; thorace breviusculo latitudinè vix longiori.* — Long. 0,0028. Lat. 0,0009. — Senegalia.

Entièrement d'une teinte jaunâtre légèrement testacée, peu brillant et ombragé sur toutes ses parties d'un duvet cotonneux d'un jaune clair.

---

(1) *Anthicus Hirtulus*, Moritz. in musæo Berolinensi.

Tête (f. 5) faiblement transversale, arrondie postérieurement et rétrosaillante, contrairement à ce qui a lieu dans toutes les autres espèces de cette coupe; les yeux noirs, peu saillants; les antennes jaunâtres, plus foncées à la base qu'au sommet, tout aussi moniliformes, mais un peu moins robustes que dans les espèces précédentes. Corselet presque aussi large que la tête, à peine plus long que large, le lobe antérieur extrêmement transversal, subtriangulaire, nullement arrondi, plutôt un peu échancré antérieurement, séparé par un étranglement profond du lobe postérieur, qui est moins large, presque aussi long et coupé presque carrément à la base; goulot antérieur court, mais sensible. Écusson triangulaire. Elytres peu brillantes, semées de points peu enfoncés, ayant une disposition à s'aligner en stries; deux fois au moins aussi larges que le corselet, une fois 3/4 à peine aussi longues que larges, un tant soit peu échancrées à la base, légèrement arrondies sur les côtés, régulièrement arrondies postérieurement, fortement convexes, sans apparence de saillie aux omoplates. Dessous du corps un peu plus foncé que le dessus; pattes jaunâtres.

Cette espèce habite le Sénégal. Je n'en ai vu qu'un seul individu qui m'a été donné par M. Guerin-Meneville.

B. Thorax longitudine latior (f. 6).

7. T. Compressicollis. *Totus testaceus, subnitidus; clytris striato-punctatis, flavo-pilosis, elongato-parallelis.* — Long. 0,0022. Lat. 0,0007 (f. 8). — Europa Meridionalis.

Anthicus Compressicollis, Motchoulsky, Bullet. de Moscou, 1839, p. 59. — *Anthicus Melanophthalmus*, Laf. Annales de la Soc. Entom. de France, t. 11, p. 255, tab. 10, f. 6 et 6 *a* (1842).

Entièrement d'un jaune testacé plus ou moins vif, en dessus comme en dessous. Tête lisse, brillante et presque glabre, sans ponctuation appréciable, transversale, légèrement arrondie postérieurement, assez convexe; les yeux très-noirs, grands et fortement saillants; les antennes (f. 9) concolores, moniliformes, assez grêles à la base, et augmentant sensiblement de grosseur à partir du sixième article, presque aussi longues que la moitié du corps. Corselet assez brillant et presque glabre, un peu plus large que la tête, un peu moins long que large, lobe antérieur rectiligne, et même un peu échancré antérieurement, très-arrondi sur les côtés, séparé par un étranglement assez profond du lobe postérieur, qui est beaucoup moins large et très-court; l'antérieur laissant apercevoir un sillon médial légèrement enfoncé qui se prolonge antérieurement jusqu'au goulot, lequel est excessivement court et peu distinct. Écusson triangulaire, imperceptible. Élytres peu brillantes, assez abondamment couvertes d'un duvet jaunâtre, couvertes de points assez profonds, rangés en stries assez régulières; deux fois à peine aussi larges que le corselet, et deux fois environ aussi longues que larges, très-carrées à la base, très-parallèles, régulièrement arrondies à l'extrémité, peu convexes en dessus, sans saillie notable aux omoplates. Dessous du corps de même couleur que le dessus; les pattes d'un jaune un peu plus pâle.

Cette jolie petite espèce habite les contrées méridionales de l'Europe. Je croyais avoir été le premier à la découvrir en 1840 aux environs de Perpignan, et je l'avais décrite et figurée en 1842 dans les *Annales de la Société Entomologique de France*, sous le nom d'*Anthicus Melanophthalmus*; mais j'ai reconnu, depuis, que M. Victor Motchoulsky l'avait découverte avant moi dans la Russie méridionale, et décrite en 1839 dans le *Bulletin de Moscou*, sous le nom de *Compressicollis*, que je me suis hâté de lui restituer. Depuis, le même insecte a été retrouvé sur les côtes de Provence, en Sicile, et surtout en Sardaigne, par M. Géné.

Cet insecte me paraît une espèce saline qui doit peu s'éloigner des bords de la mer. Je ne l'ai trouvé que sous des amas de roseaux que les inondations du Tet avaient charriés et déposés sur la grève à une demi-lieue de la mer. Il a, comme certaines espèces qui habitent les roseaux, la propriété fâcheuse d'oxider fortement les épingles, non-seulement celles qui le traversent, mais encore celles qui sont simplement en contact avec les élytres.

8. T. Brevicollis. *Totus flavo-testaceus, subnitidus, elytris striato-punctatis, flavo-pilosis, elongato-parallelis, præcedenti valdè affinis sed dimidiò minor.* — Long. 0,0015. Lat. 0,0005. — India Orientalis.

Cette espèce indienne est exactement semblable à la précédente pour la couleur et pour la forme, jusque dans les moindres détails; mais comme elle est de moitié plus petite et éloignée géographiquement de la nôtre de toute une moitié d'hémisphère, nous avons cru devoir la considérer comme une espèce distincte. Malgré sa petitesse, ses elytres sont couvertes de points enfoncés plus rapprochés que dans le *Compressicollis*, et également alignés en stries presque régulières.

Ce précieux insecte fait partie des récoltes du docteur Helfer dans l'Inde, et appartient au Musée de Prague.

9. T. Vinctus. (Nous reproduisons ici la description que M. Erichson a donnée de cet insecte dans les archives de Wiegmann, huitième année, p. 182). *Pubescens, rufo-testaceus; thorace latiusculo cordato; elytris striato-punctatis, fasciâ ponè medium nigrâ.* — Long. 1 1/4 lin. — Van-Diemen.

« Antennæ crassiusculæ, testaceæ. Caput thorace paulò angustius, suborbiculatum, leviter convexum, lævigatum, parcè pilosum, piceo-testaceum, nitidum. Thorax latiusculus, cordatus, anticè subemarginatus, lateribus anteriùs fortiter rotundatis, posteriùs coarctatus et compressus, ante basin constrictus, dorso leviter canaliculatus, basi impressus, secundum canaliculam punctulatus, subtilissimè pubescens, parce pilosus, piceo-testaceus, nitidus. Coleoptera fulvo-testacea, densè fulvo-pubescentia, parcè pilosa, crebrè punctato-striata, striis posticè obsolescentibus, statim ponè medium fasciâ transversâ extùs abbreviatâ nigrâ signata. Corpus infrà testaceum, pedibus flavis. »

Nous avons vu cet insecte au Musée de Berlin, et nous nous sommes convaincus qu'il devait prendre place à côté du *Compressicollis*, dont il ne diffère pas par la taille, mais seulement par la bande noire qui traverse les elytres.

ESPÈCE QUE NOUS N'AVONS PAS VUE.

10. T. Constrictus. *Anthicus Constrictus. Niger, elytris basi saturè rufis, thorace post medium valdè coarctato.* — Long. 1/10 de pouce (environ 0,0027). — America Borealis.

Tête noire, lisse et brillante, antennes d'une couleur de poix noirâtre. Corselet noir, luisant, très-profondément contracté au-delà du milieu, bilobé; le lobe antérieur beaucoup plus large que le postérieur. Élytres d'un roux foncé, s'obscurcissant graduellement vers l'extrémité qui est presque noire, avec des rangées régulières de points enfoncés. Cuisses noirâtres, assez dilatées; tibias d'un ferrugineux sombre (Say, *Journ. of the Acad. of nat. sc. of Philadelphia.* vol. 5, pars. 1, p. 244).

Cette espèce, comme nous l'avons déjà dit, ne paraît différer de l'*Interruptus*, Dej. que par la disposition en stries de la ponctuation des élytres.

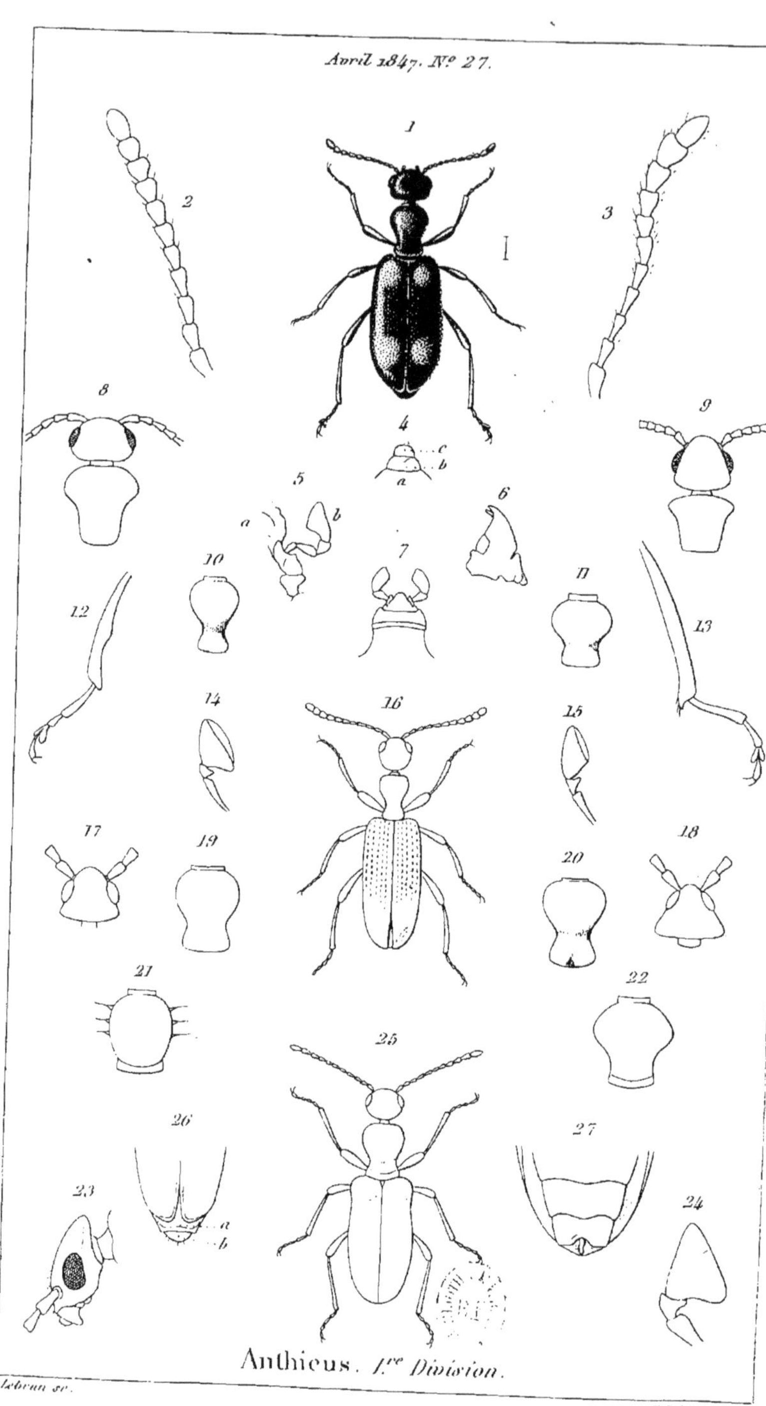

Anthicus. *1re Division*.

G. ANTHICUS. (ἀνθικὸς, qui vit sur les fleurs).

(Par M. de la Ferté-Sénectère).

Meloe. Linné (1735). **Cantharis.** Geoffroi (1762). **Lacria.** Fabr. (1781). **Notoxus.** Fabr. (1792). **ANTHICUS.** Paykull. (1798). **Lytta.** Marsh. (1802).

Corps (f. **1**, **16**, **25**) le plus souvent parallèle, quelquefois ovalaire, toujours allongé, presque toujours d'une longueur triple de la largeur, de consistance coriace, tantôt lisse, tantôt tomenteux, n'excédant pas cinq millimètres de longueur, et ayant le port et l'allure des fourmis.

Tête très-inclinée, essentiellement pédonculée, c'est-à-dire terminée postérieurement par un cou étroit qui s'emboîte dans le corselet, tantôt carrée (f. **9**), tantôt arrondie postérieurement (f. **1**, **16**, **8**), quelquefois rétrosaillante (f. **23**) (1), toujours un peu bombée sur le disque, et présentant quelquefois à la naissance du cou une fossette ou sillon occipital qui divise le bord postérieur en deux lobes. *Cou* toujours très-distinct, étranglé à sa base et évasé postérieurement. *Yeux* plus ou moins ovales, quelquefois un peu réniformes (f. **23**), médiocrement saillants, très-latéralement placés. *Antennes* (f. **2** et **3**) de onze articles, insérées à nu au devant des yeux, ordinairement aussi longues que la moitié du corps, le plus souvent subfiliformes, composées d'articles allongés, quelquefois légèrement moniliformes, avec les derniers articles granuleux ou même transversaux ; le second article toujours le plus court, le troisième toujours le plus long de ceux de la tige, le dernier obconique plus ou moins acuminé. *Chaperon* (f. **4**, *a*) transversal, très-court, dépassant à peine l'insertion des antennes. *Epistome* (f. **4**, *b*) rectangulaire, aussi large et de même consistance que le chaperon, auquel il est intimement soudé, et dont il semble n'être qu'un prolongement, à moins, que par la dissection on n'ait rendu la suture apparente. *Labre* (f. **4**, *c*) de consistance cornée, moins large et relativement plus allongé que l'*epistome*, non échancré, arrondi aux angles antérieurs. *Mandibules* (f. **6**) robustes, triangulaires, légèrement arquées, cachées par le labre à

---

(1) Cette expression indique que la tête se prolonge postérieurement et fait saillie au-dessus du cou, ce qui a lieu toutes les fois que le cou est situé en dessous de la tête.

l'état de repos, terminées par un crochet qui nous a toujours paru bifide. *Mâchoires* (f. 5, *a*) bilobées, le lobe externe beaucoup plus grand , enveloppant le lobe interne , l'un et l'autre légèrement cilié à l'extrémité. *Palpes maxillaires* (f. 5, *b*) de forme peu constante, le second article plus ou moins oblong et obconique, le troisième triangulaire plus ou moins transversal, le dernier sécuriforme, variant beaucoup de forme et de grandeur. *Lèvre inférieure* (f. 7) d'une excessive ténuité , tellement transparente qu'elle échappe quelquefois à la vue, même sous une forte loupe, courte, carrée et sans échancrure. *Palpes labiaux* (f. 7) plus longs que la lèvre , qu'ils enveloppent plus ou moins, le second article tantôt assez long et subcylindrique, tantôt excessivement court et peu distinct; le dernier article toujours grand et ovoïde. *Menton* (f. 7) carré et sans échancrure.

Prothorax de forme très-variable, cordiforme ou trapézoïdal, aplati ou globuleux, oblong ou transversal, avec ou sans fossette latérale, bisinué (f. 20) lorsque le rétrécissement postérieur est suivi d'une dilatation basilaire sur les côtés seulement, bilobé (f. 10, 19, 25) lorsque la dilatation basilaire a lieu dans tous les sens, en dessus comme sur les côtés, toujours cylindrique à la base , presque toujours de moitié moins large que l'ensemble des élytres, le plus souvent terminé antérieurement par un *goulot* cylindrique plus ou moins court, dans lequel s'emmanche le cou. *Ecusson* généralement peu distinct, toujours plus ou moins triangulaire. *Elytres* (f. 1, 16, 25) de forme non moins variable que le corselet, parallèles ou ovalaires, plates ou convexes, à omoplates (1) saillantes ou non saillantes, presque toujours garnies d'ailes propres au vol, très-rarement aptères, auquel cas les angles huméraux sont absolument nuls, toujours de forme allongée, une fois et demie au moins, deux fois au plus aussi longues que larges, étant entendu qu'on parle ici de la largeur commune des deux élytres , toujours assez déclives sur les côtés, pour embrasser sensiblement l'abdomen, presque toujours conjointement arrondies à l'extrémité. *Pattes* longues, non rétractiles. *Cuisses* simples , rarement claviformes , les antérieures très-rarement armées à l'extrême base d'une épine longue et fine particulière aux mâles. *Tibias* presque toujours droits, les postérieurs très-rarement arqués (f. 13)

---

(1) A défaut de terme plus convenable, nous désignons par omoplate la partie de la base des élytres à droite et à gauche de l'écusson, partie qui présente souvent une saillie plus ou moins forte, produite sans doute par les points d'attache qui fixent les ailes inférieures au métathorax.

dans le mâle, ou garnis (f. 12) d'un cran ou d'un appendice particu-
culier à ce sexe. *Tarses* hétéromères, garnis en dessous de poils
mais non de brosse, assez constants pour la forme, à moins que
les postérieurs n'atteignent, comme dans notre genre *Mecynotarsus*, une longueur et une ténuité insolite ; le premier article
généralement double du suivant en longueur, l'avant-dernier légèrement bilobé, les intermédiaires généralement triangulaires,
le dernier étroit et peu allongé ; les crochets simples excessivement délicats, arqués et aigus.

Abdomen semi-ovalaire, plus ou moins convexe, composé de
cinq segments, le premier double des suivants, qui sont égaux
entre eux, terminé en dessus par un arceau supérieur qui dépasse
presque toujours les élytres et varie de forme suivant les sexes.

Différences sexuelles de plusieurs sortes ; la plus générale,
celle qui fait rarement défaut, consiste dans la forme de l'arceau
supérieur dont on vient de parler. Dans les femelles, cet arceau est
toujours entier et terminé en pointe mousse, qui ne donne issue
qu'à l'oviduc. Dans le mâle, au contraire (f. **26**), cet arceau est
plus ou moins tronqué, et laisse plus ou moins saillir une pièce
que nous désignerons sous le nom de *Pigidium*. On peut considérer ce caractère sexuel comme normal et commun à la grande
majorité des espèces. Les autres sont particuliers à quelques groupes ou espèces isolées, et consistent pour le mâle, tantôt dans une
petite échancrure (f. 27) du dernier segment inférieur de l'abdomen (comme dans le genre Formicomus), tantôt dans une plus
grande largeur de la tête et du corselet, tantôt dans une épine
longue et fine à la base interne des cuisses antérieures, très-rarement dans un appendice ou dans une cambrure des tibias postérieurs, très-rarement aussi dans une forme différente des élytres
carrées à la base dans le mâle, arrondies et aptères dans la femelle.

Le nom d'*Anthicus* a été employé pour la première fois par Paykull,
dans sa *Fauna suecica*, en 1798. Avant cette époque, les espèces les
plus anciennement connues avaient été placées, en 1735, par Linné, dans
son genre Méloé qui contenait, outre les Méloés actuelles, les Mylabres,
les Lytta et autres genres à tête pédonculée, et par Geoffroy, en 1762,
dans le genre *Cantharis*, en même temps que ce dernier créait pour les
espèces à corselet pointu le nom générique de *Notoxus*. Fabricius, en
1781, les plaça parmi les Lagries (*Spec. Insect.* t. 1, p. 160). Dix ans
plus tard, il les réunissait aux Notoxes de Geoffroy, en compagnie des
Clérites, que Latreille appela depuis *Opilo* (*Entom. System.* t. 1, p. 212).
Paykull, en publiant la *Faune de la Suède*, en 1798, divisa le genre
Notoxus de Fabricius, il y laissa les Clérites, et créa pour les autres le
genre *Anthicus*, dans lequel se trouvaient réunis les vrais Notoxes

de Geoffroy et les espèces à corselet mutique. Cette réunion subsista longtemps encore chez les auteurs sous des noms différents. Celui d'Anthicus
prévalut dans le *Systema Eleutheratorum* de Fabricius, et dans la
Faune de Gyllenhall, celui de Notoxus dans les ouvrages d'Olivier et de
Latreille, celui de Lytta dans l'*Entomologie Britannique* de Marsham.
Ce ne fut qu'en 1829 que Stephens, dans son *Catalogue des Insectes de
la Grande-Bretagne*, sépara les espèces à corselet pointu des espèces
mutiques, conservant aux premières le nom de Notoxus qui avait été créé
pour elles, et donnant aux autres le nom d'Anthicus.

M. Dejean suivit cet exemple dans son dernier *Catalogue*, et de plus il
détacha des Anthicus les espèces écailleuses à tête oblongue et rectangulaire, pour en former le genre *Ochthenomus*, qui n'a été publié qu'en
1840 par M. Schmidt de Stettin. Depuis, M. Hope, dans une publication
antérieure à 1856, a formé sur une grande espèce aptère de la nouvelle
Hollande le genre *Anthelephila*, que nous avons adopté en lui donnant
une terminaison masculine. A son exemple, nous avons détaché des Anthicus : 1° les *Formicomus*, espèces à cuisses claviformes et à élytres
convexes et ovalaires, dont l'*A. Pedestris* est le type. 2° Les *Tomoderus*, qui joignent à un corselet fortement bilobé des antennes, remarquablement moniliformes.

Nous aurions pu pousser beaucoup plus loin le démembrement des
Anthicus, et créer plusieurs autres genres non moins naturels, mais le
plan de cet ouvrage, ou plutôt les conditions imposées aux souscripteurs,
ne nous ont pas permis de multiplier indéfiniment les coupes génériques,
et nous avons cru concilier en même temps leurs intérêts et les nôtres en
partageant les 182 espèces restantes en quatre grandes divisions, formant
chacune une monographie distincte, ce qui nous permet de donner quatre planches au lieu d'une, et de justifier par des dessins au trait les coupes secondaires que nous avons introduites pour faciliter l'étude de ces
insectes. Nos quatre grandes divisions ont été établies d'après la comparaison des corselets de la manière suivante :

Corselet sans fossette latérale,
    Fortement rétréci postérieurement. . . . . 1re division.
    Faiblement rétréci postérieurement.
        Plat sur le disque et transversalement arrondi
          antérieurement 2e
        Bombé sur le disque et régulièrement globu-
          leux antérieurement. 3e
Corselet à fossette latérale 4e

Il ne faut attacher qu'une faible importance à ces divisions, introduites
après coup dans la série des espèces. Il est bien vrai que dans chacune
de ces divisions, la forme dominante des corselets est celle que nous
avons indiquée, mais les exceptions sont nombreuses, et nous avons tenu
peu de compte du corselet lorsque d'autres caractères plus importants nous
ont paru rapprocher les espèces entre elles. Nous n'en dirons pas autant
des coupes secondaires, que nous désignons sous le nom de *groupes*.

Celles-là ont été composées avec le plus grand soin, et quelques-unes nous ont paru tellement naturelles, que nous leur avons donné des noms génériques, dans la pensée que tôt ou tard elles seront considérées comme genres. Ces groupes, au nombre de dix-huit, seront successivement caractérisés dans chacune des divisions dont ils font partie.

PREMIÈRE DIVISION.

Thorace lateribus non fossulato, posticè valdè coarctato.

Cette division comprend les cinq groupes suivants :

1er *Groupe.* — Élytres parallèles, peu convexes, très-allongées, très-carrées antérieurement; cuisses légèrement claviformes; corselet très-long, bilobé (f. 10, 16) (*S. G. Leptaleus,* nobis) (1). Insectes particuliers à l'ancien continent. Espèces 1 à 4 (Type. *A. Rodriguii*, Latr.).

2e *Groupe.* — Élytres déprimées transversalement à la base, la dépression le plus souvent colorée en jaune et accompagnée d'une saillie tuberculeuse des omoplates. Insectes pour la plupart américains (f. 25). Espèces 5 à 20 (Type. *A. Gibbicollis,* nobis).

3e *Groupe.* — Élytres parallèles, peu convexes, allongées et carrées antérieurement (comme celles du premier groupe). Corselet étroit, bisinué sur les côtés. Une seule espèce du Cap (f. 19). Espèce 21e.

4e *Groupe.* — Corselet antérieurement globuleux, rétréci vers les deux tiers de la longueur, la base légèrement renflée latéralement et présentant souvent en dessus deux imperceptibles tubercules (f. 1, 20). Espèces 22 à 37 (Type *A. Humilis*, Germar).

5e *Groupe.* — Corselet rugueux, antérieurement globuleux, le plus souvent subépineux sur les côtés; la ponctuation des élytres plus ou moins allignée en stries. (*S. G. Acanthinus, nobis*) (2). Insectes particuliers à l'Amérique méridionale et aux Antilles (f. 21). Espèces 38 à 42. (Type *A. Æquinoctialis*, *nobis*).

6e *Groupe.* — Espèces de grande taille. Corselet peu convexe, fortement rétréci postérieurement, sans aucun renflement latéral à la base, concave en dessous, avec les bords latéraux taillés à vive arête. Tête constamment rétrosaillante; palpes maxillaires remarquablement robustes et développés (f. 22, 23, 24 et 27). (*S. G. Ischyropalpus*, *nobis*) (3). Insectes particuliers à l'Amérique méridionale. Espèces 43 à 46. (Type *A. Sericans*, Erichson).

PREMIER GROUPE.

Elytris parallelis, parum convexis, elongatis, anticè valdè quadratis, femoribus nonnihil dilatatis; thorace elongato, binodoso (f. 10, 16) (*S. G. Leptaleus,* nobis) Sp. 1—4.

---

(1) λεπταλέος tenuis.

(2) ἀκάνθινος épineux.

(3) ἰσχυρὸς robuste. πάλπος palpe.

Ces insectes à élytres lisses et brillantes, et à cuisses dilatées dans quelques espèces, ont été placés par M. Motchoulsky parmi les Formicomus. Nous avons cru devoir les en séparer à cause de la coupe essentiellement rectangulaire de leurs élytres; ils n'en forment pas moins un petit groupe très-homogène pour lequel nous proposons le nom de *Leptaleus*, qui rappelle leur forme étroit ect allongée.

DESCRIPTION DES ESPÈCES.

1. **A. KLUGII.** *Piceus, nitidus, subglaber ; capite nigro ; thorace saturè ferrugineo; elytris quadrimaculatis, maculâ scilicet ponè humeralis, fasciâque posticâ non communi, flavo ferrugineis; antennarum basi, tibiis tarsisque pallidè testaceis.* — Long. 0,0025. Lat. 0,0008. — Hab. in Ægypto.

Tête noirâtre, lisse, brillante, semée de points enfoncés et de cils noirs, un peu oblongue, arrondie postérieurement et marquée d'un sillon occipital assez prolongé ; yeux assez grands, placés très en avant; antennes de médiocre longueur, d'un jaune pâle à la base, brunes à l'extrémité. Corselet d'un brun rouge, brillant, sans ponctuation ni pubescence disdincte, moins large que la tête, d'un tiers plus long que large, divisé en deux lobes vers les 2/3 de la longueur, le lobe antérieur régulièrement globuleux, le postérieur conique, faiblement dilaté en tout sens jusqu'à la base, qui est finement marginée et légèrement enveloppée par celle des élytres; goulot antérieur très-distinct et détaché du lobe. Elytres lisses, brillantes, sans ponctuation distincte, presque glabres, d'un brun foncé bitumineux, ornées chacune de deux taches ou bandes transversales d'un jaune ferrugineux à contours assez nettement arrêtés, la première très-courte un peu avant la base, la seconde, vers les 2/3 de la longueur, plus ongue, mais n'atteignant cependant ni le bord latéral ni la suture; deux fois et demie aussi larges que la base du corselet, et presque deux fois aussi longues que larges, très-plates en dessus, très-carrées antérieurement, avec les angles huméraux légèrement saillants, très-parallèles sur les côtés et coupées presque carrément à l'extrémité. Dessous de la poitrine d'un brun rougeâtre; abdomen noir; pattes d'un jaune sale, avec les cuisses brunes. L'unique individu que j'ai observé me paraît être un mâle, à cause d'une très-légère échancrure circulaire à l'extrémité de l'abdomen.

Cette espèce, rapportée d'Egypte par Ehrenberg, appartient au musée de Berlin, qui a bien voulu m'en abandonner un exemplaire. J'ai conservé à cette espèce le nom que lui avait donné M. Klug.

2. **A. RODRIGUII.** *Piceus, nitidus, griseo-pilosus ; capite nigro ; thorace saturè ferrugineo; elytrorum maculâ basati abbreviatâ fasciâque posticâ communi flavo-ferrugineis; antennarum basi pedibusque ferè totis flavescentibus.* — Long. 0,002. Lat. 0,0008 (f. 10). — Europa Meridionalis.

Notoxus Rodriguii, Latr. Hist. nat. des Crust. et des Inst. t. 10 (Buffon de Sonnini),

p. 357 (1802) (1). — *Anthicus Pulchellus*, Schmidt, Stettin Entom. Zeit. 1842, p. 195. — La Ferté, Annales Soc. Entom. de France, 1842, p. 25.

Espèce très-voisine de la précédente, mais sensiblement **plus petite. Tête noire, brillante,** parsemée de points enfoncés et de cils roussâtres, plus ou moins arrondie postérieurement, plus ou moins oblongue suivant les sexes, sillon occipital réduit à une petite fossette au milieu du bord postérieur ; les yeux petits, ovales, placés très en avant ; antennes d'un ferrugineux clair vers la base et brunes vers l'extrémité, au moins aussi longues que la moitié du corps. Corselet d'un brun rougeâtre, plus clair à la base, sans ponctuation distincte, parsemé de quelques poils raides, presque aussi large que la tête, d'un tiers plus long que large, divisé en deux lobes plus rapprochés que dans le Nobilis, le lobe antérieur un peu transversal, le postérieur non conique, mais ayant la forme d'un bourrelet qui entoure toute la base. Goulot distinct et bien détaché. Ecusson transversal, très-court, arrondi au sommet. Elytres assez brillantes, abondamment hérissées de gros et longs poils d'un gris roussâtre, sans autre ponctuation que celle qui donne naissance à ces poils, d'un brun bitumineux foncé avec deux taches antérieures jaunes, placées comme dans le *Klugii*, très-près de la base, mais plus larges, et ressemblant plutôt à deux lunules qu'à une bande interrompue par la suture, ornées en outre, aux deux tiers de la longueur, d'une bande commune de même teinte que les taches antérieures, non rectiligne, mais ayant la forme d'un chevron très-ouvert opposé à la base, deux fois aussi larges que la base du corselet, près de deux fois aussi longues que larges, étroites, oblongues, presque parallèles, assez plates en dessus, coupées presque carrément aux deux extrémités, la suture légèrement saillante, sans apparence de dépression derrière les épaules. Dessous de la poitrine ferrugineux ; abdomen noirâtre. Pattes d'un jaune pâle, avec la massue des cuisses plus ou moins brune. — Le mâle se distingue de la femelle par une tête un peu plus large, moins arrondie postérieurement, et par la forme du dernier arceau supérieur de l'abdomen, qui est fortement tronqué et laisse saillir abondamment le pigidium.

VARIÉTÉ : *Coloration croissante :* β. Lobe antérieur du corselet noirâtre, lobe postérieur rougeâtre. Elytres presque noires, à taches ferrugineuses, la bande postérieure plus courte sur les côtés, interrompue par la suture, et réduite quelquefois à deux petits points jaunes imperceptibles.

Cette jolie petite espèce habite la France méridionale, et s'étend vers le nord jusqu'aux bords de la Loire, où elle a été trouvée il y a peu d'années aux environs de Saumur. Je l'ai prise moi-même à Bordeaux, Auch, Montpellier et Perpignan. Elle se trouve également dans l'Espagne méridionale, où elle a été récoltée abondamment aux environs de Malaga par M. Ghiliani, et même en Algérie, où M. Lucas l'a prise pendant l'hiver aux environs d'Alger et dans le cercle de la Calle.

----

(1) *Anthicus Pulchellus*, Dej. Catal. 1836, p. 259.

Cette espéce, comme je l'ai déjà observé dans ma *Notice sur les Anthicus de Perpignan*, se tient habituellement sous les pierres, ou dans le sable au pied des arbres, et elle a tellement l'allure et le facies des fourmis, qu'il faut y regarder à deux fois pour ne pas s'y méprendre. Bien qu'elle ait été décrite deux fois sous le nom Déjeanien de *Pulchellus* par M. Schmidt et par moi, je n'ai pu lui conserver ce nom, le jour où je l'ai trouvée décrite assez longuement dans l'*Histoire naturelle des Crustacés et des Insectes*, sous le nom de *Rodriguii*, qui lui fut donné par Latreille, en mémoire du naturaliste qui le premier l'avait découverte aux environs de Bordeaux.

3. A. CHAUDOIRII. *Ferrugineus, nitidissimus, parcè pilosus; elytris valdè parallelis, an- ticè profundi punctatis, piceis, maculá basali, fasciáque posticá communi flavotestaceis.* — Long. 0,0022. Lat. 0,0007 (f. 16). — Georgia.

Formicoma Chaudoirii, Colenati. Meletamata Entom. Fasc. 3, 1846.

Espèce très-distincte des deux précédentes par le peu de développement du lobe postérieur du corselet et par la ponctuation profonde des élytres. Tête rougeâtre, plus foncée que le corselet, très-lisse et presque glabre, légèrement oblongue, arrondie postérieurement; fossette occipitale profonde; les yeux noirs, assez saillants; les antennes entièrement ferrugineuses, semblables à celles du *Rodriguii*. Corselet d'un rouge vif, très-lisse, glabre, notablement moins large que la tête, d'un quart seulement plus long que large; lobe antérieur plus régulièrement globuleux que dans l'espèce précédente, le postérieur beaucoup plus court et moins bombé; goulot assez long, très-détaché. Elytres d'un brun de poix, très-lisses, couvertes antérieurement de gros points presque allignés en stries, hérissées, surtout vers les bords, de poils roussâtres, ornées, comme dans les espèces précédentes, d'une tache jaunâtre derrière l'épaule et d'une autre aux deux tiers de la longueur, cette dernière formant une bande transversale commune aux deux élytres, deux fois à peine aussi larges que le corselet et deux fois aussi longues que larges, très-carrées aux épaules, très-parallèles, coupées presque carrément à l'extrémité, très-plates en dessus, les omoplates très-légèrement senties. Dessous du corps noirâtre; pattes entièrement d'un jaune testacé, de même teinte que la bande postérieure des élytres, les cuisses assez longues, mais nullement claviformes.

Cette jolie espèce habite les provinces Russes situées entre la mer Noire et la mer Caspienne. M. de Chaudoir a eu l'obligeance de m'en envoyer trois individus de trois localités différentes : l'un pris en Mingrelie, en juillet, aux bords de la mer, un autre à Akhaltzik en Géorgie, au mois de juin, sous les graviers des rivières, le troisième, dans les provinces Persannes situées au-delà du Caucase. C'est de cette localité que provenaient les exemplaires qui ont servi à la description que M. Colenati a donnée de cette espèce dans ses *Metemelata Entomologica*, imprimés en 1846 à Saint-Pétersbourg. Cette espèce, par sa ponctuation et la forme très-allongée de ses élytres, se rapproche davantage de la suivante que des deux précédentes.

4. **A. Délicatulus.** *Rufo-testaceis, subglaber; elytris punctatissimis, versus apicem nigro-fasciatis, apice flavo-testaceis.* — Long. 0,002. Lat. 0,0006. — *India Orientalis.*

Espèce très-voisine de la précédente, non par la couleur, mais par la forme allongée et la ponctuation des élytres. Tête d'un ferrugineux vif, brillante, glabre, lisse au milieu, ponctuée vers les bords, un peu oblongue, arrondie postérieurement, sillon occipital distinct, mais très-court; yeux ovales, très-antérieurement placés; antennes de médiocre longueur, à articles courts et serrés, d'un jaune ferrugineux plus pâle vers la base. Corselet de même teinte que la tête, brillant, finement ponctué, plus étroit que la tête, d'un tiers plus long que large, transversalement globuleux antérieurement, avec le goulot distinct et bien détaché, étranglé aux deux tiers de la longueur; lobe postérieur comme dans le Chaudoirii, court et peu bombé. Elytres brillantes, presque glabres, couvertes d'une ponctuation grosse, profonde et non confluente, nullement striée, quelquefois un peu moins foncées que les parties antérieures, toujours beaucoup plus pâles vers l'extrémité, ornées, vers les trois quarts de la longueur, d'une bande transversale noire, étroite, à peine interrompue sur la suture, deux fois au moins aussi larges que le corselet, et deux fois aussi longues que larges, très-plates, très-carrées à la base, très-parallèles sur les côtés, et conjointement arrondies à l'extrémité; la poitrine ponctuée en dessous comme les élytres, mais beaucoup plus foncée. Abdomen et pattes testacées; les cuisses courtes, plates et nullement claviformes.

Cette intéressante espèce a été rapportée de l'Inde par Helfer, et appartient au musée de Prague, qui a bien voulu m'en sacrifier un exemplaire. Elle se groupe parfaitement avec la précédente, sous le double rapport de la forme du corselet et des élytres.

DEUXIÈME GROUPE.

Elytris transversim ponè humeros depressis, ibique sœpissimè flavo fasciatis. Omoplatis plus minusve gibbosis (f. 25).

Ne voulant pas multiplier indéfiniment les groupes, nous avons réuni dans celui-ci quinze espèces exotiques, la plupart américaines, dont le seul caractère commun est une dépression transversale des élytres derrière les épaules, dépression ordinairement colorée d'une teinte jaunâtre, et le plus souvent accompagnée d'une saillie tuberculeuse des omoplates. Quelques espèces à cuisses dilatées et à élytres vernissées se rapprochent considérablement des *Formicomus*, et pourraient trouver place dans ce genre, si elles avaient les épaules moins carrées et moins saillantes. Nous avons subdivisé ce groupe fort peu homogène de la manière suivante, en commençant par les espèces à corselet bilobé, de manière à les rapprocher du groupe précédent, qui offrait également ce caractère.

A. Corselet bilobé (f. 19 et 25) . . . . . . Espèces **5** à **7**
B. Corselet simple.

α. Pommettes latérales anguleuses (f. 9.) Espèces 8 à 9
β. Pommettes plus ou moins arrondies
   (f. 8, 11).
   * Elytres à 4 ou à 5 taches . . . .   10 à 12
   ** Elytres sans taches. . . . .   13 à 14
   *** Elytres à bande antérieure jaune. .   14 à 20

DESCRIPTION DES ESPÈCES.

A. Thorace binodoso.

5. A. GIBBICOLLIS (1). *Niger, nitidus, non nihil ciliatus; thorace anticè gibboso; clytris ponè humeros valdè depressis, ibiquè fasciá argenteo-tomentosa ornatis; antennarum femorumque basi ferrugincá.* — Long. 0,003. Lat. 0,0009 (f. 25). — Colombia. Cumana.

Tête noire finement réticulée, assez brillante, très-arrondie postérieurement, transversale, palpes très-courts, le dernier article épais, peu sécuriforme, à angles très-arrondis; antennes noires, brillantes, ciliées, avec les deux ou trois premiers articles plus ou moins ferrugineux. Corselet (f. 25) noir, brillant, sans ponctuation ni réticulation distincte, parsemé de quelques cils grisâtres, sensiblement moins large que la tête, d'un quart environ plus long que large; goulot long et très-détaché, lobe antérieur globuleux, régulièrement arrondi sur les côtés, plus fortement bombé en dessus qu'aucune autre espèce du genre; lobe postérieur très-court, réduit à un bourrelet très-saillant, presque aussi large que l'antérieur, dont il est séparé par un étranglement brusque et profond; base très-fortement marginée. Ecusson triangulaire, assez distinct. Elytres d'un noir bitumineux foncé, très-brillantes, ayant l'éclat vernissé des Formicomus, sans ponctuation apparente, hérissées de quelques cils blanchâtres qu'on pourrait croire rangés en stries, trapézoïdales antérieurement, ovalaires, ou plutôt un peu fusiformes postérieurement, sensiblement dilatées sur les côtés un peu au-delà de la moitié, coupées carrément à la base, avec les épaules très-prononcées, sensiblement convexes sur le disque. Dépression posthumérale très-profonde, tapissée d'un duvet argenté. Omoplates fortement gibbeuses, séparées l'une de l'autre par un sillon profond, et des épaules par une fossette insensible. Dessous du corps noir; pattes brunes, avec l'extrème base des cuisses ferrugineuse; celles-ci longues, peu robustes, les antérieures seulement légèrement claviformes.

Cette espèce habite la Colombie. J'en possède deux exemplaires : l'un a été recueilli par M. Funk dans la province de Cumana, et j'ai reçu l'autre de M. Reiche sous le nom que je lui ai conservé; un troisième exemplaire m'a été communiqué par M. Buquet. Le même insecte existe au musée de Berlin sous le nom de *Cœsus* Moritz.

6. A. ALBICINCTUS. *Rufo-brunneus, nitidus, glaber; thorace anticè globoso; clytris saturioribus, ponè humeros modicè depressis, ibiquè flavo-fasciatis; antennis basi ferrugincis, pedibus totis concoloribus.* — Long. 0,0022. Lat. 0,0007. — Colombia. Cumana.

---

(1) *Anthicus Cœsus,* Moritz. in mus. Berolmensi.

Tête d'un brun rougeâtre, peu brillante, sans ponctuation ni pubescence distincte, carrée postérieurement, fortement transversale; antennes brunes, ferrugineuses à la base, peu allongées et légèrement claviformes. Corselet d'un brun rouge, lisse et brillant, sans ponctuation distincte, parsemé de quelques cils grisâtres, beaucoup moins large que la tête, un peu plus long que large; lobe antérieur régulièrement globuleux, moins bombé en dessus que le *Gibbicollis*, lobe postérieur très-court, paraissant quelquefois divisé en deux petits tubercules, beaucoup moins large que l'antérieur, dont il est séparé par un étranglement brusque et assez profond, dont le fond est pointillé et quelquefois légèrement tomenteux; base très déclive, non marginée. Elytres d'un brun foncé, très-brillantes, très-lisses, sans ponctuation apparente, hérissées de quelques cils argentés, ornées, derrière les épaules, d'une bande transversale d'un jaune testacé, interrompue sur la suture et atteignant le bord latéral, deux fois et demie au moins aussi larges que le corselet, coupées carrément à la base, très-faiblement dilatées sur les côtés, et très-arrondies postérieurement. Dépression posthumérale sensible, correspondant exactement à la bande jaune; omoplates séparément gibbeuses, mais moins fortement que dans le *Gibbicollis*. Des-ous du corps et pattes entièrement d'un brun rouge, de même teinte que le corselet.

VARIÉTÉ : *Coloration croissante :* β. Entièrement d'un noir d'asphalte, à l'exception de la bande des élytres et de la base des antennes, qui conservent leur teinte ferrugineuse.

Je possède deux individus de cette espèce, recueillis par M. Funk dans la province de Cumana en Colombie. Elle existe aussi au musée de Berlin sous le nom que je lui ai conservé.

7. A. CENTURIO. *Rufo-ferrugineus, nitidus, subglaber; thorace antice globoso, basi bitu-berculato; elytris brunneis basi ferrugineis, pone humeros paululum depressis ibique flavo fasciatis; antennis pedibusque concoloribus.* — Long. 0,0025. Lat. 0,0007 (f. 19). — India Orientalis.

Tête rougeâtre, brillante, assez fortement ponctuée, surtout sur les côtés, transversalement arrondie postérieurement, assez bombée en dessus et plus encore en dessous; yeux grands et saillants placés peu en avant; antennes ferrugineuses, plus claires à la base, courtes, robustes et moniliformes vers le sommet. Corselet (f. 19) rougeâtre, brillant, finement pointillé, moins large que la tête, sensiblement plus long que large; goulot court, mais bien détaché; lobe antérieur transversalement globuleux, fortement bombé en tous sens, séparé par un étranglement très-prononcé du lobe postérieur, qui est moins large et moitié plus court que l'antérieur, mais très-bombé, et partagé en dessus en deux tubercules très-distincts; base déclive et légèrement marginée. Ecusson trapézoïdal, transversal. Elytres assez brillantes, vaguement et finement pointillées, presque glabres, brunes, avec la base plus ou moins ferrugineuse, excepté la pointe des épaules qui reste foncée, ornées en outre chacune d'une bande transversale d'un jaune vif, située derrière l'épaule, s'étendant d'un côté jusqu'au bord latéral, s'arrêtant de l'autre à une bonne distance de la suture, mais paraissant au premier coup-d'œil former une bande continue, à cause de la teinte rougeâtre de la base qui remonte le long de la suture entre les deux taches ; trois fois aussi larges que la base du corselet, coupées carrément à la base, les angles huméraux prononcés, sensiblement dilatées sur les côtés, médiocrement convexes, conjointement arrondies à l'extrémité. Dépression posthumérale peu profonde, omoplates médiocrement saillantes. Dessous du corps et pattes entièrement rouges ; cuisses grêles à la base, assez fortement renflées en massue vers l'extrémité, surtout les antérieures.

Cette espèce a été recueillie dans l'Inde par Helfer, et appartient au musée de Prague, qui n'a pu m'en communiquer qu'un seul individu.

B. Thorace simplici.
α. Lateribus anguloso (f. 9).

8. A. ARMIGER. *Piceus, nitidus; capite posticè valdè quadrato; thorace lateribus valdè anguloso; elytrorum fasciâ posthumerali, maculâ posticâ, antennarum basi, pedibusque ferè totis flavo-ferrugineis.* — Long. 0,0023. Lat. 0,0007. — India Orientalis.

Tête noire, très-lisse, très-brillante, fortement ponctuée antérieurement et sur les côtés, très-légèrement pubescente, plus que carrée postérieurement (f. 9), s'élargissant à partir des yeux jusqu'à la base, les yeux assez grands, placés très en avant ; palpes robustes, dernier article oblongo-sécuriforme (f. 15) ; antennes ferrugineuses, avec les derniers articles plus ou moins noirâtres. Corselet noirâtre, brillant, sans ponctuation apparente, légèrement ombragé d'une pubescence grisâtre, la marge postérieure ferrugineuse, un peu plus large que la tête, pas plus long que large, sensiblement convexe sur le milieu du disque, bord antérieur légèrement arrondi, très-dilaté sur les côtés, tout à fait antérieurement (f. 9), puis rétréci si brusquement, que les pommettes sont véritablement anguleuses et subacuminées ; les côtés, à partir de l'angle des pommettes, creusés circulairement, puis se dirigeant obliquement vers la base, qui est presque moitié moins large que la partie antérieure, et très-distinctement marginée ; goulot antérieur suffisamment détaché. Ecusson régulièrement triangulaire. Elytres d'un brun foncé, assez brillantes, finement pointillées, finement pubescentes, ornées chacune de deux taches ferrugineuses plus ou moins apparentes, situées près du bord latéral, la première transversale derrière l'épaule, la seconde arrondie aux deux tiers de la longueur ; les deux taches antérieures plus ou moins réunies et plus ou moins voilées par une bande transversale d'un duvet cendré qui tapisse tout le fond de la dépression posthumérale ; deux fois à peine aussi large que le corselet, carrées antérieurement, avec les épaules remarquablement détachées, ovalaires postérieurement. Dépression posthumérale très-sensible ; omoplates très-saillantes, séparées entre elles par une dépression longitudinale, séparées en outre des épaules par un petit sillon latéral, d'où résultent quatre gibbosités distinctes, deux plus petites sur les épaules proprement dites, et deux plus grandes sur les omoplates. Dessous du corps noirâtre; pattes jaunâtres, avec l'extrémité des cuisses brunes; celles-ci médiocrement dilatées et nullement claviformes.

VARIÉTÉ : *Coloration croissante :* β. Cette variété un peu plus foncé ne diffère du type que par l'absence totale de la tache postérieure des élytres.

Cette espèce a été recueillie dans l'Inde par Helfer. J'en possède un exemplaire qui m'a été donné par le musée de Prague.

9. A. BAJULUS. *Flavo-ferrugineus, subnitidus; capite posticè subrotundato; thorace lateribus minùs anguloso; elytrorum fasciâ basali alterâque posticâ dilutè testaceis.* — Long. 0,0022. Lat. 0,0007. — India Orientalis.

Un peu plus petit que le précédent, avec lequel il a les plus grandes affinités, entièrement d'une teinte ferrugineuse jaunâtre. Tête assez brillante, profondément ponctuée, surtout antérieurement, très-légèrement pubescente, légèrement arrondie postérieurement, sensiblement transversale; yeux noirs très-saillants; antennes concolores. Corselet assez terne, couvert d'une ponctuation fine et serrée, un peu moins large que la tête, à peine aussi long que large, conformé à peu près comme celui de l'*Armiger*, mais dilaté moins antérieurement et les pommettes moins anguleuses. Elytres ternes, un peu plus foncées que les parties antérieures, finement pointillées, abondamment voilées d'une pubescence roussâtre, traversées de deux larges bandes jaunâtres, l'une occupant toute la dépression antérieure, l'autre vers les deux tiers de la longueur, l'une et l'autre à contours mal arrêtés et peu détachées du fond; semblables pour la forme à celles de l'*Armiger*, tout aussi déprimées antérieurement, et chargées de même à la base de quatre gibbosités distinctes. Dessous du corps concolore, pattes un peu plus claires.

Cette espèce, comme la précédente, a été recueillie dans l'Inde par Helfer; le musée de Prague n'a pu m'en communiquer qu'un seul individu.

β. Thorace lateribus plus minusve rotundato (f. 8, 11).
* Elytris quatuor — aut quinque maculatis.

10. A. DROMEDARIUS. *Piceus, nitidus; elytris ponè humeros valdè depressis, omoplatis humerisque valdè prominulis, maculis in utroque magnis duabus, alterâ ponè humerum, alterâ versùs apicem, flavo-ferrugineis; antennarum basi pedibusque testaceis, tibiis solis infuscatis.* — Long. 0,0024. Lat. 0,0008. — Colombia. Cumana.

Tête noirâtre, lisse et brillante en arrière, un peu rugueuse antérieurement, presque carrée postérieurement, transversale; les yeux grands, ovalaires, placés très en avant; antennes brunes, jaunâtres à la base. Corselet d'un brun noirâtre, assez terne, finement réticulé, sans pubescence apparente, beaucoup moins large que la tête, d'un tiers plus long que large, régulièrement globuleux antérieurement, assez fortement rétréci vers les 2/3 de sa longueur, avec la base légèrement renflée sur les côtés seulement; goulot très-détaché et assez long. Ecusson régulièrement triangulaire. Elytres d'un noir bitumineux, lisses et brillantes, sans ponctuation ni pubescence apparente, ornées chacune de deux grandes taches d'un jaune ferrugineux vif, la première derrière les épaules, transversale, rétrécie en approchant de la suture, où elle se réunit à celle de l'autre élytre; la seconde aux 3/4 de la longueur, placée obliquement et n'atteignant pas la suture; le milieu de la base, de chaque côté de l'écusson, coloré en outre de la même teinte que les taches; deux fois et demie aussi larges que le corselet, une fois et trois quarts au moins aussi longues que larges, subparallèles antérieurement et coupées carrément à la base, avec les épaules peu arrondies et saillantes, légèrement arrondies sur les côtés un peu au-delà de la moitié, passablement convexes, un peu fusiformes à l'extrémité; dépression posthumérale large et profonde; omoplates séparément et fortement gibbeuses. Dessous du corps d'un ferrugineux obscur; pattes testacées, avec les tibias noirâtres. (On remarquera cette coloration bizarre des pattes, dont les cuisses sont entièrement testacées, tandis que la teinte foncée s'est fixée sur les tibias).

Cet insecte habite la Colombie. J'en possède un seul individu recueilli par M. Funk dans la province de Cumana.

11. A. Concinnus. *Brunneus, subopacus; elytris ponè humeros parùm depressis, omoplatis parùm prominulis, maculis in utroque duabus, alterá ponè humerum, alterá ponè medium rufescentibus; antennis ferè totis pedibusque totis testaceis.* — Long. 0,0022. Lat. 0,0007. — Cayenna et Brasilia.

Espèce très-voisine de la précédente, même pour la couleur et les taches des élytres; elle n'en diffère que par les caractères suivants : Tête non brillante, finement chagrinée; antennes entièrement jaunes, à l'exception des trois derniers articles, qui sont noirâtres; les yeux plus grands et plus saillants. Corselet de forme presque identique, à goulot tout aussi long, mais terne et finement chagriné au lieu d'être réticulé. Elytres de même couleur, mais beaucoup moins brillantes et imperceptiblement pointillées, de même forme, à cela près qu'elles sont plutôt arrondies que fusiformes postérieurement, les taches placées de même, mais d'un jaune beaucoup moins vif, la postérieure un peu plus près du milieu; la dépression transversale beaucoup moins profonde et les omoplates beaucoup moins saillantes; les pattes entièrement testacées.

J'ai vu deux individus de cette espèce : l'un, communiqué par M. Buquet, lui avait été envoyé de Cayenne; l'autre a été recueilli au Brésil, près de Baya, par M. Mocquerys, et fait partie de ma collection.

12. A. Quinquemaculatus. *Ferrugineus, opacus; elytris brunneis, maculis latis tribus, primâ ponè humerum, secundâ ponè medium, tertiá apicali ferrugineis; antennis pedibusque totis concoloribus.* — Long. 0,0028. Lat. 0,0008. — Brasilia. Bahia.

Tête rougeâtre, brillante, parsemée antérieurement de gros points enfoncés, très-arrondie postérieurement, pas plus large que longue, antennes d'un rouge ferrugineux, plus foncées au sommet. Corselet rougeâtre, terne, entièrement et très-finement chagriné par l'effet d'une ponctuation très-fine et très-confluente, presque aussi large que la tête, très-régulièrement globuleux antérieurement, avec le goulot long et très-détaché, assez fortement rétréci vers les 3/4 de la longueur, et légèrement dilaté à la base, qui est très-finement marginée. Elytres d'un brun foncé, ternes, couvertes d'une ponctuation excessivement fine et presque insaisissable, qui donne naissance à un duvet roussâtre très-court et d'une extrême finesse, ornées chacune de deux grandes bandes d'un beau rouge ferrugineux, l'une derrière l'épaule, obliquant vers le centre, l'autre vers les deux tiers de la longueur, obliquant en sens inverse de la première, et terminées en outre par une grande tache apicale de même couleur, commune aux deux élytres, et remontant en pointe vers le centre, plus de deux fois aussi larges que le corselet, et près de deux fois aussi longues que larges, très allongées, subparallèles, coupées carrément à la base, les épaules légèrement saillantes, faiblement dilatées sur les côtés au-delà du milieu, conjointement arrondies à l'extrémité. Dépression posthumérale très-large, mais peu profonde, omoplates séparément, mais modérément gibbeuses. Dessous du corps rougeâtre; pattes entièrement ferrugineuses. Extrémité de l'abdomen laissant saillir un pigidium bifurqué dans l'unique individu mâle qui a servi à cette description.

Cette espèce, comme la précédente, a été recueillie au Brésil, près de Bahia, par M. Mocquerys, et a passé de la collection de M. Reiche dans la mienne.

On remarquera que les trois dernières espèces, voisines entre elles par le dessin des élytres, le sont aussi par la forme du goulot, qui, dans tous les trois, est très-détaché et aussi long que possible.

**** Elytris immaculatis.**

Plusieurs espèces de cette sous-division et de la suivante sont remarquables par le développement du dernier article des palpes maxillaires, qui est en triangle régulièrement isoscèle (f. 14) et par la dilatation ou la courbure des tibias postérieurs du mâle.

13. **A. Obscurus** (1). *Totus nigro brunneus, subnitidus; elytris immaculatis ponè humeros paululùm depressis, basi nonnihil grisco tomentosis; antennis femoribusque basi dilutioribus.* — Long. 0,0025. Lat. 0,0008. — America Borealis.

Entièrement d'un noir un peu brun, sans apparence de tache sur les élytres. Tête assez brillante, ponctuation fine et peu serrée, plus ou moins cachée par une pubescence peu abondante, fortement transversale, légèrement arrondie postérieurement; yeux assez gros et saillants, placés tout à fait aux côtés de la tête, qu'ils contribuent à élargir; palpes maxillaires (f. 14) à dernier article très-développé, régulièrement triangulaire. Antennes noires, un peu brunes vers la base, de longueur ordinaire et peu dilatées à l'extrémité. Corselet assez brillant, finement pointillé, finement pubescent, moins large que la tête, peu oblong, régulièrement arrondi, et globuleux antérieurement, le goulot très-court, étranglé un peu au-delà de la moitié, et renflé à la base, sur les côtés seulement, d'une manière assez

---

(1) *Anthicus obscurus,* Catal. Dej. 1856, p. 258.

sensible, ce qui donne aux bords latéraux un contour doublement sinué, et détermine un sillon latéral très-marqué. Elytres assez brillantes,
pointillées comme le corselet, et revêtues comme lui d'une pubescence
grisâtre plus abondante vers la base, étroites, oblongues, subparallèles,
très-légèrement convexes, coupées carrément à la base, presque sépa-
ment arrondies, et même légèrement tronquées à l'extrémité, qui ne recouvre pas entièrement l'abdomen. La dépression posthumérale peu profonde et d'autant moins sensible, qu'elle n'est accompagnée ni d'une
coloration, ni d'une pubescence particulière. Dessous du corps noirâtre;
pattes noires, avec la base des cuisses légèrement jaunâtre; celles-ci longues,
robustes et légèrement claviformes. Je n'ai pu découvrir aucun caractère
sexuel dans la forme des tibias postérieurs du mâle, dont le sexe n'est
révélé que par la troncature du dernier segment supérieur de l'abdomen.

Cet insecte provient des Etats-Unis de l'Amérique septentrionale. Je ne
l'ai vu que dans la collection de M. le comte Dejean, qui en avait reçu
trois individus de M. Lecomte.

14. A. Ebeninus. *Præcedenti minor, niger, nitidus; elytris immaculatis, ponè humeros
paululùm depressis; antennis pedibusque brunneis. Tibiis posticis maris arcuatis.* — Long.
0,0023. Lat. 0,0007. — Colombia. Cumana.

Espèce excessivement voisine de la précédente, dont elle ne diffère au
premier coup-d'œil que par une taille un peu plus petite, et une couleur
plus brillante et plus noire. En la comparant plus attentivement, on reconnaît que la tête est relativement plus petite, le corselet rétréci un peu
plus antérieurement, et moins renflé sur les côtés à la base; que les
élytres sont un tant soit peu plus plates, encore plus légèrement déprimées
à la base, moins pubescentes et plus carrées aux angles postérieurs internes. Le mâle se distingue ici d'une manière tranchée, par la forme
arquée des tibias postérieurs (f. 13), par un faisceau de poils à l'extrémité du côté interne des mêmes tibias, et par un gros point enfoncé
sur le dernier segment inférieur de l'abdomen, qui est en outre tronqué
à sa partie supérieure.

Cet insecte provient de la Colombie. Un seul individu femelle, pris
dans la province de Cumana, faisait partie des récoltes que m'a vendues
M. Funk. Un autre exemplaire mâle, communiqué par M. de Brême,
avait été donné à M. le comte Dejean par le musée de Berlin, sous le nom
que je lui ai conservé.

*** Elytris anticè flavo-fasciatis.

15. A. Elegans. *Rufo-brunneus, subopacus, thorace lateribus rotundato; elytris saturioribus basi ferrugineo-fasciatis, tibiis posticis maris introrsùm dilatatis.* — Long. 0,0025.
Lat. 0,0008. — America Borealis, Carolina.

Tête rougeâtre, peu brillante, abondamment pointillée et couverte
d'une courte pubescence inclinée, carrée et rétrosaillante postérieurement,
fortement transversale. Palpes maxillaires (f. 14) à dernier article très-
grand, et formant un triangle isoscèle régulier. Antennes allongées, sensi-

blement claviformes, ferrugineuses à la base, plus foncées vers l'extrémité. Corselet d'un rouge foncé, peu brillant, finement pointillé, finement pubescent, presque aussi large que la tête, d'un quart plus long que large, assez bombé en dessus, très-arrondi et très-dilaté sur les côtés antérieurement, avec le goulot très-court, très-brusquement rétréci un peu au-delà de la moitié, légèrement renflé sur les côtés à la base, qui est peu déclive et visiblement marginée. Élytres presque noires, finement pointillées, finement pubescentes, ornées, derrière les épaules, d'une large bande jaunâtre couverte d'un duvet cendré, s'étendant transversalement d'un bord à l'autre sans être interrompue sur la suture, séparée de la base par un très-mince intervalle de la couleur du fond, étroites, oblongues, subparallèles, peu convexes, très-légèrement dilatées sur les côtés, coupées carrément à la base, coupées aussi un peu carrément à l'extrémité, avec les angles externes très-arrondis. Dépression posthumérale très-profonde et aussi large que la bande jaune, avec laquelle elle coïncide. Dessous de la poitrine et pattes rougeâtres ; abdomen noirâtre ; cuisses longues et fortement dilatées vers le milieu. — Le mâle se distingue par la forme des tibias postérieurs (f. 12) légèrement dilatés à leur côté interne, un peu au-delà de la moitié, à peu près de la même manière que ceux du *Gracilis* Panz, et en outre, par l'échancrure du dernier segment inférieur et supérieur de l'abdomen.

Cet insecte habite les Etats-Unis d'Amérique, et particulièrement la Caroline du nord. Je lui ai conservé le nom sous lequel il m'a été envoyé et donné par M. Sturm de Nuremberg. Deux autres exemplaires m'ont été communiqués par MM. Germar et Guérin.

16. A. Laticeps. *Nigro-brunneus, opaco-pubescens ; thorace lateribus subanguloso ; elytris ponè humeros obscurè flavo-fasciatis ; antennis basi flavo-ferrugineis.* — Long. 0,0025. Lat. 0,0008. — Columbia, Cumana,

Espèce très-voisine de la précédente, dont elle diffère néanmoins sensiblement par la forme de la tête et du corselet. Tête noirâtre, finement, mais distinctement pointillée, légèrement pubescente, très-légèrement arrondie postérieurement, rétrosaillante et remarquable par son excessive largeur, qui est à la longueur dans le rapport de 3 à 2 (f. 8). Les yeux un peu réniformes, très-grands et très-saillants, occupant toute la partie latérale de la tête ; le dernier article des palpes maxillaires aussi grand et aussi régulièrement triangulaire que dans l'*Elegans*. Antennes identiquement semblables. Corselet noirâtre, couvert d'une ponctuation serrée et d'un léger duvet argenté, aussi large que la tête, un peu plus long que large, médiocrement convexe, transversalement arrondi antérieurement, avec le goulot excessivement court, dilaté sur les côtés tout à fait en avant (f. 8), brusquement rétréci vers le milieu de la longueur, avec les pommettes très-saillantes, sans être aussi anguleuses que celles de l'*Armiger* ; les côtés, après s'être creusés circulairement à partir des pommettes, se dirigeant parallèlement et carrément sur la base, qui est finement marginée. Elytres exactement semblables à celles de l'*Elegans,* tant pour la couleur que pour la forme, la dépression posthumérale est seulement un peu moins profonde, et la bande transversale moins large et beaucoup plus pâle sur l'unique individu que j'ai pu observer. Dessous du corps noirâtre ; pattes ferrugineuses avec les cuisses noirâtres ; celles-ci longues et robustes. Je n'ai vu qu'une femelle de cette espèce, et je serais bien curieux de savoir si le mâle présenterait aux tibias postérieurs le même caractère sexuel que l'*Elegans*.

Cet insecte provient de la province de Cumana en Colombie, et fait partie des récoltes que j'ai acquises de M. Funk.

17. A. IMPRESSUS. *Piceus, nitidus; capite thoracèque nigris; elytris subparallelis, planiusculis, fasciá ponè humeros abbreviatá, pallide flavá, tomentosá ; antennarum articulis prioribus duobus tarsisque ferrugineis,* — Long. 0,003. Lat. 0,0008. — Colombia.

Tête noire, peu brillante, finement réticulée ou couverte d'une multitude de petites stries longitudinales, carrée postérieurement, sensiblement transversale, les yeux grands, saillants, un peu réniformes, se prolongeant en dessous jusqu'au menton, palpes médiocrement robustes, à dernier article peu sécuriforme ; antennes noirâtres, les deux premiers articles jaunâtres, peu allongées, légèrement claviformes. Corselet noir (f. 11), réticulé comme la tête, un peu moins large qu'elle, un peu plus long que large, goulot remarquablement long, transversalement globuleux, avec les pommettes très-saillantes, séparées de la base par un sillon latéral profond, fortement renflé à la base, sur les côtés, et même un peu en dessus, mais pas assez pour pouvoir être considéré comme bilobé. Elytres couleur de poix, lisses, brillantes, vaguement et très-finement ponctuées, parsemées, surtout vers l'extrémité, de quelques cils roussâtres, ornées chacune, derrière les épaules, d'une bande d'un jaune pâle, recouverte d'un duvet cendré qui s'arrête nettement à une certaine distance de la suture, oblongues, subparallèles, coupées carrément à la base, avec les épaules détachées et même un peu saillantes, faiblement dilatées sur les côtés, faiblement convexes sur le disque, conjointement arrondies à l'extrémité ; dépression posthumérale brusque et profonde qui ne se prolonge pas jusqu'aux bords latéraux ; omoplates fortement gibbeuses, séparées par un intervalle étroit et profond. Dessous du corps d'un noir brillant ; pattes d'un brun foncé, avec la base des cuisses et des tarses plus ou moins ferrugineux. — Le mâle se distingue par la saillie du pigidium, qui est profondément bifurqué à l'extrémité.

Cette espèce, récoltée dans la Colombie par Moritz, m'a été communiquée par M. Germar et par le musée de Berlin, où il portait le nom que je lui ai conservé.

18. A. VINCULATUS. *Piceus, nitidus; elytris ovalibus valdè convexis, fascia ponè humeros abbreviatá, pallidè flavá, tomentosá; antennarum articulis prioribus quatuor ferrugineis, pedibus fere totis nigro brunneis.* — Long. 0,0023. Lat. 0,0007. — Colombia, Cumana.

Tête noire, assez brillante, sans ponctuation ni réticulation distincte, quelque peu ciliée, légèrement arrondie postérieurement, transversale, les yeux petits, médiocrement saillants ; antennes noirâtres, avec les quatre premiers articles ferrugineux. Corselet noirâtre, peu brillant, finement réticulé comme celui de l'*Impressus*, beaucoup moins large que la tête ; goulot très-long ; régulièrement globuleux antérieurement, rétréci très-postérieurement, avec la base imperceptiblement renflée et distinctement marginée. Elytres d'un noir de poix, lisses et brillantes, sans ponctuation apparente, sans autre pubescence que quelques cils grisâtres, ornées, derrière les épaules, chacune d'une courte bande ferrugineuse qui n'atteint pas la suture, trapézoïdales antérieurement, ovalaires postérieurement, très-convexes et très-dilatées sur les côtés, de telle manière qu'ayant à peine à la base une largeur double de celle du corselet, elles atteignent au-delà de la moitié une largeur triple ; angles huméraux obtus, ce qui n'empêche pas les épaules d'être sensiblement saillantes, très-régulièrement arrondies à l'extrémité, qui ne recouvre pas l'abdomen. Dépression posthumérale d'autant plus profonde que le disque est plus bombé ; omoplates séparément et fortement tuberculées, les deux épaules et les deux omoplates offrant ensemble quatre gibbosités remarquablement lisses et miroitantes. Dessous du corps noirâtre ; pattes d'un brun foncé, avec la base des cuisses légèrement ferrugineuse ; cuisses longues, sans aucun renflement remarquable.

J'ai eu sous les yeux deux individus de cette espèce : l'un faisait partie des récoltes que j'ai acquises de M. Funk, et venait de la province de Cumana en Colombie ; l'autre m'a été communiqué par M. de Brême, sous le nom de *Vinculatus*, Klug, nom qu'il portait dans l'ancienne collection Dejean.

19. A. ANGUSTICOLLIS. *Totus piceus subnitidus ; elytris ponè humeros flavo-maculatis, subtilissimè punctato-striatis, lateribus nonnihil ampliatis ; antennis basi flavo-ferrugineis ; maris tibiis posticis dilatatis.* — Long. 0,0021. Lat. 0,0007 — Columbia.

Tête noirâtre, peu brillante, confusément ponctuée, légèrement impressionnée transversalement entre les yeux, carrée et rétrosaillante postérieurement, sensiblement transversale ; antennes médiocrement longues, dilatées au sommet, les deux ou trois premiers articles jaunâtres, les autres d'un brun foncé. Corselet abondamment pointillé ou chagriné, de même couleur que la tête, parsemé de quelques poils blanchâtres, d'un quart environ plus étroit que la tête, et d'un quart à peine plus long que large, peu bombé, mais régulièrement arrondi antérieurement, avec un goulot long et très-détaché, rétréci vers les 3/4 de la longueur par un sillon latéral, suivi d'un renflement basilaire assez sensible sur les côtés seulement. Ecusson très-petit, paraissant arrondi au sommet. Elytres d'un brun rouge très-foncé, assez brillantes, couvertes de petits points rangés en stries peu régulières, très-rapprochées, dont on ne saurait apprécier le nombre ; parsemées de quelques cils grisâtres, ornées, derrière les épaules, chacune d'une bande transversale jaunâtre assez large, qui n'atteint ni le bord latéral ni la suture, étroites, allongées, sensiblement convexes et un tant soit peu dilatées sur les côtés, légèrement arrondies à la base, très-arrondies et même un peu fusiformes postérieurement ; dépression posthumérale peu profonde. Dessous du corps et pattes entièrement noirâtres, cuisses longues et robustes, les tibias postérieurs et aplatis et dilatés, tarses robustes, presque aussi gros que les tibias, à articles peu détachés les uns des autres. — Je considère la dilatation des tibias comme un caractère sexuel particulier au mâle, l'unique individu que j'ai observé ayant en même temps le dernier segment de l'abdomen assez fortement échancré en dessus et en dessous.

Cette espèce, comme plusieurs autres du même groupe, habite la Colombie, où elle a été recueillie par M. Moritz. Le musée de Berlin m'a fait présent de l'exemplaire qui a servi à cette description, et je lui ai conservé le nom qui lui avait été donné par M. Klug.

20. A. EXILIS (1). *Saturè rufo-ferrugineus, nitidus; elytris ponè humeros parùm depressis, omoplatis vix prominulis, fasciá anticá communi latá; tarsis, antennisque flavo-ferrugineis, harum articulis ultimis tribus nigris et insolitè dilatatis.* Long. 0,0018. Lat. 0,0007. — America Borealis.

Tête d'un brun foncé, brillante, sans ponctuation appréciable, pas plus large que longue, peu arrondie postérieurement, rétrosaillante; antennes (f. 3) assez courtes ferrugineuses, à l'exception des trois derniers articles, qui sont noirâtres et brusquement dilatés en largeur seulement. Corselet un peu moins foncé et moins large que la tête, également lisse et brillant, parsemé vers la base de quelques points peu distincts, régulièrement globuleux, avec le goulot très-court, réduit à une simple margination; peu rétréci postérieurement et non renflé à la base (2). Écusson triangulaire, noir, plus grand et plus apparent que dans les espèces voisines. Élytres d'un brun presque noir, lisses, parsemées de quelques points obsolètes espacés, qui échappent même à une forte loupe, traversées à la base par une large bande d'un jaune ferrugineux vif, commune et atteignant le bord latéral; deux fois et demie environ aussi larges que le corselet, et à peine une fois et demie aussi longues que larges, trapézoïdales antérieurement jusqu'au-delà de la moitié, et ensuite régulièrement arrondies; dépression posthumérale très-peu sensible; omoplates très-faiblement saillantes. Dessous du corps rougeâtre; pattes brunes, avec la base des cuisses et les tarses d'un jaune pâle.

Cette espèce, remarquable par la dilatation des trois derniers articles des antennes, habite les États-Unis d'Amérique. Elle était unique dans la collection de M. Dejean, qui l'avait reçue de M. Lecomte.

TROISIÈME GROUPE.

Elytris parallelis, parùm convexis, elongatis, anticè valdè quadratis; femoribus nonnihil dilatatis. Thorace lateribus bisinuato, minimè binodoso.

Ce groupe ne contient qu'une seule espèce du cap que nous n'a-

---

(1) *Anthicus Exilis*, Dej. Cat. 1836, p. 238.

(2) C'est bien plus à cause de la dépression des élytres et de l'ensemble du facies, qu'à cause de la forme du corselet, que cette espèce a été placée dans cette division.

vons pu rapprocher convenablement d'aucune autre. Le premier groupe est le seul où nous aurions pu la placer à cause de ses élytres, qui sont identiques avec celles de l'*A. Rodriguii*; mais son corselet simplement bisinué eût interrompu une série d'espèces qui ont toutes le corselet bilobé, et ce motif nous a décidés à en faire un groupe à part.

DESCRIPTION DE L'ESPÈCE.

21. A. QUADRILLUM. *Totus nigro-piceus, parcè pilosus, elytris quadrimaculatis maculâ scilicet ponè humerali, fasciâque posticâ non communi, flavescentibus; antennis obscurè, pedibus ferè totis dilutè ferrugineis.* — Long. 0,0022. Lat. 0,0008. — Promontorium Bonæ Spei.

Cette espèce, très-voisine du *Klugii* et du *Rodriguii* par la taille, la forme, la couleur et les taches des élytres, s'en distingue au premier coup-d'œil par la forme non bilobée du corselet. Entièrement d'un brun foncé luisant, tête un peu carrée postérieurement, marquée comme dans le *Rodriguii* d'une fossette occipitale et impressionnée entre les antennes, qui sont d'un jaune ferrugineux obscur. Corselet un peu moins foncé que les élytres, sans ponctuation distincte, peu globuleux, transversalement arrondi antérieurement, avec le goulot excessivement court et à peine sensible; un peu moins large que la tête, d'un quart à peine plus long que large, rétréci assez fortement vers les deux tiers de la longueur, et dilaté à la base sur les côtés seulement, sans apparence de gibbosité ni de tubercule à la partie supérieure de la base. Elytres luisantes, à ponctuation fine et très-espacées, hérissées de poils roussâtres peu abondants et peu adhérents; de même forme que celles du *Rodriguii*, tachetées comme celles du *Klugii*, la bande postérieure également interrompue par la suture, mais située un peu plus près de l'extrémité. Dessous du corps noirâtre, pattes d'un jaune sale, avec la massue des cuisses brune.

Cette espèce a été rapportée du cap de Bonne-Espérance par M. Drège. Je n'en ai vu que deux individus qui m'ont été communiqués, l'un par M. Chevrolat, et l'autre par M. Melly, sous le nom que je leur ai conservé.

QUATRIÈME GROUPE.

Thorace anticè transversim globoso, antè basin coarctato, lateribus posticè nonnihil inflato, plerùmque basi tenuissimè bituberculato.

Ce groupe est composé de seize espèces, réparties à peu près également dans toutes les parties du monde, même à la Nouvelle-Hollande. Je ne puis mieux le caractériser qu'en disant qu'il a pour type l'*A. Humilis*. Germar (*Bremei* Laferté. *Riparius* du Catal. Dejean), espèce très-connue et répandue dans toute l'Europe. Le caractère principal de ces espèces est un corselet aussi large que la tête, transversalement globuleux antérieurement, rétréci vers les deux tiers de la longueur, légèrement renflé sur les côtés à la base, et laissant apercevoir ordinairement au milieu de la base deux petites saillies tuberculeuses plus ou moins apparentes, mais dont un œil exercé armé d'une bonne loupe parvient presque toujours à reconnaître quelque trace. A ce caractère il faut ajouter des élytres point ou très-légèrement déprimées derrière les épaules, à ponctuation distincte, imparfaitement brillantes, et n'ayant jamais l'aspect vernissé qui se rencontre souvent dans le groupe précédent. Quant à la forme même des élytres, il y a lieu de distinguer les espèces qui ont les élytres oblongues et parallèles de certaines espèces de taille inférieure, dont les élytres sont plus courtes, souvent même ovalaires. Ces dernières forment une coupe beaucoup moins homogène que les premières, qui ont entre elles un air de famille très-prononcé. Nous divisons ce groupe de la manière suivante :

α. Elytres allongées subparallèles.
    * Elytres subcylindriques.
    ** Elytres aplaties.
β. Elytres peu allongées, souvent ovalaires.

DESCRIPTION DES ESPÈCES.

α. Elytris elongatis subparallelis.
    * Elytris subcylindricis.

22. **A. Sobrinus.** *Piceus, subnitidus, parcè pubescens, thorace basi rugoso non tuberculato; elytris ponè humeros transversim depressis, parùm crebrè punctatis rufo quadri-maculatis; antennarum basi, pedibusque fere totis ferrugineis.* — Long. 0,0025. Lat. 0,0008.— India Orientalis.

Tête noire, brillante, distictement ponctuée, transversale, peu arrondie postérieurement ; yeux grands et saillants ; antennes peu robustes, médiocrement longues, brunes, avec les articles basilaires jaunâtres. Corselet noirâtre, brillant, distinctement ponctué antérieurement, rougeâtre terne et chagriné postérieurement, un peu moins large que la tête, transversalement globuleux très en avant, pommettes latérales très-saillantes et miroitantes, brusquement étranglé un peu au-delà de la moitié, et dilaté ensuite faiblement jusqu'à la base, qui ne laisse voir en dessus qu'une surface rugueuse sans tubercules distincts. Goulot très-long et très-détaché. Élytres couleur de poix, assez brillantes, couvertes d'une ponctuation distincte peu serrée, et hérissées de poils jaunâtres courts et rigides, ornées chacune de deux taches ferrugineuses arrondies, l'une derrière l'épaule, l'autre plus grande très-près de l'extrémité, disposées absolument comme celles de l'*Humilis*, deux fois au moins aussi larges que le corselet, très-carrées à la base, légèrement arrondies sur les côtés, la plus grande largeur un peu au-delà de la moitié, conjointement arrondies à l'extrémité. Dépression posthumérale sensible, omoplates et épaules distinctement et séparément saillantes. Dessous du corps noirâtre. Pattes ferrugineuses, à l'exception des cuisses, qui sont brunes vers l'extrémité et un peu claviformes.

Cette espèce a été recueillie dans l'Inde par Helfer en assez grande abondance, j'en possède plusieurs exemplaires qui m'ont été donnés par le musée de Prague.

On pourra s'étonner que cette espèce à élytres transversalement déprimées et à omoplates saillantes, ne se trouve pas rangée dans le groupe précédent. Elle pourrait bien en effet y trouver place, si l'ensemble du facies, la ponctuation et la pubescence des élytres ne la rapprochaient nécessairement de l'*Humilis*.

23. **A. Consentaneus.** *Piceus, subnitidus, glabriusculus; thorace basi rugoso, necnon subtilissimè bituberculato; elytris ponè humeros vix depressis, confertìm punctulatis, rufoquadrimaculatis; antennarum basi pedibusque ferè totis ferrugineis.* — Long. 0,0025. Lat. 0,0008. — Senegalia.

Cette espèce est exactement de même taille, de même couleur et de même forme que le *Sobrinus*; les corselets surtout sont identiquement semblables; elle n'en diffère que par les points suivants : ponctuation de la tête beaucoup plus serrée, base du corselet laissant entrevoir deux petites saillies imperceptibles. Élytres beaucoup moins déprimées transversalement, moins brillantes, à ponctuation excessivement fine et réticulée, presque glabres; taches postérieures moins apicales, non arrondies, formant une bande transversale qui atteint le bord latéral, mais qui s'arrête à distance de la suture, tache antérieure aussi plus transversale. Dessous du corps ferrugineux.

Cet insecte habite le Sénégal. Un seul exemplaire m'a été communiqué par M. Lucien Buquet.

24. **A. Ustulatus.** *Lætè rufo-ferrugineus, subnitidus, crebrè punctatus vix tenuissimâ pube adumbratus; thorace basi subtilissimè tuberculato; pedibus elytrisque dilutioribus, his fasciâ mediâ apicalique nigris.* — Long. 0,0026. Lat. 0,0009. — Mesopotamia.

Entièrement d'un rouge ferrugineux, plus vif sur la tête et le corselet plus pâle sur les élytres. Tête assez brillante, couverte d'une ponctuation abondante sans être confluente, aussi longue que large, un peu parallèle sur les côtés derrière les yeux, peu arrondie postérieurement; antennes ferrugineuses dans toute leur longueur. Corselet de même couleur et ponctuation que la tête, moins large que celui de l'*Humilis*, à pommettes moins saillantes, moins bombé en dessus transversalement, arrondi antérieurement, rétréci peu brusquement, à partir des pommettes jusque vers les 2/3 de la longueur, puis sensiblement dilaté sur les côtés jusqu'à la base, qui est distinctement marginée, et sur laquelle on aperçoit deux petits espaces lisses un tant soit peu saillants. Élytres d'un ferrugineux jaunâtre assez brillant, entièrement couvertes d'une ponctuation fine et très-serrée, et légèrement ombragées d'un duvet roussâtre court et superficiel; ornées de deux bandes noires non interrompues par la suture, l'une vers le milieu transversale et élargié vers les bords, l'autre apicale couvrant toute l'extrémité; deux fois aussi larges que le corselet à la base, de forme oblongue, peu cylindrique, légèrement arrondie sur les côtés. Dessous du corps rougeâtre, pattes entièrement d'un jaune ferrugineux, de même teinte que les élytres.

Cet insecte a été recueilli en Mésopotamie par Helfer en assez grande abondance. Il en existe plusieurs individus au musée de Berlin, où il porte le nom que je lui ai conservé; j'en possède moi-même deux exemplaires, l'un m'a été donné par M. Klug, et l'autre par M. Schmidt-Göbel.

Cette espèce, très-voisine de l'*Humilis*, pourrait être confondue avec la variété *g* de cette espèce, qui a exactement la même coloration, et les mêmes taches; mais il reste à mon avis des différences suffisantes, dans la forme du corselet, rétréci un peu moins postérieurement et moins bombé en dessus, dans celle des élytres, un peu plus larges et moins convexes, enfin dans leur ponctuation, plus fine et plus serrée. Il est probable en outre que les exemplaires recueillis par Helfer ne représentent qu'une des variétés les moins colorées de l'espèce qui doit, comme l'*Humilis*, passer du rouge au brun et peut-être même au noir.

25. A. Horsfieldii. *Ferrugineus, subnitidus, subtiliter punctatus, glabriusculus; thorace basi rugoso; elytris piceis, maculis quatuor lætè ferrugineis; antennis pedibusque totis concoloribus.* — Long. 0,0025. Lat. 0,0009. — Decan.

Espèce très-voisine pour les taches et la coloration de l'*Humilis* var. *b*. Elle a de même les élytres brunes, avec quatre taches bien distinctes d'un rouge ferrugineux vif, la tête et le corselet d'un ferrugineux plus sombre, es antennes et les pattes en totalité de la même teinte que les taches des élytres. Elle diffère de l'*Humilis* par les caractères suivants; tête à peu près lisse, sans ponctuation distincte, plus arrondie et plus oblongue postérieurement, antennes plus robustes, plus longues, moins moniliformes au sommet. Corselet moins globuleux, moins large, se rapprochant pour la forme de celui de l'*Ustulatus*, moins distinctement ponctué, un peu renflé en dessus à la base et ne laissant apercevoir, au lieu de tubercules distincts, que des rugosités confuses. Élytres moins parallèles, plus arrondies sur les côtés, beaucoup plus finement ponctuées et presque glabres.

Cette espèce habite les monts Kasyah, dans le Decan. Je n'en ai vu qu'un seul individu, qui m'a été communiqué par M. Hope sous le nom que je lui ai conservé.

26. A. Humilis. *Piceus, subnitidus, griseo pubescens, punctatissimus; thorace basi subtiliter bituberculato; elytrorum maculis quatuor, antennarum basi, tibiis tarsisque, ferrugineis.* — Long. 0,0025. Lat. 0,0008 ad 0,0009 (f. 1). — Europa media et Meridionalis.

Anthicus humilis, Germ. Faun. Ins. Eur. Fasc. 10, tab. 6. — Stephens, Brit. Entom. t . 5, p. 75. — Schmidt, Stettin Entom. Zeit. 1842, p. 188. — *Anthicus Bremei*, La Ferté, Ann. Soc. Entom. de France, 1842, p. 252, tab. 10, f. 5 et 4 (1).

---

(1) *Anthicus Riparius*, Dej. Catal. 1836, p. 238.

Tête noirâtre, peu brillante, profondément et abondamment ponctuée, parsemée d'une pubescence grise argentée, très-arrondie postérieurement depuis un œil jusqu'à l'autre, sans apparence d'angles postérieurs, un peu plus longue que large, médiocrement bombée; les yeux assez grands, peu saillants, un peu réniformes; palpes roussâtres, peu développés, peu robustes; antennes ferrugineuses à la base, obscures vers l'extrémité, abondamment ciliées, un peu moins longues que la moitié du corps, légèrement claviformes, et en même temps un peu moniliformes vers le sommet. Corselet d'un brun foncé, peu brillant, plus finement ponctué et plus abondamment pubescent que la tête, au moins aussi large qu'elle, d'un quart au moins plus long que large; lobe antérieur assez convexe, régulièrement arrondi en tous sens et presque globuleux, pommettes modérément saillantes, fossettes latérales peu profondes, non miroitantes, ayant plutôt l'apparence d'un sillon intermédiaire entre la dilatation antérieure et le renflement basilaire; rétréci vers les 3/4 de la longueur d'une manière assez sensible, et distinctement renflé à la base, non-seulement sur les côtés, mais aussi en-dessus, où l'on distingue facilement deux petits tubercules arrondis; base légèrement rougeâtre, finement et confusément marginée; goulot excessivement court. Écusson très-petit, triangulaire. Elytres brunes, assez brillantes, abondamment et assez profondément ponctuées, chaque point donnant naissance à un poil grisâtre, régulièrement couché d'avant en arrière; ornées chacune de deux taches ferrugineuses plus ou moins apparentes, à contours peu arrêtés, l'une posthumérale, ayant la forme d'une bande légèrement oblique qui n'atteint pas la suture; l'autre, vers les 3/4 de la longueur, ayant aussi la forme d'une bande oblique, mais en sens inverse de la première, et n'atteignant pas non plus la suture; une fois et demie aussi larges que le corselet, près de deux fois aussi longues que larges, assez convexes et cylindriques, légèrement arrondies sur les côtés, conjointement arrondies à l'extrémité, coupées carrément à la base, les angles huméraux médiocrement saillants, les omoplates très-faiblement saillantes, sans dépression sensible en arrière; la suture un peu élevée, surtout postérieurement. Dessous du corps noirâtre; abdomen allongé et dépassant presque toujours l'extrémité des élytres. Pattes ferrugineuses, les cuisses brunes et légèrement claviformes. — Le mâle se distingue assez facilement par l'observation du dernier segment supérieur de l'abdomen, qui est légèrement tronqué carrément, tandis qu'il est pointu dans la femelle (1).

VARIÉTÉS : De toutes les espèces d'Anthicus, l'*Humilis* est une des plus

---

(1) Lorsque j'ai décrit cette espèce en 1842, dans les *Annales de la Société Entomologique de France*, sous le nom d'*A. Bremei*, j'ai fait remarquer qu'il y avait des individus beaucoup plus étroit que les autres du corselet et des élytres; je pensais alors que cette différence pouvait être un caractère sexuel. Cette observation ne s'est qu'imparfaitement vérifiée, c'est-à-dire que les individus les plus étroits se trouvent assez constamment être des mâles, mais qu'il y a parmi les mâles des exemplaires tout aussi larges que les femelles.

variables pour la couleur et les taches des élytres. La description qui précède a été faite sur des exemplaires de coloration moyenne, intermédiaire entre les plus pâles et les plus foncés. Les principales variétés peuvent se réduire aux suivantes.

Coloration décroissante : b. La tête moins foncée, quelquefois même rougeâtre ; le corselet partiellement ou totalement ferrugineux ; les élytres ayant encore le fond brun, mais moins foncé, les taches plus grandes. Le dessous du corps rougeâtre ; les pattes entièrement ferrugineuses. Je rattache à cette variété certains exemplaires mal teints ou fraîchement éclos, dont les parties claires, au lieu d'être rouges, sont d'un jaune livide.

c. (A. Bremei, La Ferté). C'est la variété que j'ai trouvée abondamment aux environs de Perpignan, et que j'ai décrite en 1842 dans les *Annales de la société Entomologique de France*. L'insecte est entièrement d'un rouge ferrugineux vif, avec deux bandes noires sur les élytres, l'une médiale, l'autre apicale, semblables à celle de l'*Ustulatus*, la première souvent partagée en deux par la suture.

d. Plus de taches sur les élytres, entièrement d'un rouge ferrugineux brillant, ou entièrement d'un jaune testacé plus ou moins terne.

Coloration croissante : β. Plus foncé que le type, taches antérieures des élytres encore visibles, taches postérieures nulles.

γ. De même teinte que *β*, taches antérieures nulles, taches postérieures réduites à une tache commune arrondie, plus ou moins rètrécie.

δ. Entièrement brun ou même noirâtre, avec les antennes et les pattes ferrugineuses.

ε. Entièrement noir avec les tarses seulement et la base des antennes légèrement ferrugineux. Cette dernière variété est précisément le type de l'ancienne description de Germar.

Dans toutes les collections qui nous ont été communiquées, excepté dans celle de M. Dejean, ces variétés et autres intermédiaires étaient séparées comme autant d'espèces distinctes. M. Dejean, toujours très-sobre dans la formation des espèces, les avait toutes réunies sous le nom de *Riparius*, auquel j'ai dû renoncer, ainsi qu'à celui de *Bremei*, pour m'en tenir au nom le plus anciennement publié. M. Kunze, de Leipsick, m'a communiqué un individu de la Géorgie, envoyé par M. Victor Motchoulski, sous le nom de *Nigrofasciatus*, et qui doit être rapporté à notre variété *b*. Le nom de *Myrmecinus*, donné par Ullrich à cette espèce, n'a jamais été publié ; quant à celui de *Calycinus* Steven, indiqué en synonymie au *Catalogue* Dejean, je n'ai pu découvrir s'il était concacré par une publication ; d'ailleurs, l'individu que M. Dejean a reçu sous ce nom, me paraît appartenir plutôt à l'espèce du *Minutus* qu'à celle de l'*Humilis*.

L'Anthicus *Humilis* est une des espèces le plus généralement répandues en Europe ; mais il lui faut le voisinage de l'eau salée. Aussi on le rencontre non-seulement sur les rivages de toutes les mers, même de la Baltique, mais encore aux bords des lacs salés, tels que celui de Mannsfeld, en Saxe. Ceux de cette dernière localité sont généralement noirs ; ceux que j'ai pris à Perpignan sont d'un rouge très-clair, ce qui me porte à croire que cette espèce est dans le même cas que quelques autres Anthicus, dont les variétés les plus foncées appartiennent au nord de l'Europe, et les plus pâles au midi. J'ai eu sous les yeux des exemplaires de tous les points de l'Europe, et notamment de Mannsfeld, de la Grèce, de la Crimée, des bords de l'Adriatique, de la Sicile, de la Sardaigne, de l'Andalousie, du midi de la France, et même des côtes du département de la Vendée, où je l'ai recueillie en grande abondance dans les salines, vis-à-vis de l'île de Noirmoutiers ; la collection de M. Aubé en contient un individu recueilli en Algérie. MM. Schmidt et Germar signalent, entre autres plantes marines qui servent de retraite à ces insectes, les Salicornia *herbacea* et *fruticosa*.

27. A. CALIFORNICUS. *Piceus, subnitidus, glabriusculus, sat crebrè punctatus; thorace basi subtiliter tuberculato; elytrorum maculâ basali, alterâque antè-apicali, communibus, parum conspicuis, obscurè ferrugineis; antennis tibiis tarsisque rufis.* — Long. 0,0026. Lat. 0,0009. — California.

Tête noirâtre, peu brillante, finement ponctuée, légèrement pubescente, pas plus large que longue, un peu rétrosaillante et peu arrondie postérieurement ; antennes entièrement roussâtres, légèrement claviformes, semblables à celles de l'*Humilis*. Corselet d'un brun noirâtre, moins foncé que la tête, assez brillant, finement ponctué antérieurement, plus fortement ponctué vers la base, légèrement pubescent, aussi large que la tête, d'un quart à peine plus long que large ; goulot court, mais plus distinct que dans l'*Humilis ;* lobe antérieur cordiforme, légèrement bombé en dessus, sensiblement dilaté sur les côtés, antérieurement, rétréci ensuite peu brusquement jusqu'aux 4/5 de la longueur, c'est-à-dire plus près de la base que dans l'*Humilis*, légèrement renflé à la base non seulement sur les côtés, mais aussi en dessus, où l'on distingue deux petites éminences luisantes, séparées du lobe antérieur par une petite fossette. Élytres d'un brun foncé, brillantes, couvertes d'une ponctuation assez grosse et peu serrée, parsemées de quelques poils rares et peu adhérents, ornées de deux taches rougeâtres très-obsolètes, l'une formant une large bande transversale qui couvre presque toute la base, l'autre vers l'extrémité encore plus indéterminée, et apparaissant sous la forme d'une tache ovale allongée commune aux deux élytres ; deux fois aussi larges que le corselet, et deux fois environ aussi longues que larges, oblongues, subcylindriques, plus parallèles encore que celles de l'*Humilis ,* coupées très-carrément à la base, épaules légèrement saillantes, dépression posthumérale nulle, saillie des omoplates presque insensible. Dessous du corps d'un brun foncé, pattes roussâtres comme les antennes, avec les cuisses brunes ; celles-ci simplement dilatées, nullement claviformes.

VARIÉTÉ. *Coloration croissante :* β. Plus foncé, tache antérieure un peu visible, la postérieure nulle, la suture seule encore rougeâtre.

Cette espèce fait partie des récoltes rapportées de la Californie par M. Piccolomini. J'en possède pour ma part deux exemplaires.

28. A. Assimilis. *Piceus, subnitidus, grisco pilosus, parum crebrè pubelatus; thorace basi subtiliter tuberculato; elytrorum basi, maculá ante-apicali vix conspicuá; antennis femoribusque rufescentibus; tibiis tarsisque testaceis.* — Long. 0,0026. Lat. 0,0008. — Promontorium Bon. Spei.

Si cet insecte eût été trouvé dans une contrée quelconque de l'Amérique du nord, je n'aurais probablement pas hésité à le réunir au *Californicus*, dont il a la taille, la forme et la couleur ; mais comme le musée de Berlin l'a reçu du cap de Bonne-Espérance, j'ai dû le comparer plus attentivement à l'espèce américaine, et constater ainsi les différences suivantes. — Tête un tant soit peu moins large et plus carrée postérieurement. Corselet plus brillant, un peu plus long, sillon latéral plus creux et plus miroitant pubescence grisâtre, plus abondante, du reste rétréci tout aussi postérieurement, et présentant de même à la base deux tubercules rudimentaires absolument semblables. Élytres couvertes d'une ponctuation plus profonde et moins serrée, et hérissées de poils roussâtres longs et clairsemés, ornées de taches aussi peu apparentes, semblablement placées, mais paraissant légèrement interrompues par la suture ; pas apparence de dépression posthumérale ni de saillie des omoplates.

Je n'ai vu qu'un seul exemplaire de cette espèce, recueillie, comme je l'ai déjà dit, au cap de Bonne-Espérance, et communiquée par le musée de Berlin, qui ne possède que cet individu.

En prenant l'*Humilis* pour terme de comparaison des six autres espèces qu'on vient de décrire, on peut faire en peu de mots les remarques suivantes : les deux premières, *Sobrinus* et *Consentaneus* s'en distinguent l'une et l'autre par le rétrécissement du corselet, peu au-delà du milieu, et par la dépression posthumérale des élytres. Les deux suivantes, l'*stulatus* et *Horsfeldii*, par la forme un tant soit peu carrée du corselet, à pommettes latérales peu saillantes, le premier en outre par la forme aplatie, le second par la forme sensiblement ovalaire des élytres. Enfin les deux dernières, *Californicus* et *Assimilis*, s'éloignent ensemble de l'*Humilis*, par le rétrécissement plus postérieur du corselet, et par la forme encore plus parallèle des élytres.

    ** Elytris deplanatis.

29. A. Debilis. *Ferrugineus, subopacus, pubescens, subtilissime punctulatus ; thorace obscuriore, basi subtiliter tuberculato ; elytris piceis, illorum basi, tibiis tarsisque ferrugineis.* — Long. 0,0024. Lat. 0,0007. — Hab. in Ægypto.

Tête d'un ferrugineux obscur, plus brillante, très-finement pointillée, légèrement pubescente, arrondie postérieurement, pas plus large que longue, un peu retroussaillante ; antennes d'un jaune ferrugineux, de la longueur de la moitié du corps, grossissant peu de la base vers l'extrémité. Corselet de même teinte que la tête, finement pointillé et ombragé comme elle d'un léger duvet roussâtre, à peine aussi large que la tête, d'un quart plus long que large, peu convexe, peu arrondi antérieurement, pommettes peu saillantes, peu sinué sur les côtés, rétréci très-postérieurement, renflé à la base, sur les côtés et même en dessus, de manière à présenter une

petite protubérance basilaire, séparée du disque par une très-légère fossette; goulot très-court; marge postérieure peu distincte. Écusson en
triangle équilatéral très-petit. Élytres peu brillantes, très-finement pointillées, parsemées dans toute leur étendue d'un duvet roussâtre très-court
et très-fin, jaunâtres à la base jusqu'au tiers de la longueur, les deux autres tiers d'un brun un peu ferrugineux; forme étroite, très-oblongue et
sensiblement parallèle, deux fois aussi larges que le corselet, et presque
deux fois aussi longues que larges, coupées peu carrément à la base, les
épaules arrondies et non saillantes, faiblement arrondies à l'extrémité,
très-peu convexes en dessus, ce qui contribue à faire paraître les omoplates légèrement saillantes. Dessous du corps et pattes entièrement d'un
jaune testacé presque aussi pâle que la base des élytres.

Cet insecte a été recueilli en Égypte par Ehrenberg. Le musée de Berlin
en possède deux individus sous le nom que je lui ai conservé.

30. A. Lucidulus. *Minùs elongatus, totus piceus, nitidus, glaber, subtilissimè punctatus;
thorace planiusculo, basi subtiliter tuberculato; elytris immaculatis, antennis tibiis tarsisque
ferrugineis.* — Long. 0,002. Lat. 0,0007. — Hab. in Ægypto.

Petite espèce entièrement d'un brun de poix très-luisant, sans tache sur
les élytres. Tête profondément, mais distinctement ponctuée, revêtue d'une
pubescence argentée très-courte, un peu transversalement arrondie postérieurement, pas plus longue que large; les yeux grands, de couleur vive,
très-légèrement anguleux postérieurement; antennes roussâtres, à peine
aussi longues que la moitié du corps, très-faiblement renflées vers l'extrémité. Corselet brillant, finement, mais visiblement pointillé surtout postérieurement, légèrement couvert d'une courte pubescence argentée, aussi
large que la tête, d'un quart à peine plus long que large, subtrapézoïdal,
peu convexe, peu arrondi antérieurement, pommettes peu saillantes, faiblement rétréci très-postérieurement, la base à peine renflée sur les côtés,
mais présentant en dessus une petite protubérance transversale rugueuse
et brillante, légèrement interrompue au milieu; marge postérieure peu
distincte; goulot étroit et excessivement court; Élytres d'un brun foncé
d'une teinte parfaitement uniforme, très-brillantes, couvertes d'une ponctuation distincte, non confluente, plus profonde antérieurement que postérieurement, presque glabres, deux fois environ aussi larges que le corselet, une fois et 3/4 au moins aussi longues que larges, très-aplaties en dessus, coupées carrément à la base, légèrement dilatées sur les côtés, conjointement arrondies à l'extrémité. Dépression posthumérale nullement
sensible. Dessous du corps moins foncé que les élytres, pattes ferrugineuses, surtout les tibias et les tarses.

Cette espèce a été recueillie aux environs de Smyrne par Helfer, et m'a
été communiquée par le musée de Berlin, qui n'en possède qu'un individu.

J'avais pensé d'abord que cet insecte devait être rattaché à une des
nombreuses variétés de l'*Humilis*, mais la forme des yeux s'y oppose, et
en outre l'infériorité de la taille, la ténuité des antennes et l'aplatisse-
ment des élytres.

β. Staturâ minóri, elytris sœpè subovalibus.

Cette coupe, comme nous l'avons déjà dit, est beaucoup moins homogène que celle qui précède. A la suite de cinq espèces plus ou moins voisines de l'*Humilis*, nous en avons placé deux autres qui ne se rapprochent que très-imparfaitement de cette espèce typique.

31. **A. Prædator.** *Ferrugineus, subnitidus, thorace basi valdè bituberculato; elytris brunneis flavo-quadrimaculatis ; antennis pedibusque concoloribus.* — Long. 0,002. Lat. 0,0007 (f. 20). — India Orientalis.

Espèce voisine du *Centurio* par la taille, le faciès et la disposition moniliforme des antennes, mais qui n'a pu être rapprochée de cette espèce à cause de l'absence totale de dépression posthumérale. Tête d'un brun ferrugineux, brillante, visiblement ponctuée, très-carrée postérieurement, fortement transversale, les yeux grands et saillants, un peu réniformes; antennes entièrement d'un jaune ferrugineux, plus foncé au sommet qu'à la base, courtes et moniliformes. Corselet (f. 20) d'un ferrugineux rougeâtre, brillant, finement pointillé, aussi large que la tête, d'un quart plus long que large; goulot très-court, mais très-détaché; lobe antérieur cordiforme, peu bombé en dessus, mais fortement dilaté latéralement tout en avant, après quoi les côtés se dirigent obliquement vers le sillon latéral situé aux 2/3 de la longueur, lequel détermine un étranglement très-sensible sur les côtés, suivi d'un renflement basilaire non moins sensible; en dessus deux tubercules très-distincts qui font paraître le corselet presque bilobé. Élytres d'un brun jaunâtre, brillantes, finement pointillées, sans pubescence apparente, ornées chacune de deux taches jaunâtres, l'une posthumérale, de forme à peu près triangulaire, n'atteignant ni la suture ni l'angle huméral, mais seulement le bord latéral; l'autre en forme de bande transversale aux 2/3 de la longueur, atteignant de même le bord latéral, et nullement la suture, subparallèles, peu allongées, deux fois aussi larges que le corselet, coupées un peu en échancrure à la base, de manière à envelopper un tant soit peu celle du corselet, conjointement arrondies à l'extrémité, dépression posthumérale absolument nulle. Dessous de la poitrine d'un jaune ferrugineux de même teinte que les taches supérieures. Abdomen noirâtre, les pattes entièrement jaunâtres.

Cette espèce, recueillie aux Indes-Orientales par Helfer, appartient au musée de Prague, qui n'a pu m'en communiquer qu'un seul individu.

32. **A. Bombidioides.** *Niger, nitidus, glaber; thorace ponè medium valdè compresso; elytris maculis duabus, alterá humerali, alterá ponè medium minutá, flavo-testaceis, antennis pedibusque fuscis, tarsis pallidis.* — Long. 0,0048. Lat. 0,0006.—Nova Hollandia, Adelaïde.

Anthicus Strictus, Erichson. Archiv. für Naturgeschichse, 8ᵉ année, p. 182, nᵒ 105. ?

Charmante petite espèce, voisine de la précédente, non pas par la forme des élytres, mais par l'étranglement très-prononcé et peu postérieur du corselet. Tête très-noire en dessus, ferrugineuse en dessous, brillante, lisse, un peu transversale et carrée postérieurement; antennes brunes, médiocrement longues. Corselet noir, très-brillant, imperceptiblement pointillé, glabre, moins large que la tête, transversalement arrondi antérieurement, très-peu bombé sur le disque, les pommettes saillantes et très-antérieurement placées, très-fortement rétréci et étranglé peu au-delà du milieu, comme dans le *Prœdator*, sensiblement renflé sur les côtés à la base, qui laisse voir en dessus deux tubercules luisants, très-apparents; goulot antérieur excessivement court et peu détaché. Élytres noires, très-finement pointillées antérieurement, lisses postérieurement, glabres et très-brillantes, ornées antérieurement d'une tache humérale d'un jaune vif, qui couvre toute l'épaule de côté et en dessus, et postérieurement d'une autre tache de même teinte, petite, transversalement placée aux deux tiers de la longueur, plus près de la suture, qu'elle n'atteint pas, que du bord latéral; plus de deux fois aussi larges que le corselet, moins de deux fois aussi longues que larges, peu convexes en dessus, assez carrées à la base, mais dilatées et arrondies sur les côtés, au moins dans la femelle, seul sexe que j'aie pu observer, sans apparence de dépression posthumérale, ni de saillie aux omoplates, conjointement arrondies à l'extrémité. Dessous du corps noirâtre, pattes assez grêles, brunes, avec les tarses d'un jeune pâle.

Cette espèce, qui m'a été communiquée par M. Hope, sous le nom de *Bombidioides*, habite la colonie anglaise d'Adelaïde, dans la partie méridionale de la nouvelle Hollande. Si mes souvenirs ne me trompent pas, elle serait la même qu'une espèce de Van Diémen que j'ai vue au musée de Berlin et qui a été décrite par M. Erichson, sous le nom de *Strictus;* mais n'ayant pu comparer ces deux insectes *de visu*, j'ai dû m'abstenir de les réunir sous un même nom.

55. A. Comptus. *Piceus, nitidus, capite nigro; thorace basi ferrugineo ibique subtilissimè tuberculato; clytrorum fasciis duabus, antennarum basi tarsisque flavis.* — Long. 0,0018. Lat. 0,0006. — Nova Hollandia, Adelaïde.

Espèce voisine de la précédente et tout aussi gracieuse. Tête toujours noire, brillante, sans ponctuation distincte, fortement transversale, ce qui résulte en partie de la saillie des yeux, qui sont sensiblement bombés, peu arrondie postérieurement; antennes jaunâtres à la base, obscures vers le sommet. Corselet de forme analogue à celui de l'*Humilis*, rétréci vers les 3/4 de la longueur, et renflé de même sur les côtés à la base, proportionnellement plus court et plus aplati, laissant apercevoir de même deux petits tubercules basilaires assez distincts, de couleur brune, surtout antérieurement, avec la base et les côtés ferrugineux. Élytres d'un brun foncé, distinctement ponctuées, couvertes d'une pubescence roussâtre très-courte, qui ne les empêche pas de paraître brillantes; ornées antérieurement d'une large bande transversale jaune commune, descendant latéralement jusqu'au bord, et postérieurement d'une autre bande de même couleur, moins large et formée de deux taches legèrement obliques, réunies sur la suture, mais n'atteignant pas le bord latéral; plus de deux fois aussi larges que le corselet, et presque deux fois aussi longues

que largés ; très-aplatiés en dessus , coupées carrément à la basé , plus ou
moins arrondies sur les côtés (suivant les sexes ?) conjointement arrondies
à l'extrémité, omoplates et épaules légèrement saillantes. Dessous du corps
noirâtre. Pattes brunes, avec les tarses jaunâtrés.

VARIÉTÉS : *Coloration croissante* : β. Élytres et pattes plus foncées,
corselet entièrement noir, taches tout aussi grandes et aussi vives de couleur que dans le type.

Coloration décroissante : *b*. Élytres et pattés d'un brun jaunâtre, corselet entièrement rouge. Il existe probablement beaucoup d'autres variétés.

M. Hope m'a communiqué le type et les deux variétés de cette espèce ,
comme trois espèces distinctes, mais j'ai cru devoir les réunir provisoirement, même sans avoir égard à la forme sensiblement ovalaire de la variété *b*, qui à raison de cette forme , est probablement une femelle, comme
cela se passe dans le *Minutus*. M. Hope a reçu ces jolis insectes de la colonie d'Adélaïde, dans la partie méridionale de la nouvelle Hollande. Je
leur ai conservé un des noms qu'il leur avait imposés.

34. **A. MINUTUS.** *Rufo-ferrugineus, subnitidus, griseo-pilosus ; elytris rubro-piceis, basi
rufescentibus ; pedibus totis flavo-ferrugineis.* — Long. 0,0017 ad 0,002. Lat. 0,0007 ad
0,0008. — Europa Meridionalis.

Anthicus Minutus, La Ferté, Annal. Soc. Ent. de France, t. 11, p. 255, tab. 10, f. 5
(1842). — *Anthicus Sardous*, Schmidt, Stettin Ent. Zeit. t. 3, p. 174 (1842) (1).

Tête ferrugineuse assez brillante, finement ponctuée et parsemée de quelques polis roussâtres, pas plus large que longue, un peu carrée et rétrosaillante postérieurement ; les yeux noirs, petits, régulièrement arrondis ,
placés très en avant ; les antennes entièrement ferrugineuses, médiocrement longues, à articles courts, essentiellement moniliformes, peu dilatés
vers l'extrémité. Corselet de même couleur que la tête, finement ponctué
antérieurement, plus fortement postérieurement, semé de poils roussâtres,
aussi large que la tête, et plus large à proportion que celui de l'*Humilis,* à peine plus long que large, transversalement arrondi antérieurement, médiocrement bombé en dessus, avec les pommettes latérales très-
saillantes, rétréci ensuite obliquement jusqu'au sillon latéral qui précède
la base, puis renflé au-delà sur les côtés seulement, base fortement marginée, laissant apercevoir quelquefois tout près du bord deux petites élévations luisantes, le plus souvent n'en offrant aucun vestige ; goulot antérieur court, mais très-nettement détaché du lobe. Écusson presque imperceptible. Élytres assez brillantes, couvertes d'une ponctuation distincte
peu serrée, et donnant naissance à une pubescence roussâtre longue et
inclinée, d'un brun de poix plus ou moins foncé, qui tourne insensiblement au rouge ferrugineux vers la base, deux fois seulement aussi larges
que le corselet, plus ou moins allongées suivant les sexes, les angles huméraux très-arrondis, assez régulièrement ovalaires, et latéralement dilatées, surtout dans la femelle, assez bombées sur le disque, transversa-

---

(1) Noms inédits : *Cursor* Gené, et *Salinus* Helfer.

lement arrondies à l'extrémité, sans aucune saillie des épaules ni des omoplates. Dessous de la poitrine ferrugineux, abdomen noirâtre. Pattes entièrement d'un jaune ferrugineux, plus pâles que la tête et le corselet, cuisses légèrement claviformes.—On distingue le mâle à plusieurs caractères : les élytres sensiblement plus longues, plus étroites et moins arrondies latéralement ; les cuisses plus longues, plus robustes et plus claviformes, les tibias postérieurs plus longs et légèrement dilatés, enfin le dernier segment inférieur et supérieur de l'abdomen légèrement échancré. La femelle, au contraire, se reconnaît au premier coup d'œil à sa forme large, courte et ovalaire.

Variétés : *Coloration croissante :* β. La tête, le corselet et la base des élytres beaucoup plus foncés que dans α, et presque de même teinte que le reste des élytres.

Coloration décroissante : **b.** La teinte rougeâtre de la base des élytres se prolongeant le long de la suture presque jusqu'à l'extrémité, avec les côtés noirâtres.

c. Élytres entièrement rougeâtres, avec les bords latéraux un peu plus foncés.

Cette espèce habite le midi de l'Europe ; elle a été trouvée abondamment en Sicile par MM. Helfer et Melly ; en Sardaigne, par M. Gené ; en Dalmatie, par M. Karr ; en très-petit nombre, par M. Ghiliani, en Andalousie ; et par M. Lucas une seule fois en Algérie, aux environs de Philippeville. Je l'ai prise moi-même aux environs de Perpignan, en 1840, et depuis dans le département de la Vendée, vis-à-vis l'île de Noirmoutiers. J'en ai eu plus de trente individus sous les yeux, et j'en possède une quinzaine pour ma part.

Le *Minutus,* comme l'*Humilis,* est une espèce saline (Salzkæfer des Allemands) qu'on ne trouve que dans le voisinage de la mer. Décrit vers le même temps par M. Schmidt dans la *Gazette de Stettin,* sous le nom de *Sardous,* et par moi dans les *Annales de la Société Entomologique de France,* sous celui de *Minutus,* j'ai donné la préférence à ce dernier nom, pour ne pas laisser croire que cet insecte fût particulier à la Sardaigne. On le rencontre en outre dans plusieurs collections, sous les noms inédits de *Cursor* Gené, et de *Salinus* Helfer.

55. A. Anguliceps. *Ferrugineus, subopacus ; capite posticè utrinque anguloso, thoracèque anticè rotundatim globoso saturioribus ; elytris maculà mediâ singulari nigrâ ; antennis pedibusque concoloribus.* — Long. 0,0017. Lat. 0,0006 (f. 17). — India Orientalis.

Très-petite espèce, assez voisine par la taille, la couleur et la forme des élytres du Minutus var. *c.* Tête (f. 17) d'un brun rougeâtre, finement pointillée, peu brillante, transversale, dilatée postérieurement, de telle sorte que les côtés, divergeant à partir des yeux, forment un angle droit avec le bord postérieur, qui est faiblement arrondi ; les yeux un peu anguleux, très-saillants ; antennes entièrement ferrugineuses, médiocrement longues. Corselet ferrugineux, terne, finement chagriné, finement pubescent, de forme étroite et un peu oblongue, moins large que la tête, régulièrement globuleux antérieurement, pommettes légèrement anguleuses et peu saillantes, rétréci aux 3/4 de la longueur, renflé à la base, sur les côtés et même un peu en dessus, où l'on distingue deux petits tubercules luisants ; margination postérieure peu distincte ; goulot antérieur très-court, mais suffisamment détaché. Élytres d'un ferrugineux jaunâtre, assez brillantes, parsemées, surtout antérieurement, d'une ponctuation fine et peu serrée, et d'une pubescence roussâtre courte et peu adhérente, ornées vers le milieu d'une bande ou tache noirâtre à contours peu arrêtés, plus large vers le bord et se rétrécissant vers la suture, qu'elle n'atteint pas ; deux fois et 1/2 environ aussi larges que le corselet, et seulement une fois et 2/3 aussi longues que larges, coupées carrément à la base, mais s'élargissant aussitôt et s'arrondissant sur les côtés, de manière à prendre une forme sensiblement ovalaire, assez convexes sur le disque, conjointement arrondies à l'extrémité. Dessous du corps et pattes entièrement d'un jaune ferrugineux.

Variété : *Coloration décroissante : b.* Entièrement d'un jaune testacé ; tache des élytres presque entièrement obsolète.

Cette petite espèce, très-remarquable par la forme bizarrement anguleuse de la tête, a été recueillie dans l'Inde par Helfer. Le musée de Prague m'en a communiqué deux individus.

36. A. Subtilis. *Totus testaceus subopacus ; antennis valdè elongatis ; thorace basi minimè tuberculato ; elytris posticè attenuatis, maculâ laterali versùs medium, alterâque antè apicem obliquâ, obsoletè nigrescentibus.* — Long. 0,0018. Lat. 0,0006. — Colombia.

Cette espèce et la suivante, sans apparence de tubercules à la base du corselet, n'ont aucun air de famille ni avec l'*Humilis,* ni avec le *Minutus.* Nous les avons ajoutées à ce groupe faute de pouvoir leur trouver une place plus convenable.

Entièrement d'un jaune testacé uniforme sur toutes les parties du corps. Tête assez brillante, sans ponctuation distincte, fortement transversale et peu arrondie postérieurement, les yeux peu saillants, sensiblement réniformes ; les antennes remarquablement longues et filiformes, à peine plus épaisses au sommet qu'à la base. Corselet assez lisse antérieurement, et rugueux vers la base, lobe antérieur régulièrement arrondi, mais peu convexe, presque aussi large que la tête, un peu plus long que large, rétréci peu au-delà du milieu, les côtés se dirigeant ensuite parallèlement vers la base, qui est précédée d'un sillon marginal très-peu profond, sans apparence de tubercule ; goulot excessivement court. Élytres sans ponctuation distincte, lisses, mais recouvertes d'un duvet roussâtre très-fin qui en ternit l'éclat, ornées de deux taches noirâtres très-obsolètes (au moins dans les deux individus que j'ai pu observer), l'une médiale, de forme triangulaire, très-près du bord ; l'autre anté-apicale, oblique, et formant, avec celle de l'autre élytre, un chevron opposé à la base et légèrement recourbé en crochet à chacune de ses extrémités ; deux fois et 1/2 aussi larges que le corselet, une fois et 3/4 aussi longues que larges, de forme carrée à la base, dilatées presque aussitôt, et arrondies sur les côtés comme dans l'espèce précédente, et ayant postérieurement une coupe plutôt cunéiforme que régulièrement arrondie ; une légère dépression transversale à la base, précédée d'une très-faible saillie des omoplates. Dessous du corps de même teinte que le dessus, les pattes un peu plus pâles.

Des deux individus que j'ai eu sous les yeux, l'un était beaucoup plus pâle que l'autre. Il en existe probablement au contraire de beaucoup plus colorés, dont les taches, d'un noir foncé, se détachent nettement sur le fond des élytres.

Le musée de Berlin possède plusieurs individus de cette espèce sous le nom de *Binotatus*, que nous n'avons pu conserver, à cause du *Notoxus Binotatus* de Gebler. Ils ont été récoltés en Colombie par Moritz. J'en ai vu un individu dans la collection Dejean, envoyé par M. Klug, et depuis, ce savant professeur a bien voulu m'en donner aussi un exemplaire.

37. A. Invalidus. *Piceus, nitidus, nonnihil punctato-ciliatus; thorace basi minimè tuberculato; elytrorum fasciâ basali latâ, alterâque obliquâ ponè medium ferrugineis; pedibus pallidè testaceis, genibus solis infuscatis.* — Long. 0,0017. Lat. 0,0006. — Nova Granata.

Tête noirâtre, très-luisante, semée de quelques points enfoncés et de cils noirs, pas plus large que longue, très-arrondie postérieurement, les yeux ovales et très-saillants, très-antérieurement placés ; antennes brunes. Corselet d'un brun foncé, brillant, semé, comme la tête, de gros points et de cils raides, un peu moins large que la tête, un peu plus long que large, lobe antérieur régulièrement globuleux, sensiblement convexe, pommettes peu saillantes, rétréci insensiblement jusque près de la base, puis renflé très-légèrement sur les côtés seulement et nullement en dessus, où on n'aperçoit aucune trace de tubercules ; base déclive et confusément marginée ; goulot assez long et très-détaché. Elytres d'un brun bitumineux peu foncé, très brillantes, lisses, parsemées aussi, surtout en avant, de gros points et de cils noirâtres, traversées de deux bandes ferrugineuses : l'une très-large un peu avant la base, commune et descendant jusqu'au bord latéral ; l'autre au-delà de la moitié, légèrement oblique, et formant un chevron commun aux deux élytres, mais n'atteignant pas le bord latéral, de même forme que dans l'espèce précédente, également fusiformes postérieurement, seulement un peu plus larges à la base, moins allongées et plus convexes, sans apparence de dépression posthumérale ni de saillie des omoplates. Dessous du corps d'un brun foncé ; pattes testacées, avec l'extrémité des cuisses et des tibias noirâtre.

Cet insecte, dont je ne possède qu'un exemplaire en assez mauvais état, a été rapporté de la Nouvelle-Grenade par M. Justin Goudot.

CINQUIÈME GROUPE.

Thorace rugoso, anticè globoso, lateribus sœpissimè subspinoso (f. 21), elytris plùs minùsve striato-punctatis (*S. G. Acanthinus* nob.) (1). Sp. 38—42.

---

(1) ἀκάνθινος, épineux.

Ce petit groupe fort naturel se compose de cinq espèces Améri-caines que plusieurs caractères réunissent entre elles, en même temps qu'elles les isolent des espèces de la même division. Ces ca-ractères consistent dans la surface constamment rugueuse de la tête et du corselet, dans la forme des pommettes latérales du corselet, garnies le plus souvent d'aspérités épineuses d'où s'échappent de longs cils, enfin dans la ponctuation profonde des élytres, plus ou moins bien rangée en stries. Une seule espèce n'a pas d'aspérités épineuses sur les pommettes, et celle là a le corselet renflé latéra-lement à la base, tandis que les autres ne présentent aucun renfle-ment basilaire.

DESCRIPTION DES ESPÈCES.

α. Thorace lateribus subspinoso, basi non inflato.

38. A. ÆQUINOCTIALIS (1). *Flavo-ferrugineus, capite thoraceque rubro-opacis; elytris ni-tidis, striato-punctatis, immaculatis, pone humeros nonnihil depressis.* — Long. 0,0022. Lat. 0,0007. — Brasilia et Colombia.

Tête rouge, nullement brillante, très-finement chagrinée, avec une pe-tite ligne longitudinale lisse au milieu, faiblement transversale, un peu carrée postérieurement, les yeux très-noirs, un peu réniformes et très-saillants; palpes et antennes entièrement d'un ferrugineux un peu plus clair que la tête; celles-ci médiocrement longues, peu robustes, attei-gnant à peine la base des élytres. Corselet de même teinte que la tête, entièrement terne et chagriné comme elle, un peu moins large qu'elle, sensiblement oblong, lobe antérieur régulièrement arrondi en avant, mais peu globuleux, les pommettes peu saillantes, un peu anguleuses, couvertes latéralement de petites rugosités subépineuses, d'où s'échappent de longs poils roussâtres, rétréci modérément presque jusqu'à la base, qui est lé-gèrement marginée, sans renflement latéral distinct; goulot court, mais bien détaché. Elytres d'un ferrugineux jaunâtre, brillantes, abondamment couvertes, surtout antérieurement, de petits points enfoncés rangés en stries, et parsemées de quelques cils roussâtres, sans aucune espèce de tache, deux fois aussi larges que le corselet, et deux fois environ aussi longues que larges, coupées carrément à la base, les côtés presque paral-lèles, conjointement arrondies à l'extrémité; omoplates légèrement sail-lantes, suivies d'une dépression posthumérale sensible qui contribue à faire paraître les élytres plus convexes qu'elles ne sont réellement. Des-sous du corps et pattes entièrement concolores; cuisses plates, tibias pos-terieurs dilatés dans toute leur longueur et légèrement arqués.

Cette espèce a d'abord été trouvée en Colombie par MM. Moritz et Lebas; depuis, M. Mocquerys l'a prise au Brésil, aux environs de Ba-

---

(1) *Anthicus Æquinoctialis*, Dej. Cat. 1856, p. 258.

hia. Je possède des individus de ces deux localités, entre lesquels je ne peux trouver aucune différence.

39. A. RUGOSUS. *Rufo-ferrugineus, totus opacus, thorace capiteque saturioribus; elytris punctato-striatis, versus medium nigro-maculatis, ponè humeros depressis, omoplatis prominulis.* — Long. 0,0028. Lat. 0,0008. — Brasilia. Bahia.

Excessivement voisin du précédent. Tête et corselet identiquement semblables de forme, de couleur et d'aspect. Taille supérieure à celle des plus grands individus de l'*Æquinoctialis*. Elytres nullement brillantes, plus foncées, plus abondamment ponctuées, plus profondément impressionnées derrière les omoplates, plus saillantes, suivies d'une dépression transversale plus profonde, plus convexes sur le disque, plus arrondies sur les côtés, ornées, vers le milieu, d'une tache ou bande noirâtre située près du bord, et n'atteignant nullement la suture, plus, d'une petite tache linéaire longitudinale sur la suture, un peu avant l'extrémité. Pattes semblables; tibias postérieurs également dilatés et légèrement arqués.

Je ne possède qu'un seul individu de cette espèce, prise comme la précédente aux environs de Bahia par M. Mocquerys.

40. A. SPINICOLLIS. *Rufo-ferrugineus, capite thoraceque rubro-opacis; elytris nitidis punctatissimis, lateribus tantùm striatis, fasciâ mediali alterâque antè-apicali nigrescentibus.* — Long. 0,0024. Lat. 0,0007 (f. 21). — Brasilia.

Espèce très-voisine des deux précédentes, dont elle diffère cependant plus abondamment que les deux autres ne diffèrent entre elles. Tête entièrement semblable. Corselet de même couleur, tout aussi terne, tout aussi chagriné, mais sensiblement plus gros et plus court, aussi large que la tête, à peine plus long que large, offrant de chaque côté, sur les pommettes, deux ou trois petites épines très-distinctes, accompagnées d'autres petites aspérités épineuses, du milieu desquelles s'échappent quelques poils raides, nullement renflé à la base, qui est assez distinctement marginée. Elytres à peu près de même forme que dans les espèces précédentes, d'un rouge ferrugineux plus foncé, plus abondamment couvertes, dans toute leur étendue, d'une ponctuation assez profonde, qui ne se régularise en stries que sur les côtés, ornées, vers le milieu, de deux lunules noires opposées à la base, réunies sur la suture, et, près de l'extrémité, de deux autres lunules plus pâles en sens inverse des premières, auxquelles elles se réunissent le long de la suture et le long du bord latéral, de telle sorte que, si ces dernières étaient moins obsolètes, les élytres pourraient paraître postérieurement noires, avec une grande tache jaune arrondie de chaque côté; les omoplates assez saillantes, suivies d'une faible dépression transversale. Dessous du corps et pattes de même couleur que la partie antérieure des élytres. Cuisses assez robustes; tibias postérieurs sans dilatation remarquable. — Le mâle se distingue de la femelle par la forme du dernier segment de l'abdomen largement tronqué et laissant saillir au dehors les deux pinces robustes de l'organe sexuel.

VARIÉTÉ : *Coloration décroissante : b.* Elytres d'un jaune ferrugineux, de même teinte que dans l'*Æquinoctialis*, sans apparence de tache postérieure ; les lunules médiales n'atteignant même pas les bords latéraux.

Cette espèce habite le Brésil. J'en possède un individu qui m'a été donné à Hambourg par M. Thorey. Deux autres individus m'ont été communiqués, l'un par M. Melly, l'autre par M. Germar, sous le nom de *Binotatus*, que je n'ai pu conserver, à cause du Notoxus Binotatus de Gebler.

41. A. TRIFASCIATUS. *Ferrugineus, capite thoraceque obscurè rufo opacis; elytris nitidis, profundè punctatis, lateribus tantum striatis, breviusculis, maculâ posthumerali, fasciâ ponè mediali alterâque apicali nigris.* — Long. 0,0021. Lat. 0,0007. — Saint-Thomas, Antilles.

-*Anthicus Trifasciatus*, Fabr. Syst. Eleuth. t. 1, p. 291. 14.

Jolie espèce Fabricienne voisine, et en même temps bien distincte des trois précédentes. Tête exactement semblable, d'un rouge un peu plus foncé ; antennes un peu plus robustes, avec les deux derniers articles blanchâtres. Corselet de même teinte que la tête, toujours terne et chagriné, aussi large et aussi court que celui du *Spinicollis*, un peu moins arrondi eu avant, de forme un peu trapézoïdale, avec les pommettes plus antérieurement placées, laissant apercevoir de même une ou deux épines latérales garnies de gros poils raides, peu convexe, peu rétréci postérieurement jusqu'à la base, qui est simplement marginée. Elytres brillantes et glabres, d'un rouge ferrugineux vif, très-profondément ponctuées dans toute leur étendue, la ponctuation irrégulière sur le dos, s'alignant en stries sur les côtés, ornées chacune de trois taches noires : la première en lunule derrière l'épaule, les cornes tournées vers la base, et n'atteignant pas la suture ; la seconde, au-delà de la moitié commune aux deux élytres, formant une bande brisée ou chevron très-ouvert, opposé à la base et atteignant de chaque côté le bord latéral ; la dernière également commune, tout-à-fait apicale ; deux fois au moins aussi larges que le corselet, une fois et 2/5 seulement aussi longues que larges, carrées à la base, arrondies sur les côtés, un peu fusiformes vers l'extrémité, en un mot, de forme sensiblement ovalaire, assez convexes sur le disque, sans apparence de dépression posthumérale ni de saillie aux omoplates. Dessous du corps rougeâtre. Pattes robustes, jaunâtres, moins colorées que les élytres.

Cette espèce, très-rare, quoique anciennement connue, habite l'île de Saint-Thomas aux Antilles ; j'en possède un exemplaire qui m'a été donné par le musée de Berlin.

42. A. STRIATO-PUNCTATUS. *Flavo-testaceus, subnitidus, ciliatopilosus; antennis, præter ultimum articulum, capite, thorace elytrorumque fasciâ mediâ nigris, his ponè humeros transversìm depressis, anticè striato-punctatis.* — Long. 0,002 ad 0,0023. Lat. 0,0007 ad 0,0008. — Columbia. Cumana.

Tête noire, peu brillante, presque glabre, grossièrement rugueuse, excepté sur une étroite ligne médiale qui reste parfaitement lisse, pas plus large que longue, arrondie postérieurement, très-bombée sur le disque, les yeux grands et très-saillants, les antennes assez allongées, assez robustes, légèrement moniliformes, abondamment ciliées, entièrement noirâtres, à l'exception du dernier article qui est d'un jaune pâle. Corselet noir, peu brillant, entièrement couvert d'une ponctuation grosse, profonde et confluente, très-peu cilié, sensiblement moins large que la tête, sensiblement plus long que large, régulièrement arrondi antérieurement, assez convexe sur le disque ; pommettes légèrement saillantes, finement épineuses et garnies de cils raides ; rétréci vers les deux tiers de la longueur, un tant soit peu dilaté latéralement à l'extrême base, qui est fortement marginée ; goulot long et très-détaché du lobe. Écusson peu distinct. Élytres d'un jaune testacé peu foncé, brillantes, couvertes antérieurement d'une ponctuation assez profonde, rangée en stries régulières qui s'oblitèrent complétement un peu au-delà du milieu, hérissées de cils grisâtres, raides et peu adhérents, traversées vers le milieu par une bande noire commune qui n'atteint pas les bords latéraux, et laissant voir en outre à l'extrême base une faible bordure noirâtre, deux fois et demie environ aussi larges que le corselet, et presque deux fois aussi longues que larges, carrées à la base, sensiblement arrondies et dilatées sur les côtés, vers le milieu de la longueur, terminées un peu en pointe postérieurement, les omoplates faiblement saillantes, et suivies d'une depression transversale qui fait paraître les élytres sensiblement bombées sur le disque. Dessous du corps et pattes jaunâtres, à l'exception des cuisses, qui sont plus ou moins brunes. Sur douze individus observés, j'ai reconnu distinctement trois mâles, non pas à la saillie du pigidium, mais à celle des pinces, dont on aperçoit la bifurcation à l'extrémité de l'abdomen. Dans la plupart des autres individus, cet organe etait terminé par un oviduc démesurément long ; les femelles sont en outre plus grandes et plus convexes que les mâles.

VARIÉTÉS : *Coloration décroissante :* **b.** Élytres très-pâles, à bande plutôt brune que noire, sans apparence de bordure noirâtre à la base ; cuisses entièrement jaunes.

Coloration croissante : β. Le fond des élytres d'un rouge ferrugineux plus ou moins foncé ; la bordure antérieure plus noire, et l'extrémité quelquefois colorée d'une teinte noirâtre ; pattes ferrugineuses de même teinte que les élytres.

Cette espèce s'éloigne des quatre précédentes par la couleur noire de la tête et du corselet ; mais elle a, comme elles, le corselet subépineux latéralement et les élytres striées ; de plus, la décoloration du dernier article des antennes fixe sa place à côté du Trifasciatus de Fabricius, qui présente une décoloration semblable. Elle a été recueillie abondamment par M. Funk dans la province colombienne de Cumana ; j'en possède dix exemplaires très-frais qui m'ont été vendus par lui, et un onzième qui m'a été donné par le musée de Berlin, sous le nom de *Punctatus*, Moritz, que j'ai cru utile de modifier en celui de *Striatopunctatus*. Il en existait aussi dans la collection de M. Dupont un individu très-foncé, qui appartient actuellement à M. de Brême.

β. Thorace lateribus bisinuato non subspinoso.

45. A. HISTRIO. *Ferrugineus, capite nitido thoraceque opaco-rubris; elytris nitidis, parcè striato-punctatis, maculâ posthumerali, fasciâ pone mediali, alterâque apicali nigris.* — Long. 0,0026. Lat. 0,0008. — Nova Granata.

Tête d'un rouge vif, brillante et lisse sur le disque, confusément ponctuée entre les yeux, très-légèrement transversale, arrondie postérieurement, les yeux grands, médiocrement saillants, les antennes longues, filiformes, brunes, avec la base jaunâtre. Corselet d'un rouge terne, chagriné comme dans les espèces précédentes, mais beaucoup plus étroit, sensiblement moins large que la tête, d'un quart au moins plus long que large; lobe antérieur peu convexe, régulièrement arrondi; pommettes peu saillantes, nullement épineuses; rétréci vers les deux tiers de la longueur, et dilaté ensuite, latéralement seulement, jusqu'à la base, qui n'est pas distinctement marginée; goulot long et très-détaché. Elytres brillantes, d'un jaune ferrugineux vif, ornées, comme le *Trifasciatus*, de trois taches semblables et semblablement placées, ayant de plus l'extrême base et le dessous des épaules noirâtres, du reste, beaucoup plus longues que dans cette espèce, plus parallèles, moins profondément et moins abondamment ponctuées, avec la ponctuation rangée en stries, même sur le dos, le long de la suture; les omoplates légèrement saillantes, suivies d'une légère dépression transversale. Dessous du corps rougeâtre; pattes d'un jaune pâle, assez grêles.

Je ne possède qu'un seul individu de cette rare espèce, rapportée de la Nouvelle-Grenade par M. Justin Goudot.

SIXIÈME GROUPE.

Staturâ majori; thorace posticè valdè coarctato, basi minimè inflato, subtus lateraliter concavo (f. 22); capite posticè retroprominulo (f. 23), elytris elongato-parallelis; palpis maxillaribus validissimis (f. 24) (*S. G. Ischyropalpus*, nob.) (1). Sp. 43—46.

Ce groupe, non moins naturel que le précédent, contient cinq espèces de l'Amérique méridionale, de grande taille, à élytres allongées et parallèles, remarquables par le développement inusité des palpes maxillaires, qui sont très-régulièrement sécuriformes, par la forme constamment rétrosaillante de la tête et par celle du corselet, dont le disque est plus ou moins arrondi, plus ou moins globuleux, mais dont les pommettes sont toujours taillées à vive arête sur les bords, et légèrement concaves en dessous. Nous avons réuni à ce groupe une espèce Indienne, dont la tête, bizarrement tronquée postérieurement, n'en est pas moins rétrosaillante, et

---

(1) ἰσχυρός, robuste, πάλπος palpe.

dont les pommettes thoraciques offrent le même caractère de concavité inférieure. Nous décrirons d'abord les espèces Américaines dont la tête est postérieurement arrondie.

DESCRIPTION DES ESPÈCES.

α. Capite posticè rotundato.

14. A. PERPLEXUS (1). *Ferrugineus, capite subnitido thoraceque opaco, antice lateribus dilatato, saturius rufescentibus; elytris subnitidis, fasciâ communi versus apicem obsoletè nigrâ.* — Long. 0,0035. Lat. 0,0012 (f. 22, 23, 24, 27). — Colombia.

Tête d'un rouge foncé, assez brillante, quoique entièrement couverte d'une ponctuation profonde et très-serrée, fortement transversale, très-lenticulaire (2), très-rétrosaillante (f. 23) et légèrement arrondie postérieurement, les yeux assez régulièrement ronds, très-bombés et très-saillants ; palpes maxillaires d'un jaune pâle, à dernier article très-développé, ayant la forme d'un triangle isoscèle surbaissé très-régulier ; antennes concolores, grêles et très-filiformes, nullement renflées vers le sommet. Corselet très-terne, chagriné comme dans le groupe précédent, un peu plus large que la tête, pas plus long que large ; goulot très-court, mais distinct ; assez convexe sur le disque, régulièrement arrondi, et dilaté antérieurement jusqu'à la pointe des pommettes, qui sont taillées à vive arête sur les bords, avec le dessous lisse et légèrement concave, puis fortement rétréci jusqu'à l'extrême base, les côtés, à partir des pommettes, se creusant d'abord circulairement pour tomber ensuite carrément sur la base, qui ne paraît nullement marginée. Elytres un peu moins foncées que le corselet, légèrement brillantes, couvertes d'une ponctuation fine, distincte seulement sur la partie antérieure du dos, obsolète vers les bords, légèrement pubescentes, traversées, vers les deux tiers de la longueur, d'une bande noirâtre commune, médiocrement large, qui s'épanouit un peu le long de la suture, moins de deux fois aussi larges que le corselet, et plus de deux fois aussi longues que larges, coupées carrément à la base, très-parallèles sur les côtés, plutôt aplaties que convexes, transversalement arrondies à l'extrémité, les épaules très-légèrement proéminentes, sans apparence de dépression posthumérale. En dessous, la poitrine d'un rouge foncé, l'abdomen et les pattes d'un ferrugineux jaunâtre, celles-ci peu robustes, les cuisses très-légèrement claviformes. — Le mâle se distingue de la femelle par la forme du dernier segment inférieur de l'abdomen, qui est plus long que dans la femelle, et largement échancré carrément, de manière à laisser à découvert une portion notable du pigidium, qui est lui-même tronqué à l'extrémité. Le mâle serait en outre beaucoup plus petit que la femelle, à en juger par les deux individus que j'ai eus sous les yeux.

---

(1) *Anthicus Perplexus*, Dej. Cat. 1836, p. 238.

(2) Je veux dire par là que l'épaisseur de la tête diminue sensiblement vers les bords, jusqu'à devenir pour ainsi dire coupante du bord comme une lentille.

Cette espèce habite la Colombie. J'en ai vu deux exemplaires : l'un m'a été vendu par M. Goudot ; l'autre faisait partie de la collection Dejean, où il portait le nom que je lui ai conservé.

45. **A.** Quadriplagiatus. *Flavo-ferrugineus, capite thoraceque anticè lateribus dilatato subopacis, saturiùs rufescentibus; elytris opaco-tomentosis, suturâ, mediâ basi, fasciâque ponè medium communi nigris.* — Long. 0,003. Lat. 0.001. — Colombia.

Tête rouge, terne, très-finement pointillée et finement pubescente, un peu moins transversale que dans l'espèce précédente, du reste, tout aussi lenticulaire et aussi rétrosaillante postérieurement ; les yeux, les palpes et les antennes exactement semblables. Corselet finement chagriné, très-finement pubescent, un peu moins terne que dans l'espèce précédente, de même couleur que la tête, un peu plus large qu'elle et pas plus long que large, de forme à peu près-semblable à celle du *Perplexus*, seulement un peu plus plat sur le disque et distinctement marginée à la base. Elytres de même forme, très-carrées à la base, très-allongées, très-parallèles, très-peu convexes, et conjointement arrondies à l'extrémité, sans autre ponctuation qu'un pointillage confluent excessivement fin ; d'un rouge ferrugineux, avec la suture, les omoplates et une bande transversale commune noires ; cette dernière un peu au-delà de la moitié, quelquefois très-large, et s'épanouissant d'un côté le long de la suture, et de l'autre le long du bord latéral. Dessous du corps ferrugineux, pattes de même teinte, avec les cuisses jaunâtres. Abdomen du mâle comme dans l'espèce précédente, tronqué carrément en dessus, et échancré circulairement en dessous.

Cette espèce habite la Colombie. J'en possède un individu qui m'a été donné par le musée de Berlin.

46. **A.** Sericans. *Rufo-ferrugineus, opaco-sericeus, capite thoraceque rotundato saturioribus; elytrorum mediâ basi, suturâ, fasciâ ponè mediali lunulâque fere apicali nigris.* — Long. 0,0034 ad 0,0038. Lat. 0,0011 ad 0,0013. — Peruvio et Brasilia.

Anthicus Sericans, Erichson, Voyage de Meyen. nov. act. acad. Leop. Carol. (1) — (2).

Tête plus ou moins rougeâtre, nullement brillante, très-finement pointillée, presque chagrinée, couverte d'un duvet soyeux grisâtre très-court et très-fin, semblable pour la forme à celle des deux espèces précédentes ; palpes tout aussi développés ; également d'un jaune pâle ; antennes concolores, plus robustes, à dernier article long et acuminé. Corselet de même couleur que la tête, quelquefois un peu noirâtre, très-terne, très-finement chagriné, entièrement revêtu d'un duvet soyeux, très-différent pour la forme de celui des deux espèces précédentes, plus large que la tête, pas plus long que large, presque entièrement rond, fortement rétréci à l'extrême base, très-plat sur le disque, très-coupant sur les bords, taillé tout autour en arête très-vive, avec le dessous très-lisse et très-miroitant ; goulot exces-

---

(1) N'ayant pu consulter cet ouvrage, je n'ai pu faire connaître ni le tome ni la page où se trouve la description.

(2) *Anthicus Cruciatus,* Dej. Catal. 1836, p, 259.

sivement court ; base très-distinctement margiuée, ou plutôt précédée tout autour d'un sillon transversal qui se prolonge en dessous jusqu'à l'insertion des pattes. Ecusson distinct, en triangle équilatéral. Elytres étroites, longues, parallèles et peu convexes, carrées à la base, avec la pointe des épaules arrondies, un peu ovalaires postérieurement, et transversalement arrondies à l'extrémité, nullement brillantes, très-finement pointillées et ombragées, comme les parties antérieures, d'une pubescence argentée fine et soyeuse ; d'un rouge ferrugineux plus ou moins foncé, avec les omoplates, la suture, une bande transversale au-delà du milieu, et une lunule presque apicale noirâtres ; la lunule contournant à peu près le bord postérieur, et se joignant d'un côté à la suture, de l'autre à l'épanouissement marginal de la bande. Dessous du corps rougeâtre ; pattes d'un jaune ferrugineux. — Comme dans les espèces précédentes, le dernier segment inférieur de l'abdomen du mâle (f. 27) beaucoup plus long que dans la femelle, creusé longitudinalement dans toute sa longueur, largement échancré plus ou moins circulairement, et laissant à découvert les organes intérieurs, qui apparaissent comme un sixième segment, qui serait lui-même déprimé dans le milieu et circulairement échancré ; dernier segment supérieur recouvrant tous ces organes, et tronqué lui-même carrément. Rien de semblable dans la femelle, qui est beaucoup plus rare que le mâle, et dont le dernier segment abdominal est de longueur ordinaire, pointu en dessus comme en dessous.

VARIÉTÉS : *Coloration croissante :* β. Tête et corselet noirâtres ; taches des élytres tellement grandes, que celles-ci paraissent noirâtres, avec deux taches ferrugineuses sur chacune : une antérieure oblongue qui occupe toute l'épaule, même latéralement, et une beaucoup plus petite, arrondie aux 2/3 de la longueur, près de la suture. Il existe même au musée de Berlin un individu entièrement noirâtre sans aucune tache rougeâtre.

Coloration décroissante : b. Tête, corselet et élytres entièrement concolores, d'un ferrugineux un peu jaunâtre, sans aucun vestige de tache noire. On conçoit qu'entre la variété α et les deux autres, il existe des passages intermédiaires nombreux qu'il serait trop long d'énumérer ici, d'autant plus que sur onze individus que j'ai comparés, je n'en ai pas trouvé deux exactement semblables pour les taches et la coloration.

Cette espèce n'est pas rare au Pérou et au Brésil. J'en ai comparé quatre de la première localité avec sept de la seconde, sans qu'il m'ait été possible de découvrir la moindre différence spécifique. Cet insecte est celui qui figure au catalogue de M. Dejean sous le nom de *Cruciatus*, que je n'ai pu conserver, parce que le même insecte a été décrit par M. Erichson sous celui de *Sericans* dans le *Voyage de Meyen*, inséré dans les *Nova acta Academiæ Leopoldo-Carolinæ*. Outre les individus répandus dans les collections de MM. de Brême, Buquet, Dupont, et dans la mienne, le musée de Berlin en possède un certain nombre d'exemplaires provenant du voyage même de Meyen au Pérou.

47. A. Interamnis. *Nigro-opacus, thorace lateribus anticè valdè dilatato, posticè valdè coarctato; elytrorum mediá basi, fasciá ponè humeros sinuatá, alteráque ponè medium transversá, niveo-tomentosis. Palpis maxillaribus antennarumque basi flavo-ferrugineis.* — Long. 0,0034. Lat. 0,0012- — Brasilia.

Charmante espèce, très éloignée des précédentes par sa couleur d'un noir mat, mais très-voisine du *Perplexus* par la forme de la tête et du corselet. Tête exactement de même forme ; palpes maxillaires également développés et d'un jaune clair qui fait un contraste bizarre avec la couleur excessivement noire de la tête, dont la surface supérieure est entièrement couverte d'une ponctuation peu distincte et très-confluente ; antennes brunes, ferrugineuses à la base. Corselet conformé aussi comme celui du *Perplexus*, les bords coupés tout autour en arête aussi vive, les pommettes seulement plus gracieusement arrondies, et un peu plus rétréci à la base, dont la largeur n'est que moitié de celle du lobe antérieur, entièrement d'un noir mat, finement chagriné, ou plutôt réticulé en dessus, très-lisse et miroitant en dessous ; goulot presque nul tant il est court ; marge postérieure très-étroite et peu distincte. Écusson glabre, régulièrement équilatéral. Élytres d'un noir mat et fuligineux, chagrinées antérieurement jusqu'à la dépression posthumérale, finement pointillées sur tout le reste, ornées de trois bandes de duvet d'un blanc mat : la première le long de l'extrême base ; la seconde couvrant le fond de la dépression posthumérale, même sur la suture . légèrement sinueuse antérieurement, et s'élargissant en pointe postérieurement derrière chaque omoplate ; la troisième, vers les deux tiers de la longueur, régulièrement transversale, atteignant plus ou moins la suture ; moins de deux fois aussi larges que le corselet, deux fois à peine aussi longues que larges, assez carrées à la base, avec la pointe des épaules arrondie, très-légèrement arrondies sur les côtés, ovalaires postérieurement, transversalement arrondies à l'extrémité, passablement convexes en dessus à partir de la dépression posthumérale, qui est assez sensible. Dessous du corps noir ; pattes d'un ferrugineux obscur, avec les cuisses noirâtres, celles-ci robustes, sensiblement claviformes, surtout les antérieures. — Différences sexuelles abdominales comme dans le *Sericeus*, avec cette différence qu'on n'aperçoit pas de sillon longitudinal sur le dernier segment inférieur du mâle.

Variété. Dans cette espèce comme dans toutes celles qui présentent des bandes tomenteuses sur un fond noir fuligineux, on rencontre des individus chez lesquels l'emplacement des taches prend une teinte rougeâtre. Le musée de Paris possède un individu très-vieux et très-défloré, qui laisse voir ainsi une tache ferrugineuse sur chaque élytre, vers l'extrémité latérale de la bande posthumérale. Nous avons observé une coloration analogue dans les Notoxus américains *Talpa, Lebasii,* et *Elegantulus.*

Cet insecte habite la province brésilienne d'Entre-Rios, ce qui explique le nom d'*Interamnis* qui lui a été donné par Hentz, et que nous avons conservé, sans avoir pu vérifier si l'entomologiste américain l'avait décrit ou non. Je n'en ai vu que deux individus : celui du musée de Paris, et un autre de la plus grande fraîcheur, qui m'a été généreusement donné par M. Lucien Buquet.

β. Capite triangulari, posticè minimè rotundato.

48. **A. Trigonocephalus.** *Livido-ferrugineus, capite thoraceque sericco-cinerascentibus; elytris ponè medium lincolá abbreviatá obscurá submaculatis.* — Long. 0,0027. Lat. 0,0009 (f. 18). — India Orientalis.

Tête ferrugineuse, finement chagrinée, entièrement couverte d'un duvet soyeux à reflets grisâtres, dilatée derrière les yeux comme celle de l'*Anguliceps* (f. 18), puis tronqué carrément, de telle sorte, que le bord postérieur est parfaitement rectiligne, et que le disque, abstraction faite des yeux, forme un triangle isoscèle très-régulier, un peu bombée dans le milieu le long de la ligne médiane, transversale et rétrosaillante malgré son peu de longueur ; les yeux sensiblement triangulaires et médiocrement saillants ; antennes jaunâtres, courtes, moniliformes vers le sommet. Corselet plus large que la tête, de même teinte et obscurci comme elle par un duvet soyeux, court et très-serré, transversalement trapézoïdal, très-dilaté sur les côtés antérieurement, avec la face antérieure presque rectiligne et très-abrupte, sans goulot apparent, peu convexe en dessus, sillonné dans toute sa longueur par une ligne médiane enfoncée très-apparente ; pommettes arrondies, taillées à vive arête sur les bords, concaves en dessous, mais non pas lisses, les côtés, à partir des pommettes, se dirigeant obliquement vers la base, qui est très-légèrement renflée sur les côtés seulement. Écusson très-petit, peu aigu au sommet. Élytres d'un ferrugineux terne et jaunâtre, finement pointillées, moins pubescentes que les parties antérieures, n'offrant d'autre tache qu'une petite ligne oblique très-courte d'une teinte obscure au-delà du milieu, près de la suture, comme dans le *Bimaculatus*, Gyll, moins de deux fois aussi larges que le corselet, une fois et 3/4 seulement aussi longues que larges, un peu échancrées à la base, ce qui rend les épaules légèrement saillantes antérieurement, parallèles sur les côtés, conjointement arrondies à l'extrémité, peu convexe sur le disque, sans apparence de dépression posthumérale. Dessous du corps et pattes entièrement d'un ferrugineux jaunâtre.

Je n'ai vu qu'un seul individu mâle de cette espèce, recueilli dans l'Inde par Helfer et communiqué par le musée de Prague, malheureusement, ses palpes étaient mutilés, ce qui ne m'a pas permis de reconnaître s'ils étaient aussi développés que dans les espèces américaines du même groupe.

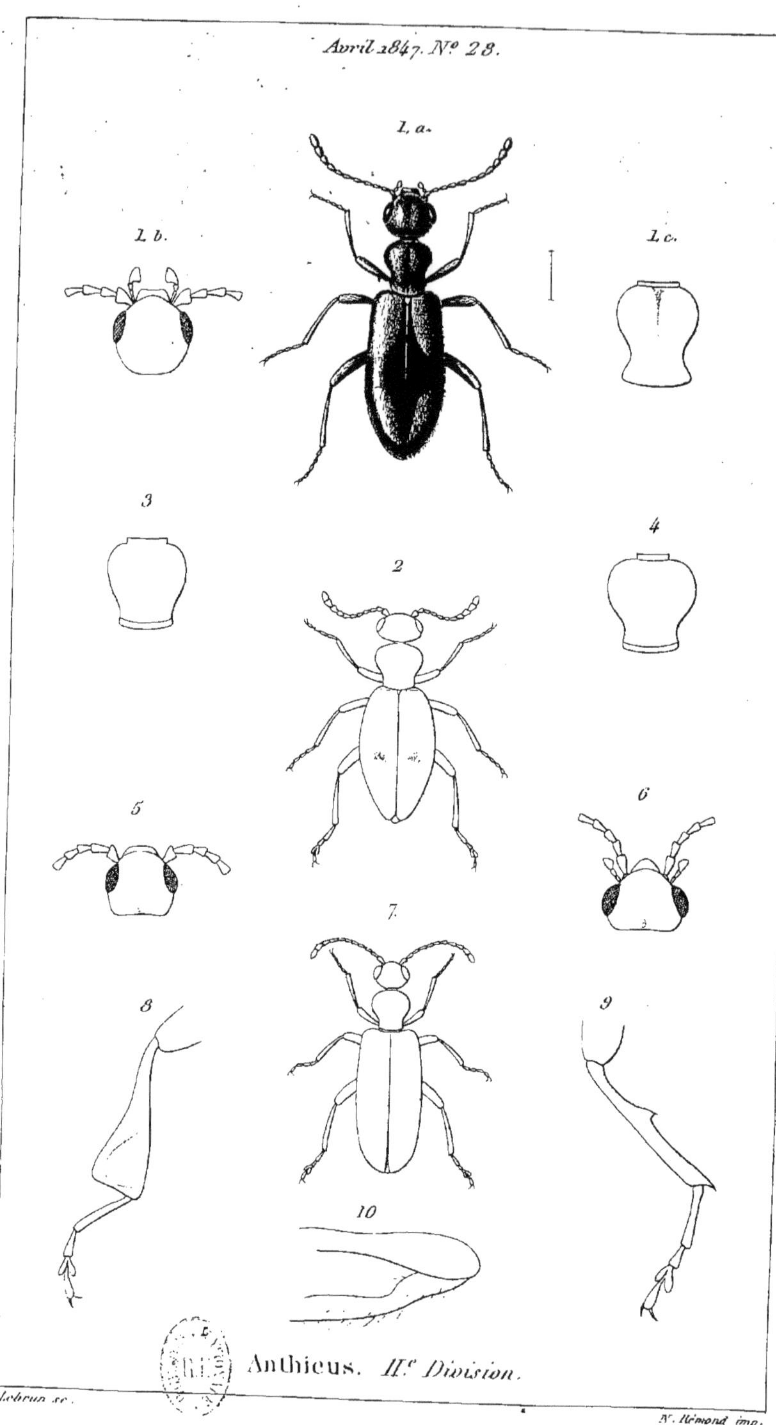

Anthicus. II.ᵉ Division.

G. ANTHICUS (Suite).

(Par M. de la Ferté-Sénectère).

SECONDE DIVISION.

Thorace basi modicè coarctato supernè planius culo; anticè transversim rotundato.

Cette division comprend toutes les espèces dont le corselet, sans fossettes latérales, n'est pas assez rétréci postérieurement pour faire partie de la première division, et pas assez globuleux antérieurement pour être classées dans la troisième ; elle comprend les quatre groupes suivants :

7ᵉ *Groupe*. — Corselet transversal et cordiforme ; élytres très-arrondies sur les côtés. Couleur générale d'un jaune testace (f. 2). Espèces 49 à 50. (Type *A. Bimaculatus*, Illig.).

8ᵉ *Groupe*. — Corselet oblong, trapézoïdal, plat sur le disque ; élytres parallèles, carrées à la base ; corps lisse, brillant et presque glabre (f. 3). Espèces 51 à 61. (Type *A. Floralis*, Fabr.).

9ᵉ *Groupe*. — Corselet fortement bisinué sur les côtés ; tête oblongue, très-grande taille (f. 1, *a*, *b*, *c*). Espèce 62. (*A. Giganteus* nobis).

10ᵉ *Groupe*. — Corselet subcordiforme, pas plus long que large, ou à peine plus long que large, quelquefois transversal ; élytres allongées, peu arrondies lateralement (f. 4, 7). Espèces 63 à 90. (Types *A. Sellatus*, Panz. *Tibialis* Curt. *Subfasciatus*, Dej. cat.).

SEPTIÈME GROUPE.

Thorace cordiformi, transverso; corpore toto flavo-testaceo.

Ce petit groupe ne contient que deux espèces, dont l'une est la miniature de l'autre. On pourrait leur adjoindre, si l'on voulait, la dernière espèce du groupe précédent, l'*A. Trigonocephalus*, qui a presque la même teinte et un corselet également transversal.

DESCRIPTION DES ESPÈCES.

49. A. BIMACULATUS. *Totus pallidè lurido-testaceus, sericeo-pubescens; elytris ponè medium maculâ dorsali nigricante ornatis.* — Long. 0,003 ad 0,004. Lat. 0,0011 ad 0,0013 (f. 2). — Europa Borealis et temperata.

Notoxus Bimaculatus, Illig. Magaz. t. 1, p. 80 (1802).

Anthicus Bimaculatus, Gyllenh. Ins. Suec. t. 2, p. 499 (1810). — Schön. Synon. t. 2, p. 57. — Schmidt, Stettin, Entom. Zeit. t. 3, p. 125 (1).

Anthicus Sagitta, Krynicki (1829), Bulletin de Moscou, t. 1, p. 60, edid. Lequien.

---

(1) *Anthicus Pictus*, Fischer. Dejean, Catal., 1836, p. 238
Anthicus Bimaculatus, Gyllenh. Dej. Catal. 1836, ibid.

Entièrement d'un jaune testacé livide, très-pâle en dessus, un peu plus foncé en dessous, finement pointillé sur toutes ses parties et recouvert d'un duvet argenté, court, incliné, modérément soyeux. Tête fortement transversale, assez bombée en dessus, peu arrondie postérieurement; sillon occipital très-court, mais distinct; les yeux très-noirs, assez saillants, régulièrement ovalaires; antennes parfaitement concolores, peu allongées, peu déliées, un peu claviformes. Corselet subcordiforme (f. 2), de même largeur que la tête, un peu moins long que large, presque rectiligne antérieurement, les pommettes régulièrement arrondies, rétréci modérément au-delà des deux tiers, sans margination sensible en dessus, mais offrant latéralement un léger renflement basilaire, séparé des pommettes par un sillon qui se prolonge en dessous jusqu'à l'insertion des pattes. Écusson triangulaire peu distinct. Élytres (f. 2) un peu plus pâles encore que les parties antérieures, ornées au-delà du milieu, près de la suture, d'une tache triangulaire noirâtre, s'unissant vaguement à la suture, qui prend aussi une teinte noirâtre dans les deux derniers cinquièmes de la longueur, deux fois et demie aussi larges que le corselet, une fois et trois quarts seulement aussi longues que larges, sensiblement arrondies sur les côtés, ce qui leur donne, surtout chez la femelle, une forme un peu ovalaire, légèrement échancrées à la base, conjointement arrondies à l'extrémité, mais ayant isolément une légère disposition à l'acuité. Dessous du corps un peu plus foncé que le dessus, tournant au jaune ferrugineux. Pattes de même teinte que les élytres; les cuisses, surtout les antérieures, robustes et un peu claviformes. — Le mâle se distingue de la femelle par une taille plus petite et plus étroite, et par une échancrure ou troncature du dernier segment, tant inferieur que supérieur, de l'abdomen.

Variétés : *Coloration croissante :* β. (Var. γ Schmidt. *A. Sagitta*, Krynicki). Taches des élytres plus foncées, plus développées, et figurant visiblement un crochet dont la tache normale forme la tête, et dont la pointe, descendant obliquement, va se réunir, le long de la suture, à la pointe de l'autre crochet; les deux réunis offrant assez régulièrement l'image d'un fer de lance ou de flèche. Dans cette variété, la teinte générale est plus foncée, la tête et le corselet ferrugineux, les élytres d'un jaune testacé vif, le dessous du corps d'un brun noirâtre. On aperçoit même quelquefois une tache obscure autour de l'écusson, et une bordure de même teinte le long de la seconde moitié des élytres.

Coloration décroissante : b. (Var. β, Schmidt). Taches des élytres entièrement obsolètes; tout l'insecte d'un jaune paille excessivement pâle et presque transparent.

Cet insecte est particulier aux régions froides et tempérées de l'Europe et de l'Asie; on le trouve en Sibérie (1), en Suède, en Prusse, en Pologne, dans la Russie méridionale, et même dans le nord de la

---

(1) *Voyez :* Catalogus coleopterorum in Sibiriâ orientali à G. Karelin collectorum, auctore Fisher de Waldheim, p. 25, n° 185.

France. Il vit exclusivement sur les sables mouvants, particulièrement dans les dunes, où croît le *Carex Arenaria*, dans les mois de juin et de juillet. Il a été pris dans ces dunes, près de Calais, par M. Bonnard, chirurgien en chef de l'hôpital militaire de cette ville, et j'en ai recueilli moi-même un exemplaire dans une localité toute semblable, à quelques lieues au nord de Dunkerque. Mais on le rencontre aussi dans l'intérieur des terres : M. Aubé l'a reçu de Varsovie, M. Chevrolat de l'Ukraine, et M. Krynicki, qui l'a décrit dans le *Bulletin de Moscou* sous le nom de *Sagitta,* s'exprime ainsi : « *Habitat in arenâ mobili propè Charkoviam* (1) *ubi Aprile — Julio , ad vesperem magnâ in copiâ velocissimè currit.* » Ce n'est donc pas précisément le voisinage de la mer qui convient à cet insecte, mais seulement un sable mobile, tel que celui des dunes, du bord des rivières ou des steppes de la Russie. J'ai vu dans la collection de M. Spinola, un individu qui, d'après son étiquette, aurait été pris à Gênes ; je conserve quelque doute sur l'exactitude dé cette indication.

C'est à cette espèce que doit être rapporté l'*A. Pictus*, Fischer, du catalogue Dejean. Le hasard ayant fait que tous les individus envoyés de Russie à M. Dejean appartinssent à la variété β la plus prononcée, celui-ci crut devoir les séparer des individus qu'il avait reçus de Suède sous le nom de *Bimaculatus,* et qui étaient au contraire très-pâles en couleur. Mais en lisant la description de Krynicki, et la mention qu'il fait de variétés à points noirs et à taches obsolètes, il ne peut rester de doutes sur l'identité des deux espèces. Il y a seulement lieu de remarquer que les individus du bord de l'Océan sont généralement plus pâles que ceux des contrées orientales de l'Europe, et que ceux des côtes de France et de Belgique sont entièrement dépourvus de tache discoïdale.

50. A. Ictericus. *Totus testaceus, flavo-pubescens; elytris punctulatis, immaculatis.* — Long. 0,0017. Lat. 0,0006. — America Borealis (2).

Très-petite espèce moitié moins longue, moitié moins large, par conséquent quatre fois plus petite que la précédente, dont elle est la copie exacte, non-seulement pour les formes, mais encore pour la couleur, qui est celle du *Bimaculatus* var. β, c'est-à-dire, un jaune testacé uniformément répandu sur toutes les parties du corps, sans tache sur les élytres, n'ayant de noir que les yeux. Une plus longue description serait superflue. Seulement, l'unique individu que j'ai sous les yeux, au lieu d'un duvet argenté, ne présente sur tout son corps qu'une pubescence jaunâtre très-courte et nullement soyeuse ; les élytres paraissent plus distinctement pointillées ; elles sont un peu moins dilatées sur les côtés, et plutôt parallèles qu'arrondies latéralement.

Cette très-petite espèce, qui a beaucoup du facies d'un *Latridius*, habite

---

(1) Charkow, capitale du gouvernement de ce nom , sous le 50° degré de latitude nord.

(2) *Anthicus Ictericus,* Dej. Catal. 1836, p. 238.

l'Amérique septentrionale. Elle est unique dans l'ancienne collection de M. Dejean, qui l'avait reçue de M. Lecomte, et lui avait donné le nom que je lui ai conservé.

HUITIÈME GROUPE.

Thorace oblongo, trapezoïdali, complanato; corpore nitido, glabriusculo; elytris parallelis, parùm convexis, anticè quadratis.

Dans ce groupe, dont l'*A. Floralis* est le type, nous avons réuni onze espèces, dont les caractères communs sont : un corselet oblong, trapézoïdal, et plat sur le disque, des élytres peu convexes, parallèles et très-carrées à la base, enfin une absence presque totale de pubescence qui les rend singulièrement lisses et brillantes. Nous les avons classées artificiellement de la manière suivante :

α. Elytres d'un brun plus ou moins foncé, avec des taches rougeâtres ou jaunâtres.

  * Elytres très-finement pointillées . . . . . . Espèces **51 à 54**
  ** Elytres assez profondément ponctuées. .   **55 à 58**
β. Elytres noires, sans apparence de taches.   **59 à 61**

DESCRIPTION DES ESPÈCES.

α. Elytris brunneis rufo aut flavo maculatis.
* Elytris subtiliter punctulatis.

51. A. FLORALIS. *Fusco-brunneus, nitidus, glabriusculus, subtiliter punctulatus; antennis, pedibus; thorace elytrisque anticè ferrugineis.* — Long. 0,003 ad 0,0035. Lat. 0,001 ad 0,0012. — Europa.

Meloë Floralis, Linné, Faun. Suec. n° 830 (1735). *Id.* Syst. nat. t. 2, p. 681. *Id.* Villers, Linn. Entom. t. 1, p. 402. ? (1).

Lagria Floralis, Fabr. Syst. Entom. p. 126 (1775). *Id.* Mant. Ins. p. 94. *Id.* Spec. Ins. p. 161. — Linn. Syst. nat. edid. Gmelin. t. 1, ad 4, p. 1751. — Rossi, Faun. Etr. t. 1, p. 109. *Id.* edid. Hellw. t. 1, p. 115 ? (2).

Notoxus Floralis, Fabr. Entom. Syst. t. 1, p. 212 (1792). — Illig. Kœf. Preuss. t. 1, p. 288. — Panz. Faun. Germ. Fasc. 23, tab. 5. — Cederhielm, Faun. Ingr. n° 108. — Oliv. Encycl. Meth. t. 8, p. 396.

Anthicus Floralis, Payk. Faun. Suec. t. 1, p. 256 (1800). — Fabr. Syst. Eleut. t. 1, p. 291. — Dict. des Sciences nat. t. 2, p. 203. — Schönh. Syn. t. 2, p. 57. — Gyllenh. Ins. Suec. t. 2, p. 495. — Sahlb. Ins. Fenn. t. 1, p. 440. — Steph. Brit. Ent. t. 5,

---

(1) Sans doute une variété tout-à-fait exceptionnelle. La description de Linné ne pouvant convenir ni au type de l'espèce, ni à aucune des variétés que nous avons pu observer.

(2) Même observation que pour Linné. Rossi s'étant contenté de reproduire mot pour mot la description du *Systema naturæ*.

p. 75 (var. *β*, nobis). — Zetterst. Faun. Lapp. p. 159. — Casteln. Hist. nat. des Ins. Col. t. 2, p. 258. — Schm. Stett. Entom. Zeit. t. 3, p. 131 (1).

Lytta Floralis, Marsh. Ent. Brit. t. 1, p. 486 (1802) ? (2).

Lytta Fusca, Marsh. Entom. Brit., t. 1, p. 486 (1802).

Anthicus Fuscus, Steph. Brit. Entom. t. 5, p. 74. — Wilson, Entom. Edin. p. 308.

Meloë Pedicularius, Schrank, Enum. Ins. p. 224 (1781).

Cantharis Formicoides, Fourcr. Entom. Paris. t. 1, p. 156 (1785).

Notoxus Myrmecocephalus, Rossi, Mant. t. 1, p. 46 (1792). — *Id.* edid. Helw. t. 1, p. 387 (var. *c*, nobis).

Notoxus Calycinus, Panz. Entom. Germ. t. 1, p. 87 (1795). — *Id.* Faun. Germ. Fasc. 8, tab. 3 (var. *b*, nobis).

Notoxus Formicarius, Oliv. Entom. t. 3, gᵉ 51, n° 2, tab. 1, fig. 3. — Latr. Hist. nat. des Crust. et Ins. t. 10, p. 356 (3).

Espèce très-commune, très-répandue sur tous les points de l'Europe, et, par cela même, très-anciennement connue. Tête (f. 5) d'un brun ferrugineux, glabre, brillante, finement, mais distinctement ponctuée, fortement transversale, surtout dans la femelle, très-carrée postérieurement, peu bombée en dessus ; sillon occipital profond, bien marqué, et bilobant le bord postérieur ; les yeux noirs, assez saillants ; antennes ferrugineuses, moins foncées que la tête, n'excédant pas la moitié de la longueur du corps, légèrement moniliformes et peu dilatées au sommet. Corselet (f. 5) d'un rouge ferrugineux, brillant, glabre, finement pointillé, un peu moins large que la tête, un peu plus long que large, surtout dans le mâle, transversalement arrondi antérieurement, plus ou moins bombé en avant, et présentant souvent au point le plus bombé, deux petits tubercules, séparés entre eux par un léger sillon médial, qu'on ne peut distinguer qu'en y faisant glisser obliquement la lumière (Panzer a très-bien figuré ce détail dans la planche de son *Notoxus Calycinus*); pommettes latérales saillantes, mais très-antérieurement situées, les côtés, à partir des pommettes, presque rectilignes et convergeant obliquement vers la base, d'où résulte une forme sensiblement trapézoïdale, médiocrement convexe postérieurement, modérément rétrécie à la base, qui est fortement

---

(1) *Anthicus Floralis*, Dej. Catal. 1836, p. 238. — *Anthicus Umbellatarum*, Dej. ibid.

(2) Encore une reproduction littérale de la description Linnéenne.

(3) Je ne puis partager l'opinion de Schönherr, qui cite la *Cantharis Fusca* de Geoffroy (*Hist. des Ins.* t. 1, p. 344) comme synonyme de l'*A. Floralis*. En lisant cette description et notamment ces mots : Corselet cylindrique et allongé , j'y reconnais plutôt, comme Panzer, le *Notoxus Pedestris* Rossi (*Formicomus Pedestris* nobis). Voyez la note ajoutée par Panzer à la suite de la description du *Notoxus Hirtellus*. Schönherr est également dans l'erreur, en citant la *Lytta Boleti* de Marsham parmi les synonymes de l'*A. Floralis*. Voyez à ce sujet les explications données par M. Westwood, dans ses *Observations upon the Notoxidæ*. Zoolog. Journ. n° 17, p. 58 et suiv. Enfin Schönherr, et d'après lui M. Schmidt, ont commis une dernière erreur en ajoutant à la synonymie de cette espèce, le *Notoxus Bicolor* d'Olivier. S'ils avaient consulté l'*Encyclopédie Méthodique,* ils auraient vu qu'Olivier s'y est corrigé lui-même, en plaçant son *N. Bicolor* parmi les synonymes de l'*Hispidus* Rossi (*Hirtellus* Fabr).

marginée en dessus, et presque renflée sur les côtés; goulot antérieur court, mais distinctement détaché du lobe. Ecusson en triangle transversal, très-petit. Elytres brillantes, finement ponctuées, presque glabres, et ne laissant apercevoir, sous une forte loupe, qu'une petite pubescence excessivement courte ; d'un brun fauve, à l'exception de la base, qui est d'un jaune ferrugineux jusqu'au quart de la longueur; deux fois aussi larges que le corselet, presque deux fois aussi longues que larges, coupées carrément à la base, les épaules légèrement proéminentes, parallèles ou très-légèrement arrondies sur les côtés, transversalement arrondies à l'extrémité, peu convexes en dessus, les omoplates légèrement saillantes, séparées des épaules par un faible sillon, et suivies d'une dépression transversale assez sensible. Le dessous du corps entièrement brun, les pattes entièrement d'un jaune ferrugineux de même teinte que le corselet, les cuisses antérieures fortement claviformes. — Le mâle se distingue facilement de la femelle par la conformation très-différente de son abdomen, qui est beaucoup moins plat que dans la femelle, et dont les anneaux terminaux supérieurs et inférieurs largement tronqués, laissent le pigidium à découvert, tandis que cette pièce est entièrement cachée chez la femelle par la prolongation en pointe des mêmes anneaux Quant aux différences tirées du plus ou moins de largeur de la tête et du corselet et des protubérances thoraciques, elles n'offrent rien de constant et de déterminant. Tout ce qu'on peut dire, c'est que, le plus habituellement, le mâle a la tête et le corselet plus étroit, et qu'il offre rarement des protubérances thoraciques bien distinctes, tandis qu'elles sont presque toujours apparentes dans la femelle; mais j'ai vu de nombreuses exceptions à cette règle, et je conserve comme preuve, dans ma collection, un individu mâle à tête et corselet très-large, avec des protubérances thoraciques très-visibles, et une femelle à tête et corselet étroits, sans apparence de protubérances (1).

Variétés : *Coloration croissante :* β. Corselet entièrement rouge, comme dans α, mais les élytres plus foncées, la région scutellaire noirâtre et les cuisses brunes.

γ. (β, Schm. et Schh.). La tête et la partie antérieure du corselet noirâtres; les élytres d'un brun très-foncé, avec la bande basilaire d'un ferrugineux obscur et de plus en plus étroite, les antennes et les pattes plus ou moins brunes.

δ. Entièrement d'un brun noirâtre très-foncé, les tibias et les tarses seuls ferrugineux.

ε. Entièrement noir, les tibias et les tarses roussâtres. (Variété particulière à la Californie).

---

(1) Feu le docteur Schmidt, qui n'avait pas reconnu les caractères sexuels fournis par l'abdomen, a voulu en trouver d'autres, et s'est étendu longuement sur les différences que présentent la largeur de la tête, le sillon occipital, la saillie des yeux, les protubérances du corselet et même les tarses antérieurs et intermédiaires; malheureusement il en a conclu, contrairement à ce qui se passe dans la plupart des espèces de ce genre, que les individus les plus larges étaient des mâles, et les plus étroits des femelles.

Coloration décroissante : b. (*Calycinus*, Panz. — Var. ?, Schh. et Schm.). Corselet d'un rouge vif; base des élytres d'un jaune orangé, avec une tache obscure autour de l'écusson, la suture et le bord postérieur jaunâtres.

c. (*Notoxus Myrmecocephalus*, Rossi) Corselet rougeâtre; élytres pâles, entièrement testacées, seulement un peu obscures vers l'extrémité; pattes également très-pâles; individus récemment ou prématurément transformés.

L'Anthicus Floralis n'est pas seulement répandu sur tous les points de l'Europe, depuis l'Écosse et la Laponie jusqu'aux extrémités de la Turquie et de l'Espagne, on le rencontre aussi en Algérie, en Egypte et dans les deux Amériques. La collection Dejean en contient plusieurs individus envoyés des Etats-Unis par M. Leconte. L'*Anthicus Umbellatarum* du catalogue, recueilli au Chili, appartient sans aucun doute à cette espèce; M. Chevrolat m'en a communiqué un exemplaire qui lui a été envoyé de la Guadeloupe; M. Dupont un exemplaire recueilli en Californie, et qui est entièrement d'un noir foncé; enfin, M. Melly, un exemplaire rapporté du Cap de Bonne-Espérance. Cette propagation d'une espèce, qu'on doit considérer néanmoins comme européenne, s'explique facilement par les mœurs de cet insecte, qui ne vit pas exclusivement sur les fleurs, comme son nom paraît l'indiquer, mais qui, bien plus souvent, habite le fumier, les ordures et les végétaux en décomposition, où on le rencontre dans toutes les saisons de l'année. Il ne serait donc nullement étonnant qu'il ait pu vivre à bord d'un bâtiment, et se trouver ainsi transporté au-delà des mers.

Quoique nous ayons cité le nom de Linné en tête de la synonymie de cette espèce, nous sommes loin de penser que l'espèce décrite sous le nom de *Meloë Floralis*, soit la même que celle qui nous occupe. Nous partageons sur ce point les doutes de Fabricius et de tous les auteurs qui ont pris la peine d'examiner l'insecte. Voici les termes de la description de Linné. Diagnose : *Alatus, niger; elytris maculis duabus pallidis obsoletis.* Description : *Thorax glaberrimus; elytra fusca, maculis duabus ovalis, transversis, pallidis, alterâ priori, alterâ posteriori, neutrâ marginem elytri tangente.* Cette description, qui convient si bien à l'espèce indienne suivante, n'a jamais pu convenir à l'*A. Floralis* de nos collections. Jamais cet insecte, ni aucune de ses variétés, n'a présenté deux taches ovales sur chaque élytre. Bien plus, il n'existe de taches semblables sur aucune des espèces suédoises, décrites depuis avec tant d'exactitude par Gyllenhall. Il faut donc admettre ou que le *Meloë Floralis* n'est pas un Anthicus, ou que le hasard avait fait décrire à Linné une variété anormale d'une autre espèce, peut-être de l'*A. Antherinus.*

Parmi les noms inédits qui ont été donnés à cette espèce, et qui se sont répandus dans les collections, nous avons déjà cité l'*A. Umbellatarum*, Dej., du Chili. En vain nous avons cherché quelque différence spécifique entre les individus de ce pays et ceux d'Europe, nous n'avons pu constater qu'une infériorité de taille insignifiante. Nous ajouterons que l'*A. Basalis*, Villa, recueilli par MM. Villa près du lac de Côme, et envoyé par eux à beaucoup d'entomologistes comme une espèce nouvelle, ne diffère, sous aucun rapport, du *Floralis*. J'en ai reçu de ces Messieurs plusieurs exemplaires qui appartiennent les uns au type, les autres aux variétés de cette espèce, et notamment à notre variété *β*. Cette tendance de MM. Villa à considérer comme espèce nouvelle les *A. Floralis* recueillis par eux, tient probablement à ce que, dans leur collection, ils donnaient le nom de *Floralis* à l'*Hispidus*, Rossi (*Hirtellus*, Fabr.), comme j'ai pu m'en convaincre d'après les communications réitérées qu'ils ont eu l'extrême obligeance de me faire.

52. **A. Patruelis.** *Ferrugineus, nitidus, glabriusculus, subtiliter punctatus; elytris flavobrunneis, maculis in utroque duabus, parum distinctis, ferrugineis.* — Long. 0,0024. Lat. 0,0008. — India Orientalis.

Espèce très-voisine du *Floralis*, dont elle ne diffère que par une taille plus petite et par le dessin des élytres, qui, sur un fond d'un brun jaunâtre, ont chacune deux taches ferrugineuses peu distinctes, à contours mal arrêtés : l'une derrière l'épaule, irrégulièrement triangulaire ; l'autre en bande oblique vers le milieu de la longueur, atteignant l'une et l'autre plus ou moins la suture. Du reste, aucune différence notable dans la forme de la tête, du corselet et des élytres, dont la ponctuation est semblable, et qui ont de même les omoplates légèrement saillantes. En un mot, si cette espèce était européenne, on pourrait croire qu'elle a servi de type à la description Linnéenne du *Floralis*, qui mentionne, comme nous l'avons fait observer, une tache postérieure sur chaque élytre.

Cette espèce habite l'Inde, où elle a été recueillie par Helfer. Le musée de Prague m'en a communiqué deux individus.

53. **A. Hilaris.** *Ferrugineus, nitidus, glabriusculus, subtiliter punctatus; thorace angustiori; elytris flavobrunneis, maculis in utroque duabus benè distinctis, lætè flavis.* — Long. 0,0022. Lat. 0,0007. — India Orientalis.

Cette espèce, que j'avais d'abord confondue avec la précédente, n'en diffère que par la forme sensiblement plus étroite du corselet, et par les taches des élytres, qui, au lieu d'être ferrugineuses et peu distinctes, sont d'un jaune vif et nettement arrêtées. La forme des postérieures n'est pas non plus la même ; au lieu d'être en bandes obliques, elles sont très-régulièrement arrondies, et n'atteignent nullement la suture. Les élytres me paraissent en outre un peu plus plates que dans l'*A. Patruelis*.

Deux individus de cette espèce m'ont été communiqués par M. Schmidt-Göbel, et proviennent, comme les précédentes, des récoltes de Helfer dans l'Inde. Le plus ou moins de largeur du corselet, entre ces deux espèces d'un même pays, ne résulte pas de la différence des sexes, comme je l'avais pensé d'abord ; car j'ai été assez heureux pour pouvoir reconnaître les deux sexes dans chaque espèce.

54. **A. Ineditus.** *Saturè ferrugineus, nitidus, glaber, subtilissimè punctulatus; capite obscuro; elytris nigris, maculá basali majori, alteráque ponè medium parvá rotundatá, ferrugineis.* — Long. 0,0022. Lat. 0,0007. — Asia Minor.

Espèce voisine du *Floralis*, mais beaucoup plus petite. Tête noirâtre, brillante, sans ponctuation distincte, presque aussi longue que large, carrée postérieurement, légèrement convexe sur le disque ; les yeux très-petits, nullement saillants ; les antennes ferrugineuses, courtes, légèrement moniliformes, à peine renflées au sommet. Corselet ferrugineux, un peu obscur antérieurement, assez brillant, imperceptiblement pointillé, un peu moins large que celui du *Floralis*, moins bombé et moins dilaté antérieurement, sensiblement oblong, régulièrement trapézoïdal, base distinctement marginée, sans goulot apparent au sommet. Elytres noires, très-finement pointillées, lisses et glabres, ornées chacune de deux taches ferrugineuses : la première près de la base, assez grande et couvrant toute l'épaule, mais n'atteignant pas la suture ; l'autre plus petite, toute ronde, un peu au-delà du milieu ; deux fois aussi larges que le corselet, et presque deux fois aussi longues que larges, carrées, et même un peu échancrées à la base, subparallèles sur les côtés, légèrement tronquées à l'extrémité, peu convexes en dessus, sans saillie sensible aux omoplates. dessous du corps noir ; pattes entièrement d'un rouge ferrugineux.

Cette espèce habite l'Asie Mineure. Je n'en ai vu qu'un seul exemplaire appartenant à M. Chevrolat.

** Elytris sat profundè punctatis.

55. A. Bifasciatus. *Nigro-piceus, nitidus, sat profundè punctatus, vix pubescens ; thoracè posticè rufo ; elytris maculis duabus flavis ; antennarum basi, tibiis, tarsisque testaccis.* — Long. 0,0022 ad 0,0026. Lat. 0,0008 ad 0,0009. — Europa Meridionalis.

Notoxus Bifasciatus, Rossi, Ent. Etr. ed. Hellw. t. 1, p. 389 (1795).

Anthicus id., Schmidt, Stett. Ent. Zeit. t. 3, p. 170 (1842) (1).

Tête noire, assez brillante, abondamment ponctuée, transversale, carrée postérieurement, fossette occipitale bien marquée, peu convexe sur le disque ; les yeux petits, très-peu saillants ; les antennes testacées à la base, obscures vers l'extrémité, de la longueur de la moitié du corps, assez robustes, et peu renflées vers l'extrémité. Corselet d'un brun de poix foncé antérieurement, rougeâtre vers la base, presque glabre, assez brillant, couvert d'une ponctuation fine et serrée, un tant soit peu moins large que la tête, sensiblement plus long que large, un peu plus étroit, et un peu moins bombé antérieurement que celui du *Floralis* ; les pommettes moins saillantes, ayant du reste la même forme, un peu déclive à la base, dont la marge est étroite, mais profonde et très-lisse ; goulot antérieur très-court, mais bien détaché du lobe. Écusson très-petit, en triangle peu aigu au sommet. Elytres d'un brun de poix foncé, assez fortement ponctuées dans toute leur longueur, hérissées de quelques poils roussâtres peu adhérents, qui ne les empêchent pas d'être brillantes, ornées chacune de deux taches jaunes : l'une à peu près triangulaire,

___

(1) *Quadripustulatus*, Dahl } teste Dej. Catal. 1836, p. 258.
     Quadriguttatus, Latreille }

juste derrière l'épaule ; l'autre ovalaire et transversale, un peu au-delà du milieu ; deux fois aussi larges que le corselet, deux fois aussi longues que larges dans le mâle, moins de deux fois aussi longues que larges dans la femelle, carrées à la base, presque parallèles latéralement, très-légèrement dilatées un peu au-delà du milieu, régulièrement arrondies postérieurement, peu convexes en dessus, surtout dans la femelle ; les omoplates légèrement saillantes et suivies d'une légère dépression. Dessous du corps d'un brun foncé ; pattes testacées, avec les cuisses brunes. — Les différences sexuelles sont les mêmes que dans le *Floralis*. J'ai cru remarquer en outre que les cuisses antérieures du mâle étaient un peu plus dilatées, et surtout plus brusquement dilatées que celles de la femelle ; enfin, il est vrai de dire que le mâle est constamment plus étroit et plus cylindrique que l'autre sexe.

Variétés : *Coloration croissante* : β. Les antennes, les pattes et le corselet entièrement d'un brun foncé ; les élytres presque noires, avec les taches un peu plus étroites.

Coloration décroissante : b. Comme α pour la couleur du corselet, des antennes et des pattes ; les taches antérieures et postérieures formant deux bandes transversales, à peine interrompues par la suture.

Cette espèce habite les parties méridionales de l'Europe. M. Schmidt dit avoir vu des individus de la Hongrie, de l'Autriche de la Styrie, de la Lombardie, de la Suisse et même des environs de Darmstadt. J'en ai vu un d'Espagne dans la collection de M. Dejean, et un pris à Paris dans celle de M. Aubé ; j'en ai reçu un assez grand nombre, recueillis aux environs de Lyon et de Marseille, et j'en ai pris moi-même un individu dans la campagne que j'habite aux environs de Chinon. Ce dernier a été trouvé sur le mur d'une fosse à fumier ; ce qui me fait supposer que l'espèce habite, comme le *Floralis*, le fumier et les matières végétales en décomposition. M. Schmidt a rendu avec raison à cet insecte, le nom qui lui avait été donné par M. Rossi. Il est impossible, en effet, de ne pas le reconnaître dans la description très-exacte qu'en a donnée l'auteur italien dans la *Faune de l'Étrurie*.

. 56. A. Fulvonotatus. *Rufobrunneus, subnitidus, subglaber; capite obscuro; elytris sat crebrè punctatis, maculis duabus obliquis alterá ponè humerum, alterá ponè medium, obsoletissimè ferrugineis.* — Long. 0,0025. Lat. 0,0008. — Columbia.

Tête noirâtre brillante, sans ponctuation distincte, peu transversale, transversalement arrondie postérieurement, sans fossette occipitale distincte ; les yeux petits et peu saillants ; les antennes longues, moniliformes, légèrement renflées au sommet, brunes, avec les deux premiers articles et le dernier jaunâtres. Corselet beaucoup plus étroit que celui du *Floralis*, plus régulièrement arrondi et plus globuleux antérieurement, d'un brun rouge, avec la base ferrugineuse, très-lisse, glabre, sans ponctuation appréciable. Elytres d'un brun rougeâtre, peu brillantes, presque glabres, couvertes d'une ponctuation assez serrée et assez profonde, confusément ornées de deux taches, ou bandes légèrement obliques, d'un ferrugineux foncé, se détachant peu sur le fond : l'une derrière l'épaule, l'autre un peu au-delà du milieu, cette dernière n'atteignant nullement la suture ; le bord latéral en outre légèrement teint de rouge depuis l'épaule jusqu'au-delà du milieu, plus de deux fois aussi larges que le corselet, deux fois environ aussi longues que larges, très-carrées à la base, subparallèles latéralement, régulièrement arrondies à l'extrémité, plates sur le disque, les omoplates sensiblement saillantes, et suivies d'une légère dépression. Dessous du corps rougeâtre ; pattes entièrement ferrugineuses.

Description faite sur un seul individu de la Colombie, qui appartenait à M. Reiche, et qui fait aujourd'hui partie de ma collection.

57. A. Lœtus. *Ferrugineus, nitidus, glaber; capite obscuro; elytris parum crebrè punctatis, nigro piceis, fasciis duabus alterâ ponè basin, alterâ ponè medium transversis latè ferrugineis.* — Long. 0,0025. Lat. 0,0008. — Texas.

Cette espèce, de même taille que la précédente, en diffère excessivement peu. La tête, également lisse et noirâtre, est plus carrée postérieurement ; les antennes de même longueur et tout aussi moniliformes, sont entièrement ferrugineuses. Le corselet d'un rouge vif, un tant soit peu plus large et surtout plus plat, se rapproche davantage de celui du *Floralis*, sans être néanmoins aussi dilaté antérieurement. Les élytres plus brillantes, sont couvertes d'une ponctuation beaucoup plus espacée ; elles sont presque noires, avec deux bandes d'un rouge ferrugineux vif : l'antérieure près de la base, commune et régulièrement transversale, l'autre au-delà du milieu, très-légèrement oblique, et légèrement interrompue par la suture ; de même forme que celles du *Fulvonotatus*, aussi plates en dessus, mais n'offrant aux omoplates aucune apparence de saillie. Dessous du corps ferrugineux ; pattes de même teinte, avec les cuisses plus foncées.

Cette brillante espèce, recueillie au Texas, a passé, comme la précédente, de la collection de M. Reiche dans la mienne.

58. A. Vicinus. *Ferrugineus, nitidus, glaber, capite obscuro; elytris crebrè punctatis, piceis, fasciis duabus, alterâ ponè basin, alterâ ponè medium obliquis, communibus, obsoletè ferrugineis; antennis pedibusque testaceis.* — Long. 0,0022. Lat. 0,0007. — America Borealis.

Anthicus Bifasciatus, Say, Journ. of the Acad. of Nat. sc. of Philadelphia, t. 5, pars. 1, p. 245. ? (1).

Encore une espèce tout à fait voisine des deux précédentes, un peu inférieure en taille ; couleur et taches à peu près semblables. Dans les individus foncés en couleur, que je considère comme typiques, la tête est noirâtre et lisse, sans ponctuation distincte, carrée postérieurement, avec les antennes notablement moins longues que dans les deux espèces qui précèdent, et entièrement testacées. Le corselet rouge, est identiquement semblable à celui du *Lœtus*, par conséquent, ne diffère du *Floralis* que par l'absence des pommettes antérieures, et par une coupe plus régulière-

---

(1) *Anthicus Vicinus*, Dej. Catal. 1836, p. 238.

ment trapézoïdale. Elytres d'un brun presque noir, brillantes, et couvertes d'une ponctuation assez serrée, presque glabres, présentant antérieurement deux bandes obliques réunies sur la suture, et au-delà du milieu, deux bandes obliques en sens inverse des premières, également réunies sur la suture, et s'oblitérant plus ou moins en approchant du bord. Les taches antérieures excessivement vagues et très-peu détachées du fond, qui est lui-même rougeâtre, surtout à la base; même forme que dans les deux espèces précédentes, plus étroites et plus cylindriques dans le mâle que dans la femelle; saillie des omoplates quelquefois assez sensible. Dessous du corps ferrugineux; pattes testacées comme les antennes. Caractères sexuels les mêmes que dans le *Floralis*.

VARIÉTÉ : *Coloration décroissante : b.* Tête rouge; base des élytres entièrement rouge jusqu'au tiers de la longueur. Il existe probablement beaucoup d'autres variétés de cette espèce et des deux précédentes, qui doivent passer, comme l'*Humilis,* Germ., par une foule de teintes, depuis le rouge uni jusqu'au noir sans taches.

Cet insecte habite les Etats-Unis d'Amérique. La collection Dejean en contient quatre exemplaires envoyés par M. Lecomte. M. Hope m'a communiqué, sous le nom de *Rubropiceus,* un individu très-peu coloré qui me paraît appartenir à cette espèce. En la comparant attentivement avec la description de l'*A. Bifasciatus* du même pays, décrit par Say dans le 5e vol. du journal des *Sciences naturelles de Philadelphie*, je m'aperçois que cette description lui convient parfaitement, et je suis porté à croire que cette espèce et le *Vicinus* sont identiques.

β. Elytris nigris immaculatis.

59. A. THORACICUS. *Niger, nitidus, subglaber; antennis, thorace pedibusque saturè rubescentibus.* — Long. 0,0022. Lat. 0,0007. — America Borealis. Nouvelle-Orléans.

Tête noirâtre, brillante, presque glabre, à ponctuation distincte et espacée, faiblement transversale, légèrement saillante, carrée postérieurement, sans fossette occipitale, les yeux médiocrement saillants; les antennes d'un ferrugineux clair à la base, plus foncé vers l'extrémité, assez moniliformes et pouvant atteindre la base des élytres. Corselet d'un rouge foncé, brillant, lisse, glabre, à peine semé de quelques points très-fins, de même largeur que la tête, sensiblement plus long que large, assez régulièrement arrondi antérieurement, les pommettes peu saillantes, le disque aplati, rétréci graduellement et en ligne droite depuis les pommettes jusqu'à la base, qui est fortement marginée; goulot antérieur court, mais bien détaché. Ecusson transversal, autant que sa petitesse permet d'en juger. Elytres noires, sans tache, brillantes, distinctement ponctuées, à peine voilées d'une courte et rare pubescence, deux fois aussi larges que le corselet, et deux fois aussi longues que larges, très-carrées à la base, parallèles sur les côtés, peu convexes sur le disque, conjointement arrondies à l'extrémité, les omoplates très-légèrement saillantes. Dessous du corps noirâtre. Cuisses d'un rouge un peu plus foncé que le corselet, remarquablement robustes, tibias et tarses moins foncés.

Description faite sur un seul individu recueilli à la Nouvelle-Orléans, et appartenant à M. Chevrolat.

60. **A. Infernus.** *Totus niger, nitidus, subglaber; elytris immaculatis deplanatis, profundè punctatis.* — Long. 0,0025. Lat. 0,0008. — Mexico.

Entièrement d'un noir d'ébène très-brillant, sans aucune tache sur les élytres. Tête faiblement transversale, très-finement et peu abondamment ponctuée, assez carrée postérieurement; antennes n'atteignant pas la base du corselet, un peu moniliformes comme celles des espèces précédentes. Corselet aussi large que la tête, de même forme que celui du *Floralis*, mais encore plus plat, surtout antérieurement, irrégulièrement semé de quelques points donnant naissance à des poils très-fins. Élytres à ponctuation profonde et nullement confluente, parsemées de quelques poils très-fins, moins de deux fois aussi larges que le corselet, deux fois aussi longues que larges, très-carrées à la base, très-parallèles, très-aplaties, conjointement arrondies à l'extrémité, les omoplates très-légèrement proéminentes, la suture légèrement élevée dans toute sa longueur. Pattes presque entièrement noires, les tarses ayant à peine une teinte un peu roussâtre.

Description faite sur un seul individu recueilli au Mexique, et faisant partie d'un lot d'insectes acheté par moi à Bruxelles.

61. **A. Stygius.** *Niger, subopacus, subglaber, subtiliter punctulatus; antennis tibiis tarsisque ferrugineis.* — Long. 0,0022. Lat. 0,0007. — Prom. Bonæ Spei.

Espèce entièrement noire, à l'exception des antennes, des tibias et des tarses. Tête peu brillante, très-finement pointillée, transversale, carrée postérieurement, assez bombée sur le disque; yeux petits et nullement saillants; antennes ferrugineuses, surtout vers la base, un peu plus longues que la moitié du corps, les derniers articles moniliformes, faiblement dilatés. Corselet assez terne, imperceptiblement chagriné, de même largeur que la tête, un peu plus long que large, voisin, pour la forme, de celui du *Floralis*, mais plus encore de celui de l'*Armiger* (1re division, no 8), ayant comme lui les pommettes anguleuses, mais moins rétréci à la base, qui est distinctement marginée, légèrement bombé sur le disque; goulot antérieur excessivement court et presque insensible. Écusson triangulaire équilatéral. Élytres assez brillantes, très-finement pointillées, laissant à peine entrevoir, sous une forte loupe, un léger duvet grisâtre; deux fois au moins aussi larges que le corselet, et moins de deux fois aussi longues que larges, carrées à la base, parallèles sur les côtés, transversalement arrondies à l'extrémité, un peu moins aplaties que dans le *Floralis*, les épaules et les omoplates très-légèrement saillantes. Dessous du corps noir; cuisses noires; tibias et tarses ferrugineux.

Description faite sur un seul individu acheté par moi à Hambourg, et faisant partie des insectes rapportés du Cap de Bonne-Espérance par MM. Ecklon et Zeiher.

NEUVIÈME GROUPE.

Thorace lateribus bisinuato, staturâ validissimâ.

Ce groupe ne contient qu'une seule espèce, la plus grande qui ait jamais paru dans les collections. Très-voisine des premières espèces du groupe suivant, par la forme, la ponctuation et la maculation des élytres, elle a dû en être séparée, à cause de la forme tout-à-fait exceptionnelle de son corselet.

DESCRIPTION DE L'ESPÈCE.

62. A. GIGANTEUS. *Sub pube cinereâ luteo-ferrugineus, opacus; elytris creberrimè punctatis, fasciâ transversali, paulò ponè medium nigrâ; antennis pedibusque ferrugineis.* — Long. 0,0042 ad 0,005. Lat. 0,0014 ad 0,0017 (f. 1). — Mesopotamia (1).

La plus grande espèce du genre, d'un brun ferrugineux obscur, et recouverte sur toutes les parties du corps d'un duvet grisâtre peu soyeux et collé à la surface. Tête (f. 1, *b*) aussi longue que large, peut-être même un peu oblongue, transversalement arrondie postérieurement, fortement rétrosaillante, ponctuation fine et très-serrée entièrement cachée sous le duvet cendré qui la recouvre, plate sur le disque ; les yeux grands, peu saillants, légèrement triangulaires ; palpes maxillaires d'un jaune pâle, assez développés, faiblement sécuriformes ; antennes ferrugineuses, de la longueur de la moitié du corps, les articles basilaires très-allongés, le troisième deux fois au moins aussi long que le second, les derniers courts et peu dilatés. Corselet (f. 1, *c*) de même teinte et pubescence que la tête, aussi large qu'elle, un peu plus long que large, transversalement arrondi antérieurement ; pommettes latérales régulièrement arrondies, fortement bisinué sur les côtés, ce qui résulte d'un rétrécissement brusque un peu au-delà de la moitié, suivi d'un renflement basilaire latéral très-sensible, sillonné dans toute sa longueur par une ligne médiane plus ou moins profonde, sans apparence de margination à la base, ni de goulot antérieur. Écusson triangulaire excessivement petit, vu la grandeur de l'insecte. Élytres un peu plus rougeâtres que les parties antérieures, couvertes d'une pubescence moins serrée, qui laisse entrevoir une ponctuation abondante assez profonde et peu confluente, ornées, un peu au-delà de la moitié, d'une bande noirâtre plus ou moins large, analogue à celle du *Sellatus*, qui s'épanouit en avant et en arrière le long de la suture, et qui n'atteint pas toujours le bord latéral ; deux fois aussi larges que le corselet, plus de deux fois aussi longues que larges, un peu échancrées à la base, très-légèrement arrondies sur les côtés, rétrécies insensiblement à partir du second tiers jusqu'à l'extrémité, où elles sont conjointement arrondies, plutôt plates que convexes en dessus, avec les omoplates très-faiblement saillantes. Dessous du corps brun, tomenteux

---

(1) *Anthicus Incanus*, Sturm, Catal. 1845.

comme le dessus ; les pattes ferrugineuses, couvertes aussi d'un duvet grisâtre. — J'aurais bien voulu pouvoir signaler les différences sexuelles de cet Anthicus, malheureusement je n'ai pu comparer que trois individus, qui, d'après l'inspection de l'abdomen, m'ont paru être trois femelles.

Cette belle et intéressante espèce habite les bords de l'Euphrate, où elle a été recueillie assez abondamment par le docteur Helfer. C'est elle que M. Sturm a placé dans son dernier catalogue, en tête de ses Anthicus, sous le nom inédit d'*Incanus*, qui nous a paru trop modeste, et que nous avons remplacé par celui de *Giganteus*. Cet insecte a été répandu dans plusieurs collections, notamment dans celle de M. Sturm et dans celle du musée de Berlin, par M. Schmidt-Gôbel, auquel sont échues les récoltes de Helfer en Mésopotamie. J'en possède moi-même deux exemplaires, que je dois à la générosité de MM. Sturm et Schmidt.

DIXIÈME GROUPE.

Thorace subcordato ; longitudine thoracis latitudinem aut œquante aut vix superante. Elytris colore et puncturâ variis.

Pour ne pas trop multiplier les groupes, nous avons réuni dans celui-ci vingt-quatre espèces de couleur et de ponctuation différentes, qui n'ont entre elles que l'analogie résultant de la forme du corselet, qui est légèrement cordiforme, peu convexe, quelquefois un peu plus long et souvent pas plus long que large, transversalement arrondi antérieurement et modérément rétréci à la base. Plus de la moitié de ces espèces proviennent de l'Inde orientale et des Etats-Unis d'Amérique, les autres habitent l'Europe, l'Egypte, la Mésopotamie et Madagascar. Pour en faciliter l'étude, nous y avons introduit les subdivisions suivantes :

I. Elytres fortement ou au moins distinctement ponctuées.
    A. Elytres tachetées.
        α. Taches noires sur fond jaunâtre ou roussâtre.
           * Tibias postérieurs du mâle simples .   Espèces 63 à 66
           ** Tibias postérieurs du mâle avec appendice. . . . .   67 à 68
        β. Taches rouges sur fond noir.
           * Tête tronquée postérieurement (f. 6).   69 à 72
           ** Tête non tronquée postérieurement.   73 à 74
    B. Elytres sans taches.
        α. De longueur ordinaire. . . . .   75 à 80
        β. Remarquablement longues (f. 7). .   81 à 84
II. Elytres à ponctuation fine ou insensible . .   85 à 90

DESCRIPTION DES ESPÈCES.

I. Elytris profundè punctatis.
    A. Elytris maculatis.
        α. Fulvis aut ferrugineis, maculis nigris.
    * Tibiis posticis maris simplicibus.

63. A. SELLATUS. *Niger, subopacus, griseo-pubescens, crebrè punctatus; antennis pedibus elytrisque rufo-ferrugineis, his fasciá mediá latá nigrá.* — Long. 0,0035. Lat. 0,0012. — Europa.

Notoxus Sellatus, Panz. Faun. Germ. Fasc. 38, pl. 20. — Illig. Kœf. Preuss. t. 1, p. 288. — Oliv. Encycl. Meth. t. 8, p. 396.

Anthicus Sellatus, Schh. Syn. t. 2, p. 57. — Gyll. Ins. Suec. t. 2, p. 493. — Sahlb. Ins. Fenn. p. 439. — Zetterst. Ins. Lapp. p. 158. — Schmidt, Stettin Ent. Zeit. t. 3, p. 125 (1).

Tête noire, assez brillante, couverte d'une ponctuation profonde et confluente, excepté sur une ligne médiane légèrement élevée, qui est excessivement lisse et brillante, irrégulièrement ombragée d'une pubescence argentée très-courte et couchée à la surface; transversale, carrée postérieurement, légèrement rétrosaillante, sans sillon occipital; les yeux assez saillants, en ovale allongé; antennes entièrement ferrugineuses, de la longueur de la moitié du corps, déliées, peu robustes, à peine plus renflées au sommet qu'à la base. Corselet noir, terne, plutôt chagriné que ponctué, et recouvert comme la tête d'un duvet argenté, régulièrement couché d'avant en arrière, de même largeur que la tête, à peine plus long que large, presque rectiligne antérieurement, les pommettes régulièrement arrondies, faiblement rétréci postérieurement un peu avant la base, qui est distinctement marginée en dessus, et un tant soit peu renflée sur les côtés; goulot antérieur assez long et bien détaché du lobe. Ecusson triangulaire peu distinct. Elytres peu brillantes, fortement ponctuées surtout antérieurement, couvertes de poils grisâtres régulièrement inclinés, d'une teinte ferrugineuse plus ou moins foncée, et ornées vers le milieu d'une large bande noire qui s'épanouit en pointe postérieurement le long de la suture; plus de deux fois aussi larges que le corselet, et deux fois environ aussi longues que larges, légèrement échancrées à la base, très-légèrement arrondies sur les côtés, conjointement arrondies à l'extrémité, peu convexes en dessus, sans aucune saillie des omoplates. Dessous du corps entièrement d'un noir foncé; pattes entièrement ferrugineuses, longues et déliées, les cuisses très-faiblement dilatées. — Différences sexuelles comme dans le *Floralis*, les anneaux terminaux de l'abdomen du mâle tronqués de manière à laisser sortir le pigidium, ce qui n'a pas lieu dans la femelle, l'abdomen du mâle ayant en outre une disposition à se reployer en dessous, tandis que celui de la femelle est horizontalement tendu, la femelle me paraît aussi, constamment, un peu plus

---

(1) *Anthicus Arenarius*, Dahl. Dej. Cat. 1836, p. 238.

large que le mâle. Ce dernier sexe se rencontre rarement, car sur une trentaine d'individus que j'ai comparés, je n'ai reconnu que trois mâles.

Variétés : *Coloration croissante :* β. (β Schmidt). Bande médiale très-large, couvrant plus de la moitié des élytres ; l'extrémité des cuisses noirâtres.

Coloration décroissante : b. Bande médiale obscure, se détachant peu du fond des élytres (variété particulière aux bords du Rhône, à en juger par les nombreux individus que j'ai reçus de Lyon).

c. Bande médiale interrompue sur la suture et divisée en deux taches obliques.

d. Elytres entièrement d'un testacé pâle, sans apparence de tache ; tête, corselet et dessous du corps rougeâtres. Eclosion récente ou prématurée.

Cette espèce, une des plus grandes parmi celles d'Europe, habite le voisinage des lacs et des rivières ; elle vit sur le sable, d'où lui vient le nom inédit d'*Arenarius*, que lui avait donné Dahl, et sous lequel elle figure au Catalogue Dejean. Elle est répandue dans toute l'Europe ; j'ai eü sous les yeux des individus de la Suède, de la Saxe, de l'Autriche, du Piémont, de la France et du Portugal. En France, elle a été prise, à ma connaissance, par M. l'abbé Blaive, sur les bords de la Loire, près Saumur, et par M. Mulsant, à Lyon, sur les bords du Rhône.

64. A. Ephippium. *Totus ferrugineus, subopacus, cinereo-pubescens, crebrè punctatus ; elytris fasciá mediá nigra ; capite posticè nonnihil rotundato ; vix retro-prominulo.* — Long. 0,003. Lat. 0,004. — America Borealis.

Espèce excessivement voisine du *Sellatus*, un peu moins grande, et distincte au premier coup-d'œil par la couleur rouge de la tête et du corselet. Tête d'un rouge ferrugineux, assez brillante, distinctement ponctuée, un peu plus large que longue, transversalement arrondie postérieurement ; antennes jaunâtres, déliées, de la longueur de la moitié du corps. Corselet rougeâtre comme la tête, plutôt chagriné que ponctué, confusément pubescent, aussi large que la tête, pas plus long que large, voisin pour la forme de celui du *Sellatus*, mais sensiblement plus court, un peu plus convexe sur le disque, rétréci plus postérieurement, sans apparence de renflement basilaire ; goulot antérieur très-prononcé. Elytres de même couleur et ponctuation que dans l'espèce européenne, traversées de même au milieu par une bande noire qui s'épanouit le long des bords latéraux, mais proportionnellement moins longues et un peu plus convexes. Dessous du corps brun, pattes d'un jaune testacé clair, plus robustes et moins effilées que celles du *Sellatus*.

Cette espèce habite les Etats-Unis d'Amérique. Je n'en ai vu qu'un seul individu qui a passé de la collection de M. Reiche dans la mienne.

J'ai comparé attentivement cet insecte à la description de l'Anthicus Pallidus, publié par Say, dans le *Journal de l'Académie des Sciences naturelles de Philadelphie*. Il doit y avoir une grande analogie entre ces deux espèces, dont la teinte varie du rouge au jaune, avec une bande noire semblable sur les élytres, mais il est fait mention dans l'insecte de Say d'un sillon longitudinal sur le corselet, qui manque entièrement à l'*Ephippium*, et relativement à la ponctuation, on s'exprime ainsi : *punctures not distinct*, ce qui dans notre espèce n'est vrai que pour le corselet ; la tête et les élytres étant au contraire très-distinctement ponctuées.

65. A. SABULETI. *Ferrugineus, subopacus, modicè pubescens, crebrè punctatus ; elytris fasciá mediá nigricante ; capite posticè quadrato valdè retro-prominulo.* — Long. 0,003. Lat. 0,001. — Ægyptus.

Espèce douteuse, intermédiaire entre le *Sellatus* et le *Tibialis*, mais plus voisine encore du second que du premier. La couleur générale, la ponctuation et la pubescence sont les mêmes ; comparaison faite de deux individus du même sexe (deux femelles), voici les seules différences que j'ai pu constater. Dans la tête de l'*A. Sabuleti*, qui est fortement rétro-saillante, les yeux m'ont paru un peu moins saillants que ceux du *Tibialis*. Dans les élytres aucune différence, si ce n'est que celles de l'espèce égyptienne se rapprochent davantage de celles du *Sellatus*, et qu'elles présentent assez distinctement une bande médiale noirâtre sur un fond ferrugineux. Mais c'est dans le corselet que consiste la principale différence. Il est rougeâtre et couvert, comme dans le *Tibialis*, d'une ponctuation profonde, très-serrée, confluente ; mais la forme n'est pas la même. Premièrement, il est notablement plus large, plus globuleux antérieurement ; en second lieu, je ne puis lui trouver la forme subtrapézoïdale qu'on peut, jusqu'à un certain point, attribuer à celui du *Tibialis* ; tout son rétrécissement est accompli à une certaine distance avant la base, et dans l'espace qui reste, les côtés tombent perpendiculairement sur la base. Voilà tout ce que je puis dire de cette espèce, dont je n'ai vu malheureusement que deux femelles en assez mauvais état, la comparaison d'un seul mâle eût tranché la difficulté. Si les tibias du mâle sont dépourvus d'appendice, il ne restera plus de doute sur la validité de l'espèce.

Cet insecte habite l'Egypte. M. Spinola m'a communiqué les deux individus qui ont servi à cette description, sous le nom de *Sabuleti*, Waltl, que je lui ai conservé.

66. A. DEBILIS. *Staturá minutá ; fusco-ferrugineus, subopacus, tenuè pubescens, pedibus elytrisque flavescentibus, his fasciá mediá fuscá.* — Long. 0,002. Lat. 0,0007. — India Orientalis.

Tête d'un ferrugineux foncé, peu brillante, paraissant sous une forte loupe distinctement ponctuée, légèrement pubescente, faiblement transversale, carrée postérieurement ; les yeux noirs fortement bombés, les antennes ferrugineuses, courtes, moniliformes, renflées vers l'extrémité. Corselet de même couleur que la tête, terne, couvert d'une ponctuation fine et serrée, ombragée d'un duvet grisâtre ; sensiblement moins large que la tête, pas plus long que large, peu convexe en dessus, assez régulièrement arrondi antérieurement, pommettes assez saillantes, rétréci très-postérieurement, à peu de distance de la base, qui ne paraît pas distinctement marginée ; goulot antérieur très-court et peu sensible. Ecusson rou-

geâtre, terne et rugueux. Elytres jaunâtres assez ternes, couvertes antérieurement d'une ponctuation distincte assez fine, qui s'oblitère vers l'extrémité, ombragées d'un duvet jaunâtre peu adhérent, ornées vers le
milieu d'une bande transversale brune plus étroite sur la suture que vers
les bords, deux fois et demie environ aussi larges que le corselet, et
moins de deux fois aussi longues que larges, très-légèrement échancrées
à la base, les épaules arrondies, les côtés parallèles jusque vers le milieu,
ovalaires postérieurement, peu convexes en dessus, les omoplates et les
épaules un tant soit peu saillantes. Dessous du corps brun, les pattes jaunâtres.

Description faite sur un seul individu, recueilli dans l'Inde par Helfer,
et appartenant au musée de Prague.

*** Tibiis posticis maris appendiculatis.

67. A. Tibialis. *Rufo ferrugineus, subnitidus, punctatus, pubescens; clytrorum margine
laterali, apice, suturá fasciáque paulò ponè medium subinfuscatis. — Mas tibiis apice trian-
gulariter dilatatis. Femina tibiis simplicibus.* — Long. 0,0027 ad 0,0052. Lat. 0,0009 ad
0,001. — Europa Meridionalis.

Anthicus Tibialis, Curtis, Brit. Entom. n° 714 (1838).

Anthicus Instabilis, Schmidt, Stett. Ent. Zeit. t. 3, p. 184 (1842). — La Ferté, Ann.
Soc. Ent. de Fr. t. 11, p. 259, pl. 10, f. 7 (1842) (1).

Tête le plus ordinairement noirâtre, quelquefois d'un brun fauve, peu
brillante, distinctement ponctuée, pas plus large que longue, un peu carrée ou très-transversalement arrondie postérieurement, fortement rétrosaillante; les yeux noirs bombés et saillants; les antennes ferrugineuses,
plus longues que la moitié du corps, à articles déliés, à peine plus gros
au sommet qu'à la base; cou excessivement étroit. Corselet (f. 4) le plus
souvent fauve sur le disque, et noirâtre vers les bords, ordinairement
moins foncé que la tête, terne et entièrement couvert d'une ponctuation
serrée, et entremêlée d'un duvet jaunâtre; de même largeur que la tête,
un peu plus long que large, la plus grande largeur tout en avant; les
pommettes assez saillantes et suivies d'un rétrécissement assez brusque,
qui s'arrête aux deux tiers de la longueur, après quoi les côtés se dirigent
perpendiculairement sur la base, qui est fortement marginée; goulot antérieur court, mais bien détaché du lobe. Ecusson peu distinct. Elytres
d'un ferrugineux plus clair et plus jaunâtre que les parties antérieures,
assez brillantes, fortement ponctuées, plus ou moins voilées d'un duvet
jaunâtre; les côtés, la suture, l'extrémité et une bande transversale, un
peu au-delà du milieu, d'une teinte obscure; toutes ces taches excessivement vagues, peu constantes, et se fondant insensiblement avec la couleur du fond, dont il ne reste dans la seconde moitié que deux taches
arrondies, isolées l'une de l'autre par la suture; deux fois au moins aussi
larges que le corselet, et deux fois aussi longues que larges, assez carrées
à la base, les côtés assez arrondis pour leur donner postérieurement une

---

(1) *Anthicus Instabilis,* Hoffmansegg. Dej. Cat. 1836, p. 250.

forme oblongo-ovalaire, conjointement arrondies à l'extrémité, sans apparence de saillie aux omoplates ni de dépression transversale à la base. Dessous du corps brun ; pattes d'un ferrugineux vif, plus ou moins jaunâtre. — Le mâle, outre la différence qui résulte de la troncature du dernier segment abdominal et de la saillie du pigidium, se distingue en outre, par la forme anormale et tout-à-fait remarquable des tibias postérieurs (f. 8), qui à partir du quart de leur longueur, se dilatent graduellement à leur côté externe, sous la forme d'une mince spatule légèrement concave à sa face interne, arrondie à l'extrémité et aussi large que la cuisse. La femelle n'offre rien de semblable, ses tibias postérieurs sont simples, et le dernier segment abdominal, prolongé en pointe mousse, ne donne issue qu'à l'oviduc, qui est presque toujours saillant.

VARIÉTÉS : Nous ne signalerons que les principales, en observant que dans cette espèce comme dans l'*Humilis*, on arrive par des transitions insensibles à une variété entièrement noire d'un côté, et de l'autre à une variété jaunâtre entièrement décolorée.

Coloration croissante : β. Tête et corselet comme dans α; toute la seconde moitié des élytres obscure ; en avant deux longues taches humérales ferrugineuses.

γ. Les élytres à peu près comme dans β, présentant même quelquefois les deux taches rougeâtres postérieures, mais la teinte noire plus foncée s'étendant sur la tête, sur le corselet, et même quelquefois sur les cuisses.

δ. Entièrement d'une teinte noirâtre uniforme, plus ou moins foncée, sans tache distincte sur les élytres, le corselet et les pattes rougeâtres.

ε. Semblable à δ, et de plus le corselet noirâtre, les pattes tantôt entièrement noirâtres, tantôt ferrugineuses, avec les cuisses obscures.

Coloration décroissante : b. La première moitié des élytres entièrement ferrugineuse, la seconde légèrement obscure, avec les taches ferrugineuses postérieures à peine distinctes.

c. Elytres entièrement d'un ferrugineux jaunâtre sans taches, la tête et le corselet tantôt bruns, tantôt de la même teinte que les élytres.

d. Elytres encore plus pâles que dans la variété *c*, la tête et le corselet légèrement rougeâtres.

Cette espèce est particulière aux contrées méridionales et tempérées de l'Europe. Il ne paraît pas qu'elle ait jamais été prise en Allemagne, puisque M. Schmidt (qui l'a décrite sous le nom d'*Instabilis*), ne dit pas en avoir vu un seul individu de cette contrée. En France, elle est peu commune aux environs de Paris, mais elle est très-abondante en Touraine, en Berry, à Lyon et dans les provinces méridionales. J'en ai vu en outre de nombreux individus recueillis en Espagne, en Sicile, en Sardaigne, en Grèce, en Crimée, en Algérie, et même en Syrie. Elle vit à terre sous les feuilles et les débris des végétaux, et je me la suis procurée abondamment en secouant des fagots de ronce et d'épine, dans les mois de mai, de juin et de septembre. Sa couleur et ses taches sont tellement variables, qu'il est rare de rencontrer dans la même collection deux individus parfaitement identiques. Je ne sais si c'est à cette inconstance de couleur qu'elle

a dû le nom d'*Instabilis* que lui avait donné Hoffmansegg, et sous lequel
M. Schmidt et moi l'avons décrite la même année (1842), mais ce nom,
quoique généralement répandu aujourd'hui, a dû disparaître devant celui
de *Tibialis*, sous lequel cette espèce avait été décrite et figurée six ans au-
paravant par Curtis, dans l'*Entomologie Britannique*, ce qui prouve-
rait que cet insecte se rencontre aussi en Angleterre. M. Dejean avait réuni
avec raison, à cette espèce, un individu de la Crimée, qui lui avait été
envoyé sous le nom de *Cursor*, Steven, et qui par sa teinte fauve uniforme, peut être rapporté à notre variété *c*.

L'*A. Humilis* pouvant être confondu avec cette espèce, comme cela est
arrivé dans la collection même de M. Dejean, il est utile de remarquer
que l'*Humilis* a toujours le corselet plus long, plus globuleux antérieurement, plus rétréci postérieurement, et qu'il présente presque toujours à sa
base deux petites saillies tuberculeuses qui manquent au *Tibialis*, que la
forme de sa tête est beaucoup plus arrondie postérieurement, que la
forme des élytres est plus étroite et plus parallèle, enfin que sa taille est
constamment inférieure.

68. A. GRACILIS (1). *Niger, subopacus, parcè pubescens ; antennis pedibusque rufo-ferrugineis ; elytris fulvis, suturâ, margine laterali, maculâque laterali paulò ponè medium nigrescentibus.* — Long. 0,003 ad 0,0035. Lat. 0,0009 ad 0,0011. — Europa temperata.

Notoxus Gracilis, Panz. Faun. Germ. Fasc. 38, t. 21. — Illig. Kœf. Preus. t. 1,
p. 289. — Oliv. Encycl. Meth. t. 8, p. 396.

Anthicus Gracilis, Schh. t. 2, p. 57. — Castelnau, Hist. Nat. des Ins. Coléopt. t. 2,
p. 258. — Schmidt, Stett. Ent. Zeit. t. 3, p. 183. — La Ferté, Ann. de la Soc. Ent. de
Fr. t. 11, p. 251.

Anthicus Lateripunctatus, Sturm. Cat. (1826), p. 70, tab. 3, f. 23.

Tête noirâtre, opaque, finement chagrinée, plus large que longue,
transversalement arrondie et rétrosaillante postérieurement ; les yeux
très-peu saillants ; palpes et antennes ferrugineux ; celles-ci peu robustes, peu moniliformes, pouvant atteindre la base des élytres. Corselet
noir, opaque, et finement chagriné comme la tête, sans pubescence appréciable, de même largeur que la tête, de même forme que celui du
Tibialis, seulement un tant soit peu plus long, et un tant soit peu
renflé latéralement à la base, qui est distinctement marginée ; goulot également très-court, mais formant une margination antérieure distincte.
Ecusson triangulaire noirâtre. Elytres peu brillantes, distinctement ponctuées, très-légèrement pubescentes, d'un jaune fauve, avec une tache latérale triangulaire un peu au-delà du milieu, et la suture entièrement
noirâtres ; la tache latérale s'épanouissant plus ou moins le long du bord,
tantôt très-peu, tantôt de manière à former une bordure noire depuis
l'épaule jusqu'à peu de distance de l'extrémité ; la coloration suturale très-
étroite vers le milieu, s'élargissant d'un côté vers la base, et de l'autre

---

(1) *Anthicus Gracilis*, Panz. Dej. Cat. 1836, p. 238.
   Anthicus Stevenii, Dej. Cat. 1836, ibid.

un peu au-delà du milieu, pour s'effacer ensuite entièrement en approchant de l'extrémité, qui est ordinairement sans tache; deux fois aussi larges que le corselet, et deux fois au moins aussi longues que larges, arrondies aux angles antérieurs, arrondies aussi sur les côtés, ce qui leur donne une forme sensiblement ovalaire, un peu déhiscentes à l'extrémité, avec les angles apicaux légèrement arrondis, sans apparence de saillie aux omoplates; la suture légèrement saillante au-delà du milieu, dans la partie où elle est plus abondamment colorée. Dessous du corps noir; pattes longues, d'un rouge ferrugineux vif. — Le mâle a le dernier anneau de l'abdomen tronqué en dessus comme en dessous, de manière à laisser saillir légèrement le pigidium; en outre les tibias postérieurs sont armés vers le milieu de leur côté interne d'une petite dent (1) qui n'existe pas dans la femelle.

Variétés : Il n'en est pas de cette espèce comme du *Tibialis*, ses taches, beaucoup plus constantes et mieux déterminées, n'éprouvent que peu de variations, seulement elles se trouvent compliquées par le changement de couleur de la tête et du corselet, qui dans certains individus passent du noir au rouge brique plus ou moins foncé.

Coloration croissante : β. Tête et corselet noirs, la tache latérale réunie obliquement à la suture, et enveloppant ainsi sur la seconde moitié des élytres deux longues taches ovales de la couleur du fond.

γ. Tête et corselet noirs, la suture très-noire, plus largement colorée, formant une véritable bande longitudinale au milieu des élytres; les antennes et les pattes brunes.

Coloration décroissante : *b*. Tête et corselet rougeâtres; élytres comme celles de β.

c. Tête et corselet rougeâtres; élytres comme celles de α.

d. Tête et corselet d'un rouge pâle; élytres d'un fauve pâle sans apparence de tache; éclosion évidemment prématurée.

Cette espèce, peu commune dans les collections, est répandue dans presque toute l'Europe, à l'exception des contrées tout à fait septentrionales. J'ai eu sous les yeux des individus de la Prusse, de la Lombardie, de la Hongrie et de la Crimée; quant à la France, je ne sache pas qu'elle ait été trouvée ailleurs que dans les provinces les plus méridionales. J'en ai pris un individu auprès de Perpignan, et MM. Mulsant et Foudras, de Lyon, m'en ont envoyé plusieurs exemplaires récoltés aux environs de Marseille. L'insecte, suivant M. Schmidt, se trouve au mois de mai au bord des haies, sur les plantes et les graminées.

---

(1) J'ai eu d'autant plus de plaisir à découvrir ce caractère sexuel, qui avait échappé à M. Schmidt, que je n'y ai pas été conduit par le hasard, mais par l'analogie qui rattache cette espèce au *Tibialis;* en effet, n'était la coupe un peu plus étroite et plus svelte du *Gracilis*, il existe entre ces deux espèces une analogie frappante sous le rapport des formes, de la ponctuation et des taches; il était donc naturel de rechercher si les tibias postérieur du mâle ne présentaient pas aussi quelque appendice. Quelle a été ma satisfaction, en découvrant la petite dent particulière aux tibias du mâle!

L'*Anthicus Lateripunctatus* de M. Sturm, figuré dans son Catalogue de 1826 et mentionné de nouveau dans celui de 1843, ne diffère nullement du type même du *Gracilis,* comme l'avait déjà reconnu M. Schmidt, et comme j'ai pu m'en convaincre par la communication obligeante que M. Sturm a bien voulu me faire des espèces de sa collection. Il en est de même de l'*Anthicus Stevenii* du Catalogue de M. Dejean, qui avait reçu cet insecte sous le nom (que je crois inédit) de *Cruciatus,* Steven. J'ai vu deux individus de cet *A. Stevenii,* recueillis l'un et l'autre dans le Caucase ; celui de la collection Dejean, à tête et corselet rougeâtres, qui appartient à notre variété *b,* et un autre à tête et corselet noirs, communiqué sous le même nom par MM. Villa, et qui appartient à notre variété *γ,* l'un et l'autre portant aux tibias postérieurs la petite dent caractéristique du *Gracilis* mâle.

    β. Elytris fuscis rufo aut flavo maculatis.
    * Capite posticè truncato.

69. A. Andreæ. *Ferrugineus, subnitidus, cinereo-pubescens; antennis pedibusque pallidis; elytris fuscis, flavo quadrimaculatis.* — Long. 0,003 ad 0,0035. Lat. 0,001 ad 0,0012. — Madagascar.

Tête rouge, brillante, ponctuée vers les bords, très-fortement transversale, d'un tiers environ plus large que longue (f. 6) très-carrée postérieurement et même un peu échancré au milieu de la base ; les yeux très-grands, un peu triangulaires, obliquement placés et fortement saillants ; antennes jaunâtres, pouvant atteindre la base des élytres, à articles peu robustes, à peine plus gros au sommet qu'à la base. Corselet de même couleur que la tête, assez brillant, et parsemé de points peu profonds et peu rapprochés, sensiblement moins large que la tête, un peu plus long que large, très-peu convexe, transversalement arrondi antérieurement, pommettes assez saillantes, régulièrement arrondies, rétréci un peu au-delà du milieu, et un tant soit peu élargi à la base, ce qui fait paraître les côtés légèrement bisinués ; base visiblement marginée ; goulot antérieur distinct. Elytres peu brillantes, couvertes d'une ponctuation profonde et peu serrée, ombragées d'un duvet jaunâtre peu abondant, d'un brun plus ou moins foncé, tournant un peu au rougeâtre vers la base, ornées chacune de deux taches jaunâtres : la première, de forme peu régulière, à peu de distance de la base, s'épanouissant quelquefois jusqu'à l'épaule, et s'approchant assez près de la suture, l'autre régulièrement arrondie, aux trois quarts de la longueur, plus petite que la première, et également distante du bord latéral et de la suture ; plus de deux fois aussi larges que le corselet, deux fois environ aussi longues que larges, carrées à la base, plates sur le disque, très-légèrement arrondies sur les côtés, régulièrement arrondies à l'extrémité ; les omoplates un tant soit peu saillantes ; la suture intermédiaire sensiblement déprimée. La poitrine en dessous ferrugineuse, l'abdomen noirâtre ; les pattes entièrement d'un jaune pâle.

Cette espèce habite Madagascar. J'en possède un individu qui m'a été vendu par M. Goudot. Deux autres m'ont été communiqués, l'un par M. le marquis de Brême, l'autre par M. Melly. Ce dernier était étiqueté *Andreæ*, Klug, et j'ai conservé ce nom, sans en garantir l'authenticité (1).

70. A. BREVICEPS. *Flavo-ferrugineus, nitidus, cinereo-pubescens; antennis pedibusque pallidioribus; elytris concoloribus, maculis quatuor obsoletè flavescentibus.* — Long. 0,0036. Lat. 0,0012. — India Orientalis.

Cette espèce, d'un jaune ferrugineux vif, dont je n'ai vu qu'un seul exemplaire, ressemble tellement à la précédente, qu'on serait tenté de la considérer comme une simple variété de couleur. La comparaison la plus minutieuse ne m'a fait découvrir aucune différence dans la forme ni dans la ponctuation de la tête, qui est tout aussi transversale, aussi courte et aussi carrée postérieurement (f. 6). Les antennes seules m'ont paru un tant soit peu plus longues et plus robustes. Avec un peu de bonne volonté, on peut trouver le corselet un peu plus long, un peu moins arrondi antérieurement, un peu moins sinueux sur les côtés, un peu plus convexe en dessus. Quant aux élytres, elles sont identiques de forme et de ponctuation, la coloration seule, et l'oblitération des taches les distinguent, on pourrait ajouter à tout cela que l'insecte, dans son ensemble, est plus brillant et un tant soit peu plus grand que les plus grands individus de l'*A. Andreæ*.

Si cet exemplaire ne venait pas de l'Inde, s'il avait été recueilli à Madagascar comme les autres, on ne se déciderait jamais à en faire une espèce distincte, mais il y a tant de distance entre ces deux pays et si peu de rapport entre leurs faunes, que j'ai cru devoir céder dans cette circonstance à des considérations de coloration, jointes aux autres différences que j'ai signalées plus haut.

Cette espèce (si c'en est une), conservée au musée de Prague, fait partie des récoltes de Helfer dans l'Inde.

71. A. OCEANICUS. *Ferrugineus, subopacus, subtiliter punctatus, pube tenui ubiquè conspersus, thorace convexiusculo, elytris piceis flavo-quadrimaculatis. Antennis pedibusque pallidè flavescentibus.* — Long. 0,003. Lat. 0,001. — Iles Marquises.

Cette espèce, la seule qu'on ait encore rapportée des îles de l'Océan Pacifique, vient se placer naturellement tout à côté de l'*A. Andreæ* de Madagascar. C'est exactement la même tête, aussi courte et aussi large, le corselet à pommettes également saillantes, aussi transversalement arrondi antérieurement, rétréci de même peu au-delà du milieu, seulement un peu plus court, la longueur n'excédant pas la largeur. A ces différences de forme s'ajoutent quelques légères différences de ponctuation et de pubescence. Le corselet de l'*Oceanicus* est couvert d'une ponctuation très-fine et très-serrée qui le fait paraître beaucoup plus terne que celui de l'*Andreæ*, et les élytres, plus finement ponctuées, sont ombragées d'un duvet

---

(1) Lorsque j'ai visité et longuement étudié la collection d'*Anthicus* du musée de Berlin, les espèces de Madagascar n'avaient pas été intercalées dans les boîtes, et je n'en ai vu aucune de cette localité.

plus fin et plus abondant. Quant à la coloration, elle est identiquement la même : tête et corselet d'un rouge vif, élytres d'un brun de poix à taches jaunes, semblables et semblablement placées ; antennes et pattes entièrement d'un jaune très-pâle.

Cette rare et intéressante espèce m'a été communiquée par le musée d'histoire naturelle de Paris, qui en a reçu plusieurs individus des îles Marquises, et a bien voulu m'en abandonner un.

72. **A. Crassipes.** *Fusco-brunneus, subnitidus, parum crebrè punctatus, sub hirsuto-pubescens; antennarum basi, tibiis tarsisque rufescentibus ; elytris maculis duabus obliquis alterâ ponc humerum alterâ ponc medium flavo-ferrugineis. Tibiis maris insolitè incrassatis introrsùm emarginatis.* — Long. 0,0024. Lat. 0,0008. — Nova Hollandia.

Tête noirâtre, brillante, parsemée de gros points très-espacés, peu pubescente, très-courte, très-large et trapézoïdale postérieurement (f. 6), comme dans les trois espèces précédentes ; les yeux gros et très-saillants ; les antennes roussâtres à la base et noirâtres au sommet, courtes, un peu moniliformes et grossissant sensiblement vers l'extrémité. Corselet noirâtre, assez brillant, à ponctuation profonde et peu serrée, couvert de poils grisâtres, couchés à la surface et hérissé en outre sur les côtés de cils raides, un peu plus large que la tête, moins long que large, pommettes latérales très-saillantes, sensiblement rétréci un peu avant la base qui est très-distinctement marginée, et quelquefois un peu ferrugineuse. Ecusson triangulaire, peu distinct. Elytres brunes, brillantes, abondamment pubescentes, offrant comme le corselet des poils courts couchés à la surface et d'autres plus longs, plus ou moins hérissés ; ponctuation assez fine et peu distincte ; ornées chacune de deux taches jaunâtres, l'une obliquant de l'épaule vers le centre, l'autre vers les deux tiers, obliquant en sens inverse de la première ; deux fois environ aussi larges que le corselet, et une fois et 3/4 aussi longues que larges, carrées à la base, légèrement dilatées sur les côtés, subovalaires postérieurement ; sans saillie apparente aux omoplates. Dessous du corps d'un noir lisse ; pattes roussâtres, à l'exception des cuisses, qui sont noires. — Le mâle se distingue par la large troncature du dernier segment supérieur de l'abdomen, qui laisse saillir un pigidium obtusément acuminé, et en outre par la forme des tibias postérieurs (f. 10), qui sont très-robu-tes, très-larges, légèrement arqués et fortement échancrés au côté interne, un peu avant le milieu de la longueur.

Variété : *Coloration décroissante : b.* Corselet brun avec la moitié postérieure roussâtre ; les taches des élytres très-agrandies et réunies entre elles au milieu du disque.

Cette espèce habite la Nouvelle-Hollande. Je n'en ai vu que deux individus recueillis par M. Verreaux et faisant partie de la magnifique collection que le muséum de Paris a reçue tout nouvellement de ce nouveau continent (1).

____

(1) Je dois signaler ici la complaisance de MM. les conservateurs du muséum, et parti-

** Capite postice non truncato.

73. A. Flavomaculatus. *Fusco-brunneus, opacus, crebrè punctatus, subglaber, antennarum basi, pedibus maculisque elytrorum quatuor flavescentibus.* — Long. 0,002. Lat. 0,0007. — India Orientalis.

Tête noirâtre, nullement brillante, ponctuation fine et très-serrée, fortement transversale, très-carrée et rétrosaillante postérieurement; les yeux médiocrement grands et assez saillants; les antennes jaunâtres à la base, brunes vers l'extrémité, peu développées, légèrement renflées vers le sommet. Corselet de même teinte que la tête, ponctuation plus profonde et confluente, terne et glabre, aussi large que la tête, pas plus long que large, très-transversalement arrondi postérieurement, pommettes régulièrement arrondies, suivies d'un retrécissement assez sensible qui se continue jusqu'à la base, qui est finement marginée; pas apparence de goulot antérieur. Elytres brunes un peu rougeâtres vers la base, ternes, presque glabres et couvertes antérieurement seulement de points enfoncés non confluents, qui s'oblitèrent peu à peu vers l'extrémité, ornées chacune de deux taches jaunes, la première triangulaire, située derrière l'épaule, qu'elle ne couvre pas entièrement, et s'approchant très-près de la suture, l'autre ovale, placée un peu obliquement vers le second tiers de la longueur; plus de deux fois aussi larges que le corselet, et moins de deux fois aussi longues que larges; la base rectiligne, les angles huméraux arrondis, les côtés sensiblement arrondis, la plus grande largeur un peu au-delà du milieu; régulièrement arrondies à l'extrémité, sensiblement convexes, sans apparence de saillie aux omoplates. Dessous du corps noirâtre, pattes entièrement d'un jaune vif.

Je n'ai vu qu'un seul individu de cette espèce, qui m'a été communiqué par le musée de Prague, et qui fait partie des récoltes de Helfer dans l'Inde.

74. A. Euphraticus. *Ferrugineus, subnitidus, punctulatus, cinereo-pubescens; elytris fuscis flavo-quadrimaculatis.* — Long. 0,0022. Lat. 0,0007. — Mesopotamia.

Tête ferrugineuse, lisse et brillante, très-finement pointillée, pas plus large que longue, assez carrée postérieurement; les yeux petits et peu saillants; les antennes jaunâtres, déliées, très-peu renflées au sommet, de la longueur de la moitié du corps. Corselet d'un rouge ferrugineux plus clair que sur la tête, assez brillant, finement pointillé et finement pubescent, un peu moins large que la tête, transversalement arrondi antérieurement, pommettes très-faiblement saillantes, peu rétréci postérieurement, très-plat sur le disque, sans margination distincte à la base, sans goulot appréciable antérieurement. Elytres noirâtres, peu brillantes, couvertes

<hr>

culièrement de M. Blanchard, qui avait à peine déballé cette collection, et qui a mis toute l'obligeance possible à parcourir toutes les boîtes pour me communiquer les espèces d'Anthicus qui pourraient s'y rencontrer. Malheureusement ces petits insectes avaient échappé aux recherches de M. Verreaux, et nous n'avons pu découvrir que les deux individus qui ont servi à cette description.

d'une ponctuation fine, mais distincte, quoiqu'en partie voilée sous une courte pubescence jaunâtre ; ornées chacune de deux taches jaunes, de même forme et occupant la même place que dans l'espèce précédente, plus de deux fois aussi larges que le corselet, une fois et trois quarts seulement aussi longues que larges, carrées à la base, médiocrement arrondies sur les côtés, régulièrement arrondies à l'extrémité ; les omoplates très-légèrement saillantes. Dessous du corps ferrugineux ; pattes entièrement d'un jaune vif.

Cette petite espèce, dont je n'ai vu qu'un seul individu, a été recueillie en Mésopotamie par le docteur Helfer, et m'a été donnée par M. Schmidt Goebel.

B. Elytris immaculatis.
a. Modicè elongatis.

75. **A. Carbonarius.** *Totus ater, subnitidus, punctatus, pube fugaci parcè adumbratus, antennis pedibusque totis concoloribus.* — Long. 0,003. Lat. 0,001. — Nova Granata.

Entièrement d'un noir foncé uniforme, et revêtu sur toutes ses parties, dans les individus bien frais, d'un duvet grisâtre très-fin qui les fait paraître ternes, tandis que les individus déflorés sont très-brillants. Tête lisse, distinctement pointillée vers les bords, transversale, carrée, et même légèrement échancrée postérieurement, assez convexe sur le disque ; les yeux moyennement grands et peu saillants ; les antennes noires, même à l'extrême base, courtes, assez moniliformes et renflées vers le sommet. Corselet à ponctuation fine et très-serrée, presque aussi large que la tête, pas plus long que large, transversalement arrondi antérieurement, pommettes peu saillantes, suivies d'un faible rétrécissement qui s'arrête vers les deux tiers de la longueur, les côtés tombant ensuite perpendiculairement sur la base, qui est finement marginée ; goulot antérieur très-court et peu détaché du lobe. Elytres profondément ponctuées, surtout antérieurement, entièrement couvertes de poils très-fins et peu adhérents, plus de deux fois aussi larges que le corselet, et moins de deux fois aussi longues que larges, légèrement échancrées à la base, les épaules arrondies et saillantes en avant, légèrement arrondies sur les côtés, la plus grande largeur au-delà du milieu, régulièrement arrondies postérieurement, et ne recouvrant pas entièrement l'abdomen, au moins dans le mâle (seul sexe que j'aie observé), dont le pigidium, fortement développé, se prolonge en pointe mousse ; les omoplates légèrement proéminentes. Dessous du corps et pattes entièrement noirs, même les tarses.

Cette espèce habite la province de la Nouvelle-Grenade en Colombie. J'en ai acquis plusieurs individus de M. Justin Goudot ; je l'ai vue aussi dans la collection de M. Buquet.

76. **A. Rigidus.** *Rufo-brunneus, capite thoraceque opacis; elytris nigricantibus, subnitidis, profundè punctatis, pube rigidá argenteá hirsutis ; pedibus nigro-fuscis, extremis tibiis tarsisque rufescentibus.* — Long. 0,003. Lat. 0,001. — Colombia.

Tête d'un brun rougeâtre, plus foncée au milieu du disque, très-terne, finement chagrinée, presque glabre, faiblement transversale, très-transversalement arrondie postérieurement, assez plate sur le disque; les yeux médiocrement grands, très-peu saillants; les antennes rougeâtres, obscures au sommet, courtes, robustes et renflées vers l'extrémité. Corselet de même teinte que la tête, terne et chagriné comme elle, sensiblement moins large, sensiblement oblong, assez régulièrement arrondi antérieurement, plat sur le disque, pommettes assez saillantes, rétréci vers les deux tiers, et légèrement renflé latéralement à la base, qui est rougeâtre et distinctement marginée; goulot antérieur court et peu distinct. Elytres noirâtres, assez brillantes, profondément ponctuées, hérissées, dans toute leur étendue, de poils argentés courts et rigides, deux fois aussi larges que le corselet, moins de deux fois aussi longues que larges, très-carrées à la base, sensiblement parallèles, régulièrement arrondies postérieurement, assez convexes en dessus; omoplates très-légèrement saillantes. Dessous du corps noirâtre; pattes brunes, avec l'extrémité des tibias et des tarses rougeâtres.

Description faite sur un seul individu de la Colombie, qui m'a été donné par M. Klug sous le nom inédit de *Pieeus*, Moritz, dénomination que j'ai cru devoir changer comme convenant peu à cette espèce, où tout au moins à l'exemplaire que j'avais sous les yeux.

77. A. Misellus. *Nigro-fuliginosus, subopacus, crebrè punctatus pube tenuissimâ adumbratus; elytris modicè elongatis, pone humeros nonnihil depressis; antennarum basi pedibusque totis ferrugineis.* — Long. 0,0022. Lat. 0,0007. — India Orientalis.

Entièrement d'un noir fuligineux (à l'exception des pattes et de la base des antennes), et d'un aspect plutôt terne que brillant. Tête entièrement couverte d'une ponctuation très-fine et confluente, transversale et rétrosaillante postérieurement, assez convexe sur le disque; les yeux vitrés, médiocrement grands, médiocrement saillants; antennes ferrugineuses à 'extrême base, peu allongées, mais moins moniliformes et moins renflées au sommet que dans les deux espèces précédentes. Corselet terne, à ponctuation fine et confluente comme la tête, légèrement tomenteux, presque aussi large que la tête, presque aussi long que large, transversalement arrondi antérieurement, les pommettes assez saillantes et régulièrement arrondies, suivies d'un rétrécissement assez sensible, prolongé jusqu'à la base, qui est faiblement marginée; goulot antérieur très-court, mais distinctement detaché du lobe. Elytres assez brillantes, distinctement ponctuées, peu abondamment revêtues d'une pubescence grisâtre, plus de deux fois aussi larges que le corselet, et presque deux fois aussi longues que larges, carrées à la base, légèrement dilatées sur les côtés au-delà du milieu, ovalaires postérieurement, peu convexes sur le disque, les omoplates un tant soit peu saillantes et suivies d'une légère dépression transversale. Dessous du corps noir; pattes entièrement ferrugineuses.

Je n'ai vu qu'un seul exemplaire de cette espèce, recueilli dans l'Inde par Helfer, et appartenant au musée de Prague.

78. A. Melancholicus. *Staturâ minori crassiorique. Fusco niger, subnitidus, confertim sed parum profundè punctatus, parcè pubescens; elytris subovatis; antennis pedibusque totis rubro-ferrugineis.* — Long. 0,0018. Lat. 0,0006. — America Borealis.

Espèce plus courte et plus ovalaire que la précédente, entièrement d'un brun noirâtre, à l'exception des antennes et des pattes, qui sont d'un rouge ferrugineux. Tête brillante, finement ponctuée, sensiblement transversale, très-carrée postérieurement, les yeux petits, assez saillants, placés très en avant; antennes entièrement ferrugineuses, courtes, moniliformes, sensiblement renflées au sommet. Corselet un peu moins foncé que la tête, assez terne, couvert d'une ponctuation assez fine et très-serrée, entremêlée d'un duvet soyeux et très-fin, un peu moins large que la tête, pas plus long que large, trapézoïdal, très-peu convexe, très-légèrement arrondi antérieurement, pommettes peu détachées, les côtés rectilignes et convergeant obliquement vers la base, qui ne paraît pas marginée; pas de goulot appréciable antérieurement. Elytres légèrement brillantes, abondamment, mais plus finement ponctuées que dans les espèces précédentes, revêtues d'un duvet cendré et soyeux peu abondant, plus de deux fois aussi larges que le corselet, et une fois et 3/4 à peine aussi longues que larges, légèrement échancrées à la base, les épaules un peu saillantes en avant, et colorées latéralement d'une teinte légèrement rougeâtre qui pourrait bien, dans des individus moins foncés, former une véritable tache; arrondies sur les côtés, ce qui contribue à les faire paraître sensiblement ovalaires. Dessous du corps noir, les pattes entièrement ferrugineuses.

Cette espèce habite les Etats-Unis d'Amérique. Je n'en ai vu qu'un seul exemplaire qui m'a été communiqué par le musée de Berlin, sous le nom d'*Unicolor*, Knoch, que je n'ai pu conserver à cause de l'*Unicolor*, Schmidt, espèce européenne publiée en 1842 dans la *Gazette de Stettin*.

79. A. VARIOLOSUS. *Fusco-ferrugineus, subnitidus, creberrimè punctatus, subglaber; elytris pedibusque flavescentibus.* — Long. 0,0023. Lat. 0,0008. — India Orientalis.

Tête d'un rouge ferrugineux foncé, couverte d'une ponctuation fine et peu serrée, lisse et brillante, transversale, carrée postérieurement; les yeux grands, légèrement vitrés, peu saillants; les antennes ferrugineuses, courtes, légèrement moniliformes et renflées au sommet. Corselet de même teinte que la tête, glabre et couvert d'une ponctuation profonde et confluente; presque aussi large que la tête, aussi long que large, transversalement arrondi antérieurement, pommettes médiocrement saillantes, suivies d'un rétrécissement brusque vers le milieu de la longueur, les côtés convergeant ensuite peu obliquement vers la base, qui est confusément marginée; goulot antérieur excessivement court. Ecusson brun très-distinct. Elytres beaucoup moins foncées que les parties antérieures, plutôt jaunâtres que ferrugineuses, entièrement couvertes d'une ponctuation assez profonde, très-serrée et presque confluente; glabres, dans l'exemplaire qui m'a été communiqué, mais probablement ombragées d'un duvet jaunâtre dans les individus plus frais; plus de deux fois aussi larges que le corselet, moins de deux fois aussi longues que larges, carrées à la base, avec les épaules légèrement saillantes, les côtés rectilignes, mais s'élargissant peu à peu, jusque vers le milieu et terminées en ovale peu allongé, assez bombées sur le disque, sans saillie distincte aux omoplates. Dessous du corps ferrugineux, pattes jaunâtres comme les élytres.

Cet insecte habite l'Inde ; je n'en ai vu qu'un seul individu qui appartenait anciennement à M. Reiche, et qui fait aujourd'hui partie de ma collection.

80. A. IMMATURUS. *Pallidè testaceus, subopacus, profundissimè punctatus, hirsutopilosus ; thorace lateribus valdè rotundato, ipsâ basi haud modicè coarctato.* — Long. 0,0023. Lat. 0,0008. — India Orientalis. Bengale.

Espèce entièrement d'un jaune testacé, voisine de la précédente par la coloration et la forme des élytres, mais très-distincte par la pubescence, presque chevelue, dont elle est hérissée et par la ponctuation plus profonde et moins serrée des élytres. Malheureusement elle m'a été communiquée sans tête, ce qui en rend la description incomplète.

Corselet couvert d'une ponctuation profonde et confluente, hérissé de longs poils, légèrement transversal, assez régulièrement arrondi antérieurement, les pommettes saillantes très-gracieusement arrondies et se prolongeant jusqu'au-delà de la moitié de la longueur, fortement rétréci très-postérieurement ; les côtés se dirigeant parallèlement depuis le point où le rétrécissement a lieu jusqu'à la base, qui est distinctement marginée ; goulot antérieur très-court, mais bien distinct. Ecusson très-apparent, comme dans l'espèce précédente. Elytres ayant exactement la même forme et à peu près la même teinte, mais semées de points beaucoup plus gros et moins serrés, et entièrement hérissées de longs poils jaunâtres. Dessous du corps et pattes entièrement concolores.

Cette espèce habite le Bengale ; l'exemplaire mutilé qui a servi à cette description m'a été communiqué par M. Hope, sous le nom que je lui ai conservé.

    β. Elytris oblongo-parallelis.

81. A. ELONGATUS. *Fusco-brunneus, valdè opacus, crebrè punctatus, pube velutinâ vestitus, thorace suboblongo anticè non nihil globoso, antennarum basi pedibusque rufescentibus.* — Long. 0,005. Lat. 0,0008. — India Orientalis.

Entièrement d'un brun terne, un peu plus foncé sur la tête que sur les autres parties, et entièrement recouvert d'une pubescence veloutée à reflets jaunâtres. Tête finement chagrinée, fortement transversale, carrée postérieurement, légèrement convexe ; les yeux bruns, grands, faiblement saillants ; les antennes ferrugineuses à la base, brunes à l'extrémité, n'atteignant pas la base des élytres, légèrement moniliformes et renflées au sommet. Corselet atteignant presque la largeur de la tête, un peu plus long que large, peu transversalement arrondi antérieurement. Pommettes régulièrement arrondies, suivies d'un rétrécissement assez sensible, qui s'arrête aux deux tiers de la longueur, les côtés tombant ensuite perpendiculairement sur la base, qui n'est pas distinctement marginée ; goulot antérieur excessivement court et peu détaché du lobe. Elytres couvertes, dans toute leur longueur, d'une ponctuation régulière, profonde et assez rapprochée sans être confluente, deux fois au moins aussi larges que le corselet et plus de deux fois aussi longues que larges, carrées à la base, avec les angles huméraux légèrement arrondis, parallèles jusqu'aux deux tiers et ovalaires postérieurement, légèrement cylindriques en dessus ; les omoplates un tant soit peu saillantes. Dessous du corps roussâtre ; les pattes entièrement d'un ferrugineux obscur.

Cette espèce habite l'Inde, où elle a été recueillie par le docteur Helfer. Le musée de Prague m'a communiqué les deux individus qui ont servi à cette description.

82. **A. Pubescens.** (1). *Fusco-brunneus, subopacus, crebrè punctatus, pube cinereá vestitus; thorace subtransverso; antennarum basi pedibusque rufescentibus.* — Long. 0,0027. Lat. 0,0009. — America Borealis.

Espèce excessivement voisine de la précédente, dont la description lui est en tous points applicable, avec cette seule différence que le corselet de celle-ci, au lieu d'être oblong, n'est pas plus long que large et paraît même, à la première vue, légèrement transversal, qu'il est moins arrondi et moins dilaté antérieurement, et que les élytres sont proportionnellement un peu moins étroites; la couleur générale est également le brun foncé, tournant légèrement au fauve, sous l'influence d'une pubescence jaunâtre un peu moins veloutée.

Variété. *Coloration croissante :* β. Beaucoup plus foncé, presque entièrement noir, avec la base des antennes et les tarses ferrugineux.

Cette espèce habite les Etats-Unis d'Amérique. Je lui ai conservé le nom que lui avait donné M. Dejean, qui en avait reçu plusieurs exemplaires de M. Leconte. Je ne l'ai vue dans aucune autre collection.

83. **A. Fulvipes** (2). *Staturá multò minori, fusco-niger, subnitidus, sat crebrè punctatus, pube brevi cinereá conspersus, antennis pedibusque totis ferrugineis.* — Long. 0,0023. Lat. 0,0007 (f. 7). — America Borealis.

Espèce très-voisine du *Pubescens* par la forme, mais très-inférieure par la taille. Tête, corselet et élytres, d'un brun foncé, qui n'exclue pas, dans les individus très-frais, quelques reflets marrons. Tête assez brillante, très-finement pointillée, fortement transversale, légèrement arrondie ou trapézoïdale postérieurement, assez convexe sur le disque; les yeux grands et assez saillants; les antennes ferrugineuses, un peu plus foncées vers l'extrémité, courtes, légèrement moniliformes, et renflées au sommet. Corselet très-petit (f. 7.), un peu moins large que la tête, légèrement transversal, transversalement arrondi antérieurement, les pommettes modérément saillantes, rétréci un peu au-delà du milieu, les côtés se dirigeant ensuite perpendiculairement sur la base, qui ne paraît nullement marginée; goulot antérieur excessivement court et peu détaché du lobe. Elytres à ponctuation distincte et peu serrée, assez brillantes, peu abondamment revêtues d'un duvet grisâtre, plus de deux fois aussi larges que

---

(1) *Anthicus Pubescens,* Dej. Catal. 1836, p. 238.
(2) *Anthicus Fulvipes,* Dej. Cat. 1836, p. 238.

le corselet et deux fois aussi longues que larges (f. 7), carrées à la base avec la pointe des épaules légèrement arrondie, très-légèrement dilatées sur les côtés, ovalaires postérieurement, assez convexes et cylindriques en dessus ; les omoplates nullement saillantes. Le dessous du corps noirâtre ; les pattes entièrement d'un rouge ferrugineux.

Cette espèce, comme la précédente, habite les Etats-Unis d'Amérique. Son nom lui a été donné par M. Dejean , qui l'avait reçue , comme la précédente, de M. Leconte. J'en ai vu en outre plusieurs exemplaires, qui m'ont été communiqués par MM. Hope et Chevrolat.

84. A. Pusillus (1). *Castaneus, subopacus, parum punctatus, parcè pubescens ; elytrorum suturâ nigrâ ; antennarum basi pedibusque pallidè testaceis.* — Long. 0,002. Lat. 0,0006. America Borealis. Nouvelle-Orléans.

Espèce très-voisine du *Fulvipes*, mais beaucoup plus petite, entièrement d'un brun marron plus ou moins foncé. Tête lisse sans ponctuation distincte, transversale, carrée et même sensiblement échancrée postérieurement, avec les angles postérieurs arrondis, convexe sur le disque ; les yeux très-peu saillants ; les antennes courtes, grêles et testacées à la base, renflées et noirâtres au sommet. Corselet très-finement pointillé et ombragé d'un duvet grisâtre peu adhérent, très-petit, beaucoup moins large que la tête et aussi long que large, presque carré, transversalement arrondi antérieurement , rétréci faiblement et progressivement depuis les pommettes, qui sont peu saillantes, jusqu'à la base, qui ne paraît nullement marginée ; goulot antérieur très-court et peu distinct. Elytres légèrement brillantes, semées de points peu rapprochés et revêtues d'une pubescence cotonneuse peu abondante. D'un brun rouge uniforme, à l'exception de la suture qui est entièrement noire ; presque trois fois aussi larges que le corselet et plus de deux fois aussi longues que larges, carrées à la base , parallèles et néanmoins un tant soit peu arrondies sur les côtés vers le milieu, en ovale très-allongé postérieurement, assez convexes et cylindriques en dessus, sans saillie appréciable aux omoplates. Dessous du corps d'un brun rouge, comme le dessus ; les pattes entièrement testacées.

Variétés. *Coloration croissante :* β. Elytres noirâtres , tête et corselet rougeâtres. — γ. Entièrement noirâtre ; les pattes et la base des antennes ferrugineuses.

Cette espèce habite, comme les deux précédentes, les Etats-Unis d'Amérique. M. Dejean en avait reçu un seul exemplaire de M. Leconte, et lui avait donné le nom que je lui ai conservé. Trois autres individus m'ont été communiqués par M. Hope, qui les avait reçus de la Nouvelle-Orléans.

Malgré l'analogie qui existe entre les quatre espèces précédentes, il n'y a pas de confusion possible entre elles : les deux premières, *Elongatus* et *Pubescens*, qui sont de même grandeur, se distinguent, comme on

---

(1) *Anthicus Pusillus*, Dej. Cat. 1836, p. 238.

l'a vu, par la forme de leur corselet. La différence de taille suffit ensuite pour séparer, au premier coup-d'œil, les trois espèces américaines *Pubescens*, *Fulvipes* et *Pusillus* qui, proportions gardées, ont des formes presque identiques.

II. Elytris subtiliter punctulatis.

Les six espèces réunies dans cette coupe, ont pour caractère commun une ponctuation très-fine, tant sur le corselet que sur les élytres ; toutes, à l'exception de la dernière, sont entièrement d'un jaune ferrugineux plus ou moins foncé, avec peu ou point de taches sur les élytres.

85. **A. Subfasciatus** (1). *Ferrugineus, subopacus, tenue pubescens, subtiliter punctatus; thorace nonnihil globoso, capiti subæquali; elytris maculâ posteriori, communi, cuspidiformi, nigrâ; antennis pedibusque flavescentibus.* — Long. 0,0023 ad 0,0027. Lat. 0,0007 ad 0,0009. — Europa Meridionalis.

Jolie espèce européenne reconnue et nommée depuis longtemps par M. Dejean, mais restée jusqu'à ce jour inédite, M. Schmidt n'en ayant pas eu connaissance. Tête d'un ferrugineux obscur, très-finement pointillée, peu brillante, faiblement transversale, peu carrée postérieurement, le bord postérieur légèrement échancré par la fossette occipitale, convexe sur le disque ; les yeux médiocrement grands, assez saillants ; les antennes jaunâtres, peu allongées, submoniliformes, peu renflées vers le sommet. Corselet de même teinte que la tête, finement rugueux et finement pubescent, presque aussi large que la tête, un peu plus long que large, transversalement arrondi et cependant assez globuleux antérieurement ; pommettes modérément saillantes, rétrécies assez postérieurement, à peu de distance de la base, qui est peu distinctement marginée ; goulot antérieur très-distinct. Ecusson obscur, terne et rugueux. Elytres d'un rouge ferrugineux plus ou moins vif, très-finement pointillées, entièrement revêtues d'un duvet grisâtre qui les fait paraître ternes, ornées, vers les trois quarts de la longueur, d'une tache commune noirâtre en forme de fer de flèche, la pointe tournée vers l'extrémité, s'étendant latéralement en forme de bande et se réunissant à une bordure nébuleuse plus ou moins obsolète, qui se manifeste aux trois quarts de la longueur et qui contourne toute l'extrémité, l'espace compris entre ces deux taches formant lui-même une tache ovale, oblique, anté-apicale, d'une teinte jaunâtre et d'un aspect plus lisse que le reste des élytres ; plus de deux fois aussi larges que le corselet et deux fois environ aussi longues que larges, sensiblement échancrées à la base, assez arrondies sur les côtés, sensiblement ovalaires postérieurement, sans saillie appréciable aux omoplates, la suture quelquefois un peu déprimée dans la seconde moitié. Dessous du corps ferrugineux ; pattes jaunâtres, peu développées. — Ou le mâle de cette espèce

(1) *Anthicus Subfasciatus,* Dej. Catal. 1836, p. 238.

Anthicus Unipunctatus, Dej. ibid. (var. *c* nobis).

Anthicus Sagitta, Sturm (non Krynicki). Sturm Cat. 1843, p. 168.

est excessivement rare, ou les signes extérieurs de son sexe peuvent s'oblitérer au point de n'être plus appréciables ; toujours est-il que, sur plus de soixante individus observés, l'examen le plus minutieux ne m'a fait reconnaître que quatre mâles ayant le dernier segment supérieur de l'abdomen légèrement tronqué et laissant saillir imperceptiblement le pigidium ; sur ces quatre individus, un seul pouvait être rapporté au type de l'espèce, les autres appartenaient à la variété β la plus prononcée, c'est-à-dire qu'à la suite d'une tache large et foncée, ils avaient toute l'extrémité des élytres d'un jaune ferrugineux très-vif sans apparence de bordure obscure.

Variétés : *Coloration croissante :* β. Elytres un peu plus foncés, tache plus large et plus noire, auquel cas la bordure nébuleuse dont nous avons parlé disparaît presque toujours, abandonnant toute l'extrémité des élytres à la tache jaune anté-apicale, qui devient alors tout-à-fait apicale et plus foncée que dans le type.

Coloration décroissante : b. La tache noire des élytres peu colorée, s'oblitérant plus ou moins de chaque côté et n'atteignant pas le bord latéral.

c. Tache des élytres réduite à une petite tache triangulaire sur un fond jaunâtre, sans aucun développement latéral. Considérée par M. Dejean, comme une espèce distincte, cette variété porte dans son Catalogue et dans sa collection le nom d'*A. Unipunctatus.*

d. Entièrement d'un testacé très-pâle, sans apparence de tache, la tête et le corselet presque aussi décolorés que les élytres. Eclosion sans doute prématurée.

Cette espèce, très-peu répandue dans les collections, et qui était restée tout-à-fait inconnue à M. Schmidt, paraît cantonnée dans certaines parties peu méridionales de l'Europe, à l'exception d'un exemplaire d'Espagne, qui est précisément notre variété *c* (l'*Unipunctatus,* Dej.) Tous les individus que j'ai vus, au nombre de plus de soixante, proviennent des environs de Lyon, du Piémont et de la Lombardie. C'est cette espèce qui figure au dernier Catalogue de M. Sturm, sous le nom de *Sagitta,* Krinicki, erreur bien excusable pour quiconque ne sait pas que l'espèce de Krinicki n'est autre chose que la variété β du *Bimaculatus* d'Illiger.

86. A. Solers. *Ferrugineus, subopacus, tenue pubescens, subtiliter punctatus, thorace planiusculo, minùs lato quam capite, elytris maculâ posteriori, communi, cuspidiformi, nigrâ ; antennis pedibusque flavescentibus.* — Long. 0,0023. Lat. 0,0007. — Mesopotamia.

Cette espèce asiatique ne diffère de la précédente que par la forme du corselet, qui est aplati, et sensiblement plus étroit que la tête, tandis que dans le *Subfasciatus* le corselet est notablement globuleux, et presque aussi large que la tête. Cette différence suffit pour séparer ces deux espèces, qui sont identiques pour tout le reste, pour la couleur, la ponctuation, la pubescence, et surtout pour le dessin des élytres, qui est exactement celui du *Subfasciatus*, var. β. On peut ajouter cependant que la coloration de la tête et du corselet est moins foncée, et que la taille est un tant soit peu inférieure à celle de l'espèce européenne.

Cet insecte habite la Mésopotamie, où il a été recueilli en abondance par Helfer. M. Schmidt Göbel m'en a communiqué neuf individus identiquement semblables.

87. **A. Cervinus.** (1). *Rufo-ferrugineus, subopacus, subtiliter punctatus, pube cinereâ vestitus; capite thoraceque saturioribus; elytrorum fasciâ ponè medium, alterâque subapicali nigricantibus.* — Long. 0,0025. Lat. 0,0008. — America Borealis.

Encore une espèce très-voisine du *Subfasciatus;* couleur, ponctuation et pubescence semblables. La tête et les antennes sont de même forme. Le corselet se rapproche davantage de celui de l'espèce précédente. Il est peu convexe en dessus et plus étroit que la tête, il est aussi un peu moins foncé que la tête, et néanmoins un peu plus rougeâtre que les élytres. Celles-ci sont exactement de même forme et de même teinte que celles du *Subfasciatus;* mais le dessin est différent, on aperçoit vers le milieu de chacune une bande noirâtre, peu foncée, qui se rétrécit et s'efface insensiblement en approchant du bord, et tout près de l'extrémité une autre tache encore plus pâle, qui n'atteint ni le bord latéral, ni le bord apical, et qui se réunit à la première le long de la suture, qu'elles n'atteignent ni l'une ni l'autre ; l'espace compris entre ces deux taches, formant comme dans l'espèce citée, une tache ovale ferrugineuse de la couleur du fond.

Variété : *Coloration décroissante : b.* Taches des élytres presque entièrement obsolètes.

Cette espèce habite les Etats-Unis d'Amérique. M. Dejean, à qui elle doit son nom, en avait reçu de M. Leconte plusieurs individus. Je ne l'ai vue dans aucune autre collection.

88. **A. Suturalis.** *Flavo-testaceus, opacus, subtilissimè punctulatus, pube cinereâ vestitus; capite thoraceque paulò saturioribus; elytrorum suturâ fuscâ.* — Long. 0,0018. Lat. 0,0006. — India Orientalis.

Espèce très-voisine des précédentes, mais sensiblement plus petite ; d'une teinte jaune testacée, un peu plus foncée sur le corselet et surtout sur la tête. Tête peu brillante, très-finement pointillée, transversale, très-carrée et même un peu rétrosaillante postérieurement, le bord postérieur sensiblement échancré ; les yeux petits, peu saillants, tantôt noirs, tantôt de la couleur de la tête; antennes concolores, assez courtes, submoniliformes et peu renflées vers le sommet. Corselet très-finement pointillé, ou plutôt chagriné, finement pubescent, aussi long que la tête, moins long que large, très-transversalement arrondi antérieurement; pommettes très-saillantes, très-régulièrement arrondies ; fortement rétréci à l'extrême base, qui ne paraît nullement marginée; goulot antérieur très-court, mais distinct. Ecusson ferrugineux, très-apparent. Elytres couvertes d'une ponctuation très-fine et confluente, nullement brillantes, abondamment ombragées d'un duvet jaunâtre, sans autre tache que la teinte plus ou moins noirâtre qui colore la suture, et qui s'oblitère quelquefois vers la

-----

(1) *Anthicus Cervinus,* Dej. Cat. 1836, p. 238.

base, deux fois aussi larges que le corselet et presque deux fois aussi longues que larges, légèrement échancrées à la base, légèrement arrondies sur les côtés, ovalaires postérieurement, assez convexes en dessus, sans apparence de saillie aux omoplates. Dessous du corps d'un ferrugineux obscur; pattes entièrement d'un jaune pâle.

Cette espèce, recueillie dans l'Inde par Helfer, appartient au musée de Prague, qui m'en a communiqué plusieurs individus.

89. A. PYGMŒUS. *Minutissimus, flavo-testaceus, immaculatus, subopacus, subtilissimè punctulatus, tenuissimè pubescens; elytris angustissimis, planissimis.* — Long. 0,0013. Lat. 0,0004. — India Orientalis.

Charmante et délicate espèce, remarquable par sa forme étroite et aplatie, ayant un peu le facies des *Ochthenomus*, entièrement d'un jaune testacé de même teinte sur toutes les parties du corps, en dessous comme en dessus; sans apparence de taches sur les élytres. La tête proportionnellement très-large, transversale, carrée postérieurement, très-plate sur le disque; les yeux très-petits, placés très en avant; les antennes médiocrement longues, submoniliformes, peu renflées au sommet. Corselet moins large que la tête, et un peu plus long que large, assez régulièrement arrondi antérieurement, pommettes peu saillantes, peu convexe en dessus, trapézoïdal postérieurement, les côtés convergeant en ligne droite jusqu'à la base, qui ne paraît nullement marginée; goulot antérieur très-court, peu distinct. Elytres très-finement pointillées, légèrement pubescentes, moins de deux fois aussi larges que le corselet, et plus de deux fois aussi longues que larges, très-carrées à la base, très-parallèles sur les côtés, très-plates en dessus, régulièrement arrondies à l'extrémité. Dessous du corps et pattes concolores.

Cet insecte a été recueilli dans l'Inde par Helfer, et m'a été communiqué par le musée de Prague.

90. A. INFUSCATUS. *Parvus, complanatus, dilutè rufo-ferrugineus, subnitidus, glaber; elytris brunneis, parte tertiâ anticâ pedibusque totis testaceis.* — Long. 0,0018. Lat. 0,0006. — Ægyptus.

Tête d'un rouge ferrugineux vif, brillante, glabre, très-finement pointillée, transversale, carrée et même légèrement échancrée postérieurement; les yeux noirs en ovale allongé; les antennes ferrugineuses, grêles, médiocrement longues, peu renflées au sommet. Corselet de même teinte que la tête, moins brillant, glabre et très-finement pointillé, un peu moins large que la tête, un peu moins long que large, légèrement arrondi antérieurement et sur les côtés, faiblement rétréci à la base, qui est sensiblement déclive et finement marginée; goulot très-court, mais distinct. Elytres assez brillantes, glabres, très-finement pointillées, la base, jusqu'au tiers de la longueur, d'un jaune testacé, le reste d'un brun noirâtre; deux fois aussi larges que le corselet, moins de deux fois aussi longues que larges, très-aplaties, carrées antérieurement, les épaules très-légèrement détachées, presque parallèles sur les côtés, presque carrées ou très-légèrement arrondies à l'extrémité. Le dessous du corps ferrugineux; les pattes testacées comme la base des élytres.

Cette espèce a été recueillie en Egypte par Ehrenberg. Le musée de Berlin en possède un seul exemplaire qu'il m'a communiqué, sous le nom que je lui ai conservé.

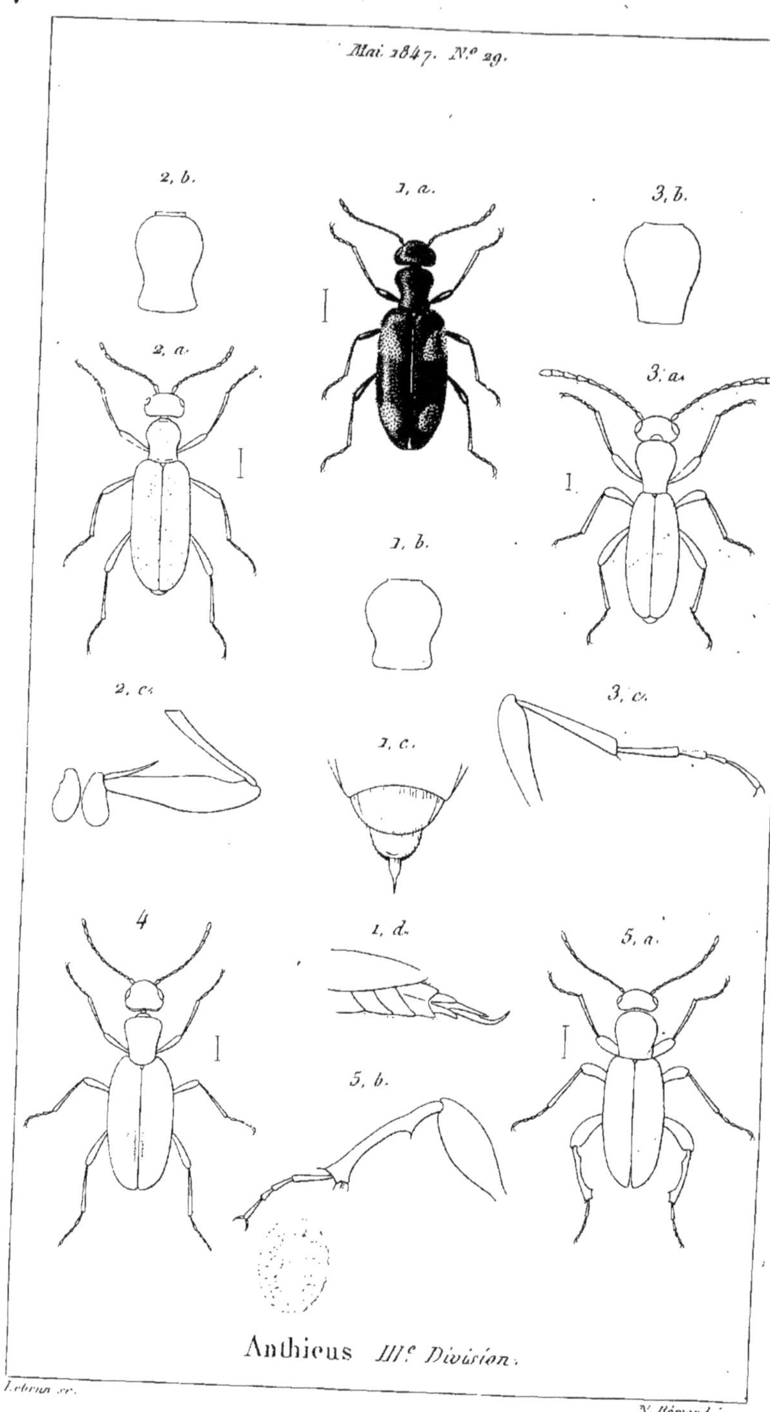

Anthicus *III.ᵉ Division*.

G. ANTHICUS (Suite).

(Par M. de la Ferté-Sénectère).

TROISIÈME DIVISION.

Thorace basi modicè coarctato, supernè convexo, anticè sæpiùs rotundatim globoso.

Nous avons réuni dans cette division cinquante espèces dont le corselet, sans fossette latérale, est généralement globuleux et convexe antérieurement, peu rétréci à la base et rarement sinué sur les côtés. Elle comprend les quatre groupes suivants :

11e *Groupe.* — Corselet allongé; élytres longues, subparallèles et subcylindriques (f. 2, *a, b*). Espèces 91 à 98 (Types *A. Longicollis,* Schmidt et *Tenellus,* la Ferté).

12e *Groupe.* — Corselet dilaté antérieurement, fortement rétréci à la base; élytres en ovale allongé; tarses très-longs et très-grêles (f. 3, *a, b, c*) (*S. G. Stenidius,* nobis) (1). Espèces 99 à 101 (Type *A. Vittàtus,* Lucas).

13e *Groupe.* — Corselet médiocrement long, régulièrement arrondi et convexe antérieurement, peu rétréci à la base; élytres le plus souvent parallèles et subcylindriques (f. 1, *a, b*). Espèces 102 à 130 (Types *A. Antherinus,* Linné; *Hispidus,* Rossi; *Ater,* Panz.).

14e *Groupe.* — Corselet court et trapu; élytres peu allongées, bombées, peu parallèles, souvent ovalaires (f. 4). Espèces 131 à 139 (Types *A. Flavipes,* Panz. *Axillaris,* Schmidt).

15e *Groupe.* — Tête très-grosse ; corselet également gros, arrondi, presque transversal; élytres allongées, parallèles, à peine moitié plus larges que le corselet (f. 5, *a*) (*S. G. Liparoderus,* nobis) (2). Espèce 140 (Type *A. Insignis,* Lucas).

ONZIÈME GROUPE.

Thorace elongato; elytris cylindrico-elongatis (f. 2, *a, b*).

Quoique ce groupe ne contienne que huit espèces, comme les quatre premières ont le corselet dilaté latéralement à la base et que les autres ne l'ont pas, nous croyons utile de les subdiviser de la manière suivante :

α. Corselet dilaté latéralement à la base, et par conséquent bisinué sur les côtés. . . . . Espèces 91 à 94

β. Corselet simple, sans dilatation latérale à la base . . . . 95 à 98

---

(1) στεὶὸς, étroit, εἶϑος, forme.

(2) λιπαρος, gros, δέρη, cou.

Cette sous-division aura en même temps l'avantage d'isoler d'une manière particulière les quatre dernières espèces qui forment entre elles une coupe excessivement naturelle et homogène.

DESCRIPTION DES ESPÈCES.

α. Thorace lateribus bisinuato.

91. A. FORMICARIUS (1). *Rufo-piceus, nitidus, parce pilosus; elytris basi gibbosis, ponè humeros depressis ibique flavofasciatis.* — Long. 0,0034. Lat. 0,001. — America Borealis.

Anthicus Cinctus, Say, Journ. of the Academ. of nat. Scienc. of Philadelphia, vol. 3, p. 278. ? (1819?) (1).

Tête noirâtre, lisse, sans ponctuation distincte, pas plus large que longue, transversalement arrondie postérieurement, assez bombée sur le disque, les yeux petits, peu saillants ; les antennes brunes, rougeâtres à l'extrême base, de la longueur de la moitié du corps, assez filiformes et modérément dilatées au sommet. Corselet rougeâtre, brillant, très-légèrement pubescent et parsemé de quelques points très-superficiels, moins large que la tête, d'un quart au moins plus long que large, régulièrement globuleux antérieurement, sensiblement rétréci vers les deux tiers et fortement dilaté à la base, latéralement seulement, les côtés fortement bisinués, un peu déclive et profondément marginé postérieurement ; goulot antérieur court et peu distinct. Ecusson peu apparent. Elytres couleur de poix, très foncées postérieurement, quelquefois un peu rougeâtres vers la base, brillantes, parsemées, antérieurement seulement, de points peu profonds et peu rapprochés, d'où s'échappent quelques poils roussâtres ; les omoplates sensiblement saillantes, suivies d'une dépression transversale à fond jaune, deux fois et demie environ aussi larges que le corselet, et deux fois au moins aussi longues que larges, très-carrées à la base, avec les épaules détachées des omoplates, parallèles sur les côtés jusque vers la moitié, en ovale allongé postérieurement, sensiblement convexes et cylindriques en dessus, à partir de la dépression posthumérale. Dessous du corps d'un brun foncé ; pattes longues et robustes, d'un brun légèrement rougeâtre. — Dans le mâle, le dernier anneau supérieur de l'abdomen, fortement tronqué, n'est pas recouvert par les élytres et laisse saillir le pigidium d'une manière notable. A ne considérer que la dépression transversale des élytres, la tache jaune qui en colore le fond et la saillie des omoplates, on pourrait s'étonner que cette espèce n'ait pas été placée par nous dans le 3° groupe, à côté des *A. Impressus* et *Vinculatus*, qui réunissent ces caractères ; mais quand on la compare aux *A. Longicollis* et *Optabilis,* qui suivent, on reconnaît qu'elle a tout-à-fait le facies de ces espèces et que c'est ici sa place la plus naturelle.

Cette espèce habite l'Amérique du nord. M. Dejean en avait reçu deux individus de M. Leconte ; je ne l'ai vue dans aucune autre collection. Plus

----

(1) *Anthicus Formicarius*, Dej. Cat. 1836, p. 238.

d'un motif me porte à croire que l'*A. Cinctus*, Say des Etats-Unis, doit être rapporté à cette espèce, mais n'ayant pas vu cet insecte en nature, je n'oserais l'affirmer.

92. **A.** Longicollis. *Nigro-piceus, subnitidus, parum crebrè punctatus, rigido-pubescens; elytris ponè humeros depressis, rufo-quadrimaculatis; pedibus rufis, femoribus apice nigris, maris femoribus anticis basi spinâ acutâ armatis.* — Long. 0,003 ad 0,0036. Lat. 0,001 ad 0,0012 (f. 2, *a, b, c*). — Europa Meridionalis.

Anthicus Longicollis, Schmidt, Stettin Entom. Zeit. t. 3, p. 130 (1842).

Anthicus Transversalis, Villa. Coleopt. Eur. dupleta. p. 35 (1833).

De la taille des plus grands individus de l'*A. Antherinus*, mais proportionnellement plus étroit et plus parallèle, d'un brun de poix très-foncé, de même teinte sur la tête et le corselet que sur les élytres. Tête peu brillante, ponctuation fine et à demie voilée par un réseau de poils grisâtres irrégulièrement collés à la surface, pas plus large que longue, transversalement arrondie postérieurement, assez convexe sur le disque; les yeux assez grands et assez saillants; les antennes d'un brun foncé, très-pubescentes, de la longueur de la moitié du corps, filiformes et peu renflées au sommet. Corselet peu brillant, même ponctuation et pubescence que sur la tête, un peu moins large que la tête, d'un bon quart plus long que large, assez régulièrement globuleux antérieurement (f. 2, *b*), rétréci vers les deux tiers, dilaté de nouveau à la base, qui est presque aussi large que le lobe antérieur, d'où résulte une bisinuation sensible des côtés; margination postérieure peu profonde; goulot antérieur long et très-détaché du lobe. Ecusson terne, peu apparent. Elytres assez brillantes, peu profondément et peu abondamment ponctuées, ombragées d'une pubescence argentée, courte et raide, ornées chacune de deux taches ferrugineuses peu étendues, l'une triangulaire au fond de la dépression posthumérale, l'autre ovalaire vers les trois quarts de la longueur; plus de deux fois aussi larges que le corselet, et environ deux fois aussi longues que larges, très-carrées antérieurement, avec les épaules légèrement détachées, parallèles jusqu'au-delà du milieu, régulièrement arrondies à l'extrémité, subcylindriques en dessus; les omoplates légèrement saillantes et suivies, chacune isolément, d'une dépression en fossette, qui ne s'étend pas jusqu'à la suture. Dessous du corps noir; pattes longues et robustes, d'un rouge ferrugineux foncé, avec l'extrémité des cuisses plus ou moins noire.

Le mâle paraît beaucoup plus rare que la femelle; je n'en ai constaté que trois individus sur vingt-cinq, que j'ai eus sous les yeux. Il a le dernier anneau supérieur de l'abdomen tronqué, avec le pigidium légèrement saillant; de plus les pattes antérieures (f. 2, *c*) sont armées d'une petite épine très-aiguë, non pas au gras de la cuisse, comme dans les Formicomus, mais tout-à-fait à la base de la cuisse. Cette épine n'existe pas dans la femelle.

Cette belle espèce européenne, décrite en 1842 par M. Schmidt, est très-rare dans les collections de France; je ne l'ai vue que dans celle de M. Dejean, qui l'avait réunie à l'*A. Tenellus*, comme variété douteuse, et dans celle de MM. Foudras et Mulsant, qui l'ont trouvée assez abondamment sur les sables du Rhône. J'en possède quelques exemplaires recueillis, les uns en Styrie, par M. Karr, les autres en Piémont, par M. Ghiliani. Elle a été prise en outre en Sardaigne, en Sicile, en Italie, en Hongrie et jusque dans l'île de Crète, d'où M. Friwaldszky m'en a envoyé un individu exactement semblable aux autres. Cette espèce varie très-peu ; tous les individus que j'ai vus étaient d'une teinte également foncée, les taches également ferrugineuses, toujours apparentes ; les pattes seules offrent des variations de teinte insignifiantes.

L'*A. Longicollis* a été décrit, pour la première fois, en 1833, par MM. Villa, sous le nom de *Transversalis,* dans un appendice qui fait suite à un catalogue de leurs doubles. Cette description ne consistant que dans une phrase diagnostique de trois lignes, applicable à plusieurs autres espèces du même groupe, nous avons cru devoir maintenir, malgré sa postériorité, le nom de M. Schmidt, qui a donné une description très-complète de cet insecte.

93. A. Rufithorax. *Nigro-piceus, subopacus, parum crebrè punctatus, hirsuto-pilosus ; antennarum basi, pedibus, thorace, elytrorumque maculis quatuor ferrugineis; his ponè humeros nonnihil depressis, maris femoribus anticis basi spinâ acutâ armâtis.* — Long. 0,0028. Lat. 0,0009. — Asia Minor.

Un peu plus petit que le précédent, dont il est excessivement voisin. Tête noire, finement ponctuée, confusément pubescente, légèrement transversale, transversalement arrondie postérieurement, assez plate sur le disque ; les yeux médiocrement grands, assez saillants ; les antennes de la longueur de la moitié du corps, roussâtres, avec les quatre à cinq derniers articles obscurs, subfiliformes, assez renflées au sommet. Corselet rouge, finement ponctué et recouvert d'une pubescence roussâtre qui lui ôte tout éclat, de forme exactement semblable à celle du *Longicollis,* seulement un peu plus étroit. Elytres d'un brun de poix un peu moins foncé, ponctué de même, pubescence plus longue, roussâtre et plus abondante sur les taches que sur le fond, taches roussâtres semblablement placées, mais disposées presque en forme de bande, la première régulièrement transversale, la seconde légèrement oblique, n'atteignant, ni l'une ni l'autre, la suture; forme identiquement semblable et déprimées de même d'une manière sensible derrière les omoplates, qui sont légèrement saillantes. Ce qui prouve encore l'analogie, je dirais presque la parenté de ces deux espèces, c'est que le mâle du *Rufithorax* présente aussi, à la base des cuisses antérieures, la petite épine (f. 2, *c*) que nous avons signalée dans le *Longicol'is.*

Cette jolie espèce habite l'Asie-Mineure. Je l'ai vue, pour la première fois, dans la collection de M. Chevrolat. Depuis, M. Friwaldszky m'en a envoyé deux exemplaires de la même contrée.

94. A. Optabilis. *Lœtè ferrugineus, subnitidus, subtiliter punctatus, subhirsutus; elytris oblongo-ovalibus, piceis, fasciis duabus ferrugincis.* — Long. 0,0024. Lat. 0,0007. — Alpes Maritimœ (Nice).

Rare et jolie espèce, que la forme ovalaire des élytres éloignerait des précédentes, mais qui s'en rapproche par la forme du corselet et par l'aspect des élytres semblablement tachetées et semblablement hérissées de poils grisâtres. Tête rouge, couverte d'une pubescence roussâtre irrégulière qui en ternit l'éclat et en cache la ponctuation, pas plus large que longue, de même forme, en un mot, que celle du *Longicollis ;* antennes semblables pour la forme, tout aussi allongées, rouges, à l'exception des trois ou quatre derniers articles, qui sont noirâtres. Corselet sans ponctuation distincte, à cause de la pubescence qui le recouvre, de même forme que celui du *Longicollis*, seulement un peu moins dilaté à la base, en sorte que les côtés sont moins fortement sinués, un peu plus déclive à la base qui ne paraît pas distinctement marginée ; goulot antérieur court et peu détaché du lobe. Écusson rougeâtre. Élytres d'un brun bitumineux foncé, paraissant lisses et finement ponctuées à travers le réseau de poils grisâtres et peu inclinés dont elles sont abondamment revêtues, ornées chacune de deux taches en forme de bandes transverses, placées, comme dans l'espèce précédente, l'une très-près de la base, l'autre vers les deux tiers, cette dernière légèrement oblique, atteignant l'une et l'autre plus ou moins la suture ; plus de deux fois aussi larges que le corselet et deux fois environ aussi longues que larges, en ovale régulièrement allongé, même antérieurement, avec les épaules arrondies, la plus grande largeur correspondant exactement au milieu de la longueur, assez convexes et cylindriques en dessus, sans saillie aux omoplates ni dépression posthumérale. Dessous du corps rougeâtre sur la poitrine et noirâtre sur l'abdomen ; pattes entièrement d'un ferrugineux vif.

Cette jolie espèce, dont je n'ai vu que deux individus, a été trouvée aux environs de Nice et envoyée à M. Reiche, qui a bien voulu m'abandonner un de ses deux exemplaires.

β. Thorace simplici, lateribus non bisinuato.

Cette sous-division forme une coupe parfaitement naturelle, et contient quatre espèces presque identiques de formes, de couleur et d'aspect, remarquables toutes les quatre, premièrement, par la transparence et la pubescence de leurs taches, en second lieu, par la ténuité des tarses postérieurs, qui sont presque aussi longs que dans les espèces du groupe suivant. Nous commencerons par l'*A. Tenellus*, espèce européenne généralement répandue, après quoi les autres n'exigeront plus que des descriptions comparatives.

95. **A. Tenellus.** *Nigro-fuliginosus, valdè opacus, tenuissimè velutinus; capite posticè quadrato ; elytris ponè humeros depressis, fasciis duabus, alterá ponè humerum, alterá ponè medium, carneis* (1)*; antennarum basi pedibusque rufescentibus, femoribus apice nigris.* — Long. 0,0026 ad 0,003. Lat. 0,0008 ad 0,0009. — Europa Meridionalis, Syria et Mesopotamia.

Anthicus Tenellus, La Ferté, Ann. de la Soc. Entom. de France. t. 11, p. 251 (1842).

Anthicus Amœnus, Schmidt, Stett. Ent. Zeit. t. 3, p. 176 (1842) (2).

---

(1) Couleur de chair.
(2) *Anthicus Tenellus*, Hoffmg. Dej. Cat. 1836, p. 238.

Téte noire, plus ou moins terne, plus ou moins recouverte d'un duvet velouté, quelquefois glabre et brillante, faiblement transversale, carrée postérieurement, fortement bombée sur le disque, les yeux médiocrement saillants; les antennes plus ou moins rougeâtres à la base, obscures vers l'extrémité, beaucoup moins allongées et plus moniliformes que dans les espèces de la coupe précédente. Corselet de même couleur et de même aspect que la tête, velouté comme elle, avec des reflets roussâtres, un peu moins large que la tête, et d'un quart plus long que large, peu globuleux et transversalement arrondi antérieurement, pommettes peu saillantes, très-antérieurement placées, rétréci insensiblement jusque vers les trois quarts, avec les côtés presque rectilignes, ce qui le fait paraître un peu trapézoïdal, très-légèrement dilaté latéralement à l'extrême base, et en même temps très-déclive postérieurement, sans margination basilaire distincte; goulot antérieur très-court, mais distinctement détaché du lobe. Ecusson peu apparent. Elytres noires non moins ternes et enfumées que les parties antérieures, imperceptiblement pointillées, entièrement revêtues d'un duvet velouté, excessivement fin et court, à reflets roussâtres, ornées chacune de deux taches ou bandes couleur de chair, la première derrière l'omoplate, obliquant très-légèrement vers l'épaule, l'autre vers les deux tiers, obliquant fortement en sens inverse de la première; ces deux taches abondamment recouvertes d'un duvet cendré qui modifie leur couleur véritable et les fait paraître grisâtres; la suture elle-même, depuis la base jusque vers le milieu, participant à cette teinte, sous l'influence d'un semblable duvet; deux fois au moins aussi larges que le corselet et deux fois aussi longues que larges, un peu échancrées à la base, subparallèles sur les côtés, légèrement dilatées vers le milieu, ovalaires postérieurement et cependant terminées un peu carrément à l'extrémité, qui recouvre rarement le dernier segment de l'abdomen; peu convexes sur le disque, les omoplates légèrement saillantes et suivies d'une dépression transversale assez notable, dont le fond est occupé par la bande antérieure. Dessous du corps très-noir et terne comme le dessus, à l'exception des plaques latérales du mésosternum, qui sont sensiblement concaves, lisses, miroitantes et distinctement ponctuées, avec le contour extérieur bordé d'une frange de poils argentés très-fins et très-soyeux. Pattes d'un jaune testacé livide, avec les cuisses plus ou moins noirâtres; les tarses fins et déliés, surtout les postérieurs, qui sont presque aussi longs que les tibias.

Le mâle de cette espèce, comme celui du *Longicollis*, est excessivement rare. Je n'en ai reconnu que trois sur une quarantaine d'individus. Il diffère peu distinctement de la femelle par la troncature peu apparente du dernier segment supérieur de l'abdomen, qui ne laisse saillir qu'imperceptiblement le pigidium; j'ai remarqué aussi que les cuisses antérieures du mâle, inermes à la base, étaient fortement et brusquement dilatées à peu de distance de leur origine, tandis que celles de l'autre sexe n'éprouvent qu'une dilation ordinaire.

Variétés. *Coloration décroissante* : Dans cette espèce, comme dans toutes celles qui ont des taches tomenteuses sur un fond de velours noir, on rencontre des individus chez lesquels le duvet s'est développé moins abondamment ou s'est oblitéré par une cause quelconque ; dans un cas, comme dans l'autre, les taches ainsi dénudées laissent voir leur véritable couleur qui, le plus ordinairement, est l'incarnat pâle ou le jaune pâle ; c'est ce qui arrive pour le *Tenellus*, dont beaucoup d'individus offrent :

Var. *b* : les uns, des taches d'un rouge incarnat plus ou moins pâle ;

Var. *c* : les autres, des taches d'un jaune pâle.

J'observerai seulement que la teinte incarnat m'a paru la plus générale, surtout en Europe ; je n'ai rencontré la teinte jaune bien tranchée que dans quelques individus de la Syrie.

Cette gracieuse espèce est abondamment répandue dans tout le midi de l'Europe ; j'en ai vu des exemplaires de l'Espagne, de la Sardaigne, de la Sicile, de l'Italie et de la Grèce. En France, M. Mulsant l'a recueillie en assez grand nombre aux environs de Lyon et dans la Provence. J'en ai recueilli moi-même quelques individus auprès de Perpignan. En outre, elle a été trouvée en Algérie par le colonel Levaillant, en Syrie et en Mésopotamie, par le docteur Helfer. C'est cet insecte que M. Schmidt a décrit sous le nom d'*Amœnus*, vers le même temps où je le décrivais sous le nom plus anciennement usité de *Tenellus*, que j'ai dû conserver ici.

96. A. **Ambulator**. *Brunneo-fuliginosus, valdè opacus, tenuissimè velutinus ; capite posticè trapezoïdali ; elytris ponè humeros vix depressis, maculá anteriore triangulari, fasciáque ponè medium obliquá carneis ; antennis pedibusque rufis, femoribus apice infuscatis.* — Long. 0,0052. Lat. 0,001. — India Orientalis.

Cette espèce ne diffère de l'*A. Tenellus* que par les caractères suivants : taille un peu plus grande, couleur (au moins dans l'individu observé) plutôt brune que noire ; tête moins régulièrement carrée, plutôt un peu trapézoïdale postérieurement ; corselet un peu moins rétréci postérieurement et moins cylindrique ; les élytres de forme à peu près identique, mais beaucoup moins déprimées derrière les épaules : les taches de même teinte, mais beaucoup plus larges, surtout les antérieures, qui ont une forme triangulaire, large vers le bord latéral et en pointe vers la suture ; antennes et pattes ferrugineuses, avec l'extrémité des cuisses noirâtre ; dessous du corps d'un brun foncé, finement soyeux, les plaques latérales du mesosternum un peu moins creuses et moins lisses que dans l'espèce européenne.

Description faite sur un individu fatigué et sans fraîcheur, appartenant au musée de Prague et provenant des récoltes de Helfer, dans l'Inde.

97. A. **Goebelii** (1). *Nigro-fuliginosus, valdè opacus, tenuissimè velutinus, capite posticè quadrato ; elytris valdè elongatis, subovalibus, ponè humeros vix depressis, maculá anteriore triangulari, fasciá ponè medium obliquá suturáque anticè usquè ad medium carneis ; antennarum basi pedibusque pallidè rufescentibus, femoribus nigris.* — Long. 0,003. Lat. 0,0009. — Mesopotamia.

---

(1) *Anthicus Obliquatus*, Klug , in musæo Berolinensi.

De la taille des plus grands individus de l'*A. Tenellus*; exactement de la même couleur, terne et velouté de même, mais distinct par la forme du corselet et celle des élytres. Corselet moins rétréci postérieurement, plus trapézoïdal, sans apparence de dilatation basilaire. Elytres plus allongées, plus étroites et formant postérieurement un ovale plus pointu; dépression posthumérale presque nulle; taches de même teinte, mais beaucoup plus larges, les antérieures triangulaires comme dans l'*A. Ambulator,* la suture elle-même très-pubescente et légèrement colorée en rose dans la première moitié de sa longueur; tibias plus grêles; tous les tarses excessivement fins et déliés.

Variété. — *Coloration décroissante : b.* Tête, corselet et élytres d'un brun légèrement rougeâtre, les taches très-peu pubescentes, d'un jaune très-vif; l'extrême base et la moitié antérieure de la suture, abondamment colorées d'une teinte ferrugineuse un peu rosée. Les cuisses d'un brun rouge; les tibias, les tarses et la base des antennes d'un jaune vif, de même teinte que les taches des élytres.

Cette espèce habite la Mésopotamie, concurremment avec le *Tenellus,* avec lequel il est très-facile de la confondre. Les deux individus qui ont servi à cette description ont été récoltés par Helfer, et m'ont été donnés par M. Schmidt-Gôbel, auquel je suis heureux de la dédier, comme un faible témoignage de la reconnaissance que je lui dois.

98. A. Modestus. *Brunneus, opacus, tenuissimè velutinus; capite, thorace, elytrorum basi, suturá ferè totá margineque laterali rubris; antennis pedibusque testaceis; elytris valdè parallelis, anticè et posticè quadratis, ponè humeros vix depressis.* — Long. 0,0028. Lat. 0,0009. — Ægyptus.

Cette quatrième espèce, de la taille des plus petits individus du *Tenellus,* se distingue sous le rapport des formes par des élytres plus étroites, plus régulièrement parallèles et plus carrées, tant à la base qu'à l'extrémité; elles sont en outre moins convexes et ne présentent derrière les omoplates qu'une dépression insignifiante. Aucune différence appréciable dans la forme de la tête et du corselet. Quant à la couleur, elle est très-différente; l'espèce d'Egypte a la tête, le corselet et la base des élytres, jusqu'à la tache antérieure, d'un beau rouge incarnat, légèrement voilé par une pubescence grisâtre; la teinte rouge de la base des élytres se prolonge d'une part le long de la suture jusqu'aux taches postérieures et d'autre part, le long du bord latéral, jusqu'à l'angle postérieur externe. Les taches, disposées comme dans le *Tenellus,* sont probablement du même rouge que la base, mais paraissent plus pâles à cause du duvet cendré qui les recouvre. Les palpes, les antennes et les pattes, sont entièrement testacées; tous les tarses remarquablement grêles, les postérieurs au moins aussi longs que les tibias.

Cette jolie espèce a été recueillie en Egypte par Ehrenberg; le musée de Berlin, qui en possédait trois exemplaires, sous le nom que j'ai conservé, m'a généreusement donné celui qui a servi à cette description.

DOUZIÈME GROUPE.

Thorace anticè globoso, posticè valdè coarctato; elytris oblongo-ovalibus; tarsis præsertim posticis tenuissimis, insolitè elongatis (f. **3**, *a, b, c.*) (*S. G. Stenidius*, nobis).

En plaçant ici ce groupe, nous avons cédé au désir de le rapprocher des quatre espèces précédentes, avec lesquelles il a de nombreuses analogies, résultant d'un aspect également terne, d'une pubescence également fine, courte et veloutée, de taches à peu près semblables, et surtout d'une ténuité encore plus remarquable des tarses postérieurs (f. **3**, *c*) et intermédiaires. Sans ces considérations, la forme du corselet, fortement rétréci à l'extrême base, plaçait nécessairement ces Anthicus dans la première division. Ce groupe nous a paru assez naturel pour pouvoir être considéré comme un sous-genre auquel nous avons donné le nom de *Stenidius*, à cause de la forme étroite des espèces dont il se compose. Ces espèces, excessivement voisines entre elles, et néanmoins bien distinctes, sont au nombre de trois; deux appartiennent à la région méditerranéenne, et la troisième à l'Inde.

DESCRIPTION DES ESPÈCES.

99. A. **VITTATUS**. *Nigro-fuliginosus, valdè opacus, tenuissimè velutinus; antennis elongatis, apice clavatis; elytris fasciis duabus obscuris, griseo-tomentosis, in centrum disci radiorum instar obliquantibus; antennarum basi pedibusque rufescentibus, femoribus apice infuscatis.* — Long. 0,0022. Lat. 0,0007 (f. **3**, *a, b, c*). — Algeria.

Anthicus Vittatus, Lucas, Rev. Zool. 1843, p. 145. — Laf. et Lucas, Explorat. scient. de l'Algérie, t. 2, p. 370, tab. 32, f. 6.

Entièrement d'un noir fuligineux un peu moins foncé que dans le *Tenellus;* aussi terne, aussi généralement recouvert d'un duvet velouté. Tête transversale, carrée postérieurement, les angles postérieurs faiblement arrondis, un peu rétrosaillante, peu convexe sur le disque; les yeux petits et peu saillants; les antennes ferrugineuses, avec les trois à quatre derniers articles obscurs, longues, robustes, filiformes à la base, sensiblement claviformes au sommet. Corselet (f. **3**, *b*) légèrement rougeâtre à la base, entièrement recouvert d'un duvet cendré, qui le fait paraître grisâtre, très-large antérieurement, très-rétréci postérieurement, la largeur antérieure plus considérable que celle de la tête, et celle de la base moitié moindre, d'un quart environ plus long que large, transversalement arrondi et sensiblement globuleux antérieurement, les pommettes peu détachées, les côtés nullement sinués, convergeant en ligne droite vers la base qui ne paraît nullement marginée; goulot antérieur excessivement court et peu distinct. Ecusson trapézoïdal, plus long que large, arrondi au sommet. Elytres noirâtres, entièrement couvertes d'un duvet velouté fin et serré qui ne laisse apercevoir aucune ponctuation, ornées chacune de deux bandes d'un ferrugineux pâle couleur de chair, mais paraissant grises sous le voile de duvet argenté qui les recouvre, les deux antérieures très-obliques, le plus ordinairement réunies sur la suture, et formant un chevron ouvert à angle droit vers la base, les postérieures séparées l'une de l'autre par la suture, placées non moins obliquement, en sens inverse des premières, auxquelles elles viennent presque se réunir, comme les rayons d'un cercle, à un point central placé un peu en avant du centre des élytres ; forme très-étroite, une fois et demie seulement aussi larges que le corselet, et deux fois aussi longues que larges ; en ovale très-allongé, faiblement arrondies sur les côtés, et tronquées carrément aux deux extrémités, très peu convexes en dessus, sans dépression posthumérale sensible. Dessous du corps noirâtre, la base de l'abdomen quelquefois un peu roussâtre ; les pattes plus ou moins ferrugineuses avec l'extrémité des cuisses obscure. Tarses intermédiaires et postérieurs très-grêles et très-allongés, le premier article des postérieurs (f. 3, c) plus long que les deux suivants réunis, et aussi long que la moitié du tibia.

Je n'ai pas eu à ma disposition un assez grand nombre d'individus pour pouvoir reconnaître les signes extérieurs du mâle, qui est probablement aussi rare dans les espèces de ce groupe que dans celles du groupe précédent. Parmi les exemplaires observés, les uns avaient le dernier segment supérieur de l'abdomen entièrement caché sous les élytres, les autres, et c'est le plus grand nombre, avaient ce dernier segment entier et terminé en pointe mousse comme celui des femelles.

Cette espèce habite les possessions françaises en Afrique. Elle a été trouvée en abondance par M. Lucas, en janvier et février, sous les pierres humides, près du marais de Tonga, aux environs du cercle de La Calle.

100. A. Cruciger. *Rufo-testaceus, opacus, tenuissimè velutinus ; capite, thoracis anticâ parte, elytrisque rufo-brunneis, his fasciis duabus testaceis, flavo-tomentosis, in centrum disci radiorum instar obliquantibus ; antennis elongatis, apice clavatis, ibique nonnihil infuscatis.* — Long. 0,002. Lat. 0,0007. — India Orientalis.

Couleur générale et dominante d'un rouge testacé tournant au brun sur la tête, le devant du corselet et le fond des élytres. Tête un peu plus arrondie postérieurement que celle du *Vittatus*, sans pubescence distincte et très-finement pointillée ; antennes plus claires en couleur, également obscures au sommet, tout aussi longues et aussi claviformes. Corselet brun, antérieurement seulement, rougeâtre vers la base, pas plus large que la tête, d'un quart à peine plus long que large, moins bombé que celui du *Vittatus*, rétréci plus brusquement derrière les pommettes, ce qui les fait paraître plus saillantes, les côtés se dirigeant ensuite presque parallèlement vers la base, qui présente latéralement une très-légère dilatation ; goulot très-court, mais distinct. Elytres à peu près de même forme que dans l'espèce précédente, seulement un peu moins allongées,

un peu plus arrondies sur les côtés, moins carrées antérieurement, pré-´
sentant, en un mot, un ovale plus régulier; coloration très-différente,
d'un brun rouge, avec les taches normales testacées recouvertes d'un duvet jaunâtre, toutes les quatre très-obliques; les antérieures réunies sur
la suture, les postérieures séparées, les quatre ensemble présentant l'i-
mage d'une croix en sautoir. Dessous du corps et pattes entièrement d'un
rouge testacé très-clair; toutes les pattes longues et grêles les tarses
postérieurs sensiblement plus longs que le tibia, et d'une extrême ténuité.

Cette jolie et délicate espèce habite l'Inde où elle a été abondamment
recueillie par Helfer. J'en possède plusieurs exemplaires qui m'ont été
donnés par le musée de Prague.

101. TENUIPES (1). *Rufo-brunneus, opacus, tenue pubescens; antennis modicè elongatis,
apice vix incrassatis; elytris, fasciis duabus, anticâ transversâ, posticâ obliquâ, obscuris,
griseo-pilosis; antennarum basi pedibusque luridè testaceis, femoribus fuscis.*—Long. 0,002.
Lat. 0,0006. — Asia Minor. Syria.

Aussi étroit, mais un peu plus petit que le *Vittatus*, entièrement d'un
brun rougeâtre fuligineux uniformément répandu sur la tête, le corselet
et le fond des élytres. Tête un peu moins carrée postérieurement que celle
du *Vittatus*, également transversale; antennes sensiblement moins longues et moins claviformes, brunes, avec les trois à quatre premiers articles d'un testacé livide. Corselet de même forme, seulement un peu moins
globuleux, insensiblement rétréci depuis les pommettes jusqu'à l'extrême
base, qui est moitié moins large que le lobe, nullement marginée et
nullement dilatée latéralement. Elytres exactement de même forme, différentes non seulement par la teinte, et par un aspect moins terne, mais
encore par la disposition des taches, les postérieures seules étant obliques
et les antérieures régulièrement transversales, les unes et les autres revêtues d'un duvet grisâtre beaucoup moins fin que dans l'espèce algérienne. Dessous du corps de même couleur que le dessus; les pattes d'un
testacé livide, avec les cuisses brunes. Tarses très-grêles, surtout les postérieurs qui excèdent le tibia en longueur.

VARIÉTÉS. *Coloration décroissante : b.* Généralement moins foncé que
α, le corselet entièrement rougeâtre.

c. Entièrement d'un rouge ferrugineux, avec quatre taches obscures
sur les élytres, une triangulaire de chaque côté, une grande apicale commune, et une petite également commune autour de l'écusson; exemplaire
défloré ayant perdu toute sa pubescence.

Cette espèce paraît répandue dans les contrées orientales qui entourent la
Méditerranée : elle a été abondamment récoltée en Syrie par le docteur Helfer, et M. Friwaldszky l'a reçue non moins abondamment de l'Asie mineure.
Je rattache à cette espèce, 1° l'individu sans fraîcheur mentionné sous la
variété *c*, recueilli en Mésopotamie par Helfer; 2° un individu également

---

(1) *Anthicus Pygmæus,* Motchoulsky, in litteris, teste Villa.

défloré communiqué par MM. Villa, sous le nom de *Pygmœus*, Motchoulski, et recueilli à Derbent, sur les bords de la mer Caspienne. L'exemplaire de la Mésopotamie m'avait été envoyé sous le nom de *Tenuipes*, Klug, que j'ai eu soin de conserver.

TREIZIÈME GROUPE.

Thorace modice elongato, anticè subrotundatim globoso, convexo, basi parum coarctato (f. **1**, *a*, *b*).

Ce groupe se compose de vingt-neuf espèces plus ou moins homogènes, ayant toutes un corselet peu allongé, subcylindrique, assez régulièrement arrondi et globuleux antérieurement, peu rétréci postérieurement, sans aucun renflement latéral à la base, et des élytres le plus souvent parallèles et carrées à la base. Nous n'avons pu introduire parmi ces espèces que des coupes artificielles qui reposent sur la couleur, les taches, et la pubescence, séparant d'une part les espèces noires des espèces rougeâtres ou abondamment tachetées, et distinguant ensuite parmi ces dernières, celles qui ont une pubescence longue et hérissée de celles qui ont une pubescence ordinaire, de la manière suivante :

A. Espèces ornées de taches rouges ou jaunâtres.
  α. Pubescence courte et non hérissée ; deux taches sur chaque élytre.
    * Tache postérieure en forme de bande. Espèces 102 à 104
    ** Tache postérieure arrondie. . . . .   105 à 108
  β. Pubescence longue et hérissée ; élytres noirâtres, ornées de taches :
    * Antérieures et postérieures . . . . .   109 à 114
    ** Antérieures seulement. . . . . . .   115 à 120
  B. Espèces noires.
  α. Entièrement noires . . . .   121 à 128
  β. Pas entièrement noires. . . . .   129 à 130

DESCRIPTION DES ESPÈCES.

A. Species rufo aut flavo-maculatæ.
  α. Tenue pubescentes, elytris anticè et posticè maculatis.
    * Maculâ posticâ fasciiformi.

102. A. Tristis. *Nigro-piceus, opacus, pubescens, confertim punctulatus; elytris convexiusculis, maculâ humerali fasciâque paulò ponè medium subobliquâ carneis, pube densiori adumbratis; antennis tibiis tarsisque luridè testaceis.* — Long. 0,0018 ad 0,0023. Lat. 0,0006 ad 0,0008. — Europa Meridionalis, Asia Minor, Syria.

Anthicus Tristis, Schmidt, Stett. Ent. Zeit. t. 3, p. 172 (1).

Tête noire, plus ou moins pubescente, plus ou moins terne, entièrement couverte d'une ponctuation fine et serrée, médiocrement transversale, carrée postérieurement, fossette occipitale profonde, peu bombée sur le disque; les yeux peu saillants; les antennes entièrement testacées, de longueur ordinaire, assez moniliformes, peu renflées au sommet. Corselet d'un brun foncé, terne, couvert d'une ponctuation fine et serrée, et d'une pubescence soyeuse à reflets roussâtres, aussi large que la tête, pas beaucoup plus long que large, assez régulièrement globuleux antérieurement, assez convexe sur le disque, pommettes très-peu détachées, médiocrement rétréci très-près de la base, qui est rougeâtre et finement marginée; goulot antérieur, court, mais bien détaché du lobe. Elytres presque noires, assez ternes, couvertes d'une ponctuation moins fine que sur le corselet, serrée et confluente, revêtues d'une pubescence fine, soyeuse et peu adhérente, ornées chacune de deux taches couleur de chair, l'une à l'extrême base, couvrant l'épaule et s'approchant plus ou moins de la suture, l'autre peu au-delà du milieu, formant une bande très-légèrement oblique, qui se réunit sur la suture à celle de l'autre élytre, l'une et l'autre abondamment couvertes d'un duvet cendré qui les fait paraître grisâtres; deux fois environ aussi larges que le corselet, presque deux fois aussi longues que larges dans le mâle, une fois et trois quarts seulement dans la femelle, peu carrées, mais un peu échancrées à la base, les épaules arrondies, assez dilatées sur les côtés, légèrement tronquées à l'extrémité, assez convexes en dessus, sans apparence de saillie aux omoplates, et participant, surtout dans le mâle, à la forme oblongo-ovalaire du groupe précédent. Dessous du corps noir et brillant; pattes peu robustes, d'un jaune testacé livide, avec les cuisses brunes. — Le mâle se distingue comme à l'ordinaire, par la troncature du dernier segment supérieur de l'abdomen, et par la saillie du pigidium; il est en outre sensiblement plus étroit que la femelle.

Variétés : *Coloration décroissante : b*. Taches des élytres plus apparentes et plus rouges, corselet légèrement rougeâtre, les cuisses encore brunes.

c. Tête plus ou moins brune, corselet entièrement ferrugineux, élytres brunes, avec les taches très-pâles et un peu plus larges que dans le type; les pattes entièrement ferrugineuses.

d. Entièrement d'un brun rougeâtre, peu foncé, uniformément répandu sur la tête, le corselet et les élytres; avec les taches, le bord latéral des élytres, les antennes et les pattes d'un jaune légèrement testacé.

Coloration croissante : β. Tête, corselet et élytres noirs; les taches postérieures tout-à-fait obsolètes, les antérieures encore légèrement apparentes, l'extrémité des antennes et les pattes obscures.

---

(1) { *Anthicus Sericeus*, Dej. Cat. 1836, p. 258.
　　 { *Anthicus Fenestratus*, Dej. Cat. ibid. (var. nobis.)

γ. Entièrement noir, antennes et pattes d'un brun foncé ; pas apparence de taches sur les élytres, seulement leur emplacement est encore indiqué dans les individus très-frais, par des bandes d'un duvet argenté (*A. Fenestratus* du Catalogue Dejean) (1).

Cette espèce, peu commune dans les collections, se rencontre néanmoins dans plusieurs contrées de l'Europe, de l'Asie occidentale et même de l'Afrique. En France, elle a été trouvée, à ma connaissance, à Paris, à Saumur et à Marseille. M. Dejean l'a rapportée assez abondamment de l'Espagne, et M. Melly de la Sicile. M. de Chaudoir m'en a envoyé un grand nombre d'exemplaires de la Géorgie, et M. Friwaldszky de la Turquie d'Asie, où elle a été prise aussi par M. Montandon, aux environs de Batoum. Le docteur Helfer l'a recueillie en Syrie et en Mésopotamie; enfin M. Lucas l'a trouvée en Algérie, aux environs de Philippeville. Il y a lieu de remarquer que les individus de Paris et de Saumur sont généralement de la plus grande taille, et appartiennent tous à la variété γ, tandis que ceux de Marseille et du Levant sont de petite taille, et appartiennent aux variétés *a, b* et *c*. L'Espagne réunit toutes les variétés de taille et de coloration. M. Dejean, qui n'avait que des individus d'Espagne, les avait partagés en deux espèces, appelant *Sericeus* ceux qui correspondent à nos variétés *a, b, c*, et *Fenestratus* ceux de la variété γ, dont les taches ne se reconnaissaient que par la transparence des élytres. Quoique ce dernier nom soit déjà répandu dans plusieurs collections, nous avons dû lui préférer celui de *Tristis*, consacré par la publication de M. Schmidt.

103. A. Sollicitus. *Nigro-piceus, subnitidus, subglaber, confertim punctulatus; elytris planiusculis, maculá humerali, fasciáque paulò ponè medium subobliquá, flavis; antennis, tibiis tarsisque fusco-ferrugineis.* — Long. 0,0022. Lat. 0,0007. — Syria.

J'avais d'abord confondu cette espèce avec un individu de la précédente recueilli dans les mêmes lieux et par la même personne; mais un examen plus attentif m'a obligé de reconnaître en elle un insecte tout-à-fait distinct. Les antennes sont plus allongées et moins moniliformes. Le corselet assez brillant et peu pubescent est plus allongé, plus cylindrique et

---

(1) On voit que cette espèce varie beaucoup pour la couleur depuis le noir le plus complet jusqu'au brun rouge le moins foncé. Ce n'est pas la première fois que nous observons de semblables transitions. Les *A. Humilis* et *Tibialis* nous en ont déjà offert des exemples. Seulement il y a lieu de remarquer que les changements se font ici d'une autre manière. Dans les deux espèces citées, il y a lutte pour ainsi dire entre les taches et le fond des élytres. Tantôt les taches envahissent le fond ; tantôt le fond envahit les taches. Ici les élytres changent de teinte, sans que les taches changent de forme ni de dimension d'une manière notable. Cela me paraît tenir à la nature tomenteuse de ces taches, qui sont plutôt le résultat de la porosité et de la transparence du tissu que d'une coloration particulière. Cette transparence donne même un moyen de s'assurer de l'identité de l'espèce dans les individus déflorés, dont l'emplacement des taches n'est plus indiqué par la présence du duvet; car en soulevant légèrement les élytres, la transparence fait reparaître les taches dont on n'aurait pas soupçonné l'existence.

moins dilaté antérieurement. Les élytres diffèrent surtout d'une manière sensible; elles sont beaucoup plus plates, plus parallèles et rigoureusement carrées antérieurement, avec les angles huméraux bien marqués; elles sont presque glabres et brillantes; les taches ont la même forme et occupent exactement la même place, mais elles sont d'un jaune vif, et l'on aperçoit à peine sur elles quelques traces d'un duvet roussâtre; enfin les omoplates se dessinent un tant soit peu à la base. Dessous du corps noir et brillant; cuisses d'un brun foncé; tibias et tarses, comme les antennes, d'un brun légèrement ferrugineux.

Cet insecte a été recueilli en Syrie par le docteur Helfer. Je n'en ai vu qu'un seul individu, qui m'a été donné par M. Schmidt-Göbel.

104. A. ANTHERINUS. *Niger, griseo-pubescens, subnitidus, subtiliter punctatus; elytris maculâ ponè humerum triangulari, fasciâque ponè medium obliquâ, secundùm suturam anticè et posticè dilatatâ, lætè ferrugineis; antennis tibiis tarsisque fusco-testaceis.*—Long. 0,003 ad 0,0034. Lat. 0,001 ad 0,0015. — Europa.

Meloe Antherinus, Linné, Syst. Nat. t. 2, p. 681 (1735). *Id.* Faun. Suec. n° 829. *Id.* Villers, Linn. Entom. t. 1, p. 402.

Lagria Antherina, Fabr. Syst. Entom. p. 126 (1775). *Id.* Mant. Ins. p. 94. *Id.* Sp. Ins. p. 160. — Linné, Syst. Nat. edid. Gmelin, t. 1 à 4, p. 1751. — Rossi, Faun. Etr. t. 1, p. 109. Id. edid. Hellw. t. 1, p. 115.

Notoxus Antherinus, Fabr. Entom. Syst. t. 1, p. 212 (1792).— Illig. Kœf. Preus. t. 1, p. 288. — Panz. Faun. Germ. Fasc. 11, tab. 14. — Cederhielm, Faun. Ingriæ, n° 107. — Oliv. Encycl. Meth. t. 8, p. 595. — Latr. Hist. Nat. des Crust. et des Ins. t. 10, p. 355.

Anthicus Antherinus, Payk. Faun. Suec. t. 1, p. 255 (1798). — Fabr. Syst. Eleut. t. 1, p. 291. — Dict. des Sciences Nat. t. 2, p. 202. — Schh. Syn. t. 2, p. 56. — Gyll. Ins. Suec. t. 2, p. 492. Id. t. 3, p. 706. Id. t. 4, p. 506.— Sahlb. Ins. Fennica, t. 1, p. 438. — Steph. Brit. Ent. t. 5, p. 75. — Zetterst. Faun. Lapp. p. 158. — Casteln. Hist. Nat. des Ins. Col. t. 2, p. 258, pl. 20, f. 5. — Schmidt, Stett. Entom. Zeit. t. 3, p. 129 (1).

Lytta Antherina, Mart. Engl. Entom. tab. 39, f. 3 (1792). — Marsh. Ent. Brit. t. 1, p. 485.

Notoxus Cinctellus, Rossi, Mant. t. 1, p. 46, tab. 2, f. D (1792-1794). Id. edid. Hellw. t. 1, p. 586.

Tête noire, terne, couverte d'une ponctuation très-fine et très-serrée, et ombragée d'un duvet grisâtre, faiblement transversale dans le mâle, plus large dans la femelle, assez carrée postérieurement, sans fossette occipitale, assez convexe sur le disque; les yeux médiocrement saillants; les antennes entièrement d'un brun plus ou moins ferrugineux, abondamment pubescentes, de la longueur de la moitié du corps, robustes, presque aussi grosses à la base qu'à l'extrémité. Corselet noir, couvert de la même ponctuation et de la même pubescence que la tête, ordinairement moins large que la tête dans la femelle, aussi large qu'elle dans le mâle, un peu plus long que large, arrondi et globuleux antérieurement, faiblement rétréci

---

(1) *Anthicus Antherinus,* Dej. Catal. 1836, p. 258.

postérieurement, sans pommettes latérales distinctes, les côtés s'arrondissant régulièrement presque jusqu'à la base, qui est finement marginée; goulot antérieur très-court et peu détaché du lobe. Ecusson triangulaire, terne et un peu saillant. Elytres plus ou moins brillantes, suivant qu'elles sont plus ou moins voilées par un duvet très-fin et très-court, grisâtre sur le fond et roussâtre sur les taches, couvertes d'une ponctuation beaucoup moins fine et moins serrée que sur les parties antérieures, noires avec deux taches d'un rouge ferrugineux très-vif, l'une irrégulièrement triangulaire, placée obliquement derrière l'épaule et n'atteignant pas la suture, l'autre au-delà du milieu, en forme de bande oblique, atteignant plus ou moins le bord latéral, s'unissant sur la suture à celle de l'autre élytre, et s'épanouissant en pointe antérieurement et surtout postérieurement le long de la suture; sensiblement moins larges dans le mâle que dans la femelle, mais n'atteignant pas tout-à-fait, même dans le mâle, une longueur double de la largeur, assez carrées à la base, avec les épaules arrondies, légèrement arrondies sur les côtés, surtout dans la femelle, ovalaires postérieurement, assez convexes et cylindriques, sans saillie apparente aux omoplates. Dessous du corps entièrement noir, cuisses noirâtres, tibias et tarses d'un brun sale plus ou moins ferrugineux.

Le mâle, qui est un peu moins commun que la femelle, s'en distingue, comme nous l'avons déjà remarqué, par une tête et des élytres sensiblement moins larges, par une forme, en un mot, plus svelte et plus allongée; ses caractères abdominaux consistent, comme à l'ordinaire, dans une large échancrure du dernier segment supérieur, et dans la saillie du pigidium, qui est souvent très-déclive et presque vertical. On remarque en outre dans la plupart des mâles, une épine très-fine, longue et aiguë à l'extrême base et au côté interne des cuisses antérieures; mais ce caractère n'est pas constant, souvent l'épine manque, ou n'est que rudimentaire.

VARIÉTÉS : *Coloration décroissante : b.* Taches antérieures agrandies, envahissant plus ou moins la suture; les postérieures plus grandes aussi, tendant à se réunir aux antérieures le long de la suture; le plus souvent les cuisses sont rougeâtres dans cette variété, quelquefois cependant elles restent noires.

c. Toutes les taches rouges étant réunies sur le disque, il ne reste du fond que quatre taches noires, une triangulaire autour de l'écusson, une latérale vers le milieu de chaque côté, et une grande à l'extrémité; pattes entièrement rougeâtres. C'est à peu de chose près la variété γ de M. Schmidt.

d. Entièrement rougeâtre en dessus comme en dessous, les élytres conservant leur dessin ordinaire, seulement les taches sont beaucoup plus pâles, et le fond offre à peine une légère teinte noirâtre; éclosion prématurée (var. *c*, Gyll., t. 3, p. 706).

Coloration croissante : β. Bandes postérieures étroites, sans épanouissement le long de la suture, et formant par leur réunion un chevron très-ouvert; les cuisses presque toujours noires, très-rarement rougeâtres. Cette variété bien distincte et bien caractérisée est répandue surtout en Sardaigne et en Sicile (var. *b*, Gyll., t. 2, p. 493).

γ. Bandes postérieures très-courtes, réduites à deux taches ovales légèrement obliques qui sont loin d'atteindre, soit le bord latéral, soit la suture. Cette variété très-remarquable, et qu'on serait tenté de considérer comme une espèce distincte, a été prise en Sardaigne, et m'a été communiquée par M. Géné, qui a bien voulu m'en abandonner un exemplaire.

δ. Taches postérieures des élytres entièrement nulles (var. *d*, Gyll., t. 4, p. 506).

ε. Entièrement noir, sans apparence de taches, les tibias et les tarses conservant une teinte ferrugineuse, qui empêche la confusion avec l'*A. Ater*. Quoique je n'aie pas vu cette variété, elle est si clairement décrite par Gyllenhall (t. 4, p. 506), que j'ai dû la mentionner ici.

L'*A. Antherinus*, aussi anciennement connu que le *Floralis*, est généralement répandu dans toutes les contrées de l'Europe, depuis la Laponie jusqu'en Espagne, depuis l'Angleterre jusqu'aux provinces caucasiennes de l'empire Russe. M. Lucas m'a dit en outre l'avoir recueilli en Algérie. Le nom que lui a donné Linné pourrait faire supposer qu'elle n'habite que sur les fleurs. On l'y rencontre en effet fréquemment pendant le printemps et l'été, mais elle se tient tout aussi volontiers dans le fumier, dans le terreau des couches, et généralement sous toutes les matières végétales en décomposition.

** Maculâ posticâ rotundatâ.

105. A. SPECTABILIS. *Niger, subnitidus, punctatus, tenui pube vestitus ; capite thoraceque valdè incrassatis ; elytris maculâ ponè humerum triangulari, alteráque versus apicem rotundatá, lætè ferrugineis ; antennis pedibusque totis nigris.* — Long. 0,004. Lat. 0,0014. — Promontorium Bonæ Spei.

Belle et grande espèce, ayant beaucoup du facies de l'*Antherinus*. Tête noire, grosse et large, peu brillante, distinctement ponctuée, légèrement pubescente, fortement transversale et carrée postérieurement ; les yeux petits, assez saillants ; les antennes entièrement noires, peu allongées, les quatre à cinq derniers articles peu renflés, arrondis et tout-à-fait moniliformes. Corselet noir, peu brillant, ponctuation fine et serrée, légèrement pubescent, aussi large que la tête, pas plus long que large, médiocrement convexe, presque régulièrement circulaire et rétréci à l'extrême base, qui est très-faiblement marginée ; goulot antérieur court, mais bien détaché. Ecusson triangulaire. Elytres noires, assez brillantes, couvertes d'une ponctuation abondante résultant de points allongés, plus serrés vers la suture, ornées chacune de deux taches d'un rouge ferrugineux vif, la première derrière l'épaule, grande et à peu près triangulaire, l'autre arrondie, aux deux tiers de la longueur ; deux fois à peine aussi larges que le corselet, une fois et deux tiers aussi longues que larges, subparallèles, subrectangulaires antérieurement, les épaules légèrement détachées ; très-légèrement arrondies sur les côtés, ovalaires postérieurement, peu convexes en dessus, sans saillie apparente aux omoplates. Le dessous du corps et les pattes entièrement noirs; le pénultième article de tous les tarses abondamment garni en dessous d'une brosse de duvet cendré.

Espèce rapportée du cap de Bonne-Espérance, décrite d'après un individu unique, communiqué par le musée de Berlin.

106. A. QUADRILUNATUS. *Nigro-piceus, subnitidus, punctatissimus, pube parùm tenui conspersus; antennarum basi, tibiis, tarsis, elytrorumque maculis, alterá ponè humerum triangulari, alterá ponè medium rotundatá, ferrugineis; thorace rotundato, basi parùm coarctato.* — Long. 0,003. Lat. 0,0012. — California.

Tête noire, assez brillante, couverte d'une ponctuation assez profonde et non confluente, abondamment couverte d'un duvet grisâtre, tranversale, carrée postérieurement, assez convexe sur le disque; les yeux médiocrement saillants; les antennes noirâtres vers l'extrémité, ferrugineuses à la base, semblables pour la longueur et la force à celles de l'*Antherinus*. Corselet noir, quelquefois légèrement teint de rouge vers la base, même ponctuation et pubescence que la tête, aussi large qu'elle, à peine plus long que large, globuleux et arrondi en tous sens comme celui du *Spectabilis*, sans pommettes latérales, faiblement rétréci à l'extrême base, qui est finement marginée; goulot antérieur court, mais très-distinct. Ecusson triangulaire, peu aigu. Elytres d'un brun de poix très-foncé, assez brillantes, couvertes, jusqu'à l'extrémité, d'une ponctuation profonde et non confluente, revêtues d'un duvet gris assez grossier, ornées chacune de deux taches rouges, l'une irrégulièrement triangulaire, derrière l'épaule, n'atteignant pas la suture, l'autre arrondie un peu au-delà du milieu; deux fois aussi larges que le corselet, moins de deux fois aussi longues que larges, peu carrées antérieurement, les angles huméraux très-arrondis, presque parallèles sur les côtés, ovalaires postérieurement, assez convexes et cylindriques, sans apparence de saillie aux omoplates. Dessous du corps entièrement noir; pattes ferrugineuses avec les cuisses noirâtres.

Cette espèce, extrêmement voisine du *Spectabilis* par la forme lourde et engoncée du corselet, s'en distingue par une taille très-inférieure et par la teinte partiellement rougeâtre des antennes et des pattes. Elle a été rapportée de la Californie par M. Piccolomini. J'en possède un exemplaire qui m'a été vendu par M. Dupont. Il en existe un autre dans la collection de M. de Brême.

107. A. QUADRIOCULATUS. *Piceus, subnitidus, punctatus, pube parùm tenui conspersus; antennis, thorace, tibiis tarsisque saturè ferrugineis; elytris maculá ponè humerum triangulari, alteráque versus apicem rotundatá flavo-testaceis; thorace antice dilatato, antè basin coarctato.* — Long. 0,0036. Lat. 0,0013 (f. 1, *a, b, c, d*). — Europa Meridionalis.

Anthicus Quadriguttatus, Waltl .Voy. dans l'Espagne mérid. 2ᵉ partie, p. 75, (1835) (1).

Tête noire, assez brillante, couverte de points très-serrés et d'un duvet grisâtre, pas plus large que longue dans le mâle, légèrement transversale dans la femelle, carrée postérieurement, avec les angles postérieurs arrondis, sans fossette occipitale, assez convexe sur le disque; les yeux

---

(1) *Anthicus Quadrimaculatus,* Dej. Cat. 1836, p. 238.

grands et sensiblement saillants; les antennes d'un ferrugineux foncé, ciliées, peu allongées, très-faiblement renflées au sommet. Corselet (f. 1, *a, b*), d'un rouge sombre, peu brillant, finement ponctué et couvert d'un duvet grisâtre, de même largeur que la tête et sensiblement plus long que large, transversalement arrondi antérieurement, pommettes latérales saillantes et bien détachées, rétréci peu au-delà du milieu, les côtés se dirigeant ensuite presque perpendiculairement sur la base, qui offre un très-léger renflement latéral et une margination peu sensible; goulot antérieur court, mais très-détaché du lobe. Ecusson triangulaire, bien distinct. Elytres d'un brun de poix foncé, assez brillantes, couvertes d'une ponctuation peu serrée, plus profonde antérieurement que postérieurement, et donnant naissance à une pubescence grisâtre, courte et médiocrement fine, ornées chacune de deux taches d'un jaune brillant, l'une irrégulièrement triangulaire, derrière l'épaule, n'atteignant pas la suture, l'autre vers les deux tiers de la longueur, plus petite et de forme arrondie; plus de deux fois aussi larges que le corselet et deux fois aussi longues que larges dans les deux sexes, carrées antérieurement, très-légèrement arrondies sur les côtés, ovalaires postérieurement, peu convexes et peu cylindriques, les omoplates très-légèrement senties et suivies d'une très-faible dépression. Dessous du corps noir; pattes ferrugineuses avec les cuisses plus ou moins noirâtres.

Le mâle se distingue de la femelle par une tête un peu plus étroite et par la troncature ordinaire du dernier segment supérieur de l'abdomen, avec saillie du pigidium. Les élytres ne paraissent pas être plus larges dans la femelle que dans le mâle. Le hasard nous ayant procuré un individu dont la verge est en outre remarquablement saillante, nous en donnons le dessin (f. 1, *c, d*).

VARIÉTÉS : *Coloration décroissante* : *b*. Corselet et antennes d'un rouge clair. Les cuisses entièrement rouges.

Coloration croissante : β. Corselet aussi noir que la tête; antennes, tibias et tarses, d'un ferrugineux très-obscur.

Cette belle espèce européenne, qui n'a pas été connue de M. Schmidt, est très-peu répandue dans les collections. Pendant longtemps, on n'en a pas connu d'autre exemplaire que l'unique individu rapporté d'Espagne par M. Dejean et conservé dans sa collection sous le nom de *Quadrimaculatus*. Depuis peu d'années, MM. Mulsant et Foudras, en ont trouvé quelques exemplaires dans les saussaies des environs de Lyon, et plus récemment encore M. Ghiliani l'a récoltée assez abondamment dans les Alpes du Piémont. Cet insecte nous parait identique avec l'espèce espagnole que Waltl a décrite en 1835 sous le nom de *Quadriguttatus*, mais nous n'avons pu admettre ce nom à cause du *Quadriguttatus*, Rossi; il en est de même du nom inédit de *Quadrimaculatus*, Dej. qui a dû être écarté à cause du *Quadrimaculatus*, Lucas, publié en 1845 dans la *Revue Zoologique*.

L'*A. Quadrioculatus* a de grands rapports de facies avec le *Longicollis*, Schmidt. Ces deux espèces ont la même taille, le même port, la même couleur et les mêmes taches, mais la forme du corselet du dernier, fortement bisinué sur les côtés, nous a obligé à le placer dans un autre groupe. Il y a lieu aussi de remarquer que l'épine dont les cuisses antérieures sont armées, dans le mâle du *Longicollis*, ne se retrouve nullement dans le *Quadrioculatus*.

108. A. QUADRIMACULATUS. *Nigro-brunneus, subopacus, glabriusculus, subtiliter punctatus; elytris maculis duabus rotundatis, alterá ponè humerum, alterâ ponè medium ferrugineis; antennis pedibusque totis saturè rufescentibus; thorace subelongato, subtrapezoïdali.* — Long. 0,0023. Lat. 0,0008. — Algeria (Oran). Gallia Meridionalis (Perpignan).

Anthicus Quadrimaculatus, Lucas, Rev. Zool. 1843, p. 146. — Laf. et Lucas, Explor. Scient. de l'Algérie, t. 2, p. 374, tab. 32, f. 7.

Var. β. *Anthicus Brunneus*, Laf. Annales de la Soc. Ent. de Fr. t. 11, p. 249, tab. 10, n° 1, f. 1.

Tête noire, peu brillante, finement, mais distinctement ponctuée, sensiblement transversale, carrée postérieurement, fortement rétrosaillante, avec une très-légère échancrure occipitale, fortement bombée sur le disque, les yeux relativement petits, ovales, très-peu saillants ; antennes d'un rouge ferrugineux foncé, de la longueur de la moitié du corps, à articles allongés, grossissant peu vers l'extrémité. Corselet noirâtre, un peu ferrugineux à l'extrême base, ponctué comme la tête et sans pubescence appréciable, de même largeur que la tête, sensiblement plus long que large, transversalement arrondi antérieurement, trapézoïdal postérieurement, médiocrement convexe, peu rétréci à la base, les côtés se dirigeant obliquement et sans sinuosité vers la base, qui est visiblement marginée ; goulot excessivement court et peu distinct. Ecusson noir, brillant, arrondi au sommet. Elytres d'un brun très-foncé, peu brillantes, couvertes de points oblongs, très-fins, peu serrés, donnant naissance à une pubescence roussâtre, courte et très-fugitive, ornées chacune de deux petites taches arrondies, d'un rouge ferrugineux peu brillant, à contours peu arrêtés, placées l'une derrière l'épaule, l'autre un peu au-delà du milieu, distantes l'une et l'autre de la suture ; oblongues, subparallèles, presque deux fois aussi larges que le corselet et deux fois environ aussi longues que larges, coupées carrément à la base, conjointement arrondies à l'extrémité, les épaules médiocrement arrondies et légèrement séparées des omoplates par un faible sillon longitudinal. Dessous du corps noir, pattes, comme les antennes, d'un rouge ferrugineux foncé.

VARIÉTÉ. *Coloration croissante :* β. Élytres sans taches distinctes ; on aperçoit à peine, derrière l'épaule, une faible teinte rougeâtre, dernier vestige de la tache qui occupe cette place dans le type. C'est cette variété que j'ai décrite et figurée, en 1842, dans les annales de la Société Entomologique de France, sous le nom de *Brunneus*.

Cette espèce habite, en Afrique, les environs d'Oran, et en France ceux de Perpignan. Il n'en a été pris qu'un seul exemplaire dans chacune de ces localités : dans la première, par M. Lucas, sous des pierres humides, au mois de mars ; dans la seconde, par moi, à l'aide du filet faucheur, au mois de juin. Le premier, qui est le type de l'espèce, appartient au musée de Paris. Décrit sommairement par M. Lucas, en 1843, dans la

Revue Zoologique, il a été décrit de nouveau par moi et figuré par M. Lucas dans l'*Exploration scientifique de l'Algérie*, dont la publition n'est pas encore achevée (Voyez plus haut la synonymie).

β. Species hirto-pilosæ.

* Elytris nigris, anticè et posticè rufo-maculatis.

109. A. Creberrimus. *Saturè ferrugineus, subnitidus, hirto-pilosus ; thorace creberrimè et profundè punctato ; elytris fusco-nigris, maculá basali latá, fasciaque ponè medium obliquá, alterá alteri secundùm suturam conjunctá, ferrugineis ; pedibus totis pallidè testaceis.* — Long. 0,0025. Lat. 0,0008. — Madagascar.

Tête d'un rouge ferrugineux foncé, très-lisse, sans ponctuation appréciable, parsemée de poils grisâtres, fortement transversale, peu carrée postérieurement ; les yeux noirs, assez saillants ; les antennes testacées. Corselet de même teinte que la tête, beaucoup moins large qu'elle, à peine plus long que large, grossièrement et profondément ponctué, peu pubescent, transversalement arrondi antérieurement, peu convexe, pommettes saillantes, faiblement rétréci avant la base, qui est fortement marginée ; goulot très-court et peu distinct. Elytres assez brillantes, couvertes de gros points peu serrés, hérissées de poils grisâtres assez régulièrement inclinés en arrière ; la couleur du fond d'un noir peu foncé, envahie en grande partie par deux larges taches ou bandes ferrugineuses, l'une transversale, couvrant presque toute la base et ne laissant antérieurement qu'une faible bordure obscure, l'autre peu au-delà du milieu, oblique, réunie à l'antérieure le long du bord latéral et le long de la suture ; plus de deux fois aussi larges que le corselet et deux fois aussi longues que larges, carrées à la base, légèrement dilatées vers le milieu, ovalaires postérieurement, faiblement déprimées transversalement à la base, ce qui les fait paraître un peu bombées sur le disque. Dessous du corps d'un rouge obscur ; pattes entièrement d'un jaune testacé pâle.

Cette espèce, bien distincte et remarquable par la ponctuation grossière du corselet, a été rapportée de Madagascar par M. Goudot. Je n'en ai vu qu'un seul exemplaire qui a passé de la collection de M. Reiche dans la mienne.

110. A. Crinitus. *Ferrugineus, subnitidus, hirto-pilosus, parùm crebrè punctatus ; capite elytrisque nigricantibus, his basi ferè totá maculáque magná posticá communi ferrugineis.* — Long. 0,0025. Lat. 0,0008. — Ægyptus et Senegalia.

Tête noirâtre, brillante, très-lisse, semée de quelques gros points enfoncés en avant entre les yeux, peu abondamment ombragée de poils roussâtres, légèrement transversale, légèrement carrée postérieurement, avec une très-faible échancrure occipitale, assez convexe sur le disque ; les yeux grands et assez saillants ; les palpes testacés, robustes ; les antennes plus ou moins rougeâtres, un peu plus claires à la base, médiocrement longues, les derniers articles moniliformes et peu renflés. Corselet d'un rouge ferrugineux vif, brillant, ponctuation fine et très-espacée, entremêlée de poils roussâtres, un peu moins large que 'a tête, sensiblement plus long que large, arrondi et globuleux antérieurement, les pommettes bien détachées, les côtés en-dessous légèrement concaves et très-lisses, médiocrement rétréci à la base, qui est très-distinctement marginée; goulot antérieur long et très-détaché du lobe. Ecusson triangulaire peu distinct. Elytres assez brillantes, fortement ponctuées antérieurement, beaucoup plus finement vers l'extrémité, abondamment couvertes de poils grisâtres plus ou moins hérissés, noirâtres, avec une large tache ou bande basilaire de grandeur variable, tantôt bordée de noir antérieurement, tantôt envahissant toute la base et ne laissant de noir que la pointe des épaules, ornées en outre, aux deux tiers de la longueur, d'une tache commune ovale plus ou moins allongée et tendant à se réunir à la tache antérieure, le long de la suture; deux fois aussi larges que le corselet, et presque deux fois aussi longues que larges, peu convexes, subparallèles, carrées antérieurement, les épaules légèrement détachées, régulièrement arrondies à l'extrémité. En-dessous, poitrine rouge, abdomen noirâtre, pattes d'un ferrugineux clair, avec les cuisses plus ou moins obscures.

Variétés. *Coloration croissante :* β. Très-foncé en couleur, le corselet presque entièrement noir; les taches des élytres moins grandes; les cuisses noirâtres, sans que les antennes, les tibias et les tarses, soient plus foncés. Cette espèce est de nature à varier beaucoup pour la couleur. Elle est exactement dans les mêmes conditions que l'*Humilis*, Germ., et je ne doute pas que, recueillie plus abondamment, elle n'offrit tous les passages du rouge au noir sans tache.

Cette espèce a été trouvée en Egypte et au Sénégal. Le musée de Berlin m'a communiqué, sous le nom que j'ai conservé, un individu recueilli en Egypte par Ehrenberg; M. Dupont m'en a communiqué trois autres recueillis au Sénégal par M. Dumolin, et il m'est impossible de découvrir, entre l'individu d'Egypte et ceux du Sénégal, la moindre différence spécifique. La variété β, qui provient du Sénégal, diffère beaucoup plus des autres exemplaires du même pays que ceux-ci ne diffèrent de l'exemplaire égyptien. Le musée de Paris m'a communiqué un individu soidisant de Sibérie, qu'il m'est également impossible de séparer de cette espèce. M. Dupont a bien voulu me céder deux de ses individus, et le troisième appartient aujourd'hui à M. de Brême.

111. A. Ocellatus. *Ferrugineus, subnitidus, hirto-pilosus, punctatissimus; capite elytrisque nigricantibus; his maculá basali triangulari, posticá rotundatá suturáque lœtè ferrugineis.* — Long. 0,0025. Lat. 0,0008. — India Orientalis.

Tête brillante, noirâtre, parsemée de gros points enfoncés et de poils grisâtres, sensiblement transversale, un peu carrée, mais nullement échancrée postérieurement, assez convexe sur le disque; les yeux grands, vitrés, assez saillants; palpes testacés, robustes; antennes ferrugineuses, médiocrement longues, à peine renflées au sommet. Corselet rouge, brillant, peu pubescent, distinctement ponctué, presque aussi large que la tête, sensiblement plus long que large, dilaté et arrondi antérieurement, pommettes saillantes, séparées de la base par un sillon latéral, rétréci postérieurement un peu avant la base, qui est distinctement marginée; goulot antérieur assez long et bien détaché. Ecusson triangulaire, paraissant un peu arrondi sur les côtés. Elytres peu brillantes, profondément ponctuées, hérissées de poils roussâtres, d'un noir brun, avec la suture rougeâtre et ornées chacune de deux taches d'un jaune ferrugineux, l'antérieure, près de l'épaule, triangulaire, la postérieure, aux deux tiers de la longueur, plus petite et parfaitement ronde; plus de deux fois aussi larges que le corselet, presque deux fois aussi longues que larges, oblongues, subparallèles, subcylindriques, carrées antérieurement, arrondies à l'extrémité. Dessous du corps noirâtre; pattes entièrement testacées.

Cette espèce a été recueillie dans l'Inde, par Helfer, et appartient au musée de Prague, qui m'en a communiqué trois individus.

112. A. Hirsutus. *Obscurè ferrugineus, subopacus, totus grisco-villosus, punctatissimus; capite, femoribus elytrisque nigricantibus; his basi fasciâque posticâ obliquâ flavo-ferrugineis.* — Long. 0,0024. Lat. 0,0008. — India Orientalis.

Tête noirâtre, très-lisse et brillante, grossièrement ponctuée vers les bords et sur le chaperon, qui est séparé du disque par un léger sillon transversal, hérissée, surtout sur les côtés, de longs poils grisâtres, légèrement transversale, un peu carrée postérieurement, assez convexe sur le disque; les yeux vitrés, grands et assez saillants; palpes testacés; antennes d'un ferrugineux obscur, plus pâles vers la base, de longueur ordinaire, les derniers articles moniliformes, médiocrement renflés. Corselet d'un brun sale, moins foncé que la tête, assez finement ponctué, abondamment couvert de poils cendrés, un peu moins large que la tête, un peu plus long que large, arrondi et légèrement dilaté antérieurement, trapézoïdal postérieurement, la base distinctement marginée; le goulot antérieur très-court, mais très-détaché. Elytres presque ternes, couvertes d'une ponctuation profonde, très-abondamment hérissées de poils grisâtres, brunes, avec deux bandes d'un ferrugineux jaunâtre, l'une transversale, couvrant toute la base, l'autre oblique au-delà du milieu; plus de deux fois aussi larges que le corselet, presque deux fois aussi longues que larges, oblongues, subparallèles, subcylindriques, carrées antérieurement, régulièrement arrondies à l'extrémité. Dessous du corps noirâtre; pattes abondamment velues, testacées, avec la massue des cuisses noirâtre.

Description faite sur deux individus des Indes orientales, recueillis, comme les précédents, par Helfer, et communiqués par le musée de Prague. Très-voisine de la précédente, cette espèce s'en distingue par la forme légèrement trapézoïdale du corselet, par la pubescence plus longue et plus abondante et par une disposition différente des taches des élytres.

113. A. Setosus. *Laxè ferrugineus, subopacus, hirsuto-ciliatus, parum crebrè punctatus, elytris nigris, basi ferè totâ, fasciâque pone medium obliquâ ferrugineis.* — Long. 0,0024. Lat. 0,0008. — India Orientalis. Bengale.

Espèce entièrement d'un rouge ferrugineux vif, à l'exception des élytres dont le fond est noir, mais largement envahi par des taches rouges. Tête assez terne, sans ponctuation distincte, parsemée de cils roussâtres, fortement transversale, un peu trapézoïdale postérieurement et rétrosaillante, avec une échancrure occipitale assez sensible ; les yeux noirs et saillants ; les antennes testacées, longues et filiformes, les articles terminaux remarquablement longs et peu renflés. Corselet terne, couvert d'une ponctuation médiocrement fine et très-serrée, moins large que la tête, pas plus long que large, transversalement arrondi antérieurement, pommettes saillantes, rétréci un peu avant la base, qui est finement marginée et séparée des pommettes par un sillon latéral ; goulot antérieur assez long et très-détaché. Ecusson transversal, peu triangulaire. Elytres assez brillantes, couvertes de points peu serrés, d'où s'échappent des cils roussâtres, raides et peu abondants ; noires avec deux grandes taches rouges : l'une antérieure, couvrant presque toute la base et ne laissant qu'une faible teinte obscure sur la suture et la pointe de l'épaule, l'autre au-delà du milieu, formant une large bande oblique, séparée de celle de l'autre élytre par la suture qui reste noirâtre ; exactement semblables pour la forme à celles des deux espèces précédentes. Dessous du corps rougeâtre ; pattes entièrement d'un jaune pâle.

Cette espèce, comme l'*A. Ocellatus*, doit varier beaucoup pour la coloration. Très-voisine sous beaucoup de rapports des deux espèces précédentes, elle s'en distingue abondamment par la forme courte du corselet, la longueur et la ténuité des antennes, et les cils raides qui remplacent chez elle la pubescence échevelée des autres.

Je n'ai vu qu'un seul individu de cette espèce, qui provient du Bengale, et qui m'a été donné à Bruxelles par feu M. Nyst. Depuis que cette description est terminée, M. Hope m'a communiqué un individu de l'Assam, très-décoloré, qui appartient sans nul doute à cette espèce ; les élytres sont presque entièrement jaunes, avec une tache obscure à la base, une autre vers le milieu, une troisième à l'extrémité, et la suture noirâtre d'un bout à l'autre.

114. A. QUADRIGUTTATUS. *Niger, nitidus, hirsuto-pilosus ; elytrorum maculis duabus alterâ ponè humerum alterâ antè apicem flavo-testaceis ; antennis tibiis tarsisque saturè ferrugineis.* — Long. 0,0022 ad 0,0025. Lat. 0,0007 ad 0,0009. — Europa Meridionalis.

Notoxus Quadriguttatus, Rossi, Mant. t. 1, p. 48, et t. 2, app., p. 131 (1792). *Id.* edid. Hellw. t. 1, p. 388.

Anthicus Quadriguttatus, Schmidt, Stett. Ent. Zeit. t. 3, p. 134 (1842).

Anthicus Quadrinotatus, Gyll. Ins. Suec. t. 2, p. 498 (1810). — Steph. Brit. Ent. t. 5, p. 74.

Anthicus Bifasciatus, Castelnau, Hist. Nat. des Ins. Coléopt. t. 2, p. 259 (1840).?

Anthicus Guttatus, la Ferté, Ann. Soc. Ent. de France, t. 11, p. 248 (1842). (1).

Tête d'un noir brillant, très-lisse au milieu du disque, parsemée de gros points enfoncés en avant et sur les bords, hérissée de longs poils noirâ-

---

(1) *Anthicus Guttatus,* Hoffmg. Dej. Cat. 1836, p. 238.

tres, faiblement transversale, très-carrée postérieurement, sans fossette occipitale distincte; les yeux placés très en avant, petits et très-peu saillants; les antennes d'un ferrugineux plus ou moins sombre, de longueur ordinaire, légèrement moniliformes et peu renflées vers le sommet. Corselet noir, assez brillant, couvert de gros points peu serrés, hérissé de poils noirâtres, et laissant voir en outre dans les individus très-frais deux bandes longitudinales de duvet argenté, réunies postérieurement le long de la base, aussi large que la tête, un peu plus long que large, surtout dans le mâle, transversalement arrondi et globuleux antérieurement, pommettes peu détachées, faiblement et graduellement rétréci jusqu'à la base qui est peu distinctement marginée; goulot antérieur assez long et très-détaché. Écusson peu distinct. Élytres d'un noir un peu brun, brillantes, assez fortement ponctuées, couvertes d'une double pubescence, l'une plus courte, grisâtre et inclinée, l'autre beaucoup plus longue, noirâtre et hérissée, ornées chacune de deux taches jaunes plus ou moins orangées, l'une derrière l'épaule, en forme de bande transversale, rétrécie en approchant de la suture, où elle se réunit presque à celle de l'autre élytre, la suture entre deux conservant une teinte plus foncée que celle des taches, l'autre aux trois quarts de la longueur, de forme oblongo-ovalaire, obliquement transverse, cette dernière n'atteignant nullement ni le bord latéral, ni la suture; deux fois environ aussi larges que le corselet, et moins de deux fois aussi longues que larges, un peu échancrées à la base, les épaules assez anguleuses, sensiblement arrondies sur les côtés, convexes en dessus et ovalaires postérieurement, légèrement déprimées derrière les épaules, à l'emplacement même des taches antérieures. Dessous du corps noir, abondamment revêtu d'un duvet gris. Cuisses noirâtres, tibias et tarses plus ou moins ferrugineux. Le mâle, outre l'échancrure arrondie du dernier segment supérieur de l'abdomen et la saillie du pigidium, se distingue aussi par une forme constamment plus étroite de la tête, du corselet et des élytres.

VARIÉTÉS : *Coloration croissante :* β. Taches antérieures comme dans α, les postérieures réduites à un très-petit point jaune arrondi, qui pourrait bien finir par s'oblitérer entièrement.

γ. Taches postérieures comme dans α, les antérieures bien nettement séparées par la suture, n'ayant point la forme d'une bande, mais d'une tache triangulaire comme dans l'*Antherinus*.

Coloration décroissante : *b.* Taches antérieures complétement réunies sur la suture et formant par leur réunion, une véritable bande transversale, taches postérieures plus larges, antennes et pattes d'un rouge beaucoup moins foncé.

c. Tête et corselet rougeâtres, élytres brunes, décolorées, avec de larges taches comme celles de la variété *b.* Éclosion probablement prématurée.

Cette espèce appartient aux parties méridionales de l'Europe; on la trouve assez abondamment en Espagne, dans le midi de la France, en Sicile, en Sardaigne, en Italie et en Illyrie. M. Chevrolat m'en a communiqué un exemplaire de Constantinople, et le colonel Levaillant l'a prise en

Afrique, aux environs d'Alger (1). Malgré la petite inexactitude relevée par Gyllenhal dans la description de Rossi, je pense, avec M. Schmidt, que l'insecte décrit par ce dernier, sous le nom de *Quadriguttatus*, ne diffère nullement de celui décrit dix-huit ans plus tard par l'auteur suédois. Il suffit que celui-ci ait fixé son attention sur un mâle, et Rossi sur une femelle, pour que le corselet ait paru à l'un plus allongé qu'à l'autre. L'*A. Bifasciatus* Castelnau, décrit sommairement par cet auteur dans son *Histoire naturelle des insectes Coléoptères*, appartient très-probablement à l'espèce de Rossi. Il suffit pour s'en convaincre de lire cette description citée par nous à la suite de l'*A. Palicari* parmi les espèces douteuses.

    ** Elytris nigris anticè solùm rufo-maculatis.

115. A. Hispidus. *Niger, nitidus, hirsuto-pilosus, punctatus; thorace basi nonnihil rufescente; elytrorum fasciâ ponè humeros transversâ, antennis tibiis tarsisque ferrugineis.* — Long. 0,0023. ad 0,0025. Lat. 0,0007. ad 0,0009. — Europa.

Notoxus Hispidus, Rossi, Mant. t. 1, p. 46 (1792). *Id.* edid. Hellw. t. 1, p. 386.

Anthicus Hispidus, Schmidt, Stett. Ent. Zeit. t. 3, p. 132 (1842).

Notoxus Hirtellus, Fabr. Suppl. p. 67 (1798). — Panz. Faun. Germ. Fasc. 35, tab. 3. — Oliv. Encycl. Meth. t. 8, p. 397.

Anthicus Hirtellus, Fabr. Syst. Eleut. t. 1, p. 292. — Schh. Syn. t. 2, p. 58. — Gyll. Ins. Suec. t. 4, p. 507. — Casteln. Hist. Nat. des Ins. t. 2, p. 258 (2).

Notoxus Bicolor, Oliv. Ent. t. 5, n° 51, 3, tab. 1, f. 4, *a, b* (1795). — Latr. Hist. Nat. des Crust. et des Ins. t. 10, p. 356.

L'*A. Hispidus*, Rossi (*Hirtellus*, Fabr.), est une espèce tellement connue et en même temps tellement voisine de la précédente, que ce serait, je crois, peine inutile d'en donner ici une description détaillée. Nous nous contenterons donc d'établir une comparaison entre ces deux espèces. La taille, la couleur, la ponctuation, la pubescence, le facies en un mot est exactement le même. Sous le rapport des taches, celles de l'*Hispidus* sont un peu plus rougeâtres, les antérieures ont la même forme et sont presque réunies sur la suture, qui dans les individus considérés comme types, conserve une teinte un peu plus foncée que les taches, les postérieures manquent totalement; le corselet, bien qu'également noir, présente toujours une légère teinte rougeâtre à l'extrême base. Sous le rapport des formes, les différences se réduisent à un peu moins de convexité dans le corselet, surtout chez la femelle, et à un peu plus de parallélisme dans les élytres des deux sexes. Les différences sexuelles tirées de l'abdomen sont en réalité les mêmes, mais moins faciles à saisir à cause

---

(1) Stephens donne place à cet insecte dans sa *British Entomology*, et dit en posséder un exemplaire trouvé en juin aux environs de Londres. Gyllenhal de son côté, prétend qu'il habite (*rarissimè* il est vrai) aux environs d'Upsal. M. Schmidt, d'après le jugement de Schönherr, conteste l'assertion de Gyllenhal. Je serais tenté de contester également celle de Stephens, d'autant plus que l'*Hispidus*, espèce très-voisine et bien moins méridionale, ne figure pas parmi les espèces anglaises.

(2) *Anthicus Hirtellus*, Fabr. Dej. Cat. 1836, p. 258.

du recouvrement plus complet des élytres. Contrairement à ce qui se passe ordinairement, le mâle m'a paru constamment de taille supérieure à la femelle et pourvu d'un corselet plus globuleux, ce qui n'empêche pas celle-ci d'être proportionnellement plus ovalaire et plus large des élytres.

VARIÉTÉS : *Coloration croissante :* β. Taches antérieures moins grandes que dans α, complètement séparées sur la suture par la couleur du fond. Corselet partiellement ferrugineux, comme dans la variété *b*.

γ. Taches antérieures comme celles de la variété précédente, corselet aussi noir, ou même plus noir que dans α.

Coloration décroissante : *b*. Les taches antérieures entièrement réunies sur la suture, sans intermédiaire obscur. Cuisses ordinairement rougeâtres.

c. Taches antérieures non-seulement réunies, mais envahissant toute la base jusqu'au bord antérieur. Les antennes et les pattes entièrement d'un rouge testacé pâle.

Cette espèce est un peu moins répandue en Europe que l'*Antherinus*. On ne la trouve ni en Angleterre, ni en Laponie, ni en Finlande ; mais elle existe en Suède, en Allemagne, et dans tout le midi de l'Europe. J'en ai reçu en outre des exemplaires de la Grèce, de l'Asie mineure, de la Syrie et de la Géorgie. M. Schmidt dit qu'elle se trouve sur les bords sablonneux des rivières ; pour mon compte, je l'ai trouvée en extrême abondance, dans un jardin potager, sous des détritus de végétaux. En préférant le nom de Rossi à celui de Fabricius, je n'ai fait que suivre l'exemple de M. Schmidt, qui n'a pas hésité à obéir sur ce point aux lois inflexibles de la priorité.

116. BIPLAGIATUS. *Niger, nitidus, villoso-ciliatus, cribratim punctatus, elytrorum maculâ ponè humeros triangulari, antennarum basi, tibiis tarsisque ferrugineis.* — Long. 0,005. Lat. 0,001. — Promontorium Bonæ Spei.

Tête robuste, noire, lisse sur le disque, grossièrement ponctuée sur les côtés et entre les yeux, légèrement ciliée, fortement transversale, carrée postérieurement et même un peu rétrosaillante, les angles postérieurs légèrement arrondis, assez convexe sur le disque ; les yeux médiocrement grands, ovales et peu saillants ; mandibules noires, courtes et robustes ; palpes ferrugineux ; antennes ferrugineuses à la base, obscures au sommet, moins longues que la moitié du corps, à derniers articles moniliformes et peu renflés. Corselet noir, assez brillant, fortement ponctué, peu pubescent, de même largeur que la tête, pas plus long que large, arrondi et assez fortement dilaté antérieurement, assez convexe et globuleux, rétréci un peu avant la base, les pommettes saillantes, contournées par un sillon latéral, lisse et légèrement rougeâtre ; déclive et peu distinctement marginé à la base ; goulot long et bien détaché. Large écusson triangulaire. Élytres noires assez brillantes, criblées de très-gros points ronds, espacés, avec les intervalles très-lisses, hérissées de poils ou cils blanchâtres, moins larges et moins abondants que dans l'*Hispidus*, ornées chacune, derrière l'épaule, d'une tache triangulaire ferrugineuse qui n'atteint pas la suture, deux fois aussi larges que le corselet, presque deux fois aussi longues que larges, oblongues, subparallèles, assez carrées à la base, très-légèrement arrondies postérieurement, la suture un peu saillante. Dessous du corps et cuisses noirâtres, tibias et tarses ferrugineux.

Description faite sur un seul individu du cap de Bonne-Espérance, communiqué par le musée de Berlin sous le nom d'*Humeralis*, que nous n'avons pu conserver, à cause de l'*Humeralis*, Gebler.

117. A. Balteatus. *Nigro-piceus, subnitidus, modicè pilosus ubique profundè punctatus; elytrorum basi totá, tibiis tarsisque flavo-testaceis.* — Long. 0,0027. Lat. 0,0009. — Ægyptus.

Tête noirâtre, brillante, semée de gros points enfoncés en avant et sur les côtés, très-faiblement ciliée, transversale, un peu carrée postérieurement, assez convexe sur le disque, les yeux arrondis, médiocrement saillants; antennes fuligineuses, plus pâles vers la base, peu allongées, submoniliformes. Corselet presque noir, peu brillant, fortement ponctué, faiblement pubescent, aussi large que la tête, à peine plus long que large, transversalement globuleux, rétréci très-peu avant la base, qui est légèrement ferrugineuse et finement marginée. Elytres d'un brun noir très-foncé, assez brillantes, fortement ponctuées, peu abondamment hérissées de poils grisâtres moins longs que dans l'*Hispidus*, toute la base d'un jaune testacé, jusqu'au-delà du quart de la longueur, deux fois aussi larges que le corselet, moins de deux fois aussi longues que larges, subparallèles, un peu échancrées à la base, peu convexes en dessus, très-légèrement arrondies sur les côtés, sans aucune dépression derrière les omoplates. Dessous du corps et cuisses noirâtres, tibias et tarses testacés.

Cette espèce, rapportée d'Egypte par Ehrenberg, appartient au musée de Berlin, qui a bien voulu m'en abandonner un individu. J'ai conservé à cette espèce le nom que M. Klug lui avait imposé. Excessivement voisine de l'*Hispidus*, var. *c*, elle s'en distingue imparfaitement par une taille un peu plus grande, par un corselet un peu plus large, et par des élytres plus larges, moins cylindriques, plus grossièrement ponctuées et moins pubescentes.

118. A. Floreus. *Elongatus, subcomplanatus, niger, subnitidus, modicè pilosus; elytris sat profundè, capite thoraceque subtiliter punctatis; thorace rubro, antè basin nonnihil coarctato; elytrorum basi totá, antennis, pedibusque flavo-testaceis.* — Long. 0,0025. Lat. 0,0008. — Ægyptus.

Tête noirâtre, brillante, finement ponctuée le long des yeux et entre les antennes, parsemée de poils grisâtres, transversale, presque carrée postérieurement, les angles postérieurs arrondis, peu bombée sur le disque; les yeux légèrement ovales, grands et saillants; mandibules et palpes roussâtres; antennes de moyenne longueur, ferrugineuses, peu moniliformes, l'article basilaire long, grêle et cylindrique. Corselet d'un rouge ferrugineux, peu brillant, très-finement ponctué, peu pubescent, moins large que la tête, sensiblement plus long que large, arrondi et subglobuleux antérieurement, rétréci avant la base, pommettes saillantes, très-lisses en dessous, contournées par un léger sillon latéral, base peu déclive et distinctement marginée; goulot antérieur assez long, cylindrique et bien détaché. Écusson très-peu distinct. Elytres noires assez brillantes, peu profondément ponctuées, hérissées surtout sur les côtés de poils fins argentés et très-fugitifs, la base jusqu'au delà du quart de la longueur presque entièrement testacée, la pointe des épaules seule restant noirâtre; oblongues, parallèles, aplaties sur le disque, carrées antérieurement, régulièrement arrondies à l'extrémité, les épaules légèrement détachées. Dessous du corselet et poitrine rouges, abdomen obscur; les pattes presque entièrement testacées, avec la massue des cuisses légèrement noirâtre.

Description faite sur un seul exemplaire rapporté d'Egypte par Ehrenberg, et communiqué par le musée de Berlin, sous le nom de *Floreus*, Waltl, que je lui ai conservé.

J'ai cru un instant, à cause de la communauté de patrie, que cette espèce, ou plutôt que l'individu ici décrit pouvait n'être que le mâle du *Balteatus;* mais une comparaison attentive m'a fait reconnaître qu'il y avait entre ces deux espèces d'autres différences que le plus ou moins de largeur du corselet et des élytres. Les élytres du *Floreus* sont évidemment plus aplaties que celles du *Balteatus;* la tête et le corselet de ce dernier sont grossièrement et profondément ponctués, tandis que la ponctuation des mêmes parties du *Floreus* est insensible. Ces motifs nous ont paru suffisants pour séparer ces deux espèces, malgré les analogies qu'elles présentent.

119. A. Basalis. *Complanatus, parum elongatus, nitidus, modicè pilosus; elytris distinctè, thorace capiteque indistinctè punctatis; thorace angustulo, subtrapezoïdali; elytrorum basi ferè totâ, antennis pedibusque testaceis.* — Long. 0,0024. Lat. 0,0007. — Guinea.

Cette espèce est tellement voisine de la précédente, que si elle eût été recueillie en Egypte, j'aurais cru devoir l'y réunir; mais comme elle provient de la côte de Guinée, je me suis décidé à l'en séparer après la comparaison la plus attentive. Je me bornerai donc à signaler les différences. Sous le rapport de la coloration, l'exemplaire unique que m'a communiqué M. Dupont est beaucoup plus foncé que le *Floreus*. Le corselet, au lieu d'être rouge, est noirâtre, seulement un peu ferrugineux à la base. Les élytres, dont l'extrême base est obscure, présentent plutôt une bande transversale qu'une base entièrement jaunâtre. Les antennes et les pattes n'offrent aucune différence notable. Pour ce qui est des formes, le corselet, de même longueur et largeur, est un peu trapezoïdal, au lieu d'être rétréci avant la base, les côtés, à partir des pommettes, sont rectilignes et convergent vers la base; les élytres sont un peu moins longues, moins rigoureusement parallèles et plus aplaties encore sur le disque; leur ponctuation pourrait bien être aussi un peu plus grosse; quant à celle du corselet et de la tête, je la crois aussi fine mais plus espacée, autant qu'on peut en juger sur un individu médiocrement frais. La pubescence est à peu près la même de part et d'autre.

Cet insecte, recueilli, comme nous l'avons déjà dit, sur la côte de Guinée, appartient actuellement à M. de Brème.

120. A. PYRRHONIUS. *Parum elongatus; niger; subnitidus; mollice pilosus; punctatus; thorace saturate ferrugineo; angustulo, subtrapezoidali; elytrorum basi, antennis pedibusque fere totis flavo-ferrugineis; capite postice medio basi foveolato.* — Long. 0,0022. Lat. 0,0009.
— India Orientalis: Assam.

Encore une espèce excessivement voisine des deux précédentes; tête noire; corselet d'un rouge ferrugineux foncé; élytres d'un brun noir, avec toute la base ferrugineuse; le tout ombragé de poils grisâtres moins longs et moins hérissés que dans l'*Hispidus*. Quoique le corselet de cette espèce soit rougeâtre, comme dans le *Floreus*, sa forme, postérieurement trapézoïdale, l'en éloigne suffisamment, et par cela même le rapproche du *Basalis*; c'est donc de ce dernier qu'il importe de la distinguer, et pour cela on est réduit à une bien légère différence, à la présence d'une fossette occipitale très-marquée dans l'espèce indienne, et absolument nulle dans l'insecte de la côte de Guinée; où peut ajouter à cela une tête un peu plus forte, des élytres un peu plus courtes et une ponctuation un peu plus profonde sur le corselet. A cela près, ces deux espèces, séparées géographiquement par une énorme distance, sont aussi voisines spécifiquement qu'il est possible de l'être.

L'individu ici décrit a été récolté dans le royaume d'Assam, et m'a été communiqué par M. Hope, sous le nom de *Pyrrhonius*.

B. Species nigræ.

Cette coupe se compose de dix espèces, la plupart européennes; les huit premières sont entièrement noires, les deux dernières partiellement ferrugineuses.

α. Species totæ nigræ.

121. A. ATER. *Totus niger, solis tarsis piceis, subnitidus, glabriusculus; elytris profunde punctatis, cylindrico-elongatis.* — Long. 0,0028 ad 0,0032. Lat. 0,0009 ad 0,001.
— Europa Borealis.

Notoxus Ater, Panz. Faun. Germ. Fasc. 31, tab. 15 (ante 1798). — Illig. Kæf. Preuss. t. 1, p. 290. — Oliv. Encycl. Meth. t. 8, p. 397. — Latr. Hist. des Crust. et des Ins. t. 10, p. 357.

Anthicus Ater, Payk. acta Holm. (1801), p. 117. — Schh. Syn. t. 2, p. 56. — Gyll. Ins. Suec. t. 2, p. 494. — Sahlb. Ins. Fenn. t. 1, p. 439. — Stephens, Brit. Entom. t. 5, p. 74. — Zetterst. Ins. Lap. p. 158. — Schmidt, Stett. Ent. Zeit. t. 3, p. 177 (1).

Entièrement noir, les tarses seuls d'un brun ferrugineux. Tête assez brillante, presque glabre, très-finement pointillée, transversale, carrée postérieurement, fossette occipitale peu profonde, peu convexe sur le disque; les yeux petits, peu saillants, très-antérieurement placés; les antennes entièrement noires, peu allongées, sensiblement moniliformes. Corselet assez brillant, finement pointillé, faiblement ombragé d'un duvet argenté très-court, presque aussi large que la tête, un peu plus long que large, arrondi et globuleux antérieurement, légèrement trapézoïdal postérieurement, faiblement rétréci à la base, qui ne paraît nullement marginée;

---

(1) *Anthicus Morio*, Dej. Cat. 1836, p. 238.

goulot antérieur presque nul. Ecusson triangulaire d'un noir mat. Elytres brillantes, presque glabres, couvertes dans toute leur longueur de gros points non confluents, plus de deux fois aussi larges que le corselet, et deux fois au moins aussi longues que larges, de forme étroite, allongée et cylindrique, un peu échancrées à la base, la pointe des épaules arrondie, très-faiblement dilatées sur les côtés, un peu bombées en dessus, ovalaires et déclives postérieurement, sans apparence de saillie aux omoplates. Dessous du corps aussi noir qu'en dessus, abdomen lisse, sans ponctuation, cuisses et tibias d'un noir moins foncé, tarses d'un brun plus ou moins fuligineux. Le mâle se distingue de la femelle par l'échancrure arrondie du dernier segment supérieur de l'abdomen, qui laisse saillir faiblement le pigidium. M. Schmidt, sans parler de cette différence, affirme qu'il a la tête plus grande et les cuisses antérieures plus claviformes que la femelle. Cette assertion peut être vraie pour les cuisses, qui m'ont paru en effet plus dilatées, mais pour la tête je ne remarque aucune différence. Le mâle, au reste, est fort rare dans cette espèce comme dans beaucoup d'autres; je n'en ai vu qu'un seul sur dix individus.

M. Schmidt cite une variété brune à pattes brunes (*nigro-piceus, pedibus piceis*), je n'ai pas vu cette variété, qui peut n'être que le résultat d'une éclosion prématurée.

L'*A. Ater* est une espèce particulière à l'Europe septentrionale. Elle se trouve en Laponie, en Suède, en Finlande, en Angleterre, et dans le nord de l'Allemagne; elle existe même en Sibérie, d'après la mention qui en est faite au catalogue intitulé : *Catalogus Coleopterorum in Sibiria orientali à G. Karelin collectorum, auctore Fischer de Waldheim*, p. 24, nº 125. Je ne sache pas qu'elle ait jamais été trouvée en France. M. Dejean, qui en avait reçu plusieurs exemplaires de la Suède, lui avait donné dans sa collection le nom de *Morio*, et sous celui d'*Ater*, Gyll. Il avait confondu les trois espèces : *Fuscicornis*, *Luteicornis* et *Unicolor*.

122. A. Umbrinus. *Niger, subopacus, nonnihil griseo-pubescens; elytris sat. profundè punctatis; antennis, tibiis tarsisque fusco-ferrugineis.*—Long. 0,003. Lat. 0,001.—Sibiria Orientalis (Dahuria).

Aussi grand que l'*A. Ater*. Tête de même forme, mais terne, voilée d'un fin duvet grisâtre et très-finement pointillée; antennes également moniliformes, peu allongées, d'un brun ferrugineux moins foncé vers la base. Corselet semblable, peut-être un peu plus court, paraissant à peine plus long que large, sans goulot antérieur distinct. Elytres aussi longues, mais un peu plus larges et plus arrondies latéralement, couvertes d'une ponctuation beaucoup plus fine, et plus serrée, et ombragées d'un duvet argenté très-court. Les pattes d'un rouge ferrugineux avec les cuisses un peu plus foncées.

Cette espèce habite la partie orientale de la Sibérie, connue sous le nom de Daourie, dans le gouvernement d'Irkoutsk, sur les confins de la Chine. Je n'en ai vu qu'un seul exemplaire, envoyé par M. de Mannerheim à M. Reiche, qui a bien voulu m'en faire l'abandon.

A. MORIO. *Niger, subnitidus, glabriusculus; elytris elongatis, subcylindricis, subtiliter et crebrè punctatis; antennis totis nigris, tibiis tarsisque ferrugineis.* — Long. 0,0024 ad 0,0028. Lat. 0,0008 ad 0,0009. — Græcia, Asia Minor, Syria; etc.

Un peu moins grand que l'*A. Ater,* tête de même forme, aussi fine= ment ponctuée, et ne différant que par une fossette occipitale plus profonde; antennes un peu plus courtes, plus grêles vers la base, toujours entièrement noires. Corselet un peu plus étroit et plus oblong, plus régulièrement trapézoïdal, sans margination à la base, et différant surtout par l'existence d'un goulot antérieur assez long et très-détaché du lobe. Elytres exactement de même forme, aussi oblongues et cylindriques, mais couvertes d'une ponctuation beaucoup plus fine qui s'oblitère vers l'extrémité; suture un peu élevée; omoplates très-légèrement saillantes. Dessous du corps et cuisses noires; tibias et tarses d'un rouge-ferrugineux plus ou moins obscur. — Dans cette espèce, les mâles m'ont paru plus communs que les femelles; leur pigidium, très-saillant, est arrondi à l'extrémité au lieu de se terminer en pointe.

VARIÉTÉS : *Coloration décroissante :* b. Elytres noires, légèrement teintes de rouge derrière les épaules, les pattes entièrement d'un ferrugineux foncé.

c. Tout le corps d'un brun foncé, les pattes jaunâtres, avec les cuisses brunes; les antennes conservant toujours dans ces deux variétés la même teinte que le corps, sans aucune décoloration des articles de la base.

Cette espèce, peu commune dans les collections, est répandue dans toute la partie orientale du bassin de la Méditerranée; j'en ai réuni sous mes yeux une vingtaine d'exemplaires, de la Grèce, des montagnes du Balkan, de l'Asie-Mineure, de la Syrie, de la Mésopotamie, et même de la Sardaigne. Ce qu'il y a de plus étonnant, c'est que le même insecte se retrouve à Madagascar et au cap de Bonne-Espérance; du moins il m'a été impossible d'en séparer deux individus, l'un de Madagascar, appartenant à M. Reiche, l'autre du Cap, communiqué par M. Chevrolat, sous le nom de *Carbonarius.* Facile à confondre avec les deux espèces précédentes et avec la suivante, on l'en distingue infailliblement, pourvu que la tête, suffisamment inclinée, permette d'apercevoir le goulot, qui manque à ces trois espèces.

124. A. FUSCICORNIS (1). *Niger, subopacus, glabriusculus; elytris planis, subtiliter et crebrè punctatis; antennis ferè totis, tibiis, tarsisque fuscis.* — Long. 0,0022. Lat. 0,0007. — Gallia Meridionalis (Perpignan), Hispania.

Excessivement voisine de l'*A. Morio;* cette espèce s'en distingue par les caractères suivants : la taille est un peu moins grande; les antennes un peu plus longues et moins moniliformes, au lieu d'être noires, ont une teinte brune qui devient rougeâtre vers la base; le corselet un peu plus bombé, un peu moins oblong présente à la base une margination

---

(1) *Anthicus Ater,* Dej. Cat. 1836, p. 238.

sensible, et n'offre au contraire antérieurement qu'un goulot excessivement court et peu distinct; enfin les élytres, tout aussi finement ponctuées, sont plus larges, plus carrées antérieurement et surtout plus applaties. Les cuisses sont noirâtres, avec les tibias et les tarses de la couleur des antennes.

L'exemplaire ici décrit fait partie des insectes recueillis par moi, en 1840, aux environs de Perpignan, et, si je ne l'ai pas compris alors dans mon travail sur les insectes de cette localité, c'est que je croyais voir en lui un individu défloré de l'*A. Tristis*. Depuis, j'ai découvert, dans la collection de M. Dejean, un autre individu de la même espèce, recueilli en Espagne et placé par lui parmi ses *A. Ater*. La comparaison de ces deux exemplaires, exactement semblables, ne m'a plus laissé de doutes sur la validité de cette espèce, qu'on peut considérer jusqu'ici comme extrêmement rare.

125. A. Luctuosus. *Niger, opacus, glabriusculus; elytris indistinctè punctulatis, thorace anticè dilatato, antè basin coarctato; tibiis tarsisque luteo-testaceis.* — Long. 0,0027. Lat. 0,0008. — Senegalia.

Encore une espèce entièrement noire, distincte de toutes les précédentes par la forme de son corselet. Tête extrêmement terne, très-finement rugueuse, plus fortement transversale que dans les espèces voisines, sans fossette occipitale distincte; les yeux également petits, mais un peu plus saillants; antennes noires, courtes, moniliformes, assez renflées au sommet. Corselet terne et très-finement rugueux, un peu moins large que la tête, un peu plus long que large, transversalement arrondi antérieurement, pommettes très-saillantes, fortement rétréci, peu au-delà du milieu, les côtés tombant ensuite perpendiculairement sur la base, qui est très-finement marginée; goulot très-court, mais détaché du lobe. Elytres semblables, pour la forme, à celle du *Morio*, mais nullement brillantes et couvertes d'une ponctuation beaucoup plus fine et moins distincte. Cuisses brunes, tibias et tarses d'un jaune sale.

Cette espèce habite le Sénégal; je n'en ai vu qu'un seul exemplaire en assez mauvais état, qui m'a été communiqué par M. Dupont et qui appartient actuellement à M. de Brême.

126. A. Squamosus. *Fusco niger, valdè opacus, subtilissimè confertimque punctulatus, pube murinâ brevissimâ squamosâ ubique vestitus, thorace subrotundo; antennis pedibusque totis saturè ferrugineis.* — Long. 0,002. Lat. 0,0007. — California.

Entièrement d'un noir un peu brun, couvert, sur toutes ses parties, d'un duvet cendré très-court, semblable à de petites écailles qui le font paraître terne et grisâtre. Tête très-finement pointillée, transversale, un peu trapézoïdale postérieurement, sillon occipital se prolongeant un peu en avant, convexe sur le disque; les yeux assez saillants; les antennes d'un brun légérement rougeâtre, courtes et moniliformes. Corselet aussi large que la tête, à peine plus long que large, presque arrondi en tous sens, assez convexe, très-peu rétréci à la base, qui est finement marginée; goulot court, mais bien détaché. Elytres laissant apercevoir, à travers leur pubescence écailleuse, une ponctuation extrêmement fine et confluente, deux fois au plus aussi larges que le corselet, et presque deux fois aussi longues que larges, un peu échancrées à la base, parallèles sur les côtés, ovalaires postérieurement, peu convexes, sans apparence de saillie aux omoplates. Dessous de la tête et du corselet un peu rougeâtres; poitrine et abdomen noirs. Pattes entièrement ferrugineuses.

Deux individus de cette espèce ont été rapportés par M. Piccolomini d'un voyage en Californie. M. Dupont, dans les mains duquel ces insectes avaient passé, m'en a cédé un, et l'autre appartient aujourd'hui à M. de Brême.

127. A. LUGUBRIS. *Niger, opacus, subtiliter punctulatus, tenue pubescens, thorace trapezoïdali; antennis, tibiis tarsisque fusco-ferrugineis.* — Long. 0,0018. Lat. 0,0006. — California.

Petite et insignifiante espèce d'un noir terne, couverte sur toutes ses parties d'une pubescence grise peu adhérente. Tête confusément pointillée, transversale, très-carrée postérieurement, fossette occipitale peu marquée; les yeux très-petits, très-peu saillants, placés très-en avant; les antennes moniliformes, grêles et testacées à la base, assez renflées et brunes vers l'extrémité. Corselet confusément rugueux, aussi large que la tête, pas plus long que large, très-légèrement arrondi antérieurement, régulièrement trapézoïdal postérieurement, peu convexe, faiblement rétréci à la base, qui n'est nullement marginée; goulot assez long et distinctement cylindrique. Elytres très-finement pointillées, deux fois au plus aussi larges que le corselet, et moins de deux fois aussi longues que larges, un peu échancrées à la base, légèrement arrondies sur les côtés, ovalaires postérieurement, peu convexes, sans apparence de saillie aux omoplates. Dessous du corps noir. Cuisses noires, tibias et tarses d'un ferrugineux obscur.

Cette espèce habite la Californie, et provient du même voyage que la précédente. Les deux individus qui ont servi à cette description, se trouvent aujourd'hui, l'un dans la collection de M. de Brême, l'autre dans la mienne.

128. A. LUTEICORNIS. *Niger, subopacus, subtiliter confertimque punctulatus, griseo-pubescens; thorace angusto; elytris oblongo-parallelis; antennis totis flavo-testaceis; tibiis tarsisque obscurè ferrugineis.* — Long. 0,0018. Lat. 0,0006. — Gallia et Germania.

Anthicus Luteicornis, Schmidt, Stett. Ent. Zeit. t. 3, p. 187 (1).

Tête assez brillante, distinctement ponctuée, excepté sur une ligne médiale un peu saillante et parfaitement lisse, transversale, carrée postérieurement, sans fossette occipitale distincte; les yeux petits, assez saillants; les antennes de longueur ordinaire, assez moniliformes, grossissant insensiblement de la base au sommet, entièrement d'un jaune légèrement testacé. Corselet plus finement pointillé que la tête, à peine ombragé d'un léger duvet grisâtre, moins large que la tête, de forme étroite et oblongue, arrondi antérieurement, peu convexe en dessus, les pommettes très-peu

---

saillantes, faiblement rétréci postérieurement, non brusquement, mais peu-à-peu jusqu'à la base, qui ne paraît nullement marginée ; goulot antérieur à peu près nul. Élytres couvertes d'une ponctuation moins fine que sur le corselet et confluente, peu brillantes, plus ou moins voilées par une pubescence argentée, excessivement courte et nullement soyeuse, plus de deux fois aussi larges que le corselet et presque deux fois aussi longues que larges, non échancrées, mais coupées carrément à la base, subparallèles sur les côtés, ovalaires postérieurement, peu convexes en dessus, les omoplates nullement saillantes. Dessous du corps d'un noir un peu brun ; pattes d'un ferrugineux obscur avec les cuisses brunes. — Le mâle est rare dans cette espèce, et se distingue très-difficilement à l'échancrure du dernier segment abdominal, qui laisse saillir imperceptiblement le pigidium. Les élytres, qui recouvrent jusqu'à l'extrémité de l'abdomen, rendent cette observation encore plus difficile.

Variétés : *Coloration croissante : β.* Antennes d'un ferrugineux obscur, pattes entièrement d'un brun foncé.

Coloration décroissante : b. Tête noire, corselet et élytres d'un brun foncé, antennes et pattes entièrement d'un jaune testacé livide.

Cette petite espèce européenne, très-rare dans les collections, doit son nom à M. Schmidt, qui l'a parfaitement décrite. Elle se rencontre, mais toujours en petit nombre, sur différents points de l'Europe centrale, principalement en Bavière et aux environs de Lyon, d'où MM. Mulsant et Foudras m'en ont envoyé plusieurs individus ; un seul exemplaire pris à Paris m'a été communiqué par M. Chevrolat. M. Dejean faisant une distinction très-fausse entre l'*Ater* de Panzer et l'*Ater* de Gyllenhall, avait cru reconnaître dans l'espèce ici décrite l'*A. Ater* de Panzer, et l'avait placée sous ce nom dans sa collection. Quant au véritable *Ater*, nous avons vu qu'il avait changé son nom en celui de *Morio*. Cette espèce est facile à confondre avec le *Fuscicornis* décrit plus haut, qui a de même des antennes jaunâtres, mais en comparant attentivement les corselets, on reconnaît que celui du *Luteicornis* est beaucoup plus étroit et moins bombé antérieurement, la taille de ce dernier est en outre sensiblement plus petite.

β. Species non totæ nigræ.

129. A. Biguttatus. *Niger, subopacus, subtiliter punctulatus, grisco-pubescens, thorace angusto, elytris oblougo-parallelis, ponè humeros maculá rufa rotundatá ornatis ; antennis, tibiis tarsisque fuscis,* — Long. 0,0018. Lat. 0,0005. — Sardinia.

Cette espèce, de même taille que le *Luteicornis*, en est tellement voisine par la couleur et par les formes, qu'il serait inutile de reproduire ici mot pour mot la description précédente La seule différence notable qui distingue cet insecte au premier coup-d'œil, c'est la présence d'une tache arrondie d'un rouge ferrugineux, non pas immédiatement derrière l'épaule, mais au quart de la longueur, à égale distance du bord latéral et de la suture. Comme les élytres n'en sont pas d'un noir moins foncé, on ne peut pas considérer cette tache comme une variété de coloration. D'ailleurs, une comparaison attentive laisse découvrir dans l'*A. Biguttatus* quelques autres différences, telles qu'un corselet un peu plus convexe et des élytres un peu plus cylindriques ; à quoi on peut ajouter une ponctuation un peu plus forte et moins serrée sur le corselet et sur les élytres, sans que la pubescence légère qui les recouvre soit ni moins courte ni plus soyeuse. La couleur des antennes et des pattes est le brun légèrement ferrugineux, comme dans la variété β du *Luteicornis*.

Cette espèce, excessivement rare, n'a été trouvée jusqu'à ce jour que dans l'île de Sardaigne, et appartient au musée de Turin. M. Géné, en m'en communiquant trois exemplaires, a bien voulu me permettre d'en garder un pour ma collection.

130. A. Genei. *Opacus, subtiliter punctulatus, griseo-pubescens; antennis, capite, thorace pedibusque rufis; elytris nigris, subovalis; abdomine obscuro.* — Long. 0,0018. Lat. 0,0006. — Sardinia.

Encore une espèce de Sardaigne aussi petite et non moins rare que la précédente. Tête rouge, opaque, finement pubescente, finement rugueuse, avec une ligne médiale lisse et légèrement saillante, transversale, carrée postérieurement, sans fossette occipitale bien distincte; les yeux noirs, petits et peu saillants; les antennes moins longues que la moitié du corps, très-moniliformes, peu renflées au sommet, du même rouge que la tête. Corselet également rouge, paraissant sous une forte loupe semé de petits points peu serrés et ombragé d'un fin duvet roussâtre, un peu moins large que la tête, un peu plus long que large, transversalement arrondi antérieurement, légèrement trapézoïdal postérieurement, médiocrement convexe, faiblement rétréci à la base, qui est très-finement marginée; goulot antérieur court, mais très-distinct. Écusson noir. Elytres noires, ternes, peu distinctement pointillées, paraissant grises sous l'influence d'une pubescence assez abondante, moins courte et plus soyeuse que dans les deux espèces précédentes; deux fois aussi larges que le corselet, moins de deux fois aussi longues que larges, assez régulièrement ovalaires même antérieurement, les angles huméraux étant très-arrondis et les côtés légèrement dilatés, assez convexes sur le disque, sans apparence de saillie aux omoplates. Poitrine et abdomen noirâtres, susceptibles de tourner au rouge dans des individus moins colorés; pattes entièrement du même rouge que la tête et le corselet.

Cette jolie petite espèce, trouvée comme la précédente dans l'île de Sardaigne, appartient au musée de Turin, et m'a été communiquée par M. Géné au nombre de trois exemplaires, dont un pour ma collection. Je suis heureux de pouvoir lui témoigner ma reconnaissance en donnant son nom à ce gracieux insecte.

QUATORZIÈME GROUPE.

Thorace breviusculo, crassiusculo; elytris modicè elongatis, convexis, lateribus nonnihil ampliatis (f. 4).

Nous avons réuni dans ce groupe neuf espèces à élytres peu

allongées, bombées et souvent ovalaires, à corselet convexe, rarement plus long que large, tantôt arrondi sur les côtés, tantôt trapézoïdal. Ces neuf espèces sont rangées d'après la coloration des élytres de la manière suivante :

α. Elytres à fond noirâtre plus ou moins décoloré, avec quatre taches jaunes obsolètes . . . . Espèces 131 à 132

β. Elytres brunes ou noires, à taches vagues et indéterminées . . . . 133 à 135

γ. Elytres noirâtres, à taches humérales jaunes distinctes. . . . . 136 à 139

DESCRIPTION DES ESPÈCES.

α. Elytris obsoletè nigricantibus, obsoletè flavo-maculatis.

131. A. APICICORNIS. *Ferrugineus, subopacus, subtiliter punctatus; capite obscuro; clytris obsoletè nigricantibus, maculá ponè humerum alteráque ponè medium luteo-testaccis, inter eas fasciá saturius nigrá interpositá; antennis rufescentibus, articulo ultimo flavo; pedibus totis ferrugineis.* — Long. 0,0018. Lat. 0,0006. — Brasilia et Cumana.

Tête noirâtre, brillante, presque glabre, imperceptiblement pointillée, transversale, légèrement arrondie postérieurement, bombée sur le disque ; les yeux noirs, obliques, peu saillants; les antennes brunes, avec la base rougeâtre et le dernier article jaune, courtes, très-moniliformes et grossissant sensiblement de la base au sommet. Corselet ferrugineux, très-terne, glabre, très-finement chagriné, aussi large que la tête, pas plus long que large, transversalement arrondi et convexe antérieurement, trapézoïdal postérieurement, faiblement rétréci à la base, qui paraît très-finement marginée; goulot antérieur presque nul. Elytres assez brillantes, très-finement pointillées, parsemées de quelques cils roussâtres, à fond noirâtre, décoloré, dont il ne reste antérieurement qu'une bordure et une tache scutellaire obscures, au milieu une bande noire assez foncée et postérieurement une grande tache apicale obscure, le reste d'un brun rougeâtre, sur lequel se détachent tant bien que mal deux taches jaunâtres, l'une triangulaire derrière l'épaule, l'autre formant une bande oblique derrière la bande noire du milieu; plus de deux fois aussi larges que le corselet, une fois et trois quarts, au plus, aussi longues que larges, carrées à la base, légèrement dilatées sur les côtés, arrondies postérieurement, assez convexes en dessus; les omoplates très-légèrement saillantes. Dessous du corps et pattes entièrement d'un rouge ferrugineux. — Le mâle est un peu plus étroit et plus cylindrique que la femelle, et son abdomen dépassant les élytres, paraît distinctement tronqué.

VARIÉTÉ : *Coloration décroissante : b.* La base des élytres entièrement ferrugineuse, sans apparence de bordure obscure.

Cette espèce est du petit nombre de celles qui sont communes à plusieurs contrées de l'Amérique méridionale. J'en ai reçu d'abord deux individus du Brésil, l'un de M. Reiche, l'autre de M. Germar, sous le nom que je lui ai conservé, et depuis j'en ai acquis de M. Funk deux individus identiquement semblables recueillis dans la province colombienne de Cumana.

132. A. NEBULOSUS. *Fusco-ferrugineus, opacus, subtiliter punctatus, cinereo-velutinus; elytris obsoletè fuscis, obsoletè flavo-bimaculatis; pedibus luteo-testaceis; antennis totis ferrugineis.* — Long. 0,0016. Lat. 0,0005. — India Orientalis.

Tête rougeâtre, très-terne, finement pointillée et finement pubescente, fortement transversale, carrée postérieurement; les yeux vitrés, très-peu saillants; les antennes, comme dans l'espèce précédente, moniliformes, peu allongées, entièrement ferrugineuses, un peu plus foncées au sommet qu'à la base. Corselet de même teinte que la tête, abondamment couvert d'un duvet roussâtre qui cache presque entièrement une ponctuation finement rugueuse, aussi large que la tête, pas plus long que large, transversalement arrondi et dilaté antérieurement, les pommettes légèrement saillantes, assez convexe en dessus et sensiblement rétréci un peu avant la base, qui est très-faiblement marginée; goulot antérieur à peu près nul. Elytres d'un brun rougeâtre, susceptibles de devenir noires dans des individus plus colorés, avec chacune deux taches jaunâtres obsolètes, l'une triangulaire tout contre l'épaule, l'autre en bande oblique très-peu au-delà du milieu; séparée de la première, comme dans l'espèce précédente, par une bande noirâtre; ponctuation fine, mais distincte, plus ou moins ombragée par un duvet cendré peu adhérent; deux fois aussi larges que le corselet, une fois et trois quarts, au plus, aussi longues que larges, carrées à la base, très-faiblement dilatées sur les côtés, régulièrement arrondies postérieurement, peu convexes en dessus; sans saillie apparente aux omoplates. Dessous du corps ferrugineux, de même teinte que le corselet; pattes beaucoup plus claires, d'un jaune testacé vif.

VARIÉTÉ : *Coloration décroissante :* b. Les élytres, comme les parties antérieures, d'un rouge testacé pâle, avec les quatre taches plus pâles encore.

Cette espèce, qui a beaucoup de points de ressemblance avec la précédente, habite l'Inde, et fait partie des récoltes de Helfer dans cette contrée. J'en possède deux individus, qui m'ont été donnés par le musée de Prague.

β. Elytris fuscis vel nigris, indistinctè maculatis.

133. A. HUMERALIS. *Fusco-brunneus, opacus, subtiliter punctatus, griseo-pubescens; elytris maculâ ponè humerum oblongâ, obsoletè testaceâ; antennis pedibusque ferrugineis.* — — Long. 0,0018. Lat. 0,0006. — Sibiria.

Anthicus Humeralis, Gebler, Bull. de Moscou, 1841, p. 596 (1).

Tête noirâtre, opaque, couverte d'une ponctuation fine et serrée, et d'un duvet grisâtre, transversale, carrée postérieurement, fossette occipitale

---

(1) *Anthicus Humeralis,* Gebler, Dej. Cat. 1836, p. 238.

distincte, peu convexe sur le disque ; les yeux noirs, petits et peu saillants ; les antennes entièrement ferrugineuses, de longueur ordinaire, légèrement renflées au sommet. Corselet noirâtre, avec les bords antérieurs et postérieurs légèrement rougeâtres, terne et pubescent, d'une grosseur au-dessus de la moyenne, un peu plus large que la tête, un tant soit peu plus long que large, transversalement arrondi et globuleux antérieurement, sans pommettes saillantes, sensiblement rétréci postérieurement, les côtés convergeant obliquement jusqu'à la base, qui ne paraît nullement marginée ; goulot antérieur très-court, mais distinct. Elytres ternes, distinctement pointillées, entièrement voilées d'un duvet cendré très-court, noirâtres, laissant apercevoir une longue tache humérale d'un brun rougeâtre sans contours arrêtés, s'unissant plus ou moins avec celle de l'autre élytre, et quelquefois une faible tache apicale commune de même couleur ; à peine deux fois aussi larges que le corselet, une fois et trois quarts environ aussi longues que larges, légèrement échancrées à la base, la pointe des épaules arrondie, légèrement arrondies sur les côtés, ovalaires postérieurement. Dessous du corps noir, pattes entièrement ferrugineuses.

Cet insecte, décrit par Gebler dans le *Bulletin de Moscou*, année 1841, a été trouvé près de Loktewsk, en Sibérie. J'en ai vu quatre exemplaires femelles parfaitement semblables, dans l'ancienne collection Dejean, appartenant aujourd'hui à M. de Brême.

154. A. Flavipes, *Fusco-niger, opacus, confertissimè punctatus, cinereo-pubescens; elytris maculâ humerali oblongâ obsoletè castaneâ; antennis pedibusque totis rufo-testaceis.—* Long. 0,0017 ad 0,002. Lat. 0,0006 ad 0,0007. — Europa.

Notoxus Flavipes, Panz. Faun. Germ. Fasc. 38, tab. 22 (antè 1798). — Illig. Kæf. Preuss. t. 1, p. 289. — Dict. des Sciences nat. t. 2, p. 203. — Oliv. Encycl. Meth. t. 8, p. 397. — Latr. Hist. Nat. dés Crust. et des Ins. t. 10, p. 557.

Anthicus Flavipes, Schmidt, Stett. Ent. Zeit. t. 3, p. 182 (1842).

Anthicus Rufipes, Payk. Faun. Suec. t. 5, App. p. 444 (1800). *Id.* Acta Holm. (1801), p. 117. — Schh. Syn. Ins. t. 2, p. 58. — Gyll. Ins. Suec. t. 2, p. 497. — Sahlb. Ins. Fenn. t. 1, p. 440. — Zetterst. Ins. Lapp. p. 159 (1).

Tête noire, opaque, finement pointillée, légèrement pubescente, avec une ligne médiale brillante, fortement transversale, carrée postérieurement, fossette occipitale peu marquée ; les yeux petits et peu saillants, les palpes et les antennes entièrement d'un rouge testacé vif ; celles ci peu allongées, assez moniliformes, assez renflées vers le sommet. Corselet d'un noir terne, paraissant légèrement gris, sous l'influence d'un duvet argenté abondant, qui cache la ponctuation, au moins aussi large que la tête, pas plus long que large, transversalement arrondi et globuleux antérieurement, arrondi sur les côtés, sans pommettes latérales distinctes, faiblement rétréci à la base, qui n'est pas distinctement marginée. Goulot

---

(1) *Anthicus Rufipes*, Dej. Cat. 1836, p. 238.
Anthicus Brunnipennis, Sturm. Cat. 1845, p. 168.
Anthicus Obscurus, Sturm., ibid.

antérieur court et peu détaché du lobe. Ecusson imperceptible. Elytres ternes, couvertes d'une ponctuation très-fine et confluente, abondamment ombragées d'un duvet court et argenté, d'un noir enfumé, avec une tache humérale oblongue d'un brun marron, dans le genre de celle de l'*Humeralis,* mais moins apparente, et se prolongeant indéfiniment en arrière sans limite appréciable; deux fois aussi larges que le corselet, et moins de deux fois aussi longues que larges, légèrement échancrées à la base, très-légèrement arrondies sur les côtés, ovalaires postérieurement, assez convexes en dessus, sans saillie aux omoplates. Dessous du corps noir. Pattes entièrement d'un rouge testacé vif. — Les élytres recouvrant presque toujours entièrement l'abdomen, il devient assez difficile de distinguer les sexes. Ce n'est que lorsqu'elles se trouvent entr'ouvertes qu'on reconnaît le mâle à la légère troncature du segment supérieur de l'abdomen, dont l'extrémité paraît finement bordé d'une frange de duvet grisâtre, qu'on n'observe pas dans la femelle.

Variétés : *Coloration croissante :* β. Élytres entièrement noires, la teinte marron des épaules complétement obsolète; cuisses brunes, tibias, tarses et antennes d'un rouge ferrugineux plus ou moins foncé (Type de l'*Anthicus Rufipes* de Paykull.).

Coloration décroissante : b. Élytres d'un brun marron, rougeâtre aux épaules, avec la région scutellaire et la suture noires. Tête et corselet noirs; pattes entièrement d'un testacé jaunâtre (Type de l'*Anthicus Flavipes* de Panzer).

c. Tête et corselet toujours noirs; élytres entièrement d'un brun terreux foncé, sans tache; les cuisses brunes.

d. Tête et corselet toujours noirs; élytres entièrement d'un brun marron, plus ou moins rougeâtre; les pattes entièrement testacées.

Cet insecte, comme on peut en juger par les *Faunes* citées dans la synonymie, est répandu dans une grande partie de l'Europe, mais surtout dans les régions centrales et boréales; au nord, il s'étend jusqu'en Laponie, à l'ouest, jusqu'en France, où il a été pris assez abondamment par M. l'abbé Blaive, sur les sables de la Loire, aux environs de Saumur, dans les mois de mai et de juin. Je ne sache pas qu'il ait jamais été pris en Espagne ni en Italie; mais il se rencontre assez fréquemment aux environs de Lyon, en Suisse, dans toute l'Allemagne, dans la Hongrie, et jusque dans les provinces caucasiennes de l'empire russe. Bien que la couleur des pattes soit plutôt rousse que jaune, et que le nom de Paykull lui convienne mieux que celui de Panzer, nous avons dû nous ranger de l'avis de M. Schmidt, et donner la préférence au nom le plus anciennement publié. Les Anthicus *Brunnipennis* et *Obscurus* du Catalogue de M. Sturm appartiennent à cette espèce, et peuvent être rapportés, le premier à notre variété d, le second à notre variété β.

M. le comte de Mannerheim a publié, en 1843, dans le *Bulletin de la Société des Naturalistes de Moscou,* sous le nom de *Nigriceps,* une espèce nouvelle, voisine de celle-ci, dont elle diffère par une taille plus petite, un corselet plus rétréci postérieurement, une pubescence plus longue, des élytres rugueuses plus fortement ponctuées, et une coloration différente. La description de cet insecte ne m'ayant paru convenir à aucune des espèces européennes que nous avons étudiées, nous sommes portés à croire qu'il est entièrement nouveau. On trouvera à la fin du genre, parmi les espèces que nous n'avons pas vues, la description du savant entomologiste de Finlande.

135. A. Fuliginosus. *Totus fuliginoso-brunneus, opacus, subtiliter punctatus, cinereo-pubescens; elytris anticè paulò dilutioribus; pedibus totis luteo-testaceis.* — Long. 0,0017. Lat. 0,0006. — India Orientalis.

Tête brune, assez brillante, très-finement pointillée, fortement transversale, peu carrée postérieurement, bombée sur le disque ; les yeux vitrés et saillants ; les antennes brunes, roussâtres à la base (1). Corselet d'un brun terreux, très-terne, couvert d'un duvet cendré qui empêche de distinguer la ponctuation, aussi large que la tête, pas plus long que large, transversalement arrondi antérieurement, peu convexe, pommettes légèrement saillantes, faiblement rétréci à la base, qui est peu distinctement marginée; goulot antérieur court, mais bien détaché du lobe. Elytres de même couleur que le corselet, très-ternes, finement pointillées, légèrement ombragées d'un duvet cendré, sans taches distinctes, mais toute la base, jusqu'au tiers de la longueur, d'une teinte plus pâle tournant au jaunâtre, tandis que la partie moyenne, surtout vers les côtés, est plus foncée ; plus de deux fois aussi larges que le corselet, et moins de deux fois aussi longues que larges, assez carrées à la base, légèrement arrondies sur les côtés, ovalaires postérieurement, assez convexes en dessus ; les omoplates, à l'extrême base, très-légèrement saillantes. Dessous du corps noirâtre; pattes d'un testacé obscur, plus pâles que la base des élytres.

Je n'ai vu qu'un seul exemplaire mutilé et défloré de cette espèce, récoltée dans l'Inde par Helfer et communiquée par le musée de Prague.

γ. Elytris nigris, ponè humeros distinctè flavo-maculatis.

136. A. Scapularis. *Niger, valdè opacus, cinereo-pubescens; elytris sat crebrè punctatis, ponè humeros flavo-maculatis; antennis pedibusque totis testaceis. A. Antherino staturâ haud inferior.* — Long. 0,003. Lat. 0,0012. — Sibiria Orientalis (Dahuria).

Grande et belle espèce de la taille de l'*Antherinus*, mais sensiblement plus large. Tête noire, très-terne, finement chagrinée, très-légèrement voilée d'un duvet roussâtre collé à la surface, fortement transversale, fortement carrée postérieurement, sans fossette occipitale apparente, plate sur le disque ; les yeux très-peu saillants ; les antennes entièrement ferrugineuses, de médiocre longueur, peu moniliformes, peu renflées au sommet. Corselet noir, chagriné comme la tête, et plus abondamment couvert d'un duvet qui le fait paraître grisâtre, presque aussi large que la tête,

---

(1) Je ne puis rien dire de plus des antennes, dont il ne reste que cinq articles à l'individu qui m'a été communiqué.

pas plus long que large, très-légèrement cordiforme, transversalement arrondi antérieurement, sans pommettes saillantes, sensiblement rétréci, un tant soit peu avant la base, qui est faiblement marginée, très-peu convexe en dessus, un peu concave en dessous latéralement; goulot court, mais très-distinct. Ecusson en triangle équilatéral. Elytres d'un noir un peu enfumé, ternes, couvertes d'une ponctuation peu profonde et peu serrée, ombragées d'un duvet roussâtre, moins abondant que sur le corselet, ornées chacune derrière l'épaule d'une tache orangée, imparfaitement triangulaire, deux fois aussi larges que le corselet, une fois et trois quarts environ aussi longues que larges, carrées à la base, légèrement dilatées sur les côtés, régulièrement arrondies à l'extrémité, assez convexes en dessus, sans apparence de saillie aux omoplates. Dessous du corps noir, pattes entièrement ferrugineuses, cuisses grêles, beaucoup moins robustes que dans l'*Antherinus*.

Cette espèce habite la province de la Sibérie orientale, connue sous le nom de Daourie. Je n'en ai vu qu'un exemplaire envoyé par M. Mannerheim à M. Reiche, sous le nom que je lui ai conservé.

137. A. FENESTRATUS. *Niger, opacus, subtiliter punctatus, griseo-pubescens; clytris ovalis ponè humeros flavo-maculatis, posticè juxtà suturam elongatim depressis; antennarum basi, tibiis tarsisque ferrugineis.* — Long. 0,0018 ad 0,0022. Lat. 0,0006 ad 0,0007 (f. 4). — Sicilia, Sardinia, etc.

Anthicus Fenestratus, Schmidt (non Dejean), Stett. Ent. Zeit. t. 3, p. 184 (1).

Tête noire, terne, presque glabre, couverte d'une ponctuation serrée, excepté sur une ligne médiale très-lisse et un peu saillante qui se prolonge jusqu'à l'extrémité du chaperon, transversale, très-carrée postérieurement, avec un sillon occipital distinct, peu convexe sur le disque; les yeux très-faiblement saillants; les palpes noirâtres; les antennes ferrugineuses jusqu'au-delà de la moitié, avec l'extrémité noirâtre, de longueur ordinaire, assez fortement renflées au sommet. Corselet d'un noir terne, couvert d'une ponctuation fine, moins serrée que sur la tête, plus ou moins voilée par un duvet argenté, aussi large que la tête, un peu plus long que large, assez régulièrement trapézoïdal, arrondi seulement aux angles antérieurs, les côtés convergeant presque en ligne droite vers la base, qui est finement marginée, assez convexe sur le disque; goulot antérieur assez long et très-détaché du lobe. Ecusson noir, très-mat, un peu arrondi au sommet. Elytres noires, finement pointillées, couvertes d'une pubescence argentée courte et inclinée, ornées chacune, sur l'épaule même, d'une tache orangée qui se prolonge plus ou moins en arrière, deux fois aussi larges que le corselet, et deux fois et trois quarts, à peine, aussi longues que larges, de forme presque régulièrement ovale, les angles huméraux très-arrondis, sensiblement dilatées sur les côtés, et bombées sur le disque, déprimées et canaliculées postérieurement à partir du milieu, le long de la suture, qui est au contraire saillante. Dessous du corps noir, cuisses

---

(1) *Anthicus Pecchiolii,* Melly (inédit), dans plusieurs collections.

noires, tibias et tarses ferrugineux. — Le mâle ne paraît pas notablement plus étroit que la femelle; il ne s'en distingue que par une faible échancrure de l'extrémité supérieure de l'abdomen, sans saillie du pigidium.

Variétés : *Coloration décroissante :* b. Tout aussi noir que le type, les taches humérales semblables, mais de plus une petite tache ferrugineuse arrondie, située vers l'extrémité sur la partie déprimée des élytres, et séparée en deux par la suture qui reste noire.

Coloration croissante : β. Elytres entièrement noires, taches des épaules obsolètes ou entièrement nulles; antennes, tibias et tarses plus ou moins foncés, quelquefois presque noirs. C'est cette variété qui a servi de type à la description de M. Schmidt, auquel on l'avait envoyée, sous le nom de *Fenestratus*, Dej.

M. Kunze, en me communiquant les types qui avaient servi à cette description, m'a mis à même d'éclaircir, avec certitude, cette synonymie un peu obscure. Il est certain que M. Schmidt, par je ne sais quelle confusion, a décrit sous le nom de *Tristis* (comme nous l'avons déjà vu) l'insecte dont la variété noire avait été appelée *Fenestratus* par M. Dejean, et a donné le nom de *Fenestratus* à une variété non moins foncée de l'espèce actuelle, dont M. Dejean n'a jamais eu connaissance.

Cet insecte est très-abondant en Sicile et dans le royaume de Naples. Depuis longtemps j'en possédais des exemplaires rapportés de Naples par M. de la Mote-Baracé; depuis il a été trouvé dans les mêmes lieux par MM. Broussais et par M. Melly, qui l'a répandu dans plusieurs collections, sous le nom d'*A. Pecchiolii.* M. Géné l'a récolté en Sardaigne, M. Solier aux environs de Marseille, et récemment M. Friwaldszky m'en a envoyé plusieurs individus recueillis dans l'Asie mineure; enfin, il en existe au musée de Berlin, sous le nom de *Mitis*, deux individus recueillis en Portugal dans la province d'Algarve. Cette espèce peut donc être considerée comme répandue sur toutes les côtes septentrionales de la mer Méditerranée.

138. A. Axillaris. *Fusco-niger, opacus, confertim punctatus, incano-pubescens ; antennis, pedibus, thorace postico, elytrorumque maculis duabus, alterâ humerali latè diffusâ, alterâ posticâ parvâ rotundatâ, rufo-testaceis.*—Long. 0,0015 ad 0,0019. Lat. 0,0005 ad 0,0006. Europa Meridionalis.

Anthicus Axillaris, Schmidt, Stett. Ent. Zeit. t. 3, p. 186 (1842) (1).

Jolie petite espèce européenne parfaitement décrite par M. Schmidt, excessivement voisine de la précédente, dont elle ne diffère à la première vue que par une taille un peu plus petite, et une coloration constamment moins foncée. Tête noire, assez brillante, très-finement pointillée, excepté sur une ligne médiale, lisse, légèrement saillante; transversale, carrée postérieurement, avec les angles postérieurs arrondis, peu convexe sur le disque; les yeux assez saillants; les antennes entièrement testacées, de longueur ordinaire, assez moniliformes, peu renflées au sommet. Corselet noi-

---

(1) *Anthicus Affinis*, Dej. Catal. 1836, p. 238.

râtre antérieurement, ferrugineux à la base, très-finement pointillé e^t voilé d'une pubescence argentée, sensiblement moins large que la tête, sensiblement oblong, assez régulièrement arrondi et globuleux antérieurement, pommettes légèrement saillantes, rétréci peu au-delà du milieu, très-légèrement renflé latéralement à la base, qui est finement marginée; goulot antérieur très-court, mais distinct. Elytres noirâtres, couvertes d'une ponctuation peu fine et serrée, abondamment ombragées d'une pubescence blanchâtre, assez courte et très-inclinée, ornées antérieurement d'une large tache humérale ferrugineuse qui couvre presque toute la base et n'est séparée de celle de l'autre élytre que par une teinte un peu plus foncée autour de l'écusson et sur la suture, ornées en outre chacune vers l'extrémité, comme dans la variété *b* de l'espèce précédente, d'une petite tache arrondie, moins collée contre la suture; semblables pour la forme à celles du *Fenestratus*, également convexes, presque aussi ovalaires, les épaules un peu moins arrondies, la suture, dans la seconde moitié, moins fortement saillante, et bordée de chaque côté d'un petit sillon longitudinal moins large et moins profond. Dessous du corps obscur, pattes entièrement d'un rouge testacé vif. Différences sexuelles peu apparentes, réduites dans le mâle à une très-légère troncature de l'extrémité supérieure de l'abdomen.

Variétés : *Coloration décroissante : b.* Tête obscure, corselet entièrement testacé; élytres à fond noirâtre décoloré, les taches postérieures agrandies, réunies entre elles et aux antérieures le long de la suture, et le long du bord latéral, en sorte qu'il ne reste du fond, comme dans les deux premières espèces de ce groupe, que deux bandes noirâtres, l'une médiale, encore assez foncée et l'autre apicale, très-pâle. Dessous du corps entièrement testacé. Cette variété extrême se lie au type par des passages insensibles, qu'il serait difficile et inutile d'énumérer.

Coloration croissante : β. Corselet presque entièrement noir, taches antérieures complétement séparées par la suture noirâtre; les postérieures très-petites et presque obsolètes.

γ. Taches postérieures entièrement nulles; les antérieures obsolètes; antennes et pattes d'un rouge testacé aussi vif que dans α. Il existe probablement des individus à élytres entièrement noires, sans aucune apparence de tache humérale.

Cette espèce, très-variable pour la coloration, l'est aussi pour la taille; certains individus atteignent presque deux millimètres de longueur, tandis que d'autres arrivent à peine à un millimètre et demi. M. Aubé a reçu des environs de Turin un exemplaire, sans doute imparfaitement développé, dont l'extrême petitesse se complique d'une décoloration presque complète. Il m'a fallu une observation des plus minutieuses, et des objets de comparaison nombreux, pour ne pas voir dans cet insecte une espèce nouvelle. L'*A. Axillaris* se rencontre, mais toujours en petit nombre, dans les contrées méridionales, et en même temps peu occidentales de l'Europe; j'en ai pris moi-même quelques individus près de la Chartreuse de Pavie, à l'aide du filet faucheur; M. Schmidt cite des exemplaires de la

Corse et de la Hongrie. La collection Dejean en contenait, sous le nom d'*Affinis*, deux individus, l'un de l'Autriche, l'autre de la Wolhynie, envoyé par Besser sous le nom d'*Equestris*. Enfin le musée de Berlin en possède un individu recueilli aux environs de Varsovie.

139. A. Fumosus. *Niger, opacus, confertim punctatus, griseo-pubescens, elytris subova-tis, maculá pone humeros oblongá, flavo ferrugineá; antennis pedibusque totis ferrugineis.*— Long. 0,002. Lat. 0,0007. — Sardinia. Algiria.

Anthicus Fumosus, Lucas, Rev. Zool. 1843, p. 146. — Laf. et Lucas, Explorat. Scient. de l'Algérie, t. 2, p. 375, tab. 32, f. 6.

Anthicus Bicolor, Lucas, Rev. Zool. 1843, p. 146 (var. *b* nobis).

Voisin pour la forme du *Flavipes*, Panz., taille et facies semblables. Tête noire, peu brillante, abondamment ponctuée, avec une ligne médiale lisse, légèrement saillante, semée de poils grisâtres courts et inclinés, transversale, carrée postérieurement, légèrement bombée sur le disque; les yeux ovales, assez saillants; les antennes d'un jaune ferrugineux, moins longues que la moitié du corps, légèrement moniliformes et peu renflées au sommet. Corselet noir, nullement brillant, couvert d'une ponctuation assez profonde et non confluente, disparaissant plus ou moins sous une pubescence argentée, courte et inclinée, qui le fait paraître grisâtre, un peu moins large que la tête, à peine plus long que large, transversalement arrondi antérieurement, convexe en dessus, peu rétréci postérieurement, les côtés nullement sinués, se dirigeant obliquement vers la base, qui est finement marginée; goulot antérieur excessivement court et peu distinct. Ecusson très-petit, triangulaire. Elytres noires, extrêmement ternes, couvertes d'une ponctuation assez profonde, arrondie, non confluente, qui donne naissance à une pubescence argentée comme celle du corselet, mais un peu plus longue et couchée très à plat, ornées chacune antérieurement d'une grande tache oblongue d'un jaune ferrugineux vif, qui commence à l'angle huméral et se prolonge en arrière jusqu'au milieu des élytres, sans atteindre ni la suture ni le bord latéral; deux fois aussi larges que le corselet, une fois et trois quarts au plus aussi longues que larges, légèrement échancrées à la base, avec les angles huméraux arrondis et peu marqués, sensiblement arrondies sur les côtés, ce qui leur donne une forme sensiblement ovale, sans élévation notable de la suture ni des omoplates. Dessous du corps entièrement noir; les pattes entièrement d'un jaune ferrugineux comme les antennes. — Le mâle un peu plus étroit que la femelle a l'extrémité supérieure de l'abdomen tronquée, et laisse saillir abondamment le pigidium.

Variété : *Coloration décroissante : b (A. Bicolor,* Lucas). Elytres entièrement jaunes, avec une tache scutellaire triangulaire et une grande tache apicale arrondie d'un brun noirâtre; individu récemment éclos, identique du reste avec le type de l'espèce pour tout ce qui est forme, pubescence et ponctuation.

Cette espèce a été recueillie en Sardaigne par M. Géné, et en Algérie par M. Lucas; ce dernier l'a décrite succinctement en 1843 dans la *Revue Zoo-*

logique, sous deux noms différents, la variété *b*, sous le nom de *Bicolor*, et la variété *a*, sous celui de *Fumatus*, que j'ai dû préférer à celui de *Scapularis*, que cet insecte portait dans la collection du musée de Turin. Il vit sous les pierres humides et les végétaux en décomposition ; c'est sous ces retraites qu'il a été pris par M. Lucas, dans les mois de mars et d'avril, aux environs de Constantine et de Philippeville.

QUINZIÈME GROUPE.

Capite validissimo, thorace subrotundo transverso; elytris elongato-parallelis, thorace vix dimidio latioribus (f. 5, *a*). *S. G. Liparoderus*, nobis.

Nous avons établi ce groupe sur une seule espèce en même temps espagnole et africaine, remarquable par la disproportion qui existe entre la largeur des élytres et celle de la tête et du corselet. Tandis que dans les autres espèces, les élytres ont toujours une largeur au moins double de celle du corselet, elles ne sont guère ici que d'un tiers plus larges. Cette espèce offre en outre un caractère sexuel analogue à celui déjà observé dans une espèce de la Nouvelle-Hollande, l'*A. Crassipes* : les tibias postérieurs du mâle (f. 5, *b*), sont échancrés circulairement à leur côté interne, tandis que ceux de la femelle conservent la forme ordinaire. Ce groupe est du nombre de ceux qui me paraissent propres à constituer un sous-genre ; nous adoptons pour celui-ci le nom de *Liparoderus*, à cause de la grosseur du corselet.

DESCRIPTION DES ESPÈCES.

140. A. INSIGNIS. *Totus fumoso-niger, opacus, holosericeo-pubescens; elytris fasciis duabus argenteo-pilosis; antennis et femoribus fuscis, tibiis tarsisque ferrugineis. Tibiis maris introrsum emarginatis.* — Long. 0,003 au 0,004. Lat. 0,0012 au 0,0015 (f. 5, *a, b*). — Hispania meridionalis et Algiria.

Anthicus Insignis, Lucas, Rev. Zool. 1843, p. 145. — Laf. et Lucas, Explor. scient. de l'Algérie, t. 2, p. 376, tab. 32, f. 5 (1).

Tête noire, assez brillante, imperceptiblement pointillée, très-légèrement pubescente, très-grande et très-robuste, fortement transversale, carrée postérieurement avec les angles postérieurs légèrement arrondis, fortement convexe en dessus et en dessous; les yeux petits, vitrés, peu saillants, peu rapprochés des antennes; palpes obscurs, à dernier article peu sécuriforme; antennes brunes, robustes, de longueur ordinaire, submonili-

---

(1) *Anthicus Venator*, Dufour, Dej. Cat. 1836, p. 238.
Anthicus Argentatus, Klug, in musæo Berolinensi.

formes, tous les articles à peu près égaux en longueur, augmentant peu en grosseur de la base au sommet, le dernier article presque double du précédent en longueur, obconique et sensiblement acuminé. Corselet noir, terne, un peu rougeâtre à l'extrême base, ponctuation très-fine et disparaissant sous une pubescence fuligineuse fine et veloutée, entremêlée de duvet argenté, symétriquement disposé dans les individus très-frais, et offrant une ligne médiale blanche, un point blanc de chaque côté, un peu en avant, et une frange blanche tout autour de la base; presque aussi large que la tête, un tant soit peu transversal, quoiqu'il m'ait paru légèrement oblong, dans deux individus mâles; de forme sensiblement globuleuse, les côtés arrondis jusque vers les deux tiers, puis tombant perpendiculairement sur la base, sans qu'il en résulte autre chose qu'un rétrécissement à peine sensible, margination postérieure nulle, sillon latéral assez profond, contournant l'extrême base, ferrugineux et abondamment tapissé de poils roussâtres; goulot à large ouverture très-court et peu détaché. Écusson triangulaire, les côtés légèrement arrondis. Élytres noirâtres, ternes et enfumées, très-finement pointillées et même finement rugueuses vers la base, entièrement couvertes d'une pubescence fuligineuse très-courte et collée à la surface, ornées chacune de deux bandes transversales blanches, formées par un duvet argenté et soyeux, l'antérieure commençant au bord latéral derrière l'épaule, et s'étendant obliquement jusqu'au tiers de la longueur, en atteignant plus ou moins la suture, l'autre, située aux deux tiers de l'élytre, ayant la forme d'un croissant à longues pointes tournées vers l'extrémité, la pointe interne se prolongeant même quelquefois jusqu'au bout le long de la suture; oblongues, subparallèles dans le mâle, en ovale allongé dans la femelle, pas plus larges que le corselet à la base, d'un tiers environ plus larges, dans leur plus grande largeur, et deux fois aussi longues que larges, les angles antérieurs et postérieurs doucement arrondis. Le dessous du corps entièrement noirâtre; les cuisses très-fortes et renflées d'un bout à l'autre sans être claviformes, d'un brun légèrement rougeâtre; les tibias et les tarses ferrugineux.

Le mâle se distingue, comme on l'a déjà dit, par la forme des tibias postérieurs (f. 5, *b*), qui sont légèrement cambrés et échancrés circulairement à leur côté interne, dans presque toute leur longueur, tandis que ceux de la femelle ont la forme ordinaire. En outre, le corselet est un peu plus long et plus bombé que celui de la femelle, les élytres sont un peu plus parallèles, plus convexes et terminées par une légère boursoufflure, qu'on n'aperçoit pas dans la femelle, et qui a quelques rapports avec la manière dont se terminent les élytres du mâle dans les Notoxus européens, tels que le *N. Monoceros.* Enfin le dernier segment supérieur de l'abdomen est largement échancré, et laisse saillir un tant soit peu le pigidium, qui au lieu d'être en pointe mousse, est tronqué presque carrément; mais il est difficile de pouvoir distinguer ces organes qui, dans l'état ordinaire, sont entièrement recouverts par les élytres (1).

---

(1) J'ai dit dans ma première description de cet insecte (insérée dans l'ouvrage de

Variété : *Coloration décroissante : b.* Antennes et pattes entièrement testacées, élytres d'un noir décoloré tournant au gris.

Cette belle et curieuse espèce a été recueillie pour la première fois dans l'Andalousie par M. Dufour, et placée par M. Dejean dans sa collection sous le nom inédit de *Venator,* Dufour. Depuis, elle a été trouvée en Algérie, aux environs d'Oran, par le colonel Levaillant, qui l'a répandue dans plusieurs collections, entre autres dans la mienne et dans celle de M. Reiche.

Le musée de Berlin en possède aussi deux exemplaires d'Algérie, sous le nom d'*Argentatus*, Klug. Nous avons dû préférer à ces deux noms celui d'*Insignis*, sous lequel elle a été décrite sommairement par M. Lucas, dans la *Revue Zoologique,* en 1843.

M. Lucas sur les insectes d'Algérie), que le mâle avait les antennes plus longues que la femelle. Ce caractère, comparaison faite d'un plus grand nombre d'individus, ne me paraît ni aussi constant, ni aussi évident que je l'avais pensé d'abord.

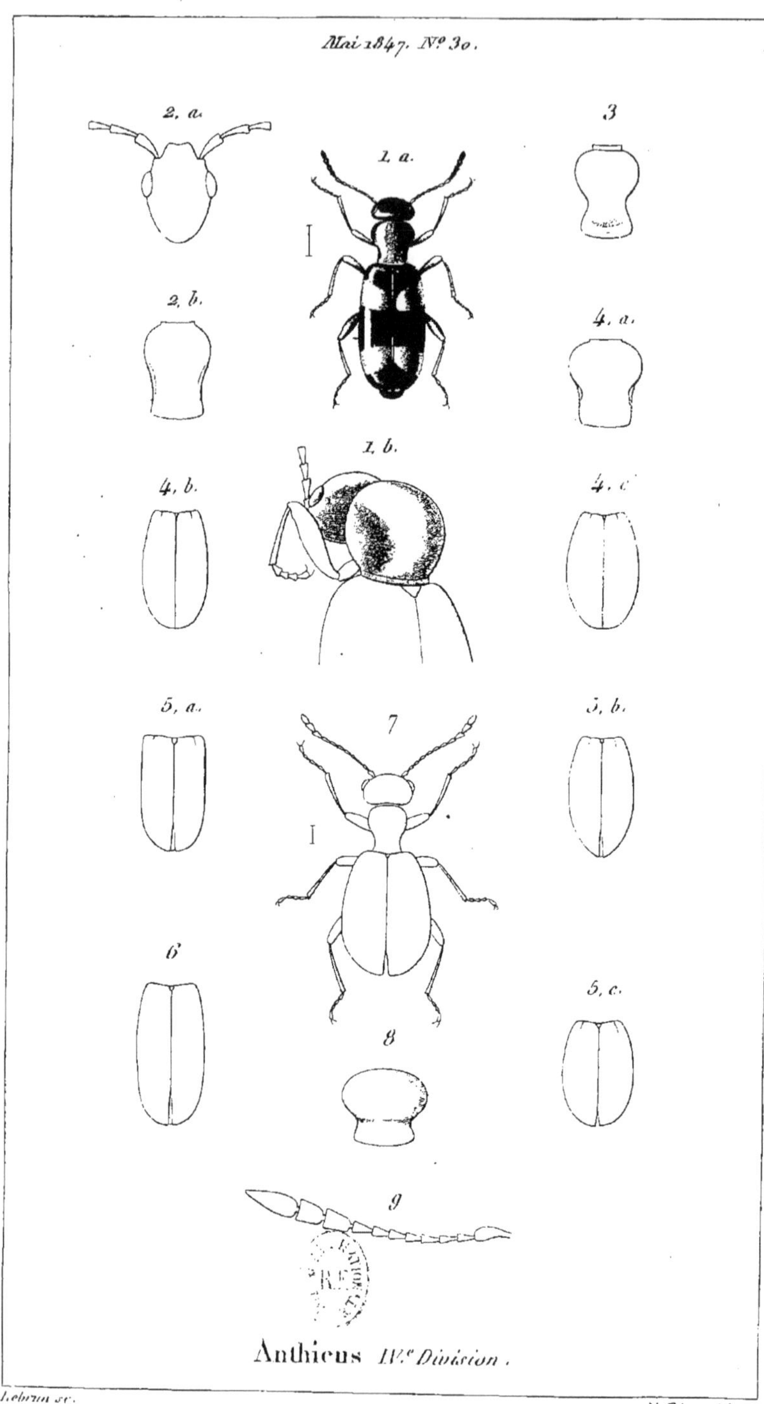

Mai 1847. Nº 30.
2, a.
3
1, a.
2, b.
4, a.
4, b.
1, b.
4, c.
5, a.
7
5, b.
6
8
5, c.
9
Anthicus IV.e Division.
Lebrun sc.
N. Rémond imp.

G. ANTHICUS (Suite).

(Par M. de la Ferté-Sénectère).

QUATRIÈME DIVISION.

Thorace lateribus plùs minùsve foveolato.

Nous avons commencé par réunir dans cette dernière division toutes les espèces dont le corselet présente évidemment, sur les faces latérales, une fossette triangulaire (f. 1, *b*). Puis nous avons groupé autour celles qui nous ont paru avoir quelque affinité avec elles, bien que la fossette thoracique y fut moins développée ou même insensible. Deux caractères importants sont communs à toutes ces espèces, à peu d'exceptions près. C'est d'une part le peu de développement du goulot du corselet, qui souvent est entièrement nul, en second lieu, l'oblitération plus ou moins complète des différences sexuelles, dans la forme du dernier segment de l'abdomen; à quoi il faut ajouter l'absence presque générale de ponctuation sur les élytres. L'Europe est la patrie presque exclusive de ces espèces; le petit nombre de celles qui sont indiennes ou africaines s'éloignent des formes normales, et ont dû être placées dans des groupes particuliers, les unes en tête, les autres à la suite de la phalange européenne, de la manière suivante :

16° *Groupe.* — Corselet oblong, dilaté à la base, au-delà de la fossette latérale, ce qui le fait paraître bisinué sur les côtés. Espèces indiennes pour la plupart (f. 2, *a, b*). Espèces 141 à 146 (Type. *A. Longiceps*, nobis).

17° *Groupe.* — Corselet court, rarement plus long que large, souvent transversal, peu ou point dilaté à la base. Groupe essentiellement européen (f. 1, *a, b*, et 4, *a*). Espèces 147 à 175 (Types. *A. Fasciatus*, Chev. *Plumbeus*, Dej., etc.).

18° *Groupe.* — Corselet court, le plus souvent transversal, ayant à la base un sillon transversal qui réunit entre elles les fossettes latérales et le divise presque en deux lobes (*S. G. Aulacoderus*, nobis) (1). Groupe essentiellement sud-africain (f. 8   ). Espèces 176 à 182 (Type. *A. Transversalis*, Dej.).

SEIZIÈME GROUPE.

Thorace oblongo, basi nonnihil dilatato, ideòque lateribus bisinuato.

----

(1) ἄυλαξ, sillon, δέρη, cou.

Deux espèces particulières à la Sicile et quatre de l'Inde composent ce groupe, et se subdivisent elles-mêmes de la manière suivante :

α. Tête oblongue et très-arrondie postérieurement (f. 2, *a*) . . . . Espèces 141 à 144

β. Tête transversale, peu arrondie postérieurement ; une fossette médiale sur le corselet en avant de la base (f. 3) . . . . . . 145 à 146

DESCRIPTION DES ESPÈCES.

α. Capite oblongo, posticè valdè rotundato (f. 2, *a*)

141. A. LONGICEPS. *Ferrugineus, subopacus, subtilissimè punctulatus; capite obscuro, valdè oblongo ; thorace anticè subconico; elytris fusco-nigris, pube sericeá vestitis; antennarum apice femoribusque nonnihil infuscatis.* — Long. 0,0035 ad 0,004. Lat. 0,0012 ad 0,0013 (f. 2, *a, b*). — Sicilia.

Espèce de très-grande taille, égale aux plus grands individus du *F. Pedestris*. Tête noirâtre, rougeâtre postérieurement, peu brillante, très-finement pointillée et finement pubescente (f. 2, *a*), sensiblement plus longue que large, très-arrondie postérieurement, sans apparence d'angles postérieurs, peu convexe en dessus, les yeux noirs et saillants ; les antennes ferrugineuses, avec les deux ou trois derniers articles obscurs, au moins aussi longues que la moitié du corps, robustes, quoique filiformes, dernier article très-long et très-acuminé. Corselet ferrugineux, finement pointillé, légèrement pubescent, presque aussi large que la tête (f. 2, *b*), d'un tiers environ plus long que large, un peu conique antérieurement, dilaté et arrondi sur les côtés, avec les pommettes légèrement saillantes, faiblement rétréci aux deux tiers de la longueur et dilaté de nouveau à la base, qui est imperceptiblement marginée ; fossette latérale assez profonde et tapissée d'un duvet jaunâtre ; goulot excessivement court et presque nul. Ecusson noir, peu distinct. Elytres d'un noir brun, plus ou moins diaphanes, ternes, très-finement pointillées, et abondamment revêtues d'une pubescence soyeuse, non régulièrement inclinée, mais ondulant symétriquement en différents sens, de manière à produire des reflets roussâtres ; deux fois aussi larges que le corselet à la base, deux fois environ aussi longues que larges, sensiblement dilatées sur les côtés, ce qui leur donne une forme trapézoïdale antérieurement et ovalaire postérieurement, assez plates sur le disque ; les omoplates distinctement saillantes, et suivies d'une dépression non pas transversale, mais fortement oblique et très-sensible. Dessous du corps d'un brun plus ou moins foncé ; abdomen dépassant constamment l'extrémité des élytres, au moins dans la femelle, seul sexe que j'aie été à même d'observer. Pattes longues et déliées, ferrugineuses, avec l'extrémité des cuisses brune.

VARIÉTÉ : *Coloration croissante :* β. Tête et corselet bruns, et presque aussi foncés que les élytres.

Cette grande espèce habite la Sicile, où elle n'a été trouvée à ma connaissance que par MM. Broussais. J'en possède deux individus provenant de leur voyage, et un troisième existe dans la collection de M. Aubé; je l'ai cherchée inutilement, ainsi que la suivante, dans les récoltes de MM. Melly et Blanchard.

142. A. DICHROUS. *Ferrugineus, subnitidus, subtilissimè punctulatus; capite obscuro; thorace anticè rotundato; elytris nigro-piceis, glabriusculis; antennarum apice femoribusque nonnihil infuscatis.* — Long. 0,0024 ad 0,0028. Lat. 0,0008 ad 0,0009. — Sicilia.

Espèce très-voisine de la précédente, provenant également du voyage de MM. Broussais en Sicile. Elle se distingue du *Longiceps* par une taille moitié plus petite, et par de légères différences que nous allons signaler. La tête paraît un peu moins oblongue, et les yeux à proportion plus éloignés l'un de l'autre. Le corselet, aussi moins allongé, au lieu d'être obconique antérieurement, est régulièrement arrondi, avec les pommettes plus saillantes, les côtés plus sinués, les fossettes latérales plus creuses, et un rétrécissement beaucoup plus marqué aux trois quarts de la longueur. Les élytres un peu moins arrondies sur les côtés, moins plates et plus cylindriques, recouvrent entièrement l'extrémité de l'abdomen; elles se distinguent aussi par la dépression posthumérale qui, au lieu d'être oblique, est régulièrement transversale; elles sont en outre moins ternes, moins pubescentes, et encore plus finement pointillées. La couleur n'offre pas de différence notable, la tête est également d'un rouge obscur, le corselet d'un ferrugineux plus ou moins vif, et les élytres d'un noir un peu plus foncé, par cela même qu'elles sont moins pubescentes. L'extrémité des antennes et des cuisses légèrement obscure. Le dessous du corps entièrement noirâtre.

Cette espèce, qui aurait besoin d'être étudiée sur un plus grand nombre d'exemplaires, me paraît, jusqu'à nouvel ordre, bien distincte de la précédente. Je n'en ai vu que trois individus rapportés par MM Broussais, ils appartenaient tous trois à M. Aubé, qui a bien voulu me permettre d'en garder un pour ma collection.

145. A. TRUNCATELLUS. *Ferrugineus, subnitidus, subtilissimè punctulatus; elytris fusconigris, pube sericeà adumbratis, maculà posticà flavà ornatis, apice subtruncatis; femoribus vix infuscatis.* — Long. 0,0027. Lat. 0,0009. — India Orientalis.

Cette espèce indienne, voisine de la précédente par la taille, se rapproche davantage du *Longiceps* par la longueur de la tête et par la forme du corselet, qui est également d'un tiers plus long que large, fortement arrondi antérieurement, faiblement resserré aux deux tiers de la longueur, dilaté de nouveau à la base, avec un goulot très-court, mais distinctement détaché du lobe. Les élytres de même couleur, plus brillantes et moins pubescentes, se distinguent par une tache jaunâtre arrondie située vers les trois quarts de la longueur; elles sont encore plus transparentes et foliacées que dans les deux espèces précédentes, subparallèles, et tronquées presque carrément à leur extrémité; les omoplates sensiblement saillantes et miroitantes sont suivies d'une dépression transversale assez profonde. Dessous du corps d'un brun rougeâtre; pattes longues et grêles, testacées, avec l'extrémité des cuisses légèrement obscure.

Cette espèce habite l'Inde, et fait partie des récoltes de Helfer. Je n'en ai vu que deux individus qui m'ont été communiqués par le musée de Prague.

144. A. Piceus. *Totus piceus, subnitidus, subtilissimè punctulatus; elytris valdè convexis pube tenuissimâ adumbratis; antennarum basi tarsisque rufescentibus.*—Long. 0,0025. Lat. 0,0008. — India Orientalis.

Entièrement d'un brun également foncé sur la tête, le corselet et les élytres. Tête lisse et brillante, un peu rougeâtre sur le chaperon, imperceptiblement pointillée, pas plus longue que large, très-arrondie postérieurement; les yeux vitrés, assez saillants; les antennes plus longues que la moitié du corps, ferrugineuses à la base, brunes et sensiblement renflées au sommet. Corselet aussi finement pointillé que la tête, assez brillant, presque glabre, moins large que la tête, sensiblement oblong, mais moins que celui du *Truncatellus*, d'un quart seulement plus long que large, très-régulièrement arrondi jusqu'aux deux tiers, où a lieu un étranglement assez sensible, suivi d'une dilatation basilaire; fossette latérale très-creuse; goulot excessivement court et moins détaché que dans l'espèce précédente. Elytres brillantes, très-finement pointillées, même sous une forte loupe, revêtues dans les individus très-frais d'un duvet excessivement fin et court, qui disparaît au moindre frottement, trois fois au moins aussi larges que le corselet, et moins de deux fois aussi longues que larges, sensiblement dilatées sur les côtés, trapézoïdales antérieurement, ovalaires postérieurement, sensiblement convexes sur le disque, les omoplates lisses et fortement saillantes, suivies d'une dépression transversale assez profonde, presque toujours déhiscentes postérieurement et laissant voir les ailes inférieures. Dessous du corps et pattes noirâtres, à l'exception des tarses, qui sont ferrugineux, et des tibias, qui tournent au brun rouge. Les différences sexuelles, autant que j'ai pu les reconnaître, se réduisent à une légère échancrure du dernier segment supérieur de l'abdomen dans le mâle.

Variété : *Coloration décroissante : b.* Tête et corselet d'un brun rougeâtre, tibias ferrugineux.

Cette espèce habite l'Inde, où elle a été abondamment recueillie par le docteur Helfer. J'en possède plusieurs exemplaires qui m'ont été donnés par le musée de Prague. M. Hope m'a communiqué un individu du Nepaul qui me paraît appartenir à cette espèce.

β. Capite transverso, posticè parùm rotundato; thorace suprà antè basin foveolato (f. 3).

145. A. Fugax. *Ferrugineus, subnitidus, subtilissimè punctulatus, tenue pubescens; elytris fuscis, maculâ ponè humerum triangulari, alterâque ponè medium ovatâ, usque ad apicem productâ, flavescentibus.* — Long. 0,002. Lat. 0,0007. — India Orientalis.

Tête ferrugineuse, lisse et brillante, sans ponctuation distincte, légèrement transversale, arrondie aux angles postérieurs, convexe sur le disque ; les yeux vitrés, assez saillants ; les antennes jaunâtres, obscures au sommet, de la longueur de la moitié du corps, sensiblement renflées vers l'extrémité. Corselet ferrugineux, terne, finement rugueux, ombragé d'une fine pubescence jaunâtre, moins large que la tête, un peu plus long que large, peu convexe en dessus, régulièrement arrondi antérieurement, les pommettes modérément saillantes, rétréci vers les deux tiers et sensiblement dilaté à la base, avec les côtés fortement bisinués, laissant apercevoir postérieurement une petite fossette médiale, arrondie et séparée de la base par une légère saillie ou renflement du bord postérieur ; goulot antérieur distinct, mais excessivement court. Elytres d'un brun jaune peu brillantes, finement pointillées, revêtues d'un duvet jaunâtre peu adhérent, ornées chacune de deux grandes taches jaunes, l'une derrière l'épaule, triangulaire, l'autre un peu au-delà du milieu, de forme ovale, s'étendant d'un côté jusqu'au bord latéral, et de l'autre, n'étant séparée de la tache voisine que par un faible intervalle de la couleur du fond, qui se prolonge plus ou moins en pointe le long de la suture, mais non jusqu'au bout, de manière que les deux taches finissent par se réunir et par couvrir tout le bord postérieur ; deux fois et demie au moins aussi larges que le corselet, une fois et trois quarts à peine aussi longues que larges, trapézoïdales antérieurement, sensiblement dilatées sur les côtés et ovalaires postérieurement, fortement convexes surtout postérieurement ; les omoplates sensiblement saillantes et suivies d'une dépression transversale plus ou moins sensible. Dessous du corps noirâtre ; pattes jaunâtres.

VARIÉTÉ : *Coloration décroissante : b.* Entièrement d'un jaune sale, légèrement roussâtre, de même teinte sur les élytres que sur la tête et le corselet ; les taches un peu plus pâles et obsolètes. Je n'ai vu que cette variété ; mais il en existe probablement d'autres à coloration croissante, dans lesquelles les taches postérieures doivent se trouver entièrement circonscrites par la couleur du fond.

Cette espèce habite les Indes-Orientales, où elle a été recueillie par le docteur Helfer. J'en ai vu plusieurs exemplaires qui m'ont été communiqués par le musée de Prague.

146. A. FOSSICOLLIS. *Ferrugineus, subnitidus, subtilissimè punctulatus, grisco-pubescens, elytris fusco-brunneis, apice obsoletè rufo-maculatis.* — Long. 0,0022. Lat. 0,0007 (f. 3). — India Orientalis.

Cette espèce, un tant soit peu plus grande que la précédente, en est tellement voisine, qu'il suffira de quelques mots pour faire comprendre en quoi elle en diffère. La tête et le corselet sont également d'un rouge testacé ; la tête est exactement de même forme ; le corselet est rétréci un peu plus en arrière, et la fossette de la base (f. 3), plus creuse, moins arrondie, plus transversale, va se réunir par ses deux extrémités aux fossettes latérales, qui sont très-profondes. Les élytres, plus parallèles et moins convexes, ont les épaules carrées et bien détachées ; elles sont d'un brun foncé, entièrement voilées d'une pubescence grise, et ornées

tout-à-fait à l'extrémité d'une tache apicale rougeâtre, oblongue, plus
ou moins obsolète. Dessous du corps noirâtre, pattes entièrement testacées.

VARIÉTÉ : *Coloration décroissante : b.* Elytres d'un brun jaune sale
et décoloré, avec les taches apicales jaunâtres.

Cette espèce provient aussi des récoltes de Helfer dans l'Inde ; j'en ai
vu trois individus qui m'ont été communiqués par le musée de Prague.

DIX-SEPTIÈME GROUPE.

Thorace breviusculo, nonnunquam transverso ; lateribus non
bisinuato (f. 1, *a*, *b*, et 4, *a*).

Ce groupe important contient vingt-huit espèces toutes européennes (1), à l'exception de la dernière, qui est de l'Inde. Nous y
avons introduit les subdivisions suivantes :

A Elytres noires à taches rouges ou jaunes.

    α. Antérieurement et postérieurement

      tachées . . . . , Espèces   147 à 155

    β. A bande postérieure seulement.   156 à 160

B Elytres noires sans tache.

    α. Allongées, parallèles, très-plates

      (f. 6) . . . .   161 à 166

    β. Ovales au moins dans un des sexes

      (f. 5, *a*, *b*, *c*, et 7) . . . . .   167 à 169

    γ. Subparallèles et subcylindriques .   170 à 175

DESCRIPTION DES ESPÈCES.

A. **Elytris nigris flavo vel rufo-maculatis.**
    α. Anticè et postice maculatis.

147. A. NECTARINUS. *Fusco-niger, subopacus, griseo-pubescens, thorace rufo, elytris
maculâ ponè humerum triangulari alterâque versus apicem irregulari flavis; antennarum basi,
tarsisque testaceis.* — Long. 0,0035 ad 0,004. Lat. 0,0012 ad 0,0014. — Germania.
Sibiria.

Notoxus Nectarinus, Panz. Entom. Germ. t. 1, p. 87 (1795). *Id.* Faun. Germ. Fasc.
23, tab. 8. *Id.* Krit. Revis. der Ins. Faun. t. 1, p. 61. — Oliv. Encycl. Meth. t. 8,
p. 593.

Anthicus Nectarinus, Schh. Syn. t. 2, p. 56. — Schmidt, Stett. Ent, Zeit. t. 5, p. 126.

Anthicus Bicinctus, Hummel, Essais Entom. pars. 4, p. 49 (1826) (2).

---

(1) Nous comprenons parmi les espèces européennes , suivant l'usage généralement reçu,
celles des côtes barbaresques et celles de la région caucasienne.

(2) *Anthicus Sibiricus*, Dej. Cat. 1836, p. 238.

Tête noirâtre, peu brillante, très-finement pointillée et finement pubescente, transversale, trapézoïdale postérieurement, avec les angles postérieurs arrondis, peu convexe sur le disque; les yeux vitrés, subtriangulaires, assez grands et assez saillants ; les antennes testacées dans leur première moitié, le reste d'un brun plus ou moins foncé, de la longueur de la moitié du corps, peu moniliformes, et faiblement renflées au sommet. Corselet rouge, très-finement pointillé et entièrement ombragé d'un duvet grisâtre, presque aussi large que la tête, pas plus long que large, très-peu convexe, très-faiblement arrondi antérieurement, les pommettes légèrement saillantes, rétréci faiblement un peu avant la base qui ne paraît pas distinctement marginée, fossettes latérales presque nulles, réduites à un sillon qui suit les contours de la base ; goulot antérieur entièrement nul. Écusson noir, peu distinct, obtus au sommet. Élytres d'un brun foncé, peu brillantes, couvertes d'une ponctuation très-fine, qui donne naissance à une pubescence grise, courte, mais assez abondante, ornées chacune de deux taches d'un beau jaune, l'une irrégulièrement triangulaire à une certaine distance de l'épaule et de la suture, l'autre presque apicale, bizarrement contournée, ne touchant pas la suture, mais atteignant le bord latéral sur une assez grande longueur, plus de deux fois aussi larges que le corselet même à la base, et presque deux fois aussi longues que larges, peu convexes, souvent même aplaties en dessus, carrées à la base, avec les angles huméraux arrondis, parallèles sur les côtés, régulièrement arrondies à l'extrémité, les omoplates quelquefois très-légèrement saillantes. Dessous du corps noir ; cuisses noirâtres; tibias et tarses testacés.

Toutes mes recherches pour reconnaître les caractères sexuels ont été infructueuses, tant à cause du petit nombre d'individus que j'ai eus sous les yeux, qu'à cause de leur mauvais état de conservation. L'analogie me porte à croire que cette espèce, comme la plupart de celles du même groupe, a l'abdomen semblablement terminé dans les deux sexes. Peut-être les individus les plus cylindriques sont-ils des mâles, et les plus aplatis des femelles.

Variétés : *Coloration croissante* : β. Corselet de même teinte que les élytres; taches antérieures et postérieures petites, en forme de bandes transversales (Var. γ, Schmidt).

Coloration décroissante : b. Les taches comme dans α ; la tête et les cuisses aussi rouges que le corselet; les antennes presque entièrement ferrugineuses (Var. β, Schmidt).

c. Semblable à *b*, mais de plus les deux taches antérieures réunies sur la suture et formant un large chevron ouvert vers la base (C'est à peu près la variété δ de Schmidt, il n'y manque que la réunion des taches postérieures sur la suture, que je n'ai remarquée dans aucun individu).

d. Semblable à *c* ; de plus les taches postérieures très-agrandies et réunies, non pas à leur partie antérieure, mais tout-à-fait à l'extrémité des élytres, de manière à envelopper une petite tache noire commune, arrondie, qui se rattache le long de la suture à la bande noire du milieu (C'est à peu près la variété ζ de Schmidt).

M. Schmidt signale en outre une variété à élytres entièrement jaunes, avec une grande tache carrée à la base, et l'extrémité noires. N'ayant eu sous les yeux qu'une douzaine d'exemplaires, il n'est pas étonnant que cette variété extrême ne s'y soit pas rencontrée.

Cette belle espèce, décrite pour la première fois par Panzer, en 1795, et figurée par lui, dans sa *Faune de Germanie*, habite non-seulement le nord de l'Allemagne, mais aussi la Sibérie, et les déserts des Kirguises. C'est positivement celle que M. Dejean avait placée dans sa collection, sous le nom de *Sibiricus*, que Hummel a décrite sous celui de *Bicinctus*, et qne Ledebours, au témoignage de Gebler, a recueillie abondamment sur les bords de l'Irtysch et aux environs de Loktewsk. Il n'est pas possible d'établir une différence entre les individus de l'une et de l'autre contrée. Les mêmes variétés se retrouvent de part et d'autre. En Allemagne, c'est surtout près de Magdebourg qu'on a rencontré cet insecte, sur les tiges du *Triticum repens*, dans les fossés qui entourent la citadelle. Je ne sache pas qu'il ait jamais été pris en France, et je pense que c'est par erreur qu'Olivier, dans l'*Encyclopédie méthodique*, dit qu'il a été trouvé sur les montagnes aux environs de Clermont, en Auvergne. L'*Anthicus Nectarinus* cité par M. Dejean dans son catalogue appartient à l'espèce suivante, qui est très-voisine de celle-ci, mais beaucoup plus petite.

148. A. Sanguinicollis. *Nigro-piceus, subnitidus, parcè et tenuissimè pubescens, thorace rufo, clytris fasciâ ponè humerum obliquâ maculâque versùs apicem rotundatâ flavis, antennarum basi tibiis tarsisque testaceis.* — Long. 0,0022 ad 0,0028. Lat. 0,0007 ad 0,0009. — Europa meridionalis.

Anthicus Terminatus, Schmidt (non Dej.), Stett. Ent. Zeit. t. 3, p. 128 (1842).

Anthicus Ruficollis, Schmidt, ibid., p. 172 (var. δ, ε et ζ nobis) (1).

Cette espèce, dans laquelle M. Dejean avait cru reconnaître le *Nectarinus* de Panzer, en est tellement voisine qu'il n'existe, à bien dire, entre les deux insectes, qu'une différence de taille. M. Schmidt qui a décrit, sous deux noms différents, deux variétés extrêmes de cette espèce, a fait la même remarque en décrivant son *A. Terminatus* (qui n'est pas, comme il le pensait, le *Terminatus* Dej.). Telle est l'analogie qui existe entre ces deux espèces, qu'il suffit de dire que la tète et le corselet du *Sanguinicollis* sont identiques, à la taille près, avec les mêmes parties du *Nectarinus*, tant pour les formes que pour la couleur; la tête dans les individus pris pour type étant noirâtre et le corselet d'un rouge plus ou moins vif. La forme des élytres n'offre pas non plus de différence sensible, elles sont également parallèles et carrées à la base, peut-être plus habituellement cylindriques et moins aplaties, la consistance foliacée est

---

(1) *Anthicus Nectarinus,* **Dj.** (non Panzer), Cat. 1836, p. 138.

la même, la ponctuation encore plus fine et la pubescence moins abondante et plus fugitive. La couleur est également le brun foncé. Quant aux taches, bien qu'elles occupent les mêmes places, elles sont loin d'avoir les contours aussi nettement arrêtés que dans le *Nectarinus*. Elles sont beaucoup plus inconstantes et susceptibles de disparaître entièrement. Dans les individus où elles acquièrent tout leur développement, la tache antérieure forme derrière l'épaule une bande oblique jaune, qui le plus habituellement se réunit sur la suture à celle de l'autre élytre; il n'est pas rare cependant que la suture noire les sépare l'une de l'autre. La postérieure, de forme arrondie, est placée aux trois quarts de la longueur très-près du bord, qu'elle atteint quelquefois, et assez loin de la suture, qu'elle n'atteint jamais. Les antennes sont testacées, avec les trois à quatre derniers articles noirâtres, les pattes également testacées, avec les cuisses brunes, et le dessous du corps entièrement noirâtre. Les différences sexuelles peu évidentes et difficiles à saisir, se réduisent chez le mâle à une faible troncature du dernier segment supérieur de l'abdomen, sans saillie apparente du pigidium.

Variétés : *Coloration décroissante :* b. Taches des élytres comme dans α, plus ou moins apparentes, tête et cuisses entièrement rouges comme le corselet. Il existe au musée de Berlin des individus de Corfou et de Smyrne à élytres décolorées, qui trouveraient leur place à la suite de cette variété.

Coloration croissante : β. Elytres très-foncées, taches obsolètes, à peine distinctes, tête noire, corselet, antennes et pattes, tantôt comme dans α, tantôt confondues dans une teinte noirâtre.

γ. Taches antérieures seules visibles, quelquefois même aussi vives que dans α ; taches postérieures nulles; coloration du corselet, des antennes et des pattes plus ou moins vive, suivant que les taches sont plus ou moins apparentes.

δ. Elytres sans taches, plus ou moins foncées, quelquefois très-noires, tête et corselet d'un rouge quelquefois très-vif.

ε. Elytres sans taches, entièrement noires, tête noirâtre, corselet, base des antennes, tibias et tarses ferrugineux; souvent une teinte noirâtre à la partie antérieure du corselet (Cette variété est le type de l'*A. Ruficollis* de M. Schmidt).

ζ. Elytres et tête noires, corselet, antennes et pattes noirâtres, un peu moins foncés que les élytres.

Cette espèce appartient essentiellement aux régions méridionales de l'Europe, elle a été trouvée assez abondamment aux environs de Marseille par M. Solier, et à Fréjus par M. Kunze, dans les Alpes du Piémont par M. Ghiliani, et en Dalmatie par M. Karr. J'en ai vu au musée de Berlin des individus recueillis, les uns en Portugal, dans la province d'Algarve, les autres à Corfou, à Smyrne, et jusque dans la Crimée. Ce sont des individus de Corfou, à taches apparentes, que M. Schmidt (d'après je ne sais quelle autorité), à décrits sous le nom de *Terminatus*, Dej., réservant celui de *Ruficollis* aux exemplaires à élytres noires que M. Kunze avait rapportés de la Provence (1). Quant à l'insecte que M. Déjean a appelé *Terminatus*, la description de M. Schmidt ne peut nullement lui convenir, puisque au lieu d'une tache ante-apicale jaune sur un fond noir, il a une tache tout-à-fait apicale noire sur un fond jaunâtre. Nous aurions voulu conserver à cette espèce un des deux noms de M. Schmidt, mais d'une part celui de *Terminatus*, qui ne lui convient nullement, a dû être restitué par nous au véritable *A. Terminatus* de M. Déjean. D'un autre côté, celui de *Ruficollis*, avait déjà été employé par M. Saunders, pour une espèce des Etats-Unis d'Amérique décrite en 1836; et nous avons été obligés d'introduire ici une dénomination nouvelle.

.149. A. MYLABRINUS. *Lœtè rufo-ferrugineus, subnitidus, tenuè pubescens; capite, antennarum apice, elytrisque nigris; his fasciis duabus testaceis, pube densá cinereá vestitis.* — Long. 0,0026 ad 0,0029. Lat. 0,0009 ad 0,001 (f. 1, *a*, *b*). — Sardinia.

Anthicus Mylabrinus, Géné, Insect. Sard. Fasc. 2, p. 34, tab. 2, f. 13 (1839).

Tête parfaitement noire, peu brillante, semée de très-petits points peu rapprochés, et revêtue d'un duvet très-fin, faiblement transversale, légèrement arrondie postérieurement; cou nullement apparent, entièrement enfoncé dans le corselet; les yeux petits, très-peu saillants; les palpes noirs; les antennes très-robustes, de longueur ordinaire, assez moniliformes et renflées vers le sommet; les six à sept premiers articles ferrugineux, les autres noirâtres. Corselet (f. 1, *b*) d'un rouge très-vif, lisse et brillant, sans ponctuation distincte, même sous une forte loupe, très-légèrement pubescent, aussi large que la tête, un peu plus long que large, transversalement arrondi, globuleux et dilaté antérieurement, les pommettes fortement saillantes, sensiblement rétréci, un peu au-delà du milieu, les côtés se dirigeant ensuite parallèlement vers la base, qui est très-finement marginée; fossettes latérales profondes et très-miroitantes; goulot antérieur nul. Écusson assez visible, en triangle régulièrement équilatéral. Elytres (f. 1, *a*) noires, imperceptiblement pointillées et ombragées d'un duvet très-fin et très-court qui en ternit l'éclat, de consistance beaucoup plus solide et moins diaphanes que dans les deux espèces précédentés, ornées de deux belles bandes d'un rouge orangé, dont l'éclat est tempéré par une pubescence roussâtre et veloutée qui leur est particulière; la bande antérieure située à peu de distance derrière l'épaule, assez régulièrement transversale, s'élargissant vers le bord latéral, qu'elle atteint complétement, et rétrécie vers la suture, où elle se réunit le plus habituellement à celle de l'autre épaule, la bande postérieure située vers les deux tiers de la longueur, très-légèrement oblique, atteignant également le bord latéral, et constamment réunie à sa voisine sur la suture; plus de deux fois aussi longues que larges; carrées à la base et parallèles sur les côtés dans le mâle, un peu plus arrondies latéralement dans la femelle, régulièrement arrondies à l'extrémité; les omoplates sensiblement sail-

---

(1) M. Kunze, en me communiquant tous les types des descriptions de M. Schmidt, m'a mis à même d'établir cette synonymie avec toute la certitude désirable.

lantes et suivies d'une dépression transversale qui correspond exactement
à la bande antérieure. Dessous de la poitrine rouge, abdomen noirâtre
Pattes entièrement d'un rouge très-vif. Le mâle se distingue, comme nous
l'avons déjà dit, par une forme plus parallèle et plus carrée antérieurement. Son abdomen, peu saillant, est tronqué un peu en arrondissant,
tandis que celui de la femelle, quelquefois très-saillant, se termine en
pointe.

VARIÉTÉ. *Coloration croissante :* β. Le premier article des antennes
et les cuisses noirâtres, sans aucune modification de la couleur ni de la
grandeur des taches.

Cette belle et brillante espèce, décrite depuis quelques années par
M. Géné, dans le second fascicule de ses insectes de Sardaigne, paraît
tout-à-fait particulière à cette île. Elle a été recueillie assez abondamment
dans les localités sablonneuses et aux bords des lacs, dans la partie orientale de l'île.

150. A. LEPTOSTEMMA. *Obscuré ferrugineus, subnitidus, leniter pubescens, elytris brunneis, maculis in utroque duabus subrotundatis, alterâ pone humerum, alterâ ante apicem flavo-
testaceis.* — Long. 0,0025. Lat. 0,0009. — Georgia.

Anthicus Leptostemma, Kolenati, Meletemata Entom. Fasc. 3, p. 35, Petropoli, 1846.

Tête d'un brun rouge plus ou moins foncé, assez brillante, finement
pointillée, couverte d'une pubescence grisâtre, faiblement transversale, peu
arrondie postérieurement ; les yeux ovales, médiocrement saillants ; les
antennes de longueur et de forme ordinaire, d'un ferrugineux clair à la
base, noirâtres vers l'extrémité. Corselet brun en dessus, rougeâtre en
dessous et sur les bords, sensiblement moins large que la tête, un peu
plus long que large, transversalement arrondi antérieurement, pommettes assez saillantes, suivies d'une fossette profonde, dont le fond est lisse,
peu sinué sur les côtés, rétréci vers les deux tiers et très-légèrement dilaté latéralement à la base, qui est finement marginée. Elytres brunes,
plus ou moins foncées, finement pointillées et ombragées d'un fin duvet
grisâtre, ornées chacune de deux grandes taches jaunâtres, l'une derrière
l'épaule, imparfaitement ovalaire, l'autre régulièrement arrondie, tout près
de l'extrémité, sans être cependant apicale ; deux fois et demie environ
aussi larges que le corselet, moins de deux fois aussi longues que larges,
carrées à la base, ovalaires postérieurement, légèrement dilatées sur les
côtés, la plus grande largeur au-delà du milieu. Dessous du corps brun,
pattes entièrement d'un jaune testacé vif.

VARIÉTÉ : *Coloration décroissante : b.* Taches antérieures et postérieures réunies deux à deux sur la suture, et les unes aux autres le long
de la suture. Cette espèce doit varier beaucoup dans un sens comme dans
l'autre, et offrir d'une part des individus noirs à taches obsolètes, de l'autre des individus jaunâtres dont les taches auraient envahi tout ou partie
de la couleur du fond. Très-voisine du *Fasciatus,* Chev., elle s'en distingue facilement par son corselet, beaucoup moins large et moins glo-

buleux, et par l'emplacement de la tache postérieure des élytres, qui est beaucoup plus près de l'extrémité.

Cette espèce habite les provinces Transcaucasiennes de l'empire russe; elle est du nombre de celles qui ont été décrites en 1846 à Saint-Pétersbourg par M. Colenati, dans ses *Meletemata Entomologica;* j'en dois trois exemplaires à l'obligeance de M. le baron de Chaudoir.

151. A. Rectipennis. *Nigro-fuscus, subopacus, sericeo-pubescens; thoracis basi, elytrorum fasciis duabus, tibiis tarsisque, testaceis. Elytris oblongo-parallelis.* — Thoracis et elytrorum longitudo, 0,002. Lat. 0,0008. — Georgia.

Encore une espèce Caucasienne, très-voisine de la précédente, mais dont je n'ai reçu qu'un individu sans tête. Corselet noirâtre antérieurement, testacé postérieurement et sur les faces latérales, couvert d'un duvet soyeux qui en cache la ponctuation, de forme courte, légèrement transversale, peu arrondi antérieurement; les pommettes très-saillantes et presque anguleuses, les fossettes très-profondes, sensiblement rétréci à la base; goulot antérieur extrêmement court et peu détaché du lobe. Elytres brunes, revêtues d'un abondant duvet roussâtre qui les fait paraître ternes, ornées de deux larges bandes transversales jaunes communes, qui paraissent résulter par décoloration de la réunion de taches non communes; forme essentiellement parallèle, étroite et cylindrique, deux fois seulement aussi larges que le corselet, et deux fois aussi longues que larges, très-carrées à la base, rectilignes sur les côtés, régulièrement arrondies postérieurement. Dessous du corps très-noir, cuisses d'un brun foncé; les tibias et les tarses d'un jaune testacé très-vif.

Je n'oserais pas affirmer que cette espèce soit susceptible d'autant de variation que la précédente ou que le *Fasciatus*, Chev. Le seul individu ici décrit offre cela de remarquable, que malgré le peu de coloration des élytres, le dessous du corps est d'un noir et les cuisses d'un brun très-foncé, qui contraste avec la couleur claire des tibias et des tarses.

Cet individu m'a été envoyé par M. de Chaudoir, et a été recueilli, comme ceux de l'espèce précédente, dans les provinces Transcaucasiennes de l'empire russe.

152. A. Terminatus (1). *Obsoletè fuscus, subopacus, sericeo-pubescens, antennarum basi, tibiis, tarsis elytrisque lividè testaceis; his maculá scutellari apicalique fuscis, lateribus nonnihil rotundatis.* — Long. 0,002. Lat. 0,0007. — Græcia.

Tête noirâtre, brillante, presque glabre, sans ponctuation appréciable, transversale, carrée postérieurement, avec les angles postérieurs arrondis, sillon occipital court, mais distinct, assez convexe sur le disque; les yeux petits et très-peu saillants; les antennes testacées à la base, obscures vers l'extrémité, semblables pour la forme à celles du *Fasciatus.* Corselet noirâtre, terne, entièrement ombragé d'un duvet roussâtre, aussi large que la tête, pas plus long que large, peu transversalement arrondi et assez

---

(1) *Anthicus Terminatus,* Dej. Cat. 1836, p. 238.

convexe antérieurement, les pommettes saillantes et même anguleuses, faiblement rétréci peu au-delà du milieu, les côtés tombant ensuite carrément sur la base, qui est moins foncée que le disque ; fossettes latérales assez profondes et jaunâtres ; goulot antérieur presque nul. Elytres d'un jaune sale, ternes, très-finement pointillées, entièrement revêtues d'un fin duvet roussâtre, avec deux taches noirâtres communes, l'une à la base, autour de l'écusson, l'autre tout-à-fait à l'extrémité ; deux fois seulement aussi larges que le corselet, et à peine une fois et trois quarts aussi longues que larges, carrées à la base, avec les épaules arrondies, et peu détachées, très-faiblement dilatées sur les côtés, ovalaires postérieurement, peu convexes en dessus, sans apparence de saillie aux omoplates. Dessous du corps et cuisses noirâtres, tibias et tarses d'un jaune testacé livide.

Je ne puis voir dans l'individu ici décrit qu'une variété très-décolorée d'une espèce bifasciée, comme le *Rectipennis*, dont les bandes jaunes se seront réunies au point d'envahir entièrement l'espace noirâtre qui les sépare dans l'état normal. Très-voisine des deux précédentes, elle se distingue du *Leptostemma* par la forme du corselet, qui est beaucoup plus large, avec les pommettes beaucoup plus saillantes, et du *Rectipennis* par la forme des élytres, qui ne sont pas aussi parallèles, mais calquées pour la coupe sur celles du *Leptostemma*.

Cette espèce, trouvée en Grèce, est le véritable *Terminatus* de la collection de M. Dejean, qui l'avait reçu de M. Dumont-Durville. Je ne vois que la communauté de patrie qui ait pu engager M. Schmidt à reconnaître cette espèce dans des Anthicus de Corfou, qui appartiennent sans nul doute à la même espèce que son *Ruficollis* (*Sanguinicollis*, nobis).

153. A. Dejeanii (1). *Rufo-ferrugineus, subnitidus, tenue pubescens ; capite, antennarum apice, elytrisque nigris, his fasciis duabus testaceis, pube cinereá vestitis ; A. Mylabrino valdè affinis sed duplò minor.* — Long. 0,0015. Lat. 0,0005. — Dalmatia. Sardinia.

Cette espèce est, par rapport au *Mylabrinus*, ce que le *Sanguinicollis* est par rapport au *Nectarinus*, c'est-à-dire qu'il n'y a, à bien dire, entre ces deux espèces, qu'une différence de taille qui est ici de plus de moitié. Tête noire et lisse, sans ponctuation distincte, presque glabre, légèrement transversale, légèrement arrondie postérieurement ; les yeux faiblement saillants ; les palpes roussâtres ; les antennes ferrugineuses jusqu'à la moitié, noires dans le reste de leur longueur, relativement aussi longues, aussi robustes et aussi moniliformes que celles du *Mylabrinus ;* cou apparent, la tête n'étant pas, comme dans cette espèce, en contact immédiat avec le corselet. Corselet également rouge, brillant, et voilé d'un fin duvet roussâtre, mais moins transversalement arrondi et moins dilaté antérieurement, les pommettes moins détachées, rétréci plus près de la base ; goulot antérieur extrêmement court, mais formant antérieurement une

---

(1) *Anthicus Nectarinus*, var. Dej. Catal. 1856, p. 238.

petite marge distincte. Elytres exactement semblables, à la taille près, à celles du *Mylabrinus* pour la forme, la couleur, la pubescence et les taches, avec cette seule différence que les taches antérieures s'unissent presque toujours aux postérieures le long de la suture, et que la dépression posthumérale est beaucoup moins sensible et quelquefois entièrement nulle. Dessous du corps, y compris la poitrine, entièrement noirâtre, pattes entièrement testacées.

A défaut des différences abdominales, qui sont peu apparentes, les sexes se distinguent, savoir : le mâle par la forme des élytres, carrées antérieurement et parallèles sur les côtés, et la femelle par leur forme sensiblement ovalaire. Quoique cette différence ne soit pas à beaucoup près aussi tranchée que dans l'*A. Fasciatus,* elle est néanmoins telle que j'ai hésité à réunir des femelles prises en Dalmatie par M. Dejean, à des mâles recueillis en Sardaigne par M. Géné. L'analogie cependant me porta à opérer un rapprochement qui fut confirmé plus tard par la comparaison d'une femelle de Sardaigne identique à celles de Dalmatie.

VARIÉTÉS : *Coloration croissante :* β. Comme dans le *Mylabrinus,* premier article des antennes et des cuisses noirâtres.

Coloration décroissante : b. Tête rougeâtre, élytres à fond plutôt brun que noir, les bandes comme dans α , tantôt entièrement séparées , tantôt réunies, l'antérieure à la postérieure, le long de la suture.

Cette jolie petite espèce, recueillie pour la première fois par M. Dejean en Dalmatie, existait depuis longtemps dans sa collection, confondue avec son *Nectarinus* (*A. Sanguinicollis,* nobis), il en avait trois individus femelles appartenant tous trois à la variété *b.* Depuis, M. Géné a retrouvé en Sardaigne toutes les variétés que nous avons décrites.

154. **A.** CORSICUS. *Ferrugineus , subnitidus, tenuissimè pubescens; capite, antennarum apice, elytrisque nigris, his breviusculis, fasciis duabus testaceis.* — Long. 0,0014. Lat. 0,0005. — Corsica.

J'ai longtemps hésité à séparer cette espèce de la précédente, avec laquelle elle a les plus grands rapports de taille , de couleur et de dessin. Mais il est certain que la tête de celle-ci est proportionnellement plus grosse, le corselet plus étroit et surtout les élytres plus courtes, en d'autres termes, le corselet de celle-ci est sensiblement moins large que la tête, et les élytres ne sont guère qu'une fois et deux tiers aussi longues que larges, tandis que dans celles du *Dejeanii,* la longueur excède au moins des trois quarts la largeur. Quant à la couleur, voici les différences ; les antennes, noires dans leur seconde moitié, ont de plus l'article basilaire noir comme dans la variété β de l'espèce précédente, sans que les cuisses cessent d'être rougeâtres; la tête est d'un noir plus complet et plus foncé; le corselet est d'un rouge moins vif qui ne diffère guère de la teinte des taches; la bande postérieure des élytres est plus rapprochée de la bande antérieure, et le bord apical est en outre légèrement rougeâtre.

Cette espèce a été prise en Corse, je n'en ai vu que deux individus mâles, à élytres parallèles et carrées antérieurement; ils appartenaient l'un et l'autre à M. Chevrolat, qui a bien voulu m'en abandonner un.

155. A. Fasciatus. *Ferrugineus, subopacus, sericeo-pubescens, capite, antennarum apice, thoracis anticá parte elytrisque fusco-nigris; his maculá ponè humerum triangulari fasciâque posticá communi ferrugineis.*

Mas : *Alatus, elytris parallelis anticè quadratis.*

Femina : *Subaptera, elytris ovalis, angulis anticis ferè nullis.*

Long. 0,0018 ad 0,0023. Lat. 0,0006 ad 0,0008 (f. 4, *a*, *b*, *c*). — Europa Meridionalis.

Mas : *Anthicus Fasciatus*, Chev. Iconogr. du règne anim. t. 3, 2° part. p. 131, pl. 34, fig. 9 (1829-1844). — *Anthicus Affinis*, la Ferté (non Dejean), Annales de la Soc. Entom. de France, t. 11, p. 248 (1842).

Femina : *Anthicus Antoniæ*, la Ferté, Annales de la Soc. Entom. de France, t. 11, p. 249, pl. 10, fig. 2 (1842). — *Anthicus Monogrammus*, Schmidt, Stett. Entom. Zeit. t. 3, p. 175 (1842) (1)..

Une des espèces les plus difficiles du genre, à cause de ses nombreuses variétés et de la différence de forme des deux sexes. Tête noirâtre, plus ou moins foncée, très-finement pointillée, revêtue d'un duvet grisâtre, qui en ternit l'éclat, assez fortement transversale, carrée postérieurement avec les angles postérieurs arrondis, convexe sur le disque; les yeux assez saillants; les antennes ferrugineuses à la base, noirâtres vers l'extrémité, de longueur ordinaire, robustes, moniliformes et renflées au sommet. Corselet (f. 4, *a*) rougeâtre, avec une tache noirâtre plus ou moins grande à la partie antérieure, ponctuation très-fine, entièrement voilée par un duvet soyeux, un peu moins large que la tête, un peu plus long que large, légèrement cordiforme, transversalement arrondi et fortement globuleux antérieurement, pommettes modérément saillantes, faiblement rétréci peu avant la base, fossettes latérales triangulaires, très-marquées et tapissées d'un duvet roussâtre; goulot antérieur très-large, très-court, et peu détaché du lobe. Ecusson assez distinct, arrondi au sommet. Elytres d'un noir peu foncé, un peu fuligineux, finement pointillées, entièrement recouvertes d'un abondant duvet argenté et très-soyeux, ornées derrière l'épaule (dans les individus considérés comme types), d'une tache triangulaire rougeâtre, à contours peu arrêtés, plus ou moins apparente, quelquefois très-obsolète, ordinairement séparée par la suture de celle de l'autre élytre, et en outre d'une bande transversale commune de même couleur, aux deux tiers de la longueur; la forme desdites élytres très-différente, suivant les sexes : dans le mâle (f. 4, *b*) sensiblement parallèles, carrées antérieurement, avec les angles huméraux légèrement arrondis, subfusiformes postérieurement, et recouvrant des ailes propres au vol; dans la femelle (f. 4, *c*), fortement ovalaires et plus convexes que dans le mâle, avec les angles huméraux presque nuls, transversalement

----

(1) Mas : (var. β, nobis) *Anthicus Unifasciatus*, Dej. Catal. 1836, p. 238.
Femina : (var. *b*, nobis) *Anthicus Bicinctus*, Dej. ibid.

arrondies à l'extrémité, ne recouvrant que des ailes rudimentaires impropres au vol, plus que doubles du corselet en largeur dans les deux sexes, une fois et trois quarts aussi longues que larges dans le mâle, une fois et deux tiers seulement dans la femelle; saillie des omoplates quelquefois un peu sensible dans le mâle seulement, et suivie d'une très-légère dépression transversale. Dessous du corps entièrement d'un noir brillant. — Nous n'avons rien à ajouter aux différences sexuelles que nous venons d'exposer, si ce n'est qu'elles se trouvent confirmées par la forme du dernier seg men abdominal, qui, dans les deux sexes, est entièrement recouvert par les élytres et très-faiblement tronqué dans le mâle.

Variétés : *Coloration croissante* : Comme il arrive quelquefois dans cette espèce que le corselet reste invariablement rouge, tandis que les élytres deviennent de plus en plus foncées, nous avons classé parallèlement et désigné par les mêmes lettres les variétés dont les élytres sont semblables, en distinguant par une double lettre celles dont le corselet reste rouge, de celles dont le corselet se rembrunit en même temps que les élytres.

αα. Elytres comme dans α, mais corselet entièrement rouge, sans apparence de tache noire.

β. Taches antérieures des élytres entièrement effacées ; corselet presque entièrement noir, légèrement rougeâtre à la base.

ββ. Elytres comme dans β ; corselet entièrement rouge ; la tête même rougeâtre ; l'extrémité des antennes toujours noirâtre ; variété particulière à la Sardaigne, communiquée par M. Géné sous le nom d'*Histrio*.

γ. Elytres entièrement d'un noir assez foncé, sans apparence de taches ; corselet comme dans β, noir avec une légère teinte rougeâtre à la base ; pattes toujours testacées, sans teinte brune sur les cuisses.

γγ. Elytres entièrement d'un brun grisâtre, sans tache distincte ; corselet, tête et pattes entièrement rouges ; l'extrémité des antennes toujours noirâtre.

Coloration décroissante : *b.* Taches antérieures des élytres réunies sur la suture, et envahissant presque toute la base. Corselet tantôt comme dans α, tantôt presque entièrement rougeâtre, mais conservant toujours antérieurement une petite tache noirâtre ; dessous du corps rouge, à l'exception des trois derniers anneaux de l'abdomen, qui restent noirâtres (*A. Bicinctus,* Dej.).

c. Elytres tout-à-fait décolorées, d'un jaune testacé plus ou moins pâle, avec l'extrémité et, vers le milieu, une tache latérale noirâtres. Tête néanmoins très-noire, extrémité des antennes toujours noirâtre ; corselet de même couleur que les élytres, avec une légère teinte obscure, antérieurement. Dessous du corps entièrement testacé, excepté l'extrémité de l'abdomen, qui est toujours légèrement obscure. Cette dernière variété, qui est peut-être le résultat d'une éclosion prématurée, a été trouvée par moi vers la mi-juin sur les fleurs, près de la fontaine de Vaucluse. Je dois observer que, généralement, les mâles sont plus foncés que les femelles. Ainsi sur une douzaine d'individus de la Provence que M. Mulsant m'a communiqués, il n'y a que trois mâles, qui appartiennent tous les trois à notre variété *β*, tous les autres sont des femelles à répartir entre les variétés *b* et *c*.

Cette espèce habite le midi de l'Europe, mais plus spécialement la France méridionale. Je l'ai recueillie pour ma part, à Vaucluse, au pont du Gard, aux environs de Montpellier et auprès de Perpignan. MM. Solier et Kunze l'ont prise aussi, le premier près de Marseille, le second aux environs de Nice. J'ai vu en outre des individus provenant de l'Autriche, de la Dalmatie, de Naples, de la Sicile, de la Sardaigne, et même de l'Espagne, où elle a été recueillie par M. Dufour.

Voici l'historique de cette espèce, qui a été longtemps pour moi une pierre d'achoppement. Nommée primitivement *Fasciatus* par Dahl, au témoignage même de M. Dejean, son nom a été changé par ce dernier en celui d'*Unifasciatus*, qui ne convient qu'à certaines variétés ; mais dans sa collection, il n'avait placé avec certitude sous ce nom que des individus mâles de notre variété *β*. Les femelles avaient été divisées ; les plus foncées, celles de nos variétés *α* et *β*, étaient réunies aux *A. Unifasciatus*, mais comme variété, et avec le signe du doute. Des autres, moins colorées et correspondant à notre variété *b*, il avait fait une espèce distincte sous le nom de *Bicinctus*. M. Chevrolat conserva le nom de Dahl, et décrivit le mâle avant 1840, dans l'*Iconographie du règne animal*. En 1842, j'ai décrit la femelle sous le nom d'*Antoniœ*, dans les *Annales de la société Entomologique de France*, pendant que M. Schmidt décrivait le même sexe sous le nom de *Monogrammus*. Quant au mâle, d'après une fausse indication de M. de Brême, je le décrivais sous le nom d'*Affinis*, Dejean, tandis que M. Schmidt le réunissait à son *Ruficollis*, comme j'ai pu m'en convaincre par les communications obligeantes de M. Kunze. De tous ces noms, celui de *Fasciatus* étant le plus ancien, doit avoir nécessairement la préférence.

β. Elytris posticè tantùm fasciatis.

156. **A. Venustus.** *Fusco-niger, subopacus, holosericeo-pubescens, thorace rufo, anticè infuscato; antennarum basi, clytrorum fasciá posticá pedibusque saturè ferrugineis, femoribus piceis.* — Long. 0,0022 ad 0,0025. Lat. 0,0007 ad 0,0008. — Lombardia.

Anthicus Venustus, Villa. Coleoptera Europæ dupleta, p. 33 (1833).

Anthicus Unifasciatus, Schmidt (non Dej.), Stett. Ent. Zeit. t. 3, p. 173 (1842).

Tête noire, assez brillante, très-finement pointillée, presque glabre, transversale, carrée postérieurement, avec les angles postérieurs arrondis, peu convexe sur le disque ; les yeux médiocrement saillants ; les antennes ferrugineuses à la base, moins le premier article, qui est ordinairement obscur, et noires vers l'extrémité, semblables pour la forme à celles du *Fasciatus*. Corselet rougeâtre, presque toujours marqué d'une tache noire, plus ou moins grande, au milieu du disque, terne, finement pubescent, un peu moins large que la tête, à peine plus long que large, assez régulièrement arrondi antérieurement, assez globuleux ; les pommettes plus saillantes que dans le *Fasciatus*, rétréci peu avant la base ;

fossettes latérales très-creuses ; goulot antérieur réduit à une marge imperceptible. Ecusson bien distinct, transversal, arrondi au sommet. Elytres d'un noir fuligineux, ternes, très-finement pointillées, abondamment revêtues d'un duvet soyeux, ornées postérieurement, vers les deux tiers de la longueur, d'une bande commune moins régulièrement transversale que dans le *Fasciatus,* mais formée de la réunion de deux bandes légèrement obliques, d'un ferrugineux obscur, plus ou moins obsolètes, se rétrécissant et s'oblitérant presque toujours en approchant du bord latéral ; de forme beaucoup plus étroite et plus allongée que dans le *Fasciatus ,* deux fois seulement aussi larges que le corselet, et deux fois environ aussi longues que larges, carrées à la base et parallèles dans les deux sexes (à moins que sur huit individus que j'ai comparés, il ne se soit trouvé que des mâles), régulièrement arrondies postérieurement, peu convexes en dessus, très-légèrement déprimées derrière les omoplates. Dessous du corps entièrement noir ; pattes ferrugineuses, avec les cuisses et quelquefois l'extrémité des tarses noirâtres. — Si l'abdomen présente quelque différence sexuelle dans la forme du dernier anneau supérieur, il est impossible de la reconnaître sans soulever les élytres qui recouvrent entièrement cet anneau.

Variétés : *Coloration décroissante :* *b.* Corselet entièrement rouge, taches postérieures quelquefois épanouies postérieurement et prolongées en pointe le long de la suture, quelquefois une faible teinte pâle derrière l'épaule, faisant pressentir la possibilité d'une tache antérieure.

Coloration croissante : β. Corselet entièrement noir, bande postérieure presque entièrement obsolète, réduite à une petite tache jaunâtre arrondie sur la suture ; antennes presque entièrement noirâtres.

Cette espèce, que je crois avoir suffisamment distinguée du *Fasciatus* mâle, a été trouvée en Lombardie par MM. Villa, et décrite sommairement par eux à la suite du Catalogue de leurs doubles, imprimé à Milan en 1833. M. Schmidt, qui avait eu le tort de ne pas réunir en une seule espèce les deux sexes du *Fasciatus,* avait rapporté le *Fasciatus* mâle, variété β, à l'espèce actuelle, et décrit le tout sous le nom d'*Unifasciatus,* Dej., c'est-à-dire sous le nom que le *Fasciatus* mâle, variété β, portait dans la collection Dejean. Pour sortir de cette synonymie, un peu confuse, nous avons donné la préférence au nom de MM. Villa, qui est déjà répandu dans un grand nombre de collections, et sanctionné depuis longues années, sinon par une description complète, au moins par une diagnose suffisamment claire et précise.

157. A. Ghilianii. *Niger, subopacus, holosericeo-pubescens ; thoracis extremá basi rufá ; elytris latiusculis, pube argenteá anticè vestitis, posticè flavo-fasciatis ; antennarum articulis 2° 3° et 4°, tibiis tarsisque pallidè ferrugineis.* — Long. 0,0027. Lat. 0,001. — Hispania.

Tête noire, brillante, finement pubescente, très-finement pointillée, sensiblement transversalé, presque carrée postérieurement, assez convexe ; les yeux petits, régulièrement ronds, assez saillants ; palpes noirâtres ; antennes de longueur ordinaire, grossissant peu vers le sommet, les der-

niers articles sont oblongs et triangulaires, les deuxième, troisième et
quatrième articles testacés, tous les autres, même le basilaire, noirâtres.
Corselet peu brillant, couvert d'une abondante pubescence grisâtre,
soyeuse, très-fine et très-courte, noir avec une bordure ferrugineuse à la
base, presque aussi large que la tête, un peu moins long que large, transversalement arrondi et fortement dilaté antérieurement, pommettes saillantes, assez brusquement rétréci peu au-delà du milieu, les côtés tombant ensuite carrément sur la base ; goulot antérieur comme dans le
Fasciatus, excessivement court et à large ouverture. Ecusson triangulaire, arrondi au sommet. Elytres noires, peu brillantes, très-finement
pointillées, entièrement revêtues d'une pubescence soyeuse, argentée, très-
fine et très-courte sur la partie postérieure, plus longue et moins fine sur
le premier tiers des élytres, où elle forme une large bande grisâtre ; ornées en outre, au-delà du milieu, d'une large bande transparente d'un jaune
pâle, non rectiligne, mais formant un chevron à large ouverture, opposé
à la base, dont les extrémités s'épanouissent légèremeut le long des bords
latéraux ; plus de deux fois aussi larges que le corselet, une fois et trois
quarts seulement aussi longues que larges, assez convexes et subcylindriques, très-carrées antérieurement, avec les épaules légèrement détachées
et une légère dépression transversale derrière les omoplates, faiblement
dilatées sur les côtés et débordant considérablement l'abdomen, ce qui
est rendu très-sensible (au moins dans l'individu observé) par la transparence de la tache postérieure, transversalement arrondie à l'extrémité,
qui recouvre presque entièrement l'abdomen. Dessous du corps noirâtre.
Pattes testacées, à l'exception des cuisses, qui sont brunes.

Je ne possède qu'un seul individu de cette espèce, recueillie en Espagne
par M. Ghiliani, auquel je suis heureux de pouvoir la dédier.

158. A. Andalusiacus. *Elongato-parallelus, nigro-fuscus, subopacus, holosericeo-pubescens; elytris valdè angustatis, pube argenteâ anticè vestitis, posticè flavo-fasciatis; antennarum basi pedibusque ferè totis ferrugineis.* — Long. 0,003. Lat. 0,0009. — Andalusia.

Tête noire, légèrement brillante, très-finement pubescente, imperceptiblement pointillée, presque aussi longue que large, très-faiblement carrée postérieurement, un peu rétrosaillante, assez convexe ; les yeux petits, ovales, peu saillants ; le chaperon séparé du disque par un léger
sillon transversal qui s'étend d'une antenne à l'autre ; palpes obscurs ;
antennes ferrugineuses à la base, y compris l'article basilaire, les quatre
à cinq derniers articles noirâtres, longues, pouvant dépasser la base du
corselet, articles inférieurs déliés, les derniers faiblement renflés et peu
moniliformes. Corselet noirâtre, terne, abondamment couvert d'une pubescence soyeuse argentée, rougeâtre à l'extrême base, aussi large que la
tête, sensiblement plus long que large, arrondi et subglobuleux antérieurement, pommettes très-légèrement saillantes, faiblement rétréci un peu
avant la base, qui est imperceptiblement marginée ; fossettes latérales ferrugineuses ; goulot antérieur inappréciable, nullement détaché du lobe.
Ecusson peu visible. Elytres noirâtres, ternes, imperceptiblement pointillées ; toute la base couverte d'une pubescence soyeuse, formant une large

bande antérieurement roussâtre, postérieurement argentée ; ornées en outre vers l'extrémité d'une bande transversale d'un jaune ferrugineux un peu pâle, non rectiligne, mais formant un chevron très-ouvert, opposé à la base ; deux fois aussi larges que le corselet, deux fois au moins aussi longues que larges, par conséquent très-allongées, très-étroites, très-parallèles, nullement aplaties, plutôt cylindriques, carrées à la base, subfusiformes à l'extrémité. Dessous du corselet, poitrine et abdomen noirs. Pattes ferrugineuses, à l'exception des cuisses, qui sont noirâtres.

Cette espèce, très-voisine de la précédente, s'en distingue suffisamment par la forme oblongue du corselet, et celle plus étroite et plus allongée des élytres. Recueillie en Andalousie par Waltl, elle est conservée au musée de Berlin, qui m'a communiqué son unique individu.

159. A. AUBEI. *Elongato-parallelus, nigro-fuscus, subopacus, holosericeo-pubescens, elytris angustis, ponè humeros fasciá albo-pilosá, ponè medium fasciá flavá ornatis. Antennis totis nigris, tibiis tarsisque obscurè ferrugineis.* — Long. 0,003. Lat. 0,001. — Algiria.

Tête noire, peu brillante, finement pubescente, très-finement pointillée, légèrement transversale, peu carrée postérieurement, assez convexe ; les yeux ronds assez saillants, les antennes plus longues que la moitié du corps, tous les articles allongés, grossissant peu de la base au sommet, entièrement noires. Corselet noir, assez brillant, peu pubescent en dessus, presque aussi large que la tête, un peu plus long que large, très-arrondi antérieurement, peu globuleux, pommettes faiblement saillantes, faiblement rétréci peu avant la base, qui est finement mais distinctement marginée ; fossettes latérales bien marquées, tapissées d'un duvet argenté ; goulot antérieur réduit à une petite marge excessivement étroite. Ecusson transversal, tronqué au sommet. Elytres d'un noir un peu brun, ternes, imperceptiblement pointillées et entièrement revêtues d'une pubescence soyeuse, plus abondante antérieurement, à l'endroit de la dépression posthumérale où elle forme une véritable bande de duvet argenté, ornées en outre, vers les deux tiers de la longueur, chacune d'une bande jaune, opaque, presque régulièrement transversale, qui n'atteint pas le bord latéral, et qui arrive très-près de la suture, sans se réunir à celle de l'autre élytre ; deux fois au moins aussi larges que le corselet, et deux fois à peu près aussi longues que larges, carrées à la base, parallèles sur les côtés, légèrement fusiformes postérieurement, assez convexes et cylindriques, les omoplates sensiblement saillantes et suivies d'une dépression transversale non moins apparente. Dessous du corps entièrement noir ; les cuisses brunes, les tibias et les tarses d'un ferrugineux obscur. L'individu ici décrit, d'après l'inspection de l'abdomen, me paraît être un mâle ; la femelle aurait peut-être les élytres moins parallèles.

Cet insecte est excessivement voisin de l'espèce précédente, malheureusement j'avais renvoyé cette espèce à Berlin, quand M. Aubé m'a communiqué celle-ci, et je n'ai pu les comparer l'une à l'autre. Les différences de forme étant à peu près nulles, il ne reste pour distinguer cet insecte de l'*Andalusiacus*, que la couleur entièrement noire des antennes

et la forme de la tache postérieure, qui est ici plus transversale et séparée
en deux par la suture. La dernière de ces différences a peu d'importance,
il n'en est pas de même de la première; la couleur des antennes dans les
Anthicus en général, et particulièrement dans les espèces de ce groupe,
tel que le *Fasciatus,* m'ayant toujours paru constante et invariable, quelque variable que pût être celle du corselet et des élytres.

Cette belle espèce, trouvée récemment en Algérie, fait partie de la collection de M. Aubé, auquel je suis heureux de la dédier, en souvenir de
la complaisance inépuisable avec laquelle il m'est venu en aide pendant
tout le cours de ce travail.

160. A. ZONATUS. *Valdè complanatus, nigro-fuscus, subnitidus, sericeo-pubescens; thorace posticè quadrato; elytrorum fasciá posticá flavá; antennarum basi, tibiis tarsisque testaceis.* — Long. 0,0015 ad 0,002. Lat. 0,0005 ad 0,0007. — Sardinia.

Tête noirâtre, brillante, presque glabre, sans ponctuation distincte, faiblement transversale, peu carrée postérieurement, plate sur le disque; les
yeux petits et très-peu saillants; les antennes courtes, atteignant à peine
la base du corselet, très-moniliformes et grossissant sensiblement vers le
sommet, jaunâtres à la base, noires vers l'extrémité. Corselet noirâtre, peu
brillant, peu pubescent, un peu moins large que la tête, transversalement
arrondi antérieurement, très-plat sur le disque, pommettes nullement saillantes, carré postérieurement, à peine rétréci à la base, qui est un peu
jaunâtre et finement marginée; fossettes latérales jaunâtres, peu profondes;
goulot antérieur absolument nul. Ecusson triangulaire. Elytres noirâtres
un peu olivâtres, assez brillantes, sans ponctuation appréciable, légèrement voilées d'un duvet excessivement fin, ornées vers les deux tiers de
la longueur d'une bande transversale commune d'un jaune assez vif, qui
atteint le bord latéral et remonte un peu en pointe le long de la suture,
deux fois seulement aussi larges que le corselet, et une fois et trois quarts
aussi longues que larges, carrées à la base, très-parallèles sur les côtés,
ovalaires postérieurement, remarquablement plates sur le disque, sans apparence de saillie aux omoplates, recouvrant entièrement l'abdomen, ce
qui ne m'a pas permis de reconnaître la différence des sexes.

Cet insecte a été recueilli en Sardaigne par M. Géné, qui me l'a communiqué sous le nom de *Zonatus* que je lui ai conservé. Il est à remarquer
qu'il varie beaucoup pour la taille; sur quatre individus observés, deux
atteignent deux millimètres de longueur, les deux autres arrivent à peine à
un millimètre et demi. Cette espèce, dans la place qu'elle occupe, forme
une heureuse transition entre les espèces cylindriques à bandes postérieures jaunes, et les espèces aplaties et sans tache de la coupe suivante.

B. Elytris nigris immaculatis.

α. Elongato-parallelis, valdè complanatis (f. 6).

161. A. OCREATUS. *Fusco-niger, subopacus, grisco-pubescens; thorace subtransverso;
elytris planis, elongato-parallelis; antennarum articulis secundo tertio et quarto, tibiis tarsisque testaceis, femoribus atris.* — Long. 0,0027. Lat. 0,0008. — Algiria.

Anthicus Ocreatus, Laf. et Lucas, Explor. scient. de l'Algérie, t. 2, p. 379 (1847).

Tête noirâtre, brillante, finement mais distinctement pointillée, et semée d'une très-courte pubescence argentée, fortement transversale et carrée postérieurement, assez convexe sur le disque ; les yeux assez petits, ovales et peu saillants ; les palpes noirâtres ; les antennes épaisses, médiocrement longues, assez moniliformes, grossissant sensiblement à partir du cinquième article, les deuxième, troisième et quatrième testacés, tous les autres noirs, même celui de la base. Corselet noirâtre, assez brillant, pointillé plus finement que la tête et finement pubescent, de même largeur que la tête et à peu près aussi long que large, nullement globuleux, légèrement arrondi antérieurement et très-peu sur les côtés, très-faiblement rétréci à la base, qui est elle-même un peu arrondie et finement marginée ; fossette latérale très-inférieurement placée, assez profonde et luisante ; goulot antérieur presque nul. Ecusson assez grand, transversal, paraissant tronqué au sommet. Elytres d'un noir peu foncé, ternes, finement pointillées, ombragées d'un duvet argenté très-fin et très-court qui les fait paraître grisâtres, oblongues, parallèles, moins de deux fois aussi larges que le corselet, deux fois environ aussi longues que larges, coupées très-carrément à la base, les épaules légèrement saillantes et peu arrondies, nullement dilatées sur les côtés, plates sur le disque, sans dépression transversale derrière les omoplates, différemment terminées à l'extrémité suivant les sexes. Dessous du corps entièrement noir, cuisses très-noires, tibias et tarses d'un jaune testacé vif.

Le mâle se distingue par une forme plus étroite, et plus aplatie des élytres, qui sont séparément arrondies, légèrement tuméfiées et luisantes à l'extrémité, avec la suture terminale un peu déprimée, tandis que celles de la femelle sont conjointement arrondies à l'extrémité, sans tuméfaction luisante, et sans aucune dépression de la suture ; je ne puis rien dire des différences abdominales, qui sont entièrement cachées par les élytres.

Cette espèce a été prise aux environs d'Alger par M. le colonel Levaillant. J'en possède deux exemplaires qu'il m'a généreusement abandonnés, il en existe plusieurs autres dans la collection du musée de Paris, et dans celle de M. Guérin-Meneville. M. Reiche m'en a communiqué un exemplaire de Sicile que j'ai cru devoir rattacher à cette espèce, dont il réunit tous les caractères. L'*A. Ocreatus* est du nombre de ceux qui ont été décrits par nous dans l'ouvrage de M. Lucas sur les insectes d'Algérie, dont la publication n'est pas encore terminée au moment où nous écrivons.

162. A. Olivaceus. *Nigro-olivaceus, subnitidus, grisco-pubescens ; thorace suboblongo, posticè vix attenuato ; elytris parallelis, valdè clongatis, planissimis ; antennarum articulis secundo tertio et quarto, tibiis tarsisque pallidè testaceis.* — Long. 0,0025. Lat. 0,0008 (f. 6). — Hispania.

Tête noire, assez brillante, presque glabre, finement mais distinctement pointillée, exactement semblable pour la forme à celle de l'*Ocreatus* qui précède ; antennes semblablement conformées, ayant de même tous les articles noirs, à l'exception des deuxième, troisième et quatrième, qui sont d'un jaune testacé pâle. Corselet d'un noir légèrement olivâtre, comme les élytres, assez brillant, très-finement pointillé, très-finement pubescent, de même largeur que la tête, un peu plus long que large, très-peu convexe, arrondi antérieurement, presque carré postérieurement, les côtés légèrement bisinués, par suite d'un très-faible rétrécissement antebasilaire, aussi large à l'extrême base qu'entre les pommettes, distinctement marginé à la base; fossettes latérales très-grandes, très-lisses et très-inférieurement placées; goulot excessivement court, réduit à une fine margination antérieure. Ecusson triangulaire, transversal, formant un angle sensiblement obtus. Elytres (f. 6) d'un noir à reflets olivâtres, de consistance un peu foliacée, qui rappelle celle du *Sanguinicollis*, imperceptiblement pointillées, plus finement encore que dans l'espèce précédente, entièrement revêtues d'une pubescence grisâtre courte, fine et soyeuse, deux fois aussi larges que le corselet, deux fois au moins aussi longues que larges, très-parallèles, très-aplaties, très-carrées antérieurement, légèrement fusiformes postérieurement, souvent déhiscentes vers l'extrémité et différemment terminées suivant les sexes. Le dessous du corps entièrement noir, les cuisses noirâtres, les tibias et les tarses d'un jaune pâle avec les crochets obscurs.

Le mâle se distingue par l'extrémité luisante et légèrement tuméfiée des élytres; la femelle au contraire, a les élytres coupées carrément, plates et ternes à l'extrémité. Quant à l'abdomen, celui du mâle m'a paru arrondi à l'extrémité, et celui de la femelle triangulaire.

Cet insecte a été recueilli assez abondamment en Andalousie par M. Ghiliani. MM. de Brême, Spinola, Aubé et Reiche, en possèdent ainsi que moi plusieurs exemplaires. Quoique très-voisin de l'*Ocreatus*, sa teinte olivâtre, ses élytres encore plus aplaties, et surtout la forme oblongue de son corselet, le distinguent suffisamment de cette espèce.

Dans la pensée que l'*Olivaceus* pourrait appartenir à l'espèce décrite par Waltl sous le nom de *Tibialis*, dans son ouvrage sur les insectes de l'Espagne méridionale, nous avons comparé attentivement la description de Waltl à l'insecte recueilli dans les mêmes lieux par M. Ghiliani, et nous avons reconnu qu'il n'y avait de commun entre ces deux espèces que leur teinte olivâtre. La forme subcylindrique du corselet et la ponctuation profonde des élytres du *Tibialis* le placent nécessairement assez loin de notre *Olivaceus*.

163. A. Ottomanus. *Nigro-olivaceus, subnitidus, griseo-pubescens; thorace subtransverso; elytris planis, elongato-parallelis, distinctè punctulatis; antennis totis pedibusque nigris.* — Long. 0,0022- Lat. 0,0007. — Asia-Minor.

Tête noire, brillante, paraissant sous une forte loupe semée de points peu rapprochés, faiblement transversale, peu carrée, plutôt légèrement arrondie postérieurement, assez convexe sur le disque, un petit sillon transversal entre les antennes; les yeux petits, assez saillants; les antennes entièrement noires et brillantes, courtes, moins longues que la moitié du corps, moniliformes, peu renflées au sommet, dernier article conique très-acuminé. Corselet noir, sans ponctuation distincte, ombragé d'un duvet grisâtre, presque aussi large que la tête, à peine aussi long que large, nullement globuleux; arrondi antérieurement, les pommettes assez détachées et très-lisses, modérément rétréci un peu avant la base, qui est distinctement marginée ; fossettes latérales sans largeur, réduites à un sillon profond qui sépare les pommettes de la base ; goulot réduit à une fine marge antérieure ; écusson transversal, obtus au sommet. Elytres d'un noir sensiblement olivâtre, assez brillantes, couvertes d'une ponctuation anormale dans cette division , distincte et peu serrée, qui donne naissance à une pubescence argentée, courte et médiocrement soyeuse ; deux fois aussi larges que le corselet et deux fois environ aussi longues que larges, carrées à la base, très-parallèles sur les côtés, ovalaires postérieurement, plates en dessus, mais moins que dans l'espèce précédente, sans saillie apparente des omoplates. Dessous du corps d'un noir foncé. Pattes entièrement noires , même les tibias et les tarses, quoique ces deux dernières parties soient un peu moins foncées que les cuisses.

Cette espèce voisine, mais bien distincte des deux précédentes, habite l'Asie-Mineure. J'en ai reçu de M. Frievaldszky un exemplaire très-frais qui a servi à cette description.

164. A. Depressus. *Fusco-niger, subnitidus, griseo-velutinus; thorace anticè rotundato , subtransverso ; elytris planis, elongato-parallelis, subtilissimè rugulosis; antennarum basi, tibiis tarsisque luteo-testaceis.* — Long. 0,0021. Lat. 0,0007. — Caucasus.

Entièrement d'un noir fuligineux sur la tête, le corselet et les élytres. Tête brillante, finement pointillée, aussi longue que large, carrée postérieurement, assez bombée sur le disque ; les yeux petits, ovales, très-peu saillants ; antennes peu allongées, atteignant à peine la base du corselet, peu dilatées au sommet, les 4 à 5 premiers articles jaunâtres , les autres noirâtres jusqu'à l'extrémité. Corselet assez brillant, peu abondamment couvert d'un duvet soyeux, aussi large que la tête, pas plus long que large, arrondi antérieurement, très-peu arrondi sur les côtés, à peine rétréci à la base, très-plat sur le disque, fossette latérale très inférieurement placée et presque nulle ; goulot entièrement nul. Elytres assez brillantes, peu également voilées d'un duvet soyeux , imperceptiblement rugueuses, plus de deux fois aussi larges que le corselet, presque deux fois aussi longues que larges, très-carrées à la base, parallèles sur les côtés, un peu carrément tronquées à l'extrémité, un tant soit peu luisantes et tuméfiées aux angles postérieurs internes ; les omoplates nullement saillantes ; très-plates et même un peu déprimées sur le milieu du disque dans toute leur longueur, un peu moins foncées postérieurement à partir des deux tiers. Dessous du corps noir ; cuisses brunes, avec les tibias et les tarses d'un ferrugineux obscur.

Cette espèce habite les provinces Caucasiennes de l'empire russe. Je l'ai décrite d'après deux individus qui m'ont été envoyés par M. de Chaudoir. Très-voisine de l'*Ottomanus* et du *Pauperculus*, elle se distingue du premier par l'absence de ponctuation sur les élytres et par la couleur partiellement jaunâtre des antennes ; du second par une taille un peu plus grande , par la forme assez différente du corselet, et aussi par la coloration jaunâtre de la base des antennes.

165. A. Pauperculus. *Totus nigricans, subnitidus, tenuissimè sericeo-pubescens; thorace anticè et lateribus rotundato; elytris elongato-parallelis, planissimis, omoplatis valde prominulis; antennis totis nigris, tibiis tarsisque fuliginosis.* — Long. 0,0018. Lat. 0,0006.— Algiria.

Anthicus Pauperculus, Laf. et Lucas, Explor. scient. de l'Algérie, t. 2, p. 378 (1847).

Tête noire, lisse et brillante, sans ponctuation, ni pubescence saisissable, même à l'aide d'une forte loupe, très-faiblement transversale, légèrement arrondie postérieurement, assez convexe sur le disque; les yeux petits, ovales, faiblement saillants; les antennes entièrement noirâtres, peu allongées, peu moniliformes, tous les articles à peu près égaux en longueur et grossissant peu vers l'extrémité. Corselet d'un brun noirâtre, imperceptiblement pointillé et ombragé d'un duvet argenté excessivement court et fin, aussi large que la tête, un peu plus long que large, arrondi et presque globuleux antérieurement, régulièrement arrondi sur les côtés, jusqu'à la base qui est déclive et fortement marginée; fossette latérale, très-profonde, tapissée d'une pubescence grisâtre, ayant la forme d'un sillon oblique qui s'élargit vers le bas. Ecusson transversal très-court, paraissant trapézoïdal. Elytres d'un brun noirâtre, ternes, très-finement pointillées et revêtues comme le corselet d'une pubescence très-fine, très-courte, collée à la surface, larges environ comme deux fois le corselet, et presque deux fois aussi longues que larges, très-parallèles, coupées carrément à la base, les angles huméraux peu arrondis, conjointement arrondies et néanmoins un peu tuméfiées à l'extrémité, ce qui ferait supposer que l'individu décrit est un mâle, remarquables surtout par l'élévation notable des omoplates et par la dépression qui suit cette élévation, dépression qui, au lieu de former un sillon transversal, s'étend indéfiniment sur toute la longueur des élytres. Dessous du corps et cuisses noirâtres; les tibias et les tarses d'un brun fuligineux.

Description faite sur un individu unique trouvé par M. Lucas, à la fin de mai, sous les galets des bords du Rummel, aux environs de Constantine, et conservé au muséum d'histoire naturelle. Cette espèce a déjà été décrite par nous, dans l'ouvrage de M. Lucas sur les insectes d'Algérie, qui se publie en ce moment.

166. A. Posticus. *Nigro-piceus, nitidus, glabriusculus, thorace subquadrato, basi vix coarctato; elytris subparallelis, planissimis, modicè elongatis, postice obsoletè flavescentibus, antennarum basi ferè totâ, tibiis tarsisque pallidè ferrugineis.* — Long. 0,002. Lat. 0,0007. — Hispania.

Tête noire, brillante, très-finement ponctuée, glabre, légèrement transversale, carrée postérieurement, avec les angles postérieurs arrondis, peu convexe en dessus, les yeux vitrés, médiocrement grands, ovales et même un peu triangulaires; palpes noirâtres; antennes de moyenne grandeur, assez moniliformes, peu renflées au sommet, le premier article obscur, les deuxième, troisième et quatrième ferrugineux, les suivants de plus en plus noirâtres. Corselet noir, brillant, glabre, très-finement pointillé, presque aussi large que la tête, un peu plus long que large,

très-peu convexe, légèrement arrondi antérieurement, presque régulièrement carré postérieurement; les pommettes peu saillantes, très-faiblement
rétréci à la base, qui est finement mais distinctement marginée; fossettes
latérales peu apparentes; goulot antérieur inappréciable. Ecusson peu visible, en triangle très-obtus. Elytres brillantes, très-finement pointillées,
parsemées vers les bords de quelques débris d'une pubescence fugitive;
d'un brun très-foncé et presque noir à la base, moins foncé vers le milieu
et se fondant vers l'extrémité dans une teinte jaunâtre qui forme une large
tache apicale vague et indéterminée; deux fois au moins aussi larges que
le corselet, une fois et trois quarts au moins aussi longues que larges,
très-aplaties, médiocrement parallèles, carrées à la base, légèrement dilatées sur les côtés, leur plus grande largeur au-delà de la moitié, arrondies peu conjointement à l'extrémité, qui paraît luisante et légèrement
tuméfiée, ce qui indiquerait que l'individu ici décrit serait un mâle. Dessous du corps noirâtre; pattes testacées, à l'exception des cuisses qui sont
de la couleur de l'abdomen.

Cette espèce, recueillie dans l'Andalousie par Waltl, m'a été communiquée par le musée de Berlin, qui n'en possède qu'un individu. Sa tache
apicale, son corselet moins arrondi et moins globuleux antérieurement,
et ses élytres moins parallèles, sans saillie aux omoplates, la distinguent
suffisamment du *Pauperculus* d'Algérie, avec lequel elle a beaucoup d'a-
nalogie. Il n'y a pas moyen de reconnaître en elle le *Tibialis* de Waltl,
dont nous citerons la description à la fin du genre; Waltl donne à cet
insecte un corselet cylindrique et des élytres ponctuées qui excluent toute
affinité avec l'espèce actuelle.

β. Elytris unius saltem sexûs ovatis.

167. A. PLUMBEUS. *Nigro-plumbeus, subnitidus, griseo-pubescens; elytris distinctè punctulatis; antennis totis nigris, femoribus piceis, tibiis tarsisque ferrugineis.*

Mas : *Aliàs alatus* (f. 5, *a*), *elytris parallelis, planiusculis, anticè quadratis. Aliàs subapterus* (f. 5, *b*), *elytris convexis, oblongo-ovatis, angulis anticis rotundatis.*

Femina (f. 5, *c*) : *Aptera, elytris convexis, abbreviato-ovatis, angulis anticis ferè nullis.*

Anthicus Plumbeus , la Ferté, Annales de la Soc. Entom. de France, t. 11, p. 250
(1842) (1).

Mas : alatus : *Anthicus Callosus,* Schmidt, Stett. Ent. Zeit. t. 3, p. 181 (1842).

Mas : subapterus : *Anthicus Melanarius,* Schmidt, ibid. p. 178.

Femina : *Anthicus Brevis,* Schmidt, ibid. p. 180.

Espèce non moins difficile que l'*A. Fasciatus*, présentant de même entre les sexes des différences de forme qui ont entraîné M. Schmidt à la diviser en trois espèces différentes. Tête noire, robuste, lisse et brillante,
sans ponctuation distincte, et presque glabre, fortement transversale et
carrée postérieurement, convexe sur le disque; les yeux ronds et assez
saillants; un léger sillon transversal entre les antennes; celles-ci entière-

---

(1) *Anthicus Plumbeus,* Déj. Cat. 1836, p. 238.

ment noires, brillantes à la base, ternes vers le sommet, médiocrement
longues, légèrement moniliformes, légèrement renflées vers l'extrémité,
tous les articles égaux en longueur, à l'exception du dernier, qui est au
moins double du précédent. Corselet noir, peu brillant, sans ponctuation
distincte, ombragé d'un fin duvet argenté, sensiblement moins large que
la tête, et à peu près aussi long que large, peu globuleux, arrondi antérieurement, les pommettes légèrement saillantes et très-lisses en dessous,
faiblement rétréci un peu avant la base, qui est distinctement marginée ;
fossette latérale, étroite, mais profonde et abondamment tomenteuse ;
goulot antérieur nul. Ecusson très-petit, triangulaire. Elytres assez brillantes, d'un noir presque toujours olivâtre, mais prenant une teinte gris de
plomb, sous l'influence d'une abondante pubescence argentée courte et peu
soyeuse, couvertes d'une ponctuation assez profonde, non confluente et
très-distincte, deux fois aussi larges que le corselet, de longueur et de forme
très-variable suivant les sexes. Dessous du corps très-noir et très-brillant,
cuisses brunes, tibias et tarses ferrugineux. Il y a lieu de remarquer que
cette espèce et l'*Ottomanus* décrit plus haut sont les seules de cette division qui présentent sur les élytres une véritable ponctuation.

Les différences sexuelles de cette espèce m'ont singulièrement embarrassé.
Voici le résultat auquel m'a conduit la comparaison d'une cinquantaine
d'individus, recueillis dans deux localités, aux environs de Lyon, et aux
environs de Montpellier. J'ai d'abord remarqué (f. 5, *a*) des individus à
élytres passablement allongées, une fois et trois quarts environ aussi longues que larges, parallèles sur les côtés, carrées antérieurement, avec les
épaules très-marquées et même un peu saillantes, ovalaires ou même un
peu fusiformes postérieurement, avec l'angle apical légèrement arrondi,
luisant et tuméfié, plates en dessus, avec les omoplates presque toujours
saillantes et détachées des épaules. Je n'ai pas hésité à considérer ces individus comme des mâles. J'ai observé ensuite (f. 5, *c*) des individus
plus ou moins courts, à élytres une fois et deux tiers seulement aussi
longues que larges, ovales antérieurement et postérieurement, avec les
angles huméraux presque nuls, et les omoplates nullement saillantes,
transversalement arrondies, pour ne pas dire tronquées, postérieurement, avec l'angle apical parfaitement droit non luisant et posant à plat
sur l'abdomen. Je n'ai pas douté que ces individus ne fussent des femelles. Mais entre ces deux formes extrêmes, il me restait un certain nombre
d'individus mixtes (f. 5, *b*), aussi allongés que les mâles, terminés postérieurement de la même manière, mais ayant les élytres évidemment
ovales, fortement convexes, sans apparence de saillie aux omoplates, et
les épaules plus ou moins arrondies. L'idée m'est venue que ce pouvait
être des mâles aptères. J'ai levé les élytres des uns et des autres, et j'ai
reconnu que les premiers mâles avaient des ailes très-complètes et propres au vol, les femelles des moignons informes, et les individus mixtes
des ailes un peu moins rudimentaires que celles des femelles, mais également impropres au vol. Il m'a donc fallu admettre, quelque bizarre
que fût cette anomalie, trois catégories distinctes dans cette espèce : des

mâles ailés, des mâles presque aptères, et des femelles aptères. J'ai cherché inutilement à vérifier par l'inspection de l'abdomen mon opinion sur les mâles subaptères. Après bien des élytres soulevées et brisées, je dois avouer que je n'étais guère plus avancé qu'avant, tant sont faibles dans les espèces de ce groupe les différences sexuelles fournies par le dernier segment abdominal. Il ne faut pas croire, après tout ce que nous venons de dire, que toutes les femelles soient également courtes et tous les mâles également allongés. En général les choses se passent telles que je les ai décrites, mais il y a de nombreuses exceptions, surtout chez les femelles, dont quelques-unes ne sont qu'une fois et demie aussi longues que larges, tandis que d'autres sont aussi allongées que les mâles.

Variétés : Cette espèce varie très-peu de couleur, comme toutes celles qui sont noires et sans taches; je n'ai constaté que les variétés décroissantes suivantes :

b. La base des antennes ferrugineuse jusqu'au cinquième article; les cuisses aussi rougeâtres que le reste des pattes.

c. Semblable à *b*, et de plus tout le corselet légèrement rougeâtre.

Cette espèce est très-répandue dans le midi de la France. Je l'ai trouvée moi-même en abondance en 1840 aux environs de Montpellier, en explorant à l'aide du filet faucheur les hautes herbes qui couvraient les bords d'une petite rivière. MM. Foudras et Rey l'ont recueillie non moins abondamment parmi les herbes sur les côteaux du Rhône, et m'en ont communiqué une vingtaine d'individus qui m'ont été d'une grande utilité pour ce travail. Dans ces deux localités, les mâles ailés ont toujours été pris en très-petit nombre, ce qui s'explique naturellement par leur plus grande aptitude à s'enfuir. Cet insecte habite aussi l'Espagne. M. Dejean en avait reçu plusieurs de cette contrée, et M. Ghiliani en a rapporté également quelques individus de très-grande taille. La description du *Tibialis* de Waltl ne leur convient pas plus qu'à l'*Olivaceus*. Waltl parle d'une tête grossièrement ponctuée et d'un corselet cylindrique, ni l'un ni l'autre de ces caractères ne peuvent convenir au *Plumbeus*.

Pendant que je décrivais sommairement cet insecte en 1842, sous le nom que lui avait donné M. Dejean, M. Schmidt n'ayant à sa disposition qu'un petit nombre d'exemplaires rapportés de Marseille par M. Kunze, les partageait, comme nous l'avons déjà dit, en trois espèces. Les mâles ailés, à épaules carrées et même un peu saillantes, furent décrits par lui sous le nom de *Callosus*, les femelles courtes, très-ovales et très-convexes, sous le nom de *Brevis*, enfin les mâles subaptères, à élytres ovales mais allongées, sous celui de *Melanarius*. M. Kunze, en me communiquant les types de toutes ces descriptions, m'a donné le moyen de rectifier en connaissance de cause les erreurs auxquelles il était bien difficile que M. Schmidt put échapper.

168. A. Capito. *Nigro-fuliginosus, opacus, holosericeo-pubescens; capite validissimo; elytris ovalis, fasciis duabus sinuatis argenteo-pilosis; antennarum basi pedibusque totis ferrugineis.*

Mas : *Elytris posticè attenuatis apice rotundatis.*

Femina : *Elytris posticè insolitè dilatatis, apice truncatis* (f. 7). — Long. 0,002. Lat. 0,0008 ad 0,001. — Hispania.

Tête noirâtre, terne, couverte d'une ponctuation très-fine mais distincte sous une forte loupe et d'une courte pubescence grisâtre, très-robuste, fortement transversale, de moitié plus large que le corselet, très-carrée postérieurement, assez convexe sur le disque ; les yeux petits, faiblement saillants ; les antennes ferrugineuses à la base, obscures au sommet, à peine aussi longues que la moitié du corps, grêles, légèrement moniliformes et peu renflées à l'extrémité. Corselet noirâtre terne, finement chagriné, abondamment pubescent, d'un tiers moins large que la tête, un peu plus long que large, très-arrondi antérieurement, les pommettes légèrement saillantes, sensiblement rétréci un peu au-delà du milieu, les côtés tombant ensuite carrément sur la base, qui est finement marginée et jaunâtre sur les côtés ; fossettes latérales peu profondes ; goulot entièrement nul. Elytres d'un noir fuligineux, très-ternes, très-finement pointillées et revêtues d'une pubescence soyeuse grisâtre médiocrement fine, entremêlée de poils plus blancs et un peu plus longs, disposés régulièrement et formant, dans les individus très-frais, deux bandes sinuées analogues à celles de l'*A. Insignis*, mais bien moins apparentes, la première au premier tiers de la longueur, la seconde au second tiers, cette dernière ayant, comme dans l'*Insignis*, la forme d'un croissant opposé à la base, dont l'une des cornes se prolonge postérieurement le long de la suture jusqu'à l'extrémité ; de forme très-différente suivant les sexes. Dessous du corps noir ; pattes entièrement ferrugineuses.

Les élytres recouvrent si complètement l'abdomen, qu'il est impossible d'y découvrir aucun caractère sexuel ; mais leur forme présente les différences suivantes : dans l'individu que l'analogie me fait considérer comme le mâle, elles sont deux fois seulement aussi larges que le corselet, et presque une fois et trois quarts aussi longues que larges, en ovale allongé, les angles huméraux très-arrondis, fortement échancrées à la base, qui enveloppe celle du corselet, sensiblement convexes, sans apparence de saillie aux omoplates, peu transversalement arrondies à l'extrémité, sans tuméfaction luisante à l'angle apical. Dans la femelle (f. 7), les élytres sont presque trois fois aussi larges que le corselet, et une fois et demie à peine aussi longues que larges, dimension qui leur donne une forme anormale, je dirai presque monstrueuse parmi les Anthicus, plus larges postérieurement qu'antérieurement, arrondies aux angles huméraux, tronquées carrément à l'extrémité, très-convexes sur le disque, sans la moindre saillie aux omoplates. N'ayant que deux individus sous les yeux, je n'ai pas osé soulever les élytres de la femelle, mais la largeur que ces élytres ont à la base me fait douter qu'elle soit aptère.

Cette intéressante espèce a été recueillie en Espagne par M. Ghiliani, qui n'en a rapporté que deux individus, une femelle appartenant à M. Aubé, et un mâle qui m'est échu en partage.

169. **A. Velutinus** (1). *Luteo-brunneus, opacus, griseo-pubescens; elytris breviusculis, subovatis; antennarum basi pedibusque totis lividè ferrugineis.* — Long. 0,002. Lat. 0,0007. — In Pyrenæis Orientalibus.

Tête d'un brun légèrement rougeâtre, lisse et brillante, presque glabre, sans ponctuation distincte, transversale, carrée postérieurement, avec les angles postérieurs arrondis, assez convexe sur le disque; les yeux noirs, ronds, assez fortement saillants; les antennes ferrugineuses à la base, obscures vers l'extrémité, de la longueur de la moitié du corps, peu moniliformes, légèrement renflées au sommet. Corselet d'un brun jaunâtre, terne, abondamment couvert d'un fin duvet grisâtre, transversalement arrondi et assez convexe antérieurement, les pommettes très-légèrement saillantes, faiblement rétréci à la base, qui est finement marginée; fossettes latérales peu marquées, réduites à un sillon qui sépare les pommettes de la base. Elytres d'un brun jaunâtre, de même teinte que le corselet, ternes, sans ponctuation distincte, entièrement recouvertes d'un duvet cendré, très-court, très-fin et collé à la surface, deux fois aussi larges que le corselet, une fois et deux tiers seulement aussi longues que larges, subovalaires, les angles huméraux très-arrondis sans être nuls, les côtés dilatés vers le milieu, régulièrement arrondies postérieurement, assez convexes sur le disque, sans apparence de saillie aux omoplates. Dessous du corps lisse et brillant, d'un brun rougeâtre. Pattes entièrement ferrugineuses.

Je n'ai vu qu'un seul individu de cette espèce, recueilli par M. Dejean dans les Pyrénées-Orientales, et appartenant aujourd'hui à M. de Brême. Ce n'est pas sans y avoir longuement réfléchi que je me suis décidé à faire une espèce distincte de cet unique exemplaire. Comparé aux Anthicus les plus voisins, tels que le *Caliginosus* et le *Scrobicollis*, il se distingue de l'un et de l'autre par ses élytres courtes et ovales, et en outre du second par la forme très-différente des fossettes latérales. Je doute que la couleur de l'individu ici décrit, soit la couleur normale de l'espèce; l'analogie me porte à croire qu'elle doit être plus foncée et semblable à celle du *Caliginosus*.

ɣ. Elytris subparallelis, convexiusculis.

170. **A. Velox.** *Niger, subnitidus, pube griseá fugacissimá vestitus; elytris ultrà medium nonnihil ampliatis; antennarum basi, tibiis tarsisque lœtè flavo-testaceis.* — Long. 0,0018 ad 0,0021. Lat. 0,0006 ad 0,0007. — Sicilia.

Entièrement d'un noir terne et grisâtre, dans les individus très-frais qui ont conservé leur pubescence, d'un noir lisse et brillant dans les individus déflorés. Tête ordinairement petite, pas plus large que longue, légèrement arrondie postérieurement, peu convexe sur le disque, quelquefois cependant sensiblement transversale, sans que le sexe m'ait paru influer directement sur la dimension de cet organe; les yeux peu saillants; les

____

(1) *Anthicus Velutinus*, Dej. Cat. 1836, p. 238.

antennes d'un jaune vif à la base, à l'exception du premier article qui est plus ou moins obscur, noirâtres au sommet, plus longues que la moitié du corps, grêles à la base, médiocrement renflées à l'extrémité. Corselet un peu plus étroit que la tête, un peu plus long que large, arrondi et légèrement globuleux antérieurement, pommettes très-faiblement saillantes, les côtés légèrement arrondis jusqu'à la base, dont le rétrécissement est peu sensible; fossettes latérales, peu profondes et très-obliques. Ecusson transversal, paraissant tronqué au sommet. Elytres sans aucune ponctuation appréciable, ternes et finement soyeuses dans les individus très-frais, plus ou moins glabres et brillantes dans les autres, d'une consistance foliacée et légèrement diaphane, analogue à celle du *Sanguinicollis,* plus de deux fois aussi larges que le corselet, et une fois et trois quarts environ aussi longues que larges, légèrement trapézoïdales antérieurement avec les angles huméraux peu arrondis, légèrement dilatées sur les côtés un peu au-delà du milieu, un peu transversalement arrondies postérieurement, assez convexes et cylindriques en dessus, les omoplates quelquefois très-légèrement saillantes. Dessous du corps noir ; cuisses noires, tibias et tarses d'un jaune testacé très-vif qui contraste avec la couleur foncée de l'insecte. — J'ai distingué un mâle à abdomen légèrement tronqué, laissant saillir un tant soit peu le pigidium ; j'ai distingué également une femelle avec un abdomen terminé en pointe mousse; cette dernière était un peu plus grande et plus large que le mâle, mais ses élytres dans leur coupe ne différaient pas de celles du mâle.

VARIÉTÉ : *Coloration décroissante : b.* Elytres d'un brun gris ; tête et corselet d'un brun légèrement rougeâtre; tibias et tarses d'un jaune pâle.

Cette espèce n'a été trouvée jusqu'ici qu'en Sicile, d'abord par MM. Broussais, en petit nombre, et dernièrement en assez grande abondance aux environs de Messine et de Solazzo, par M. Blanchard, qui a bien voulu m'en abandonner quelques individus. Elle existe en outre dans les collections de MM. Reiche et Aubé.

171. A. CALIGINOSUS (1). *Fusco-niger, subnitidus, tenue griseo-pubescens, elytris medio nonnihil ampliatis, antennarum basi tibiis tarsisque lividè testaceis.* — Long. 0,002. Lat. 0,0007. — Dalmatia. Tyrol.

Tête noire, peu brillante, très-finement pointillée, très-légèrement transversale, trapézoïdale postérieurement, avec les angles postérieurs très-arrondis, peu convexe sur le disque; les yeux assez saillants; les antennes médiocrement longues, roussâtres à la base, avec le premier article plus ou moins obscur, noirâtres au sommet, légèrement moniliformes, assez renflées vers l'extrémité. Corselet d'un noir peu foncé, sans ponctuation distincte, peu pubescent, presque aussi large que la tête, pas plus long que large, transversalement arrondi et légèrement convexe antérieurement,

---

(1) *Anthicus Fuscus,* Dej. Cat. 1836, p. 238.

les pommettes assez fortement saillantes, sensiblement rétréci un peu avant la base ; fossettes peu apparentes, réduites à un sillon latéral très-oblique, qui contourne la base et qui est quelquefois jaunâtre. Elytres assez brillantes, imperceptiblement pointillées, d'un noir brun, plus ou moins foncé, très-légèrement voilées d'un duvet grisâtre excessivement court, deux fois au moins aussi larges que le corselet, une fois et trois quarts seulement aussi longues que larges, presque carrées antérieurement, légèrement dilatées vers le milieu de la longueur, ovalaires postérieurement, peu convexes en dessus, sans saillie apparente aux omoplatés. Dessous du corps d'un brun noir très-brillant; cuisses de même couleur, tibias et tarses d'un rouge testacé peu vif. — J'ai cru reconnaître dans un seul individu un abdomen légèrement échancré à l'extrémité; si c'est un mâle comme je le suppose, ce faible caractère est le seul qui distingue extérieurement les sexes de cette espèce.

VARIÉTÉ : *Coloration croissante :* β. Les élytres noires; les antennes et les pattes entièrement noirâtres, comme dans l'espèce suivante.

Cet insecte, qui n'a pas été connu de M. Schmidt, habite la Dalmatie et le Tyrol. Il a été récolté il y a longtemps par M. Dejean, dans la première de ces contrées, et récemment par M. Karr dans la seconde. Les individus du Tyrol m'ont paru un peu plus pubescents, que ceux de la Dalmatie, avec la couleur des pattes et la base des antennes d'un rouge plus vif.

Cette espèce portait dans la collection de M. Dejean le nom de *Fuscus* que nous n'avons pas conservé, parce que ce nom est employé par les entomologistes anglais pour désigner l'*A. Floralis.* D'ailleurs, sous ce nom de *Fuscus*, M. Dejean n'avait pas réuni moins de quatre espèces : l'espèce actuelle, et trois autres dont les descriptions suivent : les Anthicus *Unicolor, Scrobicollis* et *Friwaldszkyi.*

172. A. UNICOLOR. *Niger, subnitidus, tenue grisco-pubescens ; thorace brévi, valdè transverso ; antennis pedibusque totis nigris.*

Mas : *Elytris apice subcallosis, nitidissimis.*

Femina : *Elytris apice simplicibus.*

Long. 0,002. Lat. 0,0007. — Germania.

Mas : *Anthicus Unicolor,* Schmt. Stett. Ent. Zeit. t. 3, p. 179 (1842) (1).

Cet insecte est tellement voisin du précédent, qu'une description complète me paraît ici superflue. La taille, la couleur, la ponctuation, la pubescence sont identiques. Voici les seules différences qui exigent qu'on sépare ces deux espèces l'une de l'autre : la couleur des antennes et des pattes, qui sont entièrement noirâtres, la forme du corselet, qui est très-court, remarquablement transversal, avec les pommettes presque anguleusement saillantes, et le caractère distinctif du mâle, qui a les élytres sensiblement tuméfiées et très-luisantes à l'extrémité, à la différence de la

---

1) *Anthicus Fuscus,* Dej. Cat. 1836, p. 238.

femelle, qui les a jusqu'au bout assez ternes et collées à plat sur l'abdomen. La couleur générale est en outre plus foncée dans l'*Unicolor* que dans le *Caliginosus*.

M. Schmidt, qui n'a connu que le mâle de cette espèce, n'en a donné comme nous qu'une description comparative, seulement il a pris pour terme de comparaison une espèce que je considère comme assez éloignée, son *A. Melanarius*, qui n'est que le mâle subaptère de notre *Plumbeus*. Il avait bien remarqué la tumefaction apicale des élytres, mais n'ayant probablement pas de femelle sous les yeux, il n'avait pu y reconnaître un caractère sexuel.

Cette rare espèce habite l'Allemagne, l'Autriche et la Hongrie. M. Spinola en possède un individu pris à Gênes, et M. Schmidt prétend que M. Kunze l'a rapportée du midi de la France, ce qui n'est pas impossible. J'ai été assez heureux pour pouvoir en comparer huit individus, épars dans différentes collections, Le plus grand nombre m'a été communiqué et en partie donné par M. Schaum, dont l'obligeance bien connue m'a été d'un grand secours dans ce travail. D'autres se sont rencontrés isolément dans les collections de MM. Kunze, Friwaldszky et Dejean. Ce dernier en possédait deux individus, l'un confondu parmi ses *A. Fuscus*, l'autre réuni par lui à son *A. Ater* (*Luteicornis* Schm.).

175. A. Validicornis. *Niger, subnilidus, griseo-pubescens; thorace nonnihil oblongo; elytris minus subtiliter punctulatis; pedibus antennisque totis fuscis, his validioribus, longiusculis.* — Long. 0,002. Lat. 0,0007. — Tyrol. Dalmatia.

Notoxus Niger, Oliv. Encycl. Meth. t. 8, p. 597 (1811). ?

Encore une espèce entièrement noire, n'ayant comme l'*Unicolor* aucune teinte jaunâtre ni à la base des antennes ni aux pattes, de même taille et à peu près de même forme que les deux espèces précédentes, dont elle se distingue par trois caractères qui lui sont propres, des antennes robustes plus longues que la moitié du corps, ciliées et sensiblement renflées au sommet, un corselet légèrement oblong, arrondi antérieurement, à pommettes peu saillantes et peu rétréci à la base, enfin des élytres un peu plus convexes, plus ovalaires ou même subfusiformes postérieurement, et laissant apercevoir sous une forte loupe une ponctuation fine il est vrai, mais distincte et espacée.

Ce peu de mots me paraît suffisant pour reconnaître et distinguer cette espèce d'ailleurs très-rare, dont je n'ai vu que deux exemplaires, l'un appartenant à M. Chevrolat et pris en Dalmatie, l'autre recueilli dans le Tyrol et faisant partie d'un lot d'insectes qui m'a été cédé par M. Karr. Il pourrait bien se faire que cette espèce fût l'espèce italienne qu'Olivier a décrite sommairement sous le nom de *Niger*, dans l'*Encyclopédie méthodique*. De toutes les espèces noires à ponctuation fine et peu distincte et à pattes noirâtres, je n'en vois pas à laquelle cette courte description puisse mieux convenir, néanmoins je n'en suis pas assez certain pour imposer le nom d'Olivier à cette espèce.

174. A. Scrobicollis (1). *Nigro-fuscus, subnitidus, griseo-pubescens; thorace lateribus subrotundè fossulato; antennarum basi, tibiis tarsisque luteo-testaceis.* — Long. 0,0022. Lat. 0,0007. — Hispania.

Un peu plus grand que les espèces précédentes. Tête noire, assez brillante, très-finement pointillée, peu pubescente, transversale, assez carrée postérieurement, avec les angles postérieurs arrondis, convexe sur le disque; les yeux très-peu saillants; les antennes jaunâtres à la base, avec le premier article plus ou moins obscur, noirâtres à l'extrémité, médiocrement longues, assez robustes, moniliformes, ciliées et renflées au sommet. Corselet noir aussi large que la tête, pas plus long que large, très-arrondi antérieurement, les pommettes faiblement saillantes, faiblement rétréci un peu avant la base, qui ne paraît nullement marginée; fossette latérale, très-apparente, mais seulement vue de côté, nullement quand le corselet est vu en dessus (à la différence de l'espèce suivante), de forme irrégulièrement ovale, lisse sur les bords, le fond jaunâtre et abondamment tomenteux. Ecusson en triangle légèrement obtus. Elytres d'un brun noirâtre, de même teinte et entièrement semblables à celles du *Caliginosus*, peut-être un peu plus larges à la base, et plus parallèles. Dessous du corps d'un brun foncé très-brillant; cuisses de même couleur; tibias et tarses légèrement roussâtres. Je n'ai pu rien découvrir relativement au sexe. Sur six individus aucun ne m'a présenté à l'extrémité des élytres la tumefaction luisante, particulière aux mâles de l'*Unicolor*.

Cette espèce habite l'Espagne. La collection Dejean en contenait sous le nom de *Fuscus*, six individus d'une assez bonne conservation. J'en possède un que m'a donné M. de Brême. Il est bien vrai de dire qu'entre cette espèce et celle de Dalmatie appelée aussi *Fuscus* par M. Dejean, et par nous *Caliginosus*, la différence ne consiste guère que dans la forme de la fossette latérale du corselet.

175. A. Nysth. *Fusco-brunneus, subopacus, griseo-pubescens; capite nigro; thorace lateribus profundè fossulato; antennis totis tibiis tarsisque luteo-testaceis.* — Long. 0,002. Lat. 0,0007. — Bengale.

Tête noire, légèrement brillante, très-finement pointillée, abondamment pubescente, légèrement transversale, carrée postérieurement avec les angles postérieurs arrondis, assez convexe sur le disque; les yeux petits et peu saillants; les antennes entièrement d'un jaune testacé livide, un peu plus pâles à la base qu'au sommet, de la longueur de la moitié du corps, assez moniliformes et renflées vers l'extrémité. Corselet brun, peu brillant, sans ponctuation distincte, entièrement voilé d'une fine pubescence grisâtre, aussi large que la tête, pas plus long que large, transversalement arrondi antérieurement, peu globuleux, les pommettes fortement saillantes, sensiblement rétréci un peu avant la base, qui ne paraît pas distinctement marginée; fossettes latérales, très-creuses, moins arrondies que dans

___

(1) *Anthicus Fuscus*, Dej. Cat. 1836, p. 238.

le *Scrobicollis*, à bords moins abruptes, mais visibles en dessus et produisant un étranglement latéral qu'on ne remarque pas dans l'espèce précédente ; goulot tout aussi nul que dans les espèces européennes du même
groupe. Ecusson triangulaire. Elytres d'un brun jaune foncé, légèrement
brillantes, très-finement pointillées, entièrement recouvertes d'un fin duvet grisâtre, très-court et collé à la surface, deux fois au moins aussi larges que le corselet, une fois et deux tiers seulement aussi longues que
larges, carrées à la base, avec les épaules légèrement saillantes en avant,
subparallèles sur les côtés, régulièrement arrondies à l'extrémité, modérément convexes sur le disque ; les omoplates très-légèrement saillantes et
suivies d'une faible dépression transversale. Dessous du corps noirâtre ;
cuisses brunes, tibias et tarses d'un jaune testacé livide.

Cette espèce, qu'on est étonné de rencontrer dans un groupe aussi essentiellement européen, habite le Bengale. J'en possède un unique individu qui m'a été donné à Bruxelles par feu M. Nyst, à la mémoire duquel
j'ai cru devoir la dédier. La forme particulière de sa fossette et la couleur
entièrement jaunâtre de ses antennes, la distinguent au premier coup-d'œil
de toutes les autres espèces de cette coupe.

En résumé, les six espèces qu'on vient de décrire forment un petit groupe
secondaire très-homogène composé d'espèces noires ou noirâtres, ayant à
peu de chose près même taille et même forme, et néanmoins pouvant
aisément se distinguer deux à deux de la manière suivante :

Fossette thoracique étroite et peu profonde . . . . {	Base des antennes, tibias et tarses roussâtres . . {	*Velox.* *Caliginosus.*
	Antennes et pattes entiè-rement noirâtres. . . . {	*Unicolor.* *Validicornis.*
Fossette thoracique large et profonde. . . . . {		*Scrobicollis.* *Nystii.*

DIX-HUITIÈME GROUPE.

Thorace sæpius transverso, basi transversim sulcato, subbino-
doso (f. 8). (*S. G. Aulacoderus*, nobis).

Ce dernier groupe ne se compose jusqu'à ce jour que de sept espèces, dont une seule, appartenant à l'Europe, se lie très-étroi-
tement au groupe précédent ; les six autres sont particulières au
cap de Bonne-Espérance. Elles ont toutes pour caractère commun,
à la base du corselet, un sillon transversal qui réunit entre elles
les deux fossettes et ferait paraître le corselet bilobé, si l'étranglement n'avait pas lieu aussi près de la base. Cinq de ces espèces ont
en outre les antennes assez fortement et brusquement dilatées à

---

(1) ἄυλαξ, sillon, δέρη, cou.

partir du huitième article, ce qui nous conduit à établir la sub-
division suivante :

   α. Antennes sans dilatation brusque au
        sommet . . . . Espèces   176 à 177
   β. Antennes brusquement dilatées au
        sommet (f. 9) . . . .   178 à 182

DESCRIPTION DES ESPÈCES.

   α. Antennis apice sensìm incrassatis.

176. A. FRIWALDSZKYI. *Totus fusco-niger, subnitidus, grisco-tomentosus; thorace transverso, ante basin profundè transversìm sulcato; tibiis tarsisque fusco-lutescentibus. —
—*Long. 0,0019. Lat. 0,0007. — Hungaria.

Espèce très-voisine, pour le facies, de notre *A. Caliginosus,* dont elle
a exactement la couleur et la taille. Entièrement d'un brun noir foncé,
de même teinte en dessus et en dessous, à l'exception des tibias, des tarses, et de la partie inférieure du corselet, qui ont une teinte moins foncée
tournant au brun jaune. Tête lisse et brillante, à peine plus large que
longue, un peu moins large que le corselet, très-légèrement arrondie
postérieurement, sensiblement convexe ; les yeux très-petits et très-peu
saillants ; les antennes courtes, pouvant atteindre à peine la base du corselet, entièrement d'un brun noirâtre, un peu moins foncé à la base,
sensiblement moniliformes et dilatées vers l'extrémité, non brusquement
mais insensiblement à partir du sixième article ; le dernier très-long,
régulièrement conique, trois fois au moins aussi long que le précédent.
Corselet brillant, quoique voilé par un fin duvet grisâtre, plus large que
la tête, un peu moins long que large, transversalement arrondi antérieurement, régulièrement arrondi sur les côtés, les pommettes saillantes et
suivies d'une fossette profonde, un peu jaunâtre, les fossettes réunies
l'une à l'autre par un sillon basilaire profond et arrondi postérieurement,
ce qui permet de le considérer comme une fossette médiale qui s'unit sur
les côtés avec les fossettes latérales ; goulot antérieur entièrement nul.
Ecusson triangulaire, excessivement petit. Elytres assez brillantes, malgré
le duvet grisâtre qui les recouvre, deux fois aussi larges que le corselet,
une fois et 3/4 à peine aussi longues que larges, un peu plus courtes que
celles du *Caliginosus,* moins parallèles sur les côtés, qui sont légèrement arrondis, plus échancrées à la base qui enveloppe un peu le corselet, plus convexes en dessus, régulièrement arrondies à l'extrémité.
Dessous du corps d'un brun noir très-luisant ; cuisses noirâtres, les tibias et les tarses un peu jaunâtres.

Cette rare et intéressante espèce habite la Hongrie. J'en ai reçu de
M. Friwaldszky un exemplaire qu'il a bien voulu m'abandonner, et en
passant en revue tous les individus de la collection Dejean, j'ai découvert
parmi ses *A. Fuscus* un individu de l'Autriche qui appartient évidem-

ment à notre espèce. J'ai été heureux de pouvoir dédier cet insecte au savant hongrois qui m'en a fait un si généreux sacrifice.

177. A. Flavopictus. *Testaceus, subopacus, grisco-pubescens; capite nigro; elytris piceis, fasciâ antè medium latâ alterâque apicali flavo-testaceis.* — Long. 0,0025. Lat. 0,0008 (f. 8). — Promontorium Bonæ Spei.

Tête noirâtre, peu brillante, finement pointillée, pas plus large que longue, arrondie postérieurement; les yeux vitrés, médiocrement saillants; les antennes longues, dépassant la base du corselet, subfiliformes, très-peu dilatées au sommet, entièrement testacées. Corselet (f. 8) testacé, un peu noirâtre antérieurement, pas plus large que la tête, un peu moins long que large, transversalement arrondi antérieurement, sensiblement rétréci postérieurement; pommettes très-saillantes et très-arrondies, sillon basilaire profond, paraissant tapissé latéralement d'un duvet jaunâtre. Elytres peu brillantes, très-finement pointillées, couleur de poix, avec une très-large bande en avant du milieu, et l'extrémité jaunâtre, plus de deux fois aussi larges que le corselet, une fois et 5/4 seulement aussi longues que larges, carrées à la base, légèrement arrondies sur les côtés, ovalaires postérieurement, peu convexes et même un peu aplaties sur le disque. Le dessous du corps et les pattes entièrement roussâtres. Nous ne considérons l'individu ici décrit que comme une variété faiblement colorée d'une espèce qui aurait sur les élytres deux grandes taches antérieures, et deux petites ante-apicales jaunes, entourées par la couleur du fond.

Cet insecte habite le cap de Bonne-Espérance. Un seul individu m'a été communiqué par M. Melly. La forme de son corselet le rapproche des cinq espèces suivantes, mais on est étonné de ne pas lui trouver les antennes fortement claviformes qui caractérisent ce groupe.

β. Antennis apice subitò valdè incrassatis (f. 9).
     * Elytris parallelis.

178. A. Quadrisignatus (1). *Piceus, subopacus, tenuissimè velutinus; elytris fasciis anticâ et posticâ abbreviatis, flavo-testaceis; antennis testaceis, clavâ nigrâ; pedibus testaceis, femorum apice tarsisque nigricantibus.* — Long. 0,0025. Lat. 0,0008. — Prom. Bon. Spei.

Tête, corselet et élytres d'un brun marron foncé, tête assez brillante, imperceptiblement pointillée, un peu plus large que longue, transversalement arrondie postérieurement; les yeux vitrés, légèrement saillants; les antennes assez longues, dépassant la base du corselet, peu moniliformes, grêles et testacées à la base, fortement dilatées et noirâtres à partir du huitième article. Corselet assez brillant, presque glabre, aussi large que la tête, sensiblement transversal, peu arrondi antérieurement, les pommettes saillantes et très-arrondies, sensiblement rétréci postérieurement,

---

1) *Anthicus Quadrisignatus*, Dej. Cat. 1856, p. 238.

assez convexes sur le disque, sillon basilaire peu profond, tapissé sur les côtés d'un duvet roussâtre. Elytres d'un brun un peu plus foncé que sur le corselet, ternes et voilées d'un duvet soyeux extrêmement fin, ornées chacune de deux taches jaunes; l'une en bande transversale vers le premier tiers de la longueur, l'autre en bande légèrement oblique au-delà des deux tiers, atteignant l'une et l'autre le bord latéral, mais nullement la suture; deux fois aussi larges que le corselet, une fois et 3/4 aussi longues que larges, parallèles sur les côtés, carrées à la base, arrondies à l'extrémité, plates sur le disque. Dessous de la tête et du corselet légèrement ferrugineux. Abdomen noirâtre; les pattes testacées, avec l'extrémité des cuisses et les tarses noirâtres.

Cette espèce habite le cap de Bonne-Espérance. Elle était unique dans la collection de M. le comte Dejean, où elle portait le nom que nous lui avons laissé.

** Elytris convexo-ovatis.*

179. A. Dorsalis (1). *Piceus, nitidus, lævissimus; elytris luteo-testaceis, fasciâ mediâ latâ piceâ; tibiis, tarsis antennisque testaceis, his articulis ultimis tribus nigris.* — Long. 0,002. Lat. 0,0007. — Prom. Bon. Spei.

Tête noire, brillante, finement pointillée, petite, pas plus large que longue, très-arrondie en tous sens; les yeux assez saillants; les antennes très-grèles et testacées à la base, subitement dilatées et noirâtres, à partir du neuvième article. Corselet noir, assez brillant, un peu jaunâtre à la base, arrondi et globuleux antérieurement, sensiblement rétréci postérieurement, aussi large que la tête, un peu moins long que large; sillon basilaire peu profond et garni sur les côtés d'un duvet jaunâtre. Elytres d'un jaune sale, très-lisses et brillantes, avec une large bande transversale brune dans le milieu, plus de deux fois aussi larges que le corselet, une fois et 2/3 seulement aussi longues que larges, fortement ovalaires antérieurement et postérieurement, très-convexes et bombées sur le disque, avec la suture légèrement saillante dans toute sa longueur. Dessous du corps noirâtre; pattes testacées, avec les cuisses obscures.

Cet insecte, comme le précédent, était unique dans la collection de M. Dejean, et faisait partie des récoltes de M. Drège au cap de Bonne-Espérance.

180. A. Albitarsis (2). *Rufo-brunneus, subopacus, griseo-pubescens; elytris fasciâ mediâ ferrugineâ; antennis pallidè testaceis, clavâ nigrâ; pedibus brunneis, femorum basi, tarsisque albescentibus.* — Long. 0,002. Lat. 0,0007. — Prom. Bon. Spei.

Tête d'un rouge brun moins foncé que sur les élytres, terne, très-finement rugueuse, un tant soit peu oblongue, très-arrondie, même un peu pointue postérieurement; les yeux assez saillants; les antennes ayant la

---

(1) *Anthicus Dorsalis*, Dej. Cat. 1836, p. 239.
(2) *Anthicus Albitarsis*, Dej. Catal. 1836, p. 239.

tige très-grêle et d'un jaune pâle, et terminées par trois articles subitement dilatés et subitement noirâtres. Corselet terne, rougeâtre antérieurement, jaunâtre à la base, un peu moins large que la tête, un peu plus long que large, très-arrondi et globuleux antérieurement; le sillon moins postérieur que de coutume, très-large, avec les bords en pente douce, et suivi d'une dilatation basilaire qui fait paraître le corselet bilobé. Elytres d'un rouge plus foncé que sur les parties antérieures, peu brillantes et ombragées d'un fin duvet grisâtre, ornées un peu avant le milieu d'une bande transversale roussâtre, trois fois au moins aussi larges que le corselet, une fois et 3/4 à peine aussi longues que larges, trapézoïdales antérieurement, très-dilatées sur les côtés, un peu fusiformes postérieurement, très-convexes et même un peu bombées sur le disque. Dessous du corps roussâtre, pattes brunes, avec la base des cuisses et les tarses blanchâtres.

Cette espèce habite le cap de Bonne-Espérance, où elle a été recueillie en très-petit nombre par M. Drège. Nous n'en avons vu qu'un seul individu en très-mauvais état dans l'ancienne collection de M. Dejean, qui lui avait donné le nom très-convenable d'*Albitarsis*.

181. A. Atronitidus. *Niger, lævissimus, nitidissimus, subglaber; thoracis posticâ parte, antennis (præter clavam) tibiisque testaceis.* — Long. 0,002. Lat. 0,0007 (f. 9). — Prom. Bon. Spei.

Entièrement d'un noir lisse et brillant, à l'exception de la base du corselet, des tibias et de la tige des antennes, qui sont rougeâtres. Tête exactement ronde; les yeux très-petits, très-ronds, médiocrement saillants; les antennes (f. 9) ayant toute la tige d'un rouge testacé vif, avec les quatre derniers articles noirâtres et fortement dilatés. Corselet exactement semblable à celui du *Dorsalis*, également arrondi et globuleux antérieurement, également rougeâtre à la base, paraissant moins bilobé à cause du peu de dilatation basilaire qui succède à l'étranglement postérieur. Elytres d'un noir brillant, parsemées de quelques cils grisâtres; trois fois au moins aussi larges que le corselet, une fois et 2/3 seulement aussi longues que larges, très-dilatées sur les côtés, les angles antérieurs obtus, en ovale peu allongé postérieurement, un peu moins bombées sur le disque que dans les deux espèces précédentes. Dessous du corps noir, pattes noirâtres, avec les tibias seuls ferrugineux.

Je n'ai vu que deux individus de cette jolie espèce du cap de Bonne-Espérance; l'un m'a été communiqué par M. Melly; l'autre m'a été vendu à Hambourg par M. Ecklon.

182. A. Transversalis (1). *Pallidè flavo-testaceus, subopacus; oculis, antennarum clavâ, elytrorumque fasciis duabus, alterâ mediali, alterâ apicali obsoletâ, nigris.* — Long. 0,0018. Lat. 0,0006. — Prom. Bon. Spei.

Jolie petite espèce ayant quelques rapports de couleur et de facies avec

---

(1) *Anthicus Transversalis*, Dej. Cat. 1836, p. 259.

le *Tomoderus Compressicollis*, Motch. Entièrement d'un jaune testacé pâle, à l'exception des yeux, de la massue des antennes et des taches des élytres, qui sont noires. Tête assez brillante, très-finement pointillée, transversale, arrondie postérieurement ; les yeux très-petits, ovales, noirs et légèrement saillants ; les antennes, de la couleur de l'insecte, très-grêles à la base, avec les trois derniers articles subitement dilatés et noirâtres. Corselet peu brillant, aussi large que la tête, sensiblement transversal, cordiforme antérieurement, fortement rétréci vers les 3/4 de la longueur par le sillon postérieur, qui est profond, abrupte et brusquement suivi d'un court renflement basilaire. Elytres n'ayant pas l'aspect lisse et brillant des espèces précédentes, mais laissant apercevoir assez distinctement une ponctuation fine et peu serrée qui donne naissance à un duvet jaunâtre très-peu abondant ; ornées, juste au milieu, d'une bande transversale commune noirâtre assez étroite, et tout près de l'extrémité d'une autre bande plus ou moins obsolète ; deux fois et demie aussi larges que le corselet, une fois et 3/4 seulement aussi longues que larges, trapézoïdales antérieurement, très-dilatées et arrondies latéralement, ovalaires postérieurement, fortement convexes et même bombées sur le disque. Dessous du corps et pattes entièrement jaunes.

Cette espèce habite le cap de Bonne-Espérance, où elle a été recueillie en petit nombre par M. Drège. Je n'en ai vu que deux individus qui m'ont été communiqués, l'un par M. Melly, l'autre par M. de Brême. Ce dernier est le *Transversalis* de la collection Dejean.

ESPÈCES DOUTEUSES OU QUE NOUS N'AVONS PAS VUES.

Le nombre de ces espèces s'élève à vingt-trois. Pour procéder avec ordre, nous les placerons ici par rang de date.

183. A. DEUSTUS. Notoxus Deustus. « *Niger, elytris ferrugineis, apice fuscis.* — Habitat in muscis Taffelberg et alibi in capite Bonæ Spei.

« *Corpus* magnitudine *N. Monocerotis*, oblongum, glabrum. *Caput* parùm inflexum, totum nigrum. *Maxillæ, palpi, antennæ, pedes toti,* nigra. *Palpi* duo, clavati clavâ solidâ. *Antennæ* filiformes articulis moniliformibus undecim : infimo oblongo, capitis thoracisque longitudine. *Thorax* tereti-convexus, oblongus ; posticè truncatus, submarginatus ; medio parùm contractus ; sæpiùs niger, rariùs ferrugineus. *Elytra* abdomen tegentia, oblonga, convexa, pellucida, lævissima absque punctis et striis, ferruginea, apicè fusca, rariùs tota ferruginea. *Alæ* nullæ. *Abdomen* fusco-ferrugineum subdiaphanum. *Femora* inermia.

« *Varietas duplex :* α) thorace apiceque elytrorum fuscis. β) thorace elytrisque ferrugineis. » (Thunberg. *Dissert. academ.* 1789. — Id. edid. *Persoon*, 1799, t. 3, p. 220).

184. A. FLAVUS. Notoxus Flavus. « *Totus flavus, capite pedibusque nigris.* — Habitat in capite Bonæ Spei.

« Statura et magnitudo N. Deusti. *Caput* nigrum posticè attenuatum.

Antennæ nigræ, infimo articulo filiformi longo villoso, reliquis moniliformibus. *Thorax* convexus, immarginatus, medio latior, luteus, glaber. *Elytra* convexa lævia, glabra, flava. *Alæ* nullæ. *Abdomen* flavum,
glabrum. *Pedes* omnes nigri, basi femorum flavescente. » (Thunberg,
edid. Persoon, ibid., p. 220).

La description des antennes dont l'article basilaire est filiforme, allongé,
couvert de poils, tandis que les autres sont moniliformes, me fait douter que cet insecte fasse partie des Anthicus. Quant au *Notoxus Grandis,*
insecte de Chine, décrit à la page 221 de l'ouvrage précité, nous n'en citerons pas ici la description, parce que sa taille, *magnitudine For-
micæ herculeanæ*, le place nécessairement dans un genre tout différent.

185. A. Tenuicollis. Notoxus Tenuicollis. « *Lævis, capite thoraceque nigris, antennis
elytrisque obscurè testaceis, pedibus pallidis.* — Etruria.

« Duplò minor *N. Pedestri. Corpus* totum tenuissimâ pube subobscurum. *Antennæ* longiusculæ, filiformes, apice vix crassiores, obscurè
testaceæ. *Caput* nigrum thorace ferè majus. *Thorax* convexus rotundatus, posticè paulò angustior, niger. *Elytra* integra, lævia, capite thoraceque longiora, testaceo-fusca. *Abdomen* nigrum. *Pedes* pallidi. *Alæ*
albæ. Lectus tempore hiberno sub corticibus, at æstate etiam in plantis. »
(Rossi. *Mantissa Insect.* 1792-1794. Id. *Faun. Etrusca, edid. Hellw.*
p. 388, nº 120).

Il nous est impossible de reconnaître dans cette description de Rossi,
aucune des espèces d'Anthicus et même d'Anthicites connus, et je suis
tenté de croire qu'il en est de cet insecte comme du *Notoxus Hispidulus*
du même auteur, dont nous nous dispenserons de reproduire ici la description, lequel, au témoignage d'Hellwig, serait du même genre que le
Notoxus Minutus de Panzer, c'est-à-dire du genre *Scydmænus*. Voyez
au surplus au genre *Ochthenomus*, les explications données par nous à
la suite de la description de l'*O. Angustatus*, Dej. (*Tenuicollis*, Schmidt).
Quant au Notoxus *non plus ultrà* de l'auteur italien, qu'il avait placé
primitivement parmi les Carabes, nous ne pouvons pas davantage reconnaître en lui un Anthicite, sans rien préjuger sur le genre auquel il doit
être rapporté.

186. A. Limbatus. Notoxus Limbatus. « *Ater nitidus, thoracis limbo ferrugineo.* —
Habitat Kiliæ.

« Statura et magnitudo *N. Floralis. Corpus* totum atrum, nitidum
solo thoracis limbo ferrugineo. » (Fabr. *Suppl. Entom. Syst.*, p. 67,
1798).

Si cet insecte est bien un *Anthicus*, il est probable que ce n'est qu'une
variété d'une des espèces européennes connues. Les autres espèces de
Fabricius qui n'ont pas trouvé place dans notre monographie, paraissent
appartenir à des genres étrangers aux Anthicites : les *A. Ruficollis, Fulvicollis, Abdominalis* et *Fuscipennis*, aux *Statyra* et genres voisins,
l'*A. Fasciatus* au genre *Hydnocera* Newman (*Phyllobœnus* Dej.), l'*A.*

Thoracicus aux *Pedilus?* l'*A. Bipunctatus* au genre *Psammœcus*, enfin les *A. Bicolor*, *Minutus* et *Hellwigii* au genre *Scydmœnus*.

187. A. Elegans. — Russia Meridionalis.

« Diagnosis : Ater, elytris fasciis duabus argenteis.

« Descriptio : Statura et habitus omninò *Anthici Antherini. Caput et thorax* nigra, immaculata, sericeo-nitentia. *Antennæ* rufæ. *Scutellum* minutissimum, nigrum. *Elytra* nigra, sericeo-nitentia, fasciis duabus argenteis, alterà baseos communi, alterà versùs apicem suturam non attingente. *Abdomen* nigrum cinereo-subvillosum. *Pedes* rufescentes.

« Habitat Kislariæ, semel ad ignem advolans. » (Steven. *Decas Insectorum Rossiæ australis nondum descriptorum*, p. 7. *Extr. des Mém. des natur. de Moscou*, vol. 1, 1806).

Cette espèce pourrait bien ne pas différer de certaines variétés très-foncées de l'*A. Tristis* Schmidt (n° 102), dont les individus très-frais présentent deux bandes de duvet argenté semblablement placées.

188. A. Paykullii. « *Elongatus niger pubescens, subtilissimè punctulatus, thorace posticè, elytrisque fasciis duabus albido-villosis.* — Habitat Algiriæ.

« Statura ferè *A. Floralis*, sed paulò longior. *Caput* magnum rotundatum nigrum, creberrimè punctulatum, oculis globosis atris. *Antennæ* thorace longiores, crassæ, totæ nigræ. *Thorax* oblongus, anticè latior, rotundatus, posteriùs angustior, basi truncatus, suprà convexus, niger, pubescens, creberrimè punctulatus, lateribus et posticè villositate densiore albido-argenteà tectus. *Scutellum* parvum triangulare nigrum. *Elytra* thorace multò latiora elongata, ferè linearia, apice rotundata, dorso parùm convexa, creberrimè punctulata, nigra; antè medium fascia lata integra et ponè medium altera obliqua, suturam vix attingens, è villis depressis albido-argenteis nitidis. *Corpus* nigrum punctulatum, albido-pubescens. *Pedes* elongati, tenues, toti nigri. Gyllenhal. » (Schönherr. *Synon. Insect.* t. 2, p 55, 1808).

Cette description, citée en note par Schönherr, paraît être de Gyllenhal, dont elle porte la signature. Elle est assez claire et assez détaillée pour que nous puissions y reconnaître une espèce très-voisine de notre *A. Aubei* (n° 159), espèce également algérienne. Seulement ici les antennes sont entièrement noires, et il n'est pas question de la bande jaune postérieure. Je ne sais pas non plus jusqu'à quel point l'expression de *linearia* serait convenable, appliquée aux élytres de l'*A. Aubei*.

189. A. Niger. Notoxus Niger. « *Niger, tibiis tarsisque piceis.* — Italia.

« Il est une fois plus petit que le Notoxe *Pedestre*. Le corps est noir, à peine pubescent. Les pattes sont noires, avec les jambes et les tarses d'un brun noirâtre. Le corselet est arrondi, lisse. Les élytres ne paraissent pas non plus avoir de points enfoncés, ce qui nous a fait croire qu'il ne pouvait être le *Notoxus Ater* de Panzer.

« Il se trouve en Italie. Du cabinet de M. Bosc. » (Olivier. *Encycl. Meth.*, t. 8, p. 597, 1809).

Cette description convient assez à notre *A. Validicornis* (n° 173) pour qu'on soit tenté de croire que l'insecte d'Olivier ne diffère pas de cette espèce. Néanmoins, dans le doute, il eût été téméraire de réunir ces deux espèces.

190. A. CINCTUS. « *Saturè rufus; elytris nigris, basi rufis, fasciâ antè medium cinereâ.* — Long. pollicis octavâ parte major. — America Borealis. Etats-Unis.

« Corps d'un roux obscur ; antennes obscures vers le sommet ; yeux d'un noir foncé ; corselet sub-bilobé, rétréci un peu après le milieu, lobe antérieur sub-orbiculaire ; élytres velues, ponctuées, noires, avec la base rousse ; une bande avant le milieu et une tache terminale cendrées ; pattes noirâtres, rousses à la base ; ventre noir.

« Var. A. Dépourvue de la tache terminale cendrée. » (Say. *Journ. of the Acad. of Natur. sc. of Philadelphia*, t. 3, pars. 1, p. 278 (1819). — *Traduction de A. Gory, édit. de Lequien*, p. 211).

Dans la description de l'*A. Formicarius* Dej. (n° 91), j'ai fait remarquer que cet insecte avait les plus grands rapports avec le *Cinctus*, Say. On pourra s'en convaincre en comparant cette description à celle de l'auteur américain.

191. A. BASILARIS. « *Rufus; elytris nigris, basi rufis. Præcedenti staturâ ferè æqualis.* — America Borealis. Etats-Unis.

« *Notoxus Melanocephalus?* Melsh. Catal.

« Yeux d'un noir foncé ; corselet ayant toute sa largeur avant le milieu, se rétrécissant ensuite, par une ligne presque droite, jusqu'aux angles postérieurs ; élytres ponctuées, noirâtres ; base un peu gibbeuse et rousse ; arrière poitrine et ventre couleur de poix.

« Var. A. Tête noirâtre.

« Il est presque de la même taille que le précédent, auquel il ressemble, mais le corselet n'est pas aussi rétréci au-delà du milieu. » (Say. *ibid.*, t. 3, p. 279, 1819. — *Traduction de A. Gory*, p. 211).

192. A. BIZONATUS (Bifasciatus Say). « *Rufus, elytris fasciâ maculâque apicali nigris.* — Long. 1/10 pollicis. — America Borealis. Florida Orientalis.

« Tête plus foncée que le corselet ; antennes et palpes plus pâles que la tête ; corselet graduellement rétréci postérieurement, non brusquement resserré ; élytres irrégulièrement ponctuées, ayant au milieu une bande noire légèrement dilatée le long du bord latéral, et faiblement interrompue sur la suture, et terminées par une bande apicale noire ; dessous du corps d'un ferrugineux pâle.

« Cette espèce est voisine du *Basilaris* nobis, mais outre la différence qui résulte de la bande noire des élytres, la base de celles-ci n'offre pas les gibbosités qu'on remarque dans cette espèce. J'en ai recueilli un exemplaire dans la Floride orientale, pendant une excursion dans cette contrée avec M. Maclure. » (Say. *ibid.*, t. 5, p. 245, 1821).

Le nom de *Bifasciatus* ayant été employé bien antérieurement par

Rossi, pour une espèce européenne très-répandue, nous avons dû, pour introduire l'espèce de Say dans la nomenclature, modifier le nom de *Bifasciatus* en celui de *Bizonotus*. Cette espèce nous a paru très-voisine du *Vicinus* Dej. (n° 58), insecte du même pays, mais pas assez pour nous faire croire à l'identité de ces deux espèces.

193. A. Pallidus. « *Pallidus ; elytris fasciâ latâ, suturáque angustâ nigricantibus.* — Long. 1/10 pollicis. — America Borealis. Etats-Unis.

« Tête et corselet d'un jaune d'ocre pâle, ce dernier laissant apercevoir un faible sillon longitudinal rétréci graduellement vers la base, avec les côtés au-delà du milieu un tant soit peu concaves; élytres d'un jaune pâle, un peu obscures à l'extrême base; une large bande noirâtre vers le milieu, très-dilatée vers le bord externe et sur la suture, et s'épanouissant le long de l'un et de l'autre, de manière à se prolonger en ligne étroite jusqu'à la base d'un côté, et de l'autre jusqu'à l'extrémité postérieure; ponctuation confuse; dessous du corps d'un ferrugineux pâle; les pattes blanchâtres.

« Cette espèce peut être facilement distinguée par son sillon thoracique, sa couleur pâle, sa bande unique et l'encadrement noir de ses élytres. » (Say. *ibid.*, t. 5, p. 245, 1821).

194. A. Politus. « *Nigricans : thorace posticè non constricto, elytris nitidè rufis.* — Long. 1/20 pollicis. — America Borealis. Etats-Unis.

« Le corps couvert de longs poils; la tête noirâtre; les antennes d'un roux foncé; le corselet noirâtre, remarquablement court, non évidemment rétréci postérieurement; une ligne enfoncée transversale à la base; élytres sans ponctuation, lisses, arrondies, d'un rouge ferrugineux vif, un peu ponctuées et noirâtres à l'extrémité; les pattes d'un rouge ferrugineux vif.

« La forme du corselet et des élytres de cette espèce diffère entièrement de celles des parties correspondantes des espèces précédentes. » (Say. *ibid.*, t. 5, p. 246, 1821).

Il est assez douteux que cette très-petite espèce appartienne au genre Anthicus. Quant aux espèces qui suivent, dans le travail de Say, sous les noms de *Lugubris, Collaris, Terminalis, Labiatus* et *Impressus*, nous croyons inutile d'en reproduire ici les descriptions, l'auteur avouant lui même ne les avoir placées dans le genre Anthicus, que parce qu'elles lui ont paru se rapprocher davantage de ce genre que de tout autre. Les insectes dont il s'agit ont une longueur comprise entre 1/3 et 1/5 de pouce (de 8 à 5 millimètres), taille de beaucoup supérieure à celle des plus grands Anthicus connus, et pouvant très-bien convenir à des espèces du genre *Statyra*, qui n'est pas étranger aux Etats-Unis.

195. A. Sexmaculatus. « *Thorace cordato, niger, antennis, pedibus maculisque elytrorum tribus testaceis.* — Sibiria.

« *Caput* ovatum, densè punctulatum, subopacum, oculis prominulis.

Antennæ thorace parùm longiores. *Thorax* anticè rotundatus, posticè angustatus, basi truncatus, suprà parùm convexus, confertim punctulatus, subopacus. *Elytra* thorace latiora lateribus subarcuata, apice rotundata, suprà parum convexa, confertim punctata, nigra, maculâ obliquâ ab humero ad medium suturæ productâ, alterâ transversâ ultrà medium apiceque testaceis. *Corpus* subtùs nitidulum, sublæve. *Pedes* graciles. Semel ad fl. Irtysch lectus. » (Gebler, *Ledebours Reise in der Altaï*, p. 137, 1830).

196. A. KARELINII. — Long. 2 1/2 lin. Lat. 3/4 lin. — Turcomania.

« Il est testacé, pubescent. Les élytres ont sur la suture une tache verdâtre métallique, qui commence à la base et se termine à la moitié de la suture; elle est rétrécie au milieu. Chaque élytre a en outre, près du bord extérieur, deux taches rondes de la même couleur. » (Zoubkoff. *Bulletin de Moscou*, 5° vol., p. ?, édit. de Lequien, t. 1, p. 315, 1832).

Nous citons, pour l'acquit de notre conscience, cette espèce asiatique, trouvée par M. Karelin sur les côtes orientales de la mer Caspienne. Sa taille, qui atteint environ 6 millimètres, et les taches métalliques des élytres, telles que jamais Anthicus ne nous en a présenté, nous font penser que cet insecte appartient à un tout autre genre.

197. A. TIBIALIS. « *Elongatus, obscurè viridi-œneus, pilosus, thorace subcylindrico, tibiis pallidis.* — Long. 1 1/2 lin. — Hispania Meridionalis. Andalousie.

« La tête large, convexe sur le front, noire, grossièrement ponctuée, les cinq premiers articles des antennes d'un jaune pâle, les suivants presque noirs. Corselet noir, presque cylindrique, plus large dans la première moitié que dans la seconde, grossièrement ponctué, velu. La partie postérieure du corps (*Hinterleib*) allongée, les élytres d'un jaune verdâtre foncé, recouvertes de poils blancs. Les cuisses jaunâtres à la base, d'un brun foncé vers l'extrémité. » (Waltl. *Voyage dans l'Espagne méridionale*, 2ᵉ partie, p. 75, 1835).

Nous avons cherché inutilement à reconnaître dans cette description, quelqu'une des espèces espagnoles décrites par nous. Nous l'avons comparée avec la plus scrupuleuse attention, à celles qui avaient quelques rapports avec elle, notamment aux *A. Olivaceus* (n° 162) et *Plumbeus* (n° 167), et nous sommes restés avec la conviction que l'*A. Tibialis* était une espèce parfaitement distincte.

On n'en peut pas dire autant de l'*A. Quadriguttatus*, du même auteur, décrit à la suite du précédent. Celui-là nous paraît être identique avec notre *Quadrioculatus* (*Quadrimaculatus* Dej.) (n° 107), qui pour la première fois a été pris en Espagne. On en peut juger par la description de Waltl, que nous transcrivons ici.

« *Elongatus, pilosus, thorace castaneo, elytris ferè nigris, maculis ferrugineis in quoque duabus, unâ ad humerum, alterâ post medium positâ ornatis; antennis pedibusque ferrugineis.* — Long. 1 1/4 ad 1 1/2 lin.

« Tête bombée, noire, très-rugueuse; palpes et antennes d'un brun

rouge ; corselet d'un brun marron, arrondi, beaucoup plus gros antérieurement que postérieurement, ponctué. Partie postérieure du corps allongée ; les élytres noirâtres, grossièrement ponctuées, couvertes d'une
pubescence blanchâtre, une tache ferrugineuse aux épaules, et une autre au-delà du milieu. Les pattes d'un rouge brun. Cette espèce (ajoute
Waltl) est voisine de l'*A. Quadrinotatus*, Gyll. »

Nous ne voyons rien dans cette description qui ne puisse convenir à
notre *Quadrioculatus*, ce qui nous a décidé à réunir ces deux espèces.
Quant au nom adopté par Waltl, il était impossible de le conserver, ce
nom ayant été appliqué par Rossi à une autre espèce.

198. A. Nigrinus. — Long. 1 1/4 lin. — Lapponia.

« Tenuiter pubescens, confertissimè punctatus, parùm nitidus, obscurè
rufus ; antennis palpis pedibusque dilutioribus ; elytris nigris, maculâ
anticâ utrinque humerali ferrugineâ.

« Sub nomine : *A. Nigrinus* Gyll. *A. Instabilis* Dej. (femina) à D.
Boheman, 1832, mihi communicatus. — Hab. in Lapponiâ Norvegicâ. »
(Zetterstedt. *Insecta Lapponica*, p. 139, n° 7, 1840).

Nous avons une telle défiance contre les espèces européennes, qui ne
sont pas parvenues jusqu'à nous, que nous sommes portés à reconnaître
dans celle-ci une des variétés de l'*A. Humilis*, et particulièrement notre
variété β, dont les élytres noires ne présentent plus de chaque côté qu'une
tache humérale roussâtre.

199. A. Palicari. — Long. 1 lig. 1/3. Lat. 1/3 lig. — Morée.

« D'un beau rouge, pubescent, finement ponctué ; seconde moitié des
antennes et élytres noires, quelquefois d'un beau bleu, offrant chacune
deux bandes transversales qui n'atteignent pas la suture, l'une placée près
de la base, et l'autre en arrière ; pattes jaunes. — Morée.

« Cette espèce varie beaucoup ; la tête est quelquefois obscure, et la
bande postérieure des élytres disparaît souvent. » (Castelnau. *Hist. Nat.
des Ins. Coleopt.*, t. 2, p. 259, 1840).

L'auteur laisse à deviner de quelle couleur sont les bandes des élytres,
mais on doit supposer qu'elles sont jaunes ou ferrugineuses. N'était la
couleur d'un beau bleu que présentent quelquefois les élytres, je n'hé-
siterais pas à rapporter cette espèce à notre *Sanguinicollis* (*Ruficollis*
Schmidt) (n° 148), qui est répandu dans toute la Grèce, et qui offre
aussi de nombreuses variétés.

Quant à l'*A. Bifasciatus* du même auteur, nous l'avons déjà rapporté,
avec une grande probalité, à l'*A. Quadriguttatus* Rossi (n° 114). Pour
justifier notre opinion, il suffit de citer la courte description de M de
Castelnau. « Noir, assez fortement ponctué, *très-velu* ; élytres avec deux
bandes transversales jaunes, dont la postérieure n'atteignant ni le bord
externe, ni la suture ; dessous du mesothorax brun ; parties de la bouche,
antennes et pattes d'un jaune clair. — Constantinople. » La localité n'est
pas ici un obstacle, car l'*A. Quadriguttatus* se trouve à Constantinople,

comme nous avons eu occasion de le dire, en parlant de la patrie de
cet insecte.

200. A. Strictus. « *Glaber, nitidus, niger; thorace piceo, subcordato, postice fortiter compresso ; elytris punctulatis, humeris maculâque minutâ ponè medium pallidis.* — Long. 1 lin. — Van Diemen.

« Parvus, glaber. *Antennæ* piceæ. *Caput* thorace paulò latiùs, suborbiculatum, lævissimum, suprà aterrimum, nitidum, infrà rufo-testaceum. *Thorax* anticè rotundatus, ponè medium fortiter compressus angustatusque, suprà lævigatus, piceus, nitidus, infrà rufo-testaceus. *Elytra* punctata, posteriùs lævigata, nigra, maculis duabus, alterâ majore subquadratâ humerali, alterâ minutâ paulò ponè medium propè suturam, pallidè testaceis. *Pectus* et *abdomen* nigra. *Pedes* picei, tarsis pallidis. » (Erichson. *Archiv. für Naturgeschichte, gegründet von Wiegmann, herausgegeben von Prof. Erichson.* 8er Jahrgang. p. 182, nº 105, 1842).

Nous sommes très-porté à croire que cet insecte ne diffère pas de l'*A. Bembidioides* décrit par nous (nº 52). Seulement celui de M. Erichson est de Van-Diemen, tandis que l'autre est de la colonie d'Adélaïde, à la Nouvelle-Hollande. Cette différence de localité nous a décidé à ne pas réunir ces deux espèces.

201. A. Nigriceps. « *Ferrugineo-testaceus, longiùs griseo-pubescens, capite pectore abdomineque nigris, thorace transversim infuscato, creberrimè punctato, basi coarctato, elytris punctato-rugulosis.* — Long. 5/6 lin. Lat. 1/2 lin. — Finlandia.

« Habitat in littoribus arenosis lacus Kokonselka rariùs.
« *A. Rufipedi*, Payk. affinis, minor autem et brevior, thorax posticè magis coarctatus, pubescentia longior, elytra fortiùs punctata rugulosa et color alius. *Caput* thorace paullò latius, basi truncatum, angulis rotundatis, confertim crebrè et profundè punctulatum, nigrum, ferè glabrum, ore nigro, palpis rufo-testaceis, oculis globosis minutis vix prominulis. *Antennæ* capite cùm thorace paullò breviores, crassiusculæ, ferrugineotestaceæ, parcè pubescentes, submoniliformes, articulis extrorsùm paullò crassioribus. *Thorax* apice in collare petiolatus, ovatus, latitudine sesqui longior, apice ipso paullulùm emarginatus, antè medium dilatato-rotundatus, posteriùs ferè ad dimidium summæ latitudinis coarctatus, basi levissimè rotundatus et tenuissimè marginatus, angulis obtusis, suprà valdè convexus pulvinatus, confertim crebrè punctulatus, pilis longis recumbentibus cinereo-albidis pubescens, ferrugineo-testaceus, antè medium transversim fusco-fasciatus. *Scutellum* ferrugineo-testaceum, minutum, punctulatum, apice rotundato. *Elytra* thoracis basi duplò latiora et illo triplò longiora, humeris rotundatis, lateribus parùm dilatata, apice conjunctìm rotundata, suprà valdè convexa, profundè punctata, certo situ inspecta transversim rugulosa, tota ferrugineo-testacea, pube longiore cinereo-albido obducta. *Pectus* et *abdomen* nigra, magis nitida, remotiùs punctulata. *Pedes* longiusculi, toti ferrugineo-testacei, subtiliter griseo-pubescentes (Mannerheim. *Bullet. de la Soc. imper. des Natural. de Moscou*, t. 16, 1843, p. 30).

202. A. **Kolenatii**. (Mannerheim in litt.). « *Nigro-piceus, tenuissimè pubescens, niti-dus; thoracis basi rufo-piccá fasciisque duabus elytrorum testaceis, fasciá posticá interruptá.* — Long. integra. 2 4/5, thor. 1/2, elytr. 1 2/5 millim. Lat. cap. 1/2, thor. 2/5, elytr· 3/4 millim. — Transcaucasia.

« *Caput* nigro-piceum, subquadratum, convexum, subtilissimè punctatum, thorace paulò latius. *Thorax* subcordatus, longior ac latior, modicè convexus, nigro-piceus, subtiliter punctatus, basi rufo-picea; *coleoptera* subparallela, medio paulò latiora, posticè rotundata, ponè suturam angulo ferè recto, crebrè punctata, basi, medio et apice nigro-picea. *Antennæ* fuscæ capite cum thorace paulò longiores, *femora* picea, antica crassiora, *tibiæ* fuscæ.

« Habitat in plantis salinis provinciæ Elisabethopol, Transcaucasiæ.

« (Mus. Acad. sc. Petrop.; comitis de Mannerheim et Dris Kolenati). » (Kolenati. *Meletemata Entomologica.* Fasc. 5, p. 33, tab. 13, f. 7, 1846).

Il est très-possible que cette espèce, trouvée sur des plantes salines, ne soit qu'une des variétés de l'*A. Humilis* Germ. Cependant si l'on doit avoir une entière confiance dans la figure, la tête me paraît beaucoup trop large pour cette espèce.

203. A. **Varians**. « *Niger, sparsim longe-albido-pilosus, subnitidus; thorace et elytrorum basi rufis.* — Long. integra 2 1/5, thor. 1/2, elytr. 1 1/2 millim. Lat. cap. 2/5, thor. 1/3, elytr. 4/5 millim. — Iberia.

« *Caput* nigrum rotundatum, thorace latius, subtilissimè aciculatum. *Thorax* elongatus, antè medium dilatatus, convexus, posticè paulò angustatus, medio canaliculatus, obsoletè punctatus, rufus; *coleoptera* oblongo ovata, medio dilatata et convexiora, posticè rotundata, crebrè subtiliter punctata, nigro-picea, basi latè et maculâ obseletâ anteapicali luteâ. *Antennæ pedesque* rufi.

« Habitat in Iberiâ propè urbem Tiflis. » (Kolenati. *Ibid.*, p. 36, tab. 13, fig. 9, 1846).

Cette espèce nous paraît excessivement voisine de l'*A. Axillaris* Schmidt. Rien, ni dans la description ni dans la figure, qui puisse s'opposer à cette supposition.

204. A. **Inflatus**. « *Luteus, longè luteo-pilosus, punctatus, subnitidus; capite nigro; fasciis elytrorum duabus anteapicalibus nigro-fuscis.* — Long. integra 2 1/3, thor. 2/5, elytr. 1 2/5 millim. Lat. capitis 2/3, thor. 1/3, elytr. 1 millim. — Transcaucasia.

« *Caput* nigrum subquadratum, punctatum, luteo-pilosum, thorace latius. *Thorax* elongatus antè medium paulò dilatatus, posticè angustatus, crebrè subtilissimè aciculato-punctatus, rufo-luteus, breviter luteo-pilosus. *Elytra* medio dilatata, convexa, inflata, angulo postico interno subacuto, externo nullo. *Coleoptera* profundiùs punctata, longè densiùsque luteo-pilosa, lutea, fascia anteapicali et apice fuscis. *Antennæ pedesque* rufo-lutei.

« Habitat in salsolis deserti Schiraki fluvii Alazonii, Transcaucasiæ. » (Kolenati. *Ibid.*, p. 36, tab. 13, fig. 10, 1846).

Si cet insecte n'est pas une variété du précédent, il doit en être excessivement voisin, et venir se placer avec lui dans notre quatorzième groupe, non loin de l'*Humeralis* Gebler et de l'*Axillaris* Schmidt.

205. A. Subæneus (Unicolor Kolenati, non Schmidt). « *Nigro-sub-æneus*, *nitidus*, *sparsè pilosus, punctatus*. — Long. integra 2 4/5, thor. 1/2, elytr. 1 3/5 millim. Lat. capitis 2/5, thor. 2/5, elytr. 4/5 millim. — Transcaucasia.

« *Caput* subquadratum, convexum, punctatum, thorace vix latius. *Thorax* subcordatus, posticè truncatus, paulò convexus, crebrè punctatus; *coleoptera* angulis posticis obtusis, punctata, apice obsoletè lutea; *antennæ* basi rufæ, apice nigræ, *femora* nigra, *tibiæ tarsi*que flavi.

« Habitat in plantis salinis ad fluvium Cyrum prope Elisabethopolin. » (Kolenati. *Ibid*, p. 37).

La couleur de cet insecte et celle de ses pattes, à cuisses noires, tibias et tarses jaunes, nous porte à croire qu'il pourrait se placer dans notre dix-huitième groupe, non loin des *A. Ocreatus* et *Olivaceus*. Toujours est-il que ce ne peut être l'*Unicolor* de Schmidt.

La ponctuation bien signalée de la tête, du corselet et des élytres, en fait une espèce tout-à-fait distincte, ce qui nous a obligé à lui donner un autre nom pour l'introduire dans la nomenclature.

Nota. Nous avons vu, dans la collection du musée de Paris, les débris de l'insecte décrit et figuré en 1832 par M. Guérin-Meneville, dans le *Voyage de la Coquille*, pl. 5, fig. 8, sous le nom de *Notoxus Quadrimaculatus*. Nous avions déjà reconnu que cet insecte, trouvé à Amboine, ne pouvait être admis parmi les Anthicites, lorsque M. Guérin nous a remis lui-même la note suivante : « Mieux renseigné sur les caractères du groupe auquel il convient de conserver le nom d'Anthicites, je reconnais que mon *Notoxus Quadrimaculatus* n'appartient pas à ce groupe. Il s'en distingue par sa tête sans cou et enfoncée dans le corselet, et par les palpes très-différents, les maxillaires simples, les labiaux plus grands et sécuriformes.

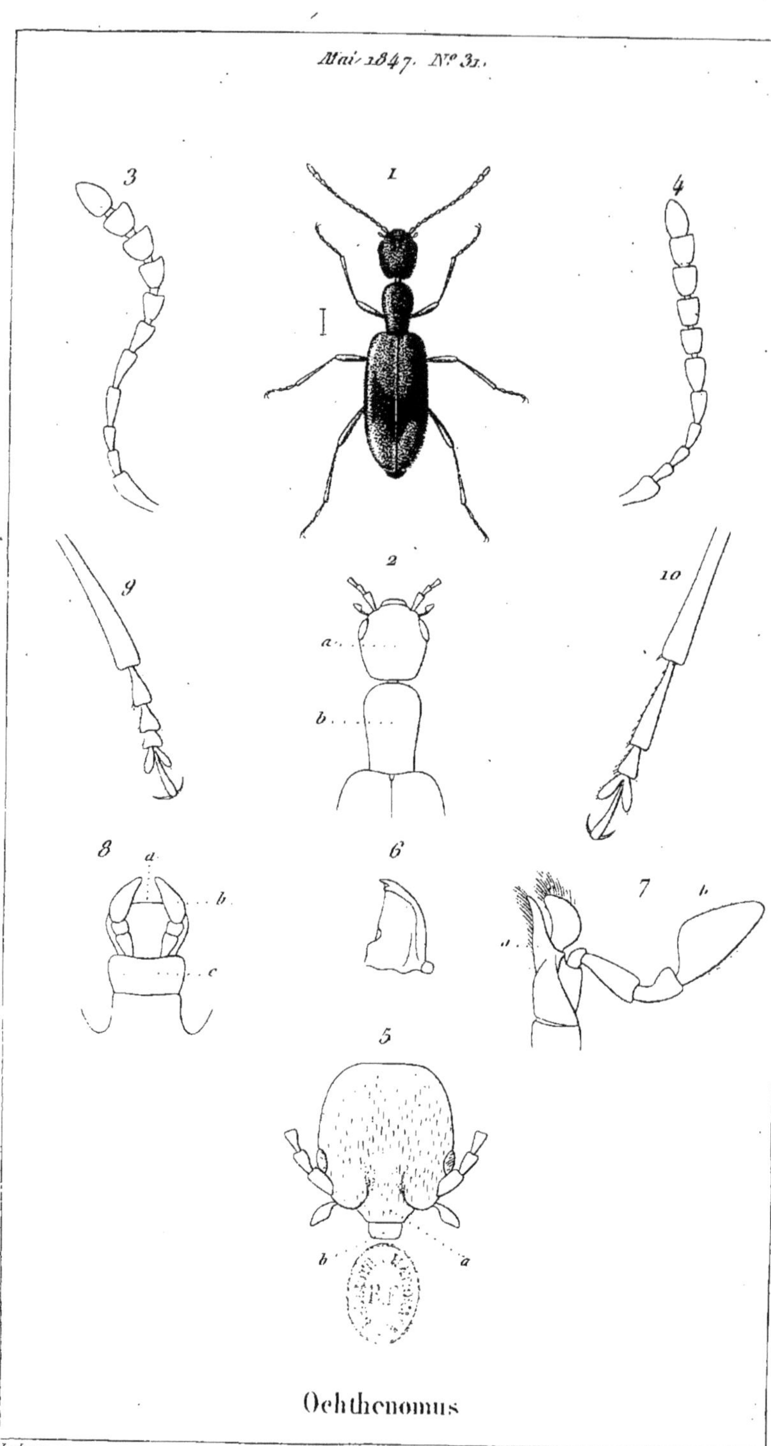

Mai 1847. N° 31.
3
1
4
9
2
10
a
b
8
6
7
a
b
c
5
b
a
Ochthenomus
Lebrun sc.
V. Rémond imp.

G. OCHTHENOMUS (ὄχθη, rivage ; νέμω, habiter). OCHTHENOMUS (Schmidt) 1842 (1).

(Par M. de la Ferté-Sénectére).

Corps (f. 1) linéaire, allongé, subcylindrique, très-coriace, de consistance analogue à celle des xylophages du genre *Monotoma*, couvert sur toutes ses parties de poils argentés excessivement courts et raides qui présentent, surtout sur la tête et le corselet, l'apparence de petites écailles.

Tête (f. 2, *a*) oblongue, rectangulaire, ordinairement plus large et aussi longue que le corselet, très-déclive et terminée postérieurement par un cou en pédoncule, très-étroit, qui s'emboîte dans le corselet. *Yeux* réniformes, comparativement plus petits et moins saillants que dans les Anthicus. *Antennes* (f. 3 et 4) insérées en avant des yeux, sous les bords latéraux du chaperon (f. 5) égales en longueur à la moitié du corps, plus ou moins claviformes suivant les espèces, l'article basilaire robuste, subcylindrique, très-allongé, les cinq à six suivants plus ou moins filiformes, plus ou moins allongés suivant les espèces, les deuxième et troisième égaux entre eux, et plus courts que les quatrième, cinquième et sixième ; la massue composée des quatre et quelquefois des cinq derniers articles, qui sont de plus en plus larges en approchant de l'extrémité, le dernier obconique plus ou moins acuminé. *Chaperon* (f. 5, *a*) légèrement avancé, coupé carrément en avant, un peu relevé, et même échancré sur les côtés, pour laisser plus de liberté au mouvement des antennes qui sont insérées sous son rebord. *Labre* (f. 5, *b*) rectangulaire, aussi large que le chaperon, auquel il succède, sans *épistome* intermédiaire. *Mandibules* (f. 6) très-petites, dépassant à peine le labre, triangulaires, et terminées par un crochet bifide. *Máchoires* (f. 7, *a*) très-courtes, peu distinctement bilobées, le lobe externe étant en quelque sorte superposé sur le lobe interne, l'un et l'autre ciliés à leur côté interne et terminés en crochet. *Palpes maxillaires* (f. 7, *b*) très-saillants, différents de ceux des Anthicus par la forme du pénultième article,

(1) *Anthicus,* Dej. Cat. 1821.
Ochthenomus, Dej. Cat. 1836.

qui est imparfaitement triangulaire (1), et oblong au lieu d'être transversal. *Lèvre inférieure* (f. 8, *a*) d'une extrême ténuité, diaphane, beaucoup moins longue que les *palpes labiaux* (f. 8, *b*) qui ont la même forme que dans le genre Anthicus. *Menton* (f. 8, *c*) transversal, imparfaitement rectangulaire.

Prothorax (f. 2, *b*) oblong, plus étroit et quelquefois plus court que la tête, subcylindrique, peu convexe, très-légèrement arrondi antérieurement, terminé par un goulot court mais bien détaché. *Ecusson* triangulaire très-difficile à distinguer, tant il est petit et peu détaché des élytres. *Elytres* constamment oblongues, parallèles, subcylindriques, recouvrant des ailes inférieures propres au vol.

Abdomen composé de cinq segments de même forme et de même grandeur que dans les Anthicus. *Pattes* grêles, et courtes, sans dilatation notable des cuisses; les tibias plus courts que les cuisses, terminés brusquement sans épanouissement cilié ni épineux. *Tarses* (f. 9 et 10) hétéromères, relativement plus courts que chez les Anthicus, surtout les antérieurs, dont le premier article est trapézoïdal et pas beaucoup plus long que large ; aux deux autres paires, le premier article subcylindrique, presque aussi long que les trois suivants réunis ; tous les pénultièmes peu distinctement bilobés, tous les crochets courts et robustes.

Les différences sexuelles sont peu apparentes ; j'ai distingué néanmoins des individus dont l'abdomen dépasse un peu les élytres, et dont le dernier segment inférieur est légèrement échancré, je les considère comme des mâles, et je tiens pour femelles ceux dont les élytres recouvrent entièrement l'abdomen, et dont le dernier segment inférieur, sans échancrure, est en même temps un tant soit peu caréné, c'est-à-dire déprimé de chaque côté, avec le milieu en dos d'âne.

Je n'ai pu recueillir aucun renseignement sur les métamorphoses ni sur les mœurs de ces insectes. Les seules indications qui me soient parvenues, sont relatives à leur *habitat*, et m'ont été fournies par MM. Foudras et Lucas. Le premier a trouvé l'*O. Sinuatus* en automne, sous l'écorce des platanes plantés à Lyon sur les bords du Rhône, et l'*O. Punctatus* au printemps sur les sables du même fleuve. Le second a pris le même *O.*

---

(1) Dans une première description de ce genre, que M. Lucas a insérée dans son ouvrage sur les *Coléoptères de l'Algérie,* j'ai dit que le penultième article des palpes maxillaires était cylindrique et nullement triangulaire. C'est une erreur qui tient à ce que je n'avais pas alors sous les yeux les dissections des parties de la bouche que je dois à l'obligeance de M. le docteur Aubé, et qui m'ont permis d'observer plus distinctement la forme de ces organes.

Punctatus au commencement de mai, sous les galets des bords du Rummel, aux environs de Constantine, et l'*O. Angustatus* pendant l'hiver et le printemps, réuni en famille peu nombreuse, sous les pierres humides, en différents points de l'Algérie. Le nom d'OCHTHENOMUS (Voy. plus haut l'étymologie) donné par M. Dejean à ces insectes, ferait supposer aussi qu'il les a recueillis sur les rivages de la mer ou des rivières.

C'est dans l'ancien Catalogue publié par cet entomologiste, en 1825, que l'on voit apparaître pour la première fois les espèces européennes de ce genre, qu'il possédait déjà toutes à cette époque, et qu'il plaçait parmi les Anthicus. On chercherait inutilement dans les ouvrages et catalogues antérieurs, une espèce qui puisse être rapportée à ce genre. Le musée de Berlin possède bien, sous le nom de *Tenuicollis*, Rossi, une espèce d'Ochthenomus qui passe pour être le type de la description du *Notoxus Tenuicollis* de Rossi, mais quand on compare attentivement l'insecte à la description, il devient bien difficile, pour ne pas dire impossible, de rapporter l'un à l'autre (1).

Le genre Ochthenomus, introduit comme tant d'autres sans aucune description dans le dernier Catalogue de M. le comte Dejean, est resté à l'état de genre inédit, jusqu'au jour où M. Schmidt publia, dans la *Gazette entomologique de Stettin* (année 1842), les caractères de ce genre, et la description des deux seules espèces répandues en Allemagne. A ces deux espèces européennes, nous en ajouterons une troisième, l'*O. Punctatus* Dej., déjà publié par nous dans l'ouvrage de M. Lucas sur les insectes de l'Algérie, et deux exotiques, l'une des bords du Nil, l'autre des rives du Gange.

DESCRIPTION DES ESPÈCES.

1. O. PUNCTATUS (2). *Luteo-ferrugineus, opacus, punctatissimus, griseo-squamosus; capite thoraceque nigricantibus; elytris fasciâ vix ponè medium communi, obliquâ, nigrâ; antennis pedibusque flavo-testaceis.* — Long. 0,0028. Lat. 0,0008 (f. 1 et 2). —Europa Meridionalis.

Ochthenomus Punctatus, la Ferté et Lucas, Explor. Scient. de l'Algérie, t. 2, p. 380 (1847).

Tête d'un brun plus ou moins foncé, tournant au rouge ferrugineux dans des variétés moins colorées, et paraissant d'un gris terne sous l'influence d'une multitude de petites écailles répandues sur toute sa surface, sensiblement plus longue que large, arrondie postérieurement, avec une fossette occipitale peu marquée au milieu du bord postérieur, peu con-

---

(1) Voyez la description de Rossi, reproduite par nous parmi les espèces douteuses du genre Anthicus (n° 185), et remarquez dans la diagnose le premier mot *Lævis*, dans la description les expressions suivantes : *Tenuissimá pube subobscurum*....... *Antennæ longiusculæ, apice vix crassiores*..... Comment concilier ces caractères avec ceux des Ochthenomus européens, qui ont le corps entièrement rugueux, couvert, au lieu de duvet, de poils écailleux, et dont les antennes sont remarquablement allongées et dilatées en massue à l'extrémité?

(2) *Ochthenomus Punctatus*, Dej. Cat. 1836, p. 259.

vexe et même plate entre les yeux, qui sont petits, très-noirs, assez saillants et sensiblement réniformes. Chaperon à peine relevé latéralement au-dessus de l'insertion des antennes; celles-ci entièrement ferrugineuses, de la longueur de la moitié du corps, assez grêles, les articles de la tige allongés et cylindriques, les trois avant-derniers triangulaires, médiocrement dilatés, le dernier conique et subacuminé. Corselet de même couleur que la tête, également rugueux et écailleux, sensiblement moins large, allongé, subcylindrique, peu arrondi antérieurement, légèrement bombé sur le disque, peu rétréci postérieurement; goulot antérieur court, mais distinct; marge postérieure nulle. Elytres ferrugineuses, ternes, à reflets grisâtres, à ponctuation plus profonde et moins serrée que sur les parties antérieures, couvertes d'écailles moins rapprochées, qu'on peut considérer comme des poils très-raides et excessivement courts, ornées un tant soit peu au-delà du milieu d'une large bande noirâtre oblique et réunie sur la suture à celle de l'autre élytre, de manière à former un chevron dont l'ouverture est tournée vers la base; plus de deux fois aussi larges que le corselet, et deux fois au moins aussi longues que larges, légèrement échancrées antérieurement, ce qui fait paraître les épaules un peu saillantes, bien qu'elles soient arrondies, les côtés presque parallèles, régulièrement arrondies à l'extrémité, assez convexes et cylindriques dans toute leur longueur, sans saillie apparente aux omoplates. Le dessous du corps rougeâtre, beaucoup moins ponctué et moins écailleux qu'en dessus. Les pattes entièrement d'un jaune testacé.

Variétés : *Coloration décroissante :* **b.** Tête et corselet noirâtres, comme dans *a*, les élytres presque entièrement ferrugineuses, la bande médiale étant interrompue sur chaque élytre et divisée en trois taches, une marginale de chaque côté, et une suturale commune au milieu du disque.

c. Bande médiale plus ou moins apparente, mais tout l'insecte d'un ferrugineux jaunâtre qui s'étend même sur la tête et sur le corselet.

Coloration croissante : β. Bande médiale des élytres très-élargie et réunie le long de la suture à une tache scutellaire de même couleur, en sorte qu'elles paraissent noires, avec deux taches derrière les épaules, et deux taches apicales obliques, ferrugineuses.

Cette espèce, la plus grande du genre, n'a pas été connue de M. Schmidt. Très-voisine du *Sinuatus* qui suit, elle s'en distingue abondamment par la supériorité de sa taille, par la forme de ses antennes, beaucoup moins dilatées au sommet et par l'emplacement de la bande noire des élytres, qui est située beaucoup moins postérieurement. L'unique individu de la collection Dejean avait été recueilli en Espagne; depuis, le même insecte a été trouvé assez abondamment sur les sables du Rhône, au printemps, par MM. Rey et Foudras, en Sardaigne par M. Gené, et plus récemment en Algérie par M. Lucas, sous les galets des bords du Rummel, aux environs de Constantine.

2. O. SINUATUS. *Luteo-ferrugineus, opacus, punctatissimus, grisco-squamosus; capite thoraceque saturioribus; elytris fasciá vix ponè medium communi, obliquá, nigrá; pedibus antennisque totis dilutè testaceis, his articulo basali elongato nonnihil recurvo.* — Long. 0,0025. Lat. 0,0007. — Europa Meridionalis.

Ochthenomus Sinuatus, Schmidt, Stettin Entom. Zeit. t. 3, p. 199 (1842) (1).

Un peu moins grand que le précédent. Tête d'un brun plus ou moins obscur, toujours un peu plus foncée que le reste du corps, rugueuse, écailleuse à reflets grisâtres, proportionnellement plus grosse et moins allongée que dans le *Punctatus*, non arrondie, mais plutôt carrée postérieurement, fossette occipitale quelquefois très-profonde, et se prolongeant en sillon sur le front, non-seulement plate entre les yeux, mais même un peu concave, avec les bords latéraux du chaperon distinctemeut relevés au-dessus de l'insertion des antennes; celles-ci entièrement ferrugineuses, robustes et fortement dilatées à l'extrémité (f. 3), la massue se composant, non pas seulement des quatre, mais des cinq derniers articles, dont les deux pénultièmes sont évidemment transversaux, l'article basilaire très-long, subcylindrique et légèrement cambré. Corselet rarement obscur comme la tête, le plus souvent de la couleur des élytres, rugueux et écailleux comme la tête, beaucoup moins large qu'elle, beaucoup plus long que large, subcylindrique, légèrement bisinué sur les côtés, très-arrondi antérieurement, et rétréci postérieurement un peu avant la base. Elytres de même couleur et de même forme que dans l'espèce précédente, et ne différant réellement que par la saillie quelquefois assez sensible des omoplates, et par l'emplacement et la forme de la bande postérieure, cette bande étant située aux deux tiers de la longueur, et paraissant plutôt transversale que formée par la réunion de deux bandes obliques. Dans les individus bien colorés, elle se prolonge postérieurement en pointe le long de la suture jusqu'à l'angle apical, et on remarque en outre le long du bord externe, une bordure obscure qui contourne le bout de l'élytre, et réunit les extrémités latérales de la bande à la pointe suturale, de manière à envelopper entièrement sur chaque élytre une tache oblique en forme d'amande, d'une teinte ferrugineuse plus vive et moins terne que les autres parties du fond. Dessous du corps d'un ferrugineux foncé, presque glabre et brillant, surtout au bord de chaque segment abdominal. Les pattes entièrement d'un testacé jaunâtre.

Variétés. *Coloration décroissante : b.* Corselet rouge, élytres tantôt comme dans α, tantôt moins foncées, plus jaunâtres, avec la bande interrompue sur chaque élytre, et divisée en trois taches, une au milieu, triangulaire, sur la suture, et deux marginales, qui disparaissent quelquefois entièrement comme dans la variété suivante.

c. Corselet de même teinte que les élytres, qui sont d'un fauve assez pâle, avec une seule tache triangulaire sur la suture, la tête conservant toujours une teinte un peu plus sombre que le reste du corps.

Coloration croissante : β. Corselet noirâtre comme la tête; élytres ayant, outre la bande postérieure, la base, la suture et les côtés noirâtres, de manière à paraître noires, avec chacune une tache ferrugineuse oblon-

---

(1) *Ochthenomus Elongatus*, Dej. Cat. 1836, p. 239.

gue antérieurement, et postérieurement la tache oblique en forme d'amande que présentent déjà les individus fortement colorés de la variété α.

Cette espèce est très-voisine de la précédente et facile à confondre avec elle, si l'on n'a pas égard aux différences que nous avons signalées dans la description du *Punctatus*. Elle est assez rare dans les collections. Les individus de M. Dejean provenaient de l'Espagne ; parmi ceux qui m'ont été communiqués, le plus grand nombre venaient des environs de Lyon, où ils ont été recueillis par M. Foudras, sous l'écorce des platanes. Les autres avaient été pris en Sardaigne, en Sicile, en Italie, en Bohême, à Smyrne, et même dans le Daghestan, province Transcaucasienne de l'empire russe. MM. Villa, de Milan, m'ont communiqué, sous le nom de *Retrofasciatus*, Motchoulsky, un individu de cette contrée, qui ne m'a pas paru différer de notre espèce. Malgré la valeur traditionnelle du nom d'*Elongatus* donné par M. Dejean à cet insecte avant 1825, nous avons dû donner la préférence à celui de *Sinuatus* publié en **1842** par M. Schmidt.

5. O. ANGUSTATUS. *Præcedentibus multò minor , ferrugineus , opacus , punctatissimus , cinereo-squamosus , capite obscuro ; elytris immaculatis ; pedibus antennisque testaceis , his articulo basali breviusculo valdè incrassato.* — Long. 0,0022. Lat. 0,0006 (f. 5). — Europa Meridionalis.

Anthicus Elongatissimus, Castelnau. Hist. Nat. des Ins. Coléopt. t. 2, p. 259 (1840). ?

Ochthenomus Tennicollis , Schmidt, *non* Rossi. Stettin Entom. Zeit. t. 3 , p. 198 (1842) (1).

Tête noirâtre, rugueuse et écailleuse comme dans les espèces précédentes, un peu plus longue que large, encore plus carrée postérieurement que celle du *Sinuatus* , encore plus creuse entre les yeux, avec les bords latéraux du chaperon très-relevés (f. 5) et semblables à deux petites protubérances sous lesquelles sont insérées les antennes ; celles-ci entièrement ferrugineuses, remarquables par la grosseur et le peu de longueur de l'article basilaire, qui n'est nullement cambré comme dans l'espèce précédente ; les articles suivants assez grêles jusqu'au huitième exclusivement, à partir duquel commence la massue, qui ne se compose que de quatre articles fortement dilatés. Corselet ferrugineux, d'une teinte ordinairement plus rougeâtre que les élytres, rugueux et écailleux comme la tête, à peu près aussi long qu'elle, mais un peu moins large, arrondi antérieurement, subcylindrique, légèrement rétréci postérieurement, mais nullement bisinué sur les côtés comme dans l'espèce précédente. Elytres ordinairement d'un brun ferrugineux moins terreux que dans les espèces précédentes , sans aucune espèce de tache ; ponctuation fine, confluente et couverte peu abondamment de poils écailleux ; de forme très-allongée et subcylindrique, deux fois aussi larges que le corselet, et plus de deux fois aussi longues que larges, carrées à la base, en ovale allongé postérieurement, sans saillie apparente aux omoplates. Dessous du corps d'un brun foncé brillant ; pattes très-courtes, entièrement d'un jaune testacé.

---

(1) *Ochthenomus Angustatus* , Dej. Cat. 1836, p. 239.

Variétés : *Coloration croissante* : β. Corselet noirâtre comme la tête ; élytres tantôt comme dans α, tantôt ayant une teinte brune plus foncée dans leur seconde moitié, ces individus sont ceux que M. Schmidt considère comme ayant atteint leur coloration normale : pour nous ils forment l'exception ; n'en ayant reconnu que trois sur vingt-cinq qui eussent le corselet aussi foncé que la tête, avec des élytres ferrugineuses.

γ Tête, corselet et élytres d'un brun foncé de même teinte, plus ou moins noirâtre ; quelquefois on aperçoit sur les élytres, derrière chaque épaule, une tache ferrugineuse oblongue ; c'est la variété β de M. Schmidt, et sa variété γ est précisément notre variété typique, qui a le corselet et les élytres d'un brun ferrugineux. Quant à sa variété δ, qui a une tache obscure au milieu des élytres, nous n'en avons pas eu d'exemple sous les yeux, et nous sommes tentés de croire que les individus de cette variété étaient des *Elongatus* de petite taille.

L'absence de tache sur les élytres, tel est le caractère le plus apparent qui distingue cette espèce des deux précédentes. A cela il faut ajouter sa taille beaucoup plus petite, et la forme de l'article basilaire des antennes qui est beaucoup moins long et plus gros que dans ces deux espèces : ce qui donne toujours un moyen certain de distinguer de celle-ci les *Elongatus* de petite taille et à tache obsolète qu'on serait tenté d'y rattacher.

L'*O. Angustatus* est très-répandu dans toute l'Europe méridionale. J'ai reçu en communication des individus de l'Espagne, de la Sardaigne, de la Sicile, de la Dalmatie et de la Hongrie ; on le rencontre en outre en Géorgie, en Asie mineure, en Syrie et même en Algérie, où il a été recueilli par M. Lucas, pendant l'hiver et le printemps, dans les environs d'Alger, de Philippeville, et du cercle de la Calle, vivant en famille peu nombreuse, sous les pierres humides. Je n'en ai vu aucun individu du midi de la France.

Nous n'avons pas cru devoir reproduire ici l'erreur dans laquelle est tombé M. Schmidt, en rapportant cette espèce au *Notoxus Tenuicollis*, Rossi ; erreur d'autant plus inexplicable, qu'il est le premier à la reconnaître, et à dire dans une observation qui fait suite à sa description : « Par la comparaison d'un exemplaire typique du musée de Berlin, que « M. le professeur Erichson a eu la bonté de me communiquer, j'ai pu « me convaincre que l'insecte que j'avais sous les yeux différait entière- « ment de celui que Rossi a décrit il y a longtemps sous le nom de *No-* « *toxus Tenuicollis*. » Nous avons déjà eu occasion de parler, dans les préliminaires du genre, de ce *Notoxus Tenuicollis* conservé au musée de Berlin, et nous croyons avoir prouvé d'une manière évidente que cet insecte, reconnu par M. Schmidt pour être un Ochthenomus, n'avait aucun rapport avec l'insecte de Rossi. Nous en tirons cette conséquence que le nom de *Tenuicollis* a été imposé à tort à cet Ochthenomus, et nous lui rendons le nom inédit d'*Angustatus* qu'il porte, depuis plus de vingt ans, dans la collection de M. Dejean et dans toutes celles qui ont reproduit la nomenclature de cet entomologiste.

L'*Anthicus Elongatissimus*, Castelnau, décrit en trois lignes dans l'*Histoire Naturelle des Insectes Coléoptères*, appartient probablement à cette espèce. Cette présomption résulte non pas de la description en elle-même, mais de la note qui la suit, dans laquelle l'auteur remarquant la dilatation des antennes et la forme étroite du corps, pense qu'il y aurait lieu de former de cette espèce un nouveau genre (*Endomia*), si par la suite d'autres espèces venaient se grouper auprès. On s'étonne en lisant cette note, que l'auteur, qui devait connaître le dernier Catalogue de M. Dejean, n'ait pas eu la curiosité de s'assurer si cet insecte pouvait être rapporté au genre Ochthenomus de ce Catalogue.

4. O. Indicus. *Totus flavo-testaceus, punctatissimus, subnitidus, vix squamosus; elytris maculâ discoidali obsoletè brunneâ ; antennis pedibusque concoloribus.* — Long. 0,0025. Lat. 0,0007. — India Orientalis.

Entièrement d'un jaune testacé, un peu plus foncé sur la tête et le corselet que sur les élytres, beaucoup moins terne que les espèces européennes qui précèdent, et laissant à peine apercevoir, sur les parties antérieures, quelques écailles jaunâtres. Tête finement ponctuée, assez brillante, à peine plus longue que large, carrée postérieurement, avec la fossette occipitale peu marquée, assez bombée sur le disque, plate entre les yeux ; chaperon faiblement relevé sur l'insertion des antennes ; celles-ci de la couleur du corps, l'article basilaire très-allongé et subcylindrique, les suivants très-grêles jusqu'à la massue, qui ne comprend guère que les trois derniers articles, le dernier ovoïde, nullement acuminé. Corselet presque aussi large que la tête, finement ponctué, de même forme que celui de l'*Angustatus*. Elytres assez brillantes, à ponctuation distincte et non confluente, presque glabres, ornées sur le disque d'une tache commune brune, très-obsolète, composée d'une petite bande courte et étroite posée en travers sur la suture, un peu au-delà du milieu, puis, de chaque côté, d'une tache latérale triangulaire, placée un peu plus en avant, et s'unissant par les angles postérieurs à la bande médiale ; plus de deux fois aussi larges que le corselet, et plus de deux fois aussi longues que larges, carrées à la base, légèrement dilatées sur les côtés au-delà du milieu, en ovale allongé postérieurement. Dessous du corps brun, pattes entièrement d'un jaune testacé pâle.

Variétés : *Coloration décroissante : b.* Elytres plus pâles que dans α, tache discoïdale divisée en trois, les taches latérales n'étant nullement réunies à la médiale.

c. Individus encore plus décolorés, sans tache sur les élytres, ou n'offrant qu'une petite tache médiale à peine visible.

Cette espèce, recueillie dans l'Inde par Helfer, est très-voisine de celles d'Europe par la taille et la forme des différentes parties du corps, mais elle s'en distingue au premier coup-d'œil par ses tissus non écailleux et presque brillants, et en outre par la longueur et la ténuité de ses antennes, dont les trois derniers articles seulement présentent une dilatation sensible. M. Schmidt-Gœbel m'en a communiqué plusieurs individus appartenant au musée de Prague.

5. O. **Lefebvrei.** *Totus opaco-piceus, rugoso-punctatus, vix squamosus ; elytris fasciâ ponè medium flavescente ; antennis basi ferrugineis, clavâ piceâ valdè dilatatâ ; pedibus totis pallidè flavescentibus.* — Long. 0,002. Lat. 0,0005 (fig. 4). — In Ægypto.

Tête, corselet et élytres d'un brun foncé extrêmement terne ; toutes ces parties couvertes d'une ponctuation extrêmement serrée et confluente, qui les fait paraître rugueuses, sans pubescence aucune, et même n'offrant que très-imparfaitement les traces de quelques écailles analogues à celles des espèces européennes. Tête oblongue, arrondie postérieurement, assez convexe sur le disque et même entre les yeux, qui sont petits et assez saillants ; le chaperon avancé, relevé de chaque côté sur l'insertion des antennes, ce qui le fait paraître creux dans le milieu ; les antennes remarquables par leur coloration, ferrugineuses jusqu'au sixième article inclusivement, et d'un brun foncé sur toute la massue (f. 4) composée de cinq articles très-fortement dilatés, applatis, et de forme presque carrée, l'article basilaire très-robuste, allongé, cylindrique et légèrement cambré. Corselet très-allongé et très-étroit, moins large que la tête, ovalaire antérieurement, légèrement arrondi sur les côtés, peu rétréci à la base, et applati sur le disque. Elytres d'un brun foncé comme les parties antérieures, un peu jaunâtres à l'extrême base, ornées un peu au-delà du milieu d'une bande transversale jaunâtre et diaphane, étroite, très-légèrement interrompue par la suture, deux fois seulement aussi larges que le corselet, et plus de deux fois aussi longues que larges, très-carrées à la base, très-faiblement arrondies sur les côtés, en ovale allongé postérieurement, peu convexes sur le disque, les omoplates très-légèrement saillantes. Dessous du corps brun ; pattes entièrement d'un jaune testacé très-pâle.

Cette espèce est remarquable par la couleur foncée de ses élytres qui, au lieu d'une tache noire sur un fond jaunâtre, ont une tache jaune sur un fond brun. Peut-être l'exemplaire ici décrit a-t-il dépassé sa coloration normale ; toujours est-il que dans cette espèce, contrairement à ce qui se passe dans les autres, la tache des élytres est moins foncée que le fond. On doit remarquer aussi la dilatation et l'applatissement des cinq articles dont se compose la massue des antennes.

Ce rare insecte, recueilli en Egypte par M. Lefebvre, m'a été communiqué par M. Aubé, sous le nom que je lui ai conservé.

Nota. Le Catalogue manuscrit de la collection de M. Victor Motchoulsky, contient, sous les noms inédits de *Similis* et de *Maritimus*, deux autres espèces d'*Ochthenomus* particuliers à la Russie, ce qui porterait à sept le nombre total des espèces de ce genre.

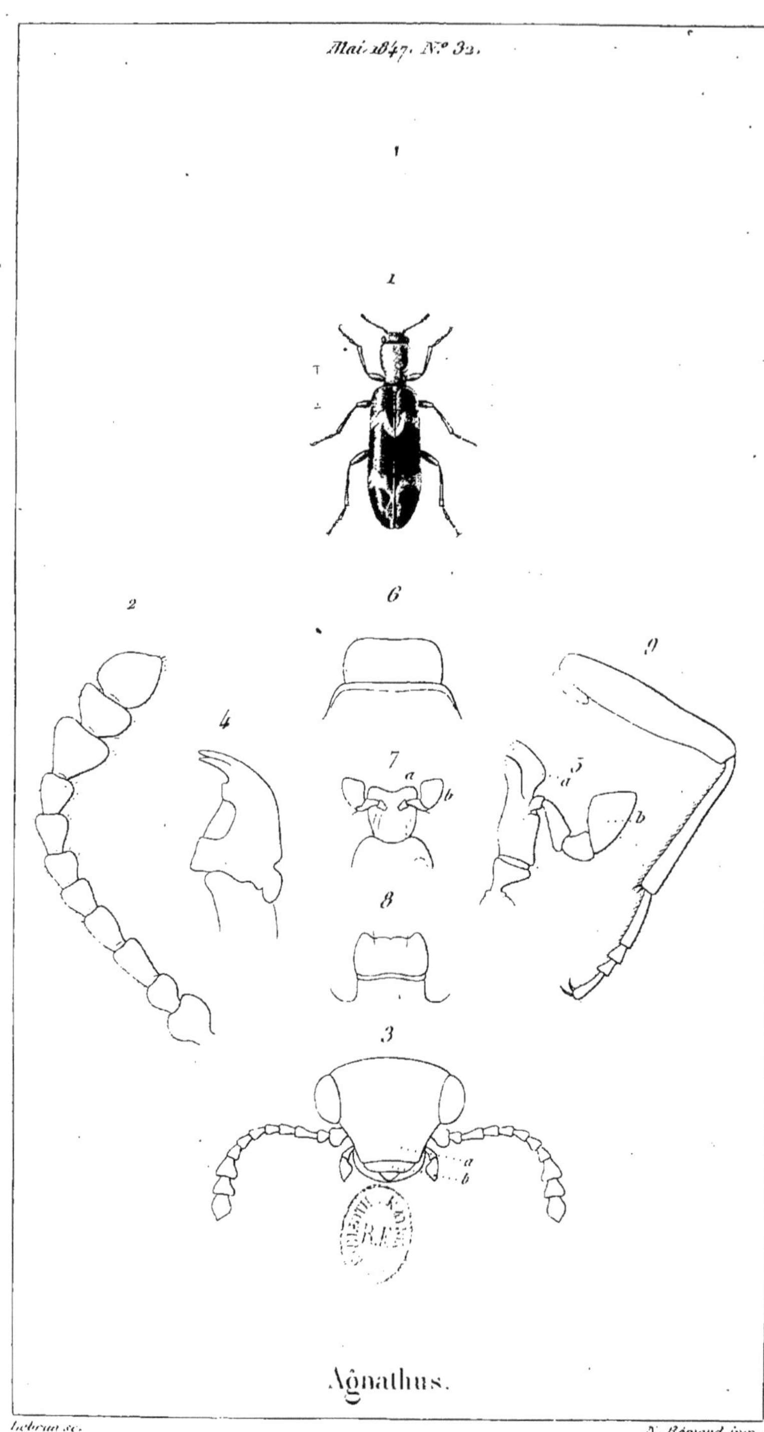

Mai 1847. N.º 32.
1
2
6
9
4
7
5
8
3
Agnathus.
Lebrun sc.
N. Rémond imp.

G. AGNATHUS (α privatif; γνάθος, mâchoire) (1).

Notoxus Germar (1818); AGNATHUS Germar. (1828)

(Par M. de la Ferté-Senecterre).

Corps (f. 1) allongé, très-parallèle et subcylindrique.

Tête inclinée, nullement pédonculée, mais emboîtée dans le corselet jusqu'aux yeux, imparfaitement triangulaire, plate sur le disque, globuleuse en dessous. *Les yeux* médiocrement grands, arrondis, très-saillants, très-latéralement placés. *Antennes* (f. 2) insérées en avant des yeux, sous le bord latéral du chaperon, de 11 articles, courtes, granuleuses et sensiblement claviformes, la massue formée de trois articles, trois fois aussi gros que ceux de la tige, les deux premiers de ces articles transversalement triangulaires, le dernier globuleux et subacuminé. *Chaperon* (f. 3, *a*) court, transversal, rectangulaire. *Epistome* non apparent ne dépassant pas le chaperon. *Labre* (f. 3, *b* et f. 6) transversal, légèrement échancré au milieu, très-arrondi aux angles antérieurs. *Mandibules* (f. 4) médiocrement grandes, ne dépassant pas le labre, en forme de crochets, fortement bifides à l'extrémité, et ayant au côté interne une échancrure carrée qui n'est pas entièrement vide, mais occupée par un tissu membraneux diaphane. *Mâchoires* (f. 5, *a*) courtes, bilobées, faiblement ciliées. *Palpes maxillaires* (f. 5, *b*) peu saillants, le deuxième et le troisième article oblongo-triangulaires, à peu près égaux, le dernier beaucoup plus grand, triangulaire aussi, imparfaitement sécuriforme. *Lèvre inférieure* (f. 7, *a*) transversale, très-courte, non échancrée. *Palpes labiaux* (f. 7, *b*) à dernier article robuste et globuleux. *Menton* (f. 8) très-long, presque sans échancrure.

Prothorax subcylindrique, enveloppant toute la base de la tête, légèrement rétréci vers les trois quarts de sa longueur, et dilaté de nouveau en entonnoir jusqu'à la base. *Ecusson* très-apparent, suborbiculaire et légèrement saillant. *Elytres* très-parallèles, très-allongées, peu convexes, recouvrant des ailes inférieures propres au vol. *Pattes* simples, cuisses très-légèrement renflées. *Tarses* hétéromères, les antérieurs les plus courts, les intermédiaires sen-

---

(1) Nom formé par Mégerle, sans doute à cause du peu de développement des mandibules qui ne dépassent pas le labre.

siblement plus longs, les postérieurs à peine plus longs que les intermédiaires. A toutes les paires, le premier article à peu près double du suivant en longueur, mais pas sensiblement plus large, le pénultième article non bilobé (f. 9). Crochets très-délicats, mais assez grands et fortement arqués.

Abdomen ovale très-aplati, composé de cinq segments, le premier, le plus long de tous, non carrément coupé à son bord postérieur, mais avançant un peu en pointe dans le milieu ; le second presque aussi long que le premier, coupé carrément ; les trois autres moitié plus courts que le premier. Différences sexuelles externes encore inconnues. Le dernier segment de l'abdomen est identiquement semblable et régulièrement arrondi dans les cinq individus que j'ai eus sous les yeux

Cet insecte a été décrit pour la première fois, en 1818, par M. Germar, dans le troisième volume de son *Magasin d'entomologie*, p. 229, sous le nom de *Notoxus Decoratus ;* le nom de *Notoxus* étant pris alors dans le sens du *Systema Eleutheratorum*, c'est-à-dire, comme désignant un genre de Clérite dont l'*Opilo Mollis* est le type. Le savant professeur de Halle trouvait alors tant d'analogie entre ce nouvel insecte et le *Notoxus Mollis* de Fabricius, qu'il n'hésita pas, malgré ses tarses hétéromères, à le placer dans le même genre ; plus tard il revint sur ce jugement, et, restituant au caractère tarsal son importance, il le publia de nouveau, et le figura dans sa *Fauna insectorum Europæ*, sous le nom d'*Agnathus Decoratus.*

Cette dernière publication avait pour heureux résultat d'écarter l'*Agnathus* des Clérites, et de lui donner accès parmi les Hétéromères ; mais elle ne fixait nullement sa place dans la série méthodique de ces insectes. M. Dejean, s'appuyant sur des considérations de faciès, crut devoir le ranger parmi les Trachélides, en tête des Anthicites, à côté du *Steropes Caspius*, qui présente comme lui un développement considérable des trois articles terminaux des antennes. Cette place me paraît mal choisie : l'*Agnathus*, qui n'a pas apparence de cou, dont la tête s'enfonce jusqu'aux yeux dans le corselet, ne peut rester, à mon avis, parmi les Trachélides, dont le caractère le plus essentiel, celui auquel ils doivent leur nom, est d'avoir la tête portée sur un cou extérieur. Je proposerais, sauf meilleur avis, et jusqu'à une révision générale des Hétéromères, de placer cet insecte à la fin des Sténélytres, immédiatement avant les *Salpingus*. En le comparant avec le *Salpingus Ater*, Payk, on verra combien il existe d'analogie entre ces deux insectes, sous le rapport des antennes, de l'insertion de la tête, et de la forme des tarses. L'*Agnathus Decoratus*, seule espèce connue de ce genre, bien qu'il ait été trouvé dans diverses contrées de l'Europe, est un insecte fort rare dans les collections. Les premiers individus paraissent avoir été possédés par le musée de Vienne, où Mégerle leur avait donné, avant 1818, le nom inédit d'*Agnathus Ornatus*. L'exemplaire décrit par M. Germar fut pris sur une rivière pendant une promenade en bateau. Deux individus furent recueillis depuis à Berlin pendant une inondation. Enfin, voici les détails intéressants qui m'ont été fournis dernièrement sur cet insecte, par M. Foudras, entomologiste de Lyon :

« Au commencement de septembre 1845, M. Rey, jeune et ardent entomologiste, aperçut l'Agnathus qui se promenait sur l'écorce d'un aulne mort depuis longtemps, et dont il ne restait qu'un fragment de tronc. Cet arbre était au milieu d'un ruisseau (ruisseau d'Izeron près Lyon), lequel est presque toujours à sec pendant l'été, et devient torrent pendant l'automne. En détachant un morceau de l'écorce, M. Rey s'est procuré d'autres individus, mêlés avec le *Rhisophagus Politus Fabr.* et un autre Xylophage. Le 20 septembre, je suis allé sur le lieu de la découverte, mais il n'y avait plus d'Agnathus, et, à tout hasard, j'ai rapporté quelques morceaux de l'intérieur du tronc de l'aulne. Quelques jours après, il en est sorti quatre Agnathus. En refendant les morceaux de bois, j'ai vu deux nymphes, dans lesquelles on reconnaissait très-bien notre insecte. Elles étaient couchées sur des fragments d'élytres et autres débris des Xylophages, qui avaient probablement servi de pâture aux larves. M. Rey dit avoir vu des larves qu'il croit être celles de l'Agnathus ; mais ses souvenirs ne lui permettent pas d'en donner une description exacte. »

DESCRIPTION DE L'ESPÈCE.

A. DECORATUS. *Niger, griseo-pubescens; thorace elongato, posticè antè basin coarctato; elytris elongato-parallelis, nigris, maculâ humerali ferrugineâ, fasciis que duabus carneis (1), alterâ ponè humerum, alterâ ponè medium, valdè sinuatis.* —Long. 0,0045 ad 0,005. Lat. 0,0015 ad 0,0017 (f. 1). —Europa.

Notoxus Decoratus Germ. Magaz. der. Entom., t. 3, p. 129 (1818). — *Agnathus Decoratus* Germ. Faun. Ins. Eur. Fasc. XII, tab. 4 (2).

Tête noire distinctement ponctuée, peu pubescente, transversale, un point enfoncé au milieu du vertex; antennes brunes, avec l'article basilaire et la massue noirâtres. Corselet noir, finement pointillé, surtout sur les côtés, recouvert en dessus d'un duvet cendré, qui forme sur toute sa longueur une large raie longitudinale grisâtre. Ecusson très-pubescent, se détachant sensiblement des élytres sous la forme d'un point gris. Elytres noires, opaques, finement pointillées, couvertes d'un duvet très-court grisâtre, plus abondant et plus serré sur les taches, ornées d'une longue tache longitudinale rougeâtre non tomenteuse sur chaque épaule, et en outre, de deux bandes fortement sinuées également rougeâtres, mais très-tomenteuses, ce qui les fait paraître couleur de chair : la première, vers le premier tiers de la longueur, très-étroite, quelquefois obsolète; la seconde, vers le second tiers, beaucoup plus large, et se prolongeant le long de la suture jusqu'à l'extrémité, non pas en ligne droite, mais en

---

(1) Couleur de chair.
(2) *Agnathus Decoratus,* Dej. Cat. 1836, p. 257.

formant un double feston de chaque côté de la suture, deux fois au moins aussi larges que le corselet, et deux fois au moins aussi longues que larges, coupées carrément à la base, les épaules très-légèrement arrondies, les côtés rectilignes, peu convexes en dessus, et conjointement arrondies à l'extrémité. Dessous du corps noir et finement couvert d'un duvet gris. Pattes d'un brun rougeâtre, avec la base des cuisses noire.

Nous avons dit plus haut dans quelles parties de l'Europe on avait trouvé cet insecte. La capture la plus abondante paraît avoir été faite à Lyon par MM. Rey et Foudras, en 1845. Je possède trois individus provenant de ceux que M. Foudras a fait éclore chez lui, et qu'il a eu la générosité de joindre à l'envoi de sa notice.

APPENDIX

AUX MONOGRAPHIES COMPRISES DEPUIS LE N° 17 JUSQU'AU
N° 32 INCLUSIVEMENT.

—o—

G. MECYNOTARSUS.

(Page 2).

N° 1. M. Rhinoceros , *Fab.* — Nous nous sommes aperçu tardivement,
en consultant les tables de Panzer, que le nom de *Rhinoceros* avait
été publié par Fabricius deux ans après celui de *Serricornis,* donné par
Panzer à la même espèce en 1796. Comme la description de ce dernier est
accompagnée d'une figure , il y aurait eu toute justice à préférer son nom
à celui de Fabricius, et nous n'aurions pas hésité à le faire, si nous
avions pu connaître plutôt la date précise des publications de Panzer.
Aujourd'hui nous ne pouvons que rétablir les dates, en laissant aux entomologistes le choix entre le nom le plus ancien et le nom le plus répandu.

G. FORMICOMUS.

(Page 10).

N° 8. F. Cursor, *nobis (Motsch. in litt.)* — La lecture des *Malétemata
Entomologica* de M. Kolenati, ouvrage publié à Saint-Pétersbourg en
1846, nous oblige à supprimer cette espèce, que nous n'avions admise
qu'avec une extrême réserve, nous étonnant de ne pas la retrouver dans
le catalogue manuscrit de M. de Motschoulsky , auquel elle devait son
nom. Aujourd'hui tout se trouve éclairci. Il résulte de la synonymie indiquée par M. Kolenati (Fasc. 3, p. 55), que le *F. Cursor,* Motsch. n'est
autre que le *Nobilis* de Faldermann, et comme le *Nobilis,* Fald. a été
reconnu par nous identique avec le *F. Pedestris,* Rossi, il en résulte que
le *Pedestris* et le *Cursor* ne sont aussi qu'une seule et même espèce,
comme nous étions tenté de le croire

Ce qui nous a étonné dans l'ouvrage de M. Kolenati, c'est de lui voir
placer les Anthicus *Floralis,* Fab. et *Longicollis,* Schmidt, parmi les Formicomus, en ne faisant consister les caractères de ce genre que dans la
forme plus allongée du cou et du corselet. Il diffère sur ce point d'opinion avec M. de Motschoulsky, qui place comme nous ces deux espèces
parmi les vrais Anthicus

G. ANTHICUS.

(Page 4).

Dans l'historique du genre Anthicus placée par nous à la suite des caractères génériques de ce genre, nous avons émis (p. 4, ligne 6) une assertion qui n'est pas parfaitement exacte, en disant que Stephens était le premier qui ait séparé les espèces à corselet acuminé des espèces à corselet mutique, en donnant au premier le nom de Notoxus, et aux autres celui d'Anthicus. En relisant attentivement les synonymies citées par Stephens dans son *Systematic Catalog*, nous reconnaissons qu'avant lui Leach, dans le 9ᵉ vol. de l'*Edinburgh Encyclopædia*, vers 1818, et Samouelle, dans l'*Entomologist's compendium*, en 1819, avaient admis cette importante division.

(Page 16).

Nᵒ 15. A. ELEGANS, *nobis*. Substituez à ce nom celui d'*A. Sturmii*, en souvenir de l'entomologiste qui le premier nous a fait connaître cette espèce. Le nom d'*Elegans* devant être maintenu à l'*A. Elegans*, Steven (nᵒ 187), espèce de la Russie méridionale, que nous n'avons pas eue sous les yeux, mais qui a été décrite en 1806.

(Page 64).

Nᵒ 66. A. DEBILIS, *nobis*. Au lieu de *Debilis*, lisez : INERMIS, le nom de *Debilis* étant déjà employé par nous, p. 28, pour désigner une espèce d'Egypte.

(Page 65).

Nᵒ 67. A. TIBIALIS, *Curtis*. Substituez à ce nom celui d'*Instabilis*, sous lequel le même insecte a été décrit en 1842 par M. Schmidt et par nous. Celui de *Tibialis* devant être maintenu à l'*A. Tibialis*, Waltl (nᵒ 195), espèce espagnole décrite en 1835, deux ans avant la publication de Curtis dans la *British Entomology*.

Nous avons omis de citer parmi les synonymes de cette espèce l'*A. Mauritanicus*, Lucas, décrit sommairement dans la *Revue Zoologique*, année 1841, p. 146. La communication qui nous a été faite de cet insecte, nous a permis de constater qu'il ne différait nullement de l'*Instabilis*.

(Page 76).

Nᵒ 81. A. ELONGATUS, *nobis*. Au lieu d'*Elongatus*, lisez : LONGIPENNIS,

le nom d'*Elongatus* ayant déjà été employé pour un Notoxus de Sibe-
rie, p. 13 de ce genre.

(Page 87).

N° 92. A. Longicollis, *Schmidt*. — Nous avons indiqué dans la synonymie et nous avons répété à la fin de la description que cet insecte
était le même que l'*A. Transversalis* décrit sommairement par MM. Villa
en 1833, à la suite d'un catalogue de leurs doubles. C'est une erreur que
nous regrettons de n'avoir pas relevée plutôt. L'espèce appelée *Transversalis* par les entomologistes de Milan est notre *A. Tenellus*, nom introduit par Hoffmansegg, adopté par M. Dejean, et publié par nous en 1842
dans les *Annales de la Société Entomologique de France*.

ERRATA.

G. MACRARTHRIUS.

Page 1, ligne 15 au-dessus des oreillettes, *lisez :* au-dsssous.
    6,   4 f. 4 à 17, *lisez :* f. 7 à 17.
  10,   27 la largeur de la tête, *lisez :* la longueur.

G. NOTOXUS.

  17,   40 *paulò penè medium*, lisez : *ponè*.
  36,   9 qui se sont partagé, *lisez :* qui a partagé avec M Chevrolat.

G. ANTHELEPHILUS.

  3,   10 f. 8, 1836, *lisez :* 1834.
  ld.,   43 *Anthicus Fulvicolis*, Fabr. Dej. cat., *lisez : Anthicus Fulvi-collis*, Dej. (non Fabr.) Dej. cat.

G. FORMICOMUS.

  1,   5 Saunders (1836), *lisez :* 1834.
  3,   31 f. 9 (1836), *lisez :* 1834.

G. ANTHICUS.

  3,   17 bisinué (f. 20), *lisez :* (f. 19).
  ld.,   19 (f. 10, 19, 25), *lisez :* (f. 10, 20, 25).
  4,   13 1840, *lisez :* 1842.
  9,   42 (f. 19 et 25), *lisez :* (f. 20 et 25).
  11,   29 lat. 0,0007 (f. 19), *supprimez :* (f. 19).
  19,   46 les tibias postérieurs et aplatis, *lisez :* postérieurs aplatis.
  20,   38 minimè binodoso, *ajoutez :* (f. 19).
  21,   10 lat. 0,0008, *ajoutez :* (f. 19).
  23,   11 variété *g*, *lisez :* variété *c*.
  29,   21 de couleur vive, *lisez :* vitrée.
  37,   9 et 10 plus abondamment ponctuées, plus profondément impression-nées derrière les omoplates, plus saillantes, *lisez :* plus abon-damment ponctuées, les omoplates plus saillantes.
  49,   33 *Bimaculatus* var. β, *lisez :* var. *b*.
  53,   33 duabus ovalis, *lisez :* ovalis.
  64,   33 A. DEBILIS, *substituez :* A. IMERMIS (1).
  68,   13 dans la femelle, *ajoutez :* (f. 9).
  72,   30 elytris fuseis, *lisez :* fuscis.
  76,   29 A. ELONGATUS, *substituez :* A. LONGIPENNIS (2).
  80,   28 de l'Europe, à l'exception, *lisez :* de l'Europe. A l'exception.
 130,   26 *Tibiis maris*, lisez: *Tibiis posticis maris*.
 142,   9 des Etats-Unis d'Amérique, *lisez :* des Indes orientales.

G. OCHTHENOMUS.

  3,   7 en 1825, *lisez :* en 1821.
  6,   14 avant 1825, *lisez :* avant 1821.

---

(1) Voyez ci-dessus la troisième rectification relative au genre Anthicus.

(2) Voyez la cinquième rectification.

EXPLICATION DES PLANCHES.

***

N° 17. G. EURYGENIUS.

1. *E. Reichei*, grandeur naturelle. — 2. Le même, grossi.
3. La tête vue de face.
4 et 5. Parties de la bouche : *a* Chaperon. *b* Labre. *c* Palpes maxillaires. *d* Palpes labiaux. *e* Menton.
6. Antenne grossie. — 7. Menton très-grossi.
8 et 9. Tarse antérieur. — 10. Tarse postérieur.

N° 18. G STEREOPALPUS.

1. *St. Mellyi*, grandeur naturelle. — 2. Le même, grossi.
3. La tête grossie, vue de face. — 4. *Id.*, vue par derrière.
5. Parties de la bouche : *a* Mandibules. *b* Palpes maxillaires. *c* Menton.
6. Antenne grossie. — 7. Menton très-grossi.
8. Corselet grossi. — 9 et 10. Tarse antérieur. — 11. Tarse postérieur.

N° 19. G. STEROPES.

1. *St. Caspius* (mâle), grandeur naturelle. — 2. Le même, grossi.
3. *St. Caspius* (femelle), grandeur naturelle. — 4. Le même, grossi.
5. Tête grossie : *a* Chaperon. *b* Labre. *c* Palpe maxillaire.
6. Antenne du mâle. — 7. Antenne de la femelle.
8. Mandibule. — 9. Machoires. *a* Palpe maxillaire.
10. La bouche en dessous. *a* Palpes labiaux. *b* Menton.
11 et 12. Tarses antérieurs du mâle.
13. Tarse antérieur de la femelle. — 14. Tarse postérieur de la femelle.
15. Abdomen du mâle. — 16 Abdomen de la femelle.

No 20. G. MACRARTHRIUS.

1. *M. Goudotii*, grandeur naturelle. — 2. Le même, grossi.
3. Tête du même, vue de face : *a* Chaperon. *b* Labre. *c* Epistome. *d* Palpe maxillaire. — 4. Palpe maxillaire.
5. Corselet du même. — 6. Tarse antérieur du même.
7. *M. Murinus*, grossi.

8 à 14. Détails du même : 8. Antenne. — 9. Mandibule. — 10. Machoire et palpe maxillaire. — 11. Corselet. — 12. Tarse antérieur. — 13. Tarse intermédiaire. — 14. Crochets des tarses.

15. 16 et 17. Calques des figures de Newman, accompagnant la description de sa *Macratria Linearis*.

N° 21. G. NOTOXUS.

1 à 17. Elytres comparatives des Notoxus : 1. *Monoceros*. — 2. *Mauritanicus*. — 3. *Platycerus*. — 4. *Anchora*. — 5. *Siculus*. — 6. *Cornutus*. — 7. *Monodon*. — 8. *Planicornis*. — 9. *Binotatus*. — 10. *Numidicus*. — 11. *Miles*. — 12. *Australasiæ*. — 13. *Cucullatus*. — 14. *Senegalensis*. — 15. *Chaldæus*. — 16. *Lebasii*. — 17. *Elegantulus*.

18. *N. Brachycerus*, grandeur naturelle et grossi.

19 à 26. Détails du *N. Monoceros* : 19. Antenne. — 20, *a* Chaperon. *b* Epistome. *c* Labre. — 21. Mandibule. — 22, *a* Machoires. *b* Palpe maxillaire. — 23, *a* Lèvre inférieure. *b* Palpes labiaux. *c* Menton. — 24. Tibia et tarse postérieurs. — 25. Corselet de profil, et vu en dessus : *a* Crête supérieure. *b* Gouttière basilaire. — 26. Partie postérieure des élytres du mâle laissant voir la troncature oblique de l'angle apical.

27. Corselet du *N. Litigiosus*. — 28. Corselet du *N. Cucullatus*.

N° 22. G. MECYNOTARSUS.

1. *M. Rhinoceros* sous divers aspects. — 2. *M. Nanus*.

3 à 7. Détails du *M. Rhinoceros* : 3. Antenne. — 4. Mandibule. — 5. Lèvre inférieure, Palpes labiaux et Menton. — 6. Corselet très-grossi. — 7. Tibia et tarse postérieurs.

N° 23. G. AMBLYDERUS.

1. *A. Scabricollis* sous divers aspects. — 2 et 3. Tête et corselet du même.

4. *A. Truncatus*. — 5 et 6. Tête et corselet du même.

7. Antenne de l'*A. Scabricollis*.

N° 24. G. ANTHELEPHILUS.

1. *A. Ruficollis*. — 2. *A. Imperator*. — 3. *A. Cyaneus*, d'après un calque.

4. à 7. Détails de l'*A. Ruficollis* : — 4. Antenne. — 5. Tête.

6. Patte antérieure du mâle. — 7. Abdomen du mâle.

N° 25. G. FORMICOMUS.

1. *F. Mutillarius.*
2 à 9. Détails du *F. Pedestris* : 2. Antenne. — 3. Chaperon, épistome
et labre. — 4, 5 et 6. Parties de la bouche. — 7. Cuisse et tibia
antérieurs. — 8. Cuisse et tibia postérieurs. — 9. Abdomen du
mâle.
10. Abdomen du *F. Cæruleipennis* mâle. — 11. Abdomen du *F. Pedestris* femelle.
12. *F. Judex.* — 13. *F. Canaliculatus.* — 14. Tête et corselet du
F. Censor.
15. Corselet du *F. Consul.* — 16. Corselet du *F. Leporinus.*

N° 26. G. TOMODERUS.

1. *T. Cruciatus.* — 2. Tête du même. — 3. Tête du *T. Divisus.*
4. Corselet du *T. Signaticornis.* — 5. *Id.* de l'*Interruptus.* — 6. *Id.*
du *Compressicollis*
7. Antenne du *T. Cruciatus.* — 9. *Id.* du *T. Compressicollis.*
8. *T. Compressicollis.*

N° 27. G. ANTHICUS. 1ʳᵉ DIVISION.

1. *A. Humilis.* — 2. Antennes de l'*A. Floralis.* — 3. *Id.* de l'*A. Exilis.*
4 à 7. Parties de le bouche de l'*A. Floralis.*
8. Tête et corselet de l'*A. Laticeps.* — 9. *Id.* de l'*A. Armiger.*
10. Corselet de l'*A. Rodriguii.* — 11. *Id.* de l'*A. Impressus.*
12. Tibia postérieur de l'*A. Sturmii* mâle. — 13. *Id.* de l'*A. Ebeninus*
mâle.
14. Palpe maxillaire de l'*A. Sturmii.* — 15. *Id.* de l'*A. Armiger.*
16. *A. Chaudoirii.*
17. Tête de l'*A. Anguliceps.* — 18. *Id.* de l'*A. Trigonocephalus.*
19. Corselet de l'*A. Quadrillum.* — 20. *Id.* de l'*A. Prædator.*
21. Corselet de l'*A. Spinicollis.* — 22. *Id.* de l'*A. Perplexus.*
23. Tête de profil de l'*A. Perplexus.* — 24. Palpe maxillaire de l'*A. Sericans.*
25. *A. Gibbicollis.*
26. Extrémité des Elytres de l'*A. Humilis* : *a* dernier anneau supérieur de
l'abdomen. *b* Pigidium. — 27. Abdomen de l'*A. Sericans.*

N° 28. G. ANTHICUS. 2ᵉ DIVISION.

1. *a A. Giganteus.* — 1. *b* Tête du même. 1. *c* Corselet du même.
2. *A. Bimaculatus.*

3. Corselet de l'*A. Floralis*. — 4. *Id.* de l'*A. Instabilis.*
5. Tête de l'*A. Floralis*. — 6. *Id.* de l'*A. Andreæ.*
7. *A. Fulvicollis.*
8. Tibia postérieur de l'*A. Instabilis* mâle. — 9. *Id.* de l'*A.* Gracilis mâle, — 10. *Id.* de l'*A. Crassipes* mâle.

Nº 29. G. ANTHICUS. 3ᵉ DIVISION.

1. *a A. Quadrioculatus.* — 1. *b* Corselet du même. 1. *c* et *d* Extrémité de l'abdomen du mâle.
2. *a A. Longicollis.* — 2. *b* Corselet du même. — 2. *c* Trochanter épineux du mâle.
3. *a A. Vittatus.* — 3. *b* Corselet du même. — 3. *c* Patte postérieure du même.
4. *A. Fenestratus.*
5. *a A. Insignis.* — 5. *b* Patte postérieure de l'*A. Insignis* mâle.

Nº 30. G. ANTHICUS. 4ᵉ DIVISION.

1. *a A. Mylabrinus.* — 1. *b* Corselet du même.
2. *a* Tête de l'*A. Longiceps.* — 2. *b* Corselet du même.
3. Corselet de l'*A. Fossicollis.* — 4. *a* Corselet de l'*A. Fasciatus.* — 4. *b* Élytres de l'*A. Fasciatus* mâle. — 4. *c Id.* de l'*A. Fasciatus* femelle.
5. *a* Élytres de l'*A. Plumbeus* mâle ailé. — 5. *b* Élytres de l'*A. Plumbeus* mâle subaptère. — 5. *c* Élytres de l'*A. Plumbeus* femelle.
6. Élytres de l'*A. Olivaceus.* — 7. *A. Capito* femelle.
8. Corselet de l'*A. Flavocinctus.* — 9. Antenne de l'*A. Atronitidus.*

Nº 31. G. OCHTHENOMUS.

1. *O. Punctatus.* — 2. Tête et corselet du même.
3. Antenne de l'*O. Sinatus.* — 4. *Id.* de l'*O. Lefebvrei.*
5. Tête de l'*O. Angustatus*, de manière à voir : *a* le Chaperon. *b* le Labre.
6. 7. 8. Parties de la bouche de l'*O. Elongatus.*
9. Tarse antérieur. — 10. Tarse postérieur de l'*O. Punctatus.*

Nº 32. G. AGNATHUS.

1. *A. Decoratus.* — 2. Antenne du même. — 3. Tête vue de face. — 4.
5. Machoires et palpe maxillaire. — 6. Labre. — 7. Lèvre inférieure et palpes labiaux. — 8. Menton.
9. Patte postérieure.

G. DASCILLUS. (δάσκιλλος, nom d'un poisson inconnu).

Ptinus, De Géer (1752 à 1778); Chrysomela, Lin. (1767); Cistela, Fabr. Oliv. (1775 à 1792); Crypto-cephalus, Gmel. (1789); DASCILLUS, Latr. (1796); Atopa, Payk. (1799); Crioceris, Marsh. (1802).

Corps (f. 1, 2, 14) un peu allongé, à côtés parallèles, peu épais.

Tête (f. 3, 4, 15) assez petite, assez penchée, à moitié enfoncée dans le corselet. *Yeux* (f. 6, 15) arrondis ou un peu réniformes, touchant au bord du corselet. *Antennes* (f. 15) filiformes, un peu dentées, d'égale épaisseur, à partir du troisième article; le premier un peu plus gros; le second de moitié plus court que le troisième; celui-ci un peu plus long que les autres, qui sont presque égaux en longueur entre eux. *Labre* (f. 5 et 15) arrondi en avant, petit et ne couvrant pas la base des mandibules, avec un prolongement antérieur et membraneux plus long que lui dans le *Dascillus cervinus* frais. *Mandibules* (f. 6, 15, 16) assez grandes, arquées, bidentées à l'extrémité, offrant, chez l'*Atopa fulvula* (f. 15, 16), un disque arrondi au côté externe. *Mâchoires* (f. 7, 17) terminées par trois lobes saillants et aplatis, aigus et ciliés. *Palpes maxillaires* de grandeur moyenne, ne dépassant pas les mandibules quand la bouche est fermée, avec le dernier article un peu plus large et obliquement tronqué à l'extrémité (f. 7), ou de forme ovoïde irrégulière, plus étroit et arrondi au bout (f. 17). *Lèvre inférieure* (f. 8, 18) un peu plus longue que large, un peu rétrécie en avant, cornée, à paraglosses très-saillantes, aplaties et terminées par quatre lobes pointus inégaux et ciliés. *Palpes labiaux* terminés par un article plus grand, un peu plus élargi et tronqué obliquement au bout (f. 8), ou de forme irrégulièrement ovoïde et rétréci au bout (f. 18).

Prothorax (f. 3, 4) court, transversal, élargi en arrière, plus large dans la femelle (f. 4). *Prosternum* non saillant en pointe. *Ecusson* (f. 3, 4) en triangle à côtés arrondis. *Elytres* assez coriaces, recouvrant des ailes. *Pattes* de grandeur et de force moyennes. *Tarses* (f. 9, 10, 19) ayant les quatre premiers articles fortement bilobés et portant chacun, en dessous, un appendice membraneux plus large et également bilobé, avec le cinquième plus allongé, épaissi au bout et terminé par deux crochets simples, assez forts et arqués.

ABDOMEN (f. **11**, **12**, **13**) ovale allongé, composé de cinq segments dans les deux sexes, avec le dernier beaucoup plus large dans les individus présumés femelles (f. 13). Dans les mâles l'armure capulatrice (f. 12) est formée de crochets arqués assez compliqués.

Comme on le voit par la synonymie du genre, les Dascilles ont été placés, par les auteurs antérieurs à Latreille, dans plusieurs genres avec lesquels ils n'ont aucuns rapports. Paykull, un peu après Latreille, les a distingués sous le nom d'*Atopa,* dont Fabricius s'est emparé après Paykull, et, depuis, la plupart des auteurs modernes ont donné la préférence à cette dernière dénomination. Il n'y a que Lamarck et Curtis qui se soient montrés justes en adoptant le nom imposé le plus anciennement à ce genre par Latreille.

Les caractères des *Dascillus* ont été plus ou moins bien déterminés par les auteurs, et Latreille lui-même, en fondant le genre dans son précis des caractères génériques des insectes, se trompe quand il décrit seulement le pénultième article des tarses comme bilobé, puisque ce sont les quatre premiers articles qui offrent tous ce caractère. Cette erreur a été plus ou moins reproduite par la plupart des auteurs qui ont suivi

On ne connait pas les métamorphoses des espèces de ce genre. Les individus parfaits se tiennent sur les feuilles et les fleurs des plantes et des buissons. Cependant, une observation de M. Mathews, mentionné par M. Curtis à la suite de son travail sur le *Dascillus cervinus* (*Brit. Ent.,* n° 216), semblerait faire présumer que les métamorphoses de cette espèce ont lieu dans les racines de quelques Orchidées. En effet, M. Mathews a appris à M. Curtis qu'en récoltant des Orchidées dans la province de Kent, le 29 mai 1825, il avait trouvé trois exemplaires de cet insecte sur les racines de l'*Orchis ustulata*, à quatre pouces sous terre, ce qui lui fit soupçonner que la larve se nourrissait des racines de cette plante. Les espèces d'Europe paraissent au milieu du printemps; elles ne sont jamais très-communes.

Les auteurs ne sont pas d'accord sur le nombre des espèces propres à l'Europe. Les uns en admettent trois (*D. cervinus, cinereus* et *elongatus*) ; d'autres regardent ces trois espèces comme des variétés de la même. Si les différences qui les distinguent n'étaient que dans leur coloration, nous adopterions cette manière de voir ; mais nous avons examiné un assez grand nombre d'individus de ces espèces, et nous avons toujours trouvé dans chacune des mâles et des femelles parfaitement caractérisés par la forme étroite ou élargie du dernier segment de l'abdomen, ce qui nous a déterminé à les conserver provisoirement jusqu'à ce que des observations très-précises nous aient appris que les variations, dans ces insectes, portent non-seulement sur leur couleur, mais sur leurs formes.

Dans l'une des espèces que nous laissons dans ce genre, on observe quelques caractères qui ne concordent pas avec ceux des espèces d'Europe, ce qui a engagé M. Schœnherr, dans son *Genera et species curculionidum*, en 1833, à proposer d'en former une coupe générique, sous le nom de *Petalon*. Nous avons cru devoir laisser encore cette espèce dans le genre *Dascillus*, dont elle possède la majorité des caractères, en en formant seulement une division ainsi qu'il suit :

I. Mandibules simples à leur base externe (f. 6); palpes ayant le dernier article cylindrique, très-peu élargi et tronqué obliquement au sommet (f. 7; 8). Espèces 1 à 5.

II. Mandibules à large disque arrondi à leur base externe (f. 15, 16); palpes ovoïdes, à peine tronqués au sommet (f. 17, 18). Espèce 6.

DESCRIPTION DES ESPÈCES.

I. Mandibulis basi exteriore simplicibus (f. 6); palpi articulo ultimo cylindraceo, apice fere dilatato et truncato (f. 7, 8). Spec. 1 à 5.

1. D. CERVINUS. *Dense cinerascenti-ferrugineo-pubescens; supra plus minusve obscure testacea, subtus nigrescens. Elytris subtilissime sub-costatis, interstitiis vage punctatis; antennis, ano pedibusque ferrugineis, tarsis obscurioribus articulo ultimo et unguibus fulvis.* — Long. 0,011. Lat. 0,004 (f. 1 à 15). — Europa.

Chrysomela cervina, Lin. Faun. suec. n° 575. Syst. nat., t. 1 ; ibid., pars. 2, p. 602. *Ptinus testaceo-villosus*, de Géer, ins. etc. t. 4, p. 235, pl. 9, f. 8 (1775). *Cistela cervina*, Fabr. Syst. Ent. p. 116 (1775). *Cryptocephalus cervinus*, Patagna, Ins. Calabr. t. 2, p. 55 (1787). *Atopa cervina*, Payk. Faun. suec. t. 2, p. 116 (1798 à 1800). *Cistela cervina*, Oliv. Ent. t, 5, genre 54, p. 4, pl. 1, f. 2, *a*; Fabr. Syst. Eleuth. t. 2, p. 15 (1801). *Crioceris cervinus*, Marsham, Ent, Brit. p. 220 (1802). *Atopa cervina*, Gyll. Ins. suec. t. 1, p. 375 (1808). Schœnh. Syn. ins. t. 1, part. 2, p. 551 (1808). *Dascillus cervinus*, Lam. An. S. Vert. t. 4, p. 444 (1817). Curtis, Brit. Ent. vol. 2, n° 216 (1828). *Atopa cervina*, Steph. Syst. Cat. Brit. ins. 1, p. 128 (1829); ibid. Ill. Brit. Entom. t. 3, p. 280 (1830). — Kuster, Die Kaf. Europ., 1er heft, n° 14 (1844) (1).

Corps oblong, un peu aplati, d'une couleur noirâtre et couvert d'un duvet serré, couché, d'un cendré jaunâtre. Tête noirâtre avec les mandibules

---

(1) Nous laissons de côté la citation d'une foule d'autres auteurs qui ont décrit ou mentionné cette espèce. Les ouvrages dont nous avons fait le relevé pour notre travail sont au nombre de quarante-huit, et nous n'avons encore pu tout connaître.

brunes. Yeux ronds. Antennes égalant les deux tiers de la longueur du corps, d'un jaune fauve, à articles un peu aplatis, couverts de duvet jaune. Palpes de la même couleur. Corselet très-finement ponctué, à côtés uniformément arrondis, assez bombé, surtout en avant, beaucoup plus large dans la femelle, d'un brun testacé dans quelques individus femelles, plus foncé et noirâtre dans d'autres, qui sont en général des mâles, rebordé sur les côtés, faiblement bisinué en arrière, avec les angles postérieurs peu aigus. Ecusson un peu plus large que long. Elytres rebordées, d'un brun jaunâtre plus ou moins foncé, un peu plus allongées dans le mâle, ayant des séries longitudinales de petits points vaguement disposés sur plusieurs rangs, entre lesquelles on voit de faibles apparences de côtes, qui ne sont vraiment manifestes que lorsqu'on fait jouer la lumière obliquement. Quand l'insecte est frais, la tête, le corselet, l'écusson et les élytres sont couverts d'un duvet jaunâtre très-serré et couché, qui cache la ponctuation des élytres et efface encore plus les apparences de côtes dont il vient d'être parlé. Pattes d'un jaune un peu fauve, avec les éperons de l'extrémité des jambes noirs. Tarses presque noirâtres, avec le dernier article et ses crochets presque fauves. Abdomen noirâtre, avec le bord postérieur du dernier segment, et quelquefois de l'avant dernier, tirant sur le roussâtre.

Cet insecte est assez commun dans toute l'Europe tempérée, à Paris, en Angleterre, en Allemagne, etc. On le rencontre au printemps. Nous l'avons pris assez abondamment aux environs d'Amiens, sur des haies de prunelliers en fleur.

2. D. CINEREUS. *Dense cinerascenti-ferrugineo-pubescens; supra et infra nigrescens. Elytris subtilissime sub-costatis, interstitiis vage punctatis. Antennis pedibusque concoloribus, articulo ultimo tarsorum unguibusque ferrugineis.* — Long. 0,0105. Lat. 0,0035. — Europa.

Cistela cinerea, Fabr. Spec. ins. t. 1, p. 146 (1781). *Cryptocephalus cinereus,* Gmel. t. 1, part. 4, p. 1713 (1789). *Atopa cervina,* var. β, Payk. Faun. suec. t. 5, p. 116 (1799). *Atopa cinerea,* Fab. Syst. Eleuth. t. 2, p. 15 (1801). *Crioceris cinerea,* Marsh. Ent. Brit. p. 220 (1802). *Atopa cervina,* var. Gyll. Ins. suec. t. 1, p. 575 (1808). *Idid.* Sch. Syn. ins. t. 1, part. 2, p. 531 (1808). *Dascillus cervinus,* var., Curtis. *Atopa cervina,* var. Steph. *Atopa cinerea,* Kuster, Die Kaf. Europ. 1ᵉʳ heft, n° 15 (1844).

Corps oblong, un peu aplati, d'une couleur noirâtre et couvert d'un duvet serré, couché, d'un cendré jaunâtre. Tête et mandibules noirâtres. Antennes de la même couleur; palpes bruns. Corselet noirâtre en dessus, à côtés arqués et rebordés, mais présentant au milieu une petite sinuosité que l'on ne voit pas sur ces mêmes côtés dans le *D. cervinus.* Ecusson triangulaire, aussi long que large, de la même couleur noirâtre. Elytres allongées, de la couleur noirâtre du corps, ayant des séries longitudinales de petits points mieux alignés, et des côtes un peu plus marquées que dans le *D. cervinus.* Pattes noirâtres, ayant quelquefois le milieu des cuisses et des jambes d'un brun tirant sur le jaunâtre fauve, avec le dernier article et les crochets des tarses fauves. Abdomen noir avec l'extrémité du dernier segment tirant un peu sur le brun fauve, dans les individus à cuisses un peu roussâtres.

Paykull, Gylenhal et quelques autres auteurs regardent ces insectes comme de simples variétés de l'espèce précédente. M. Stephens dit les avoir trouvés en état d'accouplement. D'un autre côté, plusieurs auteurs les séparent et regardent ces insectes comme formant deux espèces bien distinctes. Pour nous, qui n'avons pu examiner que leurs cadavres dans les collections, nous avons longtemps hésité à les séparer, mais nous avons été engagé à le faire en considérant la forme plus allongée du corps des deux sexes, la forme du corselet et de l'écusson, et les apparences de côtes des élytres qui sont évidemment un peu plus marquées. Nous attendrons des observations plus positives que celles qui existent dans la science jusqu'à présent, pour nous décider à réunir ces deux espèces.

On trouve le *D. cinereus* dans toute l'Europe, mais il est plus commun dans les lieux tempérés approchant des régions plus froides et élevées.

5. D. ELONGATUS. *Atopa tota nigra, opaca, fusco-pubescens; thorace breviore, gibbo ; elytris valde elongatis, angustatis, parallelis, obsolete striatis; tarsis fuscis.*—Long. 0,0115. Lat. 0,004. — Russia.

Atopa elongata (1) Fald., Faun. Entom. Trans-Caucasica. Coleopt. pars. 1, p. 183 (1836).

Magnitudo et omnino statura *Atopæ cervinæ*, Fabr., sed evidenter species diversa.

Caput retractum, deflexum, transversum, nigrum, opacum, pube fusca prostrata parce obtectum, inter antennas elevatum, incrassatum ; fronte utrinque impressa. Antennæ dimidium corporis superantes, filiformes, totæ nigræ, opacæ, pubescentes. Oculi rotundati, globosi, sat prominuli, luridi. Thorax transversus, latitudine plus duplo brevior, niger, opacus, basi utrinque late sed leviter sinuatus, lobo medio truncato, angulis reflexis, acutis, lateribus parum rotundatus, reflexus, nec non ante apicem angustatus, apice truncatus, angulis obtusis, disco ante medium gibbus, lævissime longitudinaliter canaliculatus, impressionibus duabus paullo pone medium utriuque notatus, pube valde condensata fusca obtectus, super angulos posticos nonnihil explanatus. Scutellum triangulare, lateribus et basi obtuse rotundatum, supra deplanatum, dense pubescens. Elytra thorace latiora, valde elongata, parallela, apice rotundata, lateribus reflexa, supra æqualiter cylindrica, tota fusco-nigra, obsoletissime striata, pube cinereo-fusca, sat dense vestita undè opaca, sub oculo acute armato creberrime tamen valde obsolete punctata, humeris productis, nonnihil erectis, obtuse rotundatis. Corpus subtus totum nigrum, opacum, obsoletissime coriaceum, et parcius pubescens. Pedes elongati, robusti, toti nigri, opaci, leviter pubescentes ; tibiis anticis extus arcuatis ; tarsis omnibus fuscis ; unguicollis paullo dilutioribus.

Var. β. Tota atra, supra subnitida, et parcius pubescens; elytris distinctius striatis, striarum interstiis evidentius ruguloso-punctatis.

Nous avons donné intégralement la description faite par Faldermann

---

(1) Illustrissimus comes Dejean hanc speciem cum *Atopa cinerea* conjungit, sed vix jures, cum plurima individua cadem differentiam offerant, propior est *Atopa cinerea*.

pour que chacun puisse juger la valeur de son espèce, que Dejean réunissait, dans sa collection, au *D. cinereus*. Nous n'avons pu voir qu'un
seul individu très-mal conservé de cette espèce. Il nous a été envoyé par
M. de Chaudoir, et nous semble différer fort peu de notre *D. cinereus*.
Cependant il est encore plus allongé, le rare duvet qui reste sur son corps,
qui semble avoir été mis dans l'alcool, paraît avoir été d'une couleur brunâtre. On ne pourra se prononcer sur la valeur de cette espèce que lorsqu'on aura pu étudier un certain nombre d'individus bien conservés.

4. D. MELANOPHTALMUS. *Dense cincrascenti-ferrugineo pubescens, fulvus, mandibulis
apice oculisque nigris. Elytris punctato striatis, antennis pedibusque fulvis.* — Long. 0,011.
Lat. 0,004. — America Boreali.

Corps entièrement fauve et couvert d'un duvet gris jaunâtre très-serré
et couché, très-finement ponctué. Tête un peu plus large que longue ; yeux
très-grands et très-saillants, ronds, d'un noir verdâtre. Mandibules saill-
lantes, fortes, brunes, avec l'extrémité noire. Corselet transversal, trapézoïde, à côtés faiblement arrondis et rebordés. Écusson triangulaire, au
moins aussi long que large. Elytres allongées, parallèles, avec les angles
huméraux assez saillants, offrant chacune neuf petites stries longitudinales,
formées de petits points enfoncés qui ne sont visibles que sur les parties
frottées et dénudées. Le dessous et les pattes paraissent plus fauves que le
dessus, parce que le duvet gris-jaunâtre est moins serré.

Cette espèce ressemble beaucoup au *D. cervinus* pour la taille et la forme ;
mais, ce qui l'en distingue au premier coup-d'œil, c'est la grosseur de ses
yeux, qui sont fortement saillants et lui donnent un aspect tout particulier.

Nous ne connaissons que l'individu unique et en mauvais état de la collection Dejean, actuellement à M. de Brême, à Turin. Nous lui avons conservé le nom que lui a assigné son premier propriétaire dans son catalogue.
Il vient de l'Amérique du nord.

5. D. LONGICORNIS. *Elongatus, nigricans, luteo-setosus. Antennis fere corporis longitudine.
Elytris pedibusque magis brunneis.* —Long. 0,013. — Nepalia.

At. cervinæ longior et angustior, sublente tenuissime punctata, luteo-
setosa, setas brevissimis, decumbentibus. Antennæ fere corporis longitudine, brunneæ, articulo secundo brevi, tertio quarto longiori hoc et reliquis elongatis compressis apice parum latioribus. Prothorax nigricans, lateribus parum rotundatis margine postice ante scutellum emarginatum.
Elytra elongata lateribus brunneis, striis longitudinalibus parum impressis.
Pedes brunneis, tarsis ut in *A. cervina* formatis. Thorax subtus nigricans
luteo-setosus, abdomen fusco-brunneum.   (WESTWOOD).

Nous n'avons pas vu cette espèce, dont la description nous a été donnée
par M. Westwood. Il l'a décrite d'après un individu de la collection du général Hardivicke, appartenant au Muséum de la Société Linnéenne de
Londres.

II. Mandibulis basi exteriore disco rotundato, lato (f. 16) ; palpis articulo ultimo ovoido, apice fere truncato (f. 17, 18). (S. G. *Petalon* Schœn.). Spec. **6.**

6. **D.** FULVULUS. *Toto rufescenti-fulvus, punctatissimus, fulvo-setosus; elytris striato-punctatis; antennis (articulis duabus basalibus exceptis) nigris, intus serratis.* — Long. 0,0095. Lat. 0,004 (f. 14 à 19). — Java.

Bruchus fulvulus, Wiedem. zool. Magaz., 1, part. 3, p. 175 (1819). — *Id.* Schœn. Gen. et spec. Curcul. t. 1, p. 102. Genus Petalon, nôb. prope Gen. *Atopa* (1831). — *Petalon fulvulum*, Lap. Hist. nat. des ins. Coleopt. t. 1, p. 259, pl. 17, f. 1 (1840).

Corps d'un fauve roussâtre, entièrement couvert de petits points enfoncés et garni d'un duvet jaune très-serré et couché. Mandibules brunes avec leur disque externe creusé au milieu et noir aux bords. Tête assez bombée en dessus, avec les yeux ronds et noirs. Antennes dépassant à peine la longueur de la moitié du corps, assez fortement en scie, noirâtres, avec les deux premiers articles fauves. Corselet assez bombé en dessus, avec un petit sillon longitudinal au milieu, qui n'atteint pas les deux extrémités, ayant le bord postérieur un peu sinué, noir et très-finement crénelé. Écusson en triangle arrondi, à peine plus large que long. Elytres assez allongées, parallèles, ayant chacune onze stries enfoncées, ponctuées et offrant, à leur bord antérieur, vis-à-vis le corselet, une fine bordure noire. Pattes assez robustes, à cuisses jaunes, brunissant un peu vers l'extrémité, avec les jambes et les tarses bruns ; ces derniers ayant le dernier article fauve avec les crochets noirs à leur extrémité. Ailes enfumées, dessous entièrement jaune fauve. — Java. Rare.

M. Westwood nous a adressé la figure d'un insecte du Mysore, qui ressemble entièrement à notre *D. fulvulus* pour tous ses caractères essentiels extérieurs, mais qui en diffère d'une manière notable sous plusieurs rapports. D'abord M. Westwood figure ses mandibules qui sont simples, sans aucune trace du disque arrondi que nous avons toujours vu chez les individus des collections parisiennes. Il figure aussi ses mâchoires et sa lèvre inférieure sans les lasciniures, les lobes velus et aigus que nous avons vus chez notre individu ; enfin les palpes de l'espèce de M. Westwood seraient un peu plus effilés au bout.

Si cet insecte n'est que la femelle du nôtre, il y a là un fait curieux, surtout dans la conformation des mâchoires et de la lèvre. On sait déjà que la différence sexuelle entraîne des modifications dans les organes manducateurs ; mais cela n'avait encore été observé, à notre connaissance du moins, que dans les Cétonides, et par M. Westwood, qni a publié des Mémoires très-intéressants sur ce fait. Il faudrait posséder plusieurs individus du *Dascillus* de M. Westwood pour arrêter une opinion à son sujet.

ESPÈCES DOUTEUSES.

D. LIVIDUS. *Atopa livida*. f. — *Livida, antennis fuscis*. — Hab. in terra del Fuego. Mus. Dom. Banks.

Cistela livida, Fab. Syst. Ent. p. 116 (1775). — *Ibid.* Mantiss., Spec. et Ent. Syst. — *Cistela livida*, Oliv., Enc. meth., t. 6, p. 5 (1791). — *Atopa livida*, Fab. Syst. Eleuth., t. 2, p. 16 (1801). — *Dascillus lividus*, Latr, Hist. nat. des Crust. et Ins., t. 8, p. 387 (1805).

Statura præcedentis (*Cist. cervina*), at duplo minor. Antennæ fuscæ articulis superne lividis. Thorax et elytra glabra, nitida, livida. Abdomen et pedes lividi, at paulo obscuriores.

Latreille a décrit cette espèce d'après Fabricius : seulement il n'a copié que la phrase du *Systema Eleutheratorum*, au lieu de prendre la description un peu plus longue du *Systema Entomologiæ*.

Les *Atopa bicolor* et *fusca*, décrites par Melsheimer, Proceedings Acad. nat. sc. Philadelph., t. 2, p. 221 (1845), doivent appartenir au genre *Ptilodactyla*. Nous reproduirons leurs descriptions à la suite de ce genre.

L'*Atopa ornata* du même auteur, ibid., p. 220, forme notre genre *Odontonyx* (n° 14).

On trouve dans le catalogue de la collection de Jacob Sturm (1843) l'indication d'une *Atopa lobata* de Java. Ne serait-ce pas le *Dascillus fulvulus* de Viedeman que nous avons décrit sous le n° 6?

G. ODONTONYX. (ὀδούς, dent; ὄνυξ, ongle).

CORPS (f. 1, 2) ovalaire, assez épais.

TÊTE (f. 3) très-penchée, de moyenne grandeur. *Yeux* ronds, assez saillants, touchant presque les bords du corselet. *Antennes* un peu en scie, allongées, ayant le second article de moitié plus court que le premier, les suivants à peu près de la longueur du premier, anguleux à leur extrémité interne. *Labre* court et très-large, arrondi en avant et recouvrant les mandibules en grande partie. *Mandibules* arquées, bidentées au bout, assez fortes. *Mâchoires* (f. 4) terminées par trois lobes pointus et ciliés, dont l'interne est plus court, les deux autres d'égale longueur, mais l'externe un peu plus mince. *Palpes maxillaires* un peu plus longs que la mâchoire, avec le dernier article fortement sécuriforme. *Lèvre inférieure* à languette (f. 5) terminée par quatre lobes ciliés, aigus, inégaux, les externes plus longs. *Palpes labiaux* à peine plus longs que les lobes de la lèvre, ayant le dernier article fortement sécuriforme.

PROTHORAX court, transversal, élargi en arrière, assez bombé au milieu et en avant. *Ecusson* en triangle arrondi, aussi large que long. *Elytres* assez coriaces recouvrant des ailes. *Pattes* assez robustes, de grandeur moyenne. *Tarses* (f. 6, 7) simples, à articles dépourvus de lobes ; le premier grand, les trois suivants beaucoup plus courts, et le dernier au moins aussi long que les trois précédents, terminé par deux crochets arqués et dentés en scie ou en peigne au côté inférieur (f. 8, 9). On voit entre ces crochets une petite pelotte ciliée, arrondie et très-courte.

ABDOMEN ovalaire, aplati et composé de cinq segments.

On ne connaît encore qu'une seule espèce de ce genre, et ses mœurs n'ont jamais été observées.

DESCRIPTION DE L'ESPÈCE.

O. ORNATA. *Atra, cinereo-pubescens; thorace rubro, maculis duabus rotundatis nigris. Scutello rubro. Elytris griseo-vittatis.* — Long. 0,008 à 0,010. Lat. 0,0025 à 0,003. — Amer. Bor.

Atopa ornata, Meilsheimer, Proceed. of the Acad. of nat. scienc. Acad. Philad. t. 2, p. 220 (1845).

Corps ovalaire, noir, peu luisant, très finement chagriné et couvert d'un duvet couché d'un gris cendré. Tête en partie couverte par le bord antérieur du prothorax. Antennes de moitié moins longues que le corps, noires, avec les premiers articles rouges. Corselet presque deux fois plus large que long, très-rétréci en avant, sinueux en arrière, avec le bord postérieur finement crénelé. Il offre une carène tranchante de chaque côté ; ses angles postérieurs sont assez aigus, et il est d'un rouge brique tirant sur le rose, même sur ses côtés inférieurs et réfléchis, au-dessous de la carène latérale, avec deux grandes taches ovales sur le disque, longitudinales, laissant au milieu et sur les côtés de larges bandes roses, sur lesquelles il y a des poils gris plus serrés. Ecusson rose, velu, noirci vers l'extrémité. Elytres noires, striées, à stries distinctement ponctuées, ayant chacune cinq bandes longitudinales grises produites par des poils de cette couleur placés sur les intervalles des stries, entre la suture et la première strie, entre la seconde et la troisième, entre la quatrième et la cinquième, entre la sixième et la septième, et entre la huitième et la neuvième. Dessous et pattes noirs, velus ; jambes intermédiaires plus fortes et plus épaisses que les autres, un peu arquées. Extrémité du dernier article des tarses et crochets rouges.

Cet insecte se trouve dans diverses parties des Etats-Unis, et notamment en Pensylvanie. Il figure au catalogue de la collection Dejean sous le nom inédit d'*Atopa ornaticollis*.

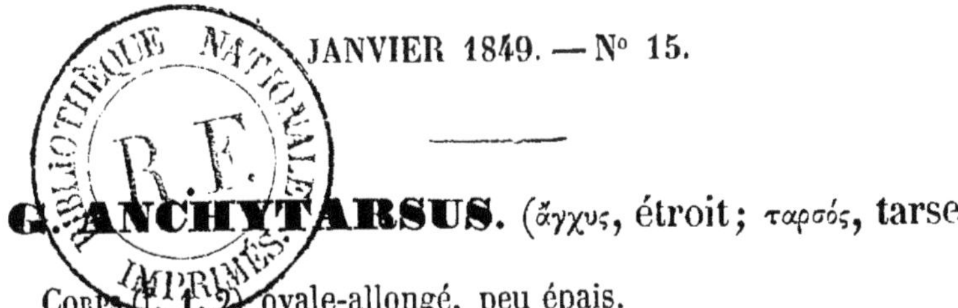

G. ANCHYTARSUS. (ἄγχυς, étroit ; ταρσός, tarse).

Corps (f. 1, 2) ovale-allongé, peu épais.

Tête (f. 3) penchée, assez petite, enfoncée dans le corselet jusqu'aux yeux. *Yeux* ronds, peu saillants. *Antennes* allongées, filiformes, ayant le second article plus court et moins épais que le premier, le troisième un peu plus long, le quatrième presque aussi long que les deux précédents réunis, et les autres allant très-peu en diminuant. *Labre* arrondi, presque aussi long que large, recouvrant les mandibules en partie. *Mandibules* (f. 4) assez fortes, arquées, bidentées au bout. *Mâchoires* (f. 5) de forme ordinaire, terminées par deux lobes ciliés inégaux, dont l'externe est un peu plus long et obliquement tronqué à l'extrémité. *Palpes maxillaires* (f. 3) plus allongés que les lobes de la mâchoire, terminés par un article fortement sécuriforme. *Lèvre inférieure* (f. 6) trapézoïde, transversale, plus étroite en avant, avec la languette large, terminée par quatre lobes ciliés assez courts, égaux. *Palpes labiaux* plus longs que les lobes de la languette, terminés par un article fortement sécuriforme.

Prothorax court, transversal, un peu élargi en arrière, assez bombé au milieu. *Ecusson* triangulaire. *Elytres* assez coriaces, allongées, recouvrant des ailes. *Pattes* médiocrement fortes, simples. *Tarses* (f. 7 à 10) moins longs que la jambe, composés d'articles simples, dépourvus de pelottes en dessous, étroits ; le premier article est assez long, les trois suivants beaucoup plus courts ; le dernier, un peu plus long que le premier, est terminé par deux crochets simples.

Abdomen ovale allongé, composé de cinq segments.

Nous ne connaissons encore qu'une seule espèce de ce genre, dont les mœurs n'ont jamais été observées.

Description de l'espèce.

A. ATER. *Oblongus, parallelus, ater, nitidus, nigro-pubescens. Thoracis lateribus rotundatis.* — Long. 0,006. Lat. 0,0015. — Amer. Bor.

Corps ovale oblong, à côtés parallèles, d'un noir vif et luisant, couvert d'un fin duvet de la même couleur. Antennes dépassant en longueur la moitié du corps. Elytres finement striées. Pattes médiocres, velues.

Nous avons étudié cet insecte dans la collection de M. Reiche, actuellement à M. de Laferté. Il vient de l'Amérique du nord.

G. APLOGLOSSA. (ἁπλοῦς, simple; γλῶσσα, langue).

Corps (f. 1) allongé, assez épais et mou.

Tête (f. 2, 5) penchée, petite et arrondie. *Yeux* ronds, saillants. *Antennes* allongées, un peu en scie, ayant le premier article un peu plus épais, le second très-court, le troisième de la longueur du premier, le quatrième un peu plus long, et les autres diminuant de longueur d'une manière insensible. *Labre* transversal, un peu arrondi en avant, recouvrant les mandibules presque entièrement. *Mandibules* arquées, bidentées au bout. *Mâchoires* (f. 3) terminées par deux lobes en recouvrement, crochus au bout, dont l'interne a cette extrémité plus large, ciliée; le lobe externe ayant son extrémité arquée terminée en pointe arrondie. *Palpes maxillaires* un peu plus longs que les mâchoires, terminées par un article à peine plus long que le précédent, un peu élargi et tronqué au bout. *Lèvre inférieure* (f. 4) à languette large, simple, un peu avancée au milieu, où elle offre deux très-petites dents. *Palpes labiaux* un peu plus longs que la lèvre, terminés par un article sécuriforme, très-large, formant presque un demi-cercle.

Prothorax plus large que long, brusquement rétréci en avant, à partir du tiers postérieur de sa longueur, avec l'angle postérieur un peu rentrant, le bord antérieur arrondi, le bord postérieur sinueux. *Ecusson* en triangle arrondi. *Elytres* de consistance assez molle, allongées, recouvrant des ailes. *Pattes* assez longues et un peu grêles, avec les tarses (f. 6, 7) beaucoup plus courts que les jambes, paraissant composés, comme ceux du genre *Bradytoma* (nº 10), de quatre articles seulement, quoiqu'ils soient pentamères. Leur premier article est au moins aussi long que les deux suivants réunis, simple, un peu plus épais à l'extrémité. Le second est un peu plus long que le troisième, de forme assez obconique; le troisième est court, un peu en cœur ou assez manifestement bilobé en dessus, portant en dessous une large membrane ou semelle arrondie, dirigée en avant. Le quatrième est très-petit, beaucoup plus étroit que le précédent, inséré dans son échancrure, qu'il déborde à peine, et il est lui-même débordé par la semelle de ce même article, ce qui fait qu'on a de la peine à l'apercevoir; le cinquième fait suite avec celui-ci; il est, de sa largeur à la base, au moins aussi long que les trois précédents réunis, un peu élargi au bout, et terminé par deux crochets simples.

Abdomen allongé, assez mou, composé de cinq segments.

On ne sait rien sur les métamorphoses des trois espèces de ce genre, qui ont été découvertes par M. Sallé, pendant son voyage dans l'Amérique méridionale. Il a trouvé ces insectes cachés sous les feuilles des plantes basses dans les forêts.

DESCRIPTION DES ESPÈCES.

1. A. SALLEI. *Oblongo-ovalis, atra, subtilissime punctata, griseo-pubescens. Femoribus basi flavidis.* — Long. 0,006. Lat. 0,002 (f. 1). — Caracas.

Corps assez allongé, d'un noir vif assez luisant, finement chagriné, entièrement couvert d'un fin duvet grisâtre. Tête assez petite, avec les mandibules fauves. Antennes atteignant à peu près la moitié de la longueur du corps, un peu aplaties et en scie. Corselet plus large que long, très-élargi en arrière, avec les côtés postérieurs brusquement et obliquement tronqués en arrière, et le bord postérieur assez fortement bisinueux. Écusson presque aussi large que long, triangulaire, avec les côtés arrondis. Élytres allongées, parallèles, finement chagrinées, avec la suture un peu relevée et quelques faibles plis à leur base. Pattes noires, avec les hanches, les trochanters et la base des cuisses jaunes. Abdomen alongé, avec le dernier segment échancré au bord postérieur.

M. Sallé a pris cette espèce à Caracas en juillet, sur la cordillière et dans la région froide, au fond d'une gorge où coule le torrent de Catuche, qui fournit de l'eau à la ville de Caracas. Ces insectes étaient cachés sous les feuilles des plantes herbacées qui croissent dans la forêt vierge et sombre qui couvre cette localité. M. Sallé, remarquant leur peu de vivacité, a pensé qu'ils sont peut-être nocturnes ou crépusculaires, comme les *Ptilodactyla,* dont ils se rapprochent assez, et qu'ils dorment pendant le jour. Il n'en a pris que quatre individus.

2. A. MARGINATA. *Oblonga, nigra, griseo-pubescens, thoracis lateribus, sutura, margine elytrorum pedibusque basi flavis.* — Long. 0,0065. Lat. 0,002. — Caracas.

Corps allongé, très-finement chagriné, noir, couvert d'une faible pubescence grise. Tête et antennes noires, avec la petite éminence d'insertion des antennes et le dessous de la bouche fauves. Corselet d'un jaune un peu fauve en dessus et sur les côtés réfléchis, avec une grande bande longitudinale noire au milieu, partant du bord antérieur derrière la tête, où elle est la plus large, et se terminant en pointe au bord postérieur, contre l'écusson; il est tout-à-fait semblable à celui de l'*A. Sallei* pour la forme. Écusson noir. Élytres d'un brun noirâtre, plus pâles et presque jaunâtres vers la base, noires à l'extrémité, avec une jolie bande jaune à la suture, n'arrivant pas tout-à-fait à l'extrémité, et une autre bande de la même couleur au bord externe, occupant aussi le bord réfléchi, mais n'arrivant pas jusqu'à l'extrémité. Vues à certain jour, elles offrent des traces de fines stries longitudinales, plus visibles en arrière. Dessous du corps noir avec la base de l'abdomen tirant un peu sur le brunâtre. Dernier segment de l'abdomen entier. Pattes noires, avec les hanches, les trochanters et la base des cuisses jaunes.

M. Sallé n'a pris qu'un individu de cette jolie espèce. Il l'a trouvé dans les mêmes lieux et dans les mêmes circonstances que l'*A. Sallei.*

3. **A.** COLLARIS. *Oblongo-ovalis, atra, grisco-pubescens, subtilissime punctata. Thorace rufo, in medio nigro. Elytris substriatis. Pedibus basi flavidis.* — Long. 0,006. Lat. 0,002. — Izabal.

Corps ovale oblong, d'un noir vif peu luisant, couvert d'un fin duvet d'un gris jaunâtre à peine visible. Tête noire en dessus, rouge en dessous, avec le tubercule d'insertion des antennes rouge. Corselet ayant la forme de celui des autres espèces, d'un rouge sanguin en dessus et sur les côtés réfléchis, avec une large bande longitudinale noire au milieu, à peine un peu rétrécie à ses extrémités, et touchant les bords antérieur et postérieur. Ecusson noir. Elytres finement chagrinées, avec des stries longitudinales assez manifestement indiquées. Pattes noires, avec les hanches, les trochanters et la base des cuisses jaunes. Abdomen d'un noir luisant, à dernier segment entier.

Trouvé une seule fois à Izabal, république de Guatimala, en mai, caché sous les feuilles d'une plante.

G. THERIUS. (Θηρίον, sauvage).

Corps (f. 1) allongé, assez épais et peu coriace.

Tête (f. 2, 10) penchée, de grosseur moyenne, arrondie. *Yeux* ronds, saillants, touchant aux bords du corselet. *Antennes* (f. 3, 4, 10) allongées et filiformes, avec le premier article plus fort, le second de plus de moitié plus court, le troisième beaucoup plus long que les suivants, quelquefois (f. 10) de la même longueur. *Labre* (f. 2) arrondi en avant, recouvrant les mandibules, quelquefois transverse (f. 10). *Mandibules* (f. 2, 5) arquées, bidentées, avec l'extrémité échancrée. *Mâchoires* (f. 7, 11) terminées par deux lobes entiers, inégaux en longueur, ciliés, presque droits. *Palpes maxillaires* un peu plus longs que les mâchoires, terminés par un article beaucoup plus long que le précédent, fortement et très-obliquement sécuriforme. *Lèvre inférieure* (f. 6, 12) trapézoïde, plus étroite en avant, avec la languette large, échancrée au milieu et formant ainsi deux lobes arrondis et ciliés. *Palpes labiaux* (f. 6, 12, 13) courts, terminés par un article beaucoup plus gros, fortement sécuriforme, ayant ses trois côtés égaux, ou presque en forme de demi-lune (f. 13), avec le côté tronqué beaucoup plus grand que les autres côtés.

Prothorax plus large que long, beaucoup plus étroit en avant, avec les côtés arrondis. *Ecusson* en triangle arrondi. *Elytres* allongées, recouvrant des ailes. *Pattes* robustes, de grandeur moyenne, avec les tarses (f. 8, 9, 14) à peu près de la longueur des jambes, bien manifestement composés de cinq articles triangulaires, d'inégale longueur, dont le quatrième, le plus court, est assez échancré au milieu et porte en dessous une large semelle membraneuse, avancée et arrondie. Le dernier article au moins aussi long que les deux précédents réunis, porte deux crochets arqués et simples.

Abdomen allongé, assez plat, composé de cinq segments.

Les quatre espèces qui composent ce genre sont toutes propres au Cap de Bonne-Espérance, et ont assez le fascies des *Dascillus*, mais elles sont toutes de moitié au moins plus petites, et elles s'en distinguent par une foule de caractères que la comparaison des planches entre elles fera remarquer au premier coup-d'œil. On ne sait rien sur les habitudes de ces insectes.

Nous n'avons pas voulu multiplier le nombre des coupes génériques, en séparant de ce petit groupe une espèce qui s'en éloigne un peu par la longueur relative des deuxième et troisième articles de ses antennes, par la forme transversale de son labre, et par la largeur du dernier article de ses palpes labiaux. Nous la distinguons seulement des autres en en formant une petite division.

I. Corps (f. 1) assez étroit et à côtés parallèles. Troisième article des antennes (f. 4) beaucoup plus long que le second. Dernier article des palpes labiaux triangulaire (f. 6). Espèces 1 à 3.

II. Corps en ovale allongé, à côtés assez arrondis. Troisième article des antennes (f. 10) de la longueur du second. Dernier article des palpes labiaux en demi-lune (f. 12, 13). Espèces 4.

DESCRIPTION DES ESPÈCES.

I. Corpus sub angustatum, lateribus parallelum (f. 1). Antennarum articulo tertio valde longiori quam secundo (f. 4). Articulus ultimus palporum labialium triangulare (f. 6) (S. G. *Therius*, propr. dict.). — Spec. 1 à 3.

1. T. SUTURALIS. *Ater, nitidus, pubescens. Antennis nigris, articulis duabus basalibus rufis, antice nigro-maculatis. Elytris sutura margineque grisco-tomentosis. Pedibus anoque fulvis.* — Long. 0,005. Lat. 0,002 (fig. 1). — Cap. B. sp.

Corps assez allongé, parallèle, noir et luisant, garni d'un fin duvet grisâtre clair-semé. Antennes un peu plus longues que la moitié du corps, noires, avec les deux premiers articles fauves, largement tachés de noir en avant. Tête et corselet finement ponctués; celui-ci plus étroit en avant, arrondi sur les côtés, jusqu'au milieu de leur longueur, droit ensuite, avec le bord postérieur assez sinué et les angles un peu prolongés en pointe en arrière. Elytres allongées, arrondies en arrière, finement chagrinées, avec une petite bande suturale et une autre au bord externe d'un gris cendré, produites par un duvet gris, couché et très-serré sur ces parties. Parties de la bouche noires, avec l'extrémité des mandibules et la base des palpes maxillaires fauves. Pattes entièrement fauves, avec l'extrémité des tarses tirant un peu sur le brunâtre. Dessous et abdomen noirs, avec le bord postérieur du segment anal un peu fauve.

Du Cap de Bonne-Espérance.

2. T. LURIDIPENNIS. *Corpus nigrum, elongatum, pubescens. Elytris antennis pedibusque ochraceis.* — Long. 0,0065. Lat. 0,0025. — Cap. B. sp.

Corps noir, allongé, pubescent. Tête et corselet noirs, très-finement ponctués. Corselet arrondi sur les côtés, bisinueux en arrière, avec les angles postérieurs aigus. Antennes jaunes, beaucoup plus longues que la moitié du corps, assez minces, avec le premier article dilaté à son extrémité interne. Elytres très-finement chagrinées, allongées, arrondies en arrière, portant à la base de faibles traces de stries longitudinales effacées au tiers antérieur, entièrement de couleur jaune d'ocre. Pattes de la couleur des élytres, velues, avec les articles des tarses un peu prolongés ou lobés aux angles, ou presque en forme de cœur. Dessous noir, garni de duvet gris-jaunâtre.

Nous avons vu une variété chez laquelle les antennes ont leurs articles tachés de noirâtre en dessus, avec les derniers tout-à-fait noirs.

Du Cap de Bonne-Espérance. Nous avons dessiné et décrit cette espèce d'après des individus appartenant au Musée de Berlin, et vendus par M. Drege, de Hambourg,

3. T. FULVIPES. *Brunneo-piceus, griseo-pubescens. Antennis, palpis pedibusque fulvis.* — Long. 0,007. Lat. 0,0025. — Cap. B. sp.

Entièrement d'un brun noirâtre couleur de poix (comme le *Ptilodactyla elaterina*), et couvert d'un fin duvet grisâtre. Tête et corselet très-finement ponctués. Antennes plus longues que la moitié du corps, filiformes, fauves et un peu rembrunies au bout. Palpes fauves. Corselet très-étroit en avant, élargi graduellement jusqu'au milieu, puis coupé droit sur les côtés, avec le bord postérieur également droit, ayant les angles postérieurs arrondis et le bord très-finement crénelé en arrière. Elytres allongées, arrondies en arrière, très-finement ponctuées et offrant de faibles traces de lignes longitudinales dans toute leur étendue. Dessous de la couleur du dessus. Pattes entièrement fauves.

Du Cap de Bonne-Espérance ; même collection que l'espèce précédente.

II. Corpus sub-ovatum, lateribus sub-rotundatum. Antennarum articulo tertio secundo æquali (f. 10). Articulus ultimus palporum labialium semilunatus (f. 12, 13) (S. G. *Theriobius* (1) nob.) Spec. 4.

4. T. RUGATUS. *Castaneus, flavido-tomentosus, capite antice pallidior, oculis nigris. Antennis palpis pedibusque nigro-brunneis.* — Long. 0,006. Lat. 0,0025 (fig. 10 à 14). — Cap. B. sp.

Entièrement d'un brun marron, couvert d'un fin duvet jaunâtre. Devant de la tête plus pâle, un peu fauve. Yeux noirs. Antennes à peine plus longues que la moitié du corps, composées d'articles obconiques, avéc le troisième article à peine plus long que le second, entièrement d'un brun noirâtre. Palpes de la même couleur. Corselet insensiblement élargi d'avant en arrière, à côtés arrondis, avec le bord postérieur presque droit et les angles peu aigus, très-finement chagriné, velu. Elytres à côtés un peu arrondis, rétrécies et arrondies en arrière, finement chagrinées et velues. Dessous brun fauve avec les segments de l'abdomen d'un brun noirâtre. Pattes de cette dernière couleur.

Du Cap de Bonne-Espérance. Cette espèce s'éloigne un peu des précédentes, par son aspect plus élargi et plus aplati, ce qui lui donne des affinités avec les Elodes.

---

(1) θηρίον, sauvage ; βίος, vie.

G. PACHYMESIA. (παχὺς, épais ; μέσος|, milieu).

(Par M. Westwood).

Corps (f. 1) allongé, assez épais et mou.

Tête petite, un peu penchée, enfoncée dans le corselet jusqu'aux yeux. *Yeux* petits, ronds, peu saillants. *Antennes* (f. 2) un peu moins longues que le corps, ayant les deuxième et troisième articles plus étroits et plus courts que le premier, égaux entre eux ; les suivants, du quatrième au huitième, beaucoup plus épais, surtout ceux du milieu, ce qui forme une espèce de fuseau ; puis les trois derniers filiformes. *Labre* caché sous le chaperon (f. 3), qui est avancé, échancré au milieu ou comme bilobé. *Mandibules* (f. 4) arquées, pointues, munies en dehors d'un appendice mince. *Mâchoires* (f. 5) terminées par deux lobes membraneux ciliés, courts et arrondis. *Palpes maxillaires* plus longs que la mâchoire, terminés par un article fortement sécuriforme, beaucoup plus long que le précédent. *Lèvre inférieure* (f. 6) arrondie, avec une languette également arrondie. *Palpes* labiaux plus longs que la lèvre, avec le dernier article simplement sécuriforme ou triangulaire.

Prothorax plus large que long, arrondi en avant, avec une profonde incision de chaque côté vers le milieu et une plus petite échancrure aux angles postérieurs. *Ecusson* arrondi. *Elytres* un peu déprimées, sub-tronquées en arrière, avec le bord postérieur sinué et formant une petite pointe à la suture. *Pattes* de grandeur médiocre, avec les tarses (f. 7) plus courts que les jambes, ayant les trois premiers articles faiblement en cœur arrondi, égaux, le quatrième plus court, profondément échancré, portant en dessous une large pelotte arrondie qui atteint la moitié de la longueur du dernier article, presque aussi long que les trois premiers réunis et terminé par deux crochets simples.

Abdomen ovalaire, assez mou.

Ce curieux genre est très-voisin des *Silis ;* on ne sait rien sur sa manière de vivre.

DESCRIPTION DE L'ESPÈCE.

P. incisa. *Fulva, nitida, elytris luteis sub lente tenuissime punctatis. Antennis nigris, basi luteis ; tarsis fuscis ; corpore subtus luteo abdomine fulvo.*—Long. 0,006. Lat. 0,0015. — Brasilia.

Corps assez allongé, d'un jaune fauve, assez luisant. Tête et corselet de la même couleur, lisses. Antennes noires, avec les trois premiers articles jaunes ou tachés de jaune. Écusson brun. Elytres un peu aplaties, jaunes, très-finement ponctuées. Pattes d'un jaune fauve, avec les tarses noirâtres. Abdomen jaune fauve.

Du Brésil ; collection Westwood.

G. CNEOGLOSSA. (κνέω, je fends; γλῶσσα, langue).

Corps (f. 1) en ovale allongé, un peu déprimé.

Tête (f. 2) petite, assez penchée, enfoncée jusqu'aux yeux dans le corselet. *Yeux* ronds, assez grands et assez saillants. *Antennes* dépassant un peu la moitié de la longueur du corps, filiformes et faiblement dentées en dedans, avec le second article plus court que le premier, le troisième aussi long que les deux premiers réunis, les autres allant insensiblement en diminuant de longueur. *Labre* (f. 3) avancé, de forme carrée, avec les angles antérieurs un peu arrondis. *Mandibules* rudimentaires, en forme de petites lames arrondies, cachées sous le labre. *Mâchoires* (f. 4) ayant le lobe interne terminé par une petite lanière pointue ciliée et très-courte; le lobe externe beaucoup plus grand, terminé par deux grandes lanières ciliées, pointues, et dont l'externe est la plus longue. *Palpes maxillaires* assez grands, dépassant à peine la lanière externe du lobe maxillaire, ayant le dernier article plus de trois fois plus long que le précédent, allongé et insensiblement terminé en pointe. *Lèvre inférieure* (f. 5) trapézoïde, un peu échancrée en avant, avec la languette profondément fendue, formant en avant deux longues lanières pointues et ciliées, presque aussi longues que les palpes. *Palpes maxillaires* terminées par un grand article, très-obliquement tronqué en dedans, à partir du milieu de sa longueur.

Prothorax transversal, à côtés arrondis. *Ecusson* triangulaire. *Elytres* un peu allongées, arrondies sur les côtés et en arrière. *Pattes* (f. 6, 7) de grandeur moyenne, avec les tarses presque aussi longs que les jambes, composés d'articles simples, velus seulement en dessous. Les antérieurs (f. 6) un peu plus épais, à articles plus triangulaires.

Abdomen ovalaire, composé de cinq segments.

Ce genre, curieux par sa petite tête et ses mandibules, qui ne sont pas propres à broyer ni à pincer, ressemble au premier coup-d'œil à une Elodes. On ne sait rien sur ses habitudes.

Description de l'espèce.

C. collaris. *Atra, oblonga, pubescens, nitida. Thoracis lateribus flavis. Elytris striato-punctatis, subtilissime punctulatis, pedibus nigris femoribus fuscis.* — Long. 0,006. Lat. 0,0025. — Colombia.

De forme ovalaire, noire, luisante, couverte d'un fin duvet noirâtre. Corselet transversal, arrondi en avant, noir, avec les bords antérieur et latéraux jaunes ; cette couleur s'élargissant beaucoup vers le bord postérieur. Élytres très-finement ponctuées, avec dix à douze petites stries longitudinales assez bien marquées, dont le fond est finement ponctué. Cuisses brunes, jambes et tarses noirs. Dessous noir.

De la Colombie. Nous en possédons un individu rapporté par M. Goudot. Nous en avons vu un autre dans la collection de M. Reiche.

SPÉCIÈS DES ANIMAUX ARTICULÉS. (COLÉOPTÈRES.)

PREMIÈRE LISTE D'INSECTES A VENDRE.

Ces insectes proviennent de la Péninsule de San-Joseph en Patagonie, des frontières du Paraguay, sur le Rio-Parana, du sommet des Andes, à Tarma, et des plaines
à l'est de Tarma jusqu'aux frontières de la Bolivie, dans l'Amérique intérieure. Les
espèces de Patagonie ont un peu souffert, mais elles sont toutes intéressantes, et plusieurs forment des genres propres à ce point de l'Amérique.

		fr.	c.
1. Megacephala Martii, Brullé. Voy. d'Orb. pl. 1 f. 3.	Am. inter.	2	»
2. — spixii *id.* *id.* (en bon état 4 f.) (mutilée).	*id.*	2	»
3. — fulgida, Klug. (hilaris Laporte.)	*id.*	2	»
4. — bifasciata, Lin. Brullé. (æquinoxialis, Dej). (mutilée).	*id.*	1	»
5. Galerita collaris, Dej.	Paraguay.	2	»
6. Anchomenus brasiliensis, Dej.	*id.*	»	50
7. Harpalus cupreomicans, Dej.	*id.*	»	50
8. Tetragonoderus figuratus, Dej.	*id.*	2	»
9. Cybister glaucus, Brullé. Voy. d'Orb., pl. 4, f. 7.	Patagonia.	2	»
10. Colymbetes præmorsus, Erichs.	*id.*	»	50
11. Gyrinus ellipticus, Brullé, *id.*	Lima.	»	50
12. Zemina d'Orbignyi, Gory. voy. d'Orb., pl. 9, f. 8.	Patagonia.	3	»
13. — morosa, *id.* *id.* (un peu mutilée).	*id.*	5	»
14. — Brullei, *id.* *id.*	*id.*	3	»
15. Chrysobothris Myia. *id.* *id.* (*id.*)	*id.*	2	»
16. Hydrophilus glaber? Herbst.	*id.*	»	50
17. Dermestes andicola, Guer. Mss.	Andes.	1	»
18. — patagonicus, *id.*	Patagonia.	»	50
19. Eucranium dentifrons, Guer. Iconogr. R. A. Texte.	*id.*	10	»
20. Megathopa violacea, Blanch. Voy. d'Orb., pl. 10, f. 2.	Patagonia.	3	»
21. — atrocyanea, Reiche. Mss.	*id.*	3	»
22. Cœloscelis cæsus, Reich. Mss.	*id.*	8	»
23. Epirinus coriaceus, Reiche Mss.	Andes.	3	»
24. Stenodactylus dytiscoides, Schreibers, Lin. Soc. 1701.	Patagonia.	10	»
25. Phaneus hastatus, Reiche. Mss.	Andes.	2	»
26. — splendidulus, Fab.	Paraguay.	»	50
27. Onthophoita æruginosa, Perty.	*id.*	3	»
28. Copris boliviana, Reiche. Mss.	Am. inter.	2	»
29. Phoberus pastillarius, Reiche. Mss.	Patagonia.	2	»
30. Trox patagonicus, Guer. Mss.	*id.*	2	»
31. — subplicatus, Guer. Mss.	*id.*	1	50
32. — clypeatus, *id.*	*id.*	1	50
33. Golofa pelagon, Reiche. Mss. (Petit mâle.)	Andes.	4	»
34. Megaceras abderus, Sturm.	Paraguay.	1	50
35. Xyloryctes cœnobita, Dej.	Patagonia.	2	»
36. Medon Patagoniæ, Reiche Mss.	*id.*	3	»
37. Cyclocephala plagiata, Dej.	Amer. inter.	2	»
38. Cyclocephala nigriceps, Guer. Mss.	*id.*	1	50
39. Chalepus olivaceus, Dej.	*id.*	2	»
40. — picipennis, Chevrolat Mss.	Patagonia.	1	50
41. Schyzonycha elongata. Guer. Mss.	*id.*	1	50
42. Phillochlænia patagonica, Guer. Mss.	*id.*	1	50
43. Amphicrania obscura, Guer. Mss.	*id.*	1	50
	Total. . .	98	50

		fr.	c.
	Report. . .	98	50
44. Chasmodia trigona, Fab. Ol.	Amer. inter.	2	»
45. Rutela plicata, Gory. Voy. d'Orb., pl. 11, f. 7.	id.	2	»
46. — lineola, Var. Fab.	Paraguay.	»	50
47. Gymnetis figurata, Dej. (mutilée)	Patagonia.	1	»
48. Passalus puncliger, Perch.	Paraguay.	»	50
49. Praocis? Andicola, Guer. Mss. (n. g?)	Andes.	3	»
50. Nyctelia latissima Blanch. voy. d'Orb., pl. 13, f. 9.	Patagonia.	5	»
51. — plicata, id. pl. 13, f. 10.	id.	3	»
52. — brunipes, Latr.	Paraguay.	2	»
53. — lævigata, Erichs. voy. de Meyen.	Andes.	3	»
54. — decora, id. (mutilé)	id.	3	»
55. — scripta, Guer. Mss.	id.	8	»
56. Scotobius cacicus, Guer. Mss. en bon état 4 fr. (mutilé)	Patagonia.	2	»
57. — pilularius, Germar.	Paraguay.	1	»
58. Goniadera encausta, Guer. Mss.	Amer. inter.	1	50
59. Prostenus cyaneus, Guer. Mss.	id.	2	»
60. Cymathotes melanurus, Dej.	id.	1	50
61. Stenochia auricollis, Germ. (analis Dej.)	id.	2	»
62. Allecula æquinoxialis, Guer. Mss.	id.	2	»
63. Epitragus rutilicapillus, Chevrol. Mss.	Patagonia.	1	50
64. Sypilus d'Orbignyi, Guer. Rev. Z. en bon état 6 f. (mutilé).	id.	1	»
65. Calocomus Desmarestii. Guer. Icon. R. A. (mutilé)	id.	3	»
66. Orion Atropos, Dej. (en bon état 8 fr.) (mutilé)	id.	3	»
67. — Lachesis, Blanch. id. 8 fr.) id.	id.	3	»
68. Chrysoprasis fulgida, Dej.	Amer. inter.	2	»
69. Eburia formosa Bl. voy. d'Orb. pl. 21. f. 7.	id.	2	»
70. Tœniotes intermedius, Guer. Mss. (mutilé)	id.	2	»
71. — d'Orbignyi, Guer. Icon. R. A. Texte	id.	3	»
72. Steirastoma confusa, Dej.	id.	1	50
73. Onychocerus scorpio, F.	id.	1	»
74. Trichophorus interrogationis Bl. voy. d'Orb., pl. 21, f. 9.	id.	2	»
75. Clytus interpositus, Reiche Mss.	id.	1	50
76. Colobothœa Brullei, Guer. Mss. (mutilé)	id.	1	50
77. Dasytes Antis, Perty (gigas Dej.)	Amer. inter.	1	»
78. — variegatus, Germar.	id.	1	»
79. Brenthus anchorago, Fab.	id.	»	50
80. Solenopus spinicollis, Dej.	id.	2	»
81. Cratosomus sticticus, Germar.	id.	2	»
82. Heilipus viduus, Guer. Mss.	id.	2	»
83. Hypsonotus variabilis, Chevr. Mss.	id.	1	50
84. — luctuosus, Dej.	id.	1	50
85. Cholus lituratus, Guer. Icon. R. A. Texte.	id.	1	50
86. Sternechus sulcipennis, Guer. id.	id.	3	»
87. Ryssomatus marginatus, Sch.	id.	1	50
88. Iphipus rudis, Sch.	Patagonia.	1	50
89. Listroderes fuliginosus, Dej.	id.	1	50
90. Eudiagogus episcopalis, Sch.	Paraguay.	1	»
91. Leptochoinus maculatus, Sch.	id.	1	50
92. Cylindrocerus stygmum, Fab.	id.	1	50
93. Centrinus morio, Sch.	Amer. inter.	1	50
94. Diorymerus striatus, Dej.	id.	2	»
95. Sphœnophorus patagonicus, Guer. Mss.	Patagonia.	2	»
96. — ensirostris, Germ.; dispar Sch.; purpurascens Voet.	Amer. inter.	1	»
97. Platyomus elegans, Ol. (argyreus ? Lin.)	id.	1	»
98. Platyomus bolivianus, Sch.	id.	2	»
99. Eustales lateralis, Guer. Mss.	id.	2	»
100. Polyteles Stevenii, Sch.	id.	5	»
101. — Guerini, Sch.	id.	1	»
102. Naupactus limbatus, Guer. Mss.	id.	2	»
	Total. . .	213	50

N°		Provenance	fr.	c.
		Report. . . .	213	50
103.	Alurnus quadrimaculatus, Guer. Rev. Zool. 1840, p. 333.	Amer. inter.	8	»
104.	— nigripes, Guer. en bon état 5 fr. (mutilé)	id.	8	»
105.	— d'Orbignyi, Guer.	id.	8	»
106.	Omocera, Reichei Guer. Iq. R. A. Texte.	id.	3	»
107.	Polychalca ærea, Guer. Mss.	id.	2	»
108.	Discomorpha irrorata, Guer. Icon. R. A. Texte.	id.	2	»
109.	— tristis, Guer. Icon. R. A. id.	id.	2	»
110.	Cyrtonota funebris, Reiche Mss.	id.	2	»
111.	— Mannerheimii, Guer. Mss.	id.	2	»
112.	— Desmarestii, Guer. Mss.	id.	2	»
113.	— indigacea, Reiche Mss.	id.	2	»
114.	— Iodicolor. Guer. Mss.	id.	2	»
115.	Cyrtonota atroguttata, Reiche Mss.	id.	2	»
116.	— — Var.	id.	2	»
117.	— — Var.	id.	2	»
118.	Botanochara 8 pustulata, Dej. (cinctomaculata Kl.)	id.	2	»
119.	— nervosa, Fab.	id.	1	50
120.	Chelimorpha boliviana, Reiche Mss.	id.	2	»
121.	— variabilis, Dej.	id.	1	»
122.	Echoma pallidipennis, Dej.	id.	1	50
123.	Echoma hyalina, Dej.	Amer. inter.	1	50
124.	Deloyala contempta, Dej.	id.	1	50
125.	— crux, Fab. cruciata, Oliv.	id.	1	50
126.	— fuliginosa, Oliv.	id.	1	50
127.	Coptocycla punctatostriata, Reiche.	id.	1	»
128.	— sexpunctata, Fab.	id.	1	»
129.	— pudica, Klug.	id.	1	»
130.	— immaculata, Oliv.	id.	1	»
131.	Megalostomis cornutus, Dej.	id.	2	»
132.	Babia tetraspilota, Chevr. Mss.	id.	2	»
133.	Cryptocephalus patagonicus, Guer. Mss.	Patagonia.	1	»
134.	Colaspis cupripennis, Dej.	Amer. inter.	1	»
135.	— rufipes, Reiche. Mss.	id.	»	50
136.	— flavipes, Oliv.	id.	»	50
137.	Chalcophana rubromarginata, Guer. Mss.	id.	»	50
138.	— nobilis, Dej.	id.	»	50
139.	Chalcoplacis cuprea, Oliv.	Amer. inter.	»	50
140.	— punctata, Guer. Mss.	id.	1	»
141.	Typophorus nigritus, Fab.	id.	»	50
142.	Eumolpus amethistinus, Dej.	Amer. inter.	1	»
143.	— surinamensis, Fab.	id.	»	50
144.	Strongylotarsa pectoralis, Guer. Icon. R. A. Texte.	id.	1	50
145.	Doryphora Fabricii, Guer. id.	id.	5	»
146.	— Linnei. id. id.	id.	5	»
147.	— Herbstii. id. id.	id.	5	»
148.	— glaucina, Reiche, Mss.	id.	3	»
149.	— limbata, id.	id.	3	»
150.	Zygogramma tæniata, Dej. nobilitata Chevr.	id.	1	50
151.	— striatula, Reiche. Mss.	id.	2	»
152.	— virgata, Dej.	id.	1	»
153.	Calligrapha polyspila, Germ.	id.	»	50
154.	— Bonariensis, Reiche. Mss.	Andes.	1	»
155.	Lina 12 maculata, Guer. Icon. R. A. texte.	Amer. inter.	1	50
156.	Phædon Bonariense, Dej.	Paraguay.	1	»
157.	Lina fulvipennis, Reiche. Mss.	id.	1	50
158.	Plagiodera encausta, Dej.	id.	1	50
159.	Cœlomera Cayennensis, Fab.	Amer. inter.	1	»
160.	Galleruca sublineata, Demay. Rev. Zool. 1838, p. 23.	Paraguay.	»	50
161.	Ædionychis opima, Germ.	Amer. inter.	1	50
		Total. . .	324	00

		fr.	c.
	Report. . . .	324	.00
162. Omopholta personata , Illig.	Amer. inter.	1	»
163. Plena T. album , Dej.	Paraguay.	»	50
164. Disonycha lineata, Dej.	id.	1	»
165. Pselaphacus nigropunctatus, Perch. Lacord. p. 75.	Amer. inter.	2	»
166. — curvipes, Guer. Lacord. p. 81.	id.	2	»
167. Pselaphacus signatipennis, Guer. Lac. 84.	Amer. inter.	2	»
168. — puncticollis , Guer. Lac. 87.	id.	1	50
169. Ischirus catenulatus , Lac. 97.	Amer. inter.	2	»
170. — fasciatodentatus, Guer. Mss.	id.	2	»
171. — 10 punctatus, Guer. Lac. 99.	id.	2	»
172. Morphoides ruficeps , Guer. Lac. 359.	id.	2	»
173. Ægythus cyanipennis, Guer. Lac.	id.	5	»
174. — surinamensis, Fab.	id.	»	25
175. Omoiotelus d'Orbignyi, Guer. Rev. Z. (testaceus Var. Lac. 509)	id.	3	»
176. — Orbignyanus, Lac. 510.	id.	3	»
177. Erotylus Guerinii Demay. Lac. 430.	id.	3	»
178. — dichromostygma, Guer. Lac. 441.	id.	3	»
179. — Latreillii Lac. 461.	id.	3	»
180. — Reichei , Guer. Lac. 431.	id.	3	»
181. Scaphidomorphus bitæniatus , Guer. Lac. 486.	id.	3	»
182. — notatus, F. Lac. 484.	id.	1	50
183. Brachysphænus heterogrammus, Lac. 382.	id.	3	»
184. Eumorphus cruciatus , F.	id.	1	50
185. Epilachna cincta , Guer. Mss.	id.	1	50
186. Anisosticta 18 pustulata, Dej.	id.	1	50
187. Coccinella sanguinea , Fab.	id.	»	50
188. Anisosticta connexa , Germ.	id.	»	50
	Total général. . .	377	75

Si l'on prend pour 50 fr. aux prix marqués, on aura une remise de 10 pour 100.

> De 51 à 100 f. . . . . 15 p. 100.
> De 101 à 150 f. . . . . . 20 p. 100.
> De 151 à 200 f. . . . . . 25 p. 100.
> De 201 à 250 f. . . . . . 30 p. 100.
> De 251 à 300 f. . . . . . 40 p. 100.

Les personnes qui prendront tous les insectes de cette collection qu'on pourra leur adresser (jusqu'à concurrence de 180 à 200) ne payeront que 180 à 200 francs.

Les frais d'emballage et le port sont à la charge des acquéreurs, ainsi que les ports de lettres.

S'adresser à M. le Directeur de la Revue zoologique et du Spéciès des animaux articulés, rue de Seine-Saint-Germain, nº 13, en envoyant *franco* la somme destinée à solder ce que l'on aura choisi, plus 3 fr. pour frais d'emballage.

PARIS. — IMPRIMERIE DE FAIN ET THUNOT, RUE RACINE, 28, PRÈS DE L'ODÉON.

SPECIES DES ANIMAUX ARTICULÉS (COLÉOPTÈRES).

SECONDE LISTE D'INSECTES A VENDRE.

Ces insectes proviennent des recherches faites par M. J. Goudot dans l'Amérique equatoriale (Nouvelle-Grenade) pendant plusieurs années. Ils ont été recueillis dans les régions chaudes (vallées de la Madelaine et du Cauca, plaines de l'Orenoque, etc.—Température moyenne de 30 à 23 degr. Réaumur.—Hauteur de 0 à 600 mètres), dans les régions tempérées (Ibagué, Carthago.—Tempér. moy. 22 à 17 degr.—Hauteur 600 à 2150 mètres), et dans les régions froides (hauts plateaux de la Cordillière orientale, Tunja, Cordillière centrale, groupe du Quindiu, pic Tolima.—Temp. moy. 17 à 12 degr.—Haut. 2150 à 4800 mètres au-dessus du niveau de la mer). Plusieurs de ces insectes forment des genres nouveaux.

La lettre *c.* indique la région chaude ; *t.* la région tempérée ; *f.* la région froide.

Carabiques.

		r.	c.	
1	Megacephala violacea, Reiche-R. Z.	1	» c.	t.
2	—— Sobrina, Déj., Laferté.	» 60	c.	
3	—— graciosa. Reiche.	1	» c.	
4	Oxycheila aquatica, Guér. Z.	4	» t.	
5	Pseudoxycheila bipustulata, Latr.	1	» t.	f.
6	Eucallia (callidema) Bousingaultii, Guér., Rev. zool.	8	» f.	
7	Cicindela tortuosa, Déj.	» 50	c.	
8	—— Favergerii, Chevr.	1	» c.	
9	—— Justinii, Laferte.	1	» c.	
10	—— trifasciata, Déj.	» 50	c.	
11	Casnonia plicaticollis, Reiche, R. Z.	3	» c.	
12	Galerita Moritzii Mannerh.	1	» c.	
13	Trichognathus marginatus, Latr.	3	» c.	
14	Brachinus succinctus, Déj.	» 60	c.	
15	Dyscolus chalcopterus, Reiche, R. Z.	1 50	f.	
16	—— nitidipennis, Buq., Mss.	1 50	f.	
17	Pleurosoma sulcatum, Guer., Mag. Z.	8	» f.	
18	Enceladus gigas. Latr.	6	» c.	
19	Scarites Guerinii, Laferté.	1 50	f.	
20	Clivina crenata, Déj.	» 30	f.	
21	Morio monilicornis, Latr.	» 60	c.	
22	Ozœna Reichei. Guér., Mss.	2	» f.	
23	Calosoma glabratum, Déj.	» 80	f.	
24	Oodes gilvipes, Déj.	» 50	t.	
25	Anchonoderus concinnus, Déj.	1	» c.	
26	—— myops, Reiche.	1	» c.	
27	Anchomenus validus, Laferté.	» 60	t.	
28	—— nigroviridis, Laferté.	» 40	f.	
29	—— azureus. Déj.	» 40	f.	
30	Agonum corvinum, Déj.	» 30	t.	
31	Feronia, n. s.	» 50	f.	
32	Feronia, n. s.	» 50	f.	
33	Feronia, n. s.	» 50	f.	
34	Selenophorus, Lebasii, Déj.	» 40	t.	
35	—— splendens, Laferté,	» 60	f.	
36	—— œquinoxialis, Déj.	» 40	t.	
37	Pangus vestitus, Laferté.	» 60	t. c.	
38	Hypolithus paganus, Déj.	» 40	t.	
39	Harpalus concolor, Déj.	» 40	f.	
40	—— atroviridis, Sch.	» 40	f.	
41	Lachnophorus pallipes, Reiche.	1	» c.	
42	Anchonoderus sub-æneus, Reiche,	» 50	f.	
43	Cymendis 4-punctata, Reiche.	1	» c.	
44	Dromius 10-punctatus, Reiche.	» 50	f.	

Hydrocanthares.

		r.	c.	
45	Hydaticus circumscriptus, Aubé.	» 50	c.	
46	Rantus vicinus, Déj.	» 30	t.	
47	Copelatus ibaguensis, Guér.	» 40	t.	
48	Dineutes Dejanii, Aubé.	» 30	c.	
49	Gyrete lelionotus, Aubé.	» 40	t.	

Brachélitres.

		r.	c.	
50	Emus variegatus, Erichson.	» 60	t. c.	
51	Xantholinus capitatus, Guér. Mss.	» 70	t.	
52	—— puncticeps. Guér.	» 40	f.	t.
53	—— Lynceus, Erichs.	» 80	f.	t.
54	Philonthus pretiosus, Erichson.	» 80	c.	
55	—— analis, Erichson.	» 35	t.	c.
56	—— fervidus ? Erichs.	» 40	t.	
57	—— antennatus, Guér. Mss.	» 40	t.	
58	—— flavicornis, Guér.	» 30	t.	c.
59	—— cupripennis, Guér.	» 40	t.	
60	—— flavipennis, Erichson	» 30	f.	
61	—— succinctus, Guér.	» 60	f.	
62	—— candens, Er.	» 30	t.	
62 bis.	—— flagrans, Er.	» 40	f.	
63	Staphylinus cinereus, Er.	» 30	t.	
64	Belonuchus hæmorrhoidalis, F. Er.	» 30	f.	
65	—— n. s.	» 30	f.	
66	Latona spinolæ, Buq.	» 50	t.	f.
67	Osorius intermedius, Er.	1	» t.	c.
68	Leptocheirus scoriaceus, Er.	» 75	t.	c.
69	Piestus bicornis, Ol. Er.	» 75	t.	c.
70	Piestus Erichsonii, Guér. Mss.	1	» t.	c.
71	—— pennicornis, Chevr.	» 50	f.	
72	Pœderus rutilicornis, Er.	» 50	f.	
73	— æquinoxialis, Er.	» 30	f.	

Sternoxes.

		r.	c.	
74	Buprestis Lebasii, Déj.	» 60	f.	
75	—— herculeana. Déj.	2	» c.	
76	Eucamptus imperialis, Chevr.	3	» t.	
77	Semiotus Illigeri, Guér. Mss.	3	» f.	
78	—— regalis, Déj.	» 60	f.	
79	—— seladonius. Déj.	1	» f.	
80	—— Linnei, Déj.	1 50	t.	
81	Chalcolepidius Bomplandii, Déj.	1	» t.	c.
82	—— Fabricii. Déj.	1	» t.	
83	—— Silbermannii, Chevr.	» 70	t.	c.
84	—— Sulciger, Déj.	» 70	t.	c.
85	—— gossipiatus, Reiche.	1 50	t.	
86	Pyrophorus clarus, Déj.	» 50	t.	c.
87	Dicrepidius morosus, Déj.	» 60	f.	
88	—— nigroviridis, Guér. Mss.	» 60	t.	
89	Monocrepidius semimarginatus, Lat.	» 60	t.	
90	Cardiophorus troglodytes, Er.	» 40	t.	
91	Eolus canus, Déj.	» 40	t.	
92	Monocrepidius amplicollis, Sch.	» 40	t.	
93	Athous tristis, Chev.	» 30	t.	
94	Pomachilius ? n. s.	» 50	t.	

Malacodermes.

		r.	c.	
95	Octoglossa femoralis, Guér. Spec.	3	» t.	
96	Epicyrtus marmoratus, Brême.	1	» t.	
97	—— murinus, Déj.	1	» f.	
98	Ptylodactyla brunnea, Déj.	» 50	t.	
99	Charactus episcopalis, Déj.	» 60	t.	
100	—— fastidiosus. Déj.	» 60	c.	
101	—— cognatus. Déj.	» 30	t.	
102	—— flavocinctus, Déj.	» 50	f.	
103	—— subcruciatus. Guér. Mss.	1	» t.	
104	—— terminatus, Déj.	» 60	t.	
105	—— id?? Var.	» 60	t.	c.
106	—— flavipennis. Reiche.	1	» t.	c.
107	—— n. s.	» 50	t.	
108	Phengodes pulchellus, Guér. R. Z.	3	» t.	

F. C.

109 Megalophthalmus collaris, Guér. Id. 2 » f.
110 Lychnuris pallescens, Guér. Mss. » 75 t.
111 Ellychnia dimidiata, Guér. Id. » 75 t. c.
112 Pygolampis angustissima, Buq. » 75 f.
113 —— n. s. » 40 t.
114 —— n. s. » 40 t.
115 —— versicolor, Déj. » 40 c.
116 —— n. s. » 80 f.
117 Lucidota, n. s. » 40 t.
118 Arpisoma affinis, Chevr. » 40 c.
119 Telephorus heros. Guér. 3 » t.
120 Callyanthia lateralis, Déj. » 50 t.
121 —— n. s. » 40 t.
122 Telephorus cinctiventris, Guér. » 50 f.
123 —— n. s. » 40 t.
124 —— n. s. » 80 f.
125 —— funebris, Guér., Mss. » 30 f.
126 —— n. s. » 30 t.
127 Silis sanguinipennis, Guér. Mss. » 50 f.
128 —— n. s. » 40 f.
129 —— ambitiosa, Déj. » 30 f.
130 —— taciturna, Déj. » 30 f.
131 Dasytes aulicus, Latr. » 40 f.
132 —— rubripennis, Latr. » 40 f.
133 —— spinosus, Guér. » 40 c.

Clavicornes.

134 Necrodes analis, Chevr. » 40 f.
135 Nitidula (psilotus) mandibularis, Déj. » 30 t.
136 Mystrops, n. s. » 30 t.
137 Hister, n. s. » 30 f.
138 —— n. s. » 30 f.
139 Hololepta, n. s. » 30 t.
140 Trypaneus colombianus, Guér. Mss. » 50 f.
141 Potamophilus, Goudotii, Guér. R. Z. 1 » t.
142 —— Cordillieræ, Guér. » 75 t.

Palpicornes.

143 Hydrophilus prædator, Déj. » 30 t.
144 Hydrophilus (hydrobius) lævis, Déj. » 30 t.
145 Cyclonotum Lebasii, Déj. » 25 t.

Térédiles.

146 Ichnea, n. s. 2 » t.

Lamellicornes.

147 Hyboma splendida. Reiche. 4 » t.
148 Coprobius 7-maculatus, Latr. » 75 t.
149 —— Rostainei, Buq. » 40 t.
150 —— anthracinus, Buq. » 40 c.
151 —— Lebasii, Déj. » 40 t.
152 Chœridium obesum. Buq. » 40 t.
153 —— id. Var. » 10 c.
154 —— lituratus, Illig. » 40 c.
155 Copris coarctata, Déj. » 60 f.
156 —— heterodon. Reiche. » 60 t.
157 —— agenor, Déj. » 60 t.
158 —— satanas, Buq. » 60 t.
159 —— achamas, Déj. » 60 f.
160 Phanœus conspicillatus. Déj. 1 50 t.
161 —— hermes, Déj. » 80 t. c.
162 —— n. s. 1 » t.
163 Ontophagus curvicornis, Latr. » 30 t. c.
164 Aphodius caliginosus. Déj. » 25 t. c.
165 Aphodius taciturnus. Déj. » 25 t.
166 Oxyomus stenosomus, Reiche. » 25 t.
167 Eurysternus distortus, Déj. » 50 t.
168 Trox crenatus, Déj. » 40 c.
169 Golofa Porteri (Dejeanii coll.), Hope 4 » f.
170 —— cacus, Déj. 3 » f.
171 Scarabœus alœus, f. 1 50 t.
172 —— Philoctetes, f. (morphœus, Déj., Var., alcinous, Buq. 1 50 t. c.
173 —— bilobus, f. 1 50 t.
174 —— Schœnherri, Déj. 3 » t.
175 —— Paris, Déj. 1 50 c. t.
176 —— Paris, Var. 1 50 f.
177 —— dilaticollis. Déj. 1 50
178 Phileurus dydymus. Fab. 2 » c. t.
179 —— lama, Déj. 1 50 c.
180 —— monoceros, Déj. 1 50 t.
181 Cyclocephala scarabœoides, Déj. » 80 f.

F. C.

182 Cyclocephala aulica, Déj. 2 » t.
183 —— ustulata, Déj. » 30 f.
184 —— Rostainei, Buq. » 30 c.
185 —— rutelina, Buq. » 50 t. c.
186 —— signata, Déj. » 80 c.
187 —— fulgurata, Buq. » 80 t.
188 Geniates Spinolæ, Buq. » 50 t.
189 Chrysophora chrysochlora . Latr. 2 » c.
190 Pelidnota lucida, Oliv. 1 » c.
191 Macraspis lucida, Oliv. 1 » c.
192 Anomala viridicollis. Buq. » 40 t.
193 —— spreta, Déj. » 40 t.
194 Leucothyreus anachoreta, Déj. » 30 t. c.
195 Anisoplia oblita, Déj. » 30 c.
196 Ancylonycha sericata. Déj. » 40 t. c.
197 Plectris æruginosa, Buq. » 50 t.
198 Ancystrosoma rufipes, Latr. (Mâle et femelle). 6 » t.
199 Philochlœnia ursina, Déj. » 50 f.
200 —— biguttata, Déj. » 30 f.
201 —— thalassina, Déj. » 50 f.
202 —— xilina, Déj. » 50 t.
203 Macrodactylus tenuilineatus, Guér. 1 » f.
204 Isonychus variabilis, Guér. » 30 t.
205 Omaloplia Norisii, Buq. » 30 t.
206 Omaloplia, n. s. » 80 c.
207 Plectris soricina, Reiche. » 40 t.
208 Faula 4-pustulata, Déj. » 30 t. f.
209 Gymnetis Lebasii, Déj. » 75 t.
210 Cetonia hera, Burm. » 50 c. t.
211 Sphœnognathus prionoides, Buq. 1 50 f.
212 Passalus transversus, Var., Perch. » 50 c. t.
213 —— crassus, Guér. 1 » t.
214 —— tropicus, Perch. » 50 t.
215 —— punctatostriatus, Perch. » 50 f.
216 —— Maillei, Perch. » 50 f.

Hétéromères.

217 Opatrinus chlatratus. Déj. » 25 c.
218 —— punctulatus, Déj. » 25 c.
219 Phaleria, n. s. » 80 c.
220 Platydema infuscata. Lap. » 30 c.
221 Cnodalon, n. s. » 30 t.
222 Iphthinus, n. s. » 30 t.
223 Hypogena biimpressa, Déj. » 40 t. c.
224 Iphthinus cicatricosus, Guér. » 40 t. c.
225 —— heros, Déj. » 50 c.
226 Zophobas morio, F. » 40 t. c.
227 Goniadera elongata. Guér, Mss. » 50 c.
228 Anœdus distinctus, Guér., Mss. 1 » c.
229 Cymathotes melanurus. Déj. » 50 t.
230 Stenochia Lebasii, Déj. » 40 c.
231 —— exilis, Déj. » 40 c.
232 Nilio distinctus, Déj. » 50 c.
233 —— collaris, Guér. » 50 t.
234 Epitragus consimilis Déj. » 30 c.
235 Prostenus scalaris, Déj. » 30 c.
236 —— n. s. » 40 c.
237 Statyra submetallica. Guér. 1 » t.
238 —— scapularis, Guér. 1 » t.
239 —— fulvula, Guér. » 75 t.
240 Allecula pigra, Guér. » 50 t.
241 Tetraonyx flavipennis, Guér. 3 » t.
242 Epicauta lineolata, Déj. » 50 c.
243 Nacerdes marginata, Guér. 2 » t. f.
244 —— flavida, Guér. 1 » t.
245 —— Goudotii, Guér. » 50 c.
246 Horia maculata, Latr. » 50 c.

Curculionites.

247 Ptychoderes tricostirostris, Sch. 1 » c.
248 Ischnocerus nodulosus, Chev, n. s. » 50 t.
249 Cratoparis luridus, Sch. » 50 t.
250 Arrhenodes designatus, Sch. » 50 t. c.
251 —— n. s. » 50 t.
252 —— n. s. » 50 t. c.
253 Cephalobarus macrocephalus, Sch. 1 » t. c.
254 Brentus anoulipes, Buq. » 50 t. c.
255 —— bidentatus, Fab. » 40 t. c.
256 —— n. s. » 50 t.
257 —— glabratus, Sch. » 40 t.
258 Geocephalus, n. s. » 50 t.

F. c.
259 Breuthus canaliculatus, Fab. » 40 l.
260 —— anchorago, Fab. » 25 c.
261 Arrhenodes, n. s. » 40 l.
262 Naupactus Germarii, Guér., n. s. » 50 l.
263 Naupactus ? n. s. » 40 l.
264 —— n. s. » 40 l.
265 —— bispinus (cyphus), Sch. » 30 f.
266 —— lugubris, Déj. » 30 f.
267 Rhathymus vilis, Déj.. Sch. » 30 f.
268 Cyphus albociliaris, Guér., Mss. » 50 l.
269 Platyomus, n. s. » 50 l.
270 —— n. s. » 40 l.
271 —— morosus, Buq. » 30 f.
272 —— simulatus, Chev., n. s. » 30 f.
273 —— Guerinii, Laferté, n s. 2 » f.
274 —— caudatus, Laferté, n. s. 2 » f.
275 —— Lebasii. Déj. » 40 l
276 —— canescens. Déj. » 50 f.
277 Heilipus , Chevrolatii, Guér. Icon. du Règne animal. 1 50 l.
278 —— elegans. Guér. Idem. 1 50 l.
279 —— leopardus, Sch. 1 50 l.
280 —— montanus, Guér. » 60 f.
281 —— piger, Guér. » 60 l.
282 —— clavipes, F., Sch. » 50 l.
283 —— unguiculatus, Sch. » 30 f.
284 Auchonus (Leprosomus, Guér.), 8 espèces nouvelles, chacune à » 40 f.
285 Phytonomus distigma, Sch. » 70 c.
286 Erirhynus angustatus, Déj. » 75 f.
287 Madarus, n. s. » 40 l.
288 Pantelesius. n s. » 40 l.
289 Poliderces (cholus), lepidopterus, Sch. » 40 c
290 Cylindrocerus. n. s. (V. du stygma). » 30 l.
291 Cryptorhynchus circulus. Sch. » 50 l.
292 ———— cerviniventris,Chev. » 40 l.
293 ———— n. s. » 40 l.
294 ———— n. s. » 40 l.
295 ———— n. s. » 40 l.
296 Cœlesternus. n. s. » 40 l.
297 Oncorynus. n. s. » 40 c.
298 Copturus circulus, Guér.. Mss. » 40 l.
299 Oncorynus, n. s. » 40 l.
300 Conotrachelus investis, Sch. » 30 f.
301 ———— corallifer, Sch. » 30 l.
302 ———— n. s. » 50 l.
303 ———— ferrugatus, Chev. » 30 l.
304 Piazurus bispinus, Sch. » 40 l.
305 Sipalus unicolor, Chev., Mss. » 50 c.
306 Sphœnophorus sericeus, Ol., Sch. » 30 l. c.
307 ———— n. s. » 50 l. c.
308 ———— submaculatus, Chev., » 40 l.
309 ———— n. s. 1 50 l. c.
310 ———— conicus, Chev.. Mss. » 40 l.
311 ———— striatoforatus, Sch. » 50 c.
312 Rhina ebriosa, Sch. 1 » c.

Xylophages.
313 Apate peregrina. Ch, » 40 c
314 Platypus appendiculatus, Déj. » 50 l.
315 Colidium sulcicolle, Déj. » 30 l.
316 Trogossita ænea, Reiche. 1 » l. c.
316 bis. —— Goudotii, Guér. Mss. 1 »
317 —— patruelis, Déj. » 40 l. c.
318 —— plagiata, Reiche. 1 » l. c.
319 Catogenus distinctus, Guer. Icon. du Règne animal. 1 » c.

Longicornes.
320 Parandra punctata, Chevr. 1 50 l.
321 —— maxillosa, Déj. 1 » l. c.
321 bis. Psalidognatus friendii, M. et F. 8 » l.
321 ter. Mallodon spinibarbis. Chevr. 3 » c.
322 Lissonotus flavocinctus, Reiche. » 70 c.
323 —— corallinus. Déj. 1 » c.
324 Trachyderes Juvencus. Déj. » 30 f.
325 —— interruptus, Déj. » 30 l. c.
326 —— cayennensis, Déj. » 30 c.
327 —— blandus, Déj. » 50 c.
328 Ancylosternus scutellaris, Oliv. » 50 c.
329 Oxymerus deletus. Déj. » 50 c.

F. e.
330 Chlorida festiva, Oliv. » 25 l. c
331 Plocederus Carthagenæ. Guér. 2 » c.
332 Callichroma amabilis, Déj. » 60 l. c.
333 Chrysoprasis pubescens. Reiche. » 40 l c.
334 Malacopterus lineatus, Guér. » 60 l.
335 Smodicum sulcifrons. Déj. » 50 l.
336 Ibidion fulguratum, Guér. 2 » f.
337 Amniiscus, n. s. » 60 l.
338 Leiopus ambiguus, Déj. » 50 l.
339 — albilatera, Chevr. » 75 l.
340 — Lebasii, Déj. » 40 l.
341 — n. s. » 50 l.
342 — conspersus. Germ. » 60 l.
343 Steirastoma larva, Déj. » 75 l. c.
344 —— depressa, Fab (confusa, Déj.). » 60 l. c.
345 Acanthocinus nigricans, Déj. » 40 l.
346 Colobothœa, n. s. » 75 l.
347 ———— maculosa, Reiche. » 75 l
348 Astynomus fistulosus, Chevr. » 75 l
349 Hypsioma porosa, Guér. 1 » l
350 Lagocheirus araneiformis, F. » 40 l. c.
351 ———— id., Var. » 60 l.
352 Tœniotes elegans, Déj. 2 » c.
353 Saperda apicalis, Guér. 1 » c
354 Tapeina operosa, Déj. 1 » l.

Chrysomelines.
355 Microdonta apicicornis, Reiche. » 50 l
356 Odontota hypocrita, Déj. » 50 c.
357 Uroplata neglecta. Déj. » 50 c.
358 Discomorpha miniata, Reiche. 1 » c.
359 Cyrtonota multicava, Latr. 1 » c.
360 —— caudata, Guér. 1 » l c.
361 —— textilis, Déj. 1 » l.
362 Physonota alutacea,Klug. » 50 c.
363 Chelimorpha, n. s. » 40 l.
364 Coptocycla gemmea. » 25 c
365 —— intermedia, Déj. » 40 l.
366 —— viriditarsis, Guér. » 50 c
367 —— judaica, Fab., » 40 c.
368 —— hœbrea. F. Ol. » 30 c.
369 Imatidium thoracicum Déj. 2 » c.
370 Cœlomera brachialis, Reiche. » 50 c.
371 Diabrotica dimidiata. Guér. » 50 c.
372 Galleruca lincella, Déj. » 30 c.
373 Cerostena flavocincta, Déj. » 30 l. c
374 Diabrotica Feisthamelii. Chevr. » 30 l.
375 —— olivacea, Buq. » 30 c.
376 —— n. s. » 30 c
377 —— glaucofasciata. Reiche. » 40 c.
378 —— flavipennis. Guér. » 40 f
379 —— confinis, Déj. » 30 l.
380 —— gratiosa, Déj. » 40 f.
381 Graptodera chalcoptera, Déj. » 40 f.
382 Diabrotica viridifasciata, Reiche. » 50 c
383 Chalcophana ? Monticola, Guér. 1 » f.
384 Exora languida, Déj. » 30 l.
385 Omototus cyaneus. Guér. » 50 c.
386 Strabala tenella. Déj. » 30 f
387 Diphaulaca chalcoptera, Germ. » 40 l.
388 Graptodera plebeia, Déj. » 30 l. f
389 —— lanuginosa, Déj » 30 c
390 Oxygona acutangula. Chevr. » 50 c.
391 Aspicela scutata , Lur. 1 » f.
392 —— unipunctata, Latr. 1 » f.
393 OEdionychis Klugii, Déj. » 30 c.
394 Elytrosphæra fulminans, Déj. » 40 f. l.
395 ———— semitata, Chevr. » 30 f.
396 Deuterocampa 11 lineata. Chevr. » 30 c.
397 Zygogramma picea. Chevr. » 40 l.
398 ——— Goudotii. Guér. » 40 c.
399 ——— Lebasii, Déj. » 30 c.
400 Euparocha amœna, Déj. » 30 f.
401 ——— id., Var. » 30 f
402 Lina flavomaculata. Guér » 60 l.
403 Phœdon fuscipes. Déj. » 30 l.
404 Colaspis scutellata, Chevr. » 30 l.
405 ——— corrosa, Déj. » 39 l.
406 Chalcophana apicalis, Kl. » 40 l.
407 ——— dilatata, Reiche » 50 l.

		F. C.
408	Glyptoscelis fasciculatus, Guér. Mss.	1 » c.
409	—— anobioïdes, Guer.	1 » c.
410	—— n. s.	» 60 c.
411	Megalostomis anachoreta, Déj.	» 70 f. c.
412	—— cingulata. Latr.	» 60 c.
413	Babia quadrisignata. Guer. Mss.	» 50 f. c.
414	Typophorus Audouinii. Chev.	» 30 f.
415	Picurolaca janthina, Reiche.	» 40 f. c.
416	Pselaphacus curripes. Guér., Lac.	2 » c.
417	—— Hopei. Guér.. Mss.	2 » c.
418	—— puncticollis, Lac.	1 50 c.
419	Ischyrus velatus, Lac.	» 60 f.
421	Megaprotus mediatus, Lac.	» 60 f.
420	Brachysphœnus bitæniatus. Guér.	1 » f.
422	—— ornatus. Guér.	1 » f.
423	Habrodactylus perspicillatus, Lac.	1 » f
424	Mycotretus melanostyctus, Lac.	» 50 f.
425	—— collatinus, Reiche.	» 75 f.
426	—— scitulus. Lac.	» 50 f.
427	—— cinctellus, Guér.	1 » f.
428	—— pulicarius, Lac.	» 50 f.
429	—— Savignyi, Lac.	» 50 f.
430	—— unicolor, Guer.	» 75 c.
431	Brachymerus proximus, Guér.	» 75 f.
432	Thonius pavoninus, Lac.	1 » f.
433	— maculatus, Guér.	2 » f.
434	Euphanistes misolampoides, Lac.	1 » f.
435	Coccimorphus Dichrous, Lac.	» 50 f.
436	Ægythus sur namensis, F.	» 25 c. f.
437	—— ura. Lac.	1 50 f.
438	—— varicollis, Lac.	» 75 f.
439	Ægythus Lebasii, Déj.	» 50 c.
440	Morphoides hæmatocephalus, Lac.	» 60 f. c.
441	Brachysphœnus annularis, Lac.	» 50 f.
442	—— lugubris. Lac.	» 75 f.
443	Erotylus, Debaurei, Guer.	» 50 f. c.
444	—— tæniatus, Lat.	» 75 f.
445	Scaphidomorphus. Boscii. Guér.	1 » c.
446	Priotelus tigrinipennis, Lac.	1 » c.
447	Omoiotelus crocicollis, Lac.	» 50 f. f.
448	—— Spinolæ. Guér.	1 » f.
449	—— gemellatus, Lac.	1 » f.
450	—— apicicornis, Guér.	1 » f.
451	Ephebus purpuratus, Reiche.	» 40 f.
452	—— Erotyloides, Déj.	» 40 f.
453	—— sericatus. Reiche.	» 30 c.
454	Epipocus fuliginosus. Déj.	» 30 f.
455	Corynomalus cruciatus. Oliv.	» 30 f.
456	—— coccinelloides, Hope.	» 50 c.
457	—— Lebasii, Déj.	» 30 f.
458	Languria scapularis, Guér.	3 » c.

Trimères.

		F. C.
459	Epilacna flavofasciata, Déj.	» 30 f. f.
460	—— blanda, Déj.	» 30 f. f.
461	—— Buquetii, Chev.	» 30 f. f.
462	—— Bomplandii, Déj. (Var.)	» 30 f.
463	—— immaculicollis. Chev.	» 30 c.
464	—— immaculata. Oliv.	» 25 f.
465	Hippodamia connexa, Germar.	» 25 f.
466	Brachyacanta dentipes, Oliv.	» 30 c.

SUPPLÉMENT.

14 *bis.*	Discolus Combaymensis. Guer. n. s.	1 50 f.	
54 *bis.*	Phyllonthus. n. s.	» 80 f.	
111 *bis.*	Pygolampis suturalis Guer.	» 30 f.	
111 *ter.*	—— n. sp.	» 50 f.	
193 *bis.*	Anomala, n. s.	» 40 f.	
221 *bis.*	Cnodalon, n. s.	» 40 f.	
221 *ter.*	—— denticollis. Déj.	» 60 c.	
181 *bis.*	Cyclocephala. n. s.	» 30 c.	
276 *bis.*	Heilipus, biplagiatus, Guer. Ic. R. A.	2 » f.	
290 *bis.*	Cylindrocerus? n. s.	» 40 c.	
290 *ter.*	—— n. s.	» 40 c.	
281 *bis.*	Heilipus, n. s.	» 50 f.	
312 *bis.*	Cossonus n. s.	» 25 f.	
294 *bis.*	Cryptohinchus. n. s.	» 30 f.	
380 *bis.*	Diabrotica, n. s.	» 30 f.	
454 *bis.*	Epipocus. n. s.	» 30 f.	
220 *bis.*	Hypophlæus. n. s.	» 30 f.	

RÉSUMÉ.

466 Espèces numérotées.

4 Espèces *bis* de la première liste.

7 Auchonus différents sous le même numéro.

17 Espèces *bis* au supplément.

Total.   494 Espèces différentes.

Si l'on prend pour 101 à 200 fr. aux prix marqués, on aura une remise de 10 p. 100.

De 201 à 300, une remise de 15 p. 100.

De 301 à 500, une remise de 20 p. 100.

S'adresser *franco* à GOUDOT, chez M. le Directeur de la Revue zoologique et du Species des Animaux articulés, rue de Seine-Saint-Germain, 13, en envoyant *sans frais* la somme destinée à solder ce que l'on aura choisi, plus 3 fr. pour frais d'emballage.

PARIS.—IMPRIMERIE DE FAIN ET THUNOT,
Rue Racine, 28, près de l'Odéon.

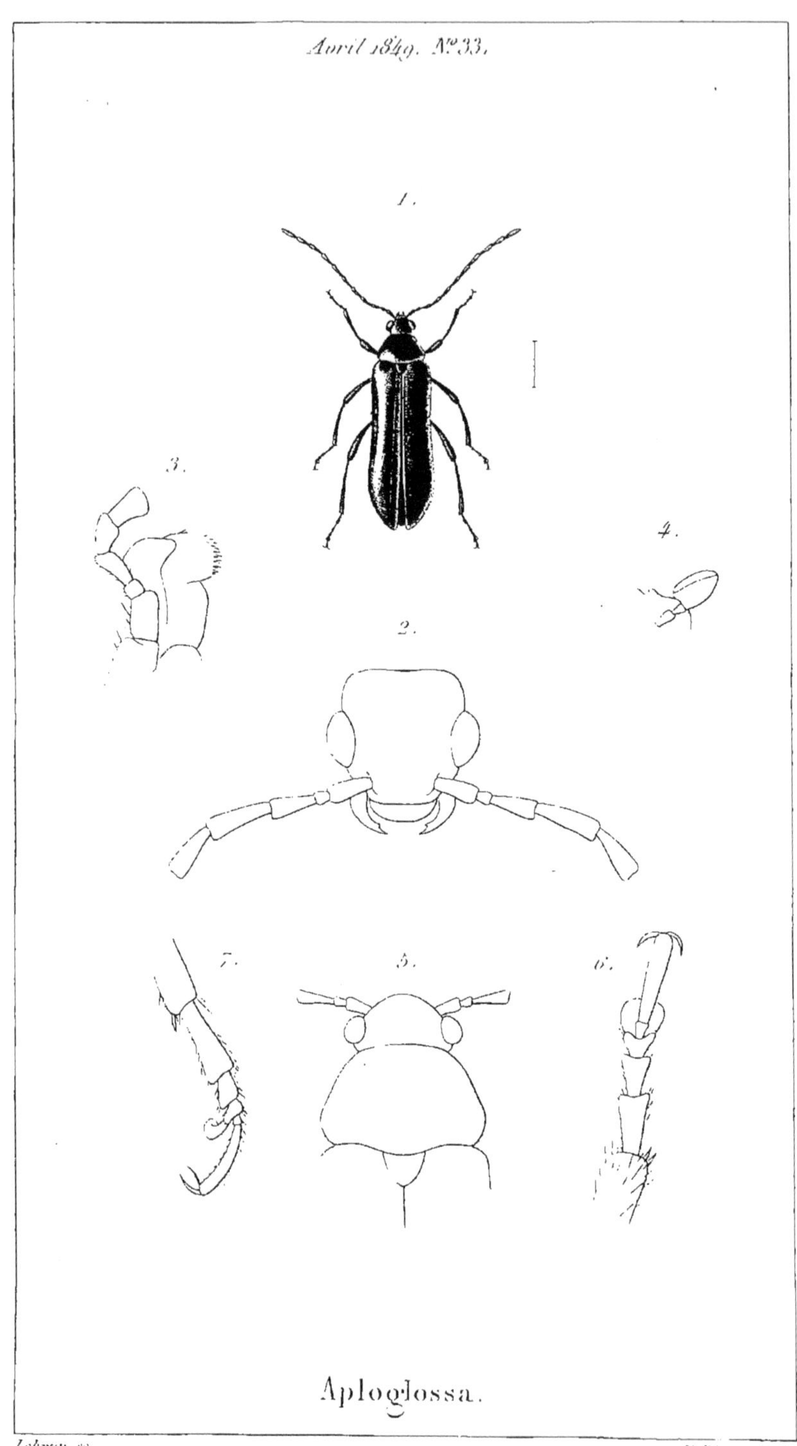

Aploglossa.

Lebrun sc.

N. Rémond imp.

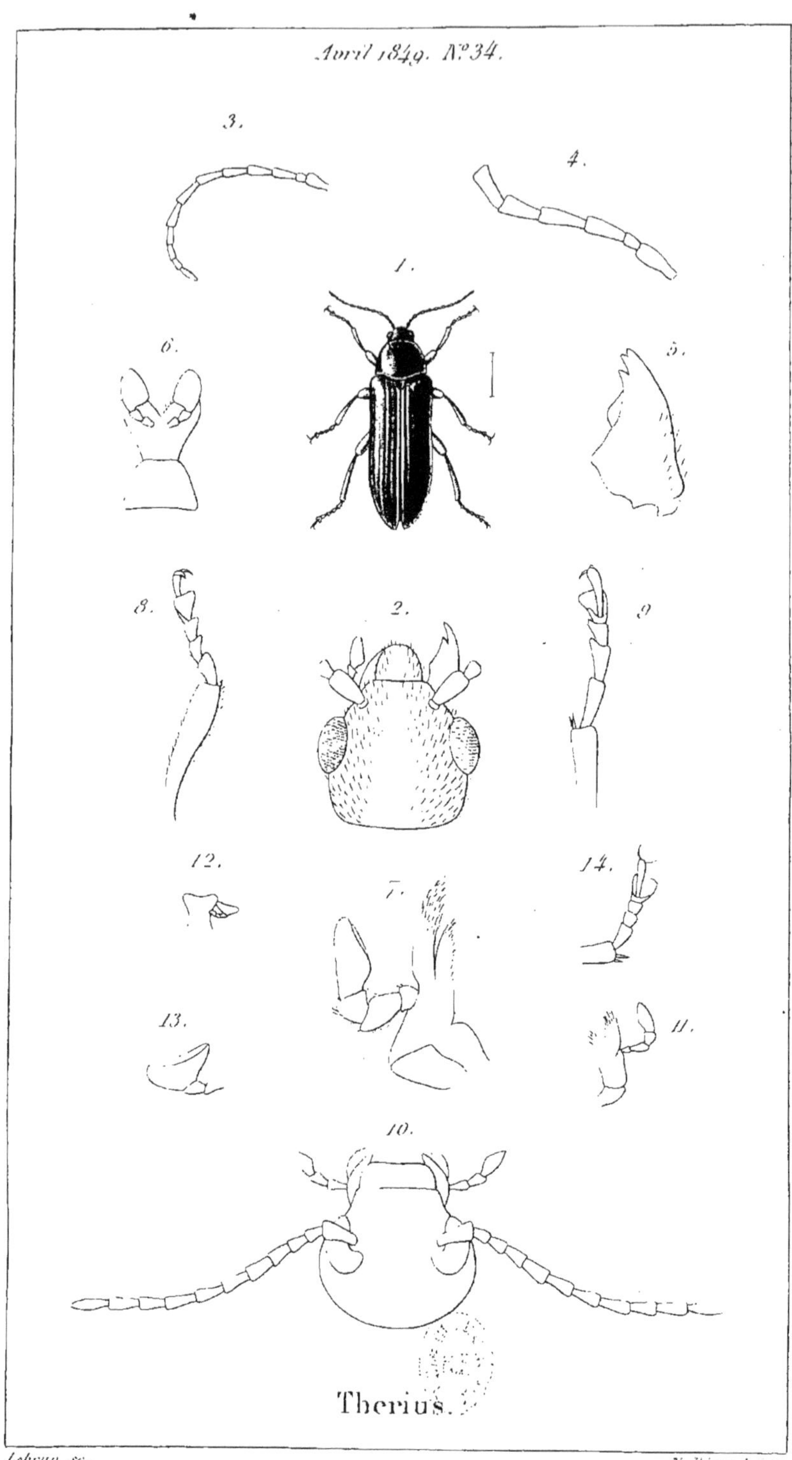

3.
4.
1.
6.
5.
8.
2.
9.
12.
14.
7.
13.
11.
10.
Therius.

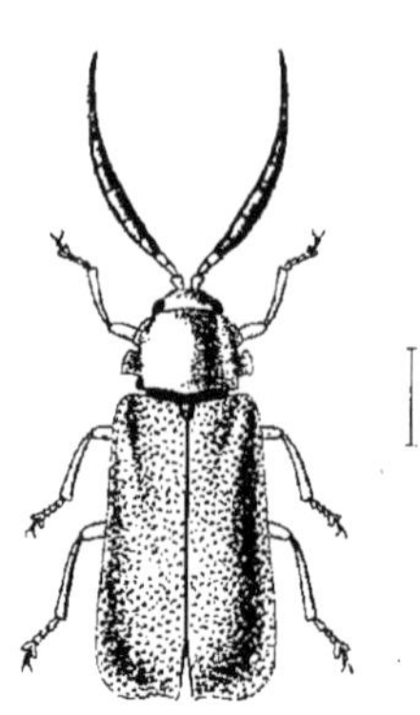

Pachymesia.

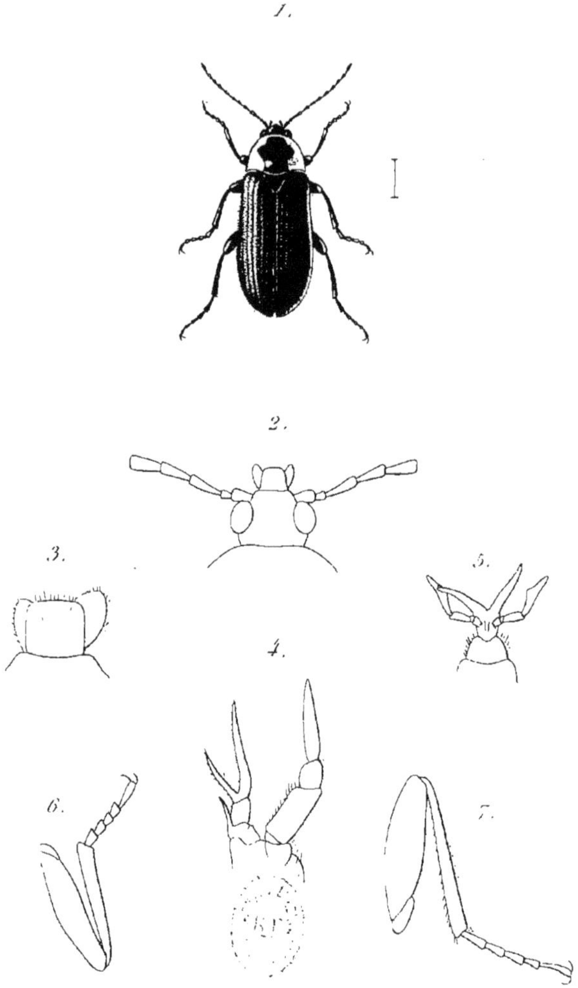

1.

2.

3.

4.

5.

6.

7.

Cneoglossa.

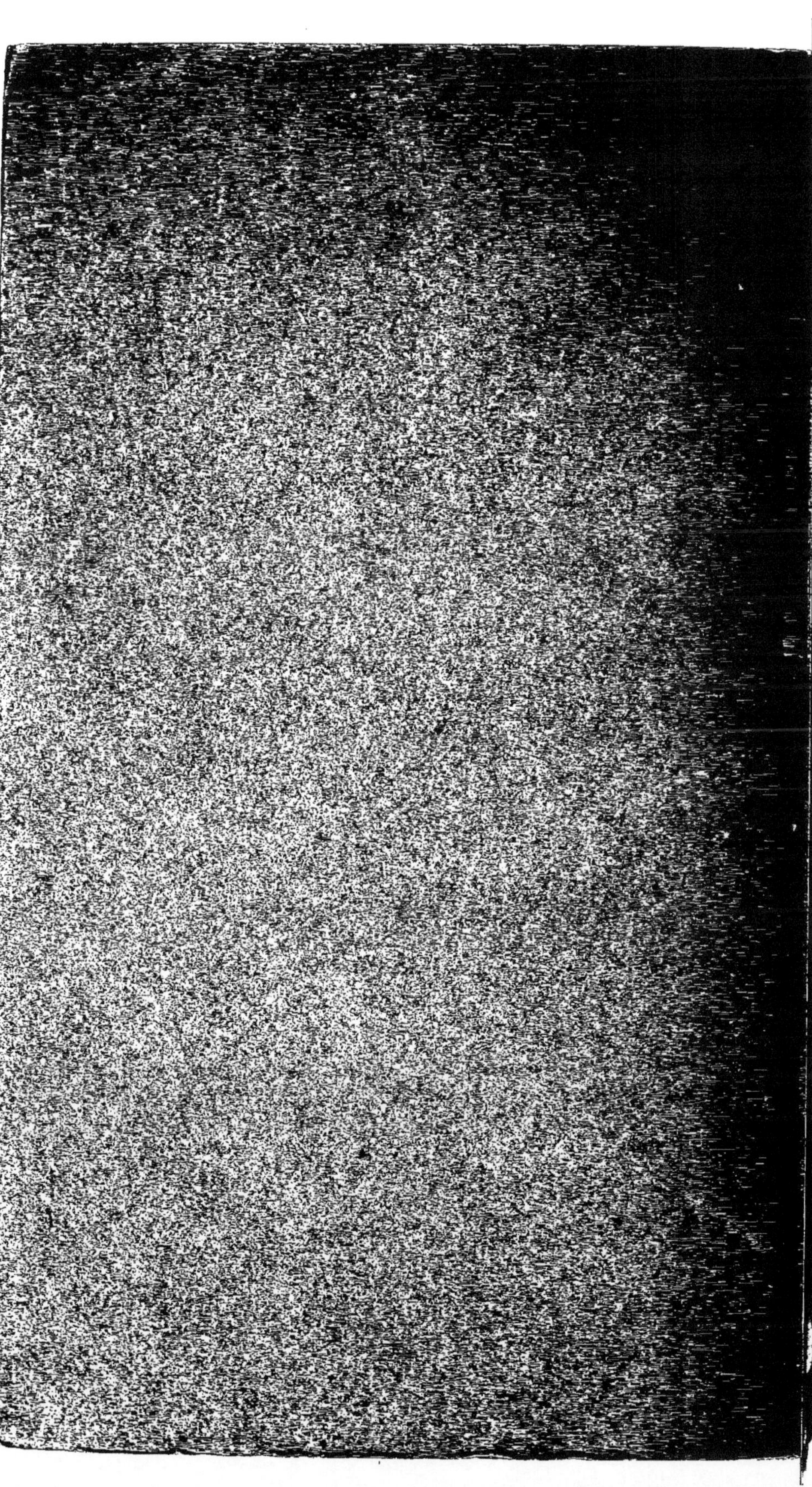

9 782013 619516